新时期大学数学信息化精品教材丛书

# 微 积 分

## （第二版）

张军好　龙爱芳　李学锋　主编

中南民族大学本科教材建设项目资助

科 学 出 版 社

北 京

## 内 容 简 介

本书是按新时期大学数学教学大纲编写，内容丰富、理论严谨、思路清晰、例题典型、方法性强，注重分析解题思路与规律，对培养和提高学生的学习兴趣以及分析问题和解决问题的能力将起到较大的作用.全书共分9章，内容涵盖了函数与极限、导数与微分、微分中值定理与导数的应用、不定积分、定积分及其应用、多元函数微分学、二重积分、无穷级数和微分方程与差分方程.书后附有4套综合测试题及各章习题的参考答案，并且配套了教学辅导书、教学课件、在线课程及重难点讲解视频等电子资料.读者可以在封三通过扫码进入码吉课学习平台获取本书配套学习全套电子资料.

本书可以作为高等院校非数学专业课程“微积分”及部分专业课程“高等数学”的教材，也可供自学者、科技工作者、考研学生等阅读参考.

**图书在版编目(CIP)数据**

微积分 / 张军好等主编. -- 2版. -- 北京 : 科学出版社, 2025. 8. --（新时期大学数学信息化精品教材丛书）. -- ISBN 978-7-03-081887-4

Ⅰ. O172

中国国家版本馆 CIP 数据核字第 2025EN1868 号

责任编辑：吉正霞 / 责任校对：胡小洁

责任印制：彭　超 / 封面设计：蓝创视界

科学出版社 出版

北京东黄城根北街16号

邮政编码：100717

http://www.sciencep.com

武汉市首壹印务有限公司印刷

科学出版社发行　各地新华书店经销

*

开本：787×1092　1/16

2025年8月第　二　版　印张：27 1/2

2025年8月第一次印刷　字数：699 000

**定价：85.00元**

（如有印装质量问题，我社负责调换）

# 《微积分》(第二版)
# 编委会

伯亮负责完成，同时周静、彭超权、蔡明建、杨占英、罗敬、安智、罗艾花、郭伦、郭仲凯、牛艳庆等老师也参与了编写工作，还有于洁莹、陈浩、桂思雨、周晓、叶娜、钟可欣、李灵珠、沈思远、周佳运、秦兆伦等部分研究生参与了校对与排版工作.本书的再版得到了科学出版社的领导和同志们的支持，同时也得到了中南民族大学教务处、数学与统计学学院的支持与帮助，在此一并致谢！对于新版中存在的不足之处，欢迎广大的读者们给予批评指正，我们会为微积分教材的建设、发展与完善不断前行！

编　者

2024 年 12 月

# 第一版前言

本书为“新时期大学数学信息化精品教材丛书”之《微积分》.它是在遵循新时期大学数学教学大纲,并参考教育部高等学校大学数学课程教学的基本要求的基础上编写而成.

在本书的编写过程中,我们参考国内外同类优秀教材,并与新时期大学数学教学大纲相结合的前提下遵循以下编写原则:

(1) 教材编写内容方法的深广度与经管类,生物化材类等各专业微积分课程的教学基本要求相当,并与教育部最新颁布的研究生入学考试数学二、三的考试大纲相结合.注重适当的渗透现代数学的思想与方法,以适应新时期对经济类、管理类、生物化材类人才培养的要求,同时也满足新时期研究生入学考试对经管类、生物化材类数学的要求.

(2) 在保证教学要求的基础上注重理论的阐述深入浅出,同时也注重了内容的完善性、理论的严谨性、例题方法的典型性相结合.使得教师更容易组织教学内容,学生也较容易接受.从而使学生在知识、能力与素质等方面有较大的综合提高.

(3) 在大多数章节中都结合经济学、管理学等方面的数学知识,使得教材与经济学与管理学紧密结合,从而使学生清楚地认识到高等数学在经济学与管理学等方面有着重要的应用.进而提高学生学习高数的主观积极性,培养学习数学的兴趣,提高利用数学知识分析问题、解决问题的能力.

(4) 在每章后介绍历史上对数学(特别是近代数学)有杰出贡献的九位伟大的数学家,从他们的身上了解到近代数学发展的基本过程,又能领略到数学家坚韧不拔地追求真理的人格魅力和科学精神,从而使现代大学生在前辈数学大师们的追求真理精神的感召下,增强自己为理想奋斗的动力,促进他们成才.

(5) 本书参考众多同行优秀教材及近年来考研题型与方法,并结合作者多年的教学实践与心得,对课后练习精心挑选,同时每章还配备总练习题,检验学生的学习效果,并使学生进一步消化知识、夯实基础、提高能力.

本书章节的编排共分 9 章,内容涵盖了函数、极限与连续、导数与微分、微分中值定理与导数应用、不定积分、定积分及其应用、多元函数微分学、二重积分、无穷级数、微分方程与差分方程.习题安排遵循循序渐进的原则,既注重基本概念、基本理论和方法,又注重经济学和其他方面应用性习题的配置.使习题与教材内容有机结合,以至于教师布置作业更方便有重点,学生检验学习效果更直接,从而达到教师容易教,学生容易学的目的.

本书由张军好、龙爱芳、余启港任主编,由胡军浩、孙仁斌、俞诗秋、夏永波、安智、蔡明建、胡国香、宁娣、万杭、杨占英、李学锋任副主编.全书由张军好统筹定稿.数学与统计学学院的段汕教授、胡军浩教授和欧阳露莎副教授认真审阅了全书,并提出了宝贵意见.

本书在编写过程中参考了众多国内外教材,本书的出版得到了科学出版社的领导和同志们的大力支持，同时也得到了中南民族大学教务处、数学与统计学学院的支持与帮助，在此一并致谢！

尽管我们的想法很多，大家也都竭尽全力，但限于我们的学识与经验，书中难免有不妥之处，恳请读者批评指正，以使本书在教学实践中不断完善.我们会为教材的建设、发展，不断前行.

编　者

2015 年 6 月

# 目　　录

# 第1章

# 函数、极限与连续

初等数学研究的主要是不变的量(常量),而高等数学研究的是变化的量(变量).函数是变量之间依赖关系的反映,是高等数学中最重要的基本概念之一,也是高等数学研究的主要对象.极限方法是研究变量的一种基本方法.本章将介绍函数、极限和函数连续性等基本概念以及它们的一些性质,并介绍一些经济学中的常用函数.

知识结构图

# 1.1 初等函数

## 1.1.1 邻域

邻域是高等数学经常用到的概念.

设 $a \in \mathbf{R}$,以 $a$ 为中心的任何开区间称为 $a$ 的邻域,记为 $U(a)$.

设 $\delta \in \mathbf{R}, \delta > 0$,以 $a$ 为中心,$\delta$ 为半径的开区间 $(a-\delta, a+\delta)$ 称为点 $a$ 的 $\delta$ 邻域,记为 $U(a,\delta)$,即

$$U(a,\delta)=\{x \mid a-\delta<x<a+\delta\}.$$

有时需要把邻域的中心去掉. 点 $a$ 的 $\delta$ 邻域去掉中心后,称为点 $a$ 的 $\delta$ 空心邻域,记为 $\mathring{U}(a,\delta)$,即

$$\mathring{U}(a,\delta)=\{x \mid 0<|x-a|<\delta\}.$$

把区间 $(a-\delta, a)$ 称为点 $a$ 的左 $\delta$ 空心邻域,记为 $\mathring{U}_{-}(a,\delta)$,即

$$\mathring{U}_{-}(a,\delta)=\{x \mid a-\delta<x<a\}.$$

把区间 $(a, a+\delta)$ 称为点 $a$ 的右 $\delta$ 空心邻域,记为 $\mathring{U}_{+}(a,\delta)$,即

$$\mathring{U}_{+}(a,\delta)=\{x \mid a<x<a+\delta\}.$$

## 1.1.2 函数的概念

**定义 1** 设 $x, y$ 是两个变量,$D$ 是给定的数集,如果对每一个 $x \in D$,按一定的对应法则,有唯一确定的数值 $y$ 与之对应,称 $y$ 是 $x$ 的函数.记为 $y=f(x)$.$x$ 称为自变量,$y$ 称为因变量,数集 $D$ 称为这个函数的定义域,记为 $D_f$.变量 $y$ 的变化范围称为函数 $f(x)$ 的值域,记为 $R_f$ 或 $f(D)$.即

$$f(D)=R_f=\{y \mid y=f(x), x \in D\}.$$

需要指出的是,记号 $f$ 和 $f(x)$ 的含义是不同的:前者表示自变量 $x$ 和因变量 $y$ 的对应法则,而后者表示 $x$ 对应的函数值.通常函数是指对应法则 $f$,但习惯上用 $y=f(x)$ 表示函数.函数的自变量又称为“元”,只有一个自变量的函数称为一元函数.

从定义可以看出,函数的值域由函数的对应法则和定义域确定,因此确定一个函数有两个要素:定义域和对应法则.如果两个函数的定义域相同,对应法则也相同,那么这两个函数是相同的,否则就是不同.

函数的对应法则是多样的,但一般表示一个函数主要采用解析法(公式法)、表格法和图像法,这在中学都介绍过了.在高等数学中还经常用到分段函数,即用几个式子表示一个函数.下面举几个分段函数的例子.

**例 1** 函数

$$y=|x|=\begin{cases} x, & x \geqslant 0, \\ -x, & x<0 \end{cases}$$

的定义域是 $D_f=(-\infty,+\infty)$,值域 $R_f=[0,+\infty)$.

如图 1-1 所示,这个函数称为绝对值函数.

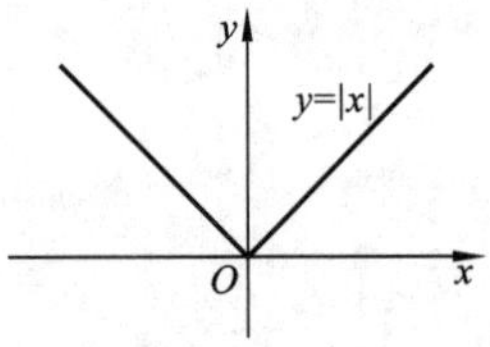


图 1-1

**例 2** 函数

$$y=\operatorname{sgn}x=\begin{cases}1, & x>0,\\ 0, & x=0,\\ -1, & x<0\end{cases}$$

的定义域是 $D_f=(-\infty,+\infty)$，值域 $R_f=\{-1,0,1\}$. 如图 1-2 所示，这个函数称为符号函数.

**例 3** 函数

$$y=[x]=\{\text{不超过 } x \text{ 的最大整数}\}$$

的定义域是 $D_f=(-\infty,+\infty)$，值域 $R_f=\mathbf{Z}$. 这个函数称为取整函数. 它的图形为阶梯曲线，如图 1-3 所示.

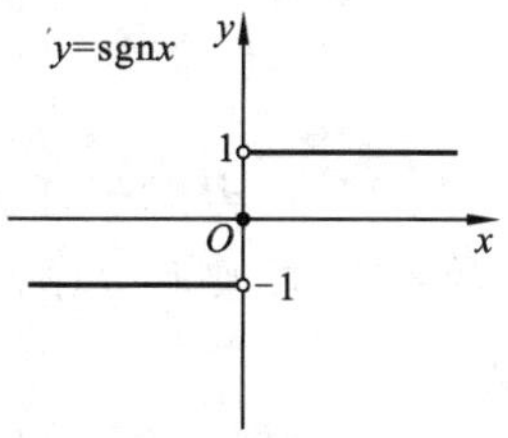


图 1-2

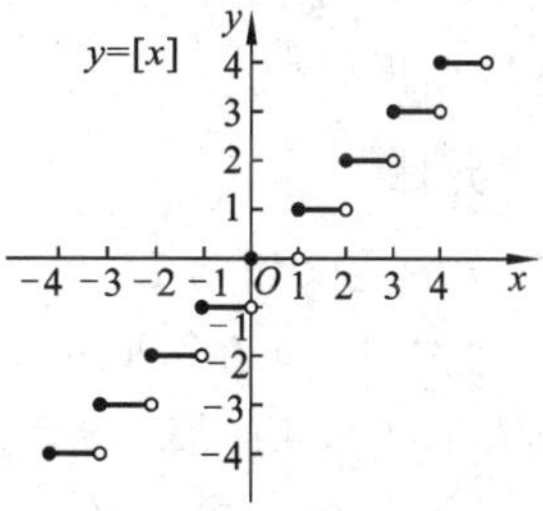


图 1-3

## 1.1.3 函数的性质

### 1. 函数的单调性

设函数 $f(x)$ 的定义域为 $D$，区间 $I\subset D$，如果对于区间 $I$ 中任意两点 $x_1$ 和 $x_2$，当 $x_1<x_2$ 时，成立不等式 $f(x_1)<f(x_2)$，则称 $f(x)$ 在区间 $I$ 为单调增加的(图 1-4)，如果对于区间 $I$ 中任意两点 $x_1$ 和 $x_2$，当 $x_1<x_2$ 时，成立不等式 $f(x_1)>f(x_2)$，则称 $f(x)$ 在区间 $I$ 为单调减少的(图 1-5)，单调增加和单调减少的函数统称为**单调函数**.

函数的单调性是局部的性质. 例如，函数 $f(x)=\sin x$ 在 $\left[0,\frac{\pi}{2}\right]$ 上是单调增加的，在 $\left[\frac{\pi}{2},\pi\right]$ 上是单调减少的，如图 1-6 所示.

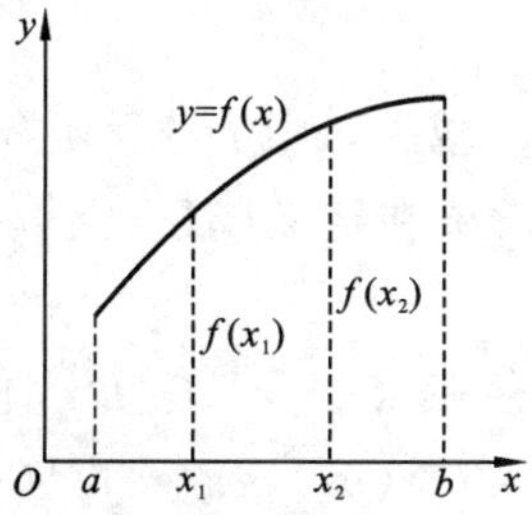


图 1-4

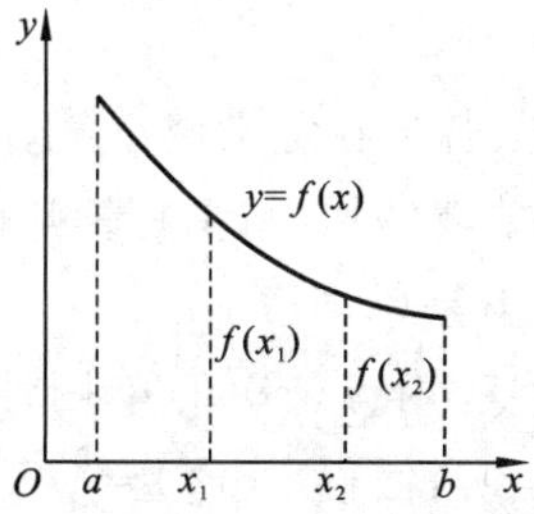


图 1-5

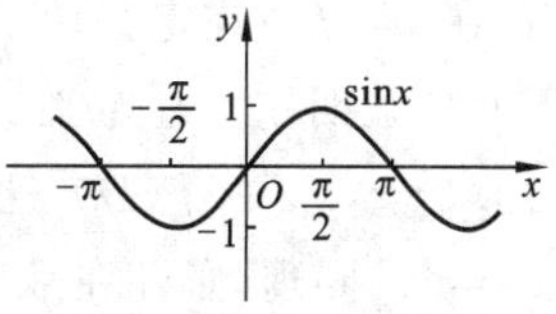


图 1-6

**2. 函数的奇偶性**

设函数 $f(x)$ 的定义域 $D$ 关于原点对称.如果对于任意 $x \in D$，有 $f(-x)=-f(x)$，则称 $f(x)$ 为奇函数.如果对于任意 $x \in D$，有 $f(-x)=f(x)$，则称 $f(x)$ 为偶函数.

例如 $f(x)=|x|$ 为偶函数，$f(x)=\operatorname{sgn}x$ 为奇函数.

奇函数图形关于原点对称，偶函数图形关于 $y$ 轴对称.

**3. 函数的周期性**

设函数 $f(x)$ 的定义域为 $D$，如果存在正数 $p$，使得对任意的 $x \in D$，有 $x+p \in D$，且有 $f(x+p)=f(x)$ 恒成立，则称 $f(x)$ 为周期函数，$p$ 称为 $f(x)$ 的一个周期.通常周期是指最小正周期，但不是每个周期函数都有最小正周期.

例如，函数 $f(x)=\sin x$ 以 $2\pi$ 为周期；$f(x)=\tan x$ 以 $\pi$ 为周期；函数 $f(x)\equiv C$ 以任意正数为周期，没有最小正周期.

**4. 函数的有界性**

设函数 $f(x)$ 的定义域为 $D$，区间 $I \subset D$，如果存在正数 $M$，使得对于任意 $x \in I$，都有 $|f(x)| \leqslant M$，则称 $f(x)$ 在区间 $I$ 上有界.如果这样的正数不存在，则称 $f(x)$ 在区间 $I$ 上无界，即无论多么大的正数 $M$，都存在 $x' \in I$，使得 $|f(x')|>M$.

若存在 $k_1 \in \mathbf{R}$，使得对于任意 $x \in I$，都有 $f(x) \leqslant k_1$，则称 $f(x)$ 在区间 $I$ 上有上界，而 $k_1$ 称为函数 $f(x)$ 在区间 $I$ 上的一个上界；若存在 $k_2 \in \mathbf{R}$，使得对于任意 $x \in I$，都有 $f(x) \geqslant k_2$，则称 $f(x)$ 在区间 $I$ 上有下界，而 $k_2$ 称为函数 $f(x)$ 在区间 $I$ 上的一个下界.

关于函数的有界性，有以下结论成立：函数 $f(x)$ 在区间 $I$ 上有界的充分必要条件是函数 $f(x)$ 在区间 $I$ 上既有上界又有下界.

## 1.1.4　反函数与复合函数

**1. 反函数**

一般地，设函数 $y=f(x)$ 的定义域为 $D_f$，值域为 $R_f$，对于任意的 $y \in R_f$，如果都存在唯一的 $x \in D_f$，使得 $f(x)=y$，则在 $R_f$ 上定义一个反函数，记为 $f^{-1}$，即

$$x=f^{-1}(y),\quad y \in R_f.$$

$f^{-1}$ 称为 $f$ 的反函数.

反函数的实质是 $f^{-1}$，用什么字母表示反函数的自变量和因变量无关紧要.习惯上用 $x$ 表示自变量，用 $y$ 表示因变量，因此 $y=f(x)$，$x \in D_f$ 的反函数 $x=f^{-1}(y)$，$y \in R_f$ 习惯上记为 $y=f^{-1}(x)$，$x \in R_f$.

函数与反函数之间有密切的关系.若 $f$ 在定义域 $D_f$ 上单调增加(减少)，则 $f$ 的反函数 $f^{-1}$ 必定存在，且 $f^{-1}$ 在定义域 $f(D)$ 上单调增加(减少).事实上，不妨设 $f$ 在定义域 $D_f$ 上单调增加，下面来证明 $f^{-1}$ 在定义域 $f(D)$ 上是单调增加的.

任取 $y_1, y_2 \in f(D)$ 且 $y_1<y_2$，由 $f(x)$ 的单调性知，必存在唯一 $x_1 \in D_f$，使得 $f(x_1)=y_1$.同理，必存在唯一 $x_2 \in D_f$，使得 $f(x_2)=y_2$.于是 $x_1=f^{-1}(y_1)$，$x_2=f^{-1}(y_2)$，下面证明 $x_1<x_2$.采用反证法.假设 $x_1 \geqslant x_2$，即 $x_1>x_2$ 或 $x_1=x_2$.若 $x_1>x_2$，由于 $f$ 为单调增加，则必有 $f(x_1)>f(x_2)$，即 $y_1>y_2$，与条件 $y_1<y_2$ 矛盾；若 $x_1=x_2$，由 $f$ 的单调性

知，必有 $f(x_1)=f(x_2)$，即 $y_1=y_2$，与条件 $y_1<y_2$ 矛盾.故必有 $x_1<x_2$，因此 $f^{-1}$ 在定义域 $f(D)$ 上单调增加.

下面来研究反函数的图形.设 $y=f(x), x\in D_f$ 有反函数 $y=f^{-1}(x), x\in f(D)$，若点 $A(x,f(x))$ 是 $y=f(x)$ 图形上的一点，则有 $B(f(x),x)$ 是 $y=f^{-1}(x)$ 图形上的一点，而点 $(x,f(x))$ 与点 $(f(x),x)$ 关于直线 $y=x$ 对称(图1-7)，因而函数 $y=f(x), x\in D_f$ 与它的反函数 $y=f^{-1}(x), x\in f(D)$ 的图形关于 $y=x$ 对称.

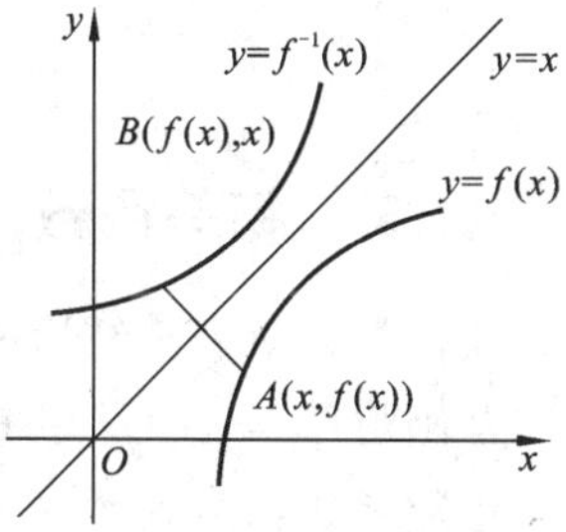

图 1-7

**2. 复合函数**

设函数 $y=f(u)$ 的定义域为 $D_f$，函数 $u=g(x)$ 的定义域为 $D_g$，且其值域 $R_g\subset D_f$，则函数 $y=f[g(x)], x\in D_g$ 称为由函数 $u=g(x)$ 和 $y=f(u)$ 构成的复合函数，它的定义域 $D_g$、变量 $u$ 称为中间变量.

例如，函数 $y=u^3$ 的定义域是 $(-\infty,+\infty)$，而函数 $u=\cos x$ 的值域为 $[-1,1]\subset(-\infty,+\infty)$，故这两个函数可构成复合函数 $y=\cos^3 x$. 但函数 $y=\ln(u-3)$ 和函数 $u=\sin x$ 就不能构成复合函数，因函数 $u=\sin x$ 的值域 $[-1,1]$ 与 $y=\ln(u-3)$ 的定义域 $(3,+\infty)$ 的交集为空集，导致 $y=\ln(\sin x-3)$ 的定义域为空集，故函数 $y=\ln(u-3)$ 和函数 $u=\sin x$ 就不能构成复合函数.

**例 4** 函数

$$f(x)=\begin{cases}\cos x, & -\pi\leqslant x\leqslant 0,\\ 1, & 0<x\leqslant 1,\\ \dfrac{1}{x}, & 1<x<2,\end{cases}$$

求 $f\left(\dfrac{1}{2}\right), f\left(\dfrac{3}{2}\right), f(0)$.

**解** $f\left(\dfrac{1}{2}\right)=1, f\left(\dfrac{3}{2}\right)=\dfrac{2}{3}, f(0)=\cos 0=1$.

**例 5** 函数

$$\varphi(x)=\begin{cases}1, & |x|\leqslant 1,\\ 0, & |x|>1,\end{cases}$$

求 $y=\varphi[\varphi(x)]$.

**解** $y=\varphi[\varphi(x)]$ 是由 $y=\varphi(u), u=\varphi(x)$ 复合而成的，当 $|x|>1$ 时，$u=0$，因而 $y=1$. 当 $|x|\leqslant 1$ 时，$u=1$，因而 $y=1$.故 $y=\varphi[\varphi(x)]=1, x\in(-\infty,+\infty)$.

**例 6** 设

$$f(x)=\begin{cases}x^2, & x\geqslant 0,\\ 2x, & x<0,\end{cases}\quad g(x)=\begin{cases}x, & x\geqslant 0,\\ -2x, & x<0,\end{cases}$$

求 $f[g(x)], g[f(x)]$.

**解** $y=f[g(x)]$ 由 $y=f(u)$ 和 $u=g(x)$ 复合而成，故

$$f[g(x)]=\begin{cases}x^2, & x\geqslant 0,\\ 4x^2, & x<0.\end{cases}$$

同理

$$g[f(x)]=\begin{cases}x^2, & x\geqslant 0,\\ -4x, & x<0.\end{cases}$$

### 1.1.5 初等函数

在初等数学中已经学过以下五类函数.

幂函数：$y=x^{\mu}$（$\mu\in\mathbf{R}$ 是常数）.

指数函数：$y=a^x$（$a>0$ 且 $a\neq 1$）.

对数函数：$y=\log_a x$（$a>0$ 且 $a\neq 1$，特别地，当 $a=\mathrm{e}$ 时，记为 $y=\ln x$）.

三角函数：$y=\sin x$，$y=\cos x$，$y=\tan x$，$y=\cot x$，$y=\sec x$，$y=\csc x$.

反三角函数：$y=\arcsin x$，$y=\arccos x$，$y=\arctan x$，$y=\mathrm{arccot}\,x$.

以上五类函数统称为基本初等函数，它们的图形与基本性质可以参考教材后附录 II.由常数和基本初等函数经过有限次的四则运算和有限次复合运算所得到的能用一个式子表示的函数，统称为初等函数.例如，$y=\sqrt{1+x^2}$，$y=\sin^2 x+1$ 等都是初等函数.在本课程中讨论的函数绝大多数都是初等函数.

凡不是初等函数的函数称为非初等函数.例如，狄利克雷函数 $D(x)=\begin{cases}1, & x\text{ 为有理数},\\ 0, & x\text{ 为无理数},\end{cases}$ 符号函数 $\mathrm{sgn}\,x$，取整函数等.

## 练 习 1.1

1. 求下列函数的定义域：

(1) $y=\sqrt{x^2-1}$；　(2) $y=\arcsin\sqrt{2x}$；

(3) $y=\dfrac{1}{1+x^3}$；　(4) $y=\dfrac{1}{\ln(1-x)}$.

2. 设 $f(x)=\begin{cases}x^2+1, & x<0,\\ x, & x\geqslant 0,\end{cases}$ 求 $f(-2)$，$f\left(\dfrac{3}{2}\right)$，$f(0)$.

3. 下列函数是否相同？为什么？

(1) $f(x)=\sqrt{(x-1)^2}$，$g(x)=x-1$；

(2) $f(x)=\dfrac{x^2-1}{x+1}$，$g(x)=x-1$；

(3) $f(x)=|x|$，$g(x)=\sqrt{x^2}$.

4. 讨论下列函数的奇偶性：

(1) $f(x)=\sin x+\cos x$；　(2) $y=\tan(\cos x)$；

(3) $\mathrm{sh}\,x=\dfrac{\mathrm{e}^x-\mathrm{e}^{-x}}{2}$；　(4) $\mathrm{ch}\,x=\dfrac{\mathrm{e}^x+\mathrm{e}^{-x}}{2}$.

5. 设下面所考虑的函数都是定义在区间 $(-l,l)$ 上的，证明：

(1) 两个偶函数的和是偶函数，两个奇函数的和是奇函数；

(2) 两个偶函数的积是偶函数，两个奇函数的积是偶函数，偶函数和奇函数的积是奇函数.

6. 求 $f(x)=2\sin 3x, x\in\left[-\dfrac{\pi}{6},\dfrac{\pi}{6}\right]$ 的反函数.

7. 下列函数哪些是周期函数？对于周期函数，指出其周期：

(1) $y=\sin(x+1)$；　　(2) $y=2+\cos\pi x$；

(3) $y=x\cos x$；　　(4) $y=\sin^2 x+\sin x+1$.

8. 设 $f(x)=\begin{cases}1, & |x|<1,\\ 0, & |x|=1,\\ -1, & |x|>1,\end{cases}$ $g(x)=e^x$，求 $f[g(x)]$，$g[f(x)]$.

## 1.2 数列的极限

典型例题讲解

### 1.2.1 数列极限的定义

若函数 $f$ 的定义域为全体正整数的集合 $\mathbf{N}_+$，则称 $f:\mathbf{N}_+\to\mathbf{R}$ 或 $f(n), n\in\mathbf{N}_+$ 为数列，数集 $\mathbf{N}_+$ 的元素可按由小到大的顺序排列，故 $f(n)$ 也可写成 $x_1, x_2, \cdots, x_n, \cdots$，或者简单地记为 $\{x_n\}$.

古代哲学家庄周在所著的《庄子·天下篇》有一句话："一尺之棰，日取其半，万世不竭."其含义是一根长为一尺的木棒，每天截下一半，这样的过程可以无限制的进行下去.

把每天截下的长度记录如下(单位为尺)：

第一天截下 $\dfrac{1}{2}$，第二天截下 $\dfrac{1}{2^2}$，…，第 $n$ 天截下 $\dfrac{1}{2^n}$，…，这样就得到一个数列

$$\frac{1}{2},\quad \frac{1}{2^2},\quad \frac{1}{2^n},\quad \cdots \quad 或 \quad \left\{\frac{1}{2^n}\right\}.$$

不难看出，数列 $\left\{\dfrac{1}{2^n}\right\}$ 的通项 $\dfrac{1}{2^n}$，随着 $n$ 无限增大而无限接近于 0. 一般地，对于数列 $\{x_n\}$，当 $n$ 无限增大而 $x_n$ 无限接近于某个常数 $a$，则称此数列为收敛数列，常数 $a$ 称为它的极限. 不具有这种性质的数列称为发散数列.

收敛数列的特性是"随着 $n$ 无限增大，$x_n$ 能无限接近于某个常数 $a$". 即当 $n$ 充分大时，数列的通项 $x_n$ 可以与 $a$ 之差的绝对值可以任意小. 下面给出收敛数列的极限的精确定义.

**定义 1**　设 $\{x_n\}$ 为数列，$a$ 为固定常数. 若对任意给定的正数 $\varepsilon$，总存在正整数 $N$，使得当 $n>N$ 时，有 $|x_n-a|<\varepsilon$ 成立，则称数列 $\{x_n\}$ 收敛于常数 $a$，常数 $a$ 称为数列 $\{x_n\}$ 的极限，并记为 $\lim\limits_{n\to\infty}x_n=a$ 或 $x_n\to a\,(n\to\infty)$.

若数列 $\{x_n\}$ 没有极限，则称 $\{x_n\}$ 不收敛，或称 $\{x_n\}$ 为发散数列，习惯上也说 $\lim\limits_{n\to\infty}x_n$ 不存在.

定义 1 通常称为数列的 $\varepsilon$-$N$ 定义. 对于定义 1 有如下说明：

(1) $\varepsilon$ 的任意性：$\varepsilon$ 是衡量 $x_n$ 与 $a$ 接近程度的，$\varepsilon$ 越小表示接近程度越好，它除了是正数外，不受任何限制，这说明 $x_n$ 与 $a$ 可以接近任何程度，然而尽管它是任意的，一旦给出，就可暂时看成是固定不变的，以利用它来求 $N$. 再者，$\varepsilon$ 既然可以选取任意正实数，那么 $2\varepsilon$，$3\varepsilon$ 或 $\varepsilon^2$ 也是

任意正数.因此，定义中不等式右边的 $\varepsilon$ 可以用 $2\varepsilon$，$3\varepsilon$ 或 $\varepsilon^2$ 来代替.

（2）$N$ 的相应性：一般说来，$N$ 是随 $\varepsilon$ 的变小而变大的，所以 $N$ 写成 $N(\varepsilon)$ 来强调 $N$ 是依赖于 $\varepsilon$ 的.但这种写法并不是说 $N$ 是由 $\varepsilon$ 唯一确定的.因此对于任意的 $\varepsilon$，若 $N=100$ 时满足要求，则 $N=101,102,\cdots$ 更能满足要求，其实 $N$ 等于多大没有关系，主要是它的存在性，只要存在一个 $N$，则大于 $N$ 的任何一个正整数都能满足要求.

（3）定义中"使得当 $n>N$ 时，有 $|x_n-a|<\varepsilon$ 成立"这句话说凡下标大于 $N$ 的所有 $x_n$ 都要满足 $|x_n-a|<\varepsilon$，从几何意义上讲就是说下标大于 $N$ 的所有 $x_n$ 都落在 $a$ 的 $\varepsilon$ 邻域内，而在这个邻域外，至多有 $N$ 项，或者说收敛于 $a$ 的数列 $\{x_n\}$，$a$ 的任意邻域内含有 $\{x_n\}$ 的几乎全体项.

（4）$\{x_n\}$ 的极限 $a$ 必定是一个确定的常数，$\{(-1)^n\}$ 的极限不存在，$\{n\}$ 的极限也不存在.

（5）极限的定义未给出求极限的方法，只能验证某常数为其极限.

为了方便表示，引入记号"$\forall$"表示"对任意给定的"，记号"$\exists$"表示"存在".于是，若"对任意给定的正数 $\varepsilon$"写成"$\forall\varepsilon>0$"，"存在正整数 $N$"写成"$\exists N\in\mathbf{N}_+$"，数列的极限 $\lim\limits_{n\to\infty}x_n=a$ 的定义可表达为

$$\lim_{n\to\infty}x_n=a\Leftrightarrow\forall\varepsilon>0,\exists N\in\mathbf{N}_+,\text{当 } n>N \text{ 时，有 } |x_n-a|<\varepsilon.$$

**例 1** 证明 $\dfrac{1}{2},\dfrac{-1}{3},\dfrac{1}{4},\cdots,\dfrac{(-1)^n}{n},\cdots$ 的极限是 0.

**证** $\forall\varepsilon>0$，因为

$$|x_n-a|=\left|\frac{(-1)^n}{n}-0\right|=\frac{1}{n},$$

要使 $|x_n-a|<\varepsilon$，只要 $\dfrac{1}{n}<\varepsilon$，即 $n>\dfrac{1}{\varepsilon}$.所以 $\forall\varepsilon>0$，$\exists N=\left[\dfrac{1}{\varepsilon}\right]\in\mathbf{N}_+$，当 $n>N$ 时，就有 $\left|\dfrac{(-1)^n}{n}-0\right|<\varepsilon$ 成立，即 $\lim\limits_{n\to\infty}\dfrac{(-1)^n}{n}=0$.

**例 2** 设 $|q|<1$，证明等比数列 $1,q,q^2,\cdots,q^{n-1},\cdots$ 的极限为 0.

**证** $\forall\varepsilon>0$，因为

$$|x_n-a|=|q^{n-1}-0|=|q|^{n-1},$$

要使 $|x_n-a|<\varepsilon$，只要 $|q|^{n-1}<\varepsilon$，即 $n>1+\log_{|q|}\varepsilon$.所以 $\forall\varepsilon>0$，$\exists N=[1+\log_{|q|}\varepsilon]\in\mathbf{N}_+$，当 $n>N$ 时，就有 $|q|^{n-1}<\varepsilon$ 成立，即 $\lim\limits_{n\to\infty}q^{n-1}=0$.

**例 3** 证明 $\lim\limits_{n\to\infty}\dfrac{n}{2n+3}=\dfrac{1}{2}$.

**证** $\forall\varepsilon>0$，因为

$$|x_n-a|=\left|\frac{n}{2n+3}-\frac{1}{2}\right|=\frac{3}{4n+6}<\frac{3}{4n},$$

要使 $|x_n-a|<\varepsilon$，只要 $\dfrac{3}{4n}<\varepsilon$，即 $n>\dfrac{3}{4\varepsilon}$.所以 $\forall\varepsilon>0$，$\exists N=\left[\dfrac{3}{4\varepsilon}\right]\in\mathbf{N}_+$，当 $n>N$ 时，就有 $\left|\dfrac{n}{2n+3}-\dfrac{1}{2}\right|<\varepsilon$ 成立，即 $\lim\limits_{n\to\infty}\dfrac{n}{2n+3}=\dfrac{1}{2}$.

### 1.2.2 数列极限的性质

**定理 1**（极限唯一性） 如果数列$\{x_n\}$收敛，那么它的极限唯一.

**证** 用反证法.假设$\lim\limits_{n\to\infty}x_n=a$，$\lim\limits_{n\to\infty}x_n=b$，$a<b$.取$\varepsilon=\dfrac{b-a}{2}>0$，由极限的定义知，$\exists N_1\in\mathbf{N}_+$，当$n>N_1$时，有$|x_n-a|<\varepsilon$，即$\dfrac{3a-b}{2}<x_n<\dfrac{b+a}{2}$.$\exists N_2\in\mathbf{N}_+$，当$n>N_2$时，有$|x_n-b|<\varepsilon$，即$\dfrac{a+b}{2}<x_n<\dfrac{3b-a}{2}$.取$N=\max\{N_1,N_2\}$，当$n>N$时，由前面可知$x_n<\dfrac{b+a}{2}$且$\dfrac{a+b}{2}<x_n$，矛盾.因此，收敛数列的极限唯一.

**定理 2**（有界性） 如果数列$\{x_n\}$收敛，那么数列$\{x_n\}$有界.

**证** 因为数列$\{x_n\}$收敛，设$\lim\limits_{n\to\infty}x_n=a$，由数列极限的定义知，可取$\varepsilon=1$，$\exists N\in\mathbf{N}_+$，当$n>N$时，有$|x_n-a|<1$，即$|x_n|=|x_n-a+a|<|x_n-a|+|a|<1+|a|$.于是当$n>N$时，有$|x_n|<1+|a|$.取$M=\max\{|x_1|,|x_2|,\cdots,|x_N|,1+|a|\}$，则对数列$\{x_n\}$的一切项，有$|x_n|<M$.因此，收敛数列有界.

由定理2知，如果数列$\{x_n\}$无界，那么它一定是发散的，但是有界数列不一定收敛.例如，数列$\{(-1)^n\}$，它是有界的，但它是发散的.

**定理 3**（局部保号性） 如果$\lim\limits_{n\to\infty}x_n=a$，$a>0$（或$a<0$），那么存在正整数$N$，当$n>N$时，有$x_n>0$（或$x_n<0$）.

**证** 由数列极限的定义知，取$\varepsilon=\dfrac{a}{2}>0$，$\exists N\in\mathbf{N}_+$，当$n>N$时有$|x_n-a|<\dfrac{a}{2}$，从而$x_n>a-\dfrac{a}{2}=\dfrac{a}{2}>0$.同理可证$a<0$时，结论成立.

**推论** 如果数列自某项起$x_n>0$（或$x_n<0$），且$\lim\limits_{n\to\infty}x_n=a$，那么$a\geqslant 0$（$a\leqslant 0$）.

**证** $\exists N_1\in\mathbf{N}_+$，当$n>N_1$时，有$x_n\geqslant 0$，现在用反证法证明.假设$\lim\limits_{n\to\infty}x_n=a<0$.由定理3知，$\exists N_2\in\mathbf{N}_+$，当$n>N_2$时，有$x_n<0$.取$N=\max\{N_1,N_2\}$，当$n>N$时，由条件$x_n>0$，而由定理3知$x_n<0$，矛盾.因此，$a\geqslant 0$.同理可证明$x_n<0$时，结论成立.

在数列$\{x_n\}$中任取无限多项，并保持这些项在原数列中的先后次序，这样得到的一个数列称为原数列的一个子数列，简称子列，记为$\{x_{n_k}\}$，$x_{n_k}$是子列$\{x_{n_k}\}$中的第$k$项，在数列$\{x_n\}$中是第$n_k$项，显然$n_k\geqslant k$.

**定理 4** 设数列$\{x_n\}$收敛于$a$，则它的任一子列$\{x_{n_k}\}$也收敛，且极限为$a$.

**证** 因为$\lim\limits_{n\to\infty}x_n=a$，所以$\forall\varepsilon>0$，$\exists N\in\mathbf{N}_+$，当$n>N$时，有$|x_n-a|<\varepsilon$，取$K=N\in\mathbf{N}_+$，当$k>K$时，有$n_k>n_K=n_N\geqslant N$，从而有$|x_{n_k}-a|<\varepsilon$成立，所以$\lim\limits_{n\to\infty}x_{n_k}=a$.

由定理4知，数列$\{x_n\}$有一个子列不收敛或有两个子列收敛于不同的极限，则数列$\{x_n\}$必发散.例如，数列$\{(-1)^n\}$的子列$\{x_{2k-1}\}$收敛于$-1$，而子列$\{x_{2k}\}$收敛于1，因此它是发散的.同时这个例子也说明，一个发散的数列也有可能有收敛的子列.

## 练　习　1.2

1. 用数列的 ε-$N$ 定义证明：

(1) $\lim\limits_{n\to\infty}\left(2+\dfrac{1}{n}\right)=2$；　　(2) $\lim\limits_{n\to\infty}\dfrac{1}{n^2}=0$；

(3) $\lim\limits_{n\to\infty}\dfrac{\sqrt{n^2+1}}{n}=1$；　　(4) $\lim\limits_{n\to\infty}0.\underbrace{99\cdots9}_{n个}=1$.

2. 设 $\lim\limits_{n\to\infty}x_n=a$，证明：$\lim\limits_{n\to\infty}|x_n|=|a|$.

3. 设数列 $\{x_n\}$ 有界，又 $\lim\limits_{n\to\infty}y_n=0$，证明：$\lim\limits_{n\to\infty}x_ny_n=0$.

4. 对数列 $\{x_n\}$，如果 $\lim\limits_{k\to\infty}x_{2k-1}=a$，$\lim\limits_{k\to\infty}x_{2k}=a$，证明：$\lim\limits_{n\to\infty}x_n=a$.

# 1.3　函数的极限

### 1.3.1　$x\to\infty$ 时函数的极限

设函数 $f(x)$ 定义在 $[a,+\infty)$ 上，类似数列的情形，研究当自变量 $x\to\infty$ 时，对应函数值是否无限地接近某个常数 $A$.例如，对于函数 $f(x)=\arctan x$，从图像中可以看出，当 $x$ 无限增大时，函数值 $f(x)$ 无限地接近于$\dfrac{\pi}{2}$；而对于 $f(x)=\dfrac{1}{x}$，$x\to+\infty$ 时，函数值 $f(x)$ 无限地接近于0.称这两个函数当 $x\to+\infty$ 时有极限.类似于数列极限的定义，下面给出当 $x$ 趋于正无穷大时，函数极限的精确定义.

**定义 1**　设 $f(x)$ 定义在 $[a,+\infty)$ 上的函数，$A$ 为常数.如果对于任意给定的 $\varepsilon>0$，存在 $M>0$，使得当 $x>M$ 时，有 $|f(x)-A|<\varepsilon$，则称函数 $f(x)$ 在 $x\to+\infty$ 时以 $A$ 为极限.记为

$$\lim_{x\to+\infty}f(x)=A,\quad 或\quad f(x)\to A\ (x\to+\infty).$$

在定义 1 中正数 $M$ 与数列极限定义中 $N$ 相似，表明 $x$ 充分大的程度；但这里考虑的是比 $M$ 大的所有实数 $x$，而不仅仅是正整数 $n$.因此，当 $x\to+\infty$，函数 $f(x)$ 以 $A$ 为极限意味着 $A$ 的任意邻域内必有 $f(x)$ 在 $x>M$ 时的全体函数值.

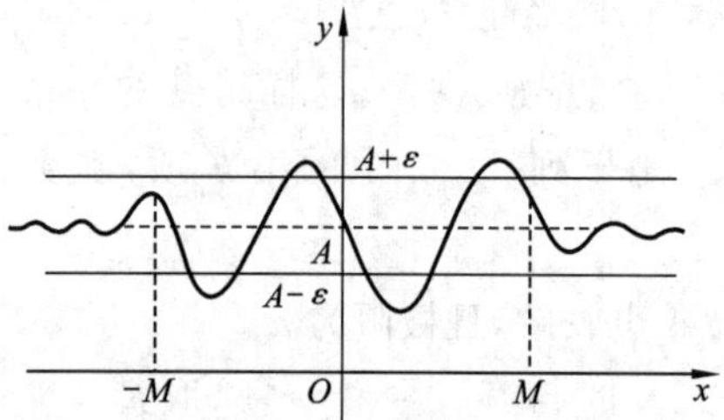

图 1-8

定义1的几何意义如图1-8所示，对任意给定 $\varepsilon>0$，在坐标平面上平行于 $x$ 轴的两条直线 $y=A+\varepsilon$ 和 $y=A-\varepsilon$，围成的以 $y=A$ 为中心线，宽为 $2\varepsilon$ 的带形区域；定义中的"当 $x>M$ 时，有 $|f(x)-A|<\varepsilon$"表示在直线 $x=M$ 的右方，曲线 $y=f(x)$ 全部落在这个带形区域内，如果 $\varepsilon$ 给的再窄一点，那么直线 $x=M$ 一般要往右平移；但无论 $\varepsilon$ 给的多么窄，总存在这样的 $M$ 使得 $y=f(x)$ 在直线 $x=M$ 右边的部分全部落在这更窄的带形区域内.

现在讨论 $f(x)$ 为定义在 $x<-a$ 或 $|x|>a\ (a>0)$ 上的函数，当 $x\to-\infty$ 或 $x\to\infty$ 时，若函数 $f(x)$ 无限地接近某个常数 $A$，则称函数 $f(x)$ 在 $x\to-\infty$ 或 $x\to\infty$ 时以 $A$ 为极

限.分别记为

$$\lim_{x\to-\infty}f(x)=A,\quad 或\quad f(x)\to A\,(x\to-\infty),$$

$$\lim_{x\to\infty}f(x)=A,\quad 或\quad f(x)\to A\,(x\to\infty).$$

这两种函数极限的定义与定义 1 相仿，只需把定义 1 中的“$x>M$”换成“$x<-M$”或“$x>M$”换成“$|x|>M$”即可.

由以上定义不难得到如下结论：$\lim\limits_{x\to\infty}f(x)=A\Leftrightarrow\lim\limits_{x\to-\infty}f(x)=\lim\limits_{x\to+\infty}f(x)=A$.

**例 1**　证明 $\lim\limits_{x\to\infty}\dfrac{6x+5}{x}=6$.

**证**　$\forall\varepsilon>0$，因为

$$|f(x)-A|=\left|\frac{6x+5}{x}-6\right|=\left|\frac{5}{x}\right|,$$

要使 $|f(x)-A|<\varepsilon$，只要 $\left|\dfrac{5}{x}\right|<\varepsilon$，即 $|x|>\dfrac{5}{\varepsilon}$.所以，$\forall\varepsilon>0$，$\exists M=\dfrac{5}{\varepsilon}>0$，当 $|x|>\dfrac{5}{\varepsilon}$ 时，就有 $\left|\dfrac{6x+5}{x}-6\right|<\varepsilon$ 成立，即 $\lim\limits_{x\to\infty}\dfrac{6x+5}{x}=6$.

**例 2**　证明：(1) $\lim\limits_{x\to-\infty}\arctan x=-\dfrac{\pi}{2}$；　(2) $\lim\limits_{x\to+\infty}\arctan x=\dfrac{\pi}{2}$.

**证**　(1) $\forall\varepsilon>0\left(\varepsilon<\dfrac{\pi}{2}\right)$，因为

$$|f(x)-A|=\left|\arctan x-\left(-\frac{\pi}{2}\right)\right|=\left|\arctan x+\frac{\pi}{2}\right|,$$

要使 $|f(x)-A|<\varepsilon$，只要 $\left|\arctan x+\dfrac{\pi}{2}\right|<\varepsilon$，即 $-\dfrac{\pi}{2}-\varepsilon<\arctan x<-\dfrac{\pi}{2}+\varepsilon$，即 $x<\tan\left(-\dfrac{\pi}{2}+\varepsilon\right)$. 所以，$\forall\varepsilon>0$，$\exists M=\tan\left(\dfrac{\pi}{2}-\varepsilon\right)$，当 $x<-M$ 时，就有 $\left|\arctan x-\left(-\dfrac{\pi}{2}\right)\right|<\varepsilon$ 成立，即 $\lim\limits_{x\to-\infty}\arctan x=-\dfrac{\pi}{2}$.

(2) $\forall\varepsilon>0\left(\varepsilon<\dfrac{\pi}{2}\right)$，因为

$$|f(x)-A|=\left|\arctan x-\frac{\pi}{2}\right|,$$

要使 $|f(x)-A|<\varepsilon$，只要 $\left|\arctan x-\dfrac{\pi}{2}\right|<\varepsilon$，即 $\dfrac{\pi}{2}-\varepsilon<\arctan x<\dfrac{\pi}{2}+\varepsilon$，即 $x>\tan\left(\dfrac{\pi}{2}-\varepsilon\right)$.所以，$\forall\varepsilon>0$，$\exists M=\tan\left(\dfrac{\pi}{2}-\varepsilon\right)>0$，当 $x>M$ 时，就有 $\left|\arctan x-\dfrac{\pi}{2}\right|<\varepsilon$ 成立，即 $\lim\limits_{x\to+\infty}\arctan x=\dfrac{\pi}{2}$.

典型例题讲解

### 1.3.2　$x\to x_0$ 时函数的极限

**定义 2**　设 $f(x)$ 在 $x_0$ 的某个空心邻域 $\mathring{U}(x_0,\delta')$ 内有定义，$A$ 为常数.如果对于任意给

定的 $\varepsilon>0$，存在 $\delta>0(\delta<\delta')$，使得当 $0<|x-x_0|<\delta$ 时，有 $|f(x)-A|<\varepsilon$，则称函数 $f(x)$ 在 $x$ 趋于 $x_0$ 时以 $A$ 为极限.记为

$$\lim_{x\to x_0} f(x)=A, \quad 或 \quad f(x)\to A\,(x\to x_0).$$

对定义 2 作如下几点说明.

(1) 定义 2 中的正数 $\delta$，它依赖于 $\varepsilon$，但并不是由 $\varepsilon$ 唯一确定.一般说来，$\varepsilon$ 越小，$\delta$ 相应要小一些，而且把 $\delta$ 取得更小些也无妨；

(2) 定义 2 中只要求 $f(x)$ 在 $x_0$ 的某个空心邻域 $\mathring{U}(a,\delta')$ 内有定义，而一般不考虑 $f(x)$ 在 $x_0$ 处是否有定义，或者取什么值.这是因为，对于函数极限所考虑的是 $x$ 趋于 $x_0$ 过程中函数值的变化趋势.

(3) 定义 2 中的不等式 $0<|x-x_0|<\delta$ 等价于 $x\in\mathring{U}(x_0,\delta)$，而不等式 $|f(x)-A|<\varepsilon$ 等价于 $f(x)\in U(A,\varepsilon)$，于是定义 2 又可写成 $\forall\varepsilon>0$，$\exists\delta>0$，当 $x\in\mathring{U}(x_0,\delta)$ 时，就有 $f(x)\in U(A,\varepsilon)$ 成立.

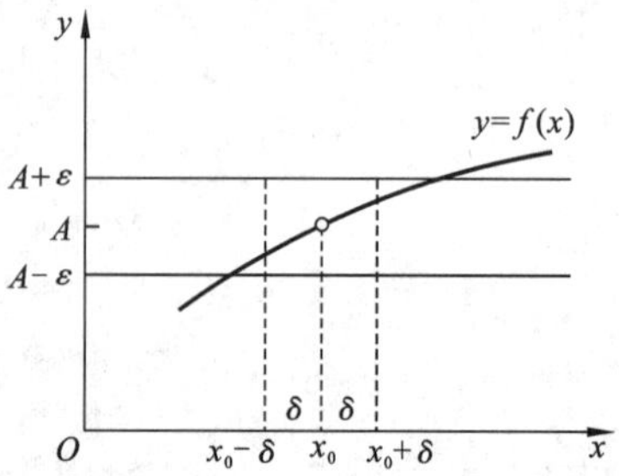

图 1-9

(4) 定义 2 的几何含义如图 1-9 所示. $\forall\varepsilon>0$，在坐标平面上画一条以 $y=A$ 为中心线，宽为 $2\varepsilon$ 的横形区域，则必存在以直线 $x=x_0$ 为中心线，宽为 $2\delta$ 的竖形区域，使得函数 $y=f(x)$ 竖形区域部分全部落在横形区域内，但点 $(x_0,f(x_0))$ 可能例外.

下面讨论单侧极限.

**定义 3** 设 $f(x)$ 在 $\mathring{U}_+(x_0,\delta')$(或 $\mathring{U}_-(x_0,\delta')$) 内有定义，$A$ 为常数.如果对于任意给定的 $\varepsilon>0$，存在 $\delta>0$ $(\delta<\delta')$，使得当 $x_0<x<x_0+\delta(x_0-\delta<x<x_0)$ 时，有 $|f(x)-A|<\varepsilon$，则称 $A$ 为函数 $f(x)$ 在 $x$ 趋于 $x_0$ 时的右极限(左极限).记为

$$\lim_{x\to x_0^+} f(x)=A\,(或 \lim_{x\to x_0^-} f(x)=A), \quad 或 \quad f(x)\to A\,(x\to x_0^+)\ (f(x)\to A\,(x\to x_0^-)).$$

右极限和左极限统称为单侧极限. $f(x)$ 在点 $x_0$ 的右极限与左极限分别记为

$$f(x_0+0)=\lim_{x\to x_0^+} f(x), \quad 或 \quad f(x_0-0)=\lim_{x\to x_0^-} f(x).$$

关于函数极限 $\lim\limits_{x\to x_0} f(x)$ 与 $f(x_0+0)$，$f(x_0-0)$ 之间关系，有如下定理.

**定理 1** $\lim\limits_{x\to x_0} f(x)=A \Leftrightarrow f(x_0+0)=f(x_0-0)=A$.

定理的证明留给读者.

应用定理 1，除了可验证函数极限的存在性，还可以说明某些函数的极限不存在.

**例 3** 证明：$\lim\limits_{x\to 1} 3x=3$.

**证** $\forall\varepsilon>0$，因为

$$|f(x)-A|=|3x-3|=3|x-1|.$$

要使 $|f(x)-A|<\varepsilon$，只要 $3|x-1|<\varepsilon$，即 $|x-1|<\dfrac{\varepsilon}{3}$.所以，$\forall\varepsilon>0$，$\exists\delta=\dfrac{\varepsilon}{3}>0$，当 $0<|x-1|<\delta$ 时，就有 $|3x-3|<\varepsilon$ 成立，即 $\lim\limits_{x\to 1} 3x=3$.

**例 4**　证明：$\lim\limits_{x\to x_0}\sin x=\sin x_0$.

**证**　$\forall\varepsilon>0$，因为

$$|f(x)-A|=|\sin x-\sin x_0|$$
$$=2\left|\cos\frac{x+x_0}{2}\sin\frac{x-x_0}{2}\right|\leqslant 2\left|\sin\frac{x-x_0}{2}\right|\leqslant|x-x_0|.$$

要使 $|f(x)-A|<\varepsilon$，只要 $0<|x-x_0|<\varepsilon$.所以，$\forall\varepsilon>0$，$\exists\delta=\varepsilon>0$，当 $0<|x-x_0|<\delta$ 时，就有 $|\sin x-\sin x_0|<\varepsilon$ 成立，故

$$\lim_{x\to x_0}\sin x=\sin x_0.$$

**例 5**　证明：$\lim\limits_{x\to 2}x^2=4$.

**证**　$\forall\varepsilon>0$，设 $|x-2|<1$，即 $1<x<3$.由于

$$|x^2-4|=|(x-2)(x+2)|<5|x-2|.$$

要使 $|x^2-4|<\varepsilon$，只要 $5|x-2|<\varepsilon$，即 $|x-2|<\dfrac{\varepsilon}{5}$.所以，$\forall\varepsilon>0$，$\exists\delta=\min\left\{1,\dfrac{\varepsilon}{5}\right\}$，当 $0<|x-2|<\delta$ 时，就有 $|x^2-4|<\varepsilon$ 成立，故 $\lim\limits_{x\to 2}x^2=4$.

**例 6**　判断当 $x\to 0$ 时，函数 $f(x)=\dfrac{|x|}{x}$ 的极限是否存在.

**解**　注意当 $x<0$ 时，$|x|=-x$；当 $x>0$ 时，$|x|=x$.所以

$$\lim_{x\to 0^+}f(x)=\lim_{x\to 0^+}\frac{x}{x}=1,\quad \lim_{x\to 0^-}f(x)=\lim_{x\to 0^-}\frac{-x}{x}=-1.$$

由于 $\lim\limits_{x\to 0^+}f(x)$，$\lim\limits_{x\to 0^-}f(x)$ 均存在但不相等，所以当 $x\to 0$ 时，函数 $f(x)=\dfrac{|x|}{x}$ 的极限不存在.

### 1.3.3　函数极限的性质

下面以"$x\to x_0$"这一种趋近方式给出函数极限的性质，其他的趋近方式的极限性质可类似推出.

**定理 2**（极限的唯一性）　如果 $\lim\limits_{x\to x_0}f(x)$ 存在，那么它的极限唯一.

定理 2 与数列极限的存在唯一性完全类似，这里从略.

**定理 3**（局部有界性）　如果 $\lim\limits_{x\to x_0}f(x)=A$，则存在一个 $M>0$ 和 $\delta>0$，使得 $0<|x-x_0|<\delta$ 时，$|f(x)|<M$.

**证**　因为 $\lim\limits_{x\to x_0}f(x)=A$，所以取 $\varepsilon=1$，$\exists\delta>0$，当 $0<|x-x_0|<\delta$ 时，有 $|f(x)-A|<1$，即 $|f(x)|\leqslant|f(x)-A|+|A|\leqslant 1+|A|$，记 $M=1+|A|$，则定理 3 得证.

**定理 4**（局部保号性）　如果 $\lim\limits_{x\to x_0}f(x)=A$，且 $A>0$（或 $A<0$），则存在 $\delta>0$，使得 $0<|x-x_0|<\delta$ 时，$f(x)>0$（或 $f(x)<0$）.

**证**　设 $A>0$，因 $\lim\limits_{x\to x_0}f(x)=A$，故取 $\varepsilon=\dfrac{A}{2}$，$\exists\delta>0$，当 $0<|x-x_0|<\delta$ 时，有 $|f(x)-A|<\dfrac{A}{2}$，从而 $f(x)>A-\dfrac{A}{2}=\dfrac{A}{2}>0$.类似可证 $A<0$ 的情形.

从定理 4 的证明可知，在定理 3 的条件下，可得到更强的结论.

**定理 4′**（局部保号性） 如果 $\lim\limits_{x \to x_0} f(x)=A \neq 0$，那么一定存在某去心邻域 $\mathring{U}(x_0)$，使得当 $x \in \mathring{U}(x_0)$，有 $|f(x)| > \left|\dfrac{A}{2}\right|$.

**推论 1** 如果在 $x_0$ 的某去心邻域内有 $f(x)>0$（或 $f(x)<0$），且 $\lim\limits_{x \to x_0} f(x)=A$，那么必有 $A \geqslant 0$（或 $A \leqslant 0$）.

**证** 用反证法.设在点 $x_0$ 的某一去心邻域 $\mathring{U}(x_0)$ 内有 $f(x) \geqslant 0$，且 $A<0$，由 $\lim\limits_{x \to x_0} f(x)=A$ 及定理 4 知，存在 $\delta>0$，使得 $0<|x-x_0|<\delta$ 时，有 $f(x)<0$，与 $f(x) \geqslant 0$ 矛盾.故 $A \geqslant 0$.

## 练 习 1.3

1. 根据函数极限的定义证明：

(1) $\lim\limits_{x \to \infty} \dfrac{1+x^2}{2x^2}=\dfrac{1}{2}$； (2) $\lim\limits_{x \to +\infty} \dfrac{\sin x}{\sqrt{x}}=0$；

(3) $\lim\limits_{x \to 2}(2x-1)=3$； (4) $\lim\limits_{x \to -\frac{1}{2}} \dfrac{1-4x^2}{2x+1}=2$.

2. 设 $f(x)=\begin{cases} x, & x<1, \\ 3x-1, & x \geqslant 1, \end{cases}$ 讨论当 $x \to 1$ 时，$f(x)$ 的左、右极限和极限.

3. 设 $f(x)=\begin{cases} ax, & x<2, \\ x^2, & x \geqslant 2, \end{cases}$ 求：

(1) $f(2+0)$，$f(2-0)$； (2) $a$ 为何值时，$\lim\limits_{x \to 2} f(x)$ 存在.

4. 证明 $f(x)=|x|$，当 $x \to 0$ 时，极限为 0.

# 1.4 无穷大与无穷小

## 1.4.1 无穷小量

当自变量在一定的变化过程中，如果函数（数列）极限为零，则这个函数在自变量的这个变化过程中为无穷小量.在给出无穷小量时，必须指明自变量的变化过程，因为即使同一函数当自变量的变化过程不同，其极限可能不同.如函数 $f(x)=\dfrac{1}{x}$，由于 $\lim\limits_{x \to \infty} \dfrac{1}{x}=0$，故当 $x \to \infty$ 时，$\dfrac{1}{x}$ 是无穷小量.而 $\lim\limits_{x \to 1} \dfrac{1}{x}=1$，故当 $x \to 1$ 时，$\dfrac{1}{x}$ 不是无穷小量.另外不能把无穷小量与很小很小的量混为一谈，很小很小的量不是无穷小量，但零可以作为无穷小量的唯一的常数.

关于无穷小量和函数极限的关系有如下定理.

**定理 1** $\lim\limits_{x \to x_0} f(x)=A$ 的充要条件是 $f(x)-A$ 当 $x \to x_0$ 时是无穷小量.

**证** 先证必要性.若 $\lim\limits_{x \to x_0} f(x)=A$，则 $\forall \varepsilon>0$，$\exists \delta>0$，使得当 $0<|x-x_0|<\delta$ 时，有 $|f(x)-A|<\varepsilon$ 成立.由极限的定义知，$f(x)-A$ 为 $x \to x_0$ 的无穷小量.

再证充分性. $x \to x_0$ 时, $f(x)-A$ 是无穷小量,即 $\lim\limits_{x \to x_0}(f(x)-A)=0$,由极限的定义知, $\forall \varepsilon>0$, $\exists \delta>0$,使得当 $0<|x-x_0|<\delta$ 时,有 $|f(x)-A|<\varepsilon$ 成立,所以 $\lim\limits_{x \to x_0} f(x)=A$.

### 1.4.2 无穷大量

下面以 $x \to x_0$ 类型为例给出无穷大量的定义,其他类型无穷大量可类似给出定义.

设 $f(x)$ 在 $x_0$ 某空心邻域内有定义,如果当 $x \to x_0$ 时,对应的函数值的绝对值 $|f(x)|$ 无限增大,则称函数 $f(x)$ 为 $x \to x_0$ 时的无穷大量.精确的结论见定义 1.

**定义 1** $f(x)$ 在 $x_0$ 某空心邻域内有定义,如果对任意给定的正数 $E$,存在一个正数 $\delta$,只要 $x$ 满足当 $0<|x-x_0|<\delta$ 时, $|f(x)|>E$ 成立,则称函数 $f(x)$ 为 $x \to x_0$ 时的无穷大量.

当 $x \to x_0$ 时为无穷大量的函数 $f(x)$,按照极限的定义,极限是不存在的,但为了便于叙述函数的这一性质,也说"$x \to x_0$,函数 $f(x)$ 的极限为无穷大",并记为 $\lim\limits_{x \to x_0} f(x)=\infty$.如果把无穷大定义中"$|f(x)|>E$"换成"$f(x)>E$"(或 $f(x)<-E$),就记为 $\lim\limits_{x \to x_0} f(x)=+\infty$(或 $\lim\limits_{x \to x_0} f(x)=-\infty$).

无穷大量与无穷小量有如下关系.

**定理 2** 在自变量的同一变化过程中,(1) 如果 $f(x)$ 是无穷大量,那么 $\dfrac{1}{f(x)}$ 是无穷小量;(2) 如果 $f(x) \neq 0$ 是无穷小量,那么 $\dfrac{1}{f(x)}$ 是无穷大量.

**例 1** 证明 $\lim\limits_{x \to 0} \dfrac{3x-1}{x}=\infty$.

**证** 由于 $\left|\dfrac{3x-1}{x}\right|=\left|3-\dfrac{1}{x}\right|>\left|\dfrac{1}{x}\right|-3$,要使 $\left|\dfrac{3x-1}{x}\right|>E$,只要 $\left|\dfrac{1}{x}\right|-3>E$,即 $|x|<\dfrac{1}{3+E}$. $\forall E>0$, $\exists \delta=\dfrac{1}{3+E}>0$,当 $0<|x-0|<\delta$ 时,就有 $\left|\dfrac{3x-1}{x}\right|>E$ 成立,故 $\lim\limits_{x \to 0} \dfrac{3x-1}{x}=\infty$.

## 练 习 1.4

1. 利用极限定义证明 $f(x)=\dfrac{x^2-4}{x+2}$ 为 $x \to 2$ 时的无穷小量.

2. 证明 $\lim\limits_{x \to 2} \dfrac{1}{x-2}=\infty$.

3. 求下列极限:

(1) $\lim\limits_{x \to 0} x^2 \sin \dfrac{1}{x}$;  (2) $\lim\limits_{x \to \infty} \dfrac{\arctan x}{x}$.

4. 函数 $y=x\sin x$ 在 $(-\infty,+\infty)$ 是否有界? 这个函数是否为 $x \to +\infty$ 时的无穷大量? 为什么?

## 1.5 极限的运算法则

典型例题讲解

本节讨论极限四则运算和复合函数的极限运算法则.利用这些法则，可以求某些函数的极限，以后还将介绍其他求极限的方法.

在下面的论证中，只证明当 $x \to x_0$ 的情形，其他情形可类似证明.

**定理 1** 设 $\lim\limits_{x \to x_0} f(x)=A$，$\lim\limits_{x \to x_0} g(x)=B$，则 $f(x) \pm g(x)$，$f(x) \cdot g(x)$，$\dfrac{f(x)}{g(x)}$ $(B \neq 0)$ 的极限都存在且

(1) $\lim\limits_{x \to x_0}[f(x) \pm g(x)]=\lim\limits_{x \to x_0} f(x) \pm \lim\limits_{x \to x_0} g(x)=A \pm B$；

(2) $\lim\limits_{x \to x_0}[f(x) \cdot g(x)]=\lim\limits_{x \to x_0} f(x) \cdot \lim\limits_{x \to x_0} g(x)=A \cdot B$；

(3) $\lim\limits_{x \to x_0} \dfrac{f(x)}{g(x)}=\dfrac{\lim\limits_{x \to x_0} f(x)}{\lim\limits_{x \to x_0} g(x)}=\dfrac{A}{B}$.

**证** 由于 $f(x)-g(x)=f(x)+(-g(x))$，而 $\dfrac{f(x)}{g(x)}=f(x) \cdot \dfrac{1}{g(x)}$，所以只要证明关于和、积和倒数运算的结论即可.

设 $\lim\limits_{x \to x_0} f(x)=A$，$\lim\limits_{x \to x_0} g(x)=B$，则 $\forall \varepsilon>0$，$\exists \delta_1>0$，当 $0<|x-x_0|<\delta_1$ 时，有 $|f(x)-A|<\varepsilon$ 成立.$\exists \delta_2>0$，当 $0<|x-x_0|<\delta_2$ 时，有 $|g(x)-B|<\varepsilon$ 成立.取 $\delta=\min\{\delta_1, \delta_2\}$，当 $0<|x-x_0|<\delta$ 时，有上述不等式同时成立，从而有

(1) $|f(x)+g(x)-(A+B)| \leqslant |f(x)-A|+|g(x)-B|<2\varepsilon$，故 $\lim\limits_{x \to x_0} f(x)+g(x)=A+B$；

(2) 
$$\begin{aligned}|f(x) \cdot g(x)-A \cdot B| &= |(f(x)-A) \cdot g(x)+A(g(x)-B)| \\ &\leqslant |f(x)-A| \cdot |g(x)|+|A||g(x)-B|,\end{aligned}$$
由函数极限的局部有界性知，存在 $M$ 和 $\delta_3$，使得当 $0<|x-x_0|<\delta_3$ 时，有 $|g(x)|<M$，取 $\delta'=\min\{\delta_1, \delta_2, \delta_3\}$，当 $0<|x-x_0|<\delta'$ 时，有 $|f(x) \cdot g(x)-A \cdot B| \leqslant (M+|A|)\varepsilon$，故有 $\lim\limits_{x \to x_0} f(x) \cdot g(x)=A \cdot B$.

(3) 由于 $\lim\limits_{x \to x_0} g(x)=B \neq 0$，根据极限的局部保号性知，存在 $\delta_4$，使得当 $0<|x-x_0|<\delta_4$ 时，$|g(x)|>\dfrac{|B|}{2}$.取 $\delta''=\min\{\delta_2, \delta_4\}$，当 $0<|x-x_0|<\delta''$ 时，有

$$\left|\frac{1}{g(x)}-\frac{1}{B}\right|=\left|\frac{g(x)-B}{g(x)B}\right|<\frac{|2(g(x)-B)|}{B^2}<\frac{2\varepsilon}{B^2},$$

故有

$$\lim_{x \to x_0} \frac{1}{g(x)}=\frac{1}{B}.$$

由此定理可以得到如下推论.

**推论 1** 设 $\lim\limits_{x \to x_0} f(x)$ 存在，$C$ 为常数，$n$ 为正整数，则

(1) $\lim\limits_{x \to x_0} Cf(x)=C \lim\limits_{x \to x_0} f(x)$；

(2) $\lim\limits_{x\to x_0}[f(x)]^n=[\lim\limits_{x\to x_0}f(x)]^n$.

**推论 2** (1) 有限个无穷小量的和仍为无穷小量；

(2) 常数与无穷小量的积仍为无穷小量；

(3) 有限个无穷小量的积仍为无穷小量；

(4) 无穷小量与有界量的乘积仍为无穷小量.

关于数列的极限也有类似的运算法则，由下面给出.

**定理 2** 设有数列 $\{x_n\}$，$\{y_n\}$，且 $\lim\limits_{n\to\infty}x_n=a$，$\lim\limits_{n\to\infty}y_n=b$，那么

(1) $\lim\limits_{n\to\infty}(x_n\pm y_n)=a\pm b$；

(2) $\lim\limits_{n\to\infty}(x_n\cdot y_n)=a\cdot b$；

(3) 当 $b\neq 0$ 时，$\lim\limits_{n\to\infty}\dfrac{x_n}{y_n}=\dfrac{a}{b}$.

**定理 3**（保不等式性，保序性） 如果存在 $\delta>0$，当 $0<|x-x_0|<\delta$ 时，有 $\varphi(x)>f(x)$，而 $\lim\limits_{x\to x_0}\varphi(x)=A$，$\lim\limits_{x\to x_0}f(x)=B$，那么 $A\geqslant B$.

**证** 令 $h(x)=\varphi(x)-f(x)$，则当 $0<|x-x_0|<\delta$ 时有 $h(x)\geqslant 0$，由本节定理 1 有

$$\lim_{x\to x_0}h(x)=\lim_{x\to x_0}[\varphi(x)-f(x)]=\lim_{x\to x_0}\varphi(x)-\lim_{x\to x_0}f(x)=A-B,$$

由 1.3 节定理 4 有 $\lim\limits_{x\to x_0}h(x)\geqslant 0$，即 $A-B\geqslant 0$，故 $A\geqslant B$.

考虑多项式 $P(x)=a_0x^n+a_1x^{n-1}+\cdots+a_{n-1}x+a_n$ 当 $x\to x_0$ 时的极限.事实上

$$\begin{aligned}\lim_{x\to x_0}P(x)&=\lim_{x\to x_0}(a_0x^n+a_1x^{n-1}+\cdots+a_{n-1}x+a_n)\\&=a_0\lim_{x\to x_0}x^n+a_1\lim_{x\to x_0}x^{n-1}+\cdots+a_{n-1}\lim_{x\to x_0}x+\lim_{x\to x_0}a_n\\&=a_0x_0^n+a_1x_0^{n-1}+\cdots+a_{n-1}x_0+a_n=P(x_0).\end{aligned}$$

又设有理分式函数 $F(x)=\dfrac{P(x)}{Q(x)}$，其中 $P(x)$，$Q(x)$ 都是多项式，于是

$$\lim_{x\to x_0}P(x)=P(x_0),\quad \lim_{x\to x_0}Q(x)=Q(x_0),$$

$$\lim_{x\to x_0}F(x)=\lim_{x\to x_0}\frac{P(x)}{Q(x)}=\frac{\lim\limits_{x\to x_0}P(x)}{\lim\limits_{x\to x_0}Q(x)}=\frac{P(x_0)}{Q(x_0)},$$

但如果 $Q(x_0)=0$，则不能应用商的极限运算法则，那就需要特别考虑，以下举例说明.

**例 1** 求 $\lim\limits_{x\to 1}\dfrac{x^3+2}{x^2+x-1}$.

**解** $\lim\limits_{x\to 1}\dfrac{x^3+2}{x^2+x-1}=\dfrac{\lim\limits_{x\to 1}(x^3+2)}{\lim\limits_{x\to 1}(x^2+x-1)}=\dfrac{3}{1}=3$.

**例 2** 求 $\lim\limits_{x\to -2}\dfrac{x^2-4}{x+2}$.

**解** $\lim\limits_{x\to -2}\dfrac{x^2-4}{x+2}=\lim\limits_{x\to -2}\dfrac{(x-2)(x+2)}{x+2}=\lim\limits_{x\to -2}(x-2)=-4$.

**例 3** 求 $\lim\limits_{x\to 1}\dfrac{x^2+3x-4}{x^2+x-2}$.

**解** $\lim\limits_{x\to1}\dfrac{x^2+3x-4}{x^2+x-2}=\lim\limits_{x\to1}\dfrac{(x-1)(x+4)}{(x-1)(x+2)}=\lim\limits_{x\to1}\dfrac{x+4}{x+2}=\dfrac{5}{3}.$

**例 4** 求$\lim\limits_{x\to3}\dfrac{x-1}{x^2-9}$.

**解** 由于

$$\lim_{x\to3}(x^2-9)=0,\quad \lim_{x\to3}(x-1)=2,$$

所以

$$\lim_{x\to3}\frac{x^2-9}{x-1}=\frac{0}{2}=0,$$

由无穷大与无穷小的关系知

$$\lim_{x\to3}\frac{x-1}{x^2-9}=\infty.$$

**例 5** 求$\lim\limits_{x\to\infty}\dfrac{5x^4+3x+1}{2x^4-x^2-1}$.

**解** $\lim\limits_{x\to\infty}\dfrac{5x^4+3x+1}{2x^4-x^2-1}=\lim\limits_{x\to\infty}\dfrac{5+3\dfrac{1}{x^3}+\dfrac{1}{x^4}}{2-\dfrac{1}{x^2}-\dfrac{1}{x^4}}=\dfrac{\lim\limits_{x\to\infty}\left(5+3\dfrac{1}{x^3}+\dfrac{1}{x^4}\right)}{\lim\limits_{x\to\infty}\left(2-\dfrac{1}{x^2}-\dfrac{1}{x^4}\right)}=\dfrac{5}{2}.$

**例 6** 求$\lim\limits_{x\to\infty}\dfrac{3x^2+2x+1}{x^3+x^2-5}$.

**解** $\lim\limits_{x\to\infty}\dfrac{3x^2+2x+1}{x^3+x^2-5}=\lim\limits_{x\to\infty}\dfrac{\dfrac{3}{x}+\dfrac{2}{x^2}+\dfrac{1}{x^3}}{1+\dfrac{1}{x}-\dfrac{5}{x^3}}=\dfrac{\lim\limits_{x\to\infty}\left(\dfrac{3}{x}+\dfrac{2}{x^2}+\dfrac{1}{x^3}\right)}{\lim\limits_{x\to\infty}\left(1+\dfrac{1}{x}-\dfrac{5}{x^3}\right)}=\dfrac{0}{1}=0.$

一般地，若 $a_0\neq0,b_0\neq0$，有

$$\lim_{x\to\infty}\frac{a_0x^n+a_1x^{n-1}+\cdots+a_{n-1}x+a_n}{b_0x^m+b_1x^{m-1}+\cdots+b_{m-1}x+b_m}=\begin{cases}\infty, & n>m,\\ \dfrac{a_0}{b_0}, & n=m,\\ 0, & n<m.\end{cases}$$

**定理 4**（复合函数极限运算法则） 设函数 $y=f[g(x)]$ 是由函数 $u=g(x)$ 和 $y=f(u)$ 复合而成，$f[g(x)]$ 在 $x_0$ 的某空心邻域内有定义，如果 $\lim\limits_{x\to x_0}g(x)=u_0$，$\lim\limits_{u\to u_0}f(u)=A$.且存在 $\delta_0>0$，当 $x\in\mathring{U}(x_0,\delta_0)$ 时，$g(x)\neq u_0$，则 $\lim\limits_{x\to x_0}f[g(x)]=\lim\limits_{u\to u_0}f(u)=A$.

**证** 由于$\lim\limits_{u\to u_0}f(u)=A$，即 $\forall\varepsilon>0$，$\exists\eta>0$，当 $0<|u-u_0|<\eta$ 时，有 $|f(u)-A|<\varepsilon$ 成立.又 $\lim\limits_{x\to x_0}g(x)=u_0$，对于以上 $\eta>0$，$\exists\delta_1>0$，当 $0<|x-x_0|<\delta_1$ 时，有 $|g(x)-u_0|<\eta$.又由 $x\in\mathring{U}(x_0,\delta_0)$，$g(x)\neq u_0$，故存在 $\delta=\min\{\delta_1,\delta_0\}$，当 $0<|x-x_0|<\delta$ 时，有 $0<|g(x)-u_0|<\eta$，从而 $|f[g(x)]-A|<\varepsilon$ 成立.由极限的定义得 $\lim\limits_{x\to x_0}f[g(x)]=A$.

**例 7** 求 $\lim\limits_{x\to+\infty}(\sqrt{x+2}-\sqrt{x})$.

**解** 当 $x\to+\infty$，$\sqrt{x+2}$，$\sqrt{x}$ 均为无穷大量，极限不存在，因而不能直接用极限的运算法则，为求此极限，可将分子有理化，得

$$\lim_{x\to+\infty}(\sqrt{x+2}-\sqrt{x})=\lim_{x\to+\infty}\frac{(\sqrt{x+2}-\sqrt{x})(\sqrt{x+2}+\sqrt{x})}{\sqrt{x+2}+\sqrt{x}}$$

$$=\lim_{x\to+\infty}\frac{2}{\sqrt{x+2}+\sqrt{x}}=0.$$

**例 8** 求 $\lim\limits_{x\to0}\dfrac{\sqrt{x^2+1}-1}{\sqrt{x^2+4}-2}$.

**解** 分子分母同时有理化,得

$$\lim_{x\to0}\frac{\sqrt{x^2+1}-1}{\sqrt{x^2+4}-2}=\lim_{x\to0}\frac{(\sqrt{x^2+1}-1)(\sqrt{x^2+1}+1)(\sqrt{x^2+4}+2)}{(\sqrt{x^2+4}-2)(\sqrt{x^2+4}+2)(\sqrt{x^2+1}+1)}$$

$$=\lim_{x\to0}\frac{(x^2+1-1)(\sqrt{x^2+4}+2)}{(x^2+4-4)(\sqrt{x^2+1}+1)}$$

$$=\lim_{x\to0}\frac{\sqrt{x^2+4}+2}{\sqrt{x^2+1}+1}=2.$$

## 练 习 1.5

1. 计算下列极限:

(1) $\lim\limits_{x\to1}\dfrac{3x^2-1}{x+1}$; (2) $\lim\limits_{x\to\sqrt{2}}\dfrac{x^2-2}{x+1}$; (3) $\lim\limits_{x\to1}\dfrac{x^3+1}{x^2+x-2}$;

(4) $\lim\limits_{x\to1}\dfrac{x-1}{x^2+x-2}$; (5) $\lim\limits_{h\to0}\dfrac{(x+h)^2-x^2}{h}$; (6) $\lim\limits_{x\to1}\dfrac{x^2-2x+1}{x^3-x}$;

(7) $\lim\limits_{x\to1}\dfrac{x^n-1}{x^m-1}$; (8) $\lim\limits_{x\to\pi}\dfrac{\sin^2x}{1+\cos^3x}$; (9) $\lim\limits_{x\to1}\left(\dfrac{1}{1-x}-\dfrac{2}{1-x^2}\right)$

(10) $\lim\limits_{x\to0}(2\csc2x-\cot x)$;(11) $\lim\limits_{x\to\infty}\dfrac{1+2x-3x^4}{2+x^2+x^3}$; (12) $\lim\limits_{x\to\infty}\dfrac{5+x}{3x^2+x+2}$;

(13) $\lim\limits_{x\to+\infty}\dfrac{(1+x)^{20}(2x-1)^{30}}{(3x-7)^{50}}$; (14) $\lim\limits_{n\to\infty}\dfrac{(1+2n)(n+2)}{6n^2+1}$;

(15) $\lim\limits_{x\to+\infty}\dfrac{\sqrt{x^2+1}-1}{x+1}$; (16) $\lim\limits_{x\to1}\dfrac{\sqrt{3x-2}-\sqrt{x}}{x-1}$.

2. 计算下列极限:

(1) $\lim\limits_{n\to\infty}\left(\dfrac{1}{1\cdot3}+\dfrac{1}{3\cdot5}+\cdots+\dfrac{1}{(2n+1)\cdot(2n-1)}\right)$;

(2) $\lim\limits_{n\to\infty}\left(1+\dfrac{1}{3}+\cdots+\dfrac{1}{3^n}\right)$.

3. 已知 $\lim\limits_{x\to1}\dfrac{x^2-ax+6}{x-1}=b$,求 $a,b$ 的值.

4. 已知 $\lim\limits_{x\to\infty}\left(\dfrac{x^2+1}{x+1}-ax-b\right)=0$,求 $a,b$ 的值.

# 1.6 极限存在准则 两个重要极限

## 1.6.1 极限存在准则

**准则 I** 如果数列$\{x_n\}$，$\{y_n\}$，$\{z_n\}$满足：

(1) 从某项起，即存在 $\exists N_0 \in \mathbf{N}_+$，当 $n > N_0$ 时，有 $y_n \leqslant x_n \leqslant z_n$，

(2) $\lim\limits_{n\to\infty} y_n = a$，$\lim\limits_{n\to\infty} z_n = a$，

那么数列$\{x_n\}$极限存在，且$\lim\limits_{n\to\infty} x_n = a$.

**证** 因$\lim\limits_{n\to\infty} y_n = a$，$\lim\limits_{n\to\infty} z_n = a$，故 $\forall \varepsilon > 0$，$\exists N_1 \in \mathbf{N}_+$，$n > N_1$，有$|y_n - a| < \varepsilon$. $\exists N_2 \in \mathbf{N}_+$，$n > N_2$，有$|z_n - a| < \varepsilon$，取$N = \max\{N_0, N_1, N_2\} \in \mathbf{N}_+$，当$n > N$时，$a - \varepsilon < y_n \leqslant x_n \leqslant z_n < a + \varepsilon$，即$|x_n - a| < \varepsilon$.

由极限的定义知$\lim\limits_{n\to\infty} x_n = a$.

准则 I 称为夹逼准则或两边夹法则，它推广到函数的情形，可得如下定理.

**准则 I′** 如果函数 $f(x)$，$g(x)$，$h(x)$ 满足

(1) 当 $x \in \mathring{U}(x_0, r)$（或$|x| > M$），有 $g(x) \leqslant f(x) \leqslant h(x)$.

(2) $\lim\limits_{\substack{x\to x_0 \\ (x\to\infty)}} g(x) = \lim\limits_{\substack{x\to x_0 \\ (x\to\infty)}} h(x) = A$，则 $\lim\limits_{\substack{x\to x_0 \\ (x\to\infty)}} f(x)$ 存在，且 $\lim\limits_{\substack{x\to x_0 \\ (x\to\infty)}} f(x) = A$.

准则 I′ 与 准则 I 证明相类似，读者自己完成.

**准则 II** 单调有界数列必有极限.

如果数列$\{x_n\}$满足$x_1 \leqslant x_2 \leqslant \cdots \leqslant x_n \leqslant \cdots$，就称数列$\{x_n\}$是单调增加的；如果数列$\{x_n\}$满足$x_1 \geqslant x_2 \geqslant \cdots \geqslant x_n \geqslant \cdots$，就称数列$\{x_n\}$是单调减少的.单调增加和单调减少的数列统称为单调数列.对准则 II 不作证明，而给出如下解释.

从数轴看，对于单调数列的点 $x_n$ 只能向一个方向移动，所以只有两种情形：点 $x_n$ 沿数轴移向无穷远（$x_n \to +\infty$ 或 $x_n \to -\infty$）；或者点 $x_n$ 无限的趋于某个定数$a$，也就是数列趋于一个极限.假设数列$\{x_n\}$是有界的，则有界数列的点 $x_n$ 落在数轴的某个有限区间 $[-M, M]$ 内，那么第一种情形就不可能发生.这就表明必然是第二种情形，即数列$\{x_n\}$趋于一个极限，且这个极限的绝对值不超过$M$.

准则 II 称为单调有界准则.

**例 1** $x_n = \dfrac{1}{n^2 + \pi} + \dfrac{1}{n^2 + 2\pi} + \cdots + \dfrac{1}{n^2 + n\pi}$，求$\lim\limits_{n\to\infty} x_n$.

**解** 由于

$$\frac{n}{n^2 + n\pi} \leqslant x_n \leqslant \frac{n}{n^2 + \pi}, \quad \lim_{n\to\infty} \frac{n}{n^2 + n\pi} = \lim_{n\to\infty} \frac{n}{n^2 + \pi} = 0,$$

由夹逼准则知，$\lim\limits_{n\to\infty} x_n = 0$.

**例 2** $\lim\limits_{x\to 0^+} \left[\dfrac{1}{x}\right] x = 1$.

**证** $x > 0$ 时，有 $\dfrac{1}{x} - 1 < \left[\dfrac{1}{x}\right] \leqslant \dfrac{1}{x}$，故 $1 - x < \left[\dfrac{1}{x}\right] x \leqslant 1$.

又由于

$$\lim_{x\to 0^+}(1-x)=1,\quad \lim_{x\to 0^+}1=1.$$

由夹逼准则知，$\lim\limits_{x\to 0^+}\left[\dfrac{1}{x}\right]x=1$.

**例 3** 求$\sqrt{2}$，$\sqrt{2+\sqrt{2}}$，… $\sqrt{2+\sqrt{2+\cdots+\sqrt{2}}}$，… 的极限.

**解** 设 $x_n=\sqrt{2+\sqrt{2+\cdots+\sqrt{2}}}$，显然数列$\{x_n\}$是单调增加的.

下证数列$\{x_n\}$有上界 2(数学归纳法)，即证 $x_n<2$.

当$n=1$时，$x_1=\sqrt{2}<2$成立.假设当$n=k$时，结论成立.即$x_k<2$.则当$n=k+1$时，$x_{k+1}=\sqrt{2+x_k}<\sqrt{2+2}=2$.故数列$\{x_n\}$单调增加有上界，由收敛准则 II 知$\lim\limits_{n\to\infty}x_n$存在.不妨假设$\lim\limits_{n\to\infty}x_n=x$.对$x_{n+1}=\sqrt{2+x_n}$两边同时取极限得$x=\sqrt{2+x}$，可解得$x=2$或者$x=-1$.由于$x_n>0$，$x=-1$舍去.所以$\lim\limits_{n\to\infty}x_n=2$.

**例 4** $x_n=\left(1+\dfrac{1}{n}\right)^n$ $(n=1,2,\cdots)$.证明：数列$\{x_n\}$极限存在.

**证** (1) 先证明$\{x_n\}$的单调性.由二项式定理知

$$\begin{aligned}x_n=\left(1+\frac{1}{n}\right)^n&=1+n\cdot\frac{1}{n}+\frac{n(n-1)}{2!}\cdot\frac{1}{n^2}+\cdots+\frac{n(n-1)\cdots(n-(n-1))}{n!}\cdot\frac{1}{n^n}\\&=1+1+\frac{1}{2!}\cdot\left(1-\frac{1}{n}\right)+\cdots+\frac{1}{n!}\cdot\left(1-\frac{1}{n}\right)\left(1-\frac{2}{n}\right)\cdots\left(1-\frac{n-1}{n}\right).\end{aligned}$$

同理可得

$$\begin{aligned}x_{n+1}=1+1+\frac{1}{2!}\cdot\left(1-\frac{1}{n+1}\right)+\cdots+\frac{1}{n!}\cdot\left(1-\frac{1}{n+1}\right)\left(1-\frac{2}{n+1}\right)\cdots\\\left(1-\frac{n-2}{n+1}\right)\left(1-\frac{n-1}{n+1}\right)+\frac{1}{(n+1)!}\cdot\left(1-\frac{1}{n+1}\right)\left(1-\frac{2}{n+1}\right)\cdots\\\left(1-\frac{n-1}{n+1}\right)\left(1-\frac{n}{n+1}\right).\end{aligned}$$

比较$x_n$和$x_{n+1}$，可以看到除前两项相同外，$x_n$的每一项都小于$x_{n+1}$对应的项，且$x_{n+1}$还比$x_n$多了最后一项，其值为正，因此有$x_n\leqslant x_{n+1}$，即数列是单调增加的.

(2) 再证明数列$\{x_n\}$是有上界的.由于$n!\geqslant 2^{n-1}$，所以

$$x_n=\left(1+\frac{1}{n}\right)^n<1+1+\frac{1}{2!}+\cdots+\frac{1}{n!}<1+1+\frac{1}{2}+\cdots+\frac{1}{2^{n-1}}<1+\frac{1}{1-\dfrac{1}{2}}=3,$$

即$x_n<3$，即数列$\{x_n\}$的上界是 3.

综上所述，数列$\{x_n\}$是单调增加上界的数列，由准则 II 知：数列$\{x_n\}$极限是存在的.

### 1.6.2 两个重要极限

典型例题讲解

**1. $\lim\limits_{x\to 0}\dfrac{\sin x}{x}=1$**

事实上，如图 1-10 所示，在单位圆中，当$0<x<\dfrac{\pi}{2}$时，有$\triangle AOB$的面积<扇形$AOB$的

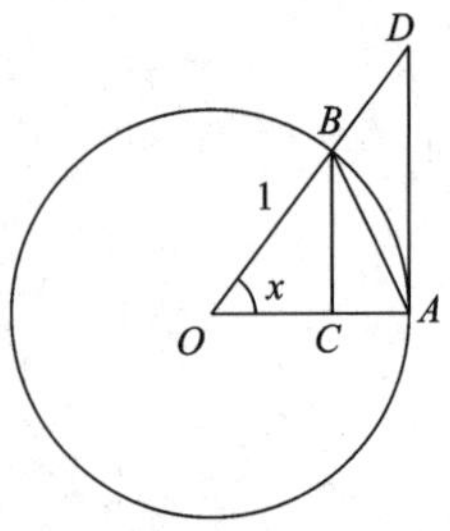


图 1-10

面积 $<\triangle AOD$ 的面积，所以

$$\frac{1}{2}\sin x < \frac{1}{2}x < \frac{1}{2}\tan x,$$

即

$$1 < \frac{x}{\sin x} < \frac{1}{\cos x}, \quad 或 \quad \cos x < \frac{\sin x}{x} < 1.$$

因为当 $x$ 用 $-x$ 代替时，$\cos x$ 及 $\frac{\sin x}{x}$ 都不变，所以以上不等式对于 $-\frac{\pi}{2} < x < 0$ 依然成立.即存在 $\delta = \frac{\pi}{2}$，当 $0 < |x-0| < \delta$ 时有 $\cos x < \frac{\sin x}{x} < 1$ 成立.由于 $\lim\limits_{x\to 0}\cos x = 1$，由准则 Ⅰ 知，$\lim\limits_{x\to 0}\frac{\sin x}{x}$ 存在，且 $\lim\limits_{x\to 0}\frac{\sin x}{x} = 1$.

典型例题讲解

**例 5** 求极限 $\lim\limits_{x\to 0}\frac{\sin 2x}{x}$.

**解** $\lim\limits_{x\to 0}\frac{\sin 2x}{x} = \lim\limits_{x\to 0}\frac{2\sin 2x}{2x} = 2.$

**例 6** 求极限 $\lim\limits_{x\to 0}\frac{\tan x}{x}$.

**解** $\lim\limits_{x\to 0}\frac{\tan x}{x} = \lim\limits_{x\to 0}\frac{\sin x}{x}\frac{1}{\cos x} = \lim\limits_{x\to 0}\frac{\sin x}{x}\lim\limits_{x\to 0}\frac{1}{\cos x} = 1.$

**例 7** 求极限 $\lim\limits_{x\to 0}\frac{x-\sin x}{x+\sin x}$.

**解** $$\lim_{x\to 0}\frac{x-\sin x}{x+\sin x} = \lim_{x\to 0}\frac{1-\frac{\sin x}{x}}{1+\frac{\sin x}{x}} = 0.$$

**2.** $\boldsymbol{\lim\limits_{x\to\infty}\left(1+\frac{1}{x}\right)^x = \mathrm{e}}$

事实上，本节例 4 已经证明 $\lim\limits_{n\to+\infty}\left(1+\frac{1}{n}\right)^n$ 存在，这个极限通常用 e 表示，这个 e 就是常用的指数函数 $y=\mathrm{e}^x$ 中的那个 e，它是一个无理数，其值为 $\mathrm{e}=2.718281828459045\cdots$.

可以证明，当 $x$ 取实数而趋于 $+\infty$ 或 $-\infty$ 时，函数 $\left(1+\frac{1}{x}\right)^x$ 的极限都存在且等于 e，即 $\lim\limits_{x\to\infty}\left(1+\frac{1}{x}\right)^x = \mathrm{e}$.要令 $x=\frac{1}{\alpha}$，它有另外一种极限形式：$\lim\limits_{\alpha\to 0}(1+\alpha)^{\frac{1}{\alpha}} = \mathrm{e}$.

**例 8** $\lim\limits_{x\to 0}(1+2x)^{\frac{1}{x}}$.

**解** $\lim\limits_{x\to 0}(1+2x)^{\frac{1}{x}} = \lim\limits_{x\to 0}\left[(1+2x)^{\frac{1}{2x}}\right]^2 = \mathrm{e}^2.$

**例 9** $\lim\limits_{x\to 0}(1-x)^{\frac{1}{x}}$.

**解** $\lim\limits_{x\to 0}(1-x)^{\frac{1}{x}} = \lim\limits_{x\to 0}\left[(1-x)^{\frac{1}{-x}}\right]^{-1} = \mathrm{e}^{-1}.$

## 练　习　1.6

1. 求下列极限：

(1) $\lim\limits_{x\to 0}\dfrac{\sin x^3}{(\sin x)^2}$；　(2) $\lim\limits_{x\to 0}\dfrac{\tan x-\sin x}{x^3}$；　(3) $\lim\limits_{x\to \pi}\dfrac{\sin x}{\pi - x}$；

(4) $\lim\limits_{x\to 0}\dfrac{\arctan x}{x}$；　(5) $\lim\limits_{x\to +\infty} x\sin\dfrac{1}{x}$；　(6) $\lim\limits_{x\to 0}\dfrac{\sin 4x}{\sqrt{x+1}-1}$；

(7) $\lim\limits_{x\to a}\dfrac{\sin x-\sin a}{x-a}$；　(8) $\lim\limits_{x\to 0}\dfrac{1-\cos^2 x}{x^2}$；　(9) $\lim\limits_{x\to \infty}\left(1+\dfrac{1}{x}\right)^{x+5}$；

(10) $\lim\limits_{x\to \infty}\left(\dfrac{2x+3}{2x+1}\right)^{x+1}$；　(11) $\lim\limits_{x\to 0}(1+\tan x)^{\cot x}$；　(12) $\lim\limits_{x\to \infty}\left(1-\dfrac{2}{x}\right)^{\frac{x}{2}-1}$；

(13) $\lim\limits_{x\to +\infty}\left(1-\dfrac{1}{x}\right)^{\sqrt{x}}$.

2. 利用夹逼定理求下列极限：

(1) $\lim\limits_{n\to\infty}\left(\dfrac{1}{\sqrt{n^2+1}}+\dfrac{1}{\sqrt{n^2+2}}+\cdots+\dfrac{1}{\sqrt{n^2+n}}\right)$；

(2) $\lim\limits_{n\to\infty} n\left(\dfrac{1}{n^2+1}+\dfrac{1}{n^2+2}+\cdots+\dfrac{1}{n^2+n}\right)$.

3. 证明 $\sqrt{2}, \sqrt{2\sqrt{2}}, \cdots, \sqrt{2\sqrt{2\cdots\sqrt{2}}}, \cdots$ 存在，并求极限.

## 1.7　无穷小量的比较

前面已讨论过，两个无穷小量的和、差、积均为无穷小量，然而，无穷小量的商，却会有不同的情形. 例如，当 $x\to 0$ 时，$x, x^2, \tan x$ 均为无穷小量，但 $\lim\limits_{x\to 0}\dfrac{x^2}{\tan x}=\lim\limits_{x\to 0}\left(\dfrac{x}{\sin x}\cdot x\cos x\right)=0$，$\lim\limits_{x\to 0}\dfrac{\tan x}{x^2}=\lim\limits_{x\to 0}\left(\dfrac{\sin x}{x}\ \dfrac{1}{x\cos x}\right)=\infty$，$\lim\limits_{x\to 0}\dfrac{\tan x}{x}=\lim\limits_{x\to 0}\left(\dfrac{\sin x}{x}\cos x\right)=1$. 也就是说，当 $x\to 0$ 时，$\dfrac{x^2}{\tan x}$ 仍为无穷小量，而 $\dfrac{\tan x}{x^2}$ 和 $\dfrac{\tan x}{x}$ 都不是无穷小量. 产生这种情况的原因是各个无穷小量趋于 0 的速度有快有慢. 显然，在以上的几个无穷小量中，当 $x\to 0$ 时，$x^2$ 比 $\tan x$ 趋于零的速度更快或 $\tan x$ 比 $x^2$ 趋于零的速度更慢，而 $\tan x$ 与 $x$ 相比，趋于零的速度相仿. 为比较两个无穷小量趋于零的速度，下面引入无穷小量阶的概念.

**定义 1**　设 $\alpha, \beta$ 当 $x\to x_0$ 时(或 $x\to\infty$) 都是无穷小量.

(1) 如果 $\lim\dfrac{\beta}{\alpha}=0$，则称 $\beta$ 是比 $\alpha$ 高阶的无穷小，记为 $\beta=o(\alpha)$；

(2) 如果 $\lim\dfrac{\beta}{\alpha}=\infty$，则称 $\beta$ 是比 $\alpha$ 低阶的无穷小；

(3) 如果 $\lim\dfrac{\beta}{\alpha}=C\neq 0$，则称 $\beta$ 和 $\alpha$ 是同阶的无穷小；

(4) 如果$\lim\frac{\beta}{\alpha^k}=C\neq 0$，则称$\beta$是$\alpha$的$k$阶无穷小；

(5) 如果$\lim\frac{\beta}{\alpha}=1$，则称$\beta$和$\alpha$是等价无穷小，记为$\alpha\sim\beta$.

显然等价无穷小也是同阶无穷小.

**例 1** 证明：当$x\to 0$时，$1-\cos x\sim\frac{x^2}{2}$.

**证** 因$\lim\limits_{x\to 0}\frac{1-\cos x}{\frac{x^2}{2}}=\lim\limits_{x\to 0}\frac{2\sin^2\frac{x}{2}}{\frac{x^2}{2}}=\lim\limits_{x\to 0}\left(\frac{\sin\frac{x}{2}}{\frac{x}{2}}\right)^2=1$，故$1-\cos x\sim\frac{x^2}{2}$.

**定理 1** $\beta$和$\alpha$是等价无穷小的充要条件是$\beta=\alpha+o(\alpha)$.

**证** 必要性.设$\beta$和$\alpha$是等价无穷小，则$\lim\frac{\beta}{\alpha}=1$，$\lim\left(\frac{\beta}{\alpha}-1\right)=\lim\frac{\beta-\alpha}{\alpha}=0$.故$\beta-\alpha=o(\alpha)$，即$\beta=\alpha+o(\alpha)$.

充分性.设$\beta=\alpha+o(\alpha)$，则$\lim\frac{\beta}{\alpha}=\lim\frac{\alpha+o(\alpha)}{\alpha}=\lim(1+o(\alpha))=1$，即$\beta$和$\alpha$是等价无穷小.

**定理 2** 设$\alpha\sim\alpha'$，$\beta\sim\beta'$，且$\lim\frac{\beta'}{\alpha'}$存在，则$\lim\frac{\beta}{\alpha}=\lim\frac{\beta'}{\alpha'}$.

**证** $\lim\frac{\beta}{\alpha}=\lim\left(\frac{\beta}{\beta'}\cdot\frac{\beta'}{\alpha'}\cdot\frac{\alpha'}{\alpha}\right)=\lim\frac{\beta}{\beta'}\lim\frac{\beta'}{\alpha'}\lim\frac{\alpha}{\alpha'}=\lim\frac{\beta'}{\alpha'}$.

定理 2 表明，求两个无穷小量之比的极限，分子及分母都可用等价无穷小来代替.因此，如果用来代替的无穷小量选得适当，可以简化计算.

当$x\to 0$时，常用的等价无穷小如下.

(1) $x\sim\sin x\sim\tan x\sim\arcsin x\sim\arctan x\sim e^x-1\sim\ln(1+x)$；　(2) $1-\cos x\sim\frac{x^2}{2}$；

(3) $\tan x-\sin x\sim\frac{x^3}{2}$；　(4) $x-\sin x\sim\frac{x^3}{6}$；　(5) $\log_a(1+x)\sim\frac{x}{\ln a}$；

(6) $a^x-1\sim x\ln a$；　(7) $(1+x)^\lambda-1\sim\lambda x$；　(8) $\sqrt[n]{1+x}-1\sim\frac{x}{n}$.

**例 2** 计算下列极限：

(1) $\lim\limits_{x\to 0}\frac{e^x-1}{x}$；　(2) $\lim\limits_{x\to 0}\frac{x\sin x}{\sqrt{x^2+1}-1}$；　(3) $\lim\limits_{x\to 0}\frac{\sqrt{1+x\sin x}-1}{e^{x^2}-1}$；

(4) $\lim\limits_{x\to 0}\frac{x-\sin x}{x^2(e^x-1)}$；　(5) $\lim\limits_{x\to 0}\frac{\sin 2x}{\ln(1+\tan 3x)}$；　(6) $\lim\limits_{x\to 0}\frac{\ln(1+x+x^2+x^3)}{\arcsin(x-x^2)}$.

**解** (1) $\lim\limits_{x\to 0}\frac{e^x-1}{x}=\lim\limits_{x\to 0}\frac{x}{x}=1$；

(2) $\lim\limits_{x\to 0}\frac{x\sin x}{\sqrt{x^2+1}-1}=\lim\limits_{x\to 0}\frac{x^2}{\frac{x^2}{2}}=2$；

(3) $\lim\limits_{x\to 0}\dfrac{\sqrt{1+x\sin x}-1}{e^{x^2}-1}=\lim\limits_{x\to 0}\dfrac{\frac{1}{2}x\sin x}{x^2}=\dfrac{1}{2}$;

(4) $\lim\limits_{x\to 0}\dfrac{x-\sin x}{x^2(e^x-1)}=\lim\limits_{x\to 0}\dfrac{\frac{x^3}{6}}{x^3}=\dfrac{1}{6}$;

(5) $\lim\limits_{x\to 0}\dfrac{\sin 2x}{\ln(1+\tan 3x)}=\lim\limits_{x\to 0}\dfrac{2x}{\tan 3x}=\lim\limits_{x\to 0}\dfrac{2x}{3x}=\dfrac{2}{3}$;

(6) $\lim\limits_{x\to 0}\dfrac{\ln(1+x+x^2+x^3)}{\arcsin(x-x^2)}=\lim\limits_{x\to 0}\dfrac{(x+x^2+x^3)}{(x-x^2)}=1$.

## 练　习　1.7

1. 证明：$x\to 0$ 时，$\dfrac{1}{1+x}-(1-x)$ 与 $x^2$ 是同阶无穷小.

2. 设 $f(x)\sim g(x)(x\to x_0)$，证明：$f(x)-g(x)=o(f(x))$.

3. 利用等价无穷小的性质求下列极限：

(1) $\lim\limits_{x\to 0}\dfrac{\sqrt{x^2+1}-1}{1-\cos x}$;　(2) $\lim\limits_{x\to\infty}\dfrac{x\arctan\frac{1}{x}}{x-\cos x}$;　(3) $\lim\limits_{x\to 0}\dfrac{\arcsin x}{\tan 4x}$;

(4) $\lim\limits_{x\to 0}\dfrac{\tan x-\sin x}{\sin x^3}$;　(5) $\lim\limits_{x\to 1}\dfrac{\sin(x^2-1)}{x-1}$;　(6) $\lim\limits_{x\to 0}\dfrac{\sec^2 x-1}{\sin^2 x}$.

# 1.8　函数的连续性

典型例题讲解

## 1.8.1　函数的连续性

连续函数是高等数学中着重讨论的一类函数.从几何上粗略地讲，连续函数在坐标平面上的图像是一条连绵不断的曲线.下面给出函数连续性的精确定义.

设函数 $y=f(x)$ 在 $x_0$ 的某邻域内有定义，当自变量 $x$ 在这邻域内从 $x_0$ 变到 $x_0+\Delta x$ 时，函数 $y$ 相应地从 $f(x_0)$ 变化到 $f(x_0+\Delta x)$，因此函数 $y$ 的增量为 $\Delta y=f(x_0+\Delta x)-f(x_0)$，这个关系式的几何解释如图 1-11 所示.

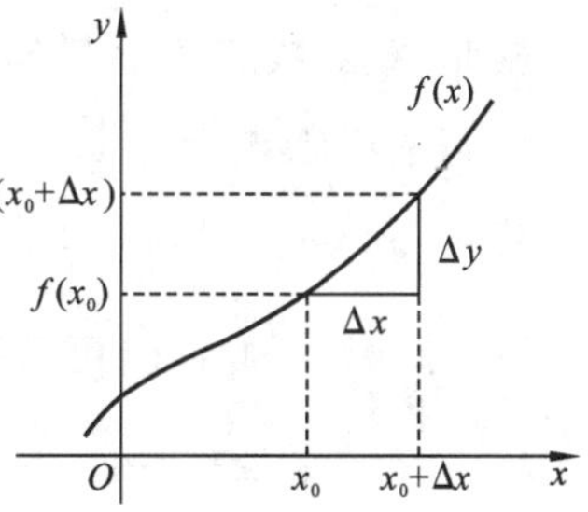

图 1-11

假如保持 $x_0$ 不变而让自变量的增量 $\Delta x$ 变动，如果 $\Delta x$ 趋于零时，函数 $y$ 对应的增量 $\Delta y$ 也趋于零，即 $\lim\limits_{\Delta x\to 0}\Delta y=0$ 或 $\lim\limits_{\Delta x\to 0}[f(x_0+\Delta x)-f(x_0)]=0$，那么就称 $y=f(x)$ 在 $x_0$ 处是连续的.

**定义 1**　设函数 $y=f(x)$ 在 $x_0$ 的某邻域内有定义，如果

$$\lim_{\Delta x\to 0}\Delta y=\lim_{\Delta x\to 0}[f(x_0+\Delta x)-f(x_0)]=0,$$

则称 $y=f(x)$ 在 $x_0$ 处是连续的(称 $x_0$ 为 $f(x)$ 的连续点).

设 $x=x_0+\Delta x$，$\Delta x\to 0$ 就是 $x\to x_0$，$\Delta y=f(x_0+\Delta x)-f(x_0)=f(x)-f(x_0)$.因而 $\Delta y\to 0$，就是 $f(x)\to f(x_0)$.故 $y=f(x)$ 在 $x_0$ 处连续的等价定义可以叙述如下.

**定义 1′** 设函数 $y=f(x)$ 在 $x_0$ 的某个邻域内有定义，如果 $\lim\limits_{x\to x_0} f(x)=f(x_0)$，则称 $y=f(x)$ 在 $x_0$ 处是连续的.

由定义知，函数的连续性和函数的极限有着密切的联系.既然极限有左极限和右极限的概念，因此函数有左连续、右连续的区分.

**定义 2** 如果 $\lim\limits_{x\to x_0^+} f(x)=f(x_0)$，则称函数 $f(x)$ 在点 $x_0$ 右连续；如果 $\lim\limits_{x\to x_0^-} f(x)=f(x_0)$，则称函数 $f(x)$ 在点 $x_0$ 左连续.

根据定义 1 和定义 2 不难推出如下定理.

**定理 1** 函数 $f(x)$ 在 $x_0$ 处连续的充要条件是 $f(x)$ 在 $x_0$ 既左连续又右连续.

**例 1** 讨论 $f(x)=\begin{cases} x-2, & x\geqslant 0, \\ \dfrac{\sin x}{x}, & x<0, \end{cases}$ 在点 $x=0$ 处的连续性.

**解** $\lim\limits_{x\to 0^+} f(x)=\lim\limits_{x\to 0^+}(x-2)=-2$，$\lim\limits_{x\to 0^-} f(x)=\lim\limits_{x\to 0^-}\dfrac{\sin x}{x}=1$，$f(0)=-2$.

因

$$\lim_{x\to 0^-} f(x)\neq f(0),$$

故 $f(x)$ 在 $x=0$ 处不满足左连续，因而在 $x=0$ 处不连续.

### 1.8.2 间断点的分类

**定义 3** 设函数 $f(x)$ 在 $\mathring{U}(x_0)$ 内有定义.如果 $f(x)$ 在 $x_0$ 无定义，或 $f(x)$ 在 $x_0$ 有定义而不连续，则称 $x_0$ 为函数 $f(x)$ 的间断点或不连续点.

借此定义，若 $x_0$ 为函数 $f(x)$ 的间断点，则必出现下列情形之一：

(1) $f(x)$ 在 $x_0$ 无定义或 $\lim\limits_{x\to x_0} f(x)$ 不存在；

(2) $f(x)$ 在 $x_0$ 有定义且 $\lim\limits_{x\to x_0} f(x)$ 存在，但 $\lim\limits_{x\to x_0} f(x)\neq f(x_0)$.

据此，对函数的间断点作如下分类.

**1. 可去间断点**

若 $\lim\limits_{x\to x_0} f(x)=A$，$f(x)$ 在 $x_0$ 无定义，或有定义但 $f(x_0)\neq A$，则 $x_0$ 为 $f(x)$ 的可去间断点.

可去间断点的特征：可通过补充或改变函数在 $x=x_0$ 的定义，使得 $f(x_0)=\lim\limits_{x\to x_0} f(x)$，即 $f(x)$ 在 $x=x_0$ 连续.

**例 2** 讨论下列函数在 $x=0$ 处的连续性.

(1) $f(x)=|\operatorname{sgn} x|$； (2) $f(x)=\dfrac{\sin x}{x}$.

**解** (1) $\lim\limits_{x\to 0} f(x)=\lim\limits_{x\to 0}|\operatorname{sgn} x|=1$，$f(0)=0$，由于 $\lim\limits_{x\to 0} f(x)\neq f(0)$，则 $f(x)$ 在 $x=0$ 处间断，$x=0$ 为 $f(x)$ 的可去间断点.

(2) $\lim\limits_{x\to 0}f(x)=\lim\limits_{x\to 0}\dfrac{\sin x}{x}=1$，$f(x)$ 在 $x=0$ 处无定义，$x=0$ 为 $f(x)$ 的可去间断点.若补充 $f(x)$ 在 $x=0$ 处的定义，使得 $f(0)=\lim\limits_{x\to 0}f(x)=1$，则 $f(x)$ 在 $x=0$ 处连续.

**2. 跳跃间断点**

$f(x)$ 在 $x_0$ 处左、右极限都存在，但 $\lim\limits_{x\to x_0^+}f(x)\neq\lim\limits_{x\to x_0^-}f(x)$，则称 $x_0$ 为 $f(x)$ 的跳跃间断点.

**例 3**　讨论函数 $f(x)=\begin{cases}x-1, & x>0,\\ 0, & x=0,\\ x+2, & x<0\end{cases}$ 在 $x=0$ 处的连续性.

**解**　由于 $\lim\limits_{x\to 0^+}f(x)=\lim\limits_{x\to 0^+}(x-1)=-1$，$\lim\limits_{x\to 0^-}f(x)=\lim\limits_{x\to 0^-}(x+2)=2$，即 $f(x)$ 在 $x_0$ 处左、右极限都存在，但不相等.所以 $x=0$ 为 $f(x)$ 的跳跃间断点.

可去间断点和跳跃间断点统称为第一类间断点.第一类间断点的特点是函数在该点的左右极限都存在但并不连续.

**3. 其他间断点**

函数的所有其他形式的间断点，即函数至少有一侧极限不存在的那些点，称为第二类间断点.

例如，函数 $f(x)=\dfrac{1}{x}$ 当 $x\to 0$ 时，$f(x)$ 的极限不存在，故 $x=0$ 为 $f(x)$ 的第二类间断点.

## 1.8.3　区间上的连续函数

如果 $f(x)$ 在 $(a,b)$ 内每一点都连续，则称 $f(x)$ 在 $(a,b)$ 内连续；如果 $f(x)$ 在 $(a,b)$ 内连续，且 $f(x)$ 在 $x=a$ 处右连续，即 $\lim\limits_{x\to a^+}f(x)=f(a)$，在 $x=b$ 处左连续，即 $\lim\limits_{x\to b^-}f(x)=f(b)$，则称 $f(x)$ 在 $[a,b]$ 上连续.

例如，函数 $y=\sin x$，$y=\cos x$，$y=C$ 都是 $\mathbf{R}$ 上的连续函数；函数 $y=\sqrt{1-x^2}$ 在 $(-1,1)$ 内均连续，且在 $x=-1$ 处右连续，在 $x=1$ 处左连续，因而它在 $[-1,1]$ 上连续.如果 $f(x)$ 在 $[a,b]$ 上仅有有限个第一类间断点，则称 $f(x)$ 在 $[a,b]$ 上分段连续.例如，$y=[x]$ 在区间 $[-2,2]$ 上是分段连续函数.

## 练　习　1.8

1. 讨论下列函数在 $x=0$ 处的连续性：

(1) $f(x)=\dfrac{1}{x^2}$；　　(2) $f(x)=|x|$.

2. 已知下列函数在指定点处间断，说明该间断点的类型，如果是可去间断点，则补充或改变函数的定义，使之在该点连续.

(1) $f(x)=\dfrac{x^3-8}{x-2}$，$x=2$；　　(2) $f(x)=\dfrac{1-\cos x}{x^2}$，$x=0$；

(3) $f(x)=\begin{cases}\dfrac{1}{x+7}, & -\infty<x<-7,\\ x, & -7\leqslant x\leqslant 1,\\ (x-1)\sin\dfrac{1}{x-1}, & 1<x<+\infty.\end{cases}$

3. 设 $f(x)=\begin{cases}\dfrac{\sin x}{x}, & x<0,\\ k, & x=0,\\ x\cos\dfrac{1}{x}+1, & x>0.\end{cases}$ 问 $k$ 为何值时，$f(x)$ 在 $x=0$ 处连续.

4. 证明：若 $f(x)$ 在 $x_0$ 处连续，则 $f^2(x)$ 在 $x_0$ 处也连续.

## 1.9 连续函数的运算和初等函数的连续性

### 1.9.1 连续函数的和、差、积、商的连续性

根据函数连续的定义及极限的四则运算法则，可以得到以下定理.

**定理 1** 如果函数 $f(x)$ 和 $g(x)$ 在 $x_0$ 处连续，则 $f(x)\pm g(x)$，$f(x)\cdot g(x)$，$\dfrac{f(x)}{g(x)}(g(x_0)\neq 0)$ 在 $x_0$ 处连续.

证明从略.

因为函数 $y=\sin x$，$y=\cos x$ 在 $(-\infty,+\infty)$ 上连续，由定理 1 函数 $\tan x=\dfrac{\sin x}{\cos x}$，$\cot x=\dfrac{\cos x}{\sin x}$，$\sec x=\dfrac{1}{\cos x}$，$\csc x=\dfrac{1}{\sin x}$ 在定义域内连续，即三角函数在定义域内连续.

### 1.9.2 反函数和复合函数的连续性

**定理 2** 如果函数 $y=f(x)$ 在区间 $I_x$ 上单调增加（或单调减少）且连续，那么它的反函数 $x=f^{-1}(y)$ 也在对应的区间 $I_y=\{y\mid y=f(x),x\in I_x\}$ 上单调增加（或单调减少）且连续.

证明从略.

由于函数 $y=\sin x$ 在闭区间 $\left[-\dfrac{\pi}{2},\dfrac{\pi}{2}\right]$ 上单调增加且连续，因而它的反函数 $y=\arcsin x$ 在闭区间 $[-1,1]$ 上单调增加且连续；函数 $y=\cos x$ 在 $[0,\pi]$ 上单调减少且连续，因而它的反函数 $y=\arccos x$ 在闭区间 $[-1,1]$ 上单调减少且连续；函数 $y=\tan x$ 在闭区间 $\left(-\dfrac{\pi}{2},\dfrac{\pi}{2}\right)$ 上单调增加且连续，因而它的反函数 $y=\arctan x$ 在 $(-\infty,+\infty)$ 上单调增加且连续，即反三角函数在它的定义域内是连续的.

**定理 3** 当 $x\to x_0$ 时，函数 $u=\varphi(x)$ 的极限存在且等于 $u_0$，即 $\lim\limits_{x\to x_0}\varphi(x)=u_0$，同时函数 $y=f(u)$ 在 $u=u_0$ 处连续，则复合函数 $y=f[\varphi(x)]$ 当 $x\to x_0$ 时极限也存在且等于 $f(u_0)$，即 $\lim\limits_{x\to x_0}f[\varphi(x)]=f[\lim\limits_{x\to x_0}\varphi(x)]=f(u_0)$.

**证** 由于 $\lim\limits_{u\to u_0}f(u)=f(u_0)$，所以 $\forall\varepsilon>0$，$\exists\eta>0$，当 $|u-u_0|<\eta$ 时，有 $|f(u)-f(u_0)|<\varepsilon$ 成立. 又 $\lim\limits_{x\to x_0}\varphi(x)=u_0$，对于以上 $\eta>0$，$\exists\delta>0$，当 $0<|x-x_0|<\delta$ 时，有 $|\varphi(x)-u_0|<\eta$ 成立. 所以 $\forall\varepsilon>0$，$\exists\delta>0$，当 $0<|x-x_0|<\delta$ 时，有 $|f(\varphi(x))-f(u_0)|<\varepsilon$，故 $\lim\limits_{x\to x_0}f[\varphi(x)]=f(u_0)$.

**定理 4**　设函数 $u=\varphi(x)$ 在 $x_0$ 处连续，而函数 $y=f(u)$ 在对应点 $u_0=\varphi(x_0)$ 连续，则复合函数 $y=f[\varphi(x)]$ 在 $x=x_0$ 处连续.

**证**　由于函数 $u=\varphi(x)$ 在 $x_0$ 处连续，则 $\lim\limits_{x\to x_0}\varphi(x)=u_0$. 又由 $y=f(u)$ 在对应点 $u_0=\varphi(x_0)$ 连续，则 $\lim\limits_{u\to u_0}f(u)=f(u_0)$. 再由定理3得 $\lim\limits_{x\to x_0}f[\varphi(x)]=f[\varphi(x_0)]$，故复合函数 $y=f[\varphi(x)]$ 在 $x=x_0$ 处连续.

定理 4 进一步表明：两个连续函数复合而成的函数仍是连续函数. 此结论可以进一步推广：由有限个连续函数经过有限次复合而成的函数仍是连续函数.

### 1.9.3　初等函数的连续性

前面证明三角函数及反三角函数在它们的定义域内是连续的.

指数函数 $y=a^x\ (a>0$ 且 $a\neq1)$ 对于一切实数 $x$ 都有定义，且在区间 $(-\infty,+\infty)$ 是单调连续的（这里不详细讨论），它的值域是 $(0,+\infty)$.

根据指数函数的单调性和连续性，由定理 2 知对数函数 $y=\log_a x\ (a>0$ 且 $a\neq1)$ 在区间 $(0,+\infty)$ 内是连续的.

幂函数 $y=x^\mu$ 的定义域随 $\mu$ 的变化而异，但无论 $\mu$ 取何值，在区间 $(0,+\infty)$ 内幂函数总是有定义的，下面说明在 $(0,+\infty)$ 内幂函数是连续的. 事实上，设 $x>0$，则 $y=x^\mu=a^{\mu\log_a x}$. 因此幂函数 $y=x^\mu$ 可看成由 $y=a^t$，$t=\mu\log_a x$ 复合而成. 由本节定理 4 知，它在 $(0,+\infty)$ 内连续，如果 $\mu$ 取不同的值加以讨论，可以证明（证明从略）幂函数在它的定义域内是连续的.

综上所述，可得到：基本初等函数在定义域内是连续的.

由定理 1 和定理 4，以及初等函数的定义可得到下列重要结论：一切初等函数在其定义域内都是连续的.

**例 1**　求 $\lim\limits_{x\to0}\dfrac{\ln(1+x)}{x}$.

**解**　$\lim\limits_{x\to0}\dfrac{\ln(1+x)}{x}=\lim\limits_{x\to0}\ln(1+x)^{\frac{1}{x}}=\ln[\lim\limits_{x\to0}(1+x)^{\frac{1}{x}}]=\ln e=1.$

**例 2**　求 $\lim\limits_{x\to0}\dfrac{\ln(1+x^2)}{\cos x}$.

**解**　$\lim\limits_{x\to0}\dfrac{\ln(1+x^2)}{\cos x}=\dfrac{\ln(1+0)}{\cos0}=0.$

## 练　习　1.9

1. 求下列极限：

(1) $\lim\limits_{x\to0}\dfrac{e^x\cos x+5}{1+x^2+\ln(1-x)}$；　(2) $\lim\limits_{x\to0}\sqrt{x^2+x+2}$；　(3) $\lim\limits_{x\to\frac{\pi}{6}}\ln(2\cos2x)$；

(4) $\lim\limits_{x\to0}\dfrac{\sqrt{x+1}-1}{x}$；　(5) $\lim\limits_{x\to1}\dfrac{\sin x-\sin1}{x-1}$.

2. 求下列极限：

(1) $\lim\limits_{x\to1}e^{\frac{1}{x+1}}$；　(2) $\lim\limits_{x\to0}\ln\left(\dfrac{\sin x}{x}+1\right)$；

(3) $\lim\limits_{x\to+\infty}\dfrac{\sqrt{x+\sqrt{x}}}{\sqrt{x+1}}$；　　(4) $\lim\limits_{x\to 0}\dfrac{\sqrt{1+\tan x}-\sqrt{1+\sin x}}{x\left(\sqrt{1+\sin^2 x}-1\right)}$.

3. 设函数 $f(x)=\begin{cases}e^x+1, & x<0,\\ a+x, & x\geqslant 0,\end{cases}$ 问 $a$ 取何值时，$f(x)$ 在 $(-\infty,+\infty)$ 内连续.

## 1.10 闭区间上连续函数的性质

1.8 节已经给出了函数在闭区间上连续的概念：如果 $f(x)$ 在开区间 $(a,b)$ 内连续，且 $f(x)$ 在 $x=a$ 处右连续，在 $x=b$ 处左连续，则称 $f(x)$ 在 $[a,b]$ 上连续.在闭区间上连续的函数有几个主要的性质，下面以定理的形式给出，只从几何上解释其含义，不作严格证明.

### 1.10.1 最大最小值定理

**定义 1** 设 $f(x)$ 是在区间 $I$ 上有定义的函数，若存在 $x_0\in I$，使得对一切 $x\in I$ 有 $f(x)\leqslant f(x_0)$ $(f(x)\geqslant f(x_0))$，则称 $f(x_0)$ 是函数 $f(x)$ 在区间 $I$ 的最大值(最小值).

例如，函数 $y=\cos x$ 在闭区间 $[0,\pi]$ 上有最大值 1，最小值 $-1$.函数 $y=\dfrac{1}{x}$ 在区间 $(0,1)$ 内无最大值和最小值.又如函数 $f(x)=\begin{cases}\sin x, & x\in\left(0,\dfrac{\pi}{2}\right),\\ \dfrac{1}{2}, & x=0,\dfrac{\pi}{2}\end{cases}$ 在区间 $\left[0,\dfrac{\pi}{2}\right]$ 上也无最大值和最小值.一般而言，函数 $y=f(x)$ 在区间上不一定有最大值和最小值.

**定理 1** 如果函数 $f(x)$ 在闭区间 $[a,b]$ 上连续，则 $f(x)$ 在闭区间 $[a,b]$ 上有最大值和最小值.

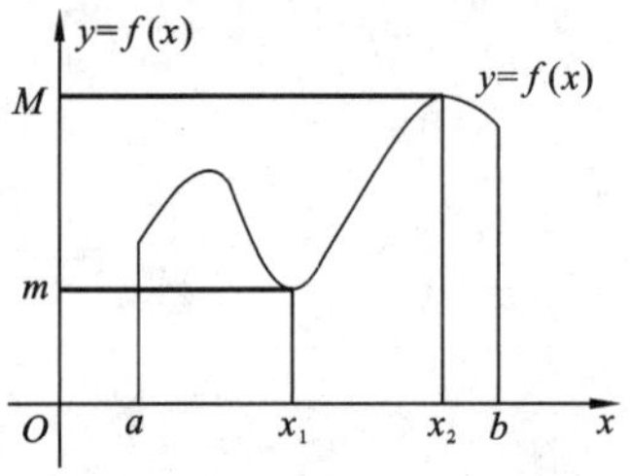

图 1-12

**推论 1**(有界性定理) 如果函数 $f(x)$ 在闭区间 $[a,b]$ 上连续，则 $f(x)$ 在 $[a,b]$ 上有界.

定理 1 及推论的几何解释如图 1-12 所示，$f(x)$ 在闭区间 $[a,b]$ 上连续，$f(x)$ 在 $[a,b]$ 上有最大值 $M$ 和最小值 $m$，因而 $f(x)$ 在 $[a,b]$ 上满足 $m\leqslant f(x)\leqslant M$，故 $f(x)$ 为 $[a,b]$ 上的有界函数.

### 1.10.2 介值定理和零点定理

**定理 2**(介值定理) 设函数 $f(x)$ 在闭区间 $[a,b]$ 上连续，且 $f(a)\neq f(b)$.$\mu$ 为介于 $f(a)$ 和 $f(b)$ 之间的任何实数 $(f(a)<\mu<f(b)$ 或 $f(b)<\mu<f(a))$，则至少存在一点 $x_0\in(a,b)$，使得 $f(x_0)=\mu$.

这个定理表明，如果 $f(x)$ 在 $[a,b]$ 上连续，又不妨设 $f(a)<f(b)$，则 $f(x)$ 在 $[a,b]$ 上必能取得区间 $[f(a),f(b)]$ 中一切值，其几何意义如图 1-13 所示.

**推论 2**(零点定理) 设函数 $f(x)$ 在闭区间 $[a,b]$ 上连续，且 $f(a)$ 与 $f(b)$ 异号(即 $f(a)\cdot f(b)<0$)，则至少存在一点 $\xi\in(a,b)$，使得 $f(\xi)=0$，即 $f(x)=0$ 在 $(a,b)$ 内至少有一个根.

这个推论的几何解释如图 1-14 所示：如果点 $A(a,f(a))$ 与 $B(b,f(b))$ 分别在 $x$ 轴的两侧,则连接 $A,B$ 的连续曲线 $y=f(x)$ 与 $x$ 轴至少有一个交点.由定理2也可知在区间上连续的函数必可取得介于最大值 $M$ 与最小值 $m$ 之间的任何值.

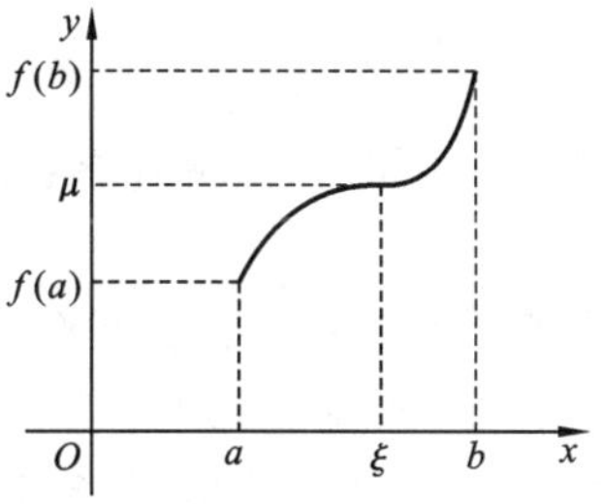


图 1-13

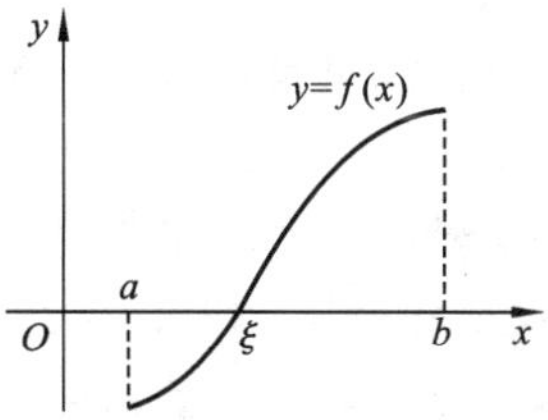


图 1-14

**例 1** 证明:方程 $x^3-3x^2-x+3=0$ 在区间 $(-2,0)$,$(0,2)$,$(2,4)$ 内分别仅有一个实根.

**证** 设 $f(x)=x^3-3x^2-x+3$,则 $f(-2)=-15<0$,$f(0)=3>0$,$f(2)=-3<0$,$f(4)=15>0$,且 $f(x)$ 在 $[-2,0]$,$[0,2]$,$[2,4]$ 上连续,由零点定理知在 $(-2,0)$,$(0,2)$,$(2,4)$ 内分别至少有一个方程的实根.而方程 $x^3-3x^2-x+3=0$ 是三次代数方程,它最多有三个实根.因此,方程 $x^3-3x^2-x+3=0$ 在三个区间内分别仅有一个实根.

**例 2** 试证方程 $x=a\sin x+b(a>0,b>0)$ 至少有一个实根,并且它不超过 $a+b$.

**证** 设 $f(x)=a\sin x+b-x$,由于 $f(x)$ 在 $[0,a+b]$ 上连续,且

$$f(0)=b>0,\quad f(a+b)=a\sin(a+b)-a.$$

(1) 若 $a+b\neq 2k\pi+\dfrac{\pi}{2}$($k$ 为整数),则 $f(a+b)<0$,由零点定理知至少存在一点 $\xi\in(0,a+b)$,使得 $f(\xi)=0$.

(2) 若 $a+b=2k\pi+\dfrac{\pi}{2}$($k$ 为整数),则 $f(a+b)=0$,可取 $\xi=a+b$,使得 $f(\xi)=0$.

综上所述,至少存在一个 $\xi\in(0,a+b]$,使得 $f(\xi)=0$.命题得证.

## 练 习 1.10

1. 证明:方程 $\ln x=x-\mathrm{e}$ 在 $(1,\mathrm{e}^2)$ 内必有实根.

2. 证明:方程 $x\cdot 2^x=1$ 至少有一个小于1的正根.

3. 证明:若函数 $f(x)$ 在 $(-\infty,+\infty)$ 内连续,且 $\lim\limits_{x\to\infty}f(x)$ 存在,则 $f(x)$ 在 $(-\infty,+\infty)$ 内必有界.

4. 证明:如果 $f(x)$ 在 $[a,b]$ 内连续,$a<x_1<x_2<\cdots<x_n<\cdots<b$,则在 $(x_1,x_n)$ 内至少存在一点 $\xi$,使得 $f(\xi)=\dfrac{f(x_1)+\cdots+f(x_n)}{n}$ 成立(其中 $n\geqslant 3$).

# 1.11 经济学中的常用函数

在经济分析中,对成本、价格、收益等经济量的关系研究,是人们十分关注的问题.在实际

问题中，往往有多个变数同时出现，期间的相关性异常复杂，作为讨论的第一步，先限于考察两个变数的相依关系.

### 1.11.1 需求函数

某一商品的需求量是指关于一定的价格水平，在一定的时间内，消费者愿意而且有支付能力购买的商品量.

所有经济活动的目的在于满足人们的需求，因此经济理论的首要任务是分析消费以及由此产生的需求，需求量并不等同于实际购买量，因为后者还牵涉到商品的供给情况.消费者对某种商品的需求是由多种因素决定的，如人口、收入、季节、该商品的价格、其他商品的价格等，甚至还有一些无法定量描述的因素，如“嗜好”等.

如果除价格外，收入等其他因素在一定的时间内变化很少，即可认为其他因素对需求暂无影响，则需求量 $Q_d$ 便是价格 $P$ 的函数，记为

$$Q_d = Q_d(P).$$

一般说来，商品价格的上涨会使需求量减少，因此需求函数是单调递减的.$Q_d = Q_d(P)$ 的反函数 $P = Q_d^{-1}(P)$.也称为需求函数.

人们根据统计数据，常使用下列简单函数来近似表示需求函数.

线性函数

$$Q_d = -aP + b, \quad 其中\ a > 0;$$

幂函数

$$Q_d = kP^{-a}, \quad 其中\ k > 0, a > 0;$$

指数函数

$$Q_d = a\mathrm{e}^{-bP}, \quad 其中\ a, b > 0.$$

**例 1** 设某需求函数为

$$Q_d = -aP + b, \quad a, b > 0,$$

讨论 $P = 0$ 时的需求量和 $Q_d = 0$ 时的价格.

**解** 当 $P = 0$ 时，$Q_d = b$ 表示价格为零时，消费者对商品的需求量为 $b$，$b$ 也就是市场对该商品的饱和需求量.当 $Q_d = 0$ 时，$P = \dfrac{b}{a}$，它表示价格上涨到 $\dfrac{b}{a}$ 时，没有人愿意购买该商品.

### 1.11.2 供给函数

某一种商品的供给量是指一定价格条件下，生产者愿意生产并可供出售的商品量.供给量也是由多个因素决定的，如果认为除价格以外的其他因素变化很小，则供给量 $Q_s$ 便是价格 $P$ 的函数，记为

$$Q_s = Q_s(P).$$

一般说来，商品价格越高，生产者愿意而且能够向市场提供的商品量也就越多，因此一般供给函数都是单调递增的.

人们根据统计数据，常用使用下列简单函数来近似表示需求函数：

线性函数

$$Q_s = aP + b, \quad 其中\ a > 0;$$

幂函数

$$Q_s = kP^a,\quad 其中\ k > 0, a > 0;$$

指数函数

$$Q_s = a\mathrm{e}^{bP},\quad 其中\ a, b > 0.$$

**例 2** 设某工厂生产一种产品，经市场统计预测，得该产品的需求函数为

$$Q_d = Q_d(P),$$

供给函数为

$$Q_s = Q_s(P),$$

在同一坐标系下作出需求曲线 $D$ 和供给曲线 $S$(图 1-15)，若曲线 $D$ 和曲线 $S$ 存在交点 $(P_0, Q_0)$（或记为 $(P_e, Q_e)$），则该交点就是供需平衡点，而 $P_0$ 或 $P_e$ 称为**均衡价格**，$Q_0$ 或 $Q_e$ 称为**均衡数量**.

在经济学中，也常用 $D(P)$ 和 $S(P)$ 表示需求函数和供给函数.

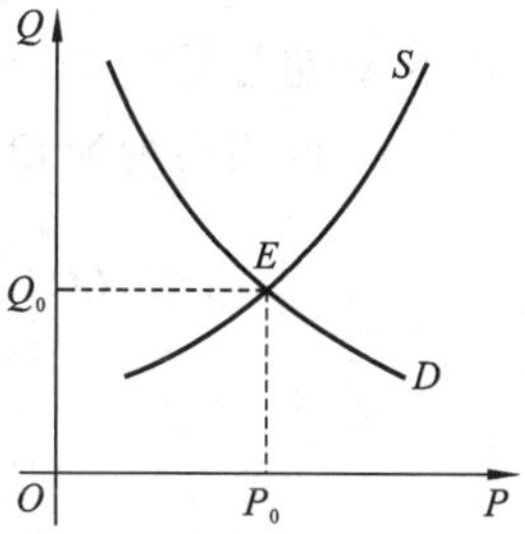


图 1-15

**例 3** 考虑下列线性需求函数和供给函数：

$$D(P) = a - bP,\ b > 0;\quad S(P) = c + eP,\ e > 0.$$

试问 $a, b$ 满足何种条件时，存在均衡价格($P_e > 0$).

**解** 由 $D(P) = S(P)$ 得 $a - bP = c + eP$，由此可得均衡价格为

$$P_e = \frac{a - c}{b + e}.$$

因此 $P_e > 0$ 的充要条件 $a > c$.

### 1.11.3 总成本函数、总收益函数、总利润函数

厂商在从事经营活动时，总希望降低产品的生产成本，增加收入与利润.

**总成本**是生产和经营一定数量的产品所需要的总投入；**总收入**是指出售一定数量的产品所得的全部收入；**总利润**是总收益减去总成本和上缴税金后的余额(为简单起见，以后在计算总利润时一般不计上缴税金).

总成本、总收益(亦称总收入)这些经济变量都与产品的产量或销量 $Q$ 密切相关，在不计市场的其他影响因素的情况下，它们都可简单的看成 $Q$ 的函数，并分别称为**总成本函数**，记为 $C(Q)$；**总收益(总收入)函数**，记为 $R(Q)$；**总利润函数**，记为 $L(Q)$.另外，将 $\overline{C} = \frac{C(Q)}{Q}$，$\overline{R} = \frac{R(Q)}{Q}$，$\overline{L} = \frac{L(Q)}{Q}$ 分别称为**平均成本**、**平均收益**和**平均利润**.

通常，总成本由固定成本 $C_0$(亦称不变成本)与可变成本 $C_1$ 两部分构成.固定成本是指支付固定生产要素的费用，包括厂房、设备折旧以及管理费等，它与产量 $Q$ 无关；可变成本是指支付可变生产要素的费用，包括原材料、燃料的支出以及工人的工资，它随 $Q$ 的变动而变动.所以

$$C(Q) = C_0 + C_1(Q).$$

总成本 $C(Q)$ 是 $Q$ 的单调递增函数.常用的比较简单的总成本函数为多项式.例如，如果

$$C(Q) = a + bQ + cQ^2,$$

其中 $a$，$b$，$c$ 为正的常数，则 $a$ 为固定成本，$bQ+cQ^2$ 为原材料成本、劳动力成本等可变成本（原材料成本可认为与产量 $Q$ 成正比，而劳动力成本由于产量加大时引起的加班成本和工作效率的降低，可能与 $Q$ 的高次幂成正比）.

如果产品的价格 $P$ 保持不变，销售量为 $Q$，则

$$R(Q)=PQ,\quad \overline{R}=P.$$

总利润函数为

$$L(Q)=R(Q)-C(Q).$$

**例 4** 某商品的单价为 100 元，单位成本为 60 元，商家为了促销，规定凡是购买超过 200 单位时，对超过部分单价的九五折出售.求成本函数、收益函数和利润函数.

**解** 设购买量为 $Q$ 个单位，则 $C(Q)=60Q$，

$$\begin{aligned}R(Q)&=\begin{cases}100Q, & Q\leqslant 200\\ 200\times 100+(Q-200)\times 100\times 0.95, & Q>200\end{cases}\\ &=\begin{cases}100Q & Q\leqslant 200,\\ 95Q+1000, & Q>200,\end{cases}\end{aligned}$$

$$L(Q)=R(Q)-C(Q)=\begin{cases}40Q, & Q\leqslant 200,\\ 35Q+1000, & Q>200.\end{cases}$$

**例 5** 已知某产品的价格为 $P$，需求函数为 $Q=50-5P$，成本函数为 $C=50+2Q$，求产量 $Q$ 多大时利润 $L$ 最大？最大利润是多少？

**解** 已知需求函数为

$$Q=50-5P,$$

故 $P=10-\dfrac{Q}{5}$，于是收益函数

$$R(Q)=PQ=10Q-\frac{Q^2}{5}.$$

这样利润函数

$$L(Q)=R(Q)-C(Q)=8Q-\frac{Q^2}{5}-50=-\frac{1}{5}(Q-20)^2+30.$$

因此 $Q=20$ 时取得最大利润为 30.

从上面的讨论可见，由于实际问题需求，不仅需要建立一些经济量之间的函数关系，而且需要对这些函数的性质作出进一步的研究.例如，讨论规模报酬的增减和可变成本的变化，寻求产品最大利润等.在后面几章中，将为这些问题的讨论提供一些十分有效的数学工具.

## 本章知识小结

### 一、函数的概念及表示法

1. 函数 $y=f(x)$ 的定义域 $D(f)$ 及其求法.

2. 函数的两个基本要素：定义域和对应法则.

3. 函数的表示法：图示法、列表法、公式法.

4. 分段函数：一个函数在其定义域的不同子集上用不同的表达式来表示，即一个函数有两个或两个以上的式子表示.

## 二、函数的奇偶性、单调性、周期性和有界性

1. 函数奇偶性的判断. 在平面直角坐标系中，奇偶函数图形的对称性.

2. 函数 $f(x)$ 在区间 $I$ 内单调增加、单调减少的概念，单调区间的定义.

3. 以 $T$ 为周期的周期函数 $f(x)$ 的图形特征.

4. 函数 $f(x)$ 是区间 $I$ 上的有界函数需满足公式 $|f(x)|\leqslant M$，其中 $M$ 是已知的一个正数.

## 三、基本初等函数和初等函数

1. 五种基本初等函数：幂函数、指数函数、对数函数、三角函数、反三角函数.

2. 初等函数：由常数和基本初等函数经过有限次四则运算和有限次复合而构成，并能用一个解析式表示的函数.

## 四、常用经济函数

1. 需求函数 $Q_d=f_d(P)$，价格函数 $P=f_d^{-1}(Q_d)$，供给函数 $Q_s=f_s(P)$.

2. 市场均衡：$Q_d=Q_s$.

3. 成本函数 $C=C(x)=C_0+C_1(x)$，平均成本函数 $\bar{C}=\dfrac{C(x)}{x}(x>0)$.

4. 收入函数 $R=R(x)$，利润函数 $L=R-C$.

5. 盈亏平衡点(保本点)：使 $L(x)=0$ 的点 $x_0$.

## 五、极限的概念与性质

1. 极限的定义.

(1) $\lim\limits_{n\to\infty}x_n=A$，数列 $\{x_n\}$ 收敛于 $A$：任给正数 $\varepsilon$，存在正整数 $N$，当 $n>N$ 时，有 $|x_n-A|<\varepsilon$.

(2) $\lim\limits_{x\to\infty}f(x)=A$：$\forall\varepsilon>0,\exists X>0$，当 $|x|>X$ 时，有 $|f(x)-A|<\varepsilon$.

(3) $\lim\limits_{x\to x_0}f(x)=A$：$\forall\varepsilon>0,\exists\delta>0$，当 $0<|x-x_0|<\delta$ 时，有 $|f(x)-A|<\varepsilon$.

2. 极限的基本性质.

(1) 唯一性：若 $\lim f(x)=A$(或 $\lim\limits_{n\to\infty}x_n=A$)，$\lim f(x)=B$(或 $\lim\limits_{n\to\infty}x_n=B$)，则 $A=B$.

(2) 有界性：收敛数列必有界.若函数极限存在，则该函数为该极限过程中的有界变量.

(3) 保号性：若函数极限为正(或负)，则在极限变化某过程中函数也为正(或负).

(4) $\lim\limits_{x\to\infty}f(x)=A\Leftrightarrow\lim\limits_{x\to+\infty}f(x)=\lim\limits_{x\to-\infty}f(x)=A$.

(5) $\lim\limits_{x\to x_0}f(x)=A\Leftrightarrow\lim\limits_{x\to x_0^-}f(x)=\lim\limits_{x\to x_0^+}f(x)=A$.

## 六、无穷小量

1. 无穷小(量)：极限为 0 的量.

2. 无穷大(量)：若在某极限过程中，$|f(x)|$ 无限增大，则称 $f(x)$ 为该极限过程的无穷大.

3. 无穷小与无穷大的关系：在同一极限过程中，若 $f(x)$ 为无穷大，则 $\dfrac{1}{f(x)}$ 为无穷小；若 $f(x)$ 为无穷小且 $f(x)\neq 0$，则 $\dfrac{1}{f(x)}$ 为无穷大.

4. 无穷小与极限的关系：$\lim f(x)=A \Leftrightarrow f(x)=A+\alpha(x)$，其中 $\lim\alpha(x)=0$.

5. 无穷小的比较. 设 $\lim\alpha(x)=0$，$\lim\beta(x)=0$，且 $\lim\dfrac{\beta(x)}{\alpha(x)}=C$，

(1) 若 $C=0$，称 $\beta(x)$ 是比 $\alpha(x)$ 高阶的无穷小，记为 $\beta=o(\alpha)$，也称 $\alpha(x)$ 是比 $\beta(x)$ 低阶的无穷小；

(2) 若 $C\neq 0$，称 $\alpha(x)$ 与 $\beta(x)$ 为同阶无穷小；

(3) 若 $C=1$，称 $\alpha(x)$ 与 $\beta(x)$ 为等价无穷小，记为 $\alpha(x)\sim\beta(x)$.

6. 重要的等价无穷小.

当 $x\to 0$ 时，$\sin x\sim x$，$\tan x\sim x$，$\arcsin x\sim x$，$\arctan x\sim x$，$1-\cos x\sim\dfrac{1}{2}x^2$，$e^x-1\sim x$，$\ln(1+x)\sim x$，$\sqrt{1+x}-1\sim\dfrac{x}{2}$，$(1+x)^\lambda-1\sim\lambda x\ (\alpha\in\mathbf{R})$.

## 七、求极限的方法

1. 利用极限的四则运算和幂指数运算法则.

若 $\lim f(x)=A$，$\lim g(x)=B$，则

(1) $\lim[f(x)\pm g(x)]=A\pm B$；

(2) $\lim[f(x)\cdot g(x)]=A\cdot B$；

(3) $\lim\dfrac{f(x)}{g(x)}=\dfrac{A}{B}\ (B\neq 0)$；

(4) $\lim\ [f(x)]^{g(x)}=A^B\ (A>0)$.

2. 两个重要极限和变量替换法并用.

(1) $\lim\limits_{x\to 0}\dfrac{\sin x}{x}=1$，$\lim\limits_{u(x)\to 0}\dfrac{\sin u(x)}{u(x)}=1$.

(2) $\lim\limits_{n\to\infty}\left(1+\dfrac{1}{n}\right)^n=e$，$\lim\limits_{x\to\infty}\left(1+\dfrac{1}{x}\right)^x=e$，$\lim\limits_{t\to 0}(1+t)^{\frac{1}{t}}=e$.

3. 利用无穷小的重要性质和等价无穷小代换.

(1) 无穷小的重要性质：有界变量与无穷小的乘积是一个无穷小.

(2) 等价无穷小代换：设 $\alpha\sim\alpha'$，$\beta\sim\beta'$，若 $\lim\dfrac{\alpha}{\beta}$ 存在，则 $\lim\dfrac{\alpha'}{\beta'}=\lim\dfrac{\alpha}{\beta}$.

## 八、函数连续性

1. 函数连续的概念.

(1) 若 $\lim\limits_{x\to x_0}f(x)=f(x_0)$，则称 $f(x)$ 在点 $x_0$ 处连续.

(2) 若 $\lim\limits_{x \to x_0^-} f(x) = f(x_0)$，则称函数 $f(x)$ 在点 $x_0$ 处左连续；若 $\lim\limits_{x \to x_0^+} f(x) = f(x_0)$，则称函数 $f(x)$ 在点 $x_0$ 处右连续；$f(x)$ 在点 $x_0$ 处连续 $\Leftrightarrow f(x)$ 在点 $x_0$ 处左连续且右连续.

2. 函数的间断点及其分类.

(1) 若 $f(x)$ 在点 $x_0$ 处不连续，则称 $x_0$ 是 $f(x)$ 的间断点.

(2) 函数的间断点分为两大类.

① 第一类间断点：$f(x_0-0)$ 与 $f(x_0+0)$ 都存在.

可去间断点：$f(x_0-0)=f(x_0+0)$.

跳跃间断点：$f(x_0-0)\neq f(x_0+0)$.

② 第二类间断点：$f(x_0-0)$ 与 $f(x_0+0)$ 至少有一个不存在.

常见的第二类间断点有无穷间断点和振荡间断点.

3. 初等函数的连续性.

(1) 基本初等函数在其定义域内连续.

(2) 初等函数在其定义区间内连续.

4. 闭区间上连续函数的性质. 设 $f(x)$ 在闭区间 $[a,b]$ 上连续，则有如下性质.

(1) 最大值和最小值定理：$f(x)$ 在 $[a,b]$ 上必有最大值 $M$ 和最小值 $m$.

(2) 介值定理：对于满足 $m \leqslant \mu \leqslant M$ 的任何实数 $\mu$，$\exists \xi \in [a,b]$，使得 $f(\xi)=\mu$.

(3) 零点定理(方程实根的存在定理)：若 $f(a)\cdot f(b)<0$，则 $\exists \xi \in (a,b)$，使得 $f(\xi)=0$.

## 历年考研真题选讲

**例 1** (**2004 年，数三**) 若 $\lim\limits_{x\to 0}\dfrac{\sin x}{e^x-a}(\cos x-b)=5$，则 $a=$ ________，$b=$ ________.

**解** 因为 $\lim\limits_{x\to 0}\dfrac{\sin x}{e^x-a}(\cos x-b)=5$，且 $\lim\limits_{x\to 0}\sin x\cdot(\cos x-b)=0$，所以 $\lim\limits_{x\to 0}(e^x-a)=0$，得 $a=1$. 极限化为

$$\lim_{x\to 0}\frac{\sin x}{e^x-a}(\cos x-b)=\lim_{x\to 0}\frac{x}{x}(\cos x-b)=1-b=5$$

得 $b=-4$. 因此，$a=1$，$b=-4$.

**例 2** (**2004 年，数三**) 函数 $f(x)=\dfrac{|x|\sin(x-2)}{x(x-1)(x-2)^2}$ 在下列哪个区间内有界.(　　)

A. $(-1,0)$　　B. $(0,1)$　　C. $(1,2)$　　D. $(2,3)$

**解** 当 $x\neq 0,1,2$ 时，$f(x)$ 连续，而

$$\lim_{x\to -1^+} f(x)=-\frac{\sin 3}{18},\qquad \lim_{x\to 0^-} f(x)=-\frac{\sin 2}{4},$$

$$\lim_{x\to 0^+} f(x)=\frac{\sin 2}{4},\quad \lim_{x\to 1} f(x)=\infty,\quad \lim_{x\to 2} f(x)=\infty,$$

所以，函数 $f(x)$ 在 $(-1,0)$ 内有界，故选 A.

**例 3** (**2005 年，数三**) 求 $\lim\limits_{x\to 0}\left(\dfrac{1+x}{1-e^{-x}}-\dfrac{1}{x}\right)$.

**解** $$\lim_{x\to0}\left(\frac{1+x}{1-e^{-x}}-\frac{1}{x}\right)=\lim_{x\to0}\frac{x+x^2-1+e^{-x}}{x(1-e^{-x})}=\lim_{x\to0}\frac{x+x^2-1+e^{-x}}{x^2}$$
$$=\lim_{x\to0}\frac{1+2x-e^{-x}}{2x}=\lim_{x\to0}\frac{2+e^{-x}}{2}=\frac{3}{2}.$$

**例 4** （**2006 年，数三**）求极限：$\lim\limits_{n\to\infty}\left(\frac{n+1}{n}\right)^{(-1)^n}$

**解** $$\lim_{n\to\infty}\left(\frac{n+1}{n}\right)^{(-1)^n}=\lim_{n\to\infty}e^{\ln\left(\frac{n+1}{n}\right)(-1)^n}=e^{\lim\limits_{n\to\infty}(-1)^n\ln\left(\frac{n+1}{n}\right)},$$

而数列$\{(-1)^n\}$有界，$\lim\limits_{n\to\infty}\ln\left(\frac{n+1}{n}\right)=0$，所以$\lim\limits_{n\to\infty}(-1)^n\ln\left(\frac{n+1}{n}\right)=0$.故
$$\lim_{n\to\infty}\left(\frac{n+1}{n}\right)^{(-1)^n}=e^0=1.$$

**例 5** （**2008 年，数三**）设函数 $f(x)=\begin{cases}x^2+1, & |x|\leqslant c\\ \dfrac{2}{|x|}, & |x|>c\end{cases}$ 在$(-\infty,+\infty)$内连续，则 $c=$________.

**解** 由题设知 $c\geqslant|x|\geqslant0$，所以
$$f(x)=\begin{cases}2/x, & x>c,\\ x^2+1, & -c\leqslant x\leqslant c,\\ -2/x, & x<-c.\end{cases}$$

因为$\lim\limits_{x\to c^-}f(x)=\lim\limits_{x\to c^-}(x^2+1)=c^2+1$，$\lim\limits_{x\to c^+}f(x)=\lim\limits_{x\to c^+}\frac{2}{x}=\frac{2}{c}$，又因为 $f(x)$ 在$(-\infty,+\infty)$内连续，$f(x)$ 必在 $x=c$ 处连续，所以
$$\lim_{x\to c^+}f(x)=\lim_{x\to c^-}f(x)=f(c),$$
即
$$c^2+1=\frac{2}{c}\Rightarrow c=1.$$

**例 6** （**2009 年，数二、三**）函数 $f(x)=\dfrac{x-x^3}{\sin\pi x}$ 的可去间断点的个数为（　　）.

A. 1　　B. 2　　C. 3　　D. 无穷多个

**解** 因 $f(x)=\dfrac{x-x^3}{\sin\pi x}$，则当 $x$ 取任何整数时，$f(x)$ 均无意义，故 $f(x)$ 的间断点有无穷多个，但可去间断点为极限存在的点，即是 $x-x^3=0$ 的解 $x_{1,2,3}=0,\pm1$.可得
$$\lim_{x\to0}\frac{x-x^3}{\sin\pi x}=\lim_{x\to0}\frac{1-3x^2}{\pi\cos\pi x}=\frac{1}{\pi},$$
$$\lim_{x\to1}\frac{x-x^3}{\sin\pi x}=\lim_{x\to1}\frac{1-3x^2}{\pi\cos\pi x}=\frac{2}{\pi},$$
$$\lim_{x\to-1}\frac{x-x^3}{\sin\pi x}=\lim_{x\to-1}\frac{1-3x^2}{\pi\cos\pi x}=\frac{2}{\pi},$$
则可去间断点为 3 个，即 $0,\pm1$.

**例 7** （**2009 年，数三**）$\lim\limits_{x\to0}\dfrac{e-e^{\cos x}}{\sqrt[3]{1+x^2}-1}=$________.

**解** $\lim\limits_{x\to 0}\dfrac{e-e^{\cos x}}{\sqrt[3]{1+x^2}-1}=\lim\limits_{x\to 0}\dfrac{e(1-e^{\cos x-1})}{\sqrt[3]{1+x^2}-1}=\lim\limits_{x\to 0}\dfrac{e(1-\cos x)}{\frac{1}{3}x^2}=\lim\limits_{x\to 0}\dfrac{e\cdot\frac{1}{2}x^2}{\frac{1}{3}x^2}=\dfrac{3}{2}e.$

**例 8** （**2012 年，数一、二、三**）曲线 $y=\dfrac{x^2+x}{x^2-1}$ 渐近线的条数为（ ）.

A. 0　　B. 1　　C. 2　　D. 3

**解** 因为 $\lim\limits_{x\to 1}\dfrac{x^2+x}{x^2-1}=\infty$，所以 $x=1$ 为垂直渐近线. $\lim\limits_{x\to\infty}\dfrac{x^2+x}{x^2-1}=1$，所以 $y=1$ 为水平渐近线，没有斜渐近线，故两条选 C.

**例 9** （**2012 年，数三**）$\lim\limits_{x\to\frac{\pi}{4}}(\tan x)^{\frac{1}{\cos x-\sin x}}=$________.

**解** 
$$\begin{aligned}\lim_{x\to\frac{\pi}{4}}(\tan x)^{\frac{1}{\cos x-\sin x}}&=\lim_{x\to\frac{\pi}{4}}\left(\frac{\sin x}{\cos x}\right)^{\frac{1}{\cos x-\sin x}}\\&=\lim_{x\to\frac{\pi}{4}}\left[\left(1+\frac{\sin x-\cos x}{\cos x}\right)^{\frac{\cos x}{\sin x-\cos x}}\right]^{\frac{-1}{\cos x}}\\&=e^{-\sqrt{2}}.\end{aligned}$$

**例 10** （**2010 年，数三**）若 $\lim\limits_{x\to 0}\left[\dfrac{1}{x}-\left(\dfrac{1}{x}-a\right)e^x\right]=1$，则 $a$ 等于（ ）.

A. 0　　B. 1　　C. 2　　D. 3

**解** 由于
$$\begin{aligned}\lim_{x\to 0}\left[\frac{1}{x}-\left(\frac{1}{x}-a\right)e^x\right]&=\lim_{x\to 0}\frac{1-e^x+axe^x}{x}\\&=\lim_{x\to 0}\left(\frac{1-e^x}{x}+ae^x\right)\\&=\lim_{x\to 0}\frac{1-e^x}{x}+\lim_{x\to 0}ae^x=a-1,\end{aligned}$$
从而由题设可得 $a-1=1$，即 $a=2$，故应选 C.

**例 11** （**2011 年，数三**）求极限 $\lim\limits_{x\to 0}\dfrac{\sqrt{1+2\sin x}-x-1}{x\ln(1+x)}$.

**解** 当 $x\to 0$ 时，有
$$\ln(1+x)\sim x,\ x-\sin x\sim\frac{1}{6}x^3,$$
故
$$\begin{aligned}\lim_{x\to 0}\frac{\sqrt{1+2\sin x}-x-1}{x\ln(1+x)}&=\lim_{x\to 0}\frac{\sqrt{1+2\sin x}-x-1}{x^2}\\&=\lim_{x\to 0}\frac{[\sqrt{1+2\sin x}-(x+1)][\sqrt{1+2\sin x}+(x+1)]}{x^2[\sqrt{1+2\sin x}+(x+1)]}\\&=\lim_{x\to 0}\frac{1+2\sin x-(x+1)^2}{2x^2}\\&=\lim_{x\to 0}\frac{2\sin x-2x-x^2}{2x^2}\end{aligned}$$

$$=\lim_{x\to 0}\frac{2\sin x-2x}{2x^2}-\lim_{x\to 0}\frac{x^2}{2x^2}$$

$$=\lim_{x\to 0}\frac{-\frac{1}{6}x^3}{x^2}-\frac{1}{2}=-\frac{1}{2}.$$

**例 12** （2013 年，数三）函数 $f(x)=\dfrac{|x|^x-1}{x(x+1)\ln|x|}$ 的可去间断点的个数为（　　）.

A. 0　　B. 1　　C. 2　　D. 3

**解**　当 $x\ln|x|\to 0$ 时，即当 $x\to 0$ 或 $x\to\pm 1$ 时有 $|x|^x-1=e^{x\ln|x|}-1\sim x\ln|x|$，则

$$\lim_{x\to 0}f(x)=\lim_{x\to 0}\frac{|x|^x-1}{x(x+1)\ln|x|}=\lim_{x\to 0}\frac{x\ln|x|}{x\ln|x|}=1,$$

所以 $x=0$ 是函数 $f(x)$ 的可去间断点.

$$\lim_{x\to 1}f(x)=\lim_{x\to 1}\frac{|x|^x-1}{x(x+1)\ln|x|}=\lim_{x\to 0}\frac{x\ln|x|}{2x\ln|x|}=\frac{1}{2},$$

所以 $x=1$ 是函数 $f(x)$ 的可去间断点.

$$\lim_{x\to -1}f(x)=\lim_{x\to -1}\frac{|x|^x-1}{x(x+1)\ln|x|}=\lim_{x\to -1}\frac{x\ln|x|}{-(x+1)\ln|x|}=\infty,$$

所以 $x=-1$ 不是函数 $f(x)$ 的可去间断点.故应该选 C.

**例 13** （2016 年，数三）已知函数 $f(x)$ 满足 $\lim\limits_{x\to 0}\dfrac{\sqrt{1+f(x)\sin 2x}-1}{e^{3x}-1}=2$，则 $\lim\limits_{x\to 0}f(x)=$ ________.

**解**　因为

$$\lim_{x\to 0}\frac{\sqrt{1+f(x)\sin 2x}-1}{e^{3x}-1}=\lim_{x\to 0}\frac{\frac{1}{2}f(x)\sin 2x}{3x}=\lim_{x\to 0}\frac{f(x)x}{3x},$$

$$=\lim_{x\to 0}\frac{f(x)}{3}=2,$$

所以

$$\lim_{x\to 0}f(x)=6.$$

**例 14** （2017 年，数二）设数列 $\{x_n\}$ 收敛，则（　　）.

A. 当 $\lim\limits_{n\to\infty}\sin x_n=0$ 时，$\lim\limits_{n\to\infty}x_n=0$　　B. 当 $\lim\limits_{n\to\infty}(x_n+\sqrt{|x_n|})=0$ 时，$\lim\limits_{n\to\infty}x_n=0$

C. 当 $\lim\limits_{n\to\infty}(x_n+x_n^2)=0$ 时，$\lim\limits_{n\to\infty}x_n=0$　　D. 当 $\lim\limits_{n\to\infty}(x_n+\sin x_n)=0$ 时，$\lim\limits_{n\to\infty}x_n=0$

**解**　取 $x_n=2\pi$，则 $\lim\limits_{n\to\infty}\sin x_n=\lim\limits_{n\to\infty}\sin 2\pi=0$，但 $\lim\limits_{n\to\infty}x_n=2\pi\neq 0$，因此选项 A 是错误的；又取 $x_n=-1$，则 $x_n+\sqrt{|x_n|}=0$；$x_n+x_n^2=0$，即 $\lim\limits_{n\to\infty}(x_n+\sqrt{|x_n|})=0$；$\lim\limits_{n\to\infty}(x_n+x_n^2)=0$，但 $\lim\limits_{n\to\infty}x_n=-1\neq 0$，于是排除 B 及 C；故应选 D.

**例 15** （2017 年，数二）曲线 $y=x\left(1+\arcsin\dfrac{2}{x}\right)$ 的斜渐近线方程为 ________.

**解**　因为

$$a=\lim_{x\to+\infty}\frac{y(x)}{x}=\lim_{x\to+\infty}\frac{x\left(1+\arcsin\frac{2}{x}\right)}{x}=\lim_{x\to+\infty}\left(1+\arcsin\frac{2}{x}\right)=1,$$

$$b=\lim_{x\to+\infty}(y(x)-ax)=\lim_{x\to+\infty}\left[x\left(1+\arcsin\frac{2}{x}\right)-x\right]$$
$$=\lim_{x\to+\infty}x\cdot\arcsin\frac{2}{x}=\lim_{x\to+\infty}x\cdot\frac{2}{x}=2,$$

所以 $y=ax+b=x+2$ 为已知曲线的一条斜渐近线；当 $x\to-\infty$ 时，同理知斜渐近线仍为 $y=x+2$；故应填 $y=x+2$.

**例 16** （**2020 年，数二、三**）函数 $f(x)=\dfrac{e^{\frac{1}{x-1}}\ln|1+x|}{(e^x-1)(x-2)}$ 的第二类间断点的个数为（　　）.

A. 1　　B. 2　　C. 3　　D. $4ab=2$

**解**　由 $f(x)$ 的表达式可知，共有四个间断点，分别 $x=-1$：$\lim\limits_{x\to-1}f(x)=\infty$，$x=-1$ 为第二类间断点；

$x=0$：$\lim\limits_{x\to0}f(x)=\lim\limits_{x\to0}\dfrac{e^{\frac{1}{x-1}}\ln|1+x|}{(e^x-1)(x-2)}=\lim\limits_{x\to0}\dfrac{e^{\frac{1}{x-1}}\cdot x}{x(x-2)}=-\dfrac{1}{2e}$，$x=0$ 为可去间断点；

$x=1$：$\lim\limits_{x\to1}f(x)=\infty$，$x=1$ 为第二类间断点；

$x=2$：$\lim\limits_{x\to2}f(x)=\infty$，$x=2$ 为第二类间断点；

故第二类间断点的个数为 3，选 C.

**例 17** （**2021 年，数三**）已知 $\lim\limits_{x\to0}\left[a\arctan\dfrac{1}{x}+(1+|x|)^{\frac{1}{x}}\right]$ 存在，求 $a$ 的值.

**解**　因为

$$\lim_{x\to0^+}\left[a\arctan\frac{1}{x}+(1+|x|)^{\frac{1}{x}}\right]=\lim_{x\to0^+}\left[a\arctan\frac{1}{x}+(1+x)^{\frac{1}{x}}\right]$$
$$=\frac{\pi}{2}a+e,$$
$$\lim_{x\to0^-}\left[a\arctan\frac{1}{x}+(1+|x|)^{\frac{1}{x}}\right]=\lim_{x\to0^-}\left[a\arctan\frac{1}{x}+(1-x)^{\frac{1}{x}}\right]$$
$$=\lim_{x\to0^-}\left[a\arctan\frac{1}{x}+((1-x)^{-\frac{1}{x}})^{-1}\right]$$
$$=-\frac{\pi}{2}a+e^{-1},$$

则有
$$\frac{\pi}{2}a+e=-\frac{\pi}{2}a+e^{-1}\Rightarrow\pi a=e^{-1}-e\Rightarrow a=\frac{e^{-1}-e}{\pi}.$$

**例 18** （**2022 年，数二、三**）当 $x\to0$ 时，$\alpha(x)$，$\beta(x)$ 是非零无穷小量，给出以下 4 个命题：

① 若 $\alpha(x)\sim\beta(x)$，则 $\alpha^2(x)\sim\beta^2(x)$；

② 若 $\alpha^2(x)\sim\beta^2(x)$，则 $\alpha(x)\sim\beta(x)$；

③ 若 $\alpha(x)\sim\beta(x)$，则 $\alpha(x)-\beta(x)=o(\alpha(x))$；

④ 若 $\alpha(x)-\beta(x)=o(\alpha(x))$，则 $\alpha(x)\sim\beta(x)$，

其中所有正确的序号是（　　）.

A. ①②　　B. ①④　　C. ①③④　　D. ②③④

**解**　当 $x\to0$ 时，$\alpha(x)\sim\beta(x)$，则

$$\lim_{x\to0}\frac{\alpha(x)}{\beta(x)}=1,\quad \lim_{x\to0}\frac{\alpha^2(x)}{\beta^2(x)}=\lim_{x\to0}\left[\frac{\alpha(x)}{\beta(x)}\right]^2=1,$$

且$\lim\limits_{x\to0}\dfrac{\alpha(x)-\beta(x)}{\alpha(x)}=0$，故$\alpha(x)-\beta(x)=o(\alpha(x))$，所以 ①③ 正确；

当$x\to0$时，$\alpha^2(x)\sim\beta^2(x)$，则

$$\lim_{x\to0}\frac{\alpha^2(x)}{\beta^2(x)}=1,\quad \lim_{x\to0}\frac{\alpha(x)}{\beta(x)}=\pm1,$$

当$\lim\limits_{x\to0}\dfrac{\alpha(x)}{\beta(x)}=-1$时，$\alpha(x)$与$\beta(x)$不是等价无穷小，所以 ② 不正确；

当$\alpha(x)-\beta(x)=o(\alpha(x))$时，则

$$\lim_{x\to0}\frac{\alpha(x)}{\beta(x)}=\lim_{x\to0}\frac{\alpha(x)}{\alpha(x)-o(\alpha(x))}=\lim_{x\to0}\frac{\alpha(x)}{\alpha(x)}=1,$$

所以 ④ 正确，故选 C.

**例 19** **（2022 年，数三）**$\lim\limits_{x\to0}\left(\dfrac{1+e^x}{2}\right)^{\cot x}=$________.

**解** $\lim\limits_{x\to0}\left(\dfrac{1+e^x}{2}\right)^{\cot x}=e^{\lim\limits_{x\to0}\cot x\left(\frac{1+e^x}{2}-1\right)}=e^{\lim\limits_{x\to0}\frac{e^x-1}{2\tan x}}=e^{\frac{1}{2}}$.

**例 20** **（2023 年，数二）**设数列$\{x_n\}$，$\{y_n\}$满足$x_1=y_1=\dfrac{1}{2}$，$x_{n+1}=\sin x_n$，$y_{n+1}=y_n^2$，当$n\to\infty$时（　　）.

A. $x_n$是$y_n$的高阶无穷小　　B. $y_n$是$x_n$的高阶无穷小

C. $x_n$是$y_n$的等价无穷小　　D. $x_n$是$y_n$的同阶但非等价无穷小

**解** 在$\left(0,\dfrac{\pi}{2}\right)$中，$\dfrac{2}{\pi}x<\sin x$，有

$$x_{n+1}=\sin x_n>\frac{2}{\pi}x_n,\ y_{n+1}=\frac{1}{2}y_n$$

$$\Rightarrow\frac{y_{n+1}}{x_{n+1}}<\frac{\frac{1}{2}}{\frac{2}{\pi}}\cdot\frac{y_n}{x_n}=\frac{\pi}{4}\cdot\frac{y_n}{x_n}=\cdots$$

$$=\left(\frac{\pi}{4}\right)^n\frac{y_1}{x_1}=\left(\frac{\pi}{4}\right)^n\Rightarrow\lim_{n\to\infty}\frac{y_n}{x_n}=0,$$

所以$y_n$是$x_n$的高阶无穷小，故答案为 B.

**例 21** **（2024 年，数二）**函数$f(x)=|x|^{\frac{1}{(1-x)(x-2)}}$的第一类间断点的个数为（　　）.

A. 3　　B. 2　　C. 1　　D. 0

**解** 因为

$$\lim_{x\to0}f(x)=\infty,$$

$$\lim_{x\to2^-}f(x)=\lim_{x\to2^-}|x|^{\frac{1}{(1-x)(x-2)}}=+\infty,$$

$$\lim_{x\to1}f(x)=e^{\lim\limits_{x\to1}\frac{\ln x}{(1-x)(x-2)}}=e^{-\lim\limits_{x\to1}\frac{\ln x}{(1-x)}}=e^{-\lim\limits_{x\to1}\frac{\frac{1}{x}}{-1}}=e^1=e,$$

所以间断点为$x=0$，$x=1$，$x=2$.第一间断点为$x=1$，第二间断点为$x=0$，$x=2$.故该题选C.

**例 22** (**2024 年,数二**)已知数列$\{a_n\}$ $(a_n \neq 0)$,若$\{a_n\}$发散,则(　　).

A. $\left\{a_n + \dfrac{1}{a_n}\right\}$发散　　B. $\left\{a_n - \dfrac{1}{a_n}\right\}$发散

C. $\left\{e^{a_n} + \dfrac{1}{e^{a_n}}\right\}$发散　　D. $\left\{e^{a_n} - \dfrac{1}{e^{a_n}}\right\}$发散

**解**　对选项 A,取$a_n = 2^{(-1)^n}$,$a_n + \dfrac{1}{a_n} = 2^{(-1)^n} + 2^{(-1)^{n+1}}$,无论$n$为奇数或者偶数,$a_n + \dfrac{1}{a_n} = 2^1 + 2^{-1} = \dfrac{5}{2}$,故$\left\{a_n + \dfrac{1}{a_n}\right\}$收敛.对于选项 B,取$a_n = (-1)^n$,但$a_n - \dfrac{1}{a_n} = (-1)^n - \dfrac{1}{(-1)^n} = (-1)^n - (-1)^n = 0$,故$\left\{a_n - \dfrac{1}{a_n}\right\}$收敛.对于选项 C,取$a_n = 2^{(-1)^n}$,则$e^{a_n} + \dfrac{1}{e^{a_n}} = e^{2^{(-1)^n}} + \dfrac{1}{e^{2^{(-1)^n}}}$,无论$n$为奇数或者偶数,$e^{a_n} + \dfrac{1}{e^{a_n}} = e^2 + \dfrac{1}{e^2}$,故$\left\{e^{a_n} + \dfrac{1}{e^{a_n}}\right\}$收敛.故该题选 D.

**例 23** (**2024 年,数三**)已知$f(x) = \lim\limits_{n\to\infty} \dfrac{1+x}{1+nx^{2n}}$,则(　　).

A. 在$x=1$,$x=-1$处均连续　　B. 在$x=1$处连续,$x=-1$处不连续

C. 在$x=1$,$x=-1$处均不连续　　D. 在$x=1$处不连续,$x=-1$处连续

**解**　当$|x|>1$时,$f(x)=0$;

当$x=1$时,$f(x) = \lim\limits_{n\to\infty} \dfrac{2}{1+n} = 0$;

当$x=-1$时,$f(x) = \lim\limits_{n\to\infty} 0 = 0$;

当$|x|<1$时,令$x^2 = t$,故$0<t<1$,则

$$\lim_{n\to\infty} nx^{2n} = \lim_{n\to\infty} nt^n = \lim_{n\to\infty} \frac{n}{t^{-n}} = \lim_{n\to\infty} \frac{1}{-t^{-n}\ln t} = \lim_{n\to\infty} \frac{t^n}{-\ln t} = 0,$$

故

$$f(x) = \lim_{n\to\infty} \frac{1+x}{1+nx^{2n}} = 1+x.$$

综上所述:$f(x) = \begin{cases} 1+x, & |x|<1, \\ 0, & |x| \geqslant 1, \end{cases}$因此该题选 D.

## 数学星空　光辉典范:数学家与数学家精神

### 数学家简介[1]

# 总练习 1

1. 设 $f(x)=x+1$,求 $f[2f(x)-1]$.

2. 设 $f(x)=\dfrac{x}{x-1}$,试证明 $f[f(x)]=x$,并求 $f\left[\dfrac{1}{f(x)}\right](x\neq 0,x\neq 1)$.

3. 试证:对任一对称区间 $(-l,l)$ 上的任一函数 $f(x)$,总可以表示成一个奇函数 $H(x)$ 和一个偶函数 $G(x)$ 的和,并且此种表示法是唯一的.

4. 已知 $f(x)$ 在 $(0,+\infty)$ 上有定义,$x_1>0,x_2>0$,求证:

(1) 若 $\dfrac{f(x)}{x}$ 单调递减,则 $f(x_1+x_2)<f(x_1)+f(x_2)$;

(2) 若 $\dfrac{f(x)}{x}$ 单调递增,则 $f(x_1+x_2)>f(x_1)+f(x_2)$.

5. 判别 $y=F(x)\left(\dfrac{1}{a^x-1}+\dfrac{1}{2}\right)$ $(a>0,a\neq 1,F(x)$ 是奇函数) 的奇偶性.

6. 证明:函数 $f(x)=\dfrac{2+x^2}{1+x^4}$ 在 $(-\infty,+\infty)$ 上有界.

7. 设 $f(x),g(x)$ 在 $(-\infty,+\infty)$ 有定义,且 $f(x)$ 为奇函数,$g(x)$ 为偶函数,试判断 $f[g(x)],g[f(x)],f[f(x)]$ 的奇偶性.

8. 证明:任一正有理数均为狄利克雷函数 $D(x)=\begin{cases}1, & x\ \text{为有理数},\\ 0, & x\ \text{为无理数}\end{cases}$ 的周期.

9. 设 $f(x)=\sin x,g(x)=\begin{cases}x-\pi, & x\leqslant 0,\\ x+\pi, & x>0.\end{cases}$ 证明:复合函数 $f[g(x)]$ 在 $x=0$ 处连续,但 $g(x)$ 在 $x=0$ 处不连续.

10. 证明:$\lim\limits_{n\to\infty}\left(\dfrac{1}{\sqrt{n^2+1}}+\dfrac{1}{\sqrt{n^2+2}}+\cdots+\dfrac{1}{\sqrt{n^2+2n}}\right)=2$.

11. 设 $f(x)=\begin{cases}e^{\frac{1}{x-1}}, & x>0,\\ \ln(1+x), & -1<x\leqslant 0,\end{cases}$ 求 $f(x)$ 的间断点,并说明间断的类型.

12. 设 $f(x)=\begin{cases}x^2\sin\dfrac{1}{x}, & x>0,\\ a+\sin x, & x\leqslant 0,\end{cases}$ 要使 $f(x)$ 在 $(-\infty,+\infty)$ 上连续,$a$ 应取何值?

13. 若当 $x\to 0$ 时,无穷小 $\dfrac{x^2}{\sqrt{a^2+x^2}}$ 与 $b-\cos x$ 是等价无穷小,试求 $a,b$ 的值.

14. 求下列极限:

(1) $\lim\limits_{x\to 2}\dfrac{x^2+x+1}{x-2}$;

(2) $\lim\limits_{x\to+\infty}x\left(\sqrt{x^2+2}-x\right)$;

(3) $\lim\limits_{x\to\infty}\left(\dfrac{x+1}{x+2}\right)^x$;

(4) $\lim\limits_{x\to 0}\dfrac{x(1-\cos x)}{(1-e^x)\sin x^2}$;

(5) $\lim\limits_{x\to 0}\dfrac{\arctan x}{\ln(1+\sin x)}$;

(6) $\lim\limits_{n\to\infty}\dfrac{n^3\cdot\sqrt[n]{2}\left(1-\cos\dfrac{1}{n^2}\right)}{\sqrt{n^2+1}-n}$.

# 目标自测题 1

## 一、填空题

1. 极限 $\lim\limits_{x\to\infty}\dfrac{(x+1)(x-1)(2x+1)}{x^3+1}=$ ________.

2. 极限 $\lim\limits_{x\to+\infty}\dfrac{2x}{\sqrt{x^2+x}+x}=$ ________.

3. 极限 $\lim\limits_{x\to 0}\dfrac{x(1-\cos x)}{(1-e^{-x})\ln(1+x^2)}=$ ________.

4. 函数 $f(x)=\dfrac{x^3-1}{x(x^2-1)}$ 间断点的个数为 ________.

5. 设 $f(x)$ 的定义域为[0,1],则 $f(2^x-3)$ 的定义域为 ________.

## 二、选择题

1. 当 $x\to 0$ 时,下列函数哪一个是 $x$ 的三阶无穷小(　　).

A. $x^3(e^x-1)$　　B. $1-\cos x$　　C. $\sin x-\tan x$　　D. $x\ln(1+x)$.

2. 设函数 $f(x)=\begin{cases}\dfrac{\ln(1+x)}{x}, & x>0\\ 0, & x=0\\ \dfrac{\sin x}{e^x-1}, & x<0\end{cases}$,则 $x=0$ 是 $f(x)$ 得哪一类间断点(　　).

A. 可去间断点　　B. 跳跃间断点　　C. 无穷间断点　　D. 振荡间断点

3. 设 $\lim\limits_{x\to 1}\dfrac{x^2+ax+b}{x-1}=5$,则 $a,b$ 值分别为(　　).

A. 3 与 −4　　B. 4 与 −3　　C. −3 与 4　　D. −4 与 3

4. 极限 $\lim\limits_{x\to 0}\dfrac{\arctan 4x}{\ln(1-2\sin x)}=$(　　).

A. 2　　B. −2　　C. 0　　D. 1

5. 若函数 $f(x)=\begin{cases}e^x, & x\geqslant 0\\ \dfrac{\sin ax}{x}, & x<0\end{cases}$ 在 **R** 上连续,则 $a=$(　　).

A. 2　　B. −2　　C. 1　　D. −1

## 三、计算证明题

1. 求极限 $\lim\limits_{n\to\infty}\left(\dfrac{1}{n^2+n+1}+\dfrac{2}{n^2+n+2}+\cdots+\dfrac{n}{n^2+n+n}\right)$.

2. 设 $0<x_1<1, x_{n+1}=x_n(1-x_n), n=1,2,\cdots$,证明 $\lim\limits_{n\to\infty}x_n=0$.

3. 设函数 $f(x)=\begin{cases}\cos x+x\sin\dfrac{1}{x}, & x<0,\\ x^2-1, & x\geqslant 0,\end{cases}$ 判断 $x=0$ 是否为函数的间断点;如果是间

断点，判断其类型.

4. 研究函数 $f(x)=\lim\limits_{n\to\infty}\dfrac{x^n-1}{x^n+1}$ 在 $x=1$ 处的连续性.

5. 已知函数 $f(x)$ 满足 $\lim\limits_{x\to0}\dfrac{\ln\left[1+\dfrac{f(x)}{1-\cos x}\right]}{2^x-1}=4$，求极限 $\lim\limits_{x\to0}\dfrac{f(x)}{x^3}$.

6.设函数 $f(x)$ 在 $(-\infty,+\infty)$ 上连续，且 $\lim\limits_{x\to\infty}\dfrac{f(x)}{x^{2n-1}}=0$（$n$ 为正整数），证明：存在 $\xi\in(-\infty,+\infty)$，使得 $\xi^{2n-1}+f(\xi)=0$.

7.设 $f(x)$ 在 $(-\infty,+\infty)$ 上连续，且 $f[f(x)]=x$，证明：存在一个 $\xi$，使得 $f(\xi)=\xi$.

# 第 2 章

# 导数与微分

微积分学是高等数学最主要的组成部分，是研究物理学、力学、经济学及其他工程学的不可或缺的工具，微积分学由微分学和积分学两部分组成，导数和微分是微分学的两个基本概念.在本章中，主要讨论导数和微分的概念以及它们的计算方法，导数的应用将在第 3 章讨论.

知识结构图

# 2.1 导数的概念

## 2.1.1 引例

为了说明导数的概念，先讨论两个问题：速度问题和切线问题.这两个问题与导数概念的形式有密切的关系.

**1. 变速直线运动的速度**

假设一质点做直线运动，以质点运动的起始点作为原点，运动方向作为 $s$ 轴正向建立数轴，取运动的起始时刻作为测量时间的零点(即此刻 $t=0$).设质点于时刻 $t$ 在 $s$ 轴上的坐标为 $s$，即 $s$ 为质点运动的路程，且 $s$ 是 $t$ 的函数 $s=s(t)$，这个函数称为位置函数.现在提出这样一个问题：如果已知位置函数，如何求质点在时刻 $t=t_0$ 的瞬时速度 $v(t_0)$?

首先在时刻 $t_0$ 的邻近取一时刻 $t_0+\Delta t$，在 $t_0$ 到 $t_0+\Delta t$ 这段时间间隔内，质点运动的平均速度为 $\bar{v}=\dfrac{\Delta s}{\Delta t}=\dfrac{s(t_0+\Delta t)-s(t_0)}{\Delta t}$，如果时间间隔选的较短，这个比值在实践中也可用来说明质点在时刻 $t_0$ 的速度.但对质点在时刻 $t_0$ 的速度的精确概念来说，这样做是不够的，而更确切地应当这样：令 $\Delta t\to 0$，取 $\dfrac{s(t_0+\Delta t)-s(t_0)}{\Delta t}$ 的极限，如果这个极限存在，设为 $v$，即 $v=\lim\limits_{\Delta t\to 0}\dfrac{s(t_0+\Delta t)-s(t_0)}{\Delta t}$.把这个极限值 $v$ 称为质点在时刻 $t_0$ 的瞬时速度.

**2. 平面曲线的切线的斜率**

圆的切线定义为“与圆只有一个交点的直线”.但对于一般曲线，用“与曲线只有一个交点的直线”作为切线的定义就不合适了.下面先给出切线的定义，再讨论切线斜率的求法.

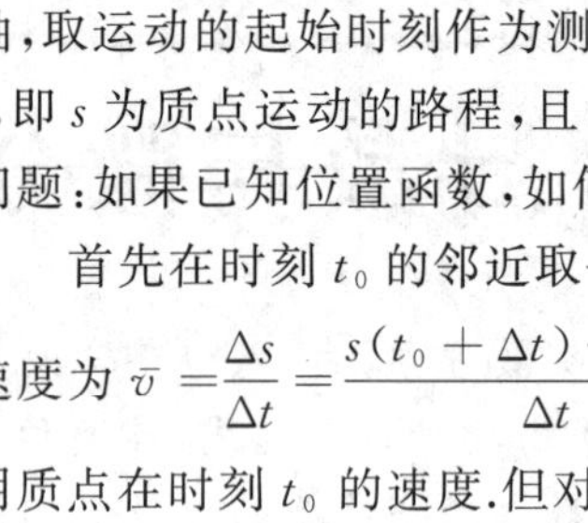

图 2-1

设有曲线：$y=f(x)$，$P_0(x_0,f(x_0))$ 是该曲线上的一点，在该曲线上点 $P_0$ 的邻近取另外一点 $P(x_0+\Delta x,f(x_0+\Delta x))$.作曲线的割线 $P_0P$，当点 $P$ 沿曲线无限地趋近点 $P_0$ 时，如果割线 $P_0P$ 绕点 $P_0$ 旋转而无限地趋于极限位置 $P_0T$，直线 $P_0T$ 就称为曲线 $y=f(x)$ 在点 $P_0$ 处的切线(图 2-1).

显然，割线 $P_0P$ 的斜率为

$$\tan\varphi=\frac{f(x_0+\Delta x)-f(x_0)}{\Delta x},$$

其中 $\varphi$ 为割线 $P_0P$ 的倾斜角.当 $\Delta x\to 0$ 时，点 $P$ 沿曲线 $y=f(x)$ 趋于点 $P_0$，割线 $P_0P$ 的倾斜角 $\varphi$ 趋于切线 $P_0T$ 的倾斜角 $\alpha$，因而曲线 $y=f(x)$ 在点 $P_0(x_0,f(x_0))$ 处的切线斜率为

$$k=\lim_{\Delta x\to 0}\tan\varphi=\lim_{\Delta x\to 0}\frac{f(x_0+\Delta x)-f(x_0)}{\Delta x}.$$

典型例题讲解

## 2.1.2 导数的定义

以上的两个引例的具体含义虽然不同，但是用以解决问题的思想方法是相同的.它们都归

结为求形如$\lim\limits_{\Delta x \to 0} \dfrac{f(x_0+\Delta x)-f(x_0)}{\Delta x}$的极限问题，即当自变量增量趋于零时，相应的函数增量与自变量增量之比的极限，可以归结为此类极限的实际问题还有很多，如电流强度、角速度、线密度等，撇开这些实际问题的具体含义，抓住它们的共性，抽象出它们在数量关系上的本质特征，就得出函数导数的概念.

**定义 1** 设函数 $y=f(x)$ 在点 $x_0$ 的某邻域内有定义，如果极限

$$\lim_{\Delta x \to 0} \frac{\Delta y}{\Delta x} = \lim_{\Delta x \to 0} \frac{f(x_0+\Delta x)-f(x_0)}{\Delta x}$$

存在，则称函数 $y=f(x)$ 在点 $x_0$ 处可导，并称此极限为函数 $y=f(x)$ 在点 $x_0$ 处的导数，记为 $f'(x_0)$，即

$$f'(x_0) = \lim_{\Delta x \to 0} \frac{\Delta y}{\Delta x} = \lim_{\Delta x \to 0} \frac{f(x_0+\Delta x)-f(x_0)}{\Delta x},$$

也可记为

$$y'\big|_{x=x_0}, \quad \left.\frac{\mathrm{d}y}{\mathrm{d}x}\right|_{x=x_0}, \quad 或 \quad \left.\frac{\mathrm{d}f(x)}{\mathrm{d}x}\right|_{x=x_0}.$$

如果极限$\lim\limits_{\Delta x \to 0} \dfrac{f(x_0+\Delta x)-f(x_0)}{\Delta x}$不存在，则称函数 $f(x)$ 在点 $x_0$ 处不可导，若不可导的原因是$\lim\limits_{\Delta x \to 0} \dfrac{f(x_0+\Delta x)-f(x_0)}{\Delta x}=\infty$，则广义上称函数 $f(x)$ 在点 $x_0$ 处的导数为无穷大.

导数的定义还有以下常见的等价形式：

$$f'(x_0) = \lim_{x \to x_0} \frac{f(x)-f(x_0)}{x-x_0};$$

$$f'(x_0) = \lim_{h \to 0} \frac{f(x_0+h)-f(x_0)}{h}.$$

导数的概念是函数变化率这一概念的精确描述. 前面讨论的两个引例用导数定义描述如下.

如果质点做变速直线运动，其位置函数为 $s=s(t)$，则质点在时刻 $t=t_0$ 的瞬时速度 $v(t_0)$ 就是位置函数 $s=s(t)$ 在点 $t_0$ 处的导数，即

$$v(t_0) = s'(t_0) = \left.\frac{\mathrm{d}s}{\mathrm{d}t}\right|_{t=t_0}.$$

曲线 $y=f(x)$ 在点 $P_0(x_0, f(x_0))$ 处的切线斜率 $k$ 就是函数 $y=f(x)$ 在点 $x_0$ 处的导数，即

$$k = f'(x_0) = \left.\frac{\mathrm{d}y}{\mathrm{d}x}\right|_{x=x_0}.$$

由于导数由极限来定义，导数 $f'(x_0)$ 存在，即极限$\lim\limits_{\Delta x \to 0} \dfrac{f(x_0+\Delta x)-f(x_0)}{\Delta x}$存在，根据导数定义，$f'(x_0)$ 存在的充分必要条件是左极限 $\lim\limits_{\Delta x \to 0^-} \dfrac{f(x_0+\Delta x)-f(x_0)}{\Delta x}$ 和右极限 $\lim\limits_{\Delta x \to 0^+} \dfrac{f(x_0+\Delta x)-f(x_0)}{\Delta x}$ 都存在且相等. 这两个极限分别称为函数 $f(x)$ 在点 $x_0$ 处的左导数和右导数，分别记为 $f'_-(x_0)$ 和 $f'_+(x_0)$，即

$$f'_-(x_0)=\lim_{\Delta x\to 0^-}\frac{f(x_0+\Delta x)-f(x_0)}{\Delta x} \quad 和 \quad f'_+(x_0)=\lim_{\Delta x\to 0^+}\frac{f(x_0+\Delta x)-f(x_0)}{\Delta x}.$$

左导数和右导数统称为单侧导数.

与导数的定义一样，左导数 $f'_-(x_0)$ 和右导数 $f'_+(x_0)$ 的定义式也各有另外两种常见的表达形式：

$$f'_-(x_0)=\lim_{x\to x_0^-}\frac{f(x)-f(x_0)}{x-x_0} \quad 或 \quad f'_-(x_0)=\lim_{h\to 0^-}\frac{f(x_0+h)-f(x_0)}{h};$$

$$f'_+(x_0)=\lim_{x\to x_0^+}\frac{f(x)-f(x_0)}{x-x_0} \quad 或 \quad f'_+(x_0)=\lim_{h\to 0^+}\frac{f(x_0+h)-f(x_0)}{h}.$$

**定理1** 函数 $f(x)$ 在点 $x_0$ 处可导的充分必要条件是 $f'_-(x_0)$ 和 $f'_+(x_0)$ 都存在且相等.

如果函数 $f(x)$ 在 $(a,b)$ 内任一点处都可导，则称函数 $f(x)$ 在 $(a,b)$ 内可导；如果函数 $f(x)$ 在 $(a,b)$ 内可导，在左端点 $a$ 处的右导数 $f'_+(a)$ 存在，在右端点 $b$ 处的左导数 $f'_-(b)$ 存在，则称函数 $f(x)$ 在闭区间 $[a,b]$ 上可导.

当函数 $f(x)$ 在区间 $I$ 内可导时，对于任意 $x\in I$，都对应着 $f(x)$ 的一个确定的导数，这样就构成了一个新的函数，称为函数 $f(x)$ 的导函数，记为 $f'(x)$，也可记为 $\frac{\mathrm{d}y}{\mathrm{d}x}$ 或者 $\frac{\mathrm{d}f(x)}{\mathrm{d}x}$，即

$$f'(x)=\lim_{\Delta x\to 0}\frac{f(x+\Delta x)-f(x)}{\Delta x} \quad 或 \quad f'(x)=\lim_{h\to 0}\frac{f(x+h)-f(x)}{h}.$$

显然，函数 $f(x)$ 在点 $x_0$ 处的导数就是导函数 $f'(x)$ 在点 $x_0$ 处的函数值，$f'(x_0)=f'(x)\big|_{x=x_0}$.

在不至于引起混淆的情况下，导函数通常简称导数.

**例1** 求常量函数 $f(x)=C$（$C$ 为常数）的导数.

**解** $f'(x)=\lim\limits_{\Delta x\to 0}\frac{f(x+\Delta x)-f(x)}{\Delta x}=\lim\limits_{\Delta x\to 0}\frac{C-C}{\Delta x}=0$，即 $(C)'=0$.

**例2** 求幂函数 $f(x)=x^n$（$n\in\mathbf{N}_+$）的导数.

**解**

$$\begin{aligned}f'(x)&=\lim_{\Delta x\to 0}\frac{f(x+\Delta x)-f(x)}{\Delta x}\\&=\lim_{\Delta x\to 0}\frac{(x+\Delta x)^n-x^n}{\Delta x}\\&=\lim_{\Delta x\to 0}\frac{\mathrm{C}_n^0x^n+\mathrm{C}_n^1x^{n-1}\Delta x+\cdots+\mathrm{C}_n^n(\Delta x)^n-x^n}{\Delta x}\\&=\lim_{\Delta x\to 0}\left[nx^{n-1}+\frac{n(n-1)}{2!}x^{n-2}\Delta x+\cdots+(\Delta x)^{n-1}\right]=nx^{n-1}.\end{aligned}$$

即

$$(x^n)'=nx^{n-1}.$$

更一般地，有 $(x^u)'=ux^{u-1}$（$u\in\mathbf{R}$），它的证明在下一节中给出.

**例3** 求指数函数 $f(x)=a^x$（$a>0,a\neq 1$）的导数.

**解** $f'(x)=\lim\limits_{\Delta x\to 0}\frac{f(x+\Delta x)-f(x)}{\Delta x}=\lim\limits_{\Delta x\to 0}\frac{a^{x+\Delta x}-a^x}{\Delta x}=\lim\limits_{\Delta x\to 0}a^x\frac{a^{\Delta x}-1}{\Delta x}.$

应用等价无穷小量代换的方法有：当 $\Delta x \to 0$ 时，有 $a^{\Delta x}-1 \sim \Delta x \ln a$.故

$$f'(x)=\lim_{\Delta x\to 0} a^x \frac{\Delta x \ln a}{\Delta x}=a^x \ln a,$$

即 $(a^x)'=a^x\ln a$，特别的 $(e^x)'=e^x$.

**例 4** 求对数函数 $f(x)=\log_a x\ (a>0, a\neq 1)$ 的导数.

**解**

$$\begin{aligned} f'(x)&=\lim_{h\to 0}\frac{f(x+h)-f(x)}{h}=\lim_{h\to 0}\frac{\log_a(x+h)-\log_a x}{h}\\ &=\lim_{h\to 0}\frac{1}{h}\log_a\left(\frac{x+h}{x}\right)=\lim_{h\to 0}\log_a\left(\frac{x+h}{x}\right)^{\frac{1}{h}}\\ &=\lim_{h\to 0}\log_a\left[\left(1+\frac{h}{x}\right)^{\frac{x}{h}}\right]^{\frac{1}{x}}=\log_a e^{\frac{1}{x}}\\ &=\frac{\log_a e}{x}=\frac{1}{x\ln a}, \end{aligned}$$

即

$$(\log_a x)'=\frac{1}{x\ln a}.$$

特别地，$(\ln x)'=\dfrac{1}{x}$.

**例 5** 求正弦函数 $f(x)=\sin x$ 的导数.

**解**

$$\begin{aligned} f'(x)&=\lim_{h\to 0}\frac{f(x+h)-f(x)}{h}=\lim_{h\to 0}\frac{\sin(x+h)-\sin x}{h}\\ &=\lim_{h\to 0}\frac{2\cos\left(x+\frac{h}{2}\right)\sin\frac{h}{2}}{h}=\cos x. \end{aligned}$$

即 $(\sin x)'=\cos x$.

**例 6** 求余弦函数 $f(x)=\cos x$ 的导数.

**解**

$$\begin{aligned} f'(x)&=\lim_{h\to 0}\frac{f(x+h)-f(x)}{h}=\lim_{h\to 0}\frac{\cos(x+h)-\cos x}{h}\\ &=\lim_{h\to 0}\frac{-2\sin\left(x+\frac{h}{2}\right)\sin\frac{h}{2}}{h}=-\sin x. \end{aligned}$$

即 $(\cos x)'=-\sin x$.

**例 7** 求二次曲线 $y=f(x)=x^2$ 在点(1,1)处的切线方程和法线方程.

**解** 由导数 $f'(x_0)$ 的几何含义知 $f'(x_0)$ 为曲线 $y=f(x)$ 在点 $(x_0, f(x_0))$ 处的切线斜率，即

$$k=f'(1)=f'(x)\big|_{x=1}=2x\big|_{x=1}=2,$$

故曲线 $y=x^2$ 在点(1,1)处的切线方程为

$$y-1=2(x-1),\quad 即\quad 2x-y-1=0.$$

由于曲线 $y=x^2$ 在点(1,1)处的法线斜率 $k_1=-\dfrac{1}{k}=-\dfrac{1}{2}$，所以曲线 $y=x^2$ 在点(1,1)处

的法线方程为

$$y-1=-\frac{1}{2}(x-1),\quad 即\quad x+2y-3=0.$$

**例 8** 讨论分段函数 $f(x)=|x|$ 在 $x=0$ 处的可导性.

典型例题讲解

**解** $f(x)=|x|=\begin{cases}x, & x\geqslant 0,\\ -x, & x<0.\end{cases}$

函数 $f(x)=|x|$ 在 $x=0$ 处的左、右导数分别为

$$f'_-(0)=\lim_{x\to 0^-}\frac{f(x)-f(0)}{x}=\lim_{x\to 0^-}\frac{-x}{x}=-1,$$

$$f'_+(0)=\lim_{x\to 0^+}\frac{f(x)-f(0)}{x}=\lim_{x\to 0^+}\frac{x}{x}=1.$$

由于函数 $f(x)$ 在 $x=0$ 处的左、右导数存在，但不相等，所以 $f(x)$ 在 $x=0$ 处不可导.

典型例题讲解

### 2.1.3 可导和连续的关系

**定理 2** 如果函数 $y=f(x)$ 在点 $x_0$ 处可导，则函数 $y=f(x)$ 在点 $x_0$ 处连续.

**证** 假设函数 $y=f(x)$ 在点 $x_0$ 处可导，即极限 $\lim\limits_{\Delta x\to 0}\frac{\Delta y}{\Delta x}=f'(x_0)$ 存在，由极限与无穷小量的关系，有 $\frac{\Delta y}{\Delta x}=f'(x_0)+\alpha$，其中 $\lim\limits_{\Delta x\to 0}\alpha=0$，故 $\Delta y=f'(x_0)\Delta x+\alpha\Delta x$. 于是 $\lim\limits_{\Delta x\to 0}\Delta y=\lim\limits_{\Delta x\to 0}[f'(x_0)\Delta x+\alpha\Delta x]=0$，即函数 $y=f(x)$ 在点 $x_0$ 处连续.

**例 9** 讨论函数

$$f(x)=\begin{cases}x\sin\frac{1}{x}, & x\neq 0,\\ 0, & x=0,\end{cases}$$ 在 $x=0$ 处的连续性和可导性.

**解** 由于

$$\lim_{x\to 0}f(x)=\lim_{x\to 0}x\sin\frac{1}{x}=0,$$

则

$$\lim_{x\to 0}f(x)=f(0),$$

所以 $f(x)$ 在 $x=0$ 处连续.

又由于

$$\lim_{x\to 0}\frac{f(x)-f(0)}{x-0}=\lim_{x\to 0}\frac{x\sin\frac{1}{x}}{x}=\lim_{x\to 0}\sin\frac{1}{x},$$

此极限不存在，所以 $f(x)$ 在 $x=0$ 处不可导.

由定理 2 及例 9 可知，函数连续是可导的必要条件，但不是充分条件，即函数在某点连续不能推出该函数在该点可导，但函数在某点不连续可推出函数在该点不可导.

## 练 习 2.1

1. 做直线运动的质点的位置函数为 $s=t^3$，求 $t=2$ 时质点的瞬时速度.

2. 已知 $f'(x_0)$ 存在，求下列极限：

(1) $\lim\limits_{\Delta x\to 0}\dfrac{f(x_0+2\Delta x)-f(x_0)}{\Delta x}$； (2) $\lim\limits_{\Delta x\to 0}\dfrac{f(x_0-\Delta x)-f(x_0)}{\Delta x}$；

(3) $\lim\limits_{h\to 0}\dfrac{f(x_0+h)-f(x_0-h)}{h}$.

3. 设 $f(x)=\begin{cases}x^2, & x\leqslant 1,\\ 3x, & x>1,\end{cases}$ 求 $f'_-(1)$ 及 $f'_+(1)$，并说明 $f'(1)$ 是否存在.

4. 设 $f(x)=\begin{cases}\dfrac{\sqrt{1+x^2}-1}{x}, & x\neq 0,\\ 0, & x=0,\end{cases}$ 求 $f'(0)$.

5. 求下列函数的导数：

(1) $y=x^5$； (2) $y=\sqrt[3]{x^2}$； (3) $y=x^{1.7}$； (4) $y=\sqrt{x}$；

(5) $y=\dfrac{1}{\sqrt{x}}$； (6) $y=x^2\cdot\sqrt[5]{x}$； (7) $y=\sqrt{x\sqrt{x}}$.

6. 曲线 $y=\mathrm{e}^x$ 在点 $(0,1)$ 处的切线方程和法线方程.

7. 判断下列函数在 $x=0$ 点处的连续性和可导性：

(1) $f(x)=|\sin x|$； (2) $f(x)=\begin{cases}x^2\sin\dfrac{1}{x}, & x\neq 0,\\ 0, & x=0.\end{cases}$

8. 如果 $f(x)$ 为偶函数，且 $f'(0)$ 存在，证明 $f'(0)=0$.

9. 已知 $f(x)=\begin{cases}\sin x, & x<0,\\ x, & x\geqslant 0,\end{cases}$ 求 $f'(x)$.

10. 设函数 $f(x)=\begin{cases}x^2, & x\leqslant 1,\\ ax+b, & x>1,\end{cases}$ 为了使函数 $f(x)$ 在 $x=1$ 处可导，$a$，$b$ 取何值？

## 2.2 导数的运算法则

2.1 节介绍了导数的概念，根据导数的定义，可以求出一些简单函数的导数，但对于比较复杂的函数，利用定义求导数就比较困难了.本节介绍导数的几个运算法则：四则运算法则、反函数运算法则和复合函数运算法则.

**定理1**（导数的四则运算法则） 设函数 $u=u(x)$ 和 $v=v(x)$ 都在点 $x$ 处可导，则它们的和、差、积、商（分母不为零）都在 $x$ 处可导，且

(1) $[u(x)\pm v(x)]'=u'(x)\pm v'(x)$；

(2) $[u(x)v(x)]'=u'(x)v(x)+u(x)v'(x)$；

(3) $\left[\dfrac{u(x)}{v(x)}\right]'=\dfrac{u'(x)v(x)-u(x)v'(x)}{v^2(x)}(v(x)\neq 0)$.

**证** (1) $[u(x)\pm v(x)]'=\lim\limits_{\Delta x\to 0}\dfrac{[u(x+\Delta x)\pm v(x+\Delta x)]-[u(x)\pm v(x)]}{\Delta x}$

$$=\lim_{\Delta x\to 0}\frac{u(x+\Delta x)-u(x)}{\Delta x}\pm\lim_{\Delta x\to 0}\frac{v(x+\Delta x)-v(x)}{\Delta x}$$

$$=u'(x)\pm v'(x).$$

(2) $[u(x)v(x)]'=\lim\limits_{\Delta x\to 0}\dfrac{[u(x+\Delta x)v(x+\Delta x)]-[u(x)v(x)]}{\Delta x}$

$$=\lim_{\Delta x\to 0}\frac{1}{\Delta x}[u(x+\Delta x)v(x+\Delta x)-u(x)v(x+\Delta x)$$

$$+u(x)v(x+\Delta x)-u(x)v(x)]$$

$$=\lim_{\Delta x\to 0}\left[\frac{u(x+\Delta x)-u(x)}{\Delta x}v(x+\Delta x)+\frac{v(x+\Delta x)-v(x)}{\Delta x}u(x)\right]$$

$$=\lim_{\Delta x\to 0}\frac{u(x+\Delta x)-u(x)}{\Delta x}\lim_{\Delta x\to 0}v(x+\Delta x)$$

$$+\lim_{\Delta x\to 0}\frac{v(x+\Delta x)-v(x)}{\Delta x}\lim_{\Delta x\to 0}u(x)$$

$$=u'(x)v(x)+u(x)v'(x).$$

其中，由于 $v'(x)$ 存在，所以 $v(x)$ 在点 $x$ 处连续，$\lim\limits_{\Delta x\to 0}v(x+\Delta x)=v(x)$.法则(2) 可简单地表示为 $(uv)'=u'v+uv'$，特别当 $v(x)=c$（$c$ 为常数）时，$(cu)'=cu'$.

(3) $\left[\dfrac{u(x)}{v(x)}\right]'=\lim\limits_{\Delta x\to 0}\dfrac{\dfrac{u(x+\Delta x)}{v(x+\Delta x)}-\dfrac{u(x)}{v(x)}}{\Delta x}$

$$=\lim_{\Delta x\to 0}\frac{u(x+\Delta x)v(x)-u(x)v(x+\Delta x)}{v(x+\Delta x)v(x)\Delta x}$$

$$=\lim_{\Delta x\to 0}\frac{[u(x+\Delta x)-u(x)]v(x)-u(x)[v(x+\Delta x)-v(x)]}{v(x+\Delta x)v(x)\Delta x}$$

$$=\lim_{\Delta x\to 0}\frac{\dfrac{u(x+\Delta x)-u(x)}{\Delta x}v(x)-u(x)\dfrac{v(x+\Delta x)-v(x)}{\Delta x}}{v(x+\Delta x)v(x)}$$

$$=\frac{u'(x)v(x)-u(x)v'(x)}{v^2(x)}.$$

法则(3) 可简单地表示为 $\left(\dfrac{u}{v}\right)'=\dfrac{u'v-uv'}{v^2}$，特别当 $u=1$ 时，$\left(\dfrac{1}{v}\right)'=-\dfrac{v'}{v^2}$.

**例 1** 设 $y=4x^3-2x^2+5x+3$，求 $y'$.

**解** $y'=(4x^3-2x^2+5x+3)'$

$$=(4x^3)'-(2x^2)'+(5x)'+3'$$

$$=4(x^3)'-2(x^2)'+5(x)'+3'$$

$$=12x^2-4x+5.$$

**例 2** 设 $y=2^x+3\sin x-\sin\dfrac{\pi}{2}$，求 $y'$.

**解** $y'=\left(2^x+3\sin x-\sin\dfrac{\pi}{2}\right)'$

$$=(2^x)'+(3\sin x)'-\left(\sin\frac{\pi}{2}\right)'$$
$$=2^x\ln2+3\cos x.$$

**例3**　设 $y=\sqrt{x}\cos x-e^x\sin x$，求 $y'$.

**解**　$y'=(\sqrt{x}\cos x-e^x\sin x)'=(\sqrt{x}\cos x)'-(e^x\sin x)'$

$$=(\sqrt{x})'\cos x+\sqrt{x}(\cos x)'-[(e^x)'\sin x+e^x(\sin x)']$$
$$=\frac{1}{2\sqrt{x}}\cos x-\sqrt{x}\sin x-e^x\sin x-e^x\cos x.$$

**例4**　设 $y=\dfrac{1+\ln x}{x}$，求 $y'$.

**解**　$y'=\dfrac{(1+\ln x)'x-(\ln x+1)x'}{x^2}=\dfrac{\frac{1}{x}x-\ln x-1}{x^2}=-\dfrac{\ln x}{x^2}.$

**例5**　证明：(1) $(\tan x)'=\sec^2x$；　(2) $(\cot x)'=-\csc^2x$；

(3) $(\sec x)'=\sec x\tan x$；　(4) $(\csc x)'=-\csc x\cot x$.

**证**　(1) $(\tan x)'=\left(\dfrac{\sin x}{\cos x}\right)'=\dfrac{(\sin x)'\cos x-\sin x(\cos x)'}{\cos^2x}$

$$=\frac{\cos^2x+\sin^2x}{\cos^2x}=\frac{1}{\cos^2x}=\sec^2x.$$

(2) $(\cot x)'=\left(\dfrac{\cos x}{\sin x}\right)'=\dfrac{(\cos x)'\sin x-\cos x(\sin x)'}{\sin^2x}$

$$=\frac{-\sin^2x-\cos^2x}{\sin^2x}=-\frac{1}{\sin^2x}=-\csc^2x.$$

(3) $(\sec x)'=\left(\dfrac{1}{\cos x}\right)'=-\dfrac{(\cos x)'}{\cos^2x}=\dfrac{\sin x}{\cos^2x}=\sec x\tan x.$

(4) $(\csc x)'=\left(\dfrac{1}{\sin x}\right)'=-\dfrac{(\sin x)'}{\sin^2x}=\dfrac{-\cos x}{\sin^2x}=-\csc x\cot x.$

**定理2**　若函数 $x=f(y)$ 在区间 $I_y$ 内单调、可导且 $f'(y)\neq0$，则其反函数 $y=\varphi(x)$ 在对应区间 $I_x=\{x\mid x=f(y),y\in I_y\}$ 内也可导，且

$$\varphi'(x)=\frac{1}{f'(y)}\quad 或\quad \frac{dy}{dx}=\frac{1}{\frac{dx}{dy}}.$$

**证**　由于函数 $x=f(y)$ 在区间 $I_y$ 内单调、可导(从而连续)，由反函数的连续单调性知 $x=f(y)$ 的反函数 $y=\varphi(x)$ 在对应区间 $I_x$ 内单调、连续. $\forall x\in I_x$，取 $\Delta x\neq0$，使 $x+\Delta x\in I_x$，由 $y=\varphi(x)$ 的单调性可知

$$\Delta y=\varphi(x+\Delta x)-\varphi(x)\neq0,$$

于是有

$$\frac{\Delta y}{\Delta x}=\frac{1}{\frac{\Delta x}{\Delta y}}.$$

因 $y=\varphi(x)$ 连续，故当 $\Delta x\to0$ 时有 $\Delta y\to0$，因而

$$\lim_{\Delta x\to 0}\frac{\Delta y}{\Delta x}=\lim_{\Delta x\to 0}\frac{1}{\frac{\Delta x}{\Delta y}}=\frac{1}{\lim\limits_{\Delta x\to 0}\frac{\Delta x}{\Delta y}}=\frac{1}{\lim\limits_{\Delta y\to 0}\frac{\Delta x}{\Delta y}}=\frac{1}{\frac{\mathrm{d}x}{\mathrm{d}y}}.$$

即函数 $y=\varphi(x)$ 在任意点 $x\in I_x$ 处可导，从而在区间 $I_x$ 内可导，且 $\frac{\mathrm{d}y}{\mathrm{d}x}=\frac{1}{\frac{\mathrm{d}x}{\mathrm{d}y}}$.

**例 6** 证明反三角函数的导数公式.

(1) $(\arcsin x)'=\frac{1}{\sqrt{1-x^2}}$； (2) $(\arccos x)'=-\frac{1}{\sqrt{1-x^2}}$；

(3) $(\arctan x)'=\frac{1}{1+x^2}$； (4) $(\operatorname{arccot} x)'=-\frac{1}{1+x^2}$.

**解** (1) $y=\arcsin x$ 是 $x=\sin y, y\in\left[-\frac{\pi}{2},\frac{\pi}{2}\right]$ 的反函数，因为 $x=\sin y$ 在区间 $I_y=\left(-\frac{\pi}{2},\frac{\pi}{2}\right)$ 内单调、可导，且 $(\sin y)'=\cos y>0$，所以，由定理 2 可知，在对应区间 $I_x=(-1,1)$ 内有

$$(\arcsin x)'=\frac{1}{(\sin y)'}=\frac{1}{\cos y}=\frac{1}{\sqrt{1-\sin^2 y}}=\frac{1}{\sqrt{1-x^2}}.$$

(2) $y=\arccos x$ 是 $x=\cos y, y\in[0,\pi]$ 的反函数，因为 $x=\cos y$ 在区间 $I_y=(0,\pi)$ 内单调、可导，且 $(\cos y)'=-\sin y<0$，所以，由定理 2，在对应区间 $I_x=(-1,1)$ 内有

$$(\arccos x)'=\frac{1}{(\cos y)'}=\frac{1}{-\sin y}=-\frac{1}{\sqrt{1-\cos^2 y}}=-\frac{1}{\sqrt{1-x^2}}.$$

(3) $y=\arctan x$ 是 $x=\tan y, y\in\left(-\frac{\pi}{2},\frac{\pi}{2}\right)$ 的反函数，因为 $x=\tan y$ 在区间 $I_y=\left(-\frac{\pi}{2},\frac{\pi}{2}\right)$ 内可导，且 $(\tan y)'=\sec^2 y\neq 0$，由定理 2 可知，在区间 $I_x=(-\infty,\infty)$ 内 $y=\arctan x$ 可导，且

$$(\arctan x)'=\frac{1}{(\tan y)'}=\frac{1}{\sec^2 y}=\frac{1}{1+\tan^2 y}=\frac{1}{1+x^2}.$$

(4) 同理 $(\operatorname{arccot} x)'=\frac{1}{(\cot y)'}=\frac{1}{-\csc^2 y}=-\frac{1}{1+\cot^2 y}=-\frac{1}{1+x^2}$.

由 2.1 节以及本节推导了常量函数和基本初等函数的导数公式，这些公式统称为基本导数公式，它们在求导运算中起着重要作用，必须熟练掌握，为了便于查询，现归纳如下.

(1) $(C)'=0$.

(2) $(x^u)'=ux^{u-1}$，特别地，$(x)'=1$；$(\sqrt{x})'=\frac{1}{2\sqrt{x}}$；$\left(\frac{1}{x}\right)'=-\frac{1}{x^2}$.

(3) $(a^x)'=a^x\ln a$，特别地，$(\mathrm{e}^x)'=\mathrm{e}^x$.

(4) $(\log_a x)'=\frac{1}{x\ln a}$，特别地，$(\ln x)'=\frac{1}{x}$.

(5) $(\sin x)'=\cos x$； $(\cos x)'=-\sin x$；

$(\tan x)' = \sec^2 x$；　　　　$(\cot x)' = -\csc^2 x$；

$(\sec x)' = \sec x \tan x$；　　　　$(\csc x)' = -\csc x \cot x$.

(6) $(\arcsin x)' = \dfrac{1}{\sqrt{1-x^2}}$；　　　　$(\arccos x)' = -\dfrac{1}{\sqrt{1-x^2}}$；

$(\arctan x)' = \dfrac{1}{1+x^2}$；　　　　$(\operatorname{arccot} x)' = -\dfrac{1}{1+x^2}$.

**定理 3**　如果函数 $u=\varphi(x)$ 在点 $x$ 处可导，而函数 $y=f(u)$ 在对应点 $u(u=\varphi(x))$ 处可导，则复合函数 $y=f[\varphi(x)]$ 在点 $x$ 处可导，且

$$\frac{dy}{dx}=\frac{dy}{du}\cdot\frac{du}{dx},$$

即 $\{f[\varphi(x)]\}'=f'(u)\varphi'(x)=f'[\varphi(x)]\cdot\varphi'(x)$.

**证**　由于 $y=f(u)$ 在点 $u$ 处可导，因为 $\lim\limits_{\Delta u\to 0}\dfrac{\Delta y}{\Delta u}=f'(u)$ 存在，根据极限与无穷小的关系有 $\dfrac{\Delta y}{\Delta u}=f'(u)+\alpha$，其中 $\alpha$ 满足 $\lim\limits_{\Delta u\to 0}\alpha=0$，式中 $\Delta u\neq 0$，用 $\Delta u$ 乘上式两边，得

$$\Delta y=f'(u)\Delta u+\alpha\Delta u. \tag{1}$$

当 $\Delta u=0$ 时，规定 $\alpha=0$，此时 $\Delta y=f(u+\Delta u)-f(u)=0$，故式(1)成立.故式(1)对 $\Delta u=0$ 是成立的.用 $\Delta x$ 除式(1)两边得

$$\frac{\Delta y}{\Delta x}=f'(u)\frac{\Delta u}{\Delta x}+\alpha\frac{\Delta u}{\Delta x},$$

由于函数 $u=\varphi(x)$ 在点 $x$ 处可导(从而在点 $x$ 处连续)，所以有 $\lim\limits_{\Delta x\to 0}\dfrac{\Delta u}{\Delta x}=\varphi'(x)$，且当 $\Delta x\to 0$ 时，$\Delta u\to 0$，从而 $\lim\limits_{\Delta x\to 0}\alpha=\lim\limits_{\Delta u\to 0}\alpha=0$.因此

$$\begin{aligned}\lim_{\Delta x\to 0}\frac{\Delta y}{\Delta x}&=f'(u)\lim_{\Delta x\to 0}\frac{\Delta u}{\Delta x}+\lim_{\Delta x\to 0}\alpha\cdot\lim_{\Delta x\to 0}\frac{\Delta u}{\Delta x}\\&=f'(u)\varphi'(x)+0\cdot\varphi'(x)=f'(u)\varphi'(x).\end{aligned}$$

于是复合函数 $y=f[\varphi(x)]$ 在点 $x$ 处也可导，且

$$\frac{dy}{dx}=f'(u)\varphi'(x)\quad 或\quad \frac{dy}{dx}=\frac{dy}{du}\cdot\frac{du}{dx}.$$

复合函数的求导法则可简述为：复合函数的导数等于因变量对中间变量的导数乘以中间变量对自变量的导数，这一法则也可以形象地称为链式法则.

复合函数的求导法则还可以推广到函数有多个复合层次的情形，如设 $y=f(u)$，$u=\varphi(v)$，$v=\psi(x)$ 都可导，则复合函数 $y=f\{\varphi[\psi(x)]\}$ 的导数为 $\dfrac{dy}{dx}=\dfrac{dy}{du}\cdot\dfrac{du}{dv}\cdot\dfrac{dv}{dx}$.

**例 7**　设 $y=\cos x^3$，求 $\dfrac{dy}{dx}$.

**解**　$y=\cos x^3$ 可看成由 $y=\cos u$，$u=x^3$ 复合而成，故

$$\frac{dy}{dx}=\frac{dy}{du}\cdot\frac{du}{dx}=-\sin u\cdot 3x^2=-3x^2\sin x^3.$$

**例 8**　设 $y=\ln\sin\sqrt{x}$，求 $\dfrac{dy}{dx}$.

**解** $y=\ln\sin\sqrt{x}$ 是由 $y=\ln u, u=\sin v, v=\sqrt{x}$ 复合而成的，故

$$\frac{\mathrm{d}y}{\mathrm{d}x}=\frac{\mathrm{d}y}{\mathrm{d}u}\cdot\frac{\mathrm{d}u}{\mathrm{d}v}\cdot\frac{\mathrm{d}v}{\mathrm{d}x}=\frac{1}{u}\cdot\cos v\cdot\frac{1}{2\sqrt{x}}=\frac{\cos\sqrt{x}}{2\sqrt{x}\sin\sqrt{x}}.$$

**例 9** 设 $y=\tan\frac{2x}{1+x^2}$，求 $\frac{\mathrm{d}y}{\mathrm{d}x}$.

**解** $y=\tan\frac{2x}{1+x^2}$ 是由 $y=\tan u, u=\frac{2x}{1+x^2}$ 复合而成的，故

$$\frac{\mathrm{d}y}{\mathrm{d}x}=\frac{\mathrm{d}y}{\mathrm{d}u}\cdot\frac{\mathrm{d}u}{\mathrm{d}x}=\sec^2 u\cdot\frac{2(1+x^2)-(2x)^2}{(1+x^2)^2}=\frac{2(1-x^2)}{(1+x^2)^2}\cdot\sec^2\frac{2x}{1+x^2}.$$

从以上例子可以看出，应用复合函数求导法则时，关键是要分析所给函数是由哪些简单函数复合而成，如果所给函数由某些简单函数复合而成，而这些简单函数的导数可求，那么应用复合函数求导法则就可以求所给函数的导数了.

对复合函数的复合过程比较熟练后，就不必写出中间变量，可以采用以下方式来计算.

**例 10** 设 $y=\mathrm{e}^{\cos\frac{1}{x}}$，求 $y'$.

**解**
$$y'=(\mathrm{e}^{\cos\frac{1}{x}})'=\mathrm{e}^{\cos\frac{1}{x}}\cdot\left(\cos\frac{1}{x}\right)'$$
$$=\mathrm{e}^{\cos\frac{1}{x}}\cdot\left(-\sin\frac{1}{x}\right)\cdot\left(\frac{1}{x}\right)'=\frac{1}{x^2}\cdot\sin\frac{1}{x}\cdot\mathrm{e}^{\cos\frac{1}{x}}.$$

## 练 习 2.2

1. 求下列函数的导数：

(1) $y=\sqrt{x}+\frac{7}{x^3}-\frac{1}{x}+\ln 2$；

(2) $y=2^x+\log_3 x+\sin x$；

(3) $y=x\ln x$；

(4) $y=\mathrm{e}^x\sin x$；

(5) $y=x^2\cos x\cdot\ln x$；

(6) $y=\frac{\ln x}{x}$；

(7) $y=\frac{1+\sin x}{1+\cos x}$；

(8) $y=\sin x+2\tan x-1$；

(9) $y=x^2\sec^2 x$；

(10) $y=\frac{\mathrm{e}^x}{x\ln x}$.

2. 求下列函数在给定点处的导数：

(1) $y=\frac{2}{1-x}+\frac{4}{5}$，求 $y'|_{x=0}$；

(2) $\rho=\theta\cos\theta+\frac{1}{3}\sin\theta$，求 $\left.\frac{\mathrm{d}\rho}{\mathrm{d}\theta}\right|_{\theta=\frac{\pi}{2}}$.

# 2.3 高阶导数

变速直线运动的速度 $v(t)$ 是位置函数 $s(t)$ 对时间 $t$ 的导数，即 $v(t)=\frac{\mathrm{d}s}{\mathrm{d}t}$ 或 $v(t)=s'(t)$，而加速度 $a(t)$ 又是速度 $v(t)$ 对时间 $t$ 的变化率，即速度 $v(t)$ 对时间 $t$ 的导数

$$a(t)=\frac{\mathrm{d}v}{\mathrm{d}t}=\frac{\mathrm{d}}{\mathrm{d}t}\left(\frac{\mathrm{d}s}{\mathrm{d}t}\right) \quad 或 \quad a(t)=(s'(t))',$$

这种导数的导数称为二阶导数,即加速度 $a(t)$ 是位置函数 $s(t)$ 对 $t$ 的二阶导数,记为

$$s''(t) \quad 或 \quad \frac{\mathrm{d}^2 s}{\mathrm{d}t^2}.$$

一般地,函数 $y=f(x)$ 的导数 $y'=f'(x)$ 仍是 $x$ 的函数,把 $y'=f'(x)$ 的导数称为函数 $y=f(x)$ 的二阶导数,记为

$$y'', \quad \frac{\mathrm{d}^2 y}{\mathrm{d}x^2}, \quad f''(x) \quad 或 \quad \frac{\mathrm{d}^2 f(x)}{\mathrm{d}x^2}.$$

相应地,把函数 $y=f(x)$ 的导数 $f'(x)$ 称为函数 $y=f(x)$ 的一阶导数.

类似地,二阶导数的导数称为三阶导数,记为

$$y''', \quad f'''(x), \quad \frac{\mathrm{d}^3 y}{\mathrm{d}x^3} \quad 或 \quad \frac{\mathrm{d}^3 f(x)}{\mathrm{d}x^3}.$$

三阶导数的导数称为四阶导数,记为

$$y^{(4)}, \quad f^{(4)}(x), \quad \frac{\mathrm{d}^4 y}{\mathrm{d}x^4} \quad 或 \quad \frac{\mathrm{d}^4 f(x)}{\mathrm{d}x^4}.$$

一般地,$f(x)$ 的$(n-1)$ 阶导数的导数称为 $f(x)$ 的 $n$ 阶导数,记为

$$y^{(n)}, \quad f^{(n)}(x), \quad \frac{\mathrm{d}^n y}{\mathrm{d}x^n} \quad 或 \quad \frac{\mathrm{d}^n f(x)}{\mathrm{d}x^n}.$$

有时,也把函数 $y=f(x)$ 称为它自身的零阶导数,记为 $y^{(0)}$ 或 $f^{(0)}(x)$,即

$$y^{(0)}=f^{(0)}(x)=f(x).$$

二阶及二阶以上的导数统称高阶导数.

由此可见,求高阶导数就是多次求导数,仍可应用前面学过的求导方法计算高阶导数.

**例 1**　设 $y=x^2\ln x$,求 $y''|_{x=1}$,$y'''|_{x=1}$.

**解**　由于

$$y'=2x\ln x+x^2\frac{1}{x}=2x\ln x+x;$$

$$y''=2\left(\ln x+x\cdot\frac{1}{x}\right)+1=2\ln x+3;$$

$$y'''=\frac{2}{x},$$

所以

$$y''|_{x=1}=3, \quad y'''|_{x=1}=2.$$

**例 2**　设 $y=x^\mu$,求 $y^{(n)}$.

**解**

$$y'=\mu x^{\mu-1},$$

$$y''=\mu(\mu-1)x^{\mu-2},$$

$$y'''=\mu(\mu-1)(\mu-2)x^{\mu-3},$$

一般地,$y^{(n)}=\mu(\mu-1)(\mu-2)\cdots(\mu-n+1)x^{\mu-n}$.

特别地,当 $\mu=n$ 时,有 $y^{(n)}=n!$,即$(x^n)^{(n)}=n!$,$(x^n)^{(m)}=0(m>n)$.

**例 3**　求指数函数 $y=a^x$ 的 $n$ 阶导数.

**解** $$y'=a^x\ln a,\quad y''=a^x\ln^2 a,\quad y'''=a^x\ln^3 a.$$

一般地，$y^{(n)}=a^x\ln^n a$，即

$$(a^x)^{(n)}=a^x\ln^n a,$$

特别地，当 $a=\mathrm{e}$ 时，有 $(\mathrm{e}^x)^{(n)}=\mathrm{e}^x$.

**例 4** 求三角函数 $y=\sin x$ 的 $n$ 阶导数.

**解** $$y'=\cos x=\sin\left(x+\frac{\pi}{2}\right);\quad y''=-\sin x=\sin\left(x+\frac{2\pi}{2}\right);$$

$$y'''=-\cos x=\sin\left(x+\frac{3\pi}{2}\right);\quad y^{(4)}=\sin x=\sin\left(x+\frac{4\pi}{2}\right).$$

一般地，$y^{(n)}=\sin\left(x+\frac{n\pi}{2}\right)$，即

$$(\sin x)^{(n)}=\sin\left(x+\frac{n\pi}{2}\right),$$

更一般地，$(\sin ax)^{(n)}=a^n\sin\left(ax+\frac{n\pi}{2}\right)$，同理有

$$(\cos x)^{(n)}=\cos\left(x+\frac{n\pi}{2}\right),$$

$$(\cos ax)^{(n)}=a^n\cos\left(ax+\frac{n\pi}{2}\right).$$

**例 5** 求函数 $y=\frac{1}{ax+b}$ 的 $n$ 阶导数.

**解** $$y'=-\frac{a}{(ax+b)^2};\quad y''=\frac{2a^2}{(ax+b)^3};$$

$$y'''=-\frac{3!\ a^3}{(ax+b)^4};\quad y^{(4)}=\frac{4!\ a^4}{(ax+b)^5}.$$

一般地，

$$y^{(n)}=\frac{(-1)^n n!\ a^n}{(ax+b)^{n+1}},$$

即

$$\left(\frac{1}{ax+b}\right)^{(n)}=\frac{(-1)^n n!\ a^n}{(ax+b)^{n+1}}.$$

容易证明高阶导数有下列运算法则.

**定理 1** 设函数 $u=u(x)$ 与 $v=v(x)$ 都在点 $x$ 处有 $n$ 阶导数，$C$ 为常数，则 $u(x)\pm v(x)$，$Cu(x)$，$u(x)v(x)$ 也都在点 $x$ 处具有 $n$ 阶导数，且有

(1) $[u(x)\pm v(x)]^{(n)}=u^{(n)}(x)\pm v^{(n)}(x)$；

(2) $[Cu(x)]^{(n)}=Cu^{(n)}(x)$；

(3) $$\begin{aligned}[u(x)v(x)]^{(n)}&=u^{(n)}(x)v(x)+\mathrm{C}_n^1u^{(n-1)}(x)v'(x)+\mathrm{C}_n^2u^{(n-2)}(x)v''(x)+\cdots\\&\quad+\mathrm{C}_n^nu(x)v^{(n)}(x)\\&=\sum_{k=0}^{n}\mathrm{C}_n^ku^{(n-k)}(x)v^{(k)}(x).\end{aligned}$$

法则(3) 称为**莱布尼茨**(Leibniz) **公式**.

**例 6** 求 $y=\sin^2 2x$ 的 $n$ 阶导数($n\in\mathbf{N}_+$).

**解** $$y=\sin^2 2x=\frac{1-\cos 4x}{2},$$

由本节定理1知

$$y^{(n)}=\frac{1}{2}[1^{(n)}-(\cos 4x)^{(n)}]=-\frac{4^n}{2}\cos\left(4x+\frac{n\pi}{2}\right)=-2^{2n-1}\cos\left(4x+\frac{n\pi}{2}\right).$$

**例 7** 设 $f(x)=\ln(x^2-3x+2)$,求 $f^{(n)}(0)$.

**解** $f'(x)=\dfrac{2x-3}{x^2-3x+2}=\dfrac{1}{x-1}+\dfrac{1}{x-2}$,由本节定理1及例5结论有

$$\begin{aligned}f^{(n)}(x)&=\left(\frac{1}{x-1}+\frac{1}{x-2}\right)^{(n-1)}\\&=\left(\frac{1}{x-1}\right)^{(n-1)}+\left(\frac{1}{x-2}\right)^{(n-1)}\\&=\frac{(-1)^{n-1}(n-1)!}{(x-1)^n}+\frac{(-1)^{n-1}(n-1)!}{(x-2)^n}.\end{aligned}$$

故 $f^{(n)}(0)=-\left(1+\dfrac{1}{2^n}\right)(n-1)!$

**例 8** 设 $y=x^2e^{2x}$,求 $y^{(n)}$.

**解** 利用莱布尼茨公式得

$$\begin{aligned}y^{(n)}&=(x^2e^{2x})^{(n)}=(e^{2x})^{(n)}x^2+C_n^1(e^{2x})^{(n-1)}(x^2)'+C_n^2(e^{2x})^{(n-2)}(x^2)''+0+\cdots+0\\&=2^ne^{2x}x^2+n2^{n-1}e^{2x}\cdot 2x+\frac{n(n-1)}{2!}2^{n-2}e^{2x}\cdot 2\\&=2^{n-2}e^{2x}(4x^2+4nx+n^2-n).\end{aligned}$$

## 练 习 2.3

1. 求下列函数的二阶导数:

(1) $y=\ln(1+x^2)$; (2) $y=e^{-x}\sin 2x$;

(3) $y=(1+x^2)\arctan x$; (4) $y=\dfrac{e^x}{x}$;

(5) $y=\ln(x+\sqrt{x^2+1})$; (6) $y=xe^{x^2}$;

(7) $y=\tan 2x$; (8) $y=x\sin x$.

2. 设 $f(x)$ 二阶可导,求下列函数的二阶导数:

(1) $y=e^{f(x)}$; (2) $y=f(x^3)$.

3. 求下列函数的 $n$ 阶导数:

(1) $y=\cos^2 x$; (2) $y=xe^x$; (3) $y=\sin^4 x+\cos^4 x$;

(4) $y=\dfrac{1}{x^2+3x+2}$; (5) $y=\dfrac{x^2}{x+1}$; (6) $y=x\ln x$.

# 2.4 隐函数与参数方程的导数

典型例题讲解

## 2.4.1 隐函数的导数

函数 $y=f(x)$ 表示自变量 $x$ 与因变量 $y$ 的依赖关系,这种函数表达式的特点是等式左边是因变量的符号,而右边是含有自变量的式子,用这种方式表示的函数称为显函数,但有些函数的表达式却不是这样的.例如,方程 $x-y^3-1=0$ 表示一个函数,因为当自变量 $x$ 在$(-\infty,+\infty)$内取值时,因变量有唯一确定的值与之对应.例如,当 $x=0$ 时,$y=-1$;当 $x=1$ 时,$y=0$ 等,这样的函数称为隐函数.

一般地,如果变量 $x$ 和 $y$ 满足方程 $F(x,y)=0$,在一定的条件下,当 $x$ 在某些区间内取任一值时,总有满足方程 $F(x,y)=0$ 的唯一的 $y$ 与之对应,则称方程 $F(x,y)=0$ 在该区间内确定一个隐函数.例如,方程 $x-y^3-1=0$ 在$(-\infty,+\infty)$内确定一个隐函数 $y=y(x)$.

有时隐函数可以化为显函数,如由 $x-y^3-1=0$ 可以解出 $y=\sqrt[3]{x-1}$,将隐函数化为显函数的这一过程称为隐函数的显示化.但将隐函数显示化有时很困难,有些隐函数甚至不能显示化.如 $e^{2y}+xy-1=0$ 确定的函数就不能化为显函数,而对于不能显示化的隐函数如何求导是一个需要解决的问题.

假设由方程 $F(x,y)=0$ 所确定的函数为 $y=y(x)$,则把它代回方程 $F(x,y)=0$ 中便有 $F(x,y(x))=0$,利用复合函数求导的法则,恒等式两边对自变量 $x$ 求导就得到关于 $\frac{dy}{dx}=y'$ 的等式,从中解得 $\frac{dy}{dx}$ 即可得到方程 $F(x,y)=0$ 所确定的隐函数 $y=y(x)$ 的导数.即

$$F(x,y)=0 \xrightarrow{\text{两边对 } x \text{ 求导}} G(x,y,y')=0 \xrightarrow{\text{从中解出 } y'} y'=\varphi(x,y).$$

下面通过例子加以说明.

**例 1** 设函数 $y=y(x)$ 由方程 $e^{x+y}+xy=1$ 所确定,求 $\frac{dy}{dx}$ 和 $\left.\frac{dy}{dx}\right|_{x=0}$.

**解** 方程 $e^{x+y}+xy=1$ 两边同时对自变量 $x$ 求导,需特别注意的是 $y$ 是 $x$ 的函数.运用复合函数的求导法则,有

$$e^{x+y}\left(1+\frac{dy}{dx}\right)+y+x\frac{dy}{dx}=0,$$

即 $(e^{x+y}+x)\frac{dy}{dx}=-(e^{x+y}+y)$,解得

$$\frac{dy}{dx}=-\frac{e^{x+y}+y}{e^{x+y}+x}.$$

而当 $x=0$ 时,由方程 $e^{x+y}+xy=1$ 可得 $y=0$.故

$$\left.\frac{dy}{dx}\right|_{x=0}=-\frac{e^{0+0}+0}{e^{0+0}+0}=-1.$$

**例 2** 求由方程 $\ln\sqrt{x^2+y^2}=\arctan\frac{y}{x}$ 所确定的隐函数的二阶导数 $\frac{d^2y}{dx^2}$.

**解** 原方程可改写成

$$\frac{1}{2}\ln(x^2+y^2)=\arctan\frac{y}{x}.$$

上式两边同时对自变量 $x$ 求导，得

$$\frac{2x+2y\cdot y'}{2(x^2+y^2)}=\frac{1}{1+\left(\frac{y}{x}\right)^2}\cdot\frac{xy'-y}{x^2},$$

化简得

$$x+yy'=y'x-y,$$

解得

$$y'=\frac{x+y}{x-y}.$$

上式两边再同时对 $x$ 求导，得

$$y''=\frac{(1+y')(x-y)-(x+y)(1-y')}{(x-y)^2}=\frac{2(xy'-y)}{(x-y)^2}$$
$$=\frac{2\left(x\frac{x+y}{x-y}-y\right)}{(x-y)^2}=\frac{2(x^2+y^2)}{(x-y)^3}.$$

### 2.4.2 对数求导法

所谓对数求导法，是先将 $y=f(x)$ 两边取对数，然后再对自变量 $x$ 求导，从而达到求 $\frac{dy}{dx}$ 的目的，有时用此方法可以简化计算.

形如 $y=u(x)^{v(x)}$ 的函数称为幂指函数，对于这类函数，直接使用前面介绍的方法是无能为力的，这时便可以采用对数求导法.

**例 3** 设 $y=x^{\sin x}(x>0)$，求 $y'$.

**解** 两边取对数，得 $\ln y=\sin x\ln x$. 于是，显函数变成了隐函数，运用隐函数求导的方法，上式两边同时对自变量 $x$ 求导得

$$\frac{y'}{y}=\cos x\ln x+\frac{\sin x}{x},$$

解之得

$$y'=\left(\cos x\ln x+\frac{\sin x}{x}\right)y=x^{\sin x}\left(\cos x\ln x+\frac{\sin x}{x}\right).$$

求幂指函数 $y=u(x)^{v(x)}$ 的导数，除可以用对数求导法外，还可以采用以下方法：先将幂指函数 $y=u(x)^{v(x)}$ 利用公式 $y=f(x)=e^{\ln f(x)}$ 改写成 $y=e^{v(x)\ln u(x)}$ 的形式，再运用复合函数求导法则求导，即

$$y'=[u(x)^{v(x)}]'=[e^{v(x)\ln u(x)}]'$$
$$=e^{v(x)\ln u(x)}\left[v'(x)\ln u(x)+\frac{v(x)}{u(x)}u'(x)\right]$$
$$=u(x)^{v(x)}\left[v'(x)\ln u(x)+\frac{v(x)u'(x)}{u(x)}\right].$$

**例 4** 求 $y=\sqrt[3]{\dfrac{(x-1)(x-2)^2}{(x-3)(x-4)}}$ 的导数$\dfrac{dy}{dx}$.

**解** 两边取对数得

$$\ln y=\frac{1}{3}[\ln(x-1)+2\ln(x-2)-\ln(x-3)-\ln(x-4)].$$

上式两边对 $x$ 求导得

$$\frac{y'}{y}=\frac{1}{3}\left(\frac{1}{x-1}+\frac{2}{x-2}-\frac{1}{x-3}-\frac{1}{x-4}\right),$$

故

$$\begin{aligned}y'&=\frac{y}{3}\left(\frac{1}{x-1}+\frac{2}{x-2}-\frac{1}{x-3}-\frac{1}{x-4}\right)\\&=\frac{1}{3}\sqrt[3]{\frac{(x-1)(x-2)^2}{(x-3)(x-4)}}\left(\frac{1}{x-1}+\frac{2}{x-2}-\frac{1}{x-3}-\frac{1}{x-4}\right)\end{aligned}$$

(这里不需要通分化简).

### 2.4.3 参数方程确定的函数的导数

由平面解析几何知,以原点为圆心,半径为 $a$ 的圆的参数方程可以表示为$\begin{cases}x=a\cos t,\\y=a\sin t,\end{cases}$ $t\in[0,2\pi]$,消去参数 $t$,可得圆的方程为 $x^2+y^2=a^2$,于是可运用隐函数求导方法计算$\dfrac{dy}{dx}$.

一般地,若参数方程

$$\begin{cases}x=\varphi(t),\\y=\psi(t)\end{cases}\tag{1}$$

可确定 $y$ 是 $x$ 的函数,则称此函数由方程(1) 所确定的函数.

由于从参数方程(1) 中消去参数 $t$ 比较困难,因此运用隐函数求导法则求由参数方程确定的函数的导数是不现实,下面介绍直接由参数方程(1) 求出它确定的函数 $y=y(x)$ 的导数的方法.

设函数 $x=\varphi(t)$ 具有反函数 $t=\varphi^{-1}(x)$,则 $y=\psi(t)=\psi[\varphi^{-1}(x)]$.

根据复合函数的求导法则及反函数的求导公式,有

$$\frac{dy}{dx}=\frac{dy}{dt}\cdot\frac{dt}{dx}=\frac{dy}{dt}\cdot\frac{1}{\dfrac{dx}{dt}}=\frac{\psi'(t)}{\varphi'(t)}.\tag{2}$$

式(2) 即为由参数方程式(1) 确定的函数 $y=y(x)$ 的求导公式.

如果由参数方程式(1) 所确定的函数二阶可导,由式(2) 便可得到函数二阶导数公式

$$\begin{aligned}\frac{d^2y}{dx^2}&=\frac{d}{dx}\left(\frac{dy}{dx}\right)=\frac{d\left(\dfrac{dy}{dx}\right)}{dt}\cdot\frac{dt}{dx}=\frac{d\left(\dfrac{dy}{dx}\right)}{dt}\cdot\frac{1}{\dfrac{dx}{dt}}.\\&=\frac{\psi''(t)\varphi'(t)-\psi'(t)\varphi''(t)}{[\varphi'(t)]^2}\,\frac{1}{\varphi'(t)},\end{aligned}$$

即
$$\frac{d^2y}{dx^2}=\frac{\psi''(t)\varphi'(t)-\psi'(t)\varphi''(t)}{[\varphi'(t)]^3}.$$

**例 5**　求椭圆$\begin{cases}x=a\cos t,\\ y=b\sin t\end{cases}$在 $t=\frac{\pi}{4}$ 相应点处的切线方程.

**解**　当 $t=\frac{\pi}{4}$ 时,椭圆上的相应点为 $M_0(x_0,y_0)$,其中

$$x_0=a\cos\frac{\pi}{4}=\frac{\sqrt{2}}{2}a,\quad y_0=b\cos\frac{\pi}{4}=\frac{\sqrt{2}}{2}b.$$

椭圆在 $M_0$ 点处的切线斜率为

$$\left.\frac{dy}{dx}\right|_{t=\frac{\pi}{4}}=\left.\frac{\frac{dy}{dt}}{\frac{dx}{dt}}\right|_{t=\frac{\pi}{4}}=\left.\frac{(b\sin t)'}{(a\cos t)'}\right|_{t=\frac{\pi}{4}}=\left.\frac{b\cos t}{-a\sin t}\right|_{t=\frac{\pi}{4}}=-\frac{b}{a}.$$

故椭圆在点 $M_0\left(\frac{\sqrt{2}}{2}a,\frac{\sqrt{2}}{2}b\right)$ 处的切线方程为

$$y-\frac{\sqrt{2}}{2}b=-\frac{b}{a}\left(x-\frac{\sqrt{2}}{2}a\right),$$

即 $bx+ay-\sqrt{2}ab=0$.

**例 6**　求由摆线的参数方程$\begin{cases}x=a(t-\sin t),\\ y=a(1-\cos t)\end{cases}$所确定的函数 $y=y(x)$ 的二阶导数.

**解**
$$\frac{dy}{dx}=\frac{\frac{dy}{dt}}{\frac{dx}{dt}}=\frac{a\sin t}{a(1-\cos t)}=\cot\frac{t}{2},$$

$$\frac{d^2y}{dx^2}=\frac{\frac{d\left(\frac{dy}{dx}\right)}{dt}}{\frac{dx}{dt}}=\frac{-\csc^2\frac{t}{2}\cdot\frac{1}{2}}{a(1-\cos t)}=-\frac{1}{a(1-\cos t)^2}.$$

## 2.4.4　相关变化率

设 $x=x(t)$,$y=y(t)$ 都是可导函数,如果变量 $x$,$y$ 之间存在着某种关系,那么它们的变化率$\frac{dx}{dt}$与$\frac{dy}{dt}$之间也存在一定的关系,这两个相互依赖的变化率称为相关变化率.相关变化率问题就是研究这两个变化率之间的关系,从而由其中一个变化率求出另一个变化率.

**例 7**　落在平静水面上的石头,产生同心波纹,若最外一圈半径的增大率总是6 m/s,问在2 s末扰动水面面积的增大率为多少?

**解**　设最外一圈波半径为 $x$ m,根据题意有$\frac{dx}{dt}=6$,又设扰动水面面积为$y$ m²,则有 $y=\pi x^2$,两边同时对 $t$ 求导得

$$\frac{dy}{dt}=2\pi x\ \frac{dx}{dt}.$$

当 $t=2$ 时，$x=12$.故

$$\left.\frac{dy}{dt}\right|_{t=2}=2\pi x\left.\frac{dx}{dt}\right|_{t=2}=2\pi\cdot 12\cdot 6=144\pi(m^2/s),$$

即在 2 s 末扰动水面面积的增大率为 $144\ \pi(m^2/s)$.

## 练　习　2.4

1. 求下列方程所确定的隐函数 $y=y(x)$ 的导数：

(1) $x^2+xy+y^2=2$；　　(2) $xy=e^{x+y}$；

(3) $e^{xy}=x+y$；　　(4) $x-y+\frac{1}{2}\sin y=0$.

2. 求下列方程所确定的隐函数 $y=y(x)$ 的二阶导数：

(1) $x^2+4y^2=4$；　　(2) $y=1+xe^y$.

3. 证明：曲线 $\sqrt{x}+\sqrt{y}=\sqrt{a}$ 上的任一点的切线所截两坐标轴的截距之和等于 $a$.

4. 用对数求导法求下列函数的导数：

(1) $y=(1+x^2)^{\tan x}$；　　(2) $y=\sqrt[5]{\frac{x-5}{\sqrt[5]{x^2+2}}}$；

(3) $y=\frac{(x+1)^2\sqrt{3x-2}}{x^3\sqrt{2x+1}}$；　　(4) $y=(\sin x)^{\cos x}$.

5. 求下列参数方程所确定的函数的导数 $\frac{dy}{dx}$：

(1) $\begin{cases}x=at^2,\\ y=bt^3;\end{cases}$　　(2) $\begin{cases}x=e^t\cos t,\\ y=e^t\sin t.\end{cases}$

6. 求由参数方程 $\begin{cases}x=2e^{-t},\\ y=3e^t\end{cases}$ 所确定的函数 $y=y(x)$ 的二阶导数.

7. 求曲线 $\begin{cases}x=1+t^2,\\ y=t^3\end{cases}$ 在 $t=2$ 处的切线方程.

# 2.5　函数的微分

典型例题讲解

### 2.5.1　微分的定义

为了引入微分的定义，先分析一个实际问题，设物体做自由落体运动，其运动方程为 $h=\frac{1}{2}gt^2$，当 $t$ 从时刻 $t_0$ 变到时刻 $t_0+\Delta t$ 时，物体的下落高度为

$$\Delta h=\frac{1}{2}g(t_0+\Delta t)^2-\frac{1}{2}gt_0^2=gt_0\Delta t+\frac{1}{2}g(\Delta t)^2.$$

由上式可以看出，$\Delta h$ 由两项组成，第一项 $gt_0\Delta t$ 是 $\Delta t$ 的线性函数，第二项$\frac{1}{2}g(\Delta t)^2$ 当 $\Delta t\to 0$ 时比 $\Delta t$ 高阶的无穷小，即$\frac{1}{2}g(\Delta t)^2=o(\Delta t)$.如果时刻的改变量很小，即 $|\Delta t|$ 很小时，则物体下落的高度 $\Delta h$ 可以近似地用第一部分($\Delta t$ 的线性部分)来代替，即

$$\Delta h\approx gt_0\Delta t.$$

因为线性函数是非常简单的函数，并且被忽略的第二部分是比 $\Delta t$ 高阶的无穷小，所以这种近似替代可使函数增量的计算大为简化，同时又能满足实际中的精度要求，微分的概念就源于这种思想.

**定义 1** 设函数 $y=f(x)$ 在某区间内有定义，$x_0$ 及 $x_0+\Delta x$ 在这区间内，如果函数增量

$$\Delta y=f(x_0+\Delta x)-f(x_0)$$

可以表示为

$$\Delta y=A\Delta x+o(\Delta x),$$

其中 $A$ 是与 $\Delta x$ 无关的常数，那么称函数 $y=f(x)$ 在点 $x_0$ 处是可微的，而 $A\Delta x$ 称为函数 $y=f(x)$ 在 $x_0$ 相应于自变量增量 $\Delta x$ 的微分，记为 $\mathrm{d}y$，即

$$\mathrm{d}y=A\Delta x.$$

### 2.5.2 可微与可导的关系

**定理 1** 设函数 $y=f(x)$ 在 $x_0$ 处可微的充分必要条件是函数 $y=f(x)$ 在 $x_0$ 处可导，且当 $f(x)$ 在 $x_0$ 处可微时，$\mathrm{d}y\big|_{x=x_0}=f'(x_0)\Delta x$.

**证** 先证必要性.若函数 $y=f(x)$ 处可微，由本节微分的定义得函数 $y=f(x)$ 在 $x_0$ 处自变量取得增量 $\Delta x$，相应的函数增量 $\Delta y=f(x_0+\Delta x)-f(x_0)$ 可以表示为 $\Delta y=A\Delta x+o(\Delta x)$，其中 $A$ 不依赖于 $\Delta x$，于是有

$$\frac{\Delta y}{\Delta x}=A+\frac{o(\Delta x)}{\Delta x}.$$

从而

$$\lim_{\Delta x\to 0}\frac{\Delta y}{\Delta x}=A+\lim_{\Delta x\to 0}\frac{o(\Delta x)}{\Delta x}=A.$$

这表明，函数 $y=f(x)$ 在 $x_0$ 处可导，且 $f'(x_0)=A$，从而

$$\mathrm{d}y\big|_{x=x_0}=A\Delta x=f'(x_0)\Delta x.$$

再证充分性.若 $y=f(x)$ 在 $x_0$ 处可导，则 $\lim\limits_{\Delta x\to 0}\frac{\Delta y}{\Delta x}=f'(x_0)$，由函数极限与无穷小的关系有$\frac{\Delta y}{\Delta x}=f'(x_0)+\alpha$，其中$\lim\limits_{\Delta x\to 0}\alpha=0$.于是 $\Delta y=f'(x_0)\Delta x+\alpha\Delta x$.

因为 $f'(x_0)$ 与 $\Delta x$ 无关，且$\lim\limits_{\Delta x\to 0}\frac{\alpha\Delta x}{\Delta x}=\lim\limits_{\Delta x\to 0}\alpha=0$，即 $\alpha\Delta x=o(\Delta x)$.故由微分的定义可知，函数 $y=f(x)$ 在 $x_0$ 处可微，且 $\mathrm{d}y\big|_{x=x_0}=f'(x_0)\Delta x$.

通常把自变量的增量 $\Delta x$ 称为自变量的微分，并记为 $\mathrm{d}x$，即 $\mathrm{d}x=\Delta x$，于是

$$\mathrm{d}y\big|_{x=x_0}=f'(x_0)\cdot\Delta x=f'(x_0)\mathrm{d}x.$$

从而

$$dy = f(x) \cdot \Delta x = f'(x)dx.$$

即函数的微分等于函数的导数与自变量的微分之积,而函数的导数等于函数微分与自变量之商.因此,导数也称为“微商”.

由于求微分的问题归结于求导数的问题,求导数与微分的运算统称微分运算,求导数与微分的方法统称微分法.

通过上面的讨论有下面的结论:

$$dy = f'(x)dx \Leftrightarrow \frac{dy}{dx} = f'(x).$$

即对于一元函数 $y = f(x)$ 而言,可导与可微是等价的,只是书写形式的改变.

**例 1** 求函数 $y = \sin x \tan x$.

**解** 由于

$$y' = \cos x \tan x + \sin x \sec^2 x = \sin x (1 + \sec^2 x),$$

所以函数的微分为

$$dy = y'dx = \sin x(1 + \sec^2 x)dx.$$

**例 2** 求 $y = x^4$ 当 $x = 1, \Delta x = 0.01$ 时的微分.

**解** 函数在任意点 $x$ 处的微分为

$$dy = (x^4)'dx = 4x^3 dx = 4x^3 \Delta x,$$

当 $x = 1, \Delta x = 0.01$ 时函数的微分为

$$dy\Big|_{\substack{x=1\\ \Delta x=0.01}} = 4 \times 1^3 \times 0.01 = 0.04.$$

### 2.5.3 微分的几何意义

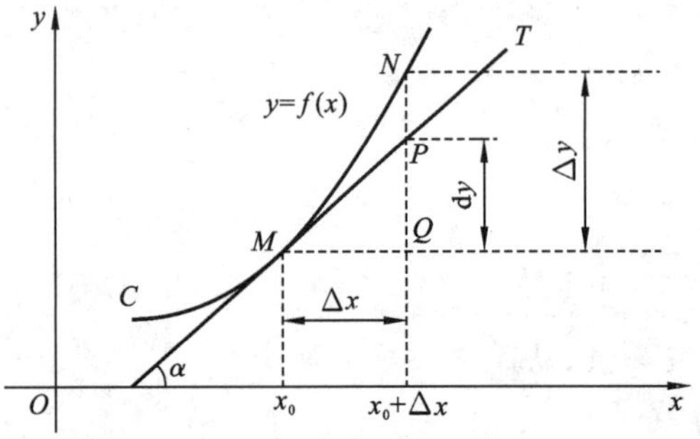


图 2-2

如图 2-2 所示,设函数 $y = f(x)$ 在点 $x_0$ 处可导,则曲线 $y = f(x)$ 在 $M(x_0, y_0)$ 点有切线 $MT$,切线的倾角为 $\alpha$,由导数的几何意义知 $f'(x_0) = \tan\alpha$.

给自变量一个微小的增量 $\Delta x$,则在曲线上有对应点 $N(x_0 + \Delta x, y_0 + \Delta y)$,显然

$$PQ = MQ\tan\alpha = f'(x_0)\Delta x.$$

所以

$$dy = PQ,$$

即函数 $y = f(x)$ 在 $x_0$ 处的微分 $dy$ 表示当 $x$ 有微小增量 $\Delta x$ 时,曲线 $M(x_0, y_0)$ 处的切线纵坐标的增量.

### 2.5.4 微分的运算法则

由于函数 $y = f(x)$ 在任意点 $x$ 的微分与导数有如下关系:$dy = f'(x)dx$,由常用初等函数求导公式和求导法则,可得常用初等函数的基本微分公式和微分法则.

**1. 基本微分公式**

(1) $d(C) = 0$.

(2) $d(x^{\mu})=\mu x^{\mu-1}dx$，特别地，$d\left(\frac{1}{x}\right)=-\frac{1}{x^2}dx$，$d(\sqrt{x})=\frac{1}{2\sqrt{x}}dx$.

(3) $d(a^x)=a^x\ln a\,dx\ (a>0, a\neq 1)$，特别地，$d(e^x)=e^x dx$.

(4) $d(\log_a x)=\frac{1}{x\ln a}dx\ (a>0, a\neq 1)$，特别地，$d(\ln x)=\frac{1}{x}dx$.

(5) $d(\sin x)=\cos x\,dx$；　$d(\cos x)=-\sin x\,dx$；

$d(\tan x)=\sec^2 x\,dx$；　$d(\cot x)=-\csc^2 x\,dx$；

$d(\sec x)=\sec x\tan x\,dx$；　$d(\csc x)=-\csc x\cot x\,dx$.

(6) $d(\arcsin x)=\frac{1}{\sqrt{1-x^2}}dx$；　$d(\arccos x)=-\frac{1}{\sqrt{1-x^2}}dx$；

$d(\arctan x)=\frac{1}{1+x^2}dx$；　$d(\text{arccot}\,x)=-\frac{1}{1+x^2}dx$.

**2. 函数的和、差、积、商的微分法则**

设 $u=u(x)$，$v=v(x)$ 在点 $x$ 处可微，则它们的和、差、积、商在 $x$ 处(除分母为零的点外)也可微，且有

$$d(u\pm v)=du\pm dv;\quad d(uv)=v\,du+u\,dv,$$

特别地

$$d(Cu)=C\,du\ (C\ 为常数);\quad d\left(\frac{u}{v}\right)=\frac{v\,du-u\,dv}{v^2}\quad (v\neq 0).$$

**3. 复合函数的微分法则**

设函数 $y=f(u)$ 与 $u=\varphi(x)$ 都可微，则复合函数 $y=f[\varphi(x)]$ 的微分为

$$dy=\frac{dy}{dx}\cdot dx=\frac{dy}{du}\cdot\frac{du}{dx}\cdot dx=f'(u)\varphi'(x)dx.$$

由于 $\varphi'(x)dx=du$，所以上式可以写成

$$dy=\frac{dy}{du}du=f'(u)du.$$

由此可见，无论 $u$ 是自变量还是中间变量，函数 $y=f(u)$ 的微分均可以写成

$$dy=f'(u)du,$$

即微分形式保持不变，这一性质称为微分形式不变性.

**例 3**　求函数 $y=\ln\cos 2x$ 的微分.

**解**　由微分形式不变性有

$$dy=d(\ln\cos 2x)=\frac{1}{\cos 2x}d(\cos 2x)=\frac{-\sin 2x}{\cos 2x}d(2x)$$

$$=-\frac{\sin 2x}{\cos 2x}\cdot 2d(x)=-2\tan 2x\,dx.$$

**例 4**　求函数 $y=x^2-\ln x+e^x$ 的微分.

**解**　由微分的四则运算法则有

$$dy=d(x^2)-d(\ln x)+d(e^x)$$

$$=2x\,\mathrm{d}x-\frac{1}{x}\mathrm{d}x+\mathrm{e}^x\,\mathrm{d}x$$

$$=\left(2x-\frac{1}{x}+\mathrm{e}^x\right)\mathrm{d}x.$$

**例 5** 求由方程 $y^3+\ln y=x^2$ 所确定的隐函数 $y=y(x)$ 的微分.

**解** 方程 $y^3+\ln y=x^2$ 两边同时求微分得

$$\mathrm{d}(y^3)+\mathrm{d}(\ln y)=\mathrm{d}(x^2),$$

即

$$3y^2\mathrm{d}y+\frac{1}{y}\mathrm{d}y=2x\,\mathrm{d}x,$$

于是

$$\mathrm{d}y=\frac{2xy}{3y^3+1}\mathrm{d}x.$$

### 2.5.5 微分在近似计算中的应用

设函数 $y=f(x)$ 在点 $x_0$ 处可导,且 $f'(x_0)\neq 0$, $|\Delta x|$ 很小时,有 $\Delta y\approx \mathrm{d}y=f'(x_0)\Delta x$. 这式子可以写成

$$\Delta y=f(x_0+\Delta x)-f(x_0)\approx f'(x_0)\Delta x \tag{1}$$

或

$$f(x_0+\Delta x)\approx f(x_0)+f'(x_0)\Delta x. \tag{2}$$

在式(2) 中令 $x_0+\Delta x=x$,即 $\Delta x=x-x_0$,则式(2) 可以写成

$$f(x)\approx f(x_0)+f'(x_0)(x-x_0). \tag{3}$$

如果 $f(x_0)$ 及 $f'(x_0)$ 容易计算,则可用式(1) 来近似计算 $\Delta y$,利用式(2) 来近似计算 $f(x_0+\Delta x)$,或者利用式(3) 来近似计算 $f(x)$.从近似计算公式(3) 可以看出,它实质就是用 $x$ 的线性函数 $f(x_0)+f'(x_0)(x-x_0)$ 来近似表达函数 $f(x)$.从几何意义上理解,这就是用曲线 $y=f(x)$ 在点$(x_0,y_0)$ 处的切线来近似代替曲线.

**例 6** 求$\sqrt[3]{1.01}$ 的近似值.

**解** 由近似公式(2) 有 $f(x_0+\Delta x)\approx f(x_0)+f'(x_0)\Delta x$.令

$$f(x)=\sqrt[3]{x},\quad x_0=1,\quad \Delta x=0.01,$$

又由

$$f(x_0)=\sqrt[3]{1}=1,\quad f'(x_0)=\frac{1}{3}x^{-\frac{2}{3}}\bigg|_{x_0=1}=\frac{1}{3},$$

得

$$\sqrt[3]{1.01}\approx 1+\frac{1}{3}\times 0.01\approx 1.0033.$$

**例 7** 半径为 10 cm 的圆盘加热后,半径增大了 0.05 cm,问面积近似增加多少?

**解** 设圆盘半径为 $r$,则面积为

$$S=\pi r^2,\quad \Delta S\approx \mathrm{d}s=2\pi r\Delta r.$$

取 $r=10$, $\Delta r=0.05$,则面积增加量为

$$\Delta S\approx 2\times 10\times\pi\times 0.05=\pi\approx 3.1416(\mathrm{cm}^2).$$

**例8** 证明：当$|x|$很小时，有$\tan x \approx x$.

**证** 由近似公式(3)知，当$|x-x_0|$很小时，有

$$f(x) \approx f(x_0)+f'(x_0)(x-x_0).$$

取$x_0=0$，即当$|x|$很小时，有

$$f(x) \approx f(0)+f'(0)x.$$

设$f(x)=\tan x$，则有

$$f(0)=0, \quad f'(0)=\sec^2 0=1.$$

所以有

$$\tan x \approx 0+x \cdot 1=x,$$

即当$|x|$很小时，有$\tan x \approx x$.

## 练　习　2.5

1. 设$y=x+\dfrac{1}{x}$，求$\mathrm{d}y\big|_{x=2}$，$\mathrm{d}y\Big|_{\substack{x=2\\ \Delta x=0.01}}$.

2. 求下列函数的微分：

(1) $y=x\sin 2x$；(2) $y=x\mathrm{e}^{-2x}$；(3) $y=\ln\cos x$；

(4) $y=2+x\mathrm{e}^{x}$；(5) $y=\sin x^2$；(6) $y=\arcsin\sqrt{1-x^2}$；

(7) $y=\tan^2(1+2x^2)$；(8) $y=\arctan\dfrac{1-x^2}{1+x^2}$；(9) $y=\dfrac{\ln(1-x)}{x}$；

(10) $y=\dfrac{x}{\sqrt{x^2-1}}$；(11) $y=x^x(x>0)$；(12) $y=\mathrm{e}^{-x}\sin(1-x)$.

3. 求下列方程确定的隐函数$y=y(x)$的微分：

(1) $y=\mathrm{e}^{-\frac{x}{y}}$；(2) $x^2+2xy-y^2=4$；

(3) $y=x+\arctan y$；(4) $xy=1$.

4. 将适当的函数填入下列括号内使等式成立：

(1) $3x^2\mathrm{d}x=\mathrm{d}(\quad\quad)$；(2) $\sin 2x\,\mathrm{d}x=\mathrm{d}(\quad\quad)$；

(3) $\dfrac{1}{2x+1}\mathrm{d}x=\mathrm{d}(\quad\quad)$；(4) $\dfrac{1}{(1+x)^2}\mathrm{d}x=\mathrm{d}(\quad\quad)$；

(5) $\dfrac{1}{\sqrt{x}}\mathrm{d}x=\mathrm{d}(\quad\quad)$；(6) $\csc^2 2x\,\mathrm{d}x=\mathrm{d}(\quad\quad)$；

(7) $\mathrm{e}^{-2x}\mathrm{d}x=\mathrm{d}(\quad\quad)$；(8) $\sqrt{x}\,\mathrm{d}x=\mathrm{d}(\quad\quad)$.

5. 求下列三角函数的近似值：

(1) $\tan 136°$；(2) $\cos 29°$.

6. 求下列函数的近似值：

(1) $\arcsin 0.5002$；(2) $\sqrt[6]{65}$.

# 2.6 边际与弹性

## 2.6.1 边际概念

在经济问题中,常常会使用变化率的概念,而变化率又分为平均变化率和瞬时变化率.平均变化率就是函数增量与自变量增量之比,函数 $y=f(x)$ 在以 $x_0$ 和$x_0+\Delta x$ 为端点的区间上的平均变化率为$\dfrac{\Delta y}{\Delta x}$;而瞬时变化率就是函数对自变量的导数,即如果函数 $y=f(x)$ 在 $x_0$ 处可导,其在 $x=x_0$ 处的瞬时变化率为

$$\lim_{\Delta x\to 0}\frac{f(x_0+\Delta x)-f(x_0)}{\Delta x}=f'(x_0),$$

经济学中称它为 $f(x)$ 在 $x=x_0$ 处的边际函数值.

设在点 $x=x_0$ 处,$x$ 从$x_0$ 改变一个单位时 $y$ 的增量 $\Delta y$ 的准确值为$\Delta y\big|_{\substack{x=x_0\\ \Delta x=1}}$,由于实际的经济问题中,$x$ 一般是一个比较大的量,而 $\Delta x=1$ 就可以看成是一个相对小的量,由微分学可知,$\Delta y$ 的近似值为

$$\Delta y\big|_{\substack{x=x_0\\ \Delta x=1}}\approx \mathrm{d}y=f'(x)\Delta x\big|_{\substack{x=x_0\\ \Delta x=1}}=f'(x_0).$$

这说明 $f(x)$ 在点 $x_0$ 处,当$x$ 产生一个单位的改变时,$y$ 近似改变 $f'(x_0)$ 个单位.在应用问题中解释边际函数值的具体意义时略去"近似"二字.于是,有如下定义.

**定义 1** 设经济函数 $y=f(x)$ 在 $x$ 处可导,则称导数 $f'(x)$ 为 $f(x)$ 的边际函数. $f'(x)$ 在 $x_0$ 处的值$f'(x_0)$ 为边际函数值.

**例 1** 设函数 $y=2x^2$,试求 $y$ 在$x=5$ 时的边际函数值.

**解** 因为 $y'=4x$,所以$y'\big|_{x=5}=20$.该值表明:当$x=5$时,$x$ 改变一个单位(增加或减少一个单位),$y$ 改变 20 个单位(增加或减少 20 个单位).

## 2.6.2 经济学中常见的边际函数

### 1. 边际成本

总成本函数 $C(Q)$ 的导数 $C'(Q)$ 称为边际成本,记为 $MC=C'(Q)$,它(近似地)表示:假定已经生产了 $Q$ 件产品,再生产一件产品所增加的成本.

由于生产 $Q$ 件产品的边际成本近似等于多生产一件产品(第 $Q+1$ 件产品)的成本,所以将边际成本与平均成本$\dfrac{C(Q)}{Q}$相比较,若边际成本小于平均成本,则应考虑增加产量以降低单件产品的成本;若边际成本大于平均成本,则应考虑减少产量以降低单件产品的成本.

**例 2** 设生产某产品 $Q$ 单位的总成本为$C(Q)=1\,100+\dfrac{Q^2}{1\,200}$,求:

(1) 生产 900 个单位时的总成本和平均成本;

(2) 生产 900 个单位到 1 000 个单位时的总成本的平均变化率;

(3) 生产 900 个单位的边际成本,并解释其经济意义.

**解** (1) 生产 900 个单位时的总成本为

$$C(Q)\big|_{Q=900}=1\ 100+\frac{900^2}{1\ 200}=1\ 775,$$

平均成本为

$$\overline{C}(Q)\big|_{Q=900}=\frac{1\ 775}{900}\approx 1.97.$$

(2) 生产 900 个单位到 1 000 个单位时总成本的平均变化率为

$$\frac{\Delta C(Q)}{\Delta Q}=\frac{C(1\ 000)-C(900)}{1\ 000-900}\approx\frac{1\ 933-1\ 775}{100}=1.58.$$

(3) 边际成本函数 $C'(Q)=\dfrac{2Q}{1\ 200}=\dfrac{Q}{600}$,当 $Q=900$ 时的边际成本为

$$C'(Q)\big|_{Q=900}=1.5.$$

它表示当产量为 900 个单位时,再增产(或减产)一个单位,需增加(或减少)成本 1.5 个单位.

本题中边际成本小于平均成本,故可以增加产量以降低单件产品的成本.

**2. 边际收益**

总收益函数 $R(Q)$ 的导数 $R'(Q)$ 称为边际收益,记为 $MR=R'(Q)$.它(近似地)表示:假定已经销售了 $Q$ 单位产品,再销售一个单位产品所增加的总收益.

设 $P$ 为价格,且 $P$ 也是销售量 $Q$ 的函数,即 $P=P(Q)$,因此 $R(Q)=PQ=Q\cdot P(Q)$,则边际收益为

$$R'(Q)=P(Q)+Q\cdot P'(Q).$$

**例 3**　设某产品的需求函数为 $P=20-\dfrac{Q}{5}$,其中 $P$ 为价格,$Q$ 为销售量,求销售量为 15 个单位时的总收益、平均收益与边际收益.并求销售量从 15 个单位增加到 20 个单位时收益的平均变化率.

**解**　总收益

$$R=QP(Q)=20Q-\frac{Q^2}{5}.$$

销售 15 个单位时,总收益

$$R\big|_{Q=15}=\left(20Q-\frac{Q^2}{5}\right)\bigg|_{Q=15}=255.$$

平均收益

$$\overline{R}\big|_{Q=15}=\frac{R(Q)}{Q}\bigg|_{Q=15}=\frac{255}{15}=17.$$

边际收益

$$R'(Q)\big|_{Q=15}=\left(20-\frac{2Q}{5}\right)\bigg|_{Q=15}=14.$$

当销售量从 15 个单位增加到 20 个单位时收益的平均变化率为

$$\frac{\Delta R}{\Delta Q}=\frac{R(20)-R(15)}{20-15}=\frac{320-255}{5}=13.$$

**3. 边际利润**

总利润$L(Q)$的导数$L'(Q)$称为边际利润，记为$ML=L'(Q)$.它(近似地)表示：若已经生产了$Q$单位产品，再生产一个单位产品多增加的总利润.

一般情况下，总利润函数$L(Q)$等于总收益函数$R(Q)$与总成本函数$C(Q)$之差，即$L(Q)=R(Q)-C(Q)$，则边际利润为$L'(Q)=R'(Q)-C'(Q)$.显然，边际利润可由边际收入与边际成本决定，且当

$$R'(Q)\begin{cases}>C'(Q)\\=C'(Q)\\<C'(Q)\end{cases}\text{时，}\quad L'(Q)\begin{cases}>0,\\=0,\\<0.\end{cases}$$

当$R'(Q)>C'(Q)$时，$L'(Q)>0$，其经济意义是如产量已达到$Q$，再多生产一个单位产品，多增加的收益大于所增加的成本，因而总利润有所增加；而当$R'(Q)<C'(Q)$时，$L'(Q)<0$，此时，再增加产量，所增加的收益要小于所增加的生产成本，从而总利润将减少.

**例 4** 某工厂对其产品的情况进行了大量统计分析后，得出总利润$L(Q)$(单位：元)与每月产量$Q$(单位：$t$)的关系为$L=L(Q)=250Q-5Q^2$，试确定每月生产20 t，25 t，35 t的边际利润，并作出经济解释.

**解** 边际利润函数为$L'(Q)=250-10Q$，则

$$L'(Q)\big|_{Q=20}=L'(20)=50,$$
$$L'(Q)\big|_{Q=25}=L'(25)=0,$$
$$L'(Q)\big|_{Q=35}=L'(35)=-100.$$

上述结果表明当生产量为每月 20 t时，再增加 1 t，利润将增加 50 元，当产量为每月 25 t时，再增加 1 t，利润不变；当产量为 35 t时，再增加 1 t利润将减少 100 元.此处亦说明，对厂家来说，并非生产的产品数量越多，利润越高.

**4. 弹性概念**

在边际分析中，讨论的函数变化率与函数改变量均属于绝对量范围的讨论.在经济问题中，仅仅用绝对量的概念是不足以深入分析问题的.例如，甲商品每单位价格5元，涨价1元；乙商品每单位价格200元，也涨价1元，两种商品价格的绝对改变量都是1元，哪个商品的涨价幅度更大呢？只要用它们与其原价相比就能获得问题的解答.甲商品涨价百分比为20%，乙商品涨价百分比为0.5%，显然甲商品的涨价幅度比乙商品的涨价幅度更大.为此，有必要研究函数的相对改变量与相对改变率.

**例 5** 函数$y=x^2$，当$x$从8增加到10时，相应的$y$从64增加到100，即自变量$x$的绝对增量$\Delta x=2$，函数$y$的绝对增量$\Delta y=36$，又

$$\frac{\Delta x}{x}=\frac{2}{8}=25\%,\quad \frac{\Delta y}{y}=\frac{36}{64}=56.25\%.$$

即当$x=8$增加到$x=10$时，$x$增加了25%，$y$相应地增加了56.25%.分别称$\frac{\Delta x}{x}$与$\frac{\Delta y}{y}$为自变量与函数的**相对改变量**(或**相对增量**).如果在本例中，再引入下式

$$\frac{\frac{\Delta y}{y}}{\frac{\Delta x}{x}}=\frac{56.25\%}{25\%}=2.25,$$

则该式表示在开区间(8,10)内,从$x=8$时起,$x$每增加1%,则相应的$y$便平均改变2.25%,称之为从$x=8$到$x=10$时,函数$y=x^2$的平均相对变化率.因此有如下定义.

**定义 2** 设函数$y=f(x)$在点$x=x_0(\neq 0)$处可导,函数的相对改变量$\dfrac{\Delta y}{y_0}=\dfrac{f(x_0+\Delta x)-f(x_0)}{f(x_0)}$与自变量的相对改变量$\dfrac{\Delta x}{x_0}$之比$\dfrac{\frac{\Delta y}{y_0}}{\frac{\Delta x}{x_0}}$称为函数$f(x)$从$x=x_0$到$x=x_0+\Delta x$两点间的平均相对变化率,也称**两点间的弹性或弧弹性**.当$\Delta x\to 0$时,如果$\dfrac{\frac{\Delta y}{y_0}}{\frac{\Delta x}{x_0}}$的极限存在,则该极限值称为$f(x)$在$x=x_0$处的相对变化率,也就是相对导数,或称为在点$x_0$的**点弹性**.记为$\left.\dfrac{Ey}{Ex}\right|_{x=x_0}$或$\dfrac{E}{Ex}f(x_0)$或$E_x\big|_{x=x_0}$,即

$$\left.\frac{Ey}{Ex}\right|_{x=x_0}=\lim_{\Delta x\to 0}\frac{\frac{\Delta y}{y_0}}{\frac{\Delta x}{x_0}}=\lim_{\Delta x\to 0}\frac{\Delta y}{\Delta x}\cdot\frac{x_0}{y_0}=f'(x_0)\frac{x_0}{f(x_0)}.$$

当$x_0$为定值时,$\left.\dfrac{Ey}{Ex}\right|_{x=x_0}$为定值,且当$|\Delta x|$很小时,$\left.\dfrac{Ey}{Ex}\right|_{x=x_0}\approx\dfrac{\frac{\Delta y}{y_0}}{\frac{\Delta x}{x_0}}$(弧弹性).

对一般的$x$,若$f(x)$可导且$f(x)\neq 0$,则有

$$\frac{Ey}{Ex}=\lim_{\Delta x\to 0}\frac{\frac{\Delta y}{y}}{\frac{\Delta x}{x}}=\lim_{\Delta x\to 0}\frac{\Delta y}{\Delta x}\cdot\frac{x}{y}=y'\frac{x}{y}$$

是$x$的函数,称为$f(x)$的**弹性函数**(简称**弹性**),其也记为$\dfrac{E}{Ex}f(x)$或$Ex$.

函数的弹性(点弹性或弧弹性)与量纲无关,函数$f(x)$在点$x$处的弹性$\dfrac{E}{Ex}f(x)$反映了$x$的变化幅度$\dfrac{\Delta x}{x}$对$f(x)$的变化幅度$\dfrac{\Delta y}{y}$的大小影响,也就是$f(x)$对$x$变化反映的强烈程度或灵敏度.

$\dfrac{E}{Ex}f(x_0)$表示在点$x=x_0$处,当$x$产生1%的变化时,$f(x)$近似地改变$\dfrac{E}{Ex}f(x_0)\%$.在应用问题中解释弹性的具体意义时,略去"近似"二字.

由弹性的定义可知:

$$\frac{Ey}{Ex}=y'\cdot\frac{x}{y}=\frac{y'}{\frac{y}{x}}=\left(\frac{\text{边际函数}}{\text{平均函数}}\right).$$

这样,弹性在经济学上又可以理解为边际函数与平均函数之比.

**例 6** 求函数 $y=x^a$（$a$ 为常数）的弹性函数.

**解** 直接计算得到所求的弹性函数为

$$\frac{Ey}{Ex}=\frac{x}{y}\cdot y'=\frac{x}{x^a}\cdot (x^a)'=\frac{x}{x^a}\cdot a\cdot x^{a-1}=a.$$

由此例题可知，幂函数的弹性函数为常数，因此称之为不变弹性函数.

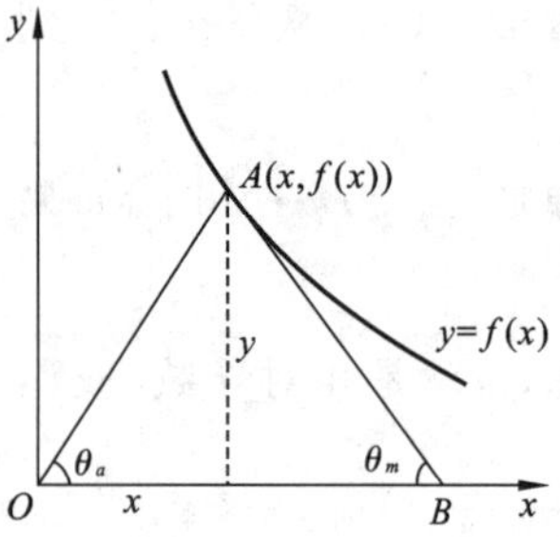

图 2-3

**5. 函数弹性的图解方法**

在实际问题中，有时往往知道可微函数 $y=f(x)$ 所示的曲线，但不知道其表达式，我们也可以按如下图解方法求弹性.

对于给定的函数 $y=f(x)$，如图 2-3 所示，由定义知，弹性应为边际函数 $\frac{\mathrm{d}y}{\mathrm{d}x}$ 与平均函数 $\frac{y}{x}$ 之比，而边际函数的几何意义为 $y=f(x)$ 所示曲线上各点的切线斜率，即

$$\tan(\pi-\theta_m)=-\tan\theta_m.$$

平均函数为 $\frac{f(x)}{x}=\tan\theta_\alpha$，因而 $\frac{Ey}{Ex}=-\frac{\tan\theta_m}{\tan\theta_\alpha}$.若仅考虑弹性的绝对值，则

$$\left|\frac{Ey}{Ex}\right|=\frac{\tan\theta_m}{\tan\theta_\alpha}.$$

因而，如果知道函数 $y=f(x)$ 的曲线，则在曲线上任一点 $A$ 处对应的弹性，只要通过 $A$ 作曲线的切线 $AB$ 和线段 $OA$，就可得夹角 $\theta_m$ 和 $\theta_\alpha$，进而就可求得 $\left|\frac{Ey}{Ex}\right|$.

## 2.6.3 经济学中常见的弹性函数

**1. 需求的价格弹性**

1）基本概念

当弹性定义中的 $y$ 被定义为需求量时就是需求弹性.所谓需求的价格弹性是指当价格变化一定的百分比以后引起的需求量的反映程度.设需求函数 $Q_d=Q(P)$ 可导，则需求的价格弹性可用公式表示为

$$E_d=\frac{EQ}{EP}=\lim_{\Delta P\to 0}\frac{\Delta Q}{\Delta P}\cdot\frac{P}{Q}=\frac{\mathrm{d}Q}{\mathrm{d}P}\cdot\frac{P}{Q}.$$

而 $\dfrac{\frac{\Delta Q}{Q}}{\frac{\Delta P}{P}}$ 成为该商品在 $P$ 与 $P+\Delta P$ 两点间的需求价格弹性或弧弹性.

**例 7** 若某需求函数为 $Q=-100P+3\,000$，求当 $P=20$ 时需求的价格弹性.

**解** $\frac{\mathrm{d}Q}{\mathrm{d}P}=-100$.当 $P=20$ 时，$Q=1\,000$，所以 $E_d=-100\times\frac{20}{1\,000}=-2$.

一般来说，需求函数是价格的单调减函数，故需求函数的弧弹性为负值，从而当 $\Delta P\to 0$ 时，其极限值 $E_d$ 总是小于或等于零，并且实际中一般取负值，有时为讨论方便，将其取绝对值，也称之为需求的价格弹性，并记为 $\eta$，即

$$\eta=\eta(P)=|E_d|=-\frac{P}{Q}\cdot\frac{\mathrm{d}Q}{\mathrm{d}P}.$$

若 $\eta=|E_d|=1$，此时商品需求量变动的百分比与价格变动的百分比相等，称为**单位弹性或单一弹性**.

2) 需求弹性与总收益(市场销售总额)的关系

在市场经济中，商品经营者关心的是提价($\Delta P>0$)或降价($\Delta P<0$)对总收益的影响.利用需求弹性的概念，可以分析价格变动是如何影响销售收益的.

总收益 $R$ 是商品价格 $P$ 与销售量 $Q$ 的乘积，即

$$R=P\cdot Q=PQ(P).$$

边际总收益

$$\begin{aligned}R'&=PQ'(P)+Q(P)=Q(P)\left[1+Q'(P)\cdot\frac{P}{Q(P)}\right]\\&=Q(P)[1-|E_d|]=Q(P)(1-\eta).\end{aligned}$$

(1) 若 $\eta<1$，表示需求变动的幅度小于价格变动的幅度.此时 $R'>0$，即边际收益大于0，价格上涨，总收益增加；价格下跌，总收益减少.商品的价格和厂商的销售收入呈同方向变动.

(2) 若 $\eta>1$，表示需求变动的幅度大于价格变动的幅度.此时 $R'<0$，即边际收益小于0，价格上涨，总收益减少；价格下跌，总收益增加.商品的价格和厂商的销售收入呈反方向变动.

(3) 若 $\eta=1$，表示需求变动的幅度等于价格变动的幅度，此时 $R'=0$，总收益保持不变，降低价格或提高价格对厂商销售收益都没有影响.

综上所述，总收益的变化受需求弹性的制约，随商品需求弹性的变化而变化.

**2. 供给弹性**

供给弹性，通常指的是供给的价格弹性，设供给函数 $Q_s=Q(P)$ 可导，则供给的价格弹性为

$$E_s=\frac{\mathrm{d}Q}{\mathrm{d}P}\frac{P}{Q}.$$

**例 8** 设某产品的供给函数为 $Q=2\mathrm{e}^P$，求供给的价格弹性函数及当 $P=1$ 时的供给的价格弹性.

**解** 供给的价格弹性函数为

$$E_s(P)=\frac{P}{2\mathrm{e}^P}(2\mathrm{e}^P)'=\frac{P}{2\mathrm{e}^P}2\mathrm{e}^P=P.$$

因此，当 $P=1$ 时，$E_s(P)=1$.这表明当 $P=1$ 时，如果价格上涨1%，供给量也相应增加1%.

**3. 收益弹性**

借助弹性的定义，我们容易定义收益的价格弹性、收益的销售弹性等.用公式表示为

$$\frac{ER}{EP}=\frac{\mathrm{d}R}{\mathrm{d}P}\frac{P}{R},\quad \frac{ER}{EQ}=\frac{\mathrm{d}R}{\mathrm{d}Q}\frac{Q}{R},$$

式中 $\dfrac{ER}{EP}$ 为收益的价格弹性；$\dfrac{ER}{EQ}$ 为收益的销售弹性.

## 练　习　2.6

1. 求下列函数的边际函数与弹性函数：

(1) $x^2 e^{-x}$；　　(2) $\frac{e^x}{x}$；　　(3) $x^a e^{-b(x+c)}$.

2. 设某商品的总收益 $R$ 关于销售量 $Q$ 的函数为

$$R(Q)=104Q-0.4Q^2,$$

求：(1) 销售量为 $Q$ 时总收入的边际收入；

(2) 销售量 $Q=50$ 个单位时总收入的边际收入；

(3) 销售量 $Q=100$ 个单位时总收入对 $Q$ 的弹性.

3. 某商品的价格 $P$ 关于需求量 $Q$ 的函数为 $P=10-\frac{Q}{5}$,求：

(1) 总收益函数、平均收益函数和边际收益函数；

(2) 当 $Q=20$ 个单位时的总收益、平均收益和边际收益.

4. 某商品需求函数为 $Q=f(P)=12-\frac{P}{2}$.

(1) 求需求弹性函数；

(2) 求 $P=6$ 时的需求弹性；

(3) 在 $P=6$ 时,若价格上涨 1%,总收益增加还是减少？将变化百分之几？

# 本章知识小结

## 一、导数和微分的概念

1. 导数定义式.

$$f'(x_0)=\lim_{\Delta x\to 0}\frac{f(x_0+\Delta x)-f(x_0)}{\Delta x}\lim_{x\to x_0}\frac{f(x)-f(x_0)}{x-x_0}.$$

2. 左导数和右导数.

$$f'_-(x_0)=\lim_{\Delta x\to 0^-}\frac{f(x_0+\Delta x)-f(x_0)}{\Delta x},$$

$$f'_+(x_0)=\lim_{\Delta x\to 0^+}\frac{f(x_0+\Delta x)-f(x_0)}{\Delta x}.$$

$f(x)$ 在点 $x_0$ 处可导 $\Leftrightarrow f(x)$ 在点 $x_0$ 处的左导数和右导数都存在且相等.

讨论分段函数在分段点的导数时,必须先讨论函数在分段点的左导数和右导数.

3. 导数的几何意义.

导数 $f'(x_0)$ 的几何意义:曲线 $y=f(x)$ 在点 $(x_0,y_0)$ 的切线斜率.

切线方程:$y-y_0=f'(x_0)(x-x_0)$；

法线方程:$y-y_0=-\frac{1}{f'(x_0)}(x-x_0)\ (f'(x_0)\neq 0)$.

4. 函数的可导性与连续性之间的关系.

若函数 $y=f(x)$ 在点 $x_0$ 处可导,则 $y=f(x)$ 点 $x_0$ 处一定连续;若函数 $y=f(x)$ 在点 $x_0$ 处连续,则 $y=f(x)$ 点 $x_0$ 处不一定可导.

5. 微分的定义、可微与可导的关系.

函数 $f(x)$ 在点 $x_0$ 处的微分:$\mathrm{d}y=f'(x_0)\cdot\mathrm{d}x$.

函数 $f(x)$ 的微分:$\mathrm{d}y=f'(x)\cdot\mathrm{d}x$.

$f(x)$ 在点 $x_0$ 可微 $\Leftrightarrow f(x)$ 在点 $x_0$ 处可导.

6. 高阶导数的概念.

若函数 $y=f(x)$ 的导数 $f'(x)$ 在点 $x$ 处也可导,则称 $(f'(x))'$ 为函数 $f(x)$ 在点 $x$ 处的二阶导数,记为 $f''(x)$,$y''$,$\dfrac{\mathrm{d}^2y}{\mathrm{d}x^2}$ 或 $\dfrac{\mathrm{d}^2f(x)}{\mathrm{d}x^2}$.

一般地,$f(x)$ 的 $n-1$ 阶导数的导数称为 $f(x)$ 的 $n$ 阶导数:$f^{(n)}(x)=(f^{(n-1)}(x))'$.

## 二、导数和微分的计算

1. 导数表和微分表.

常数和基本初等函数的导数公式与微分公式(详见教材).

2. 导数和微分的四则运算.

(1) $(\alpha u+\beta v)'=\alpha u'+\beta v'$;

(2) $(uv)'=u'v+uv'$;

(3) $\left(\dfrac{u}{v}\right)'=\dfrac{u'v-uv'}{v^2}\ (v\neq 0)$;

(4) $\mathrm{d}(\alpha u+\beta v)=\alpha\,\mathrm{d}u+\beta\,\mathrm{d}v$;

(5) $\mathrm{d}(uv)=v\mathrm{d}u+u\mathrm{d}v$;

(6) $\mathrm{d}\left(\dfrac{u}{v}\right)=\dfrac{v\mathrm{d}u-u\mathrm{d}v}{v^2}\ (v\neq 0)$.

3. 复合函数微分法.

(1) 链式法则:$\dfrac{\mathrm{d}y}{\mathrm{d}x}=\dfrac{\mathrm{d}y}{\mathrm{d}u}\cdot\dfrac{\mathrm{d}u}{\mathrm{d}x}$;

(2) 一阶微分形式的不变性:$df(u)=f'(u)\,\mathrm{d}u$.

4. 隐函数求导法.

设 $y=f(x)$ 是由方程 $F(x,y)=0$ 所确定的函数,把 $F(x,y)=0$ 两边同时对 $x$ 求导,利用复合函数求导法则,视 $y$ 为中间变量,就可解出所求导数 $\dfrac{\mathrm{d}y}{\mathrm{d}x}$.

5. 对数求导法.

在所给函数式的两边取对数,利用对数的性质化简,等式两边同时对自变量 $x$ 求导,最后解出所求导数.

取对数求导法的应用对象:

(1) 幂指函数 $y=u(x)^{v(x)}$,$u(x)>0$;

(2) 由多个因子积(商)或开方组成的函数.

6. 参变量函数的导数.

由参数方程 $\begin{cases}x=x(t),\\ y=y(t)\end{cases}$ 所确定的函数 $y=f(x)$ 的导数公式为 $\dfrac{\mathrm{d}y}{\mathrm{d}x}=\dfrac{y'(t)}{x'(t)}\ (x'(t)\neq 0)$.

## 历年考研真题选讲

**例 1** （**2003 年，数三**）设 $f(x)=\begin{cases} x^{\lambda}\cos\dfrac{1}{x}, & x\neq 0, \\ 0, & x=0, \end{cases}$ 其导函数在 $x=0$ 处连续，则 $\lambda$ 的取值范围是 ________.

**解** 当 $\lambda>1$ 时，有

$$f'(x)=\begin{cases} \lambda x^{\lambda-1}\cos\dfrac{1}{x}+x^{\lambda-2}\sin\dfrac{1}{x}, & x\neq 0, \\ 0, & x=0, \end{cases}$$

显然当 $\lambda>2$ 时，有 $\lim\limits_{x\to 0}f'(x)=0=f'(0)$，即其导函数在 $x=0$ 处连续.

**例 2** （**2006 年，数三**）设函数 $f(x)$ 在 $x=0$ 处连续，且 $\lim\limits_{h\to 0}\dfrac{f(h^2)}{h^2}=1$，则（　　）.

A. $f(0)=0$ 且 $f'_-(0)$ 存在　　B. $f(0)=1$ 且 $f'_-(0)$ 存在

C. $f(0)=0$ 且 $f'_+(0)$ 存在　　D. $f(0)=1$ 且 $f'_+(0)$ 存在

**解** 由 $\lim\limits_{h\to 0}\dfrac{f(h^2)}{h^2}=1$ 知，$\lim\limits_{h\to 0}f(h^2)=0$. 又因为 $f(x)$ 在 $x=0$ 处连续，则

$$f(0)=\lim_{x\to 0}f(x)=\lim_{h\to 0}f(h^2)=0.$$

令 $t=h^2$，则

$$1=\lim_{h\to 0}\frac{f(h^2)}{h^2}=\lim_{t\to 0^+}\frac{f(t)-f(0)}{t}=f'_+(0).$$

所以 $f'_+(0)$ 存在，故本题选 C.

**例 3** （**2012 年，数一、二、三**）设 $f(x)=(e^x-1)(e^{2x}-2)\cdots(e^{nx}-n)$，则 $f'(0)=$ ________.

**解** 
$$\begin{aligned} f'(0)&=\lim_{x\to 0}\frac{f(x)-f(0)}{x-0}=\lim_{x\to 0}\frac{(e^x-1)(e^{2x}-2)\cdots(e^{nx}-n)}{x} \\ &=\lim_{x\to 0}\frac{x(e^{2x}-2)\cdots(e^{nx}-n)}{x} \\ &=(-1)(-2)(-3)\cdots[-(n-1)]=(-1)^{n-1}n!. \end{aligned}$$

**例 4** （**2011 年，数三**）设 $f'(0)$ 存在，且 $f(0)=0$，则 $\lim\limits_{x\to 0}\dfrac{x^2f(x)-2f(x^3)}{x^3}=$ ________.

**解** 
$$\begin{aligned} \lim_{x\to 0}\frac{x^2f(x)-2f(x^3)}{x^3}&=\lim_{x\to 0}\left[\frac{f(x)-f(0)}{x}-2\,\frac{f(x^3)-f(0)}{x^3}\right] \\ &=f'(0)-2f'(0)=-f'(0). \end{aligned}$$

**例 5** （**2011 年，数三**）设 $f(x)=\lim\limits_{t\to 0}x(1+3t)^{\frac{x}{t}}$，则 $f'(x)=$ ________.

**解** 
$$f(x)=\lim_{t\to 0}x(1+3t)^{\frac{x}{t}}=x\lim_{t\to 0}[(1+3t)^{\frac{1}{3t}}]^{3t\cdot\frac{x}{t}}=x\cdot e^{3x},$$

所以有

$$f'(x)=e^{3x}(1+3x).$$

**例 6** (2013 年，数三) 设曲线 $y=f(x)$ 和 $y=x^2-x$ 在点 (1,0) 处有切线，则 $\lim\limits_{n\to\infty}nf\left(\dfrac{n}{n+2}\right)=$ ________.

**解** $$\lim_{n\to\infty}nf\left(\frac{n}{n+2}\right)=\lim_{n\to\infty}\frac{f\left(1+\dfrac{-2}{n+2}\right)-f(1)}{\dfrac{-2}{n+2}\cdot\dfrac{n+2}{-2n}}=-2f'(1)=-2.$$

**例 7** (2017 年，数三) 设函数 $f(x)$ 可导，且 $f(x)f'(x)>0$，则(　　).

A. $f(1)>f(-1)$　　B. $f(1)<f(-1)$

C. $|f(1)|>|f(-1)|$　　D. $|f(1)|<|f(-1)|$

**解** 由 $f(x)f'(x)>0$ 知

$$\left[\frac{1}{2}f^2(x)\right]'=f(x)f'(x)>0,$$

则 $\dfrac{1}{2}f^2(x)$ 单调递增，从而 $f^2(x)$ 单调递增，由此可知

$$f^2(1)>f^2(-1),$$

上式两端开方得 $|f(1)|>|f(-1)|$. 故应选 C.

**例 8** (2017 年，数二) 设函数 $y=y(x)$ 由参数方程 $\begin{cases}x=t+e^t\\y=\sin t\end{cases}$ 确定，则 $\dfrac{d^2y}{dx^2}\Big|_{t=0}=$ ________.

**解** 因为 $$\frac{dy}{dx}=\frac{\dfrac{dy}{dt}}{\dfrac{dx}{dt}}=\frac{\cos t}{1+e^t},$$

$$\frac{d^2y}{dx^2}=\frac{d}{dt}\left(\frac{dy}{dx}\right)\cdot\frac{dt}{dx}=\frac{d}{dt}\left(\frac{dy}{dx}\right)\cdot\frac{1}{\dfrac{dx}{dt}}=\left(\frac{\cos t}{1+e^t}\right)'\cdot\frac{1}{1+e^t}$$

$$=\frac{-\sin t(1+e^t)-\cos t\cdot e^t}{(1+e^t)^2}\cdot\frac{1}{1+e^t}$$

$$=\frac{-\sin t\cdot(1+e^t)+\cos t\cdot e^t}{(1+e^t)^3}=-\frac{\sin t+(\sin t+\cos t)e^t}{(1+e^t)^3},$$

所以 $\dfrac{d^2y}{dx^2}\Big|_{t=0}=-\dfrac{1}{8}$，故应填 $-\dfrac{1}{8}$.

**例 9** (2017 年，数三) 已知方程 $\dfrac{1}{\ln(1+x)}-\dfrac{1}{x}=k$ 在区间 $(0,1)$ 内有实根，确定常数 $k$ 的取值范围.

**解** 设 $f(x)=\dfrac{1}{\ln(1+x)}-\dfrac{1}{x}$，$x\in(0,1)$，则

$$f'(x)=-\frac{1}{(1+x)\ln^2(1+x)}+\frac{1}{x^2}=\frac{(1+x)\ln^2(1+x)-x^2}{x^2(1+x)\ln^2(1+x)},$$

令 $g(x)=(1+x)\ln^2(1+x)-x^2$，则

$$g(0)=0,\ g(1)=2\ln^2 2-1,$$

$$g'(x)=\ln^2(1+x)+2\ln(1+x)-2x, g'(0)=0,$$

$$g''(x)=\frac{2(\ln(1+x)-x)}{(1+x)}<0, x\in(0,1),$$

所以 $g'(x)$ 在 $(0,1)$ 上单调减少.由于 $g'(0)=0$，所以当 $x\in(0,1)$ 时，$g'(x)<g'(0)=0$，也就是 $g(x)g'(x)$ 在 $(0,1)$ 上单调减少，当 $x\in(0,1)$ 时，$g(x)<g(0)=0$，进一步得到当 $x\in(0,1)$ 时，$f'(x)<0$，也就是 $f(x)$ 在 $(0,1)$ 上单调减少.

$$\lim_{x\to0^+}f(x)=\lim_{x\to0^+}\left(\frac{1}{\ln(1+x)}-\frac{1}{x}\right)=\lim_{x\to0^+}\frac{x-\ln(1+x)}{x\ln(1+x)}=\frac{1}{2},\quad f(1)=\frac{1}{\ln2}-1,$$

即有
$$\frac{1}{\ln2}-1<k<\frac{1}{2}.$$

**例 10** （**2018 年，数一、二、三**）下列函数中，在 $x=0$ 处不可导的是(　　).

A. $f(x)=|x|\sin|x|$.　　B. $f(x)=|x|\sin\sqrt{|x|}$.

C. $f(x)=\cos|x|$.　　D. $f(x)=\cos\sqrt{|x|}$.

**解**　由导数定义可得

$$f'(0)=\lim_{x\to0}\frac{f(x)-f(0)}{x};$$

选项 A：$f'(0)=\lim\limits_{x\to0}\dfrac{|x|\sin|x|}{x}=0$；选项 B：$f'(0)=\lim\limits_{x\to0}\dfrac{|x|\sin\sqrt{|x|}}{x}=0$；选项 C：$f'(0)=\lim\limits_{x\to0}\dfrac{\cos|x|-1}{x}=\lim\limits_{x\to0}\dfrac{-\frac{1}{2}|x|^2}{x}=0$；选项 D：$f'(0)=\lim\limits_{x\to0}\dfrac{\cos\sqrt{|x|}-1}{x}=\lim\limits_{x\to0}\dfrac{-\frac{1}{2}|x|}{x}$ 不存在，故选 D.

**例 11** （**2018 年，数二、三**）曲线 $y=x^2+2\ln x$ 在其拐点处的切线方程是________.

**解**　求导可得 $f'(x)=2x+\dfrac{2}{x}$，令 $f''(x)=2-\dfrac{2}{x^2}$，有 $x=1$，故曲线的拐点为 $(1,1)$，而 $f'(1)=4$，所以其切线方程为 $y-1=4(x-1)$，即 $y=4x-3$.

**例 12** （**2018 年，数二**）曲线 $\begin{cases}x=\cos^3t\\y=\sin^3t\end{cases}$ 在 $t=\dfrac{\pi}{4}$ 对应点处的曲率为________.

**解**　$\dfrac{dy}{dx}=\dfrac{3\sin^2t\cos t}{3\cos^2t(-\sin t)}=-\tan t$，　$\dfrac{d^2y}{dx^2}=\dfrac{-\sec^2t}{3\cos^2t(-\sin t)}=\dfrac{1}{3\cos^4t\sin t}$，

所以当 $t=\dfrac{\pi}{4}$ 时，$\dfrac{dy}{dx}=-1$，$\dfrac{d^2y}{dx^2}=\dfrac{4\sqrt2}{3}$，则有 $k=\dfrac{|y''|}{[1+(y')^2]^{\frac{3}{2}}}$.

**例 13** （**2018 年，数三**）已知实数 $a,b$ 满足 $\lim\limits_{x\to+\infty}[(ax+b)e^{\frac{1}{x}}-x]=2$，求 $a,b$.

**解**　令 $x=\dfrac{1}{t}$，则有

$$2=\lim_{x\to+\infty}[(ax+b)e^{\frac{1}{x}}-x]=\lim_{t\to0^+}\left[\left(\frac{a}{t}+b\right)e^t-\frac{1}{t}\right]=\lim_{t\to0^+}\frac{(a+bt)e^t-1}{t}$$

$$=\lim_{t\to0^+}\frac{(a+bt)(1+t+o(t))-1}{t}=\lim_{t\to0^+}\frac{a+(a+b)t-1+o(t)}{t},$$

所以

$$\begin{cases}a-1=0\\a+b=2\end{cases}\Rightarrow\begin{cases}a=1,\\b=1.\end{cases}$$

**例 14** (**2019 年,数二**)求曲线$\begin{cases}x=t-\sin t,\\y=1-\cos t\end{cases}$,在 $t=\dfrac{3\pi}{2}$ 对应点处的切线在 $y$ 轴上的截距为________.

**解** $t=\dfrac{3\pi}{2}$ 时,$x=\dfrac{3\pi}{2}+1$,$y=1$,$\dfrac{\mathrm{d}y}{\mathrm{d}x}=\dfrac{y'_t}{x'_t}=\dfrac{\sin t}{1-\cos t}$,$\left.\dfrac{\mathrm{d}y}{\mathrm{d}x}\right|_{t=\frac{3\pi}{2}}=-1$,切线方程为 $y-1=-\left(x-\dfrac{3\pi}{2}-1\right)$,即 $y=-x+\dfrac{3\pi}{2}+2$,截距为$\dfrac{3\pi}{2}+2$.

**例 15** (**2020 年,数三**)设$\lim\limits_{x\to a}\dfrac{f(x)-a}{x-a}=b$,则$\lim\limits_{x\to a}\dfrac{\sin f(x)-\sin a}{x-a}=$________.

**解** 因为$\lim\limits_{x\to a}\dfrac{f(x)-a}{x-a}=b$,所以$\lim\limits_{x\to a}f(x)=a$.则可得到

$$\begin{aligned}\lim_{x\to a}\frac{\sin f(x)-\sin a}{x-a}&=\lim_{x\to a}\left(\frac{\sin f(x)-\sin a}{f(x)-a}\cdot\frac{f(x)-a}{x-a}\right)\\&\xlongequal{f(x)=t}\lim_{x\to a}\frac{\sin t-\sin a}{t-a}\cdot\lim_{x\to a}\frac{f(x)-a}{x-a}\\&=b\cos a.\end{aligned}$$

**例 16** (**2020 年,数三**)曲线 $x+y+\mathrm{e}^{2xy}=0$ 在$(0,-1)$处的切线方程为________.

**解** 曲线 $x+y+\mathrm{e}^{2xy}=0$ 两边对 $x$ 求导得

$$1+y'+\mathrm{e}^{2xy}\cdot 2(y+xy')=0,$$

代入$(0,-1)$可得 $y'(0)=1$,故切线方程为 $y=x-1$.

**例 17** (**2021 年,数二、三**)函数 $f(x)=ax-b\ln x\ (a>0)$ 有 2 个零点,则$\dfrac{b}{a}$的取值范围是(  ).

A. $(\mathrm{e},+\infty)$  B. $(0,\mathrm{e})$  C. $\left(0,\dfrac{1}{\mathrm{e}}\right)$  D. $\left(\dfrac{1}{\mathrm{e}},+\infty\right)$

**解** 因为 $a>0$,由答案知 $b>0$(因为$\dfrac{b}{a}$的选项 ABCD 范围全部 $>0\Rightarrow b>0$),且 $f'(x)=a-\dfrac{b}{x}$,$f'(x)=0\Rightarrow x=\dfrac{b}{a}$,$f''(x)=\dfrac{b}{x^2}\geqslant 0$,$f(x)$图形为 $\cup$ $f''\left(\dfrac{b}{a}\right)\geqslant 0$,所以$f\left(\dfrac{b}{a}\right)$为极小值,有

$$\lim_{x\to 0^+}f(x)=\lim_{x\to+\infty}(ax-b\ln x)=+\infty,$$

$$\begin{aligned}\lim_{x\to+\infty}f(x)=\lim_{x\to+\infty}(ax-b\ln x)&\overset{x=\frac{1}{t}}{=}\lim_{t\to 0^+}\left(\frac{a}{t}-b\ln\frac{1}{t}\right)\\&=\lim_{t\to 0^+}\left(\frac{a}{t}+b\ln t\right)=\lim_{t\to 0^+}\left(\frac{a+tb\ln t}{t}\right)\overset{a>0}{=}+\infty.\end{aligned}$$

如需 $f\left(\dfrac{b}{a}\right)<0$,即 $a\dfrac{b}{a}-b\ln\dfrac{b}{a}=b\left(1-\ln\dfrac{b}{a}\right)<0\Rightarrow 1-\ln\dfrac{b}{a}<0\Rightarrow\dfrac{b}{a}>\mathrm{e}$,选 A.

**例 18** （2021 年，数二）求极限$\lim\limits_{x\to 0}\left(\dfrac{1+\int_0^x e^{t^2}dt}{e^x-1}-\dfrac{1}{\sin x}\right)$.

**解** $$\lim_{x\to 0}\left(\frac{1+\int_0^x e^{t^2}dt}{e^x-1}-\frac{1}{\sin x}\right)=\lim_{x\to 0}\frac{\sin x+\sin x\int_0^x e^{t^2}dt-e^x+1}{(e^x-1)\sin x}$$

$$=\lim_{x\to 0}\frac{\sin x+\sin x\int_0^x e^{t^2}dt-e^x+1}{x^2}=\lim_{x\to 0}\frac{\cos x+\cos x\int_0^x e^{t^2}dt+\sin x\, e^{x^2}-e^x}{2x}$$

$$=\frac{1}{2}\lim_{x\to 0}\left(-\sin x-\sin x\int_0^x e^{t^2}dt+e^{x^2}\cos x+\cos x\, e^{x^2}+\sin x\, e^{x^2}\cdot 2x-e^x\right)=\frac{1}{2}.$$

**例 19** （2022 年，数二）已知函数 $y=y(x)$ 由方程 $x^2+xy+y^3=3$ 确定，则 $y''(1)=$ ________.

**解** 令 $x=1$，代入可得$[y(1)-1][y^2(1)+y(1)+2]=0$，解得 $y(1)=1$，对隐函数两边同时求导可得 $2x+y+xy'+3y^2y'=0$，且 $y'(1)=-\dfrac{3}{4}$.再对上式求导得

$$2+2y'+xy''+6y(y')^2+3y^2y''=0,$$

代入可得 $y''(1)=-\dfrac{31}{32}$.

**例 20** （2022 年，数二）设 $f(x)$ 在 $x=1$ 处可导且$\lim\limits_{x\to 0}\dfrac{f(e^{x^2})-3f(1+\sin^2 x)}{x^2}=2$，求 $f'(1)$.

**解** 由题意可得$\lim\limits_{x\to 0}[f(e^{x^2})-3f(1+\sin^2 x)]=-2f(1)=0$，故 $f(1)=0$，则

$$\lim_{x\to 0}\frac{f(e^{x^2})-3f(1+\sin^2 x)}{x^2}=\lim_{x\to 0}\frac{f(e^{x^2})-f(1)-3[f(1+\sin^2 x)-f(1)]}{x^2}$$

$$=\lim_{x\to 0}\frac{f(e^{x^2})-f(1)}{x^2}-\lim_{x\to 0}\frac{3[f(1+\sin^2 x)-f(1)]}{x^2}$$

$$=\lim_{x\to 0}\frac{f(e^{x^2})-f(1)}{e^{x^2}-1}\cdot\frac{e^{x^2}-1}{x^2}-\lim_{x\to 0}\frac{3[f(1+\sin^2 x)-f(1)]}{\sin^2 x}$$

$$=f'(1)-3f'(1)=2,$$

故 $f'(1)=-1$.

**例 21** （2022 年，数三）已知函数 $f(x)=e^{\sin x}+e^{-\sin x}$，则 $f'''(2\pi)=$ ________.

**解** 令 $f(x)=e^{\sin x}+e^{-\sin x}$，则

$$f(-x)=e^{-\sin x}+e^{\sin x}=f(x),$$

可知 $f(x)$ 为偶函数且 $T=2\pi$.于是 $f'(x)$ 为奇函数，$f''(x)$ 为偶函数，$f'''(x)$ 为奇函数，从而 $f'''(0)=0$，故 $f'''(2\pi)=f'''(0)=0$.

**例 22** （2023 年，数三）$\lim\limits_{x\to\infty}x^2\left(2-x\sin\dfrac{1}{x}-\cos\dfrac{1}{x}\right)=$ ________.

**解** $$\lim_{x\to\infty}x^2\left(2-x\sin\frac{1}{x}-\cos\frac{1}{x}\right)$$

$$=x^2\left[2-x\left(\frac{1}{x}-\frac{1}{6x^3}+o\left(\frac{1}{x^3}\right)\right)-\left(1-\frac{1}{2x^2}+o\left(\frac{1}{x^2}\right)\right)\right]$$

$$=x^2\left[\frac{1}{6x^2}+\frac{1}{2x^2}+o\left(\frac{1}{x^2}\right)\right]=\frac{2}{3}.$$

**例 23**　（**2024 年，数二**）已知$\begin{cases}x=1+t^3\\y=\mathrm{e}^{t^2}\end{cases}$，则$\lim\limits_{x\to\infty}x\left[f\left(2+\frac{2}{x}\right)-f(2)\right]=$________.

**解**　因为
$$\frac{\mathrm{d}y}{\mathrm{d}x}=\frac{\mathrm{d}y/\mathrm{d}t}{\mathrm{d}x/\mathrm{d}t}=\frac{2t\mathrm{e}^{t^2}}{3t^2}=\frac{2}{3}\frac{\mathrm{e}^{t^2}}{t},$$
当 $t=1$ 时，$x=2$，$y=\mathrm{e}$，故$\left.\frac{\mathrm{d}y}{\mathrm{d}x}\right|_{t=1}=\frac{2}{3}\mathrm{e}$，即 $f'(2)=\frac{2}{3}\mathrm{e}$，令$\frac{2}{x}=t$，有
$$\lim_{x\to\infty}x\left[f\left(2+\frac{2}{x}\right)-f(2)\right]=\lim_{x\to\infty}\frac{f\left(2+\frac{2}{x}\right)-f(2)}{\frac{1}{x}}=\lim_{t\to0^+}\frac{f(2+t)-f(2)}{\frac{1}{2}t}$$
$$=2f'_+(2)=2\cdot\frac{2}{3}\mathrm{e}=\frac{4}{3}\mathrm{e}.$$

**例 24**　（**2024 年，数二**）已知函数 $f(x)=x^2(\mathrm{e}^x-1)$，则 $f^{(5)}(1)=$________.

**解**　由于 $f^{(n)}(x)=C_n^0x^2\ (\mathrm{e}^x-1)^{(n)}+C_n^1 2x\ (\mathrm{e}^x-1)^{(n-1)}+C_n^2 2\ (\mathrm{e}^x-1)^{(n-2)}$
$$=x^2\mathrm{e}^x+2nx\mathrm{e}^x+\frac{n(n-1)}{2!}2\mathrm{e}^x$$
$$=\mathrm{e}^x(x^2+2nx+n(n-1)),$$
所以
$$f^{(5)}(1)=\mathrm{e}(1+10+20)=31\mathrm{e}.$$

## 数学星空　光辉典范：数学家与数学家精神

### 数学家简介[2]

## 总练习　2

1. 在“充分”“必要”和“充分必要”三者中选择一个正确的填入下列空格内：

(1) $f(x)$ 在点 $x_0$ 可导是 $f(x)$ 在点 $x_0$ 连续的________条件，$f(x)$ 在点 $x_0$ 连续是 $f(x)$ 在点 $x_0$ 可导的________条件；

(2) $f(x)$ 在点 $x_0$ 的左导数 $f'_-(x_0)$ 及右导数都存在且相等是 $f(x)$ 在点 $x_0$ 可导的________条件；

(3) $f(x)$ 在点 $x_0$ 可导是 $f(x)$ 在点 $x_0$ 可微的 ________ 条件.

2. 已知 $f'(x_0)=1$，求$\lim\limits_{x\to 0}\dfrac{x}{f(x_0-3x)-f(x_0+x)}$.

3.设 $f(x)=\begin{cases}x^3, & x\leqslant 1,\\ 2x^2, & x>1,\end{cases}$ 讨论 $f(x)$ 在 $x=1$ 处连续性及可导性.

4. 设 $f(x)=x^2|x|$，试求 $f'''(x)$.

5. 设 $f(x)$ 在 $x=2$ 处连续，且$\lim\limits_{x\to 2}\dfrac{f(x)}{x-2}=5$，求 $f'(2)$.

6. 设 $f(x)=(x-a)\varphi(x)$，且 $\varphi(x)$ 在 $x=a$ 处连续，求 $f'(a)$.

7. 设 $y=f\left(\dfrac{3x-2}{3x+2}\right)$，$f'(x)=\arctan x^2$，求$\left.\dfrac{\mathrm{d}y}{\mathrm{d}x}\right|_{x=0}$.

8. 设 $f(x)=x^{a^a}+a^{x^a}+a^{a^x}$，求 $f'(x)$.

9. 设 $f(x)=x\mathrm{e}^{-x}$，求 $f^{(n)}(x)$.

10. 设 $y=f(x+y)$，其中 $f$ 具有二阶导数，其一阶导数不等于 1，求$\dfrac{\mathrm{d}^2y}{\mathrm{d}x^2}$.

11. 求下列方程所确定的隐函数 $y=y(x)$ 的导数：

(1) $\mathrm{e}^{xy}+y^2=\cos x$； (2) $\mathrm{e}^{x+y}+\cos xy=0$.

12. 设函数 $y=y(x)$ 由方程 $y=1+x\mathrm{e}^y$ 确定，求$\left.\dfrac{\mathrm{d}^2y}{\mathrm{d}x^2}\right|_{x=0}$.

13. 求下列参数方程所确定的函数 $y=y(x)$ 的一阶导数和二阶导数：

(1) $\begin{cases}x=1-t^2,\\ y=\sin t；\end{cases}$ (2) $\begin{cases}x=\cos^3 t,\\ y=\sin^3 t.\end{cases}$

14. 求下列函数的 $n$ 阶导数：

(1) $y=\dfrac{1}{x^2-5x+6}$； (2) $y=\dfrac{4x^2+1}{2x+1}$.

15. 求下列函数在 $x=0$ 处的连续性和可导性：

(1) $f(x)=\begin{cases}x\mathrm{e}^{\frac{1}{x}}, & x<0,\\ \sin x, & x\geqslant 0；\end{cases}$ (2) $f(x)=\begin{cases}\sin 2x, & x<0,\\ \ln(1+2x), & x\geqslant 0.\end{cases}$

# 目标自测题 2

## 一、填空题

1. 设函数 $y=y(x)$ 是由方程 $xy+\mathrm{e}^y=\mathrm{e}^x$ 确定的隐函数，则$\left.\dfrac{\mathrm{d}^2y}{\mathrm{d}x^2}\right|_{x=0}=$ ________.

2. 设函数 $f(x)=\begin{cases}\ln\sqrt{x}, & x\geqslant 1,\\ 2x-1, & x<1\end{cases}$ $y=f(f(x))$.求$\left.\dfrac{\mathrm{d}y}{\mathrm{d}x}\right|_{x=0}=$ ________.

3. 设 $f'(x_0)=-1$，则$\lim\limits_{x\to 0}\dfrac{f(x_0)-f(x_0-3x)}{5x}=$ ________.

4. 设 $y=(1+\cos x)^x$，则 $dy=$ ______.

5. 设曲线 $f(x)=x^3+ax$ 与曲线 $g(x)=bx^2+c$ 都通过点 $(-1,0)$ 且在点 $(-1,0)$ 处有公共切线，则 $a=$ ______，$b=$ ______，$c=$ ______.

**二、选择题**

1. 设函数 $g(x)$ 可微，$h(x)=e^{1+g(x)}$，$h'(1)=1$，$g'(1)=2$，则 $g(1)$ 等于(　　).

A. $\ln 3-1$　　B. $-\ln 3-1$　　C. $-\ln 2-1$　　D. $\ln 2-1$

2. 设 $\lim\limits_{x\to a}\dfrac{f(x)-f(a)}{x-a}=A$，($A$ 为常数)，则下列命题错误的是(　　).

A. $f(x)$ 在点 $a$ 可导　　B. $f(x)-f(a)=A(x-a)+o(x-a)$

C. $\lim\limits_{x\to a}f(x)=f(a)$　　D. $\lim\limits_{x\to a}f(x)$ 不一定存在

3. 设 $f(x)$ 在 $x$ 的某个邻域内有定义，则 $f(x)$ 在 $x=a$ 处可导的一个充分条件是(　　).

A. $\lim\limits_{h\to+\infty}h\left[f\left(a+\dfrac{1}{h}\right)-f(a)\right]$ 存在　　B. $\lim\limits_{h\to 0}\dfrac{f(a+2h)-f(a+h)}{h}$ 存在

C. $\lim\limits_{h\to 0}\dfrac{f(a+2h)-f(a+h)}{2h}$ 存在　　D. $\lim\limits_{h\to 0}\dfrac{f(a)-f(a-h)}{h}$ 存在

4. 设 $f(x_0)\neq 0$，$f(x)$ 在 $x=x_0$ 连续，则 $f(x)$ 在 $x=x_0$ 可导是 $|f(x)|$ 在 $x_0$ 可导的(　　).

A. 充分必要条件　　B. 必要但非充分条件

C. 充分但非必要条件　　D. 既非充分也非必要条件

5. 已知函数 $f(x)$ 具有任意阶导数，且 $f'(x)=[f(x)]^2$，则当 $n$ 为大于 2 的正整数时，$f(x)$ 的 $n$ 阶导数 $f^{(n)}(x)$ 是(　　).

A. $n![f(x)]^{n+1}$　　B. $n[f(x)]^{n+1}$　　C. $n![f(x)]^{2n}$　　D. $n[f(x)]^{2n}$

6.设由方程组 $\begin{cases}x=2t-1,\\ te^y+y+1=0\end{cases}$ 确定了 $y$ 是 $x$ 的函数，则 $\left.\dfrac{d^2y}{dx^2}\right|_{t=0}=$(　　).

A. $\dfrac{1}{e^2}$　　B. $\dfrac{1}{2e^2}$　　C. $\dfrac{-1}{e}$　　D. $\dfrac{-1}{2e}$

**三、计算证明题**

1. 设 $f(x)=\begin{cases}\ln(1-x^3), & x\leqslant 0,\\ x^2\sin\dfrac{1}{x}, & x>0,\end{cases}$ 求 $f'(x)$.

2. 求函数 $f(x)=\sin^3 x$ 求 $f^{(n)}(x)$.

3. 求曲线 $\begin{cases}x=\ln(1+t^2),\\ y=\dfrac{\pi}{2}-\arctan t\end{cases}$ 上一点的坐标，使在该点处的切线平行于直线 $x+2y=0$.

4. 设函数 $y=y(x)$ 由方程 $\sqrt{x^2+y^2}=e^{\arctan\frac{y}{x}}$ 确定，求 $y'$ 和 $y''$.

5. 设 $\begin{cases}x=2t+|t|,\\ y=5t^2+4t|t|,\end{cases}$ 求 $\left.\dfrac{dy}{dx}\right|_{t=0}$.

6. 求曲线 $x^{\frac{2}{3}}+y^{\frac{2}{3}}=a^{\frac{2}{3}}$ 在点 $\left(\dfrac{\sqrt{2}}{4}a,\dfrac{\sqrt{2}}{4}a\right)$ 处的切线方程和法线方程.

# 第3章

# 微分中值定理与导数的应用

在本章里，主要讨论怎样由导数 $f'(x)$ 的已知性质来推断函数 $f(x)$ 所具有的性质.微分中值定理(包括罗尔中值定理、拉格朗日中值定理、柯西中值定理和泰勒中值定理)正是进行这一讨论的有效工具.

知识结构图

# 3.1 微分中值定理

本节介绍罗尔(Rolle)中值定理，然后根据它推出拉格朗日(Larange)中值定理和柯西(Cauchy)中值定理.

典型例题讲解

## 3.1.1 罗尔中值定理

在叙述和证明罗尔中值定理之前，先介绍一个引理——费马(Fermat)引理.

**费马引理** 设函数 $f(x)$ 在点 $x_0$ 处的某个领域 $U(x_0)$ 内有定义，且在 $x_0$ 处可导.如果对任意的 $x \in U(x_0)$ 有 $f(x) \leqslant f(x_0)$(或 $f(x) \geqslant f(x_0)$)，那么 $f'(x_0)=0$.

**证** 不妨设对任意的 $x \in U(x_0)$，有 $f(x) \leqslant f(x_0)$(对 $f(x) \geqslant f(x_0)$，可以类似做证明)，则对于 $x_0+\Delta x \in U(x_0)$ 有 $f(x_0+\Delta x) \leqslant f(x_0)$，因此当 $\Delta x>0$ 时，有 $\dfrac{f(x_0+\Delta x)-f(x_0)}{\Delta x} \leqslant 0$；当 $\Delta x<0$ 时，有 $\dfrac{f(x_0+\Delta x)-f(x_0)}{\Delta x} \geqslant 0$.

又由假设知 $f'(x_0)$ 存在，由极限的保不等式性得

$$f'(x_0)=\lim_{\Delta x \to 0^+} \frac{f(x_0+\Delta x)-f(x_0)}{\Delta x} \leqslant 0, \quad f'(x_0)=\lim_{\Delta x \to 0^-} \frac{f(x_0+\Delta x)-f(x_0)}{\Delta x} \geqslant 0.$$

所以 $f'(x_0)=0$.通常称 $f'(x)=0$ 的点为 $f(x)$ 的驻点.

**定理1**(罗尔中值定理) 如果 $f(x)$ 满足如下条件：

(1) $f(x)$ 在闭区间$[a,b]$上连续；

(2) $f(x)$ 在开区间$(a,b)$内可导；

(3) $f(a)=f(b)$，

则在$(a,b)$内至少存在一点 $\xi$，使得 $f'(\xi)=0$.

罗尔中值定理的几何意义：在每一点可导的一段曲线上，如果曲线的两端点高度相同，则至少存在一条水平切线，如图3-1所示.

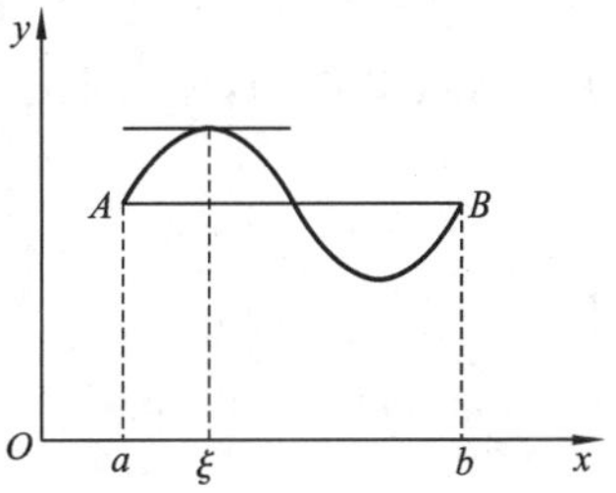


图 3-1

**证** 由于 $f(x)$ 在闭区间$[a,b]$上连续，则必存在最大值 $M$ 与最小值 $m$，分下面两种情况讨论：

(1) 若 $M=m$，则 $f(x)$ 在闭区间$[a,b]$上必为常数函数，即 $f(x)=m$(或 $M$)，则在开区间$(a,b)$内的任何一点均可作为 $\xi$，命题得证.

(2) 若 $M \neq m$，由于 $f(a)=f(b)$，则最大值 $M$ 与最小值 $m$ 至少有一个不在端点处取得，则必定存在一点 $\xi \in (a,b)$，使得 $f(\xi)=M$，即存在 $\xi$ 的某邻域 $U(\xi)$，使得任意 $x \in U(\xi)$，有 $f(x)$ 可导且 $f(\xi) \geqslant f(x)$，由费马定理知 $f'(\xi)=0$，命题得证.

**例1** 设 $f(x)$ 为$(-\infty,+\infty)$上的可导函数，证明：若方程 $f'(x)=0$ 无实根，则方程 $f(x)=0$ 至多一个实根.

**证** 用反证法.假设方程 $f(x)=0$ 至少有两个实根 $x_1,x_2$，即 $\exists x_1,x_2 \in \mathbf{R}$，使得 $f(x_1)=f(x_2)$.由于函数 $f(x)$ 满足如下条件：

(1) $f(x)$ 在闭区间$[x_1,x_2]$上连续；

(2) $f(x)$ 在开区间$(x_1,x_2)$内可导；

(3) $f(x_1)=f(x_2)$,

则在$(x_1,x_2)$内至少存在一点$\xi$,使得$f'(\xi)=0$,这与假设$f'(x)\neq 0$矛盾,命题得证.

### 3.1.2 拉格朗日中值定理

**定理 2**(拉格朗日中值定理) 如果$f(x)$满足如下条件:

(1) $f(x)$在闭区间$[a,b]$上连续;

(2) $f(x)$在开区间$(a,b)$内可导,

则在$(a,b)$内至少存在一点$\xi$,使得

$$f'(\xi)=\frac{f(b)-f(a)}{b-a} \tag{1}$$

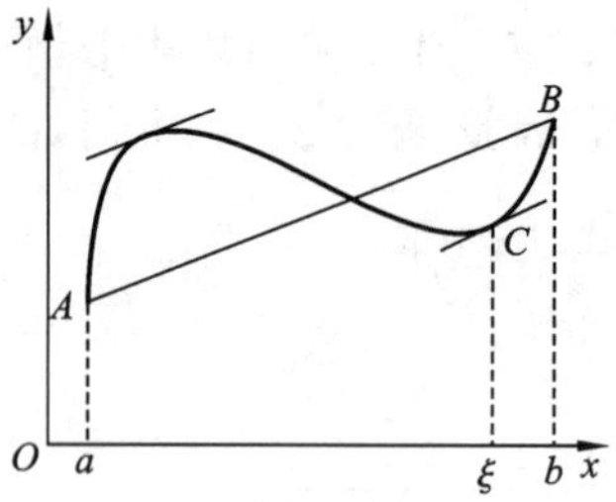

图 3-2

显然,特别地,当$f(a)=f(b)$时,本定理的结论即为罗尔中值定理的结论.故罗尔中值定理的结论是拉格朗日中值定理的特殊情形.

拉格朗日中值定理的几何意义:在满足定理条件的曲线$y=f(x)$上至少存在一点$P(\xi,f(\xi))$,该曲线在该点处的切线平行于曲线两端点的连线$AB$,如图 3-2 所示.

**证** 做辅助函数

$$F(x)=f(x)-f(a)-\frac{f(b)-f(a)}{b-a}(x-a).$$

显然$F(a)=F(b)=0$且$F(x)$在闭区间$[a,b]$上满足罗尔中值定理的前两个条件,故由罗尔中值定理的结论知,存在$\xi\in(a,b)$,使得

$$F'(\xi)=f'(\xi)-\frac{f(b)-f(a)}{b-a}=0,$$

即有

$$f'(\xi)=\frac{f(b)-f(a)}{b-a}.$$

定理 2 的结论(公式(1))称为拉格朗日公式.

拉格朗日公式还有以下几种等价形式,可以在不同场合下使用:

$$f(b)-f(a)=f'(\xi)(b-a),\quad a<\xi<b. \tag{2}$$

$$f(b)-f(a)=f'(a+\theta(b-a))(b-a),\quad 0<\theta<1. \tag{3}$$

$$f(a+h)-f(a)=f'(a+\theta h)h,\quad 0<\theta<1. \tag{4}$$

值得注意的是,拉格朗日公式无论对于$a<b$还是$a>b$都成立,而$\xi$则是介于$a$与$b$之间的某一定数.式(3)、式(4)两式的特点是把中值点$\xi$表示成了$a+\theta(b-a)$,使得无论$a,b$为何值$\theta$总为小于 1 的某一正数.

**例 2** 证明:当$0<a<b$时,$\frac{1}{b}<\frac{\ln b-\ln a}{b-a}<\frac{1}{a}$.

**证** 设$f(x)=\ln x$,由于$f(x)$满足

(1) $f(x)$在闭区间$[a,b]$上连续;

(2) $f(x)$在开区间$(a,b)$内可导,

由拉格朗日中值定理知,在$(a,b)$内至少存在一点$\xi$,使得

$$f'(\xi)=\frac{f(b)-f(a)}{b-a}.$$

而 $f'(\xi)=\frac{1}{\xi}$，由于$\frac{1}{b}<\frac{1}{\xi}<\frac{1}{a}$，所以有$\frac{1}{b}<f'(\xi)<\frac{1}{a}$，即有

$$\frac{1}{b}<\frac{\ln b-\ln a}{b-a}<\frac{1}{a}.$$

**推论 1**　如果函数 $f(x)$ 在区间 $I$ 上可导，且 $f'(x)\equiv 0, x\in I$，则 $f(x)$ 在 $I$ 上为常量函数.

**证**　任取两点 $x_1, x_2\in I$，设 $x_1<x_2$，在区间$[x_1,x_2]$上应用拉格朗日中值定理，则至少一点 $\xi\in(x_1,x_2)$，使得

$$f(x_2)-f(x_1)=f'(\xi)(x_2-x_1).$$

由 $f'(x)\equiv 0, x\in I$ 得 $f(x_2)-f(x_1)=0$，即 $f(x_1)=f(x_2)$.

由推论可得如下结论.

**推论 2**　如果函数 $f(x)$ 和 $g(x)$ 在区间 $I$ 上可导，且 $f'(x)=g'(x), x\in I$，则在 $I$ 上 $f(x)$ 与 $g(x)$ 只相差某一常数.即 $f(x)=g(x)+C$($C$ 为某一常数).

### 3.1.3　柯西中值定理

**定理 3**（柯西中值定理）　如果 $f(x), g(x)$ 满足如下条件：

(1) 在闭区间$[a,b]$上连续；

(2) 在开区间$(a,b)$内可导，且 $g'(x)\neq 0$，

则在$(a,b)$内至少存在一点 $\xi$，使得

$$\frac{f(b)-f(a)}{g(b)-g(a)}=\frac{f'(\xi)}{g'(\xi)}. \tag{5}$$

**证**　显然 $g(b)\neq g(a)$，否则由罗尔中值定理，有 $\xi_1\in(a,b)$ 使 $g'(\xi_1)=0$.与条件矛盾.做辅助函数

$$F(x)=f(x)-f(a)-\frac{f(b)-f(a)}{g(b)-g(a)}[g(x)-g(a)].$$

易见 $F(x)$ 满足：

(1) $F(x)$ 在闭区间$[a,b]$上连续；

(2) $F(x)$ 在开区间$(a,b)$内可导；

(3) $F(a)=F(b)=0$，

由罗尔中值定理的结论知，至少存在一点 $\xi\in(a,b)$，使得

$$F'(\xi)=f'(\xi)-\frac{f(b)-f(a)}{g(b)-g(a)}g'(\xi)=0.$$

由于 $g'(x)\neq 0$，所以

$$\frac{f(b)-f(a)}{g(b)-g(a)}=\frac{f'(\xi)}{g'(\xi)}.$$

**例 3**　设函数 $f(x)$ 在$[a,b]$$(a>0)$上连续，在$(a,b)$内可导，则存在 $\xi\in(a,b)$，使得

$$f(b)-f(a)=\xi f'(\xi)\ln\frac{b}{a}.$$

**证** 设 $g(x)=\ln x$，显然它在 $[a,b]$ 上与函数 $f(x)$ 满足柯西中值定理条件，于是存在 $\xi\in(a,b)$ 使得

$$\frac{f(b)-f(a)}{\ln b-\ln a}=\frac{f'(\xi)}{g'(\xi)}=\frac{f'(\xi)}{\frac{1}{\xi}}=\xi f'(\xi),$$

即

$$f(b)-f(a)=\xi f'(\xi)\ln\frac{b}{a}.$$

## 练 习 3.1

1. 填空题.

(1) 函数 $y=\cos^2 x$ 在区间 $[0,\pi]$ 上满足罗尔中值定理的 $\xi=$________；

(2) 曲线 $y=\mathrm{e}^{-x}$ 在点 $x=$________处的切线与连接两点 $(0,1)$ 与 $\left(1,\frac{1}{\mathrm{e}}\right)$ 的弦平行.

2. 设函数 $f(x)$ 在闭区间 $[a,b]$ 上连续，在 $(a,b)$ 内可导，并且 $f(a)=f(b)=0$，证明：在 $(a,b)$ 内至少存在一点 $\xi$，使得 $f(\xi)+\xi f'(\xi)=0$.

3. 证明：恒等式 $\arcsin x+\arccos x=\frac{\pi}{2}(-1\leqslant x\leqslant 1)$.

4. 证明：当 $x>0$ 时，$\frac{x}{1+x}<\ln(1+x)<x$.

5. 设函数 $f(x)$ 在 $[a,b]$ 上连续，在 $(a,b)$ 内可导，证明：在 $(a,b)$ 内至少存在一点 $\xi$，使得

$$2\xi[f(b)-f(a)]=(b^2-a^2)f'(\xi).$$

6. 证明：方程 $x^5+x-1=0$ 只有一个正实根.

7. 证明：当 $b>a>0$ 时，$\frac{b-a}{b}<\ln\frac{b}{a}<\frac{b-a}{a}$.

8. 设函数 $f(x)$ 在闭区间 $[a,b]$ 上二阶可导，且 $f(a)=f(b)=0$，令 $F(x)=(x-a)f(x)$.证明：在 $(a,b)$ 内至少存在一点 $\xi$，使得 $F''(\xi)=0$.

9. 设 $0<a<b$，证明：在 $(a,b)$ 至少存在一点 $\xi$，使 $a\mathrm{e}^b-b\mathrm{e}^a=(\xi-1)\mathrm{e}^{\xi}(b-a)$.

# 3.2 洛必达法则

典型例题讲解

第 1 章介绍了无穷小(大) 量阶的比较时，已经遇到过两个无穷小(大) 量之比的极限.由于这种极限可能存在也可能不存在，把两个无穷小(大) 量之比的极限统称为不定式极限，分别记为“$\frac{0}{0}$”“$\frac{\infty}{\infty}$”型的未定式极限，本节将以导数为工具研究未定式极限，这种方法通常称为洛必达(L'Hosppitol) 法则，柯西中值定理则是建立洛必达法则的理论依据.

下面着重讨论 $x\to a$ 时的未定式极限，有如下定理.

**定理 1** 设函数 $f(x)$，$g(x)$ 满足条件：

(1) $\lim\limits_{x\to a}f(x)=0$，$\lim\limits_{x\to a}g(x)=0$；

(2) 在点 $a$ 的某空心邻域内 $f'(x)$，$g'(x)$ 都存在，且 $g'(x)\neq 0$；

(3) $\lim\limits_{x\to a}\dfrac{f'(x)}{g'(x)}$ 存在(或为无穷大),那么$\lim\limits_{x\to a}\dfrac{f(x)}{g(x)}=\lim\limits_{x\to a}\dfrac{f'(x)}{g'(x)}$(或为无穷大).

**证** 由于 $x\to a$ 时,$\dfrac{f(x)}{g(x)}$ 的极限与 $f(a)$,$g(a)$ 的值无关,故可令

$$f(a)=0,\quad g(a)=0.$$

则在点 $a$ 的某邻域内任取一点 $x$,则 $f(x)$,$g(x)$ 在区间$[a,x]$或$[x,a]$上是满足柯西中值定理条件的,故至少存在一点 $\xi\in(a,x)$ 或 $\xi\in(x,a)$,使得

$$\frac{f(x)}{g(x)}=\frac{f(x)-f(a)}{g(x)-g(a)}=\frac{f'(\xi)}{g'(\xi)}.$$

由于当 $x\to a$ 时,有 $\xi\to a$,上式对 $x\to a$ 求极限得

$$\lim_{x\to a}\frac{f(x)}{g(x)}=\lim_{x\to a}\frac{f'(\xi)}{g'(\xi)}=\lim_{\xi\to a}\frac{f'(\xi)}{g'(\xi)}=\lim_{x\to a}\frac{f'(x)}{g'(x)}.$$

如果$\lim\limits_{x\to a}\dfrac{f'(x)}{g'(x)}$仍是“$\dfrac{0}{0}$”型未定式,并且 $f'(x)$,$g'(x)$ 还满足定理 1 的条件,则可以再一次使用洛必达法则,即

$$\lim_{x\to a}\frac{f(x)}{g(x)}=\lim_{x\to a}\frac{f'(x)}{g'(x)}=\lim_{x\to a}\frac{f''(x)}{g''(x)}.$$

对于 $x\to\infty$ 时的“$\dfrac{0}{0}$”型未定式,以及 $x\to a$,$x\to\infty$ 时的“$\dfrac{\infty}{\infty}$”型未定式,也有相应的洛必达法则,即有如下定理.

**定理 2** 设函数 $f(x)$,$g(x)$ 满足条件:

(1) $\lim\limits_{x\to\infty}f(x)=0$,$\lim\limits_{x\to\infty}g(x)=0$;

(2) 当 $|x|>M$ 时,$f'(x)$,$g'(x)$ 都存在,且 $g'(x)\neq 0$;

(3) $\lim\limits_{x\to\infty}\dfrac{f'(x)}{g'(x)}$ 存在(或为无穷大),那么$\lim\limits_{x\to\infty}\dfrac{f(x)}{g(x)}=\lim\limits_{x\to\infty}\dfrac{f'(x)}{g'(x)}$(或为无穷大).

**定理 3** 设函数 $f(x)$,$g(x)$ 满足条件:

(1) $\lim\limits_{x\to a}f(x)=\infty$,$\lim\limits_{x\to a}g(x)=\infty$;

(2) 在点 $a$ 某空心邻域内 $f'(x)$,$g'(x)$ 都存在,且 $g'(x)\neq 0$;

(3) $\lim\limits_{x\to a}\dfrac{f'(x)}{g'(x)}$ 存在(或为无穷大),那么$\lim\limits_{x\to a}\dfrac{f(x)}{g(x)}=\lim\limits_{x\to a}\dfrac{f'(x)}{g'(x)}$(或为无穷大).

**例 1** 求$\lim\limits_{x\to 0}\dfrac{\mathrm{e}^x-\sqrt{1+2x}}{\ln(1+x^2)}$.

**解** 利用 $\ln(1+x^2)\sim x^2(x\to 0)$,则得

$$\lim_{x\to 0}\frac{\mathrm{e}^x-\sqrt{1+2x}}{\ln(1+x^2)}=\lim_{x\to 0}\frac{\mathrm{e}^x-\sqrt{1+2x}}{x^2}=\lim_{x\to 0}\frac{\mathrm{e}^x-\dfrac{1}{\sqrt{1+2x}}}{2x}$$

$$=\lim_{x\to 0}\frac{\mathrm{e}^x+(1+2x)^{-\frac{3}{2}}}{2}=1.$$

**注** 本题是“$\dfrac{0}{0}$”型未定式,用了两次洛必达法则.

**例 2** 求$\lim\limits_{x\to 0}\dfrac{x-\sin x}{x^3}$.

**解** $\lim\limits_{x\to 0}\dfrac{x-\sin x}{x^3}=\lim\limits_{x\to 0}\dfrac{1-\cos x}{3x^2}=\lim\limits_{x\to 0}\dfrac{\sin x}{6x}=\dfrac{1}{6}$.

**例 3** 求$\lim\limits_{x\to +\infty}\dfrac{e^x}{x^3}$.

**解** $\lim\limits_{x\to +\infty}\dfrac{e^x}{x^3}=\lim\limits_{x\to +\infty}\dfrac{e^x}{3x^2}=\lim\limits_{x\to +\infty}\dfrac{e^x}{6x}=\lim\limits_{x\to +\infty}\dfrac{e^x}{6}=+\infty$.

**例 4** 求$\lim\limits_{x\to \infty}\dfrac{\ln x}{x^n}(n>0)$.

**解** $\lim\limits_{x\to \infty}\dfrac{\ln x}{x^n}=\lim\limits_{x\to \infty}\dfrac{\frac{1}{x}}{nx^{n-1}}=\lim\limits_{x\to \infty}\dfrac{1}{nx^n}=0$.

**例 5** 求$\lim\limits_{x\to +\infty}\dfrac{x^n}{e^{\lambda x}}$($n$ 为正整数,$\lambda>0$).

**解** 反复应用洛必达法则 $n$ 次,得

$$\lim_{x\to +\infty}\frac{x^n}{e^{\lambda x}}=\lim_{x\to +\infty}\frac{nx^{n-1}}{\lambda e^{\lambda x}}=\lim_{x\to +\infty}\frac{n(n-1)x^{n-2}}{\lambda^2 e^{\lambda x}}=\cdots=\lim_{x\to +\infty}\frac{n!}{\lambda^n e^{\lambda x}}=0.$$

未定式极限还有“$0\cdot\infty$”“$\infty-\infty$”“$1^\infty$”“$0^0$”“$\infty^0$”,经过变形,它们一般均可化为“$\dfrac{0}{0}$”型或“$\dfrac{\infty}{\infty}$”型的未定式极限.

一般分以下两类:

(1)“$0\cdot\infty$”型与“$\infty-\infty$”型经变形写成商的形式,可以变成“$\dfrac{0}{0}$”型或“$\dfrac{\infty}{\infty}$”型的未定式极限;

(2)“$1^\infty$”“$0^0$”,“$\infty^0$”型利用公式 $f(x)=e^{\ln f(x)}$ 取对数可以变成求“$\dfrac{0}{0}$”型或“$\dfrac{\infty}{\infty}$”型的未定式极限.

**例 6** 求$\lim\limits_{x\to 0^+}x\ln x$.

**解** 这是一个“$0\cdot\infty$”型未定式求极限,变形 $x\ln x=\dfrac{\ln x}{\frac{1}{x}}$ 将它变成$\dfrac{\infty}{\infty}$未定式极限,并应用洛必达法则得

$$\lim_{x\to 0^+}x\ln x=\lim_{x\to 0^+}\frac{\ln x}{\frac{1}{x}}=\lim_{x\to 0^+}\frac{\frac{1}{x}}{-\frac{1}{x^2}}=\lim_{x\to 0^+}(-x)=0.$$

**例 7** 求$\lim\limits_{x\to 1}\left(\dfrac{x}{x-1}-\dfrac{1}{\ln x}\right)$.

**解** 这是“$\infty-\infty$”型未定式,通分后化为“$\dfrac{0}{0}$”型未定式

$$\lim_{x\to1}\left(\frac{x}{x-1}-\frac{1}{\ln x}\right)=\lim_{x\to1}\frac{x\ln x-x+1}{(x-1)\ln x}=\lim_{x\to1}\frac{\ln x}{\ln x+1-\dfrac{1}{x}}$$

$$=\lim_{x\to1}\frac{x\ln x}{x\ln x+x-1}=\lim_{x\to1}\frac{\ln x+1}{\ln x+2}=\frac{1}{2}.$$

**例 8**　求 $\lim\limits_{x\to0^+}(1+\sin x)^{\frac{1}{x^2}}$.

**解**　这是"$1^\infty$"型未定式,变形$(1+\sin x)^{\frac{1}{x^2}}=\mathrm{e}^{\frac{\ln(1+\sin x)}{x^2}}$,而$\lim\limits_{x\to0^+}\dfrac{\ln(1+\sin x)}{x^2}$为"$\dfrac{0}{0}$"未定式,由于

$$\lim_{x\to0^+}\frac{\ln(1+\sin x)}{x^2}=\lim_{x\to0^+}\frac{\cos x}{2x(1+\sin x)}=+\infty,$$

所以

$$\lim_{x\to0^+}(1+\sin x)^{\frac{1}{x^2}}=\mathrm{e}^{\lim\limits_{x\to0^+}\frac{\ln(1+\sin x)}{x^2}}=+\infty.$$

**例 9**　求 $\lim\limits_{x\to0^+}(\sin x)^{\frac{1}{1+\ln x}}$.

**解**　这是个"$0^0$"型未定式,变形 $\sin x^{\frac{1}{1+\ln x}}=\mathrm{e}^{\frac{\ln\sin x}{1+\ln x}}$,而$\lim\limits_{x\to0^+}\dfrac{\ln\sin x}{1+\ln x}$为"$\dfrac{\infty}{\infty}$"型未定式,由于

$$\lim_{x\to0^+}\frac{\ln\sin x}{1+\ln x}=\lim_{x\to0^+}\frac{\dfrac{\cos x}{\sin x}}{\dfrac{1}{x}}=\lim_{x\to0^+}\left(\cos x\cdot\frac{x}{\sin x}\right)=1,$$

所以

$$\lim_{x\to0^+}\sin x^{\frac{1}{1+\ln x}}=\mathrm{e}^{\lim\limits_{x\to0^+}\frac{\ln\sin x}{1+\ln x}}=\mathrm{e}.$$

**例 10**　求 $\lim\limits_{x\to+\infty}(x+\sqrt{1+x^2})^{\frac{1}{\ln x}}$.

**解**　这是个"$\infty^0$"型未定式,类似作变形$(x+\sqrt{1+x^2})^{\frac{1}{\ln x}}=\mathrm{e}^{\frac{\ln(x+\sqrt{1+x^2})}{\ln x}}$,而$\lim\limits_{x\to+\infty}\dfrac{\ln(x+\sqrt{1+x^2})}{\ln x}$为"$\dfrac{\infty}{\infty}$"未定式,由于

$$\lim_{x\to+\infty}\frac{\ln(x+\sqrt{1+x^2})}{\ln x}=\lim_{x\to+\infty}\frac{\dfrac{1}{\sqrt{1+x^2}}}{\dfrac{1}{x}}=1,$$

所以

$$\lim_{x\to+\infty}(x+\sqrt{1+x^2})^{\frac{1}{\ln x}}=\mathrm{e}^{\lim\limits_{x\to+\infty}\frac{\ln(x+\sqrt{1+x^2})}{\ln x}}=\mathrm{e}.$$

本节最后指出的是,在求极限过程中,应该注意等价量代换、洛必达法则、极限为非零常数的因式可以先算出来及化简的综合应用,只有这样才能更快更准确地进行极限计算.

如求极限

$$\lim_{x\to0}\frac{(\mathrm{e}^x-\mathrm{e}^{\sin x})\cdot(\sqrt{1+x}-1)}{\ln(1+2x)\cdot\sin^2x\cdot\arcsin x}=\lim_{x\to0}\frac{\mathrm{e}^{\sin x}(\mathrm{e}^{x-\sin x}-1)\cdot(\sqrt{1+x}-1)}{\ln(1+2x)\cdot\sin^2x\cdot\arcsin x}$$

$$=\lim_{x\to 0}\frac{e^{\sin x}(x-\sin x)\cdot\dfrac{x}{2}}{2x\cdot x^2\cdot x}=\lim_{x\to 0}\frac{x-\sin x}{4x^3}=\lim_{x\to 0}\frac{1-\cos x}{12x^2}=\lim_{x\to 0}\frac{\sin x}{24x}=\frac{1}{24}.$$

## 练　　习　3.2

1. 求下列极限：

(1) $\lim\limits_{x\to 1}\dfrac{x^3-3x+2}{x^3-x^2-x+1}$；

(2) $\lim\limits_{x\to 0}\dfrac{\ln(1+x^2)}{\sec x-\cos x}$；

(3) $\lim\limits_{x\to 0}\dfrac{\ln(1+x)-x}{\cos x-1}$；

(4) $\lim\limits_{x\to 0^+}\dfrac{\ln\sin 3x}{\ln\sin x}$；

(5) $\lim\limits_{x\to \frac{\pi}{2}}\dfrac{\tan x-6}{\sec x+5}$；

(6) $\lim\limits_{x\to 0}\left(\dfrac{1}{x}-\dfrac{1}{e^x-1}\right)$；

(7) $\lim\limits_{x\to 0}\left(\dfrac{1}{x^2}-\dfrac{1}{\sin^2 x}\right)$；

(8) $\lim\limits_{x\to 0^+}\sin x\ln x$；

(9) $\lim\limits_{x\to 0^+}(\tan x)^{\sin x}$；

(10) $\lim\limits_{x\to 1}x^{\frac{1}{1-x}}$；

(11) $\lim\limits_{x\to 0^+}\left(\dfrac{1}{x}\right)^{\tan x}$；

(12) $\lim\limits_{x\to 0}(1+x)^{\cot 2x}$；

(13) $\lim\limits_{x\to 0}\dfrac{1-x^2-e^{-x^2}}{\sin^4 2x}$.

2. 验证极限 $\lim\limits_{x\to\infty}\dfrac{x+\sin x}{x}$ 存在，但不能用洛必达法则求该极限.

## 3.3　泰勒公式

典型例题讲解

多项式函数是各类函数中最简单的一种，用多项式逼近函数是近似计算和理论分析的一个重要内容. 在第 2 章微分的概念中可以知道，如果函数 $f(x)$ 在 $x_0$ 处可导，则有

$$f(x)=f(x_0)+f'(x_0)(x-x_0)+o(x-x_0).$$

即在点 $x_0$ 附近，用一次多项式 $f(x_0)+f'(x_0)(x-x_0)$ 逼近函数 $f(x)$，其误差为 $(x-x_0)$ 的高阶无穷小，然而在很多时候，取一次多项式逼近是不够的，往往需要用“二次或高于二次的多项式”去逼近，为此，考虑任一 $n$ 次多项式

$$P_n(x)=a_0+a_1(x-x_0)+a_2(x-x_0)^2+\cdots+a_n(x-x_0)^n, \tag{1}$$

逐次求它在点 $x_0$ 处的各阶导数，得

$$P_n(x_0)=a_0, P'_n(x_0)=a_1, P''_n(x_0)=2!\,a_2, \cdots, P_n^{(n)}(x_0)=n!\,a_n,$$

即

$$a_0=P_n(x_0), a_1=P'_n(x_0), a_2=\frac{P''_n(x_0)}{2!}, \cdots, a_n=\frac{P_n^{(n)}(x_0)}{n!}.$$

由此可见，多项式 $P_n(x)$ 的各项系数由其在点 $x_0$ 的各阶导数唯一确定.

对于一般的函数 $f(x)$，设它在点 $x_0$ 处存在有直到 $n$ 阶的导数，由这些导数构造的一个 $n$

次多项式

$$Q_n(x)=f(x_0)+f'(x_0)(x-x_0)+\frac{f''(x_0)}{2!}(x-x_0)^2+\cdots+\frac{f^{(n)}(x_0)}{n!}(x-x_0)^n \quad (2)$$

称为函数 $f(x)$ 在点 $x_0$ 的 $n$ 阶泰勒(Taylor)多项式,$Q_n(x)$ 的各项系数

$$\frac{f^{(k)}(x_0)}{k!}(k=0,1,2,\cdots,n)$$

称为**泰勒系数**,由以上讨论可知,如果 $f(x)$ 为特殊的函数,即若 $f(x)$ 为 $(x-x_0)$ 的 $n$ 次多项式,则 $Q_n(x)$ 精确地等于 $f(x)$;若 $f(x)$ 为一般函数,则 $Q_n(x)\approx f(x)$.下面将证明

$$f(x)-Q_n(x)=\frac{f^{n+1}(\xi)}{(n+1)!}(x-x_0)^{n+1},$$

其中 $\xi$ 在 $x_0$ 与 $x$ 之间.

**定理1**(泰勒中值定理) 如果函数 $f(x)$ 在含有 $x_0$ 的某个开区间 $(a,b)$ 内具有直到 $(n+1)$ 阶导数,则对任一 $x\in(a,b)$,至少存在一点 $\xi\in(x_0,x)$ 或 $\xi\in(x,x_0)$,使得

$$f(x)=f(x_0)+f'(x_0)(x-x_0)+\frac{f''(x_0)}{2!}(x-x_0)^2+\cdots+\frac{f^{(n)}(x_0)}{n!}(x-x_0)^n+\frac{f^{(n+1)}(\xi)}{(n+1)!}(x-x_0)^{n+1}. \quad (3)$$

**证** 作辅助函数

$$F(t)=f(x)-\left[f(t)+f'(t)(x-t)+\cdots+\frac{f^{(n)}(t)}{n!}(x-t)^n\right],\quad G(t)=(x-t)^{n+1}.$$

则

$$F(x)=G(x)=0,\quad F'(t)=-\frac{f^{(n+1)}(t)}{n!}(x-t)^n,\quad G'(t)=-(n+1)(x-t)^n.$$

即只需证明

$$F(x_0)=\frac{f^{(n+1)}(\xi)}{(n+1)!}G(x_0),\quad 或\quad \frac{F(x_0)}{G(x_0)}=\frac{f^{(n+1)}(\xi)}{(n+1)!}.$$

不妨设 $x_0<x$,则 $F(t)$ 与 $G(t)$ 在 $[x_0,x]$ 上满足柯西中值定理的条件,故至少存在一点 $\xi\in(x_0,x)$,使得

$$\frac{F(x_0)}{G(x_0)}=\frac{F(x_0)-F(x)}{G(x_0)-G(x)}=\frac{F'(\xi)}{G'(\xi)}=\frac{f^{(n+1)}(\xi)}{(n+1)!}.$$

式(3)称为 $f(x)$ 按 $(x-x_0)$ 的幂展开的带有拉格朗日型余项的 $n$ 阶泰勒公式,而

$$R_n(x)\triangleq\frac{f^{(n+1)}(\xi)}{(n+1)!}(x-x_0)^{n+1}$$

称为拉格朗日型余项.

由泰勒中值定理可知,以多项式 $Q_n(x)$ 逼近函数 $f(x)$ 时,其误差为 $|R_n(x)|$,如果对于某个固定的 $n$,当 $x\in(a,b)$ 时,$|f^{(n+1)}(x)|\leqslant M$,则有估计式

$$|R_n(x)|=\left|\frac{f^{(n+1)}(\xi)}{(n+1)!}(x-x_0)^{n+1}\right|\leqslant\frac{M}{(n+1)!}|x-x_0|^{n+1}. \quad (4)$$

由式(4)可得

$$\lim_{x \to x_0} \frac{R_n(x)}{(x-x_0)^n}=0.$$

由此可见，当 $x \to x_0$ 时，误差 $|R_n(x)|$ 是比 $(x-x_0)^n$ 较高阶的无穷小，即

$$R_n(x)=o[(x-x_0)^n].$$

在不需要余项的精确表达式时，$n$ 阶泰勒公式可以写成

$$\begin{aligned} f(x)=&f(x_0)+f'(x_0)(x-x_0)+\frac{f''(x_0)}{2!}(x-x_0)^2+\cdots \\ &+\frac{f^{(n)}(x_0)}{n!}(x-x_0)^n+o[(x-x_0)^n]. \end{aligned} \tag{5}$$

$R_n(x)=o[(x-x_0)^n]$ 称为佩亚诺(Peano)型余项，式(5)称为 $f(x)$ 按 $(x-x_0)$ 的幂展开的带有佩亚诺余项的 $n$ 阶泰勒公式.

若取 $x_0=0$，则得到带有拉格朗日型余项的麦克劳林(Maclauyin)公式

$$f(x)=f(0)+f'(0)x+\frac{f''(0)}{2!}x^2+\cdots+\frac{f^{(n)}(0)}{n!}x^n+\frac{f^{(n+1)}(\theta x)}{(n+1)!}x^{n+1}\ (0<\theta<1) \tag{6}$$

和带有佩亚诺余项的麦克劳林公式

$$f(x)=f(0)+f'(0)x+\frac{f''(0)}{2!}x^2+\cdots+\frac{f^{(n)}(0)}{n!}x^n+o(x^n). \tag{7}$$

由式(6)可得近似式

$$f(x)\approx f(0)+f'(0)x+\frac{f''(0)}{2!}x^2+\cdots+\frac{f^{(n)}(0)}{n!}x^n.$$

误差估计式为

$$|R_n(x)|\leqslant \frac{M}{(n+1)!}|x|^{n+1}.$$

**例 1** 求函数 $f(x)=\mathrm{e}^x$ 的带有拉格朗日型余项的 $n$ 阶麦克劳林公式，并且用展开式中前八项计算 e 的近似值，并估计误差.

**解** 由 $f(x)=\mathrm{e}^x, f^{(n)}(x)=\mathrm{e}^x\ (n=1,2,\cdots)$ 得

$$f(0)=f'(0)=f''(0)=\cdots=f^{(n)}(0)=1,\quad f^{(n+1)}(\theta x)=\mathrm{e}^{\theta x},$$

故 $\mathrm{e}^x$ 的带有拉格朗日型余项的 $n$ 阶麦克劳林公式为

$$\mathrm{e}^x=1+x+\frac{x^2}{2!}+\cdots+\frac{x^n}{n!}+\frac{\mathrm{e}^{\theta x}}{(n+1)!}x^{n+1}\ (0<\theta<1).$$

当 $x=1$ 时

$$\mathrm{e}=1+1+\frac{1}{2!}+\cdots+\frac{1}{n!}+\frac{\mathrm{e}^{\theta}}{(n+1)!},$$

于是得到 e 的近似计算公式

$$\mathrm{e}\approx 1+1+\frac{1}{2!}+\cdots+\frac{1}{n!},$$

误差

$$|R_n|=\left|\frac{\mathrm{e}^{\theta}}{(n+1)!}\right|<\frac{\mathrm{e}}{(n+1)!}<\frac{3}{(n+1)!}.$$

用展开式中的前八项计算 e 的近似值，即 $n=7$，故

$$e \approx 1+1+\frac{1}{2!}+\cdots+\frac{1}{7!} \approx 2.7182,$$

此时误差

$$|R_n| < \frac{3}{8!} \approx 7.44 \times 10^{-5}.$$

**例 2** 求函数 $f(x)=\sin x$ 的带有拉格朗日型余项的 $2n$ 阶麦克劳林公式.

**解** 由于 $f(x)=\sin x$，$f^{(n)}(x)=\sin\left(x+\frac{n\pi}{2}\right)$ $(n=1,2,\cdots)$，所以

$$f(0)=0,\quad f'(0)=1,\quad f''(0)=0,\quad f'''(0)=-1,\quad \cdots,$$
$$f^{(2n-1)}(0)=(-1)^{n-1},\quad f^{(2n)}(0)=0,$$

于是 $\sin x = x-\frac{x^3}{3!}+\frac{x^5}{5!}+\cdots+(-1)^{n-1}\frac{x^{2n-1}}{(2n-1)!}+\frac{\sin\left(\theta x+\frac{2n+1}{2}\pi\right)}{(2n+1)!}x^{2n+1}$ $(0<\theta<1)$.

类似地，可以得到其他函数的带有拉格朗日型余项的麦克劳林公式：

$$\cos x = 1-\frac{x^2}{2!}+\frac{x^4}{4!}-\cdots+(-1)^n\frac{x^{2n}}{(2n)!}+\frac{\cos\left(\theta x+\frac{2n+2}{2}\pi\right)}{(2n+2)!}x^{2n+2}\ (0<\theta<1),$$

$$\ln(1+x)=x-\frac{x^2}{2}+\frac{x^3}{3}-\cdots+(-1)^{n-1}\frac{x^n}{n}+(-1)^n\frac{x^{n+1}}{(n+1)(1+\theta x)^{n+1}}\ (0<\theta<1),$$

$$(1+x)^{\alpha}=1+\alpha x+\frac{\alpha(\alpha-1)}{2}x^2+\cdots+\frac{\alpha(\alpha-1)\cdots(\alpha-n+1)}{n!}x^n$$
$$+\frac{\alpha(\alpha-1)\cdots(\alpha-n)}{(n+1)!}(1+\theta x)^{\alpha-n-1}x^{n+1}\ (0<\theta<1).$$

特别地

$$\frac{1}{1-x}=1+x+x^2+\cdots+x^n+\frac{1}{(1-\theta x)^n}x^{n+1}\ (0<\theta<1).$$

**例 3** 利用泰勒公式求极限 $\lim\limits_{x\to 0}\frac{\cos x-e^{-\frac{x^2}{2}}}{\sin^4 x}$.

**解** 由 $\cos x=1-\frac{x^2}{2!}+\frac{x^4}{4!}+o(x^4)$，$e^{-\frac{x^2}{2}}=1-\frac{x^2}{2}+\frac{1}{2!}\left(-\frac{x^2}{2}\right)^2+o(x^4)=1-\frac{x^2}{2}+\frac{x^4}{8}+o(x^4)$

得

$$\cos x-e^{-\frac{x^2}{2}}=-\frac{x^4}{12}+o(x^4),$$

故

$$\lim_{x\to 0}\frac{\cos x-e^{-\frac{x^2}{2}}}{\sin^4 x}=\lim_{x\to 0}\frac{\cos x-e^{-\frac{x^2}{2}}}{x^4}=\lim_{x\to 0}\frac{-\frac{x^4}{12}+o(x^4)}{x^4}$$
$$=\lim_{x\to 0}\left[-\frac{1}{12}+\frac{o(x^4)}{x^4}\right]=-\frac{1}{12}.$$

## 练 习 3.3

1. 求函数 $f(x)=\arcsin x$ 的带有佩亚诺型余项的三阶麦克劳林公式.
2. 求函数 $f(x)=\cos^2 x$ 的 $2n$ 阶带有拉格朗日型余项的麦克劳林公式.
3. 将多项式 $f(x)=x^4-3x^3+1$ 展开成 $x-1$ 的多项式.
4. 应用麦克劳林公式，按 $x$ 的幂展开函数 $f(x)=(x^2+x-1)^3$.
5. 求函数 $f(x)=\dfrac{1}{1+x}$ 在 $x=0$ 处带拉格朗日余项的泰勒公式.
6. 利用泰勒公式求下列极限：

(1) $\lim\limits_{x\to 0}\dfrac{e^x\sin x-x(1+x)}{x^3}$； (2) $\lim\limits_{x\to 0}\dfrac{\cos x-e^{-\frac{x^2}{2}}}{x^2[x+\ln(1-x)]}$.

7. 应用三阶泰勒公式求 ln1.2 的近似值，并估计误差.

# 3.4 函数的单调性和曲线的凹凸性

## 3.4.1 函数的单调性

在第 1 章中已经介绍了函数在区间上单调的概念：如果函数 $y=f(x)$ 在 $[a,b]$ 上单调增加，那么它的图形是一条沿 $x$ 轴正向上升的曲线；如果函数 $y=f(x)$ 在 $[a,b]$ 上单调减少，那么它的图形是一条沿 $x$ 轴正向下降的曲线.下面利用导数来研究函数的单调性.

**定理 1** 设函数 $y=f(x)$ 在 $[a,b]$ 上连续，在 $(a,b)$ 内可导.

(1) 如果在 $(a,b)$ 内 $f'(x)>0$，则函数 $y=f(x)$ 在 $[a,b]$ 上单调增加；

(2) 如果在 $(a,b)$ 内 $f'(x)<0$，则函数 $y=f(x)$ 在 $[a,b]$ 上单调减少.

**证** 任意取两点 $x_1,x_2\in[a,b]$，且 $x_1<x_2$，函数 $f(x)$ 在闭区间 $[x_1,x_2]$ 上应用拉格朗日中值定理得

$$f(x_2)-f(x_1)=f'(\xi)(x_2-x_1),\quad x_1<\xi<x_2.$$

若 $\forall x\in(a,b)$，$f'(x)>0$ 知 $f'(\xi)>0$，故 $f(x_2)>f(x_1)$，由函数单调的概念知，函数 $f(x)$ 在 $[a,b]$ 上单调增加；

若 $\forall x\in(a,b)$，$f'(x)<0$ 知 $f'(\xi)<0$，故 $f(x_2)<f(x_1)$，由函数单调的概念知，函数 $f(x)$ 在 $[a,b]$ 上单调减少.

定理 1 中的闭区间换成其他区间（包括无穷区间），结论依然成立.

**例 1** 判断函数 $y=x+\cos x$ 在 $\left[-\dfrac{\pi}{2},\dfrac{\pi}{2}\right]$ 上的单调性.

**解** 由于 $y=x+\cos x$ 在闭区间 $\left[-\dfrac{\pi}{2},\dfrac{\pi}{2}\right]$ 上连续，在开区间 $\left(-\dfrac{\pi}{2},\dfrac{\pi}{2}\right)$ 内可导，且 $y'=1-\sin x>0$，所以由定理 1 知函数 $y=x+\cos x$ 在 $\left[-\dfrac{\pi}{2},\dfrac{\pi}{2}\right]$ 上单调增加.

**例 2** 设 $f(x)=x^3-x$，试讨论函数 $f(x)$ 的单调区间.

**解** 由于 $f'(x)=3x^2-1=(\sqrt{3}x+1)(\sqrt{3}x-1)$，即 $f(x)$ 在 $(-\infty,+\infty)$ 上可导，所以

$f(x)$ 在 $(-\infty,+\infty)$ 上连续.

当 $x\in\left(-\infty,-\frac{1}{\sqrt{3}}\right)$ 时，$f'(x)>0$；当 $x\in\left(-\frac{1}{\sqrt{3}},\frac{1}{\sqrt{3}}\right)$ 时，$f'(x)<0$；当 $x\in\left(\frac{1}{\sqrt{3}},+\infty\right)$ 时，$f'(x)>0$，故当 $x\in\left(-\infty,-\frac{1}{\sqrt{3}}\right]$ 时，$f(x)$ 单调增加；当 $x\in\left[-\frac{1}{\sqrt{3}},\frac{1}{\sqrt{3}}\right]$ 时，$f(x)$ 单调减少；当 $x\in\left[\frac{1}{\sqrt{3}},+\infty\right)$ 时，$f(x)$ 单调增加.

**例 3**　证明不等式 $e^x>1+x,x\neq0$.

**证**　设 $f(x)=e^x-1-x$，则 $f'(x)=e^x-1$.故当 $x>0$ 时，$f'(x)>0$，$f(x)$ 单调增加；当 $x<0$ 时，$f'(x)<0$，$f(x)$ 单调减少.又由于 $f(x)$ 在 $x=0$ 处连续，所以由定理 1 得到：当 $x\in[0,+\infty)$ 时，$f(x)$ 单调增加；当 $x\in(-\infty,0]$ 时，$f(x)$ 单调减少.

故当 $x\neq0$ 时，$f(x)>f(0)=0$ 即 $e^x>1+x,x\neq0$.

### 3.4.2　曲线的凹凸性和拐点

观察函数 $f(x)=x^2$ 和 $f(x)=-x^2$ 的图像.它们不同的特点是曲线 $y=x^2$ 上任意两点，连接这两点的弦总位于这两点间的弧段的上方；而曲线 $f(x)=-x^2$ 则相反，任意两点间的弧总在这两点连线上方.把具有前一种特性的曲线称为凹(下凹)曲线，相应的函数称为凹函数；后一种曲线称为凸(上凸)曲线，相应的函数称为凸函数.

**定义 1**　设 $f(x)$ 在区间 $I$ 上连续，如果对 $I$ 上任意两点 $x_1,x_2$，且 $x_1\neq x_2$，恒有

$$f\left(\frac{x_1+x_2}{2}\right)<\frac{f(x_1)+f(x_2)}{2},$$

那么称函数 $f(x)$ 在 $I$ 上的图形是凹的，如图 3-3 所示；如果恒有

$$f\left(\frac{x_1+x_2}{2}\right)>\frac{f(x_1)+f(x_2)}{2},$$

那么称函数 $f(x)$ 在 $I$ 上的图形是凸的，如图 3-4 所示.

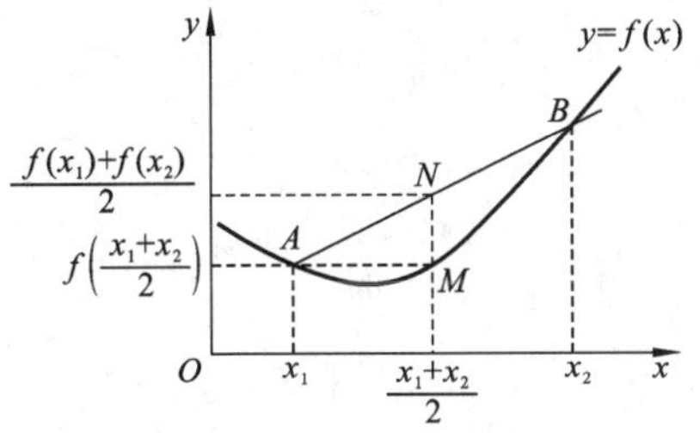


图 3-3

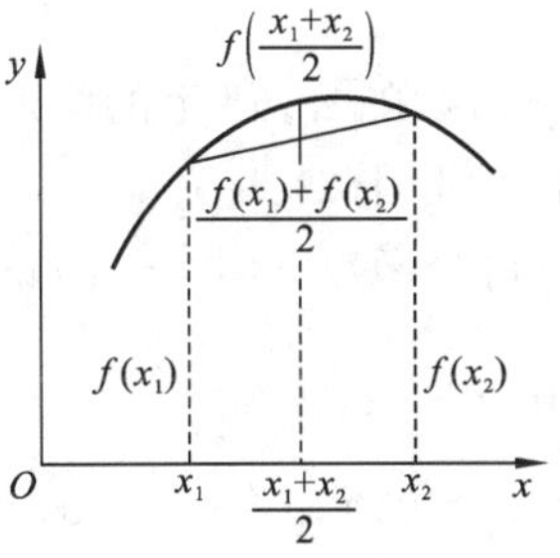


图 3-4

如果函数 $f(x)$ 在 $I$ 内具有二阶导数，下面研究二阶导数的符号与曲线凹凸性的关系.

**定理 2**　设 $f(x)$ 在闭区间 $[a,b]$ 上连续，在开区间 $(a,b)$ 内二阶可导，那么

(1) 若在 $(a,b)$ 内 $f''(x)>0$，则 $f(x)$ 在 $[a,b]$ 上的图形是凹的；

(2) 若在 $(a,b)$ 内 $f''(x)<0$，则 $f(x)$ 在 $[a,b]$ 上的图形是凸的.

**证**　(1) 任取两点 $x_1,x_2\in[a,b]$，且 $x_1<x_2$，由于 $f(x)$ 在 $[a,b]$ 上连续，在 $(a,b)$ 内可

导，则 $f(x)$ 在 $\left[x_1,\frac{x_1+x_2}{2}\right]$ 及 $\left[\frac{x_1+x_2}{2},x_2\right]$ 上应用拉格朗日中值定理得，至少存在一点 $\xi_1\in\left(x_1,\frac{x_1+x_2}{2}\right)$ 及另一点 $\xi_2\in\left(\frac{x_1+x_2}{2},x_2\right)$，使得

$$f\left(\frac{x_1+x_2}{2}\right)-f(x_1)=f'(\xi_1)\left(\frac{x_1+x_2}{2}-x_1\right),$$

即

$$f\left(\frac{x_1+x_2}{2}\right)-f(x_1)=\frac{x_2-x_1}{2}f'(\xi_1), \tag{1}$$

$$f(x_2)-f\left(\frac{x_1+x_2}{2}\right)=f'(\xi_2)\left(x_2-\frac{x_1+x_2}{2}\right),$$

即

$$f(x_2)-f\left(\frac{x_1+x_2}{2}\right)=\frac{x_2-x_1}{2}f'(\xi_2). \tag{2}$$

用式(2)式减去式(1)，得

$$f(x_1)+f(x_2)-2f\left(\frac{x_1+x_2}{2}\right)=\frac{x_2-x_1}{2}[f'(\xi_2)-f'(\xi_1)], \tag{3}$$

函数 $f'(x)$ 在 $[\xi_1,\xi_2]$ 上应用拉格朗日中值定理得，至少存在一点 $\xi\in[\xi_1,\xi_2]\subset(a,b)$，使得

$$f'(\xi_2)-f'(\xi_1)=f''(\xi)(\xi_2-\xi_1), \tag{4}$$

把式(4)代入式(3)得

$$f(x_1)+f(x_2)-2f\left(\frac{x_1+x_2}{2}\right)=\frac{x_2-x_1}{2}f''(\xi)(\xi_2-\xi_1).$$

由于在 $(a,b)$ 内 $f''(x)>0$，所以 $f''(\xi)>0$，有

$$f(x_1)+f(x_2)-2f\left(\frac{x_1+x_2}{2}\right)>0,$$

即

$$f\left(\frac{x_1+x_2}{2}\right)<\frac{f(x_1)+f(x_2)}{2}.$$

由定义知，$f(x)$ 在 $[a,b]$ 上的图形是凹的.

类似的可证明(2).

**例 4** 讨论函数 $f(x)=\arctan x$ 的凹凸性.

**解** 由于 $f'(x)=\frac{1}{1+x^2}$，$f''(x)=\frac{-2x}{(1+x^2)^2}$，而当 $x<0$ 时，$f''(x)>0$，$f(x)$ 的图形是凹的；当 $x>0$ 时，$f''(x)<0$，$f(x)$ 的图形是凸的. 又由于 $f(x)$ 在点 $x=0$ 处是连续的，由定理 2 得，在 $(-\infty,0]$ 上 $f(x)$ 为凹函数，在 $[0,+\infty)$ 上 $f(x)$ 为凸函数.

一般地，设函数 $f(x)$ 在点 $x_0$ 处连续，如果曲线 $y=f(x)$ 在经过点 $(x_0,f(x_0))$ 时，曲线的凹凸性发生了改变，则称点 $(x_0,f(x_0))$ 为该曲线的拐点，易见，如果 $f(x)$ 在 $(a,b)$ 内具有连续的二阶导数，那么在拐点处，其横坐标 $x_0$ 必然满足 $f''(x_0)=0$；除此之外，$f(x)$ 的二阶导数不存在的点，也有可能是使 $f''(x)$ 的符号改变的点，即拐点的横坐标点可能出现在二阶导数为零或二阶导数不存在的点.

**注** 拐点是曲线凹凸部分的分界点，故拐点是曲线上的一个坐标点 $(x_0,f(x_0))$.

**例 5** 求曲线 $y=\frac{3}{5}x^{\frac{5}{3}}-\frac{3}{2}x^{\frac{2}{3}}+2$ 的凹凸区间和拐点.

**解** 函数 $y=\frac{3}{5}x^{\frac{5}{3}}-\frac{3}{2}x^{\frac{2}{3}}+2$ 的定义域为$(-\infty,+\infty)$，故函数在$(-\infty,+\infty)$内连续.

$$y'=x^{\frac{2}{3}}-x^{-\frac{1}{3}},$$
$$y''=\frac{2}{3}x^{-\frac{1}{3}}+\frac{1}{3}x^{-\frac{4}{3}}=\frac{2x+1}{3x\sqrt[3]{x}}.$$

令 $y''=0$ 得 $x=-\frac{1}{2}$；当 $x=0$ 时，$y''$ 不存在，列表讨论如下（$\cap$ 表示凸，$\cup$ 表示凹）.

| $x$ | $\left(-\infty,-\frac{1}{2}\right)$ | $-\frac{1}{2}$ | $\left(-\frac{1}{2},0\right)$ | $0$ | $(0,+\infty)$ |
|---|---|---|---|---|---|
| $y''$ | $-$ | $0$ | $+$ | 不存在 | $+$ |
| $y$ | $\cap$ | $2-\frac{9}{5\sqrt[3]{4}}$ | $\cup$ | $2$ | $\cup$ |

由此可见，该曲线在$\left(-\infty,-\frac{1}{2}\right]$上是凸的，在区间$\left[-\frac{1}{2},0\right]$及$[0,+\infty)$上是凹的，点$\left(-\frac{1}{2},2-\frac{9}{5\sqrt[3]{4}}\right)$为拐点.

## 练 习 3.4

1. 确定下列函数的单调区间：

(1) $y=2x^3-9x^2+12x-3$；(2) $y=\sqrt[3]{x^2}$；

(3) $y=\ln(x+\sqrt{1+x^2})$；(4) $y=\frac{10}{4x^3-9x^2+6x}$；

(5) $f(x)=2x^2-\ln x$；(6) $f(x)=3x-x^2$.

2. 证明下列不等式：

(1) 当 $x>1$ 时，$2\sqrt{x}>3-\frac{1}{x}$；(2) 当 $0<x<\frac{\pi}{2}$ 时，$\frac{2}{\pi}x<\sin x<x$；

(3) 当 $0<x<\frac{\pi}{2}$ 时，$\sin x+\tan x>2x$；(4) 当 $x>4$ 时，$2^x>x^2$.

3. 求下列函数的凹凸区间及拐点：

(1) $y=x^4-2x^3+1$；(2) $y=(x-2)^{\frac{5}{3}}$；

(3) $y=xe^{-x}$；(4) $y=e^{\arctan x}$.

4. 问 $a,b$ 为何值时，点$(1,3)$为曲线 $y=ax^3+bx^2$ 的拐点？

5. 证明下列不等式：

(1) $x\ln x+y\ln y>(x+y)\ln\frac{x+y}{2}\ (x>0,y>0,x\neq y)$；

(2) $\frac{e^x+e^y}{2}>e^{\frac{x+y}{2}}\ (x\neq y)$；

(3) $\frac{x^n+y^n}{2}>\left(\frac{x+y}{2}\right)^n\ (x>0,y>0,x\neq y,n>1)$.

# 3.5 函数的极值和最大(小)值

典型例题讲解

## 3.5.1 函数的极值

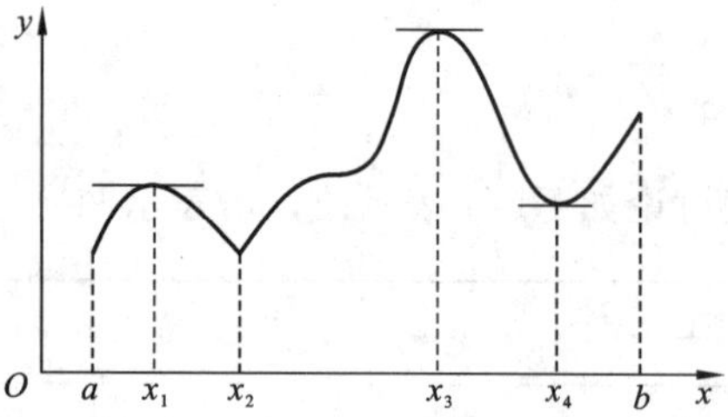


图 3-5

设函数 $f(x)$ 如图 3-5 所示，在 $x=x_1$ 处的左侧邻近，函数 $f(x)$ 是单调增加的，在点 $x=x_1$ 处的右侧邻近，函数 $f(x)$ 是单调减少的.

因此，存在着点 $x=x_1$ 的某一空心邻域，对于这个空心邻域内的任何点，有 $f(x)<f(x_1)$. 类似地，关于点 $x=x_2$，存在点 $x=x_2$ 的某一空心邻域，对于这个空心邻域内的任何点 $x$，有 $f(x)>f(x_2)$.具有这种特性的点 $x=x_1, x=x_2, x=x_3$ 在应用上有着重要的意义.

**定义 1** 设函数 $f(x)$ 在点 $x_0$ 的某邻域 $U(x_0)$ 内有定义，若对该邻域内的任一异于 $x_0$ 的点 $x$，有

$$f(x)<f(x_0)(\text{或 } f(x)>f(x_0)),$$

则称 $x_0$ 为函数 $f(x)$ 的极大(或极小)值点，而 $f(x_0)$ 称为函数 $f(x)$ 的一个**极大值**(**极小值**). 极大值点和极小值点统称为**极值点**.函数的极大值与极小值统称函数的**极值**.

如图 3-5 所示，$x_1, x_3$ 为函数 $f(x)$ 的极大值点，$x_2, x_4$ 为函数的极小值点.$f(x_1), f(x_3)$ 为极大值，$f(x_2), f(x_4)$ 为极小值.

值得注意的是，函数极值的概念是一个局部性的概念，它是函数在一点与其附近的函数值相比较而言，显然它与函数在区间上的最大值或最小值是不同的.最大值，最小值是就整个区间来说，是一个全局概念.

由本章 3.1 节的费马定理可知，如果函数 $f(x)$ 在 $x_0$ 处取得极值，且在 $x_0$ 处可导，那么 $f'(x_0)=0$，于是得到如下定理.

**定理 1**（必要条件） 设函数 $f(x)$ 在 $x_0$ 处可导，且在 $x_0$ 处取得极值，那么 $f'(x_0)=0$.

定理 1 说明，可导函数的极值点必定是驻点，反之，函数的驻点不一定是极值点.例如，函数 $f(x)=x^3$ 的驻点 $x=0$ 并不是极值点，所以，函数的驻点只是可能的极值点.此外，函数的极值点还可能是出现在不可导的点.例如，函数 $f(x)=|x|$ 在 $x=0$ 处不可导，但 $x=0$ 是函数的极小值点.

如何判定函数的驻点或不可导的点是否为极值点？ 是极大值还是极小值？下面给出两个判定极值的充分条件.

**定理 2**（第一充分条件） 设函数 $f(x)$ 在 $x_0$ 处连续，且在 $x_0$ 的某空心邻域 $\overset{0}{U}(x_0,\delta)$ 内可导.

(1) 若 $x\in(x_0-\delta,x_0)$ 时，$f'(x)>0$，而 $x\in(x_0,x_0+\delta)$ 时，$f'(x)<0$，则 $f(x)$ 在 $x_0$ 处取极大值；

(2) 若 $x \in (x_0-\delta, x_0)$ 时，$f'(x)<0$，而 $x \in (x_0, x_0+\delta)$ 时，$f'(x)>0$，则 $f(x)$ 在 $x_0$ 处取极小值；

(3) 若 $x \in \overset{0}{U}(x_0,\delta)$ 时，$f'(x)$ 的符号保持不变，则 $f(x)$ 在 $x_0$ 处不取极值.

**证** 下面只证(1)，(2) 和(3) 的证明可类似地进行.

由定理条件知，$f(x)$ 在$(x_0-\delta, x_0)$ 内单调递增，在$(x_0, x_0+\delta)$ 内单调递减.又由于 $f(x)$ 在 $x_0$ 处连续，故对任意 $x \in \overset{0}{U}(x_0,\delta)$，有 $f(x)<f(x_0)$，即 $f(x)$ 在 $x_0$ 处取得极大值.

若 $f(x)$ 是二阶可导函数，则具有以下判别极值的充分条件.

**定理 3**（第二充分条件） 设函数 $f(x)$ 在 $x_0$ 处具有二阶导数且 $f'(x_0)=0$，$f''(x_0)\neq 0$，那么

(1) 当 $f''(x_0)<0$ 时，函数 $f(x)$ 在 $x_0$ 处取得极大值；

(2) 当 $f''(x_0)>0$ 时，函数 $f(x)$ 在 $x_0$ 处取得极小值.

**证** 只证(1)，(2) 的证明可类似地进行.

由于 $f''(x_0)<0$，$f'(x_0)=0$，根据二阶导数的定义有

$$f''(x_0)=\lim_{x\to x_0}\frac{f'(x)-f'(x_0)}{x-x_0}=\lim_{x\to x_0}\frac{f'(x)}{x-x_0}.$$

由极限的局部保号性得 $\exists\,\delta'(\delta'<\delta)>0$，当 $x \in \overset{0}{U}(x_0,\delta')$ 时，$\dfrac{f'(x)}{x-x_0}<0$，故当 $x \in (x_0-\delta', x_0)$ 时，$f'(x)>0$，当 $x \in (x_0, x_0+\delta')$ 时，$f'(x)<0$，由本节定理 2 知函数 $f(x)$ 在 $x_0$ 取极大值.

**例 1** 求 $f(x)=(2x-5)\sqrt[3]{x^2}$ 的极值.

**解** $f(x)=(2x-5)\sqrt[3]{x^2}=2x^{\frac{5}{3}}-5x^{\frac{2}{3}}$ 在$(-\infty,+\infty)$ 上连续，且

$$f'(x)=\frac{10}{3}x^{\frac{2}{3}}-\frac{10}{3}x^{-\frac{1}{3}}=\frac{10}{3}\frac{x-1}{\sqrt[3]{x}},$$

当 $x=1$ 时，$f'(x)=0$；当 $x=0$ 时，$f'(x)$ 不存在，故 $x=0$，$x=1$ 为可能的极值点.应用第一充分条件判别这两点是否为极值点.列表讨论如下(表中 ↑ 表示单调递增，↓ 表示单调递减).

| $x$ | $(-\infty,0)$ | $0$ | $(0,1)$ | $1$ | $(1,+\infty)$ |
|---|---|---|---|---|---|
| $f'(x)$ | + | 不存在 | − | 0 | + |
| $f(x)$ | ↑ | | ↓ | | ↑ |

由上表可见，$x=0$ 为函数 $f(x)$ 的极大值点，极大值为 $f(0)=0$；$x=1$ 为函数 $f(x)$ 的极小值点，极小值为 $f(1)=-3$.

**例 2** 求函数 $f(x)=x^3-3x$ 的极值.

**解** $f(x)=x^3-3x$ 在$(-\infty,+\infty)$ 上连续，$f'(x)=3x^2-3=3(x-1)(x+1)$，当 $x=-1$，$x=1$ 时，$f'(x)=0$，由于可能的极值点只有驻点 $x=-1$ 和 $x=1$，应用第二充分条件判别这两点是否为极值点.由 $f''(x)=6x$ 知 $f''(-1)=-6<0$，$f''(1)=6>0$.故 $x=-1$ 为函数的

极大值点，极大值为 $f(-1)=2$；$x=1$ 为函数的极小值点，极小值为 $f(1)=-2$.

### 3.5.2 最大值与最小值

由闭区间上连续函数的性质知，若函数 $f(x)$ 在闭区间 $[a,b]$ 上连续，则 $f(x)$ 在 $[a,b]$ 上必定存在最大值和最小值，这就为求连续函数的最大、最小值提供了理论依据，然而如何求出这个最大值和最小值呢？

首先，最大（小）值点可能出现在区间的端点；其次，若最大（小）值点 $x_0$ 在 $(a,b)$ 内，则 $x_0$ 必定为函数 $f(x)$ 的极大（小）点，即最大（小）值点还可能出现在驻点或导数不存在的点.因此只需比较函数 $f(x)$ 的所有驻点，不可导点和区间端点上的函数值，就能从中找到 $f(x)$ 在 $[a,b]$ 上的最大值与最小值.

**例 3** 求函数 $f(x)=(2x-5)x^{\frac{2}{3}}$ 在 $[-1,2]$ 上的最大值与最小值.

**解** 由于函数 $f(x)=(2x-5)x^{\frac{2}{3}}$ 在 $[-1,2]$ 上连续，则 $f(x)$ 在 $[-1,2]$ 上存在最大值和最小值，由 $f'(x)=2x^{\frac{2}{3}}+\frac{2}{3}(2x-5)x^{-\frac{1}{3}}=\frac{10(x-1)}{3\sqrt[3]{x}}$ 知，当 $x=1$ 时，$f'(x)=0$，当 $x=0$ 时，$f'(x)$ 不存在，而 $f(-1)=-7$，$f(0)=0$，$f(1)=-3$，$f(2)=-\sqrt[3]{4}$.所以 $f(x)$ 在 $x=-1$ 处取得最小值 $-7$，在 $x=0$ 处取得最大值 0.

**例 4** 铁路线上 $AB$ 间的距离为 100 km，一工厂 $C$ 距 $A$ 处 20 km，$AC$ 垂直于 $AB$，为了运输在 $AB$ 之间选一点 $D$ 向工厂修筑一条公路.已知铁路与公路每公里运费之比为3∶5，问 $D$ 选在何处，才能使货物从 $B$ 运到工厂 $C$ 的运费最省（图 3-6）？

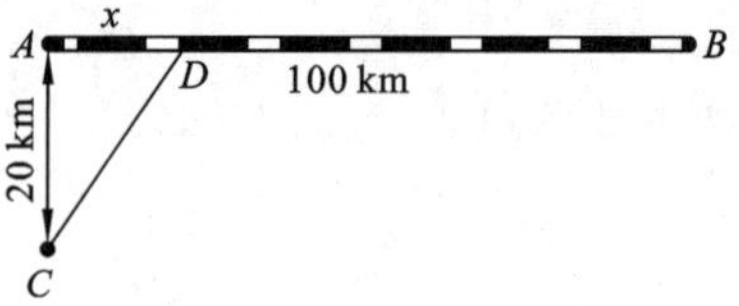

图 3-6

**解** 设 $AD=x$ km，则 $DB=(100-x)$ km，$CD=\sqrt{20^2+x^2}=\sqrt{400+x^2}$，设铁路每公里运费为 $3a$，则公路每公里运费为 $5a$，设货物从 $B$ 运到工厂 $C$ 的运费为 $y$，则 $y=5a\sqrt{400+x^2}+3a(100-x)(0\leqslant x\leqslant 100)$.问题归结于求目标函数 $y=5a\sqrt{400+x^2}+3a(100-x)$ 在闭区间 $[0,100]$ 上的最小值.

由于 $y'=\left(\frac{5x}{\sqrt{400+x^2}}-3\right)a$，当 $x=15$ 时，$y'=0$，又由于 $y''=\frac{2\,000a}{(400+x^2)^{\frac{3}{2}}}$，所以 $y''(15)>0$，由第二充分条件可知，$x=15$ 为 $y$ 在 $(0,100)$ 内唯一的极小值，则 $x=15$ 为目标函数 $y$ 在 $[0,100]$ 上的最小值点.故当 $AD=15$ km 时，总运费最省.

## 练　习　3.5

1. 求下列函数的极值：

(1) $f(x)=x^3-3x^2-9x+5$；　　(2) $f(x)=x^2+\frac{432}{x}$；

(3) $f(x)=\frac{2x}{1+x^2}$；　　(4) $f(x)=\arctan x-\frac{1}{2}\ln(1+x^2)$；

(5) $f(x)=x+\tan x$;　　　　(6) $f(x)=3-2\sqrt[3]{x+1}$.

2.设 $f(x)=a\ln x+bx^2+x$ 在 $x_1=1, x_2=2$ 处取得极值,试求 $a$ 与 $b$;并问这时 $f(x)$ 在 $x_1$ 与 $x_2$ 是取得极大值还是极小值?

3. 证明:若函数 $f(x)$ 在 $x_0$ 处有 $f'_+(x_0)<0, f'_-(x_0)>0$,则 $x_0$ 为 $f(x)$ 的极大值点.

4. 求下列函数在给定区间上的最大值与最小值:

(1) $y=f(x)=x^5-5x^4+5x^3+1, x\in[-1,2]$;

(2) $y=f(x)=\dfrac{1}{3}x^3-2x^2+5, x\in[-2,2]$;

(3) $y=f(x)=x+\sqrt{1-x}, x\in[-5,1]$;

(4) $y=f(x)=\dfrac{x}{1+x^2}, x\in(0,+\infty)$;

(5) $y=f(x)=x^2-\dfrac{8}{x}, x\in(-\infty,0)$.

5. 把长为 $l$ 的线段截成两段,问怎样截能使以这两段分别为长与宽组成的矩形的面积最大?

# 3.6　函数图形的描绘

## 3.6.1　曲线的渐近线

**定义 1**　如果曲线 $y=f(x)$ 上一动点沿曲线无限远离原点时,无限接近某直线(即该动点与直线的距离趋于零),则称此直线为曲线 $y=f(x)$ 的**渐近线**.

由平面解析几何知道,反三角函数 $y=\arctan x$ 有两条渐近线 $y=\dfrac{\pi}{2}$ 和 $y=-\dfrac{\pi}{2}$,确定函数的渐近线,可以把握函数所确定的曲线无限延伸时的走向和趋势.

渐近线分为水平渐近线、垂直渐近线和斜渐近线三种.如图 3-7 所示,若 $\lim\limits_{x\to\infty}f(x)=c$ 或 $\lim\limits_{x\to+\infty}f(x)=c$ 或 $\lim\limits_{x\to-\infty}f(x)=c$,则直线 $y=c$ 为曲线 $y=f(x)$ 的水平渐近线;若 $\lim\limits_{x\to x_0}f(x)=\infty$ 或 $\lim\limits_{x\to x_0^+}f(x)=\infty$ 或 $\lim\limits_{x\to x_0^-}f(x)=\infty$,则直线 $x=x_0$ 为曲线 $y=f(x)$ 的垂直渐近线.如图 3-8 所示,若 $\lim\limits_{x\to+\infty}[f(x)-(kx+b)]=0$ 或 $\lim\limits_{x\to-\infty}[f(x)-(kx+b)]=0$,其中 $k,b$ 为常数,且 $a\neq 0$,则直线 $y=kx+b$ 为曲线 $y=f(x)$ 的斜渐近线.

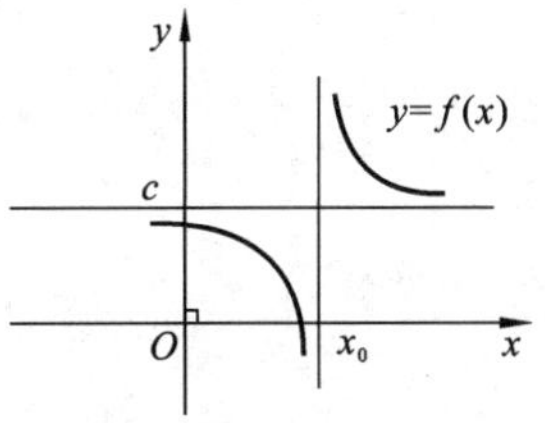


图 3-7

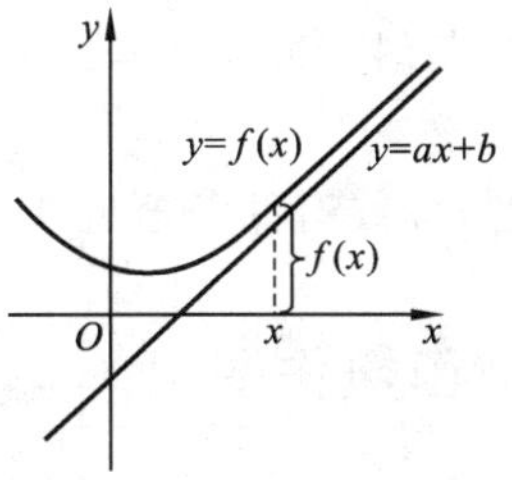


图 3-8

设函数 $y=f(x)$,当 $x\to+\infty$ 时有斜渐近线 $y=kx+b$,则必有

$$\lim_{x\to+\infty}[f(x)-(kx+b)]=0,$$

即

$$b=\lim_{x\to+\infty}[f(x)-kx],$$

又由于

$$\lim_{x\to+\infty}\frac{f(x)-(kx+b)}{x}=\lim_{x\to+\infty}\frac{1}{x}[f(x)-(kx+b)]$$

$$=\lim_{x\to+\infty}\left[\frac{f(x)}{x}-k\right]=0,$$

故

$$k=\lim_{x\to+\infty}\frac{f(x)}{x}.$$

斜渐近线的求法如下:当 $k=\lim\limits_{x\to+\infty}\frac{f(x)}{x}$,$b=\lim\limits_{x\to+\infty}[f(x)-kx]$ 都存在,且 $k\neq0$ 时,曲线 $y=f(x)$ 有斜渐近线 $y=kx+b$.当以上两个极限有一个不存在时,曲线 $y=f(x)$ 无斜渐近线.对 $x\to-\infty$ 或 $x\to\infty$ 也会有同样的结果.

**例 1** 求曲线 $y=\frac{2}{x-1}$ 的渐近线.

**解** 由于 $\lim\limits_{x\to\infty}\frac{1}{x-1}=0$,所以曲线有水平渐近线 $y=0$;又由于 $\lim\limits_{x\to1}\frac{2}{x-1}=\infty$,所以曲线有垂直渐近线 $x=1$;再由于 $\lim\limits_{x\to\infty}\frac{f(x)}{x}=\lim\limits_{x\to\infty}\frac{2}{x(x-1)}=0$,所以无斜渐近线.

综上所述,曲线有两条渐近线:水平渐近线 $y=0$ 和垂直渐近线 $x=1$.

**例 2** 求曲线 $y=x+\arctan x$ 的渐近线.

**解** 显然,曲线没有垂直渐近线. 由于

$$\lim_{x\to\infty}f(x)=\lim_{x\to\infty}(x+\arctan x)=\infty,$$

所以曲线没有水平渐近线. 又由于

$$k=\lim_{x\to\infty}\frac{f(x)}{x}=\lim_{x\to\infty}\frac{x+\arctan x}{x}=\lim_{x\to\infty}\left(1+\frac{\arctan x}{x}\right)=1,$$

$$b_1=\lim_{x\to+\infty}[f(x)-kx]=\lim_{x\to+\infty}\arctan x=\frac{\pi}{2},$$

$$b_2=\lim_{x\to-\infty}[f(x)-kx]=\lim_{x\to-\infty}\arctan x=-\frac{\pi}{2},$$

所以曲线有两条斜渐近线 $y=x+\frac{\pi}{2}$ 和 $y=x-\frac{\pi}{2}$.

综上所述,曲线有两条渐近线 $y=x+\frac{\pi}{2}$ 和 $y=x-\frac{\pi}{2}$.

典型例题讲解

### 3.6.2 函数作图

在中学里,主要采用描点作图法画出一些简单函数的图像,这样得到的图像一般比较粗糙,无法确切反映函数的性态(如单调区间、极值点、凹凸性、拐点等).下面,综合应用本章学过

的知识，再结合函数的周期性、奇偶性，比较完善地作出函数的图像.

作函数 $y=f(x)$ 的图像的基本步骤如下：

(1) 确定函数 $y=f(x)$ 的定义域，讨论周期性与奇偶性；

(2) 计算 $f'(x)$，$f''(x)$，确定函数的单调区间、极值点、凹凸区间以及拐点；

(3) 考察渐近线；

(4) 确定函数的特殊点，与两个坐标轴的交点、不连续点等；

(5) 根据以上讨论结果画出函数的图像.

**例 3**　作函数 $y=\dfrac{1}{\sqrt{2\pi}}e^{-\frac{x^2}{2}}$ 的图形.

**解**　(1) 函数 $y=f(x)=\dfrac{1}{\sqrt{2\pi}}e^{-\frac{x^2}{2}}$ 的定义域为$(-\infty,+\infty)$，同时 $f(x)$ 为偶函数，图像关于 $y$ 轴对称，因此只需讨论函数在$[0,+\infty)$ 上的图形.

(2) $f'(x)=-xe^{-\frac{x^2}{2}}$，$f''(x)=-(e^{-\frac{x^2}{2}}-x^2e^{-\frac{x^2}{2}})=e^{-\frac{x^2}{2}}(x^2-1)$，在$[0,+\infty)$ 上，$f'(x)$ 的零点为 $x=0$；$f''(x)$ 的零点为 $x=1$.现用 $x=0$，$x=1$ 把$[0,+\infty)$ 分成$[0,1]$ 和$[1,+\infty)$ 两个区间，列表讨论如下.

| $x$ | 0 | $(0,1)$ | 1 | $(1,+\infty)$ |
|---|---|---|---|---|
| $f'(x)$ | 0 | − | − | − |
| $f''(x)$ | − | − | 0 | + |
| $f(x)$ | 极大值$\dfrac{1}{\sqrt{2\pi}}$ | ↓∩ | 拐点$\left(1,\dfrac{1}{\sqrt{2\pi e}}\right)$ | ↓∪ |

(3) 由于 $\lim\limits_{x\to+\infty}y=0$，所以图像有水平渐近线 $y=0$；

(4) 综合以上讨论，再利用对称性，可画出函数在$(-\infty,+\infty)$ 上的图形(图 3-9).

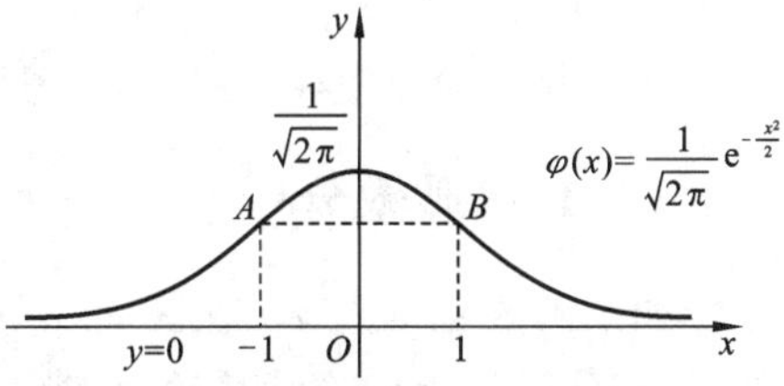

图 3-9

**例 4**　作函数 $y=\dfrac{4(x+1)}{x^2}-2$ 的图形.

**解**　(1) 函数 $y=\dfrac{4(x+1)}{x^2}-2$ 的定义域$(-\infty,0)\cup(0,+\infty)$.

(2) $f'(x)=-\dfrac{4(x+2)}{x^3}$，$f''(x)=\dfrac{8(x+3)}{x^4}$，在定义域内，$f'(x)$ 的零点为 $x=-2$；$f''(x)$ 的零点为 $x=-3$.现用 $x=-2$，$x=-3$ 把定义域分成$(-\infty,-3]$，$[-3,-2]$，$[-2,0)$，$(0,+\infty)$ 四个区间，列表讨论如下.

| $x$ | $(-\infty,-3)$ | $-3$ | $(-3,-2)$ | $-2$ | $(-2,0)$ | 0 | $(0,+\infty)$ |
|---|---|---|---|---|---|---|---|
| $f'(x)$ | − | − | − | 0 | + | 间断 | − |
| $f''(x)$ | − | 0 | + | + | + | 间断 | + |
| $f(x)$ | ↓∩ | 拐点$-2\dfrac{8}{9}$ | ↓∪ | 极小值$-3$ | ↑∪ | 间断 | ↓∪ |

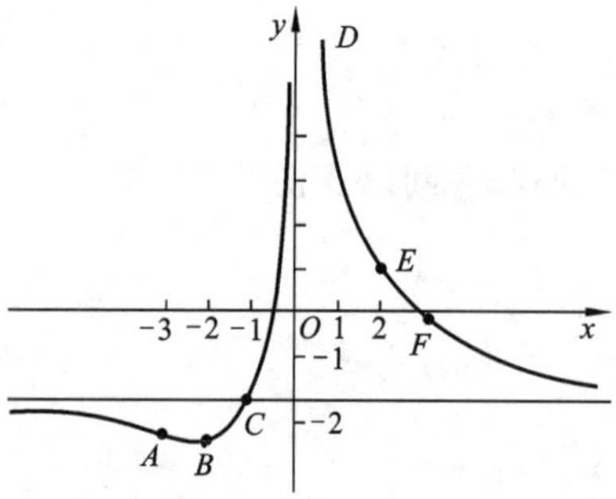


图 3-10

（3）由于 $\lim\limits_{x\to\infty}y=\lim\limits_{x\to\infty}\left[\frac{4(x+1)}{x^2}-2\right]=-2$，$\lim\limits_{x\to0}y=\lim\limits_{x\to0}\left[\frac{4(x+1)}{x^2}-2\right]=\infty$，所以图形有水平渐近线 $y=-2$ 和垂直渐近线 $x=0$.

（4）图形过点 $(-1,-2)$，$(1+\sqrt{3},0)$.

（5）综合以上讨论，可画出函数 $y=\frac{4(x+1)}{x^2}-2$ 的图形如图 3-10 所示.

## 练　习　3.6

1. 求下列曲线的渐近线：

（1）$f(x)=\ln(1+e^x)$；　　（2）$f(x)=x+\ln x$；

（3）$f(x)=\frac{x^2}{x+1}$；　　（4）$f(x)=\frac{8}{4-x^2}$.

2. 作下列函数的图像：

（1）$y=\frac{(x-3)^2}{4(x-1)}$；　　（2）$y=\frac{x}{1+x^2}$；

（3）$y=x^3-x^2-x+1$；　　（4）$y=xe^{-x}$.

# 3.7　曲　　率

在工程技术与生存实践中，常常要考虑曲线的弯曲程度，由此引入曲率的概念.

### 3.7.1　弧微分

如果函数 $y=f(x)$ 在区间 $(a,b)$ 内具有连续导数，则函数图形为一条处处有切线的曲线，且切线随切点的连续移动而连续转动，这样的曲线称为光滑曲线.

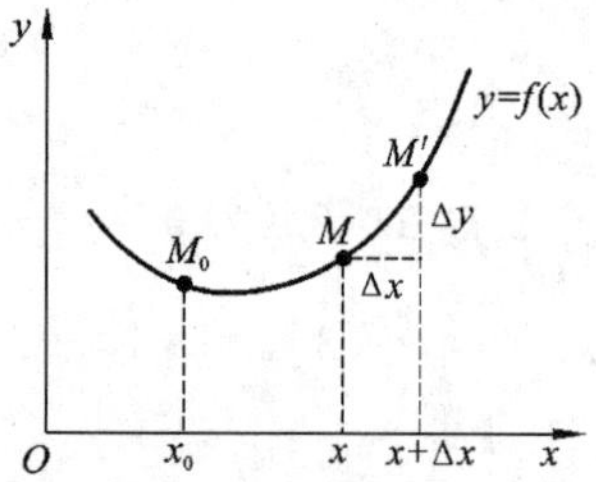


图 3-11

在光滑曲线 $C:y=f(x)$ 上取固定点 $M_0(x_0,y_0)(x_0\in(a,b))$ 作为度量曲线弧长的基点（图 3-11），并规定以 $x$ 增大的方向作为曲线的正向. 对于曲线上任一点 $M(x,y)$，弧 $\overset{\frown}{M_0M}$ 为一有方向的弧段，称为有向弧段，规定有向弧段 $\overset{\frown}{M_0M}$ 的值 $S$ 如下：$S$ 的绝对值为这段弧的长度，当有向弧段 $\overset{\frown}{M_0M}$ 的方向与曲线的正向一致时 $S>0$，当有向弧段 $\overset{\frown}{M_0M}$ 的方向与曲线的正向相反时 $S<0$. 显然 $S$ 与 $x$ 存在函数关系：$S=S(x)$，而且 $S(x)$ 是 $x$ 的单调增加函数.

设 $x$，$x+\Delta x$ 为 $(a,b)$ 内相邻的两个点，它们在曲线 $y=f(x)$ 对应的点为 $M$，$M'$，并设对应于 $x$ 的增量为 $\Delta x$，相应 $S$ 的增量为 $\Delta S$，那么

$$\Delta S=\overset{\frown}{M_0M'}-\overset{\frown}{M_0M}=\overset{\frown}{MM'},$$

于是

$$\left(\frac{\Delta S}{\Delta x}\right)^2=\left(\frac{\overset{\frown}{MM'}}{\Delta x}\right)^2=\left(\frac{\overset{\frown}{MM'}}{|MM'|}\right)^2\cdot\left(\frac{|MM'|}{\Delta x}\right)^2=\left(\frac{\overset{\frown}{MM'}}{|MM'|}\right)^2\cdot\frac{\Delta x^2+\Delta y^2}{\Delta x^2}$$

$$=\left(\frac{\overset{\frown}{MM'}}{|MM'|}\right)^2\left[1+\left(\frac{\Delta y}{\Delta x}\right)^2\right],$$

则

$$\frac{\Delta S}{\Delta x}=\pm\sqrt{\left(\frac{\overset{\frown}{MM'}}{|MM'|}\right)^2\left[1+\left(\frac{\Delta y}{\Delta x}\right)^2\right]},$$

当 $\Delta x\to 0$ 时取极限，由于 $\Delta x\to 0$ 时，$M'\to M$，此时 $\dfrac{\overset{\frown}{MM'}}{MM'}\to 1$，又 $\lim\limits_{\Delta x\to 0}\dfrac{\Delta y}{\Delta x}=y'$，故 $\dfrac{\mathrm{d}S}{\mathrm{d}x}=\pm\sqrt{1+y'^2}$.

由于 $S=S(x)$ 是单调增加函数，从而根号前应取正号，于是有弧微分公式

$$\mathrm{d}S=\sqrt{1+y'^2}\,\mathrm{d}x.$$

### 3.7.2 曲率及其计算公式

下面讨论如何用数量来描述曲线的弯曲程度.

如图 3-12 所示，弧段 $\overset{\frown}{M_1M_2}$ 比较直，当动点沿这弧段从 $M_1$ 移动到 $M_2$ 时，切线转过的角度 $\varphi_1$ 不大，而弧段 $\overset{\frown}{M_2M_3}$，切线转过的角度 $\varphi_2$ 就比较大，因此直观上看，弧段 $\overset{\frown}{M_2M_3}$ 弯曲得比 $\overset{\frown}{M_1M_2}$ 厉害.但切线转过的角度大小并不能完全反映曲线的弯曲程度，如图 3-13 所示，两弧段 $\overset{\frown}{M_1M_2}$ 和 $\overset{\frown}{N_1N_2}$ 切线转过的角度都是 $\varphi$，然而直观上弧段 $\overset{\frown}{N_1N_2}$ 弯曲得比 $\overset{\frown}{M_1M_2}$ 厉害，由此可见，曲线弧的弯曲程度还与弧段的长度有关.

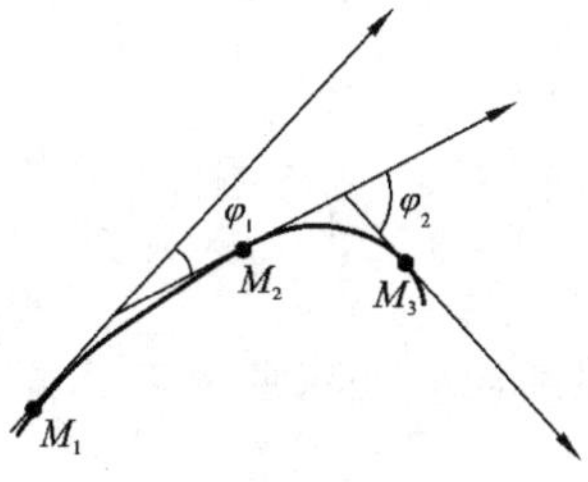

图 3-12

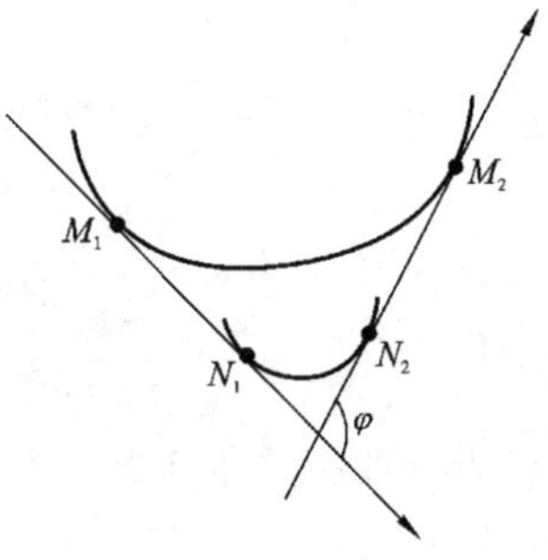

图 3-13

据以上分析，引入描述曲线弯曲程度的概念如下：

如图 3-14 所示，设曲线 $y=f(x)$ 是光滑的，在曲线上选定一点 $M_0(x_0,y_0)$ 作为度量弧 $S$ 的基点，设曲线上点 $M(x,y)$ 的弧为 $S$，$M(x,y)$ 处切线的倾角为 $\alpha$，曲线上另一点 $M'(x+\Delta x,y+\Delta y)$ 对应的弧为 $S+\Delta S$，点 $M'(x+\Delta x,y+\Delta y)$ 处的切线倾角为 $\alpha+\Delta\alpha$，则弧段 $\overset{\frown}{MM'}$ 的长度为 $|\Delta S|$，当动点从

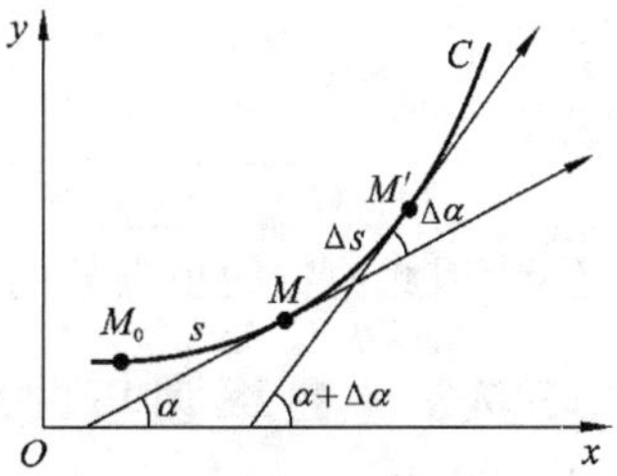

图 3-14

$M$ 移动到$M'$时切线转动的角度为$|\Delta\alpha|$,用比值$\left|\frac{\Delta\alpha}{\Delta S}\right|$,即单位弧段上切线转过的角度的大小来表达弧段$\widehat{MM'}$的平均弯曲程度,叫做弧段$\widehat{MM'}$的平均曲率.当$\Delta S\to 0$时,上述平均曲率的极限叫做曲线$y=f(x)$在$M(x,y)$处的曲率,记作$K$,即$K=\lim\limits_{\Delta S\to 0}\left|\frac{\Delta\alpha}{\Delta S}\right|$.

由于$\tan\alpha=y'$,故$\sec^2\alpha\cdot\frac{d\alpha}{dx}=y''$,即

$$\frac{d\alpha}{dx}=\frac{y''}{1+\tan^2\alpha}=\frac{y''}{1+y'^2},$$

于是
$$d\alpha=\frac{y''}{1+y'^2}dx,$$

再由弧段分公式$dS=\sqrt{1+y'^2}\,dx$ 得

$$k=\left|\frac{d\alpha}{dS}\right|=\frac{|y''|}{(1+y'^2)^{3/2}},$$

若曲线由参数方程$\begin{cases}x=\varphi(t)\\y=\psi(t)\end{cases}$给出,则利用参数方程得求导公式得

$$k=\frac{|\varphi'(t)\psi''(t)-\varphi''(t)\psi'(t)|}{[\varphi'(t)^2+\psi'(t)^2]^{3/2}}.$$

**例 1** 求直线$y=kx+b(k,b\in R)$上各点的曲率.

**解** 由$y=kx+b$得$y'=k,y''=0$,则直线$y=kx+b$上任一点$(x,y)$处的曲率为$k=\frac{|y''|}{(1+y'^2)^{3/2}}=0$,说明直线是不弯曲的.

**例 2** 求圆周$x^2+y^2=R^2$上任一点的曲率.

**解** 方程$x^2+y^2=R^2$两边对$x$求导得

$$2x+2yy'=0,\quad y'=-\frac{x}{y},$$

则
$$y''=-\frac{y-xy'}{y^2}=-\frac{x^2+y^2}{y^3}=-\frac{R^2}{y^3},$$

所以
$$k=\frac{|y''|}{(1+y'^2)^{3/2}}=\frac{|R^2/y^3|}{(R^2/y^2)^{3/2}}=\frac{1}{R}.$$

说明圆周上各点处曲率均等于圆半径的倒数,即圆周处处弯曲程度相同,并且半径越小,曲率越大,弯曲得越厉害.

**例 3** 抛物线$y=ax^2+bx+c$上哪一点处的曲率最大?

**解** 由$y=ax^2+bx+c$得

$$y'=2ax+b,\quad y''=2a,$$

因而$k=\frac{|2a|}{[1+(2ax+b)^2]^{3/2}}$,即当$x=-\frac{b}{2a}$时,$k$有最大值,当$x=-\frac{b}{2a}$所对应的点为抛物线的顶点,因此抛物线顶点处的曲率最大.

### 3.7.3 曲率圆与曲率半径

设曲线$y=f(x)$在点$M(x,y)$处的曲率为$k(k\neq 0)$,在点$M$处的曲线的法线上,在凹

的一侧取一点 $D$，使 $|DM|=\dfrac{1}{k}=\rho$. 以 $D$ 为圆心，$\rho$ 为半径作圆（图 3-15），这个圆叫做曲线在点 $M$ 处的曲率圆，曲率圆的圆心 $\rho$ 叫做曲线在 $M$ 处的曲率中心，曲率圆的半径 $\rho$ 叫做曲线在点 $M$ 处的曲率半径. 故曲率圆与曲线在点 $M$ 有相同的切线和曲率，且在点 $M$ 邻近有相同的凹向. 因此，在实际中，常常用曲率圆在点 $x$ 邻近的一段圆弧来近似代替曲线弧，以使问题简化.

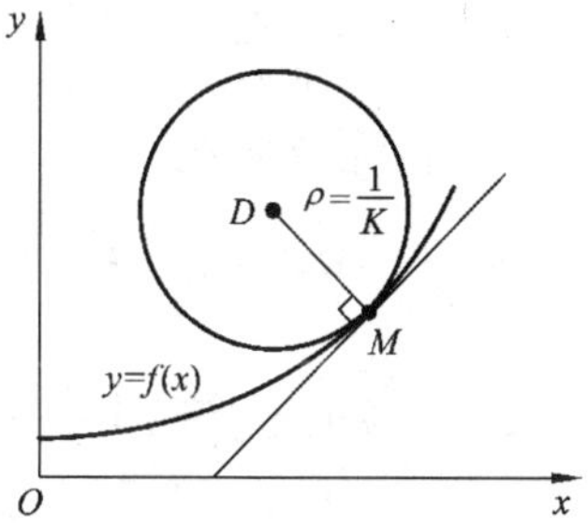

图 3-15

## 练　　习　3.7

1. 计算等边双曲线 $xy=1$ 在点 $(1,1)$ 处的曲率.
2. 求抛物线 $y=x^2+x$ 在 $(0,0)$ 处的曲率半径.
3. 曲线 $x=a\cos^3 t, y=a\sin^3 t$ 在 $t=t_0$ 相应点处的曲率.
4. 求曲线 $y=\ln\sec x$ 在点 $(x,y)$ 处的曲率及曲率半径.

# 本章知识小结

## 一、微分中值定理

1. 罗尔中值定理.

设函数 $f(x)$ 在闭区间 $[a,b]$ 上连续，在开区间 $(a,b)$ 内可导，且 $f(a)=f(b)$，则存在 $\xi\in(a,b)$，使得 $f'(\xi)=0$.

2. 拉格朗日中值定理.

设函数 $f(x)$ 在闭区间 $[a,b]$ 上连续，在开区间 $(a,b)$ 内可导，则存在 $\varepsilon\in(a,b)$，使得

$$f'(\xi)=\frac{f(b)-f(a)}{b-a} \text{ 或 } f(b)-f(a)=f'(\xi)(b-a).$$

**推论 1**　如果 $f(x)$ 在区间 $I$ 上的导数恒为 0，则 $f(x)$ 在区间 $I$ 上是一个常数.

**推论 2**　如果函数 $f(x)$，$g(x)$ 在区间 $I$ 上可微，且 $f'(x)\equiv g'(x)$，则在 $I$ 上有

$$f(x)=g(x)+C,\quad C \text{ 是常数}.$$

3. 柯西中值定理.

设函数 $f(x)$ 和 $g(x)$ 在闭区间 $[a,b]$ 上连续，在开区间 $(a,b)$ 内可导，且 $g'(x)\neq 0$，则存在 $\xi\in(a,b)$，使得

$$\frac{f(a)-f(b)}{g(a)-g(b)}=\frac{f'(\xi)}{g'(\xi)}.$$

4. 泰勒定理.

(1) 拉格朗日型余项的 $n$ 阶泰勒公式：

$$f(x)=f(x_0)+f'(x_0)(x-x_0)+\frac{f''(x_0)}{2!}(x-x_0)^2+\cdots+\frac{f^{(n)}(x_0)}{n!}(x-x_0)^n+R_n(x),$$

其中 $R_n(x)=\dfrac{f^{(n+1)}(\xi)}{(n+1)!}(x-x_0)^{n+1}$（$\xi$ 介于 $x_0$ 与 $x$ 之间）.

(2) 麦克劳林公式：

$$f(x)=f(0)+f'(0)x+\frac{f''(0)}{2!}x^2+\cdots+\frac{f^{(n)}(0)}{n!}x^n+o(x^n).$$

## 二、洛必达法则 —— 求不定式的极限

1. 法则 1$\left(\dfrac{0}{0}\text{型}\right)$.

设(1)$\lim f(x)=0,\lim g(x)=0$;(2)$f(x)$ 和 $g(x)$ 可导，且 $g'(x)\neq 0$；(3)$\lim\dfrac{f'(x)}{g'(x)}=A$（或 $\infty$），则 $\lim\dfrac{f(x)}{g(x)}=\lim\dfrac{f'(x)}{g'(x)}=A$（或 $\infty$）.

**注** 若 $\lim\dfrac{f'(x)}{g'(x)}$ 不存在且不为 $\infty$,需用其他方法计算 $\lim\dfrac{f(x)}{g(x)}$.

2. 法则 2$\left(\dfrac{\infty}{\infty}\text{型}\right)$.

设(1)$\lim f(x)=\infty,\lim g(x)=\infty$;(2)$f(x)$ 和 $g(x)$ 可导，且 $g'(x)\neq 0$；

(3) $\lim\dfrac{f'(x)}{g'(x)}=A$（或 $\infty$），则

$$\lim\frac{f(x)}{g(x)}=\lim\frac{f'(x)}{g'(x)}=A(\text{或}\ \infty).$$

3. 其他类型的不定式主要有 $0\cdot\infty,\infty-\infty,0^0,\infty^0,1^\infty$ 等，先转化为$\dfrac{0}{0}$型或$\dfrac{\infty}{\infty}$型，再用洛必达法则.

## 三、函数单调性和极值

1. 函数单调性的判别法.

设函数 $y=f(x)$ 在区间 $I$ 内可导，

(1) 若恒有 $f'(x)>0$，则函数 $y=f(x)$ 在区间 $I$ 上单调增加；

(2) 若恒有 $f'(x)<0$，则函数 $y=f(x)$ 在区间 $I$ 上单调减少.

利用 $f(x)$ 的单调性，可证明不等式和讨论方程根的情况. 例如，设 $f(x)$ 在$[a,+\infty)$ 上连续，在$(a,+\infty)$ 内可导，且 $f'(x)>0$，又 $f(a)=0$，则当 $x>a$ 时，恒有 $f(x)>0$.

2. 极值存在的必要条件.

设函数 $f(x)$ 在点 $x_0$ 处可导，且在点 $x_0$ 处取得极值，则 $f'(x_0)=0$.

$f'(x_0)=0$ 的点称为 $f(x)$ 的驻点. 可导的极值点必定是驻点，而驻点不一定是极值点. 极值点只能在驻点和不可导点之中产生.

3. 极值判别法(Ⅰ).

设 $f(x)$ 在点 $x_0$ 的邻域内连续，在 $x_0$ 的左右邻域内可导，

(1) 若在 $x_0$ 的左侧 $f'(x)>0$，在 $x_0$ 的右侧 $f'(x)<0$，则 $f(x)$ 在点 $x_0$ 处取得极大值；

(2) 若在 $x_0$ 的左侧 $f'(x)<0$，在 $x_0$ 的右侧 $f'(x)>0$，则 $f(x)$ 在点 $x_0$ 处取得极小值；

(3) 若在 $x_0$ 的两侧 $f'(x)$ 符号相同，则 $f(x)$ 在点 $x_0$ 处没有极值.

4. 极值判别法(II).

设 $f(x)$ 在点 $x_0$ 处有二阶导数且 $f'(x_0)=0, f''(x_0)\neq 0$,则

(1) 当 $f''(x_0)<0$ 时，$f(x)$ 在点 $x_0$ 处取得极大值；

(2) 当 $f''(x_0)>0$ 时，$f(x)$ 在点 $x_0$ 处取得极小值.

## 四、函数的最大值与最小值

1. 闭区间$[a,b]$上连续函数 $f(x)$ 的最大值 $M$ 和最小值 $m$ 的求法.

(1) 求出 $f(x)$ 在$(a,b)$内的所有驻点和不可导点；

(2) 求以上点的函数值和 $f(a),f(b)$，比较大小，其中最大的就是最大值 $M$，最小的就是最小值 $m$.

2. 开区间$(a,b)$内连续函数 $f(x)$ 的最大值 $M$ 和最小值 $m$ 问题.

若 $f(x)$ 在$(a,b)$内有最大值(或最小值)，且 $f(x)$ 在$(a,b)$内只有一个可能取得极值的点 $x_0$，则 $f(x_0)$ 就是最大值(或最小值).

3. 最值问题(最大值、最小值的应用题).

先列出目标函数及其需要考察的区间，再求出目标函数在区间内的最大(小)值.

## 五、函数图形的凹凸性、拐点及渐近性

1. 函数凹凸性的判别法.

设函数 $f(x)$ 在区间 $I$ 内二阶可导，

(1) 若在 $I$ 内 $f''(x)>0$，则曲线 $y=f(x)$ 在 $I$ 上是凹弧；

(2) 若在 $I$ 内 $f''(x)<0$，则曲线 $y=f(x)$ 在 $I$ 上是凸弧.

2. 拐点：连续曲线上凹弧与凸弧的分界点.

拐点必须用坐标点表示，即必须指出拐点的横坐标和纵坐标.

3. 渐近线.

(1) 若 $\lim\limits_{x\to+\infty}f(x)=b$ 或 $\lim\limits_{x\to-\infty}f(x)=b$，则 $y=b$ 为曲线 $y=f(x)$ 的水平渐近线；

(2) 若 $\lim\limits_{x\to a^-}f(x)=\infty$ 或 $\lim\limits_{x\to a^+}f(x)=\infty$，则 $x=a$ 为曲线 $y=f(x)$ 的垂直渐近线.

(3) 若 $\lim\limits_{x\to\pm\infty}\dfrac{f(x)}{x}=a\neq 0$, $\lim\limits_{x\to\pm\infty}(f(x)-ax)=b$，则 $y=ax+b$ 为曲线 $y=f(x)$ 的斜渐近线.

## 六、边际分析和弹性分析

1. 称 $f'(x_0)$ 为 $f(x)$ 在 $x=x_0$ 处的边际函数值.

常见的边际函数有：

(1) 边际成本函数 $C'(Q)$. 边际成本值 $C'(Q_0)$ 的意义：当产量达到 $Q_0$ 时，再多生产一个单位产品所添加的成本；

(2) 边际收入函数 $R'(Q)$. 边际收入值 $R'(Q_0)$ 的意义：当销售 $Q_0$ 单位产品后，再多销售一个单位商品所增加的收入；

(3) 边际利润函数 $L'(Q)$. 边际利润值 $L'(Q_0)$ 的意义：当销售 $Q_0$ 单位产品后，再多销售一个单位商品所改变的利润；

(4) 边际需求函数 $Q'(P)$. 边际利润值 $Q'(P_0)$ 的意义：当价格在 $P_0$ 时，再上涨(或下降)一个单位所减少(或增加)的需求量.

2. 需求弹性.

$\eta = P \cdot \dfrac{f'(P)}{f(P)}$ 表示在价格为 $P$ 时，价格变动 1%，需求量将变化 $\eta$%.

## 历年考研真题选讲

**例 1** (**2003 年,数三**) 设函数 $f(x)$ 在 $[0,3]$ 上连续,在 $(0,3)$ 内可导,且 $f(0)+f(1)+f(2)=3$，$f(3)=1$.试证必存在 $\xi \in (0,3)$,使 $f'(\xi)=0$.

**解** 因为 $f(x)$ 在 $[0,3]$ 上连续,所以 $f(x))$ 在 $[0,2]$ 上连续,且在 $[0,2]$ 上必有最大值 $M$ 和最小值 $m$,于是

$$m \leqslant f(0) \leqslant M, m \leqslant f(1) \leqslant M, m \leqslant f(2) \leqslant M.$$

故

$$m \leqslant \frac{f(0)+f(1)+f(2)}{3} \leqslant M$$

由介值定理知,至少存在一点 $c \in [0,2]$,使

$$f(c)=\frac{f(0)+f(1)+f(2)}{3}=1.$$

因为 $f(c)=1=f(3)$，且 $f(x)$ 在 $[c,3]$ 上连续,在 $(c,3)$ 内可导,所以由罗尔中值定理知,必存在 $\xi \in (c,3) \subset (0,3)$,使 $f'(\xi)=0$.

**例 2** (**2004 年,数三**) 求 $\lim\limits_{x\to 0}\left(\dfrac{1}{\sin^2 x}-\dfrac{\cos^2 x}{x^2}\right)$.

**解**

$$\lim_{x\to 0}\left(\frac{1}{\sin^2 x}-\frac{\cos^2 x}{x^2}\right)=\lim_{x\to 0}\frac{x^2-\sin^2 x\ \cos^2 x}{x^2\ \sin^2 x}=\lim_{x\to 0}\frac{x^2-\frac{1}{4}\sin^2 2x}{x^4}$$

$$=\lim_{x\to 0}\frac{2x-\frac{1}{2}\sin 4x}{4x^3}=\lim_{x\to 0}\frac{1-\cos 4x}{6x^2}$$

$$=\lim_{x\to 0}\frac{\frac{1}{2}(4x)^2}{6x^2}=\frac{4}{3}.$$

**例 3** (**2006 年,数三**) 设 $f(x,y)=\dfrac{y}{1+xy}-\dfrac{1-y\sin\frac{\pi x}{y}}{\arctan x}$，$x>0$，$y>0$,求

(Ⅰ) $g(x)=\lim\limits_{y\to+\infty} f(x,y)$；(Ⅱ) $\lim\limits_{x\to 0^+} g(x)$.

**解** (Ⅰ) $g(x)=\lim\limits_{y\to+\infty} f(x,y)=\lim\limits_{y\to\infty}\left(\dfrac{y}{1+xy}-\dfrac{1-y\sin\frac{\pi x}{y}}{\arctan x}\right)$

$$=\lim_{y\to\infty}\left(\frac{1}{\frac{1}{y}+x}-\frac{1-\frac{\sin\frac{\pi x}{y}}{\frac{1}{y}}}{\arctan x}\right)=\frac{1}{x}-\frac{1-\pi x}{\arctan x}.$$

(II) $\lim\limits_{x\to 0^+}g(x)=\lim\limits_{x\to 0^+}\left(\frac{1}{x}-\frac{1-\pi x}{\arctan x}\right)=\lim\limits_{x\to 0^+}\frac{\arctan x-x+\pi x^2}{x\arctan x}$（通分）

$$=\lim_{x\to 0^+}\frac{\arctan x-x+\pi x^2}{x^2}=\lim_{x\to 0^+}\frac{\frac{1}{1+x^2}-1+2\pi x}{2x}$$

$$=\lim_{x\to 0^+}\frac{-x^2+2\pi x(1+x^2)}{2x}=\pi.$$

**例 4**　(**2008 年,数三**) 求极限$\lim\limits_{x\to 0}\frac{1}{x^2}\ln\frac{\sin x}{x}$.

**解**　**方法一**： $\lim\limits_{x\to 0}\frac{1}{x^2}\ln\frac{\sin x}{x}=\lim\limits_{x\to 0}\frac{1}{x^2}\ln\left(1+\frac{\sin x}{x}-1\right)$

$$=\lim_{x\to 0}\frac{\sin x-x}{x^3}=\lim_{x\to 0}\frac{\cos x-1}{3x^2}=-\lim_{x\to 0}\frac{\sin x}{6x}=-\frac{1}{6}.$$

**方法二**：$\lim\limits_{x\to 0}\frac{1}{x^2}\ln\frac{\sin x}{x}\overset{\text{洛必达法则}}{=\!=\!=}\lim\limits_{x\to 0}\frac{x\cos x-\sin x}{2x^2\sin x}=\lim\limits_{x\to 0}\frac{x\cos x-\sin x}{2x^3}$

$$\overset{\text{洛必达法则}}{=\!=\!=}\lim_{x\to 0}\frac{-x\sin x}{6x^2}=-\frac{1}{6}.$$

**例 5**　(**2011 年,数三**) 证明方程 $4\arctan x-x+\frac{4\pi}{3}-\sqrt{3}=0$ 恰有两个实根.

**证**　令 $f(x)=4\arctan x-x+\frac{4\pi}{3}-\sqrt{3}$,则

$$f'(x)=\frac{4}{1+x^2}-1=0\Rightarrow x=\pm\sqrt{3}\text{(图 3-16)},$$

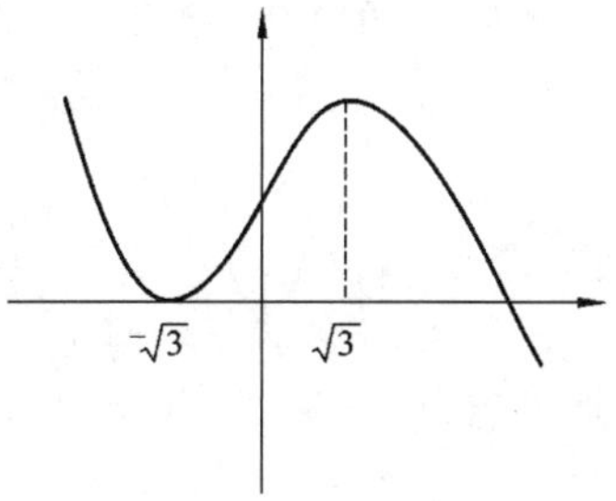

图 3-16

当 $x\in(-\infty,-\sqrt{3})$ 时,$f'(x)<0$,$f(x)$ 单调递减;
当 $x\in(-\sqrt{3},\sqrt{3})$ 时,$f'(x)>0$,$f(x)$ 单调递增;
当 $x\in(\sqrt{3},+\infty)$ 时,$f'(x)<0$,$f(x)$ 单调递减;
又因为

$$f(-\sqrt{3})=4\arctan(-\sqrt{3})-(-\sqrt{3})+\frac{4\pi}{3}-\sqrt{3}=0.$$

所以 $x=-\sqrt{3}$ 是函数 $f(x)$ 在$(-\infty,\sqrt{3})$上唯一的零点.

又因为　$f(\sqrt{3})=4\arctan\sqrt{3}-\sqrt{3}+\frac{4\pi}{3}-\sqrt{3}=\frac{8\pi}{3}-2\sqrt{3}>0$,

且　$\lim\limits_{x\to+\infty}f(x)=\lim\limits_{x\to+\infty}\left(4\arctan x-x+\frac{4\pi}{3}-\sqrt{3}\right)=-\infty.$

故由零点定理可知,$\exists x_0\in(\sqrt{3},+\infty)$,使 $f(x_0)=0$,

综合可知方程 $4\arctan x - x + \dfrac{4\pi}{3} - \sqrt{3} = 0$ 恰有两个实根.

**例 6** （**2012 年，数三**）计算 $\lim\limits_{x\to 0}\dfrac{e^{x^2} - e^{2-2\cos x}}{x^4}$.

**解**

$$\lim_{x\to 0}\frac{e^{x^2} - e^{2-2\cos x}}{x^4} = \lim_{x\to 0} e^{2-2\cos x}\lim_{x\to 0}\frac{e^{x^2-2+2\cos x} - 1}{x^4} = \lim_{x\to 0}\frac{x^2 - 2 + 2\cos x}{x^4}$$

$$= \lim_{x\to 0}\frac{x^2 - 2 + 2\left(1 - \dfrac{x^2}{2} + \dfrac{x^4}{4!} + o(x^2)\right)}{x^4} = \lim_{x\to 0}\frac{\dfrac{x^4}{12} + o(x^2)}{x^4} = \frac{1}{12}.$$

**例 7** （**2015 年，数二**）设函数 $f(x) = x + a\ln(1+x) + bx\sin x$，$g(x) = c = kx^3$.若 $f(x)$ 与 $g(x)$ 在 $x \to 0$ 时是等价无穷小，求 $a,b,k$ 的值.

**解** 因为 $\ln(1+x) = x - \dfrac{x^2}{2} + \dfrac{x^3}{3} + o(x^3)$，$\sin x = x - \dfrac{x^3}{3!} + o(x^3)$，所以

$$1 = \lim_{x\to 0}\frac{f(x)}{g(x)} = \lim_{x\to 0}\frac{x + a\ln(1+x) + bx\sin x}{kx^3}$$

$$= \lim_{x\to 0}\frac{(1+a)x + \left(b - \dfrac{a}{2}\right)x^2 + \dfrac{a}{3}x^3 + o(x^3)}{kx^3}.$$

**例 8** （**2016 年，数三**）求极限 $\lim\limits_{x\to 0}(\cos 2x + 2x\sin x)^{\frac{1}{x^4}}$.

**解**

$$\lim_{x\to 0}(\cos 2x + 2x\sin x)^{\frac{1}{x^4}} = \lim_{x\to 0} e^{\ln(\cos 2x + 2x\sin x)\frac{1}{x^4}}$$

$$= \lim_{x\to 0} e^{\frac{\ln(\cos 2x + 2x\sin x)}{x^4}} = \lim_{x\to 0} e^{\frac{\cos 2x + 2x\sin x - 1}{x^4}} = \lim_{x\to 0} e^{\frac{\ln[1 + (\cos 2x + 2x\sin x - 1)]}{x^4}}$$

$$= \lim_{x\to 0} e^{\frac{1 - \frac{4x^2}{2} + \frac{2^4x^4}{4!} + 2x\left(x - \frac{x^3}{3!}\right) - 1 + o(x^4)}{x^4}} = e^{\frac{1}{3}}.$$

**例 9** （**2017 年，数二**）已知 $y(x)$ 由方程 $x^3 + y^3 - 3x + 3y - 2 = 0$ 确定，求 $y(x)$ 的极值.

**解** 方程 $x^3 + y^3 - 3x + 3y - 2 = 0$ 两端同时对 $x$ 求一阶导和二阶导，有

$$3x^2 + 3y^2y' - 3 + 3y' = 0,$$

$$6x + 6y(y')^2 + 3y^2y'' + 3y'' = 0.$$

在 $3x^2 + 3y^2y' - 3 + 3y' = 0$ 式中令 $y' = 0$，得 $x = -1$ 或 $x = 1$.由极值的必要条件可知，极值点可能为 $x = -1$，$x = 1$.当 $x$ 分别取 $-1$ 和 $1$ 时，由 $x^3 + y^3 - 3x + 3y - 2 = 0$，得 $y(-1) = 0$，$y(1) = 1$.将 $x = -1$，$y(-1) = 0$ 及 $y'(-1) = 0$ 代入 $6x + 6y(y')^2 + 3y^2y'' + 3y'' = 0$ 式，得 $y''(-1) = 2$.因为 $y'(-1) = 0$，$y''(-1) = 2 > 0$，根据极值的第二充分条件，$y(-1) = 0$ 是 $y(x)$ 的极小值.将 $x = 1$，$y(1) = 1$ 及 $y'(1) = 0$ 代入 $6x + 6y(y')^2 + 3y^2y'' + 3y'' = 0$ 式，得 $y''(1) = -1$.因为 $y'(1) = 0$，$y''(1) = -1 < 0$，根据极值的第二充分条件，$y(1) = 1$ 是 $y(x)$ 的极大值.

**例 10** （**2018 年，数二**）若 $\lim\limits_{x\to 0}(e^x + ax^2 + bx)^{\frac{1}{x^2}} = 1$，则（　　）.

A. $a = \dfrac{1}{2}, b = -1$　　　　B. $a = -\dfrac{1}{2}, b = -1$

C. $a = \dfrac{1}{2}, b = 1$　　　　D. $a = -\dfrac{1}{2}, b = 1$

**解** 由已知有原极限等于

$$\lim_{x\to 0}\left[1+(e^x+ax^2+bx-1)\right]^{\frac{1}{e^x+ax^2+bx-1}\cdot\frac{e^x+ax^2+bx-1}{x^2}}=e^{\lim\limits_{x\to 0}\frac{e^x+ax^2+bx-1}{x^2}}=e^{\lim\limits_{x\to 0}\frac{e^x+2ax+b}{2x}}=1,$$

所以，$\lim\limits_{x\to 0}(e^x+2ax+b)=1+b=0$，即 $b=-1$，则原极限等于

$$e^{\lim\limits_{x\to 0}\frac{e^x+2ax-1}{2x}}=e^{\lim\limits_{x\to 0}\frac{e^x+2a}{2}}=e^{\frac{1+2a}{2}}=1$$

所以，$\dfrac{1+2a}{2}=0$，即 $a=-\dfrac{1}{2}$.

**例 11** （**2018年，数一、二、三**）设数列$\{x_n\}$满足：$x_1>0$，$x_ne^{x_{n+1}}=e^{x_n}-1(n=1,2,\cdots)$. 证明$\{x_n\}$收敛，并求$\lim\limits_{n\to\infty}x_n$.

**解** 因为 $x_1>0$，则 $e^{x_2}=\dfrac{e^{x_1}-1}{x_1}$，当 $x>0$ 时，$e^x=1+x+\dfrac{x^2}{2!}+\dfrac{x^3}{3!}+\cdots$，所以 $e^x-1=+x+\dfrac{x^2}{2!}+\dfrac{x^3}{3!}+\cdots$，故 $e^{x_1}-1\geqslant x_1\Rightarrow e^{x_2}>1\Rightarrow x_2>0$，$e^{x_3}=\dfrac{e^{x_2}-1}{x_2}$ 得 $x_3>0$，以此类推可以得到 $x_n>0$，又 $e^{x_{n+1}}=\dfrac{e^{x_n}-1}{x_n}=\dfrac{e^{x_n}-e^0}{x_n}\xrightarrow{\exists\xi_n\in(0,x_n)}\dfrac{e^{\xi_n}x_n}{x_n}=e^{\xi_n}<e^{x_n}$，从而可以得到 $x_{n+1}<x_n$，所以数列$\{x_n\}$单调递减有下界$(x_n>0)$. 由单调有界定理知$\lim\limits_{n\to\infty}x_n$ 存在，不妨设 $x=\lim\limits_{n\to\infty}x_n$，则$\lim\limits_{n\to\infty}x_ne^{x_{n+1}}=\lim\limits_{n\to\infty}e^{x_n}-1$，$xe^x=e^x-1\Rightarrow x=0$，从而$\lim\limits_{n\to\infty}x_n=0$.

**例 12** （**2019年，数二**）当 $x\to 0$ 时，若 $x-\tan x$ 与 $x^k$ 是同阶无穷小，则 $k=$________.

**解** $\lim\limits_{x\to 0}\dfrac{x-\tan x}{x^k}=\lim\limits_{x\to 0}\dfrac{x-\left(x+\dfrac{x^3}{3}+o(x^3)\right)}{x^k}=\lim\limits_{x\to 0}\dfrac{-\dfrac{x^3}{3}+o(x^3))}{x^k}=-\dfrac{1}{3}\neq 0\Rightarrow k=3$.

**例 13** （**2019年，数二**）$\lim\limits_{x\to 0}(x+2^x)^{\frac{2}{x}}=$________.

**解** $\lim\limits_{x\to 0}(x+2^x)^{\frac{2}{x}}\overset{1^\infty}{=}e^{\lim\limits_{x\to 0}\frac{2\ln(x+2^x)}{x}}\overset{\frac{0}{0}}{=}e^{2\lim\limits_{x\to 0}\frac{1+2^x\ln 2}{x+2^x}}=e^{2(1+\ln 2)}=4e^2$.

**例 14** （**2019年，数二**）已知函数 $f(x)=\begin{cases}x^{2x}, & x>0,\\ xe^x+1, & x\leqslant 0.\end{cases}$ 求 $f'(x)$，并求 $f(x)$ 的极值.

**解** $f'_+(0)=\lim\limits_{x\to 0^+}\dfrac{f(x)-f(0)}{x-0}=\lim\limits_{x\to 0^+}\dfrac{x^{2x}-1}{x}\overset{\frac{0}{0}}{=}\lim\limits_{x\to 0^+}2x^{2x}(\ln x+1)=\infty$，故 $f'(0)$ 不存在. 因此

$$f'(x)=\begin{cases}2x^{2x}(\ln x+1), & x>0,\\ (x+1)e^x, & x<0,\end{cases}\quad f'(x)=0\Rightarrow x=\frac{1}{e},x=-1.$$

| $x$ | $(-\infty,-1)$ | $-1$ | $(-1,0)$ | $0$ | $\left(0,\frac{1}{e}\right)$ | $\left(\frac{1}{e}\right)$ | $\left(\frac{1}{e},+\infty\right)$ |
|---|---|---|---|---|---|---|---|
| $f'(x)$ | $-$ | $0$ | $+$ | 不存在 | $-$ | $0$ | $+$ |
| $f(x)$ | | 极小值 | | 极大值 | | 极小值 | |

极小值为 $f(-1)=1-\dfrac{1}{e}$，$f\left(\dfrac{1}{e}\right)=\left(\dfrac{1}{e}\right)^{\frac{2}{e}}=e^{-\frac{2}{e}}$，极大值为 $f(0)=1$.

**例 15** （**2020年，数二**）求曲线 $y=\dfrac{x^{1+x}}{(1+x)^x}(x>0)$ 的斜渐近线方程.

**解** 由斜渐近线 $y=kx+b$，可求得

$$k=\lim_{x\to\infty}\frac{f(x)}{x}=\lim_{x\to\infty}\frac{x^x}{(1+x)^x}=\lim_{x\to\infty}\frac{1}{\left(1+\frac{1}{x}\right)^x}=\frac{1}{\mathrm{e}},$$

$$b=\lim_{x\to\infty}[f(x)-kx]=\lim_{x\to\infty}\left[\frac{x^{x+1}}{(1+x)^x}-\frac{x}{\mathrm{e}}\right]=\lim_{x\to\infty}x\left[\frac{1}{\left(1+\frac{1}{x}\right)^x}-\frac{1}{\mathrm{e}}\right]$$

$$\xlongequal{x=\frac{1}{t}}\lim_{t\to0^+}\frac{(1+t)^{-\frac{1}{t}}-\frac{1}{\mathrm{e}}}{t}=\lim_{t\to0^+}-(1+t)^{-\frac{1}{t}}\frac{\frac{1}{1+t}-\ln(1+t)}{t^2}$$

$$=\lim_{t\to0^+}-(1+t)^{-\frac{1}{t}}\frac{t(1-t+o(t))-\left(t-\frac{t^2}{2}+o(t^2)\right)}{t^2}=\frac{1}{2\mathrm{e}},$$

故斜渐进线为 $y=\frac{x}{\mathrm{e}}+\frac{1}{2\mathrm{e}}$.

**例 16** （**2021 年，数二**）设函数 $f(x)=\frac{x|x|}{1+x}$，求函数 $f(x)$ 的凹凸性及渐近线

**解** 
$$f(x)=\begin{cases}-\frac{x^2}{1+x}, & x<0\\ \frac{x^2}{1+x}, & x\geqslant 0\end{cases}\Rightarrow f'(x)=\begin{cases}-\frac{2x+x^2}{(1+x)^2}, & x<0,\\ \frac{2x+x^2}{1+x}, & x\geqslant0,\end{cases}$$

当 $x\neq0$ 时 $f''(x)=\begin{cases}-\frac{2}{(1+x)^3}, & x<0,\\ \frac{2}{(1+x)^3}, & x\geqslant0,\end{cases}$ 所以

$$f''_+(0)=\lim_{x\to0^+}f''(x)=\lim_{x\to0^+}\frac{2}{(1+x)^3}=2,$$

$$f''_-(0)=\lim_{x\to0^-}f''(x)=\lim_{x\to0^+}-\frac{2}{(1+x)^3}=-2.$$

$2\neq-2\Rightarrow f''(x)$ 不存在，又 $f''(-1)$ 不存在.由

$$k_1=\lim_{x\to+\infty}\frac{f(x)}{x}=\lim_{x\to+\infty}\frac{x}{1+x}=1,$$

$$b_1=\lim_{x\to+\infty}[f(x)-k_1x]=\lim_{x\to+\infty}[f(x)-x]=\lim_{x\to+\infty}\frac{-x}{1+x}=-1\Rightarrow y=x-1 \text{ 为斜渐近线}$$

$$k_2=\lim_{x\to-\infty}\frac{f(x)}{x}=\lim_{x\to-\infty}-\frac{x}{1+x}=-1,$$

$$b_2=\lim_{x\to-\infty}[f(x)-k_2x]=\lim_{x\to-\infty}[f(x)-x]=\lim_{x\to-\infty}\frac{x}{1+x}=1,$$

可得 $y=-x+1$ 为另一条斜渐近线.综上，渐近线为 $x=-1$，$y=x-1$，$y=-x+1$.

**例 17** （**2022 年，数二**）$\lim_{x\to0}\left(\frac{1+\mathrm{e}^x}{2}\right)^{\cot x}=$ ________.

**解** $\lim_{x\to0}\left(\frac{1+\mathrm{e}^x}{2}\right)^{\cot x}=\mathrm{e}^{\lim_{x\to0}\cot x\left(\frac{1+\mathrm{e}^x}{2}-1\right)}=\mathrm{e}^{\lim_{x\to0}\frac{\mathrm{e}^x-1}{2\tan x}}=\mathrm{e}^{\frac{1}{2}}$.

**例 18**　(**2023 年,数二**) $y=x\ln\left(\mathrm{e}+\frac{1}{x-1}\right)$ 的斜渐近线方程是 ________.

**解**
$$k=\lim_{x\to\infty}\frac{y}{x}=\lim_{x\to\infty}\frac{x\ln\left(\mathrm{e}+\frac{1}{x-1}\right)}{x}=\lim_{x\to\infty}\ln\left(\mathrm{e}+\frac{1}{x-1}\right)=1,$$
$$b=\lim_{x\to\infty}(y-kx)=\lim_{x\to\infty}\left[x\ln\left(\mathrm{e}+\frac{1}{x-1}\right)-x\right]$$
$$=\lim_{x\to\infty}x\left[\ln\left(\mathrm{e}+\frac{1}{x-1}\right)-1\right]$$
$$=\lim_{x\to\infty}x\ln\left[1+\frac{1}{\mathrm{e}(x-1)}\right]=\lim_{x\to\infty}\frac{x}{\mathrm{e}(x-1)}=\frac{1}{\mathrm{e}},$$
所以斜渐近线方程为 $y=x+\frac{1}{\mathrm{e}}$.

**例 19**　(**2023 年,数二**) 当 $x\to 0$ 时,函数 $f(x)=ax+bx^2+\ln(1+x)$ 与 $g(x)=\mathrm{e}^{x^2}-\cos x$ 是等价无穷小,则 $ab=$ ________.

**解**　由
$$\lim_{x\to 0}\frac{f(x)}{g(x)}=\lim_{x\to 0}\frac{ax+bx^2+\ln(1+x)}{\mathrm{e}^{x^2}-\cos x}$$
$$=\frac{ax+bx^2+x-\frac{1}{2}x^2+o(x^2)}{1+x^2+o(x^2)-\left[1-\frac{1}{2}x^2+o(x^2)\right]}=1$$
可得 $a+1=0,b-\frac{1}{2}=\frac{3}{2}$,即 $a=-1,b=2,ab=-2$.故答案为 $-2$.

**例 20**　(**2023 年,数二、三**) 设函数 $f(x)$ 在 $[-a,a]$ 上具有 2 阶连续导数,证明:

(I) 若 $f(0)=0$,则存在 $\xi\in(-a,a)$,使得 $f''(\xi)=\frac{1}{a^2}[f(a)+f(-a)]$.

(II) 若 $f(x)$ 在 $(-a,a)$ 内取得极值,则存在 $\eta\in(-a,a)$,使得
$$|f''(\eta)|\geqslant\frac{1}{2a^2}|f(a)-f(-a)|.$$

**证**　(I) $f(x)=f(0)+f'(0)x+\frac{f''(\eta)}{2!}x^2=f'(0)x+\frac{f''(\eta)}{2!}x^2$,$\eta$ 介于 0 与 $x$ 之间,则
$$f(a)=f'(0)a+\frac{f'(\eta_1)}{2!}a^2,0<\eta_1<a, \tag{①}$$
$$f(-a)=f'(0)(-a)+\frac{f'(\eta_2)}{2!}a^2,-a<\eta_2<0. \tag{②}$$
由 ① 式 + ② 式得
$$f(a)+f(-a)=\frac{a^2}{2}[f''(\eta_1)+f''(\eta_2)]. \tag{③}$$
又 $f''(x)$ 在 $[\eta_2,\eta_1]$ 上连续,则必有最大值 $M$ 与最小值 $m$,即
$$m\leqslant f''(\eta_1)\leqslant M,m\leqslant f''(\eta_2)\leqslant M\Rightarrow m\leqslant\frac{f''(\eta_1)+f''(\eta_2)}{2}\leqslant M.$$
由界值定理得,存在 $\xi\in[\eta_2,\eta_1]\subset(-a,a)$,有

$$\frac{f''(\eta_1)+f''(\eta_2)}{2}=f''(\xi),$$

代入③式得

$$f(a)+f(-a)=a^2f''(\xi),$$

即

$$f''(\xi)=\frac{f(a)+f(-a)}{a^2}.$$

(II) 设 $f(x)$ 在 $x=x_0\in(-a,a)$ 取极值，且 $f(x)$ 在可导，则 $f'(x_0)=0$. 又 $f(x)=f(x_0)+f'(x_0)(x-x_0)+\frac{f''(\gamma)}{2!}(x-x_0)^2=f(x_0)+\frac{f''(\gamma)}{2!}(x-x_0)^2$，$\gamma$ 介于0与 $x$ 之间，则

$$f(-a)=f(x_0)+\frac{f''(\gamma_1)}{2!}(-a-x_0)^2,\ -a<\gamma_1<0,$$

$$f(a)=f(x_0)+\frac{f''(\gamma_2)}{2!}(a-x_0)^2,0<\gamma_2<a,$$

从而

$$\begin{aligned}|f(a)-f(-a)|&=\left|\frac{1}{2}(a-x_0)^2f''(\gamma_2)-\frac{1}{2}(a+x_0)^2f''(\gamma_1)\right|\\&\leqslant\frac{1}{2}|(a-x_0)^2f''(\gamma_2)|+\frac{1}{2}|(a+x_0)^2f''(\gamma_1)|.\end{aligned}$$

又 $|f''(x)|$ 连续，设 $M=\max\{|f''(\gamma_2)|,|f''(\gamma_2)|\}$，则

$$|f(a)-f(-a)|\leqslant\frac{1}{2}M(a+x_0)^2+\frac{1}{2}M(a-x_0)^2=M(a^2+x_0^2).$$

又 $x_0\in(-a,a)$，则 $|f(a)-f(-a)|\leqslant M(a^2+x_0^2)\leqslant 2Ma^2$，则 $M\geqslant\frac{1}{2a^2}|f(a)-f(-a)|$，

即存在 $\eta=\gamma_1$ 或 $\eta=\gamma_2\in(-a,a)$，有 $|f''(\eta)|\geqslant\frac{1}{2a^2}|f(a)-f(-a)|$.

**例 21** (**2023年，数三**) 已知可导函数 $y=y(x)$ 满足 $ae^x+y^2+y-\ln(1+x)\cos y+b=0$，且 $y(0)=0,y'(0)=0$.

(I) 求 $a,b$ 的值；　　(II) 判断 $x=0$ 是否为 $y(x)$ 的极值点.

**解** (I) 在题设方程两边同时对 $x$ 求导得

$$ae^x+2y\cdot y'+y'-\frac{\cos y}{1+x}+\ln(1+x)\cdot\sin y\cdot y'=0. \quad ①$$

将 $x=0,y=0$ 代入题设方程得 $a+b=0$；

将 $x=0,y=0,y'(0)=0$ 代入①式得 $a-1=0$.

综上：$a=1,b=-1$.

(II) 在①式两边再对 $x$ 求导得

$$ae^x+2(y')^2+2y\cdot y''+y''-\frac{-\sin y\cdot y'\cdot(1+x)-\cos y}{(1+x)^2}+(\ln(1+x)\cdot\sin y\cdot y')'=0. \quad ②$$

将 $x=0,y=0,y'(0)=0$ 代入②式得

$$y''(0)=-a-1=-2.$$

由于 $y'(0)=0,y''(0)=-2$，所以 $x=0$ 是 $y(x)$ 的极大值点.

# 数学星空　光辉典范:数学家与数学家精神

## 数学家简介[3]

## 总练习　3

1. 选择题.

(1) 若 $f(x)=-f(-x)$,在 $(0,+\infty)$ 内 $f'(x)>0,f''(x)>0$,则在 $(-\infty,0)$ 内(　　).

A. $f'(x)<0,f''(x)<0$;　　B. $f'(x)>0,f''(x)>0$;

C. $f'(x)>0,f''(x)<0$;　　D. $f'(x)<0,f''(x)>0$.

(2) 曲线 $y=\dfrac{x^2-4x+3}{x(x^4-1)}$ 的垂直渐近线的条数(　　).

A. 0;　　B. 1;　　C. 2;　　D. 3.

(3) 设 $f'''(x_0)$ 存在,且 $f'''(x_0)\neq 0,f''(x_0)=0$,则下列结论成立的是(　　).

A. $x_0$ 是 $f(x)$ 的极小值点;　　B. $x_0$ 是 $f(x)$ 的极大值点;

C. $x_0$ 是 $f(x)$ 的驻点;　　D. $(x_0,f(x_0))$ 为 $f(x)$ 的拐点.

(4) 设 $f(x)$ 在 $[0,1]$ 上满足 $f''(x)>0$,则 $f'(1),f'(0)$ 和 $f(1)-f(0)$ 的大小关系顺序为(　　).

A. $f'(1)>f'(0)>f(1)-f(0)$;　　B. $f'(1)>f(1)-f(0)>f'(0)$;

C. $f(1)-f(0)>f'(1)>f'(0)$;　　D. $f'(0)>f(1)-f(0)>f'(1)$.

(5) 设 $y=f(x)$ 满足 $y''-2y'+4y=-e^{\sin x}$,且 $f'(x_0)=0,f(x_0)>0$,则函数 $f(x)$ 在点 $x_0$ 处(　　).

A.取得极大值;　　B.某个邻域内单调增加;

C.取得极小值;　　D.某个邻域内单调减少.

(6) 设函数 $f(x)$ 在 $x=0$ 处连续,且 $\lim\limits_{h\to 0}\dfrac{f(h^2)}{h^2}=1$,则(　　).

A. $f(0)=0$ 且 $f'_-(0)$ 存在;　　B. $f(0)=1$ 且 $f'_-(0)$ 存在;

C. $f(0)=0$ 且 $f'_+(0)$ 存在;　　D. $f(0)=1$ 且 $f'_+(0)$ 存在.

(7) 当 $x\to 0$,$f(x)=x-\sin ax$ 与 $g(x)=x^2\ln(1-bx)$ 为等价无穷小,则(　　).

A. $a=1, b=-\frac{1}{6}$；　　B. $a=1, b=\frac{1}{6}$；

C. $a=-1, b=-\frac{1}{6}$；　　D. $a=-1, b=\frac{1}{6}$.

(8) 设 $f(x)$ 为可导函数，且满足条件 $\lim\limits_{x\to 0}\frac{f(1)-f(1-x)}{2x}=-1$，则曲线 $y=f(x)$ 在点 $(1, f(1))$ 处的切线斜率为（　　）.

A. $-1$；　　B. $-2$；　　C. $-\frac{1}{2}$；　　D. 1.

2. 填空题.

(1) 设当 $x\to 0$ 时，$1-\cos(e^{x^2}-1)$ 与 $2^m x^n$ 是等价无穷小，则 $m=$ ________，$n=$ ________.

(2) 设 $f(x)=xe^x$，则函数 $f^{(n)}(x)$ 在 $x=$ ________，取得极小值为 ________.

(3) $\lim\limits_{x\to 0}\frac{\sqrt{4+\tan x}-\sqrt{4+\sin x}}{x(1-\cos x)}=$ ________.

(4) 设 $0<a<\frac{1}{e}$，则函数 $f(x)=\ln x-ax$ 在 $(0,+\infty)$ 内零点的个数为 ________.

(5) 设函数 $y=f(x)$ 由方程 $e^{2x+y}-\cos xy=e-1$ 所确定，则函数 $y=f(x)$ 在 $(0,1)$ 处的法线方程为 ________.

(6) $\lim\limits_{x\to 0}(\cos x)^{\frac{1}{\ln(1+x^2)}}=$ ________.

(7) $y=11x(x^3+x+1)^3$，则 $y^{(10)}=$ ________.

3. 证明多项式 $f(x)=x^3-3x+a$ 在 $[0,1]$ 上不可能有两个零点.

4. 设 $a_0+\frac{a_1}{2}+\cdots+\frac{a_n}{n+1}=0$，证明多项式 $f(x)=a_0+a_1x+\cdots+a_nx^n$ 在 $(0,1)$ 内至少有一个零点.

5. 证明不等式 $\arctan b-\arctan a<b-a\,(a<b)$.

6. 已知函数 $f(x)$ 在 $[0,1]$ 上连续，在 $(0,1)$ 内可导，且 $f(1)=0$，证明在 $(0,1)$ 内至少存在一点 $\xi$，使 $f'(\xi)=-\frac{f(\xi)}{\xi}$.

7. 设 $f(x)$ 在 $[0,1]$ 上连续，在 $(0,1)$ 内可导，且 $f(0)=f(1)=0$，$f\left(\frac{1}{2}\right)=1$，试证在 $(0,1)$ 内至少存在一点 $\xi$，使 $f'(\xi)=1$.

8. 求下列极限：

(1) $\lim\limits_{x\to 0}\frac{(1-\cos x)[x-\ln(1+\tan x)]}{\sin^4 x}$；

(2) $\lim\limits_{x\to 0}\left(\frac{1+x}{1-e^{-x}}-\frac{1}{x}\right)$；

(3) $\lim\limits_{x\to 0}\left[\frac{1}{\ln(x+\sqrt{1+x^2})}-\frac{1}{\ln(1+x)}\right]$；

(4) $\lim\limits_{x \to 0} \dfrac{\sqrt{1+\tan x}-\sqrt{1+\sin x}}{x\ln(1+x)-x^2}$.

9. 设函数 $f(x)=\begin{cases} \dfrac{\ln(1+ax^3)}{x-\arcsin x}, & x<0, \\ 6, & x=0, \\ \dfrac{e^{ax}+x^2-ax-1}{x\sin\dfrac{x}{4}}, & x>0, \end{cases}$ 问 $a$ 为何值时，$x=0$ 是 $f(x)$ 的可去间断点；$a$ 为何值时，$f(x)$ 在 $x=0$ 处连续？

10. 设函数 $f(x)$ 在 $[0,3]$ 上连续，在 $(0,3)$ 内可导，且 $f(0)+f(1)+f(2)=3, f(3)=1$，试证必存在 $\xi\in(0,3)$ 使 $f'(\xi)=0$.

11.证明下列不等式：

(1) 当 $0<x_1<x_2<\dfrac{\pi}{2}$ 时，$\dfrac{\tan x_2}{\tan x_1}>\dfrac{x_2}{x_1}$；

(2) 当 $x>0$ 时，$\ln(x+1)>\dfrac{\arctan x}{1+x}$.

12.试问 $a$ 为何值时，函数 $f(x)=a\sin x+\dfrac{1}{3}\sin 3x$ 在 $x=\dfrac{\pi}{3}$ 处取得极值？ 是极大值还是极小值？ 并求此极值.

# 目标自测题 3

## 一、填空题

1. 当 $x=$ ________ 时，函数 $y=x2^x$ 取得极小值.

2. $y=x^2(1-x)$ 在点 $(1,0)$ 处的切线方程为 ________.

3. 设函数 $f(x)$ 有二阶导数，且 $\lim\limits_{x\to 0}\dfrac{f(x)}{x}=1, f''(0)=2$，则 $\lim\limits_{x\to 0}\dfrac{f(x)-x}{x^2}=$ ________.

4. 曲线 $f(x)=3x+\dfrac{\ln x}{2x}+1$ 的斜渐近线为 ________.

5. 设 $\lim\limits_{x\to 0}\dfrac{x-\arctan x}{x^k}=c$，则 $k=$ ________，$c=$ ________.

## 二、选择题

1. 奇函数 $f(x)$ 在 $[-1,1]$ 可导，且 $|f'(x)|\leqslant M$，则必有（　　）.

A. $f(x)\geqslant M$　　B. $f(x)>M$　　C. $f(x)\leqslant M$　　D. $f(x)<M$.

2. 设 $y=f(x)$ 满足 $f''(x)+f(x)=e^x-1, f(0)=1, f'(0)=0$ 则（　　）.

A. $f(0)=1$ 是 $f(x)$ 的极小值　　B. $f(0)=1$ 是 $f(x)$ 的极大值

C. $(0,f(0))$ 是曲线 $y=f(x)$ 的拐点　　D. 以上都不对

3. 函数 $y=f(x)=|x(x+1)(x+2)(x+3)|$ 的极值点的个数有（　　）.

A. 5　　B. 6　　C. 7　　D. 8

4. 偶函数 $f(x)$ 有二阶连续导数,且 $f''(x) \neq 0$,则 $x=0$(　　).

A. 一定不是函数的驻点　　B. 一定是函数的极值点

C. 一定不是函数的极值点　　D. 不能确定为函数的极值点

5. 设函数 $f(x)$ 具有 2 阶导数,$g(x)=f(0)(1-x)+f(1)x$ ,则在区间$[0,1]$上有(　　).

A. 当 $f'(x) \geqslant 0$ 时,$f(x) \geqslant g(x)$　　B. 当 $f'(x) \geqslant 0$ 时,$f(x) \leqslant g(x)$

C. 当 $f''(x) \geqslant 0$ 时,$f(x) \geqslant g(x)$　　D. 当 $f''(x) \geqslant 0$ 时,$f(x) \leqslant g(x)$

**三、计算证明题**

1. $\lim\limits_{n \to \infty}\left(\arctan \dfrac{1+n}{n}-\dfrac{\pi}{4}\right)\sqrt{n^2+n}$.

2. 设函数 $f(x)$ 在 $x=0$ 处有二阶连续导数且 $f(0)=f'(0)=0$,求$\lim\limits_{x \to 0} \dfrac{f(1-\cos x)}{\tan^3 x}$.

3. 确定常数 $a,b$,使得$\lim\limits_{x \to 0} \dfrac{\ln(1-x+2x^2)+a\sin x+bx^2}{x^2}=\dfrac{5}{2}$.

4. 设函数 $f(x)$ 在$[a,b]$连续,$f(x)$ 在$(a,b)$内有二阶连续导数,证明:至少存在一点 $\xi \in (a,b)$,使得 $f(b)-2f\left(\dfrac{a+b}{2}\right)+f(a)=\dfrac{f''(\xi)}{2}(b-a)^2$ 成立.

5. 设 $a_1 < a_2 < \cdots < a_n$ 为 $n$ 个不同实数,函数 $f(x)$ 在$[a_1,a_n]$上有 $n$ 阶导数,并满足 $f(a_1)=f(a_2)=\cdots=f(a_n)=0$,证明:对每个 $c \in [a_1,a_n]$ 存在 $\xi \in (a_1,a_n)$,满足

$$f(c)=\frac{(c-a_1)(c-a_2)\cdots(c-a_n)}{n!}f^{(n)}(\xi).$$

6. 已知函数 $f(x)$ 在$[0,1]$上连续,在$(0,1)$内可导,且 $f(0)=0$,$f(1)=1$. 证明:

(1) 存在 $\xi \in (0,1)$,使得 $f(\xi)=1-\xi$;

(2) 存在两个不同的点 $\eta_1 \neq \eta_2 \in (0,1)$,使得 $f'(\eta_1)f'(\eta_2)=1$.

7. 求 $y=f(x)=x^3+3x^2-9x+2$ 的极值与拐点.

# 第 4 章

# 不 定 积 分

第2、第3章讨论了已知函数的导数与微分的问题，这属于微积分学的微分学范畴.现在考虑其后问题：即求一个可导函数，使它的导数等于已知函数，这就是微积分学中的积分学中不定积分的范畴.本章将介绍不定积分的概念、性质与计算方法.

知识结构图

# 4.1　不定积分的概念与性质

## 4.1.1　原函数的概念

在微分学中，若已知曲线方程 $y=f(x)$，则可以求出该曲线在任一可导点 $x$ 对应处的切线的斜率 $k=f'(x)$. 例如：曲线 $y=f(x)=x^3$ 在点 $x$ 处的切线的斜率为 $k=f'(x)=3x^2$，现在考虑其逆问题：已知曲线上任意点的切线斜率，求该曲线方程. 为此引进原函数的概念.

**定义 1**　设 $f(x)$ 是定义在区间 $I$ 上的函数，$F(x)$ 为一个可导函数. 若 $f(x)$ 与 $F(x)$ 满足：对于 $\forall x \in I$，均有 $F'(x)=f(x)$ 或 $\mathrm{d}F(x)=f(x)\mathrm{d}x$，则称 $F(x)$ 为 $f(x)$ 在区间 $I$ 上的一个原函数.

例如，由 $(\sin x)'=\cos x$，故 $\sin x$ 就为 $\cos x$ 的一个原函数，再由于 $(\sin x+1)'=\cos x$，故 $\sin x+1$ 也为 $\cos x$ 的一个原函数.

如 $(\ln x)'=\dfrac{1}{x}(x>0)$，故当 $x>0$ 时，$\ln x$ 为 $\dfrac{1}{x}$ 的一个原函数；$(\ln(-x))'=\dfrac{1}{x}(x<0)$，故 $x<0$ 时，$\ln(-x)$ 为 $\dfrac{1}{x}$ 的一个原函数. 综合有，当 $x\neq 0$ 时，$\ln|x|$ 为 $\dfrac{1}{x}$ 的一个原函数. 从以上可以看出，一个函数的原函数是不唯一的.

原函数的存在性将在第 5 章讨论，这里先介绍以下结论.

**定理 1**（原函数存在性定理）　如果函数 $f(x)$ 在区间 $I$ 上连续，则在区间 $I$ 上一定存在可导函数 $F(x)$，使得 $\forall x \in I$，都有 $F'(x)=f(x)$. 简而言之，区间 $I$ 上的连续函数一定存在原函数.

已知一个函数若存在原函数，则它的原函数是不唯一的，但是它的任意两个原函数只相差一个常数.

设 $F(x)$ 与 $G(x)$ 都为 $f(x)$ 的原函数，故有

$$F'(x)=f(x),\quad G'(x)=f(x).$$

且

$$(F(x)-G(x))'=F'(x)-G'(x)=f(x)-f(x)=0,$$

故 $F(x)-G(x)=C_0$（$C_0$ 为常数），所以说 $f(x)$ 的任意两个原函数只相差一个常数. 同时，当 $F(x)$ 为 $f(x)$ 的一个原函数时，$F(x)+C(\forall C\in\mathbf{R})$ 就为 $f(x)$ 的全体原函数.

有时，将 $f(x)$ 的全体原函数组成的集合 $\{F(x)+C \mid \forall C\in\mathbf{R}\}$ 称为 $f(x)$ 的原函数族.

## 4.1.2　不定积分的概念

典型例题讲解

**定义 2**　在区间 $I$ 上，函数 $f(x)$ 的全体原函数称为 $f(x)$ 的不定积分. 记为 $\int f(x)\mathrm{d}x$. 其中 $\int$ 称为**不定积分符号**，$f(x)$ 称为**被积函数**，$f(x)\mathrm{d}x$ 称为**积分表达式**，$x$ 称为**积分变量**.

由上面定义可知，若 $F(x)$ 为 $f(x)$ 的一个原函数，则

$$\int f(x)\mathrm{d}x=F(x)+C\,(C\ \text{称为不定积分常数}).$$

故求 $f(x)$ 的不定积分，就是求 $f(x)$ 的全体原函数.

**例 1** 求 $\int 3x^2\mathrm{d}x$.

**解** 由 $(x^3)'=3x^2$，知 $x^3$ 是 $3x^2$ 的一个原函数，所以

$$\int 3x^2\mathrm{d}x=x^3+C.$$

**例 2** 求 $\int \sin x\,\mathrm{d}x$.

**解** 由 $(-\cos x)'=\sin x$，故

$$\int \sin x\,\mathrm{d}x=-\cos x+C.$$

**例 3** 求 $\int \frac{1}{x}\mathrm{d}x$.

**解** 由前面的讨论可知，当 $x>0$ 时，有 $(\ln x)'=\frac{1}{x}$，故

$$\int \frac{1}{x}\mathrm{d}x=\ln x+C.$$

当 $x<0$ 时，有 $(\ln(-x))'=\frac{1}{x}$，故

$$\int \frac{1}{x}\mathrm{d}x=\ln(-x)+C.$$

综合有

$$\int \frac{1}{x}\mathrm{d}x=\ln|x|+C(x\neq 0).$$

求不定积分有时较困难，但检验起来却相对容易：首先检查积分常数，再对结果求导，其导数应该等于被积函数.

**例 4** 检验以下不定积分的正确性：$\int x\cos x\,\mathrm{d}x=x\sin x+\cos x+C$.

**解** 正确，由于

$$(x\sin x+\cos x+C)'=x\cos x+\sin x-\sin x+0=x\cos x.$$

**例 5** $\frac{\mathrm{d}}{\mathrm{d}x}\left(\int f(x)\mathrm{d}x\right)$ 与 $\int f'(x)\mathrm{d}x$ 是否相等？

**解** 不相等.

设 $F'(x)=f(x)$，则

$$\begin{aligned}\frac{\mathrm{d}}{\mathrm{d}x}\left(\int f(x)\mathrm{d}x\right)&=\frac{\mathrm{d}}{\mathrm{d}x}(F(x)+C)\\&=(F(x)+C)'=F'(x)=f(x).\end{aligned}$$

而由不定积分定义得

$$\int f'(x)\mathrm{d}x=f(x)+C(\forall C\in\mathbf{R}).$$

所以

$$\frac{\mathrm{d}}{\mathrm{d}x}\left(\int f(x)\mathrm{d}x\right)\neq\int f'(x)\mathrm{d}x.$$

**例 6** 已知曲线 $y=f(x)$ 在任意一点 $x$ 处的切线斜率为 $2x$，且曲线通过点(1,3)，求此曲线方程.

**解** 由题意可知

$$f'(x)=2x,$$

即 $f(x)$ 是 $2x$ 的一个原函数，从而

$$f(x)=\int 2x\,\mathrm{d}x=x^2+C.$$

再由曲线过(1,3)点，即 $f(1)=3$，故 $C=2$，从而所求曲线方程为

$$y=f(x)=x^2+2.$$

### 4.1.3 不定积分的性质

由不定积分的定义，可以推得它有如下性质.

**性质 1** $\dfrac{\mathrm{d}}{\mathrm{d}x}\left[\int f(x)\mathrm{d}x\right]=f(x)$（先积分再求导等于被积函数）.

**注** $\mathrm{d}\left[\int f(x)\mathrm{d}x\right]=f(x)\mathrm{d}x$（先积分再微分等于积分表达式）.

**性质 2** $\int F'(x)\mathrm{d}x=\int \mathrm{d}F(x)=F(x)+C$（先求导（微分）再积分等于函数本身再加 $C$）.

**注** 由性质 1 和性质 2 可知，微分运算与积分运算是互逆的.两个运算连在一起"$\mathrm{d}\int$"使函数还原，"$\int\mathrm{d}$"使函数差一常数.

**性质 3** 函数代数和的不定积分等于各个函数的不定积分的代数和.即

$$\int[f(x)\pm g(x)]\,\mathrm{d}x=\int f(x)\mathrm{d}x\pm\int g(x)\mathrm{d}x.$$

**性质 4** 求不定积分时，被积函数不为 0 的常数因子提到积分符号外面来，即

$$\int kf(x)\mathrm{d}x=k\int f(x)\mathrm{d}x\ (k\neq 0).$$

根据不定积分的定义及导数或微分的基本公式，即可得到不定积分的基本公式.这里将它们列成一个表，这个表通常称为基本积分表.

(1) $\int k\,\mathrm{d}x=kx+C$（$C$ 是常数）.

(2) $\int x^u\,\mathrm{d}x=\dfrac{x^{u+1}}{u+1}+C\ (u\neq -1)$.

(3) $\int \dfrac{1}{x}\mathrm{d}x=\ln|x|+C$.

(4) $\int \dfrac{1}{1+x^2}\mathrm{d}x=\arctan x+C=-\mathrm{arccot}\,x+C$.

(5) $\int \dfrac{1}{\sqrt{1-x^2}}\mathrm{d}x=\arcsin x+C=-\arccos x+C$.

(6) $\int \cos x\,\mathrm{d}x=\sin x+C$.

(7) $\int \sin x\,dx = -\cos x + C$.

(8) $\int \frac{1}{\cos^2 x}dx = \int \sec^2 x\,dx = \tan x + C$.

(9) $\int \frac{1}{\sin^2 x}dx = \int \csc^2 x\,dx = -\cot x + C$.

(10) $\int \sec x \cdot \tan x\,dx = \sec x + C$.

(11) $\int \csc x \cdot \cot x\,dx = -\csc x + C$.

(12) $\int a^x\,dx = \frac{1}{\ln a}a^x + C(a > 0, a \neq 1)$.

(13) $\int e^x\,dx = e^x + C$.

(14) $\int \frac{1}{\sqrt{x}}dx = 2\sqrt{x} + C$.

以上基本积分公式是求不定积分的基础，必须熟记，因为许多不定积分最终将归结为利用这些基本积分公式进行求积分计算.

从以前的讨论可知，利用不定积分的定义来计算不定积分是非常不方便的，但是有些函数的不定积分可以利用不定积分的性质，通过机械变形化为基本的积分公式，直接求出不定积分，将这种积分方法称为直接积分法.

**例 7**　求(1) $\int \frac{1}{x^3}dx$；(2) $\int x^2\sqrt{x}\,dx$；(3) $\int \sqrt{x\sqrt{x\sqrt{x}}}\,dx$.

**解**　(1) $\int \frac{1}{x^3}dx = \int x^{-3}dx = \frac{1}{-3+1}x^{-3+1} + C = -\frac{1}{2}\cdot\frac{1}{x^2} + C$；

(2) $\int x^2\sqrt{x}\,dx = \int x^2 \cdot x^{\frac{1}{2}}dx = \int x^{\frac{3}{2}}dx = \frac{1}{\frac{5}{2}+1}x^{\frac{5}{2}+1} + C = \frac{2}{7}x^{\frac{7}{2}} + C$；

(3) $\int \sqrt{x\sqrt{x\sqrt{x}}}\,dx = \int [x\,(x \cdot x^{\frac{1}{2}})^{\frac{1}{2}}]^{\frac{1}{2}}dx = \int x^{\frac{7}{8}}dx = \frac{8}{15}x^{\frac{15}{8}} + C$.

**注**　当不定积分的被积函数实际上是幂函数时，应将被积函数化为“$x^u$”的形式，然后利用幂函数的积分公式来求积.

**例 8**　求$\int\left(x^2 + 2x + \sqrt{x} + \frac{1}{x}\right)dx$.

**解**　原式$=\int\left(x^2 + 2x + \sqrt{x} + \frac{1}{x}\right)dx$

$$= \int x^2 dx + \int 2x\,dx + \int \sqrt{x}\,dx + \int \frac{1}{x}dx$$

$$= \left(\frac{1}{3}x^3 + C_1\right) + (x^2 + C_2) + \left(\frac{2}{3}x^{\frac{3}{2}} + C_3\right) + (\ln|x| + C_4)$$

$$= \frac{1}{3}x^3 + x^2 + \frac{2}{3}x^{\frac{3}{2}} + \ln|x| + (C_1 + C_2 + C_3 + C_4)$$

$$=\frac{1}{3}x^{3}+x^{2}+\frac{2}{3}x^{\frac{3}{2}}+\ln|x|+C.$$

**注** 每个不定积分都含任意常数，但由于这些任意常数之和仍为任意常数，在求不定积分的过程中，只需要总的写一个任意常数 $C$ 即可.

**例 9** 求 $\int 2^{x}\mathrm{e}^{x}\mathrm{d}x$.

**解**
$$\int 2^{x}\mathrm{e}^{x}\mathrm{d}x=\int(2\cdot\mathrm{e})^{x}\mathrm{d}x=\frac{(2\mathrm{e})^{x}}{\ln(2\mathrm{e})}+C=\frac{2^{x}\cdot\mathrm{e}^{x}}{\ln2+1}+C.$$

**例 10** 求不定积分(1) $\int\frac{x^{2}}{1+x^{2}}\mathrm{d}x$；(2) $\int\frac{x^{4}}{1+x^{2}}\mathrm{d}x$.

**解** (1)
$$\int\frac{x^{2}}{1+x^{2}}\mathrm{d}x=\int\frac{(x^{2}+1)-1}{x^{2}+1}\mathrm{d}x=\int1\mathrm{d}x-\int\frac{1}{1+x^{2}}\mathrm{d}x$$
$$=x-\arctan x+C.$$

(2)
$$\int\frac{x^{4}}{1+x^{2}}\mathrm{d}x=\int\frac{(x^{4}-1)+1}{x^{2}+1}\mathrm{d}x=\int\frac{(x^{2}+1)(x^{2}-1)}{1+x^{2}}\mathrm{d}x+\int\frac{1}{1+x^{2}}\mathrm{d}x$$
$$=\int(x^{2}-1)\mathrm{d}x+\int\frac{1}{1+x^{2}}\mathrm{d}x=\frac{1}{3}x^{3}-x+\arctan x+C.$$

**例 11** 求(1) $\int\tan^{2}x\,\mathrm{d}x$；(2) $\int\frac{1}{\cos^{2}x\cdot\sin^{2}x}\mathrm{d}x$.

**解** (1)
$$\int\tan^{2}x\,\mathrm{d}x=\int[(\tan^{2}x+1)-1]\,\mathrm{d}x=\int\frac{\sin^{2}x+\cos^{2}x}{\cos^{2}x}\mathrm{d}x-\int1\mathrm{d}x$$
$$=\int\frac{1}{\cos^{2}x}\mathrm{d}x-\int1\mathrm{d}x=\tan x-x+C;$$

(2)
$$\int\frac{1}{\cos^{2}x\cdot\sin^{2}x}\mathrm{d}x=\int\frac{\cos^{2}x+\sin^{2}x}{\cos^{2}x\cdot\sin^{2}x}\mathrm{d}x$$
$$=\int\frac{1}{\sin^{2}x}\mathrm{d}x+\int\frac{1}{\cos^{2}x}\mathrm{d}x=-\cot x+\tan x+C.$$

**注** 通过以上例题可以发现，在某种情况下，求不定积分需要利用公式进行变形向基本公式靠拢，这也是求不定积分的基本思考的方向.

## 练　习　4.1

1. 求不定积分：

(1) $\int\left(\sqrt[3]{x}-\frac{1}{\sqrt{x}}\right)\mathrm{d}x$；　　(2) $\int(2^{x}+x^{2})\mathrm{d}x$；

(3) $\int\frac{(x+1)^{2}}{x}\mathrm{d}x$；　　(4) $\int\frac{1}{x^{2}(1+x^{2})}\mathrm{d}x$；

(5) $\int\cos^{2}\frac{x}{2}\mathrm{d}x$；　　(6) $\int\frac{1}{1+\cos2x}\mathrm{d}x$；

(7) $\int\frac{\cos2x}{\cos x-\sin x}\mathrm{d}x$；　　(8) $\int\frac{\mathrm{e}^{2x}-1}{\mathrm{e}^{x}-1}\mathrm{d}x$；

(9) $\int \frac{2 \cdot 3^x + 5 \cdot 2^x}{3^x} \mathrm{d}x$；

(10) $\int \sec x \cdot (\sec x + \tan x) \mathrm{d}x$；

(11) $\int \frac{1 + 2x^2}{x^4 \cdot (1 + x^2)} \mathrm{d}x$；

(12) $\int (\sqrt{x} - 1)\left(x + \frac{1}{\sqrt{x}}\right) \mathrm{d}x$；

(13) $\int \left(x + \frac{1}{x}\right)^2 \mathrm{d}x$；

(14) $\int \cot^2 x \mathrm{d}x$.

2. 设$\int x f(x) \mathrm{d}x = \arccos x + C$，求 $f(x)$.

3. 设连续曲线 $y = f(x)$ 过点$(\mathrm{e}^2, 3)$，且在曲线任一点处的切线斜率等于该点的横坐标的倒数，试求该曲线方程.

4. 设生产某产品 $x$ 单位的总成本函数为 $C(x)$，固定成本 $C_0 = 20$ 元，边际成本函数为 $C'(x) = 2x + 10$(元 / 单位)，求总成本函数.

## 4.2 换元积分法

在 4.1 节中，介绍了直接积分法，但是能够利用直接积分法计算的不定积分是非常有限的，因此有必要进一步研究不定积分的求积方法.本节将把复合函数的微分法则反过来用于求不定积分，通过适当的中间变量代换，得到复合函数的积分法，称为换元积分法，简称换元法.换元法通常分两类，第一类换元法也称为硬凑微分法；第二类换元法也称为真正的代换法，下面逐一讨论.

### 4.2.1 第一类换元法(硬凑微分法)

典型例题讲解

设 $F'(u) = f(u)$，即 $F(u)$ 为 $f(u)$ 的一个原函数，也即

$$\int f(u) \mathrm{d}u = F(u) + C.$$

如果待求的不定积分可以化成如下形式

$$\int f[\varphi(x)] \varphi'(x) \mathrm{d}x,$$

则可令 $u = \varphi(x)$ 且要求 $\varphi(x)$ 可微，由复合函数微分法则

$$\begin{aligned} \mathrm{d}F[\varphi(x)] &= (F(\varphi(x)))' \mathrm{d}x \\ &= F'(\varphi(x)) \cdot \varphi'(x) \mathrm{d}x \\ &= f(\varphi(x)) \cdot \varphi'(x) \mathrm{d}x. \end{aligned}$$

从而

$$\begin{aligned} \int f(\varphi(x))\varphi'(x) \mathrm{d}x &= \int \mathrm{d}F(\varphi(x)) = F(\varphi(x)) + C \\ &= \int f(u) \mathrm{d}u = \int f(\varphi(x)) \mathrm{d}(\varphi(x)) (u = \varphi(x)). \end{aligned}$$

这就是第一类换元积分法，也称为硬凑微分法.

通过以上的讨论，有如下定理.

**定理 1** 设 $f(u)$ 具有原函数 $F(u)$，$u = \varphi(x)$ 可导，则有换元积分公式

$$\int f(\varphi(x))\varphi'(x)\mathrm{d}x=\int f(\varphi(x))\mathrm{d}\varphi(x)=\int f(u)\mathrm{d}u$$
$$=F(u)+C=F(\varphi(x))+C.$$

由此定理可以看出，在硬凑求积分$\int f(\varphi(x))\varphi'(x)\mathrm{d}x$ 时，将 $\varphi(x)$ 看成整体硬凑成基本的积分公式，即将 $\varphi'(x)\mathrm{d}x$ 看成 $\mathrm{d}\varphi(x)=\mathrm{d}u$，再利用积分表就能将积分求出来了.

要利用第一类换元法求不定积分，一般需要考虑两方面的问题.

(1) 将 $\varphi(x)$ 当成 $u$，即将 $\varphi'(x)\mathrm{d}x$ 写成 $\mathrm{d}\varphi(x)$ 形式；

(2) $\int f(u)\mathrm{d}u=F(u)+C$ 易求出来.

在求积分过程中，应该将哪一部分函数看成 $u=\varphi(x)$，这需要经验，在这方面请读者多做多练，熟能生巧，慢慢的积累经验，方法就自然形成了.

**例 1** 求不定积分$\int(2x+3)^8\mathrm{d}x$.

**解** $$(2x+3)^8\mathrm{d}x=\frac{1}{2}\int(2x+3)^8\mathrm{d}(2x+3)=\frac{1}{2}\int u^8\mathrm{d}u$$
$$=\frac{1}{2}\cdot\frac{1}{8+1}u^{8+1}+C=\frac{1}{18}(2x+3)^9+C.$$

**注** (1) 在该题中，若将$(2x+3)^8$ 按二次项定理写开也可以求解.但计算量是非常大的；(2) 在硬凑积分时，熟悉之后，没必要令 $\varphi(x)=u$，只将 $\varphi(x)=u$ 当成一个整体就可以了.

**例 2** 求不定积分$\int x\mathrm{e}^{x^2}\mathrm{d}x$.

**解** $$\int x\mathrm{e}^{x^2}\mathrm{d}x=\int\mathrm{e}^{x^2}(x\mathrm{d}x)=\frac{1}{2}\int\mathrm{e}^{x^2}\mathrm{d}(x^2)=\frac{1}{2}\mathrm{e}^{x^2}+C.$$

**例 3** 求不定积分$\int\frac{\ln x}{x}\mathrm{d}x$.

**解** $$\int\frac{\ln x}{x}\mathrm{d}x=\int\ln x\left(\frac{1}{x}\mathrm{d}x\right)=\int\ln x\,\mathrm{d}(\ln x)=\frac{1}{2}(\ln x)^2+C.$$

**例 4** 求不定积分$\int\tan x\,\mathrm{d}x$.

**解** $$\int\tan x\,\mathrm{d}x=\int\frac{\sin x}{\cos x}\mathrm{d}x=-\int\frac{1}{\cos x}\mathrm{d}(\cos x)=-\ln|\cos x|+C.$$

**注** (1) $\int\tan x\,\mathrm{d}x=-\ln|\cos x|+C$ 可以当成一个基本积分公式；

(2) 类似方法可求$\int\cot x\,\mathrm{d}x=\ln|\sin x|+C$，也可以当成一个基本积分公式.

**例 5** 求不定积分$\int\frac{1}{a^2+x^2}\mathrm{d}x$.

**解** $$\int\frac{1}{a^2+x^2}\mathrm{d}x=\int\frac{1}{a^2}\cdot\frac{1}{1+\frac{x^2}{a^2}}\mathrm{d}x=\frac{1}{a}\int\frac{1}{1+\left(\frac{x}{a}\right)^2}\mathrm{d}\left(\frac{x}{a}\right)$$
$$=\frac{1}{a}\arctan\frac{x}{a}+C.$$

**注**　(1) $\int \frac{1}{a^2+x^2}dx=\frac{1}{a}\arctan\frac{x}{a}+C$ 可以当成一个基本积分公式；

(2) 类似方法有$\int \frac{1}{\sqrt{a^2-x^2}}dx=\arcsin\frac{x}{a}+C$，也可以当成一个基本积分公式.

**例 6**　求不定积分$\int \frac{1}{x^2-a^2}dx$.

**解**　
$$\begin{aligned}\int \frac{1}{x^2-a^2}dx&=\frac{1}{2a}\int\left(\frac{1}{x-a}-\frac{1}{x+a}\right)dx\\&=\frac{1}{2a}\left[\int\frac{1}{x-a}d(x-a)-\int\frac{1}{x+a}d(x+a)\right]\\&=\frac{1}{2a}\ln\left|\frac{x-a}{x+a}\right|+C.\end{aligned}$$

**注**　$\int \frac{1}{x^2-a^2}dx=\frac{1}{2a}\ln\left|\frac{x-a}{x+a}\right|+C$ 可以当成一个基本积分公式.

利用基本积分表中的积分公式，把被积函数中的一部分凑成中间变量的微分，常用的硬凑微分公式有

(1) $dx=\frac{1}{a}d(ax+b)$.

(2) $x^{n-1}dx=\frac{1}{n}d(x^n)$.

(3) $\frac{1}{x}dx=d(\ln x)$.

(4) $e^x dx=d(e^x)$.

(5) $a^x dx=\frac{1}{\ln a}d(a^x)$.

(6) $\cos x\,dx=d(\sin x)$.

(7) $\sin x\,dx=-d(\cos x)$.

(8) $\frac{1}{\cos^2 x}dx=\sec^2 x\,dx=d(\tan x)$.

(9) $\frac{1}{\sin^2 x}dx=\csc^2 x\,dx=-d(\cot x)$.

(10) $\frac{1}{\sqrt{1-x^2}}dx=d(\arcsin x)=-d(\text{arccot}x)$.

(11) $\frac{1}{1+x^2}dx=d(\arctan x)=-d(\text{arccot}x)$.

**例 7**　求不定积分$\int\sec x\,dx=\int\frac{1}{\cos x}dx$.

**解**　
$$\begin{aligned}\int\frac{1}{\cos x}dx&=\int\frac{1}{1-\sin^2 x}(\cos x\,dx)=\int\frac{1}{1-\sin^2 x}d(\sin x)\\&=\int\frac{d(\sin x)}{(1-\sin x)\cdot(1+\sin x)}=\frac{1}{2}\int\frac{d\sin x}{1+\sin x}+\frac{1}{2}\int\frac{d\sin x}{1-\sin x}\end{aligned}$$

$$=\frac{1}{2}(\ln|1+\sin x|-\ln|1-\sin x|)+C$$

$$=\frac{1}{2}\ln\left|\frac{1+\sin x}{1-\sin x}\right|+C.$$

此结果还可以变形为

$$\int\frac{1}{\cos x}dx=\frac{1}{2}\ln\left|\frac{1+\sin x}{1-\sin x}\right|+C=\frac{1}{2}\ln\left|\frac{(1+\sin x)^2}{1-\sin^2 x}\right|+C$$

$$=\frac{1}{2}\ln\left|\frac{(1+\sin x)^2}{\cos^2 x}\right|+C=\frac{1}{2}\ln\left|\frac{1+\sin x}{\cos x}\right|^2+C$$

$$=\frac{1}{2}\cdot 2\ln\left|\frac{1+\sin x}{\cos x}\right|+C$$

$$=\ln\left|\frac{1}{\cos x}+\frac{\sin x}{\cos x}\right|+C$$

$$=\ln|\sec x+\tan x|+C.$$

**注** (1) 可以当成一个基本积分公式;

(2) 类似方法可求$\int\csc x\,dx=\int\frac{1}{\sin x}dx=\ln|\csc x-\cot x|+C$,也可以当成一个基本求积公式.

**例 8** 求不定积分$\int\frac{1}{x\ln x\cdot\ln(\ln x)}dx$.

**解** $\int\frac{1}{x\ln x\cdot\ln(\ln x)}dx=\int\frac{1}{\ln(\ln x)\cdot\ln x}d(\ln x)$

$$=\int\frac{1}{\ln(\ln x)}d(\ln(\ln x))$$

$$=\ln|\ln(\ln x)|+C.$$

对于某些不定积分,需要利用基本积分表的一个或多个公式,分步进行硬凑微分,有时还需凑成和、差、积、商的微分.

**例 9** 求不定积分$\int\frac{1-\sin x}{x+\cos x}dx$.

**解** $\int\frac{1-\sin x}{x+\cos x}dx=\int\frac{1}{x+\cos x}(1-\sin x)dx$

$$=\int\frac{1}{x+\cos x}d(x+\cos x)=\ln|x+\cos x|+C.$$

**例 10** 求不定积分$\int\sin^2 x\cos^5 x\,dx$.

**解** $\int\sin^2 x\cos^5 x\,dx=\int\sin^2 x\cos^4 x(\cos x\,dx)$

$$=\int\sin^2 x(1-\sin^2 x)^2 d(\sin x)$$

$$=\int(\sin^2 x-2\sin^4 x+\sin^6 x)d(\sin x)$$

$$=\frac{1}{3}\sin^3 x-\frac{2}{5}\sin^5 x+\frac{1}{7}\sin^7 x+C.$$

**例 11** 求不定积分 $I_1=\int\frac{\cos x}{\sin x+\cos x}\mathrm{d}x$，$I_2=\int\frac{\sin x}{\sin x+\cos x}\mathrm{d}x$.

**解** 由

$$I_1+I_2=\int\frac{\cos x+\sin x}{\sin x+\cos x}\mathrm{d}x=\int 1\mathrm{d}x=x+C_1,$$

$$I_1-I_2=\int\frac{\cos x-\sin x}{\sin x+\cos x}\mathrm{d}x=\int\frac{\mathrm{d}(\sin x+\cos x)}{\sin x+\cos x}=\ln|\sin x+\cos x|+C_2.$$

联立得

$$\begin{cases}I_1+I_2=x+C_1,\\ I_1-I_2=\ln|\sin x+\cos x|+C_2.\end{cases}$$

解方程得

$$\begin{cases}I_1=\dfrac{1}{2}(x+\ln|\sin x+\cos x|)+C,\\ I_2=\dfrac{1}{2}(x-\ln|\sin x+\cos x|)+C.\end{cases}$$

**例 12** 求不定积分 $\int\cos 3x\cos 2x\,\mathrm{d}x$.

**解**
$$\begin{aligned}\int\cos 3x\cos 2x\,\mathrm{d}x&=\frac{1}{2}\int(\cos x+\cos 5x)\mathrm{d}x\\&=\frac{1}{2}\int\cos x\,\mathrm{d}x+\frac{1}{10}\int\cos 5x\,\mathrm{d}(5x)\\&=\frac{1}{2}\sin x+\frac{1}{10}\sin 5x+C.\end{aligned}$$

**注** 类如 $\int\cos mx\cos nx\,\mathrm{d}x$，$\int\cos mx\sin nx\,\mathrm{d}x$ 及 $\int\sin mx\sin nx\,\mathrm{d}x$，一般是利用积化和差公式进行变形.

**例 13** 求不定积分(1) $\int\sin^3x\,\mathrm{d}x$；(2) $\int\sin^4x\,\mathrm{d}x$.

**解** (1)
$$\begin{aligned}\int\sin^3x\,\mathrm{d}x&=\int\sin^2x(\sin x\,\mathrm{d}x)=-\int(1-\cos^2x)\mathrm{d}(\cos x)\\&=-\cos x+\frac{1}{3}\cos^3x+C.\end{aligned}$$

(2)
$$\begin{aligned}\int\sin^4x\,\mathrm{d}x&=\frac{1}{4}\int(1-\cos 2x)^2\mathrm{d}x=\frac{1}{4}\int(1-2\cos 2x+\cos^2 2x)\mathrm{d}x\\&=\frac{1}{4}x-\frac{1}{4}\int\cos 2x\,\mathrm{d}(2x)+\frac{1}{32}\int(1+\cos 4x)\mathrm{d}(4x)\\&=\frac{1}{4}x-\frac{1}{4}\sin 2x+\frac{1}{8}x+\frac{1}{32}\sin 4x+C\\&=\frac{3}{8}x-\frac{1}{4}\sin 2x+\frac{1}{32}\sin 4x+C.\end{aligned}$$

**注** 在求 $\int\sin^nx\,\mathrm{d}x$ 或 $\int\cos^nx\,\mathrm{d}x$ 类型积分时，若 $n$ 为奇数，则分离一个出来；若 $n$ 为偶数则利用 2 倍角公式降幂.

通过以上所讨论的例题,已认识到硬凑微分法在求不定积分中的作用.同时也可以看出求复合函数的不定积分要比求复合函数的导数困难很多,因为这个过程需要很强的技巧性,如何选择中间变量没有一个方便有效的方法可以遵循,要想掌握这种方法,需读者要多做多练才行,做到熟能生巧,方法自然就有了.

上述的讨论都是利用了第一类换元法,但在很多情况下,上述方法是困难的.所以有必要讨论第二类换元积分法,即利用代换 $x=\varphi(t)$ 的方法,有时也称其为真正的代换法.

### 4.2.2 第二类换元法(真正的代换法)

典型例题讲解

如果不定积分 $\int f(x)\mathrm{d}x$ 用基本积分公式或第一类换元法不易求解,但作适当的变量代换 $x=\varphi(t)$,化积分为下列形式

$$\int f(x)\mathrm{d}x=\int f(\varphi(t))\varphi'(t)\mathrm{d}t.$$

假如上述关于新积分变量 $t$ 的不定积分

$$\int f(\varphi(t))\varphi'(t)\mathrm{d}t=\Phi(t)+C$$

易求,那么就可以解决 $\int f(x)\mathrm{d}x$ 的计算问题,这就是所需要讨论的第二类换元积分法.

**定理 2** 设 $x=\varphi(t)$ 是单调的可导函数,且 $\varphi'(t)\neq 0$,设 $f[\varphi(t)]\varphi'(t)$ 具有原函数 $F(t)$,则 $\int f(x)\mathrm{d}x=\int f[\varphi(t)]\varphi'(t)\mathrm{d}t=F(t)+C=F(\varphi^{-1}(x))+C$.其中 $t=\varphi^{-1}(x)$ 是 $x=\varphi(t)$ 的直接反函数.

上述定理中的公式可以直接利用复合函数及反函数求导法则予以验证.

下面通过例题来体会第二类换元法的应用.

**例 14** 求不定积分 $\int\sqrt{a^2-x^2}\,\mathrm{d}x\ (a>0)$.

**解** 令 $x=a\sin t, t\in\left[-\dfrac{\pi}{2},\dfrac{\pi}{2}\right]$,则

$$\mathrm{d}x=a\cos t\,\mathrm{d}t.$$

$$\begin{aligned}\int\sqrt{a^2-x^2}\,\mathrm{d}x&=\int\sqrt{a^2-a^2\sin^2 t}\cdot(a\cos t)\mathrm{d}t=\int a\cos t\cdot a\cos t\,\mathrm{d}t\\&=\frac{a^2}{2}\int(1+\cos 2t)\mathrm{d}t=\frac{a^2}{2}\left(t+\frac{1}{2}\sin 2t\right)+C\\&=\frac{a^2}{2}\cdot t+\frac{a^2}{2}\sin t\cos t+C.\end{aligned}$$

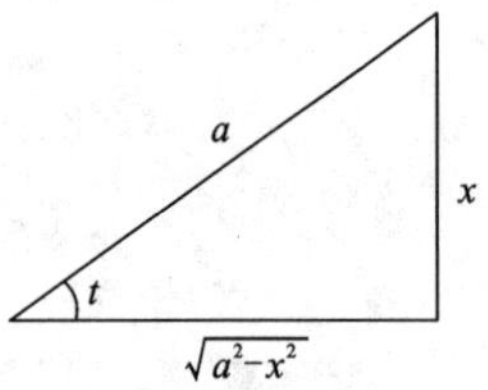

图 4-1

现在将变量 $t$ 还原回积分变量 $x$ 的函数,作直角三角形(图 4-1).由 $x=a\sin t$ 可知 $\sin t=\dfrac{x}{a}$,$\cos t=\dfrac{\sqrt{a^2-x^2}}{a}$,$t=\arcsin\dfrac{x}{a}$.代入上式得

$$\int\sqrt{a^2-x^2}\,\mathrm{d}x=\frac{a^2}{2}\cdot\arcsin\frac{x}{a}+\frac{x}{2}\cdot\sqrt{a^2-x^2}+C.$$

**注** 对于本例,若令 $x=a\cos t$,同样可行.

**例 15** 求不定积分$\int \frac{1}{\sqrt{a^2+x^2}}dx\ (a>0)$.

**解** 令

$$x=a\tan t, t\in\left(-\frac{\pi}{2},\frac{\pi}{2}\right),$$

则 $dx=a\sec^2 t\,dt$.所以

$$\int \frac{1}{\sqrt{a^2+x^2}}dx=\int \frac{1}{a\sec t}\cdot a\sec^2 t\,dt=\int \sec t\,dt$$
$$=\ln|\sec t+\tan t|+C_1.$$

类似例 14,为了将 $x=a\tan t$ 还原成 $t$ 为 $x$ 的函数.作直角三角形(图 4-2).

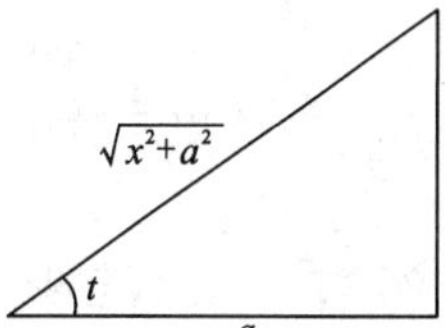

图 4-2

由

$$x=a\tan t.$$

得

$$\tan t=\frac{x}{a},\quad \sec t=\frac{\sqrt{a^2+x^2}}{a}.$$

代入上积分式得

$$\int \frac{1}{\sqrt{a^2+x^2}}dx=\ln\left|\frac{x}{a}+\frac{\sqrt{a^2+x^2}}{a}\right|+C_1$$
$$=\ln\left|x+\sqrt{a^2+x^2}\right|-\ln|a|+C_1$$
$$=\ln\left|x+\sqrt{a^2+x^2}\right|+C.$$

**例 16** 求不定积分$\int \frac{1}{\sqrt{x^2-a^2}}dx\ (a>0)$.

**解** 只需讨论 $x>a>0$ 的情形,当 $x<-a<0$ 时,可以通过变换转化为前述形式.令

$$x=a\sec t,\quad t\in\left(0,\frac{\pi}{2}\right).$$

则

$$dx=a\sec t\cdot\tan t\,dt.$$

所以

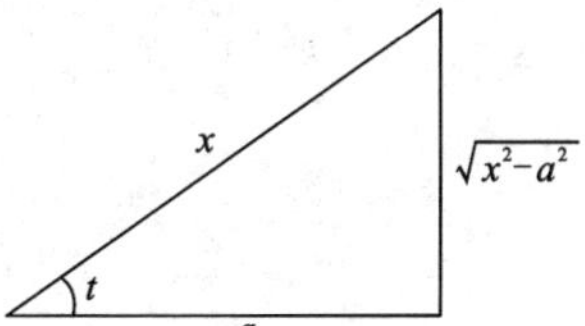

图 4-3

$$\int \frac{1}{\sqrt{x^2-a^2}}dx=\int \frac{a\sec t\cdot\tan t}{a\tan t}dt=\int \sec t\,dt$$
$$=\ln|\sec t+\tan t|+C_1.$$

为了还原成 $x$ 的函数,作直角三角形(图 4-3).由

$$x=a\sec t,$$

得

$$\sec t=\frac{x}{a},\quad \tan t=\frac{\sqrt{x^2-a^2}}{a}.$$

代入上积分公式得

$$\int \frac{1}{\sqrt{x^2-a^2}}\mathrm{d}x = \ln\left|\frac{x}{a}+\frac{\sqrt{x^2-a^2}}{a}\right|+C_1$$

$$=\ln\left|x+\sqrt{x^2-a^2}\right|-\ln|a|+C_1$$

$$=\ln\left|x+\sqrt{x^2-a^2}\right|+C.$$

**注** 以上三个例题所使用的均为三角代换去根式的方法,一般规则总结如下.

(1) 当被积函数中含有$\sqrt{a^2-x^2}$时,可令$x=a\sin t, t\in\left[-\frac{\pi}{2},\frac{\pi}{2}\right]$.

(2) 当被积函数中含有$\sqrt{a^2+x^2}$时,可令$x=a\tan t, t\in\left(-\frac{\pi}{2},\frac{\pi}{2}\right)$.

(3) 当被积函数中含有$\sqrt{x^2-a^2}$时,可令$x=a\sec t, t\in\left(0,\frac{\pi}{2}\right)$.

**例 17** 求不定积分$\int\frac{1}{x\cdot(x^n+1)}\mathrm{d}x$.

**解** **方法一**(硬凑法).

$$\int\frac{1}{x\cdot(x^n+1)}\mathrm{d}x=\int\frac{1+x^n-x^n}{x\cdot(x^n+1)}\mathrm{d}x=\int\frac{1}{x}\mathrm{d}x-\int\frac{x^{n-1}}{x^n+1}\mathrm{d}x$$

$$=\ln|x|-\frac{1}{n}\int\frac{1}{x^n+1}\mathrm{d}(x^n+1)$$

$$=\ln|x|-\frac{1}{n}\ln|x^n+1|+C$$

$$=-\frac{1}{n}\ln\left|1+\frac{1}{x^n}\right|+C.$$

**方法二**(第二类换元法).

令$x=\frac{1}{t}\Rightarrow \mathrm{d}x=\frac{-1}{t^2}\mathrm{d}t$,则

$$\int\frac{1}{x\cdot(x^n+1)}\mathrm{d}x=\int\frac{\frac{-1}{t^2}}{\frac{1}{t}\left(\frac{1}{t^n}+1\right)}\mathrm{d}t=-\int\frac{t^{n-1}}{1+t^n}\mathrm{d}t$$

$$=-\frac{1}{n}\int\frac{1}{1+t^n}\mathrm{d}(1+t^n)=-\frac{1}{n}\ln|1+t^n|+C$$

$$=-\frac{1}{n}\ln\left|1+\frac{1}{x^n}\right|+C.$$

**注** 第二类换元法中$x=\frac{1}{t}$称为倒代换.

在本节例题中,有几个积分是非常典型的,它们分别代表了一类积分,通常它们也可以当成积分公式来利用.常用的积分公式除前面基本积分表中的那几个外,再添加下面若干个(其中$a>0$为常数).

(1) $\int\tan x\,\mathrm{d}x=-\ln|\cos x|+C$.

(2) $\int \cot x \, dx = \ln|\sin x| + C.$

(3) $\int \sec x \, dx = \ln|\sec x + \tan x| + C.$

(4) $\int \csc x \, dx = \ln|\csc x - \cot x| + C.$

(5) $\int \frac{1}{\sqrt{a^2 - x^2}} dx = \arcsin \frac{x}{a} + C.$

(6) $\int \frac{1}{a^2 + x^2} dx = \frac{1}{a} \arctan \frac{x}{a} + C.$

(7) $\int \frac{1}{x^2 - a^2} dx = \frac{1}{2a} \ln\left|\frac{x-a}{x+a}\right| + C.$

(8) $\int \frac{1}{\sqrt{x^2 \pm a^2}} dx = \ln\left|x + \sqrt{x^2 \pm a^2}\right| + C.$

## 练　习　4.2

1. 填空,使下列等式成立:

(1) $x\,dx =$ ________ $d(1-x^2)$;

(2) $x^3 dx =$ ________ $d(3x^4 - 2)$;

(3) $\frac{1}{\sqrt{t}} dt =$ ________ $d(\sqrt{t})$;

(4) $\frac{1}{\cos^2 2x} dx =$ ________ $d(\tan 2x)$;

(5) $dx =$ ________ $d(3x+2)$;

(6) $\frac{1}{x} dx =$ ________ $d(\ln 2x)$.

2. 求下列不定积分:

(1) $\int e^{4x} dx$;

(2) $\int (3x+2)^5 dx$;

(3) $\int \frac{1}{\sqrt[3]{5-3x}} dx$;

(4) $\int \frac{1}{e^x + e^{-x}} dx$;

(5) $\int x \cos x^2 dx$;

(6) $\int \frac{\sin x}{\cos^3 x} dx$;

(7) $\int \frac{2\arcsin x}{\sqrt{1-x^2}} dx$;

(8) $\int \frac{x}{\sqrt{1-x^2}} dx$;

(9) $\int \frac{1}{\sqrt{t} \cdot (\cos\sqrt{t})^2} dt$;

(10) $\int \frac{x^9}{\sqrt{2-x^{20}}} dx$;

(11) $\int \frac{1}{e^x + 1} dx$;

(12) $\int \frac{x^2}{(x-1)^{100}} dx$;

(13) $\int \frac{\sin x \cos x}{1 + \sin^4 x} dx$;

(14) $\int \frac{x^4 + 1}{x^6 + 1} dx$;

(15) $\int \frac{1}{\sqrt{x - x^2}} dx$;

(16) $\int \frac{1}{x^2 + 3x + 2} dx$;

(17) $\int \frac{1}{x\sqrt{x^2 - 1}} dx$;

(18) $\int \sin 2x \cos 3x \, dx$;

(19) $\int \frac{1+\ln x}{(x\ln x)^2}dx$；

(20) $\int \frac{\sqrt{x^2-9}}{x}dx$；

(21) $\int \frac{1}{1+\sqrt{1-x^2}}dx$；

(22) $\int \frac{x\cdot\tan\sqrt{x^2+1}}{\sqrt{1+x^2}}dx$；

(23) $\int x\ (x+1)^{100}dx$；

(24) $\int \frac{1}{\sqrt{(x^2+1)^3}}dx$.

(25) $\int \frac{1}{1+\sqrt{2x}}dx$；

(26) $\int \frac{1}{\cos^2 x\sqrt{1-\tan^2 x}}dx$；

(27) $\int \frac{1}{\cos x-\sin x}dx$；

(28) $\int \frac{1}{1+\sin^2 x}dx$；

(29) $\int \sqrt{5-4x-x^2}\,dx$；

(30) $\int \frac{\cos x}{2\cos x+3\sin x}dx$.

典型例题讲解

## 4.3 分部积分法

在 4.2 节中介绍了换元积分法，它可以解决许多不定积分的求解问题，但有些积分，如 $\int xe^x dx$，$\int x\sin x dx$，$\int \ln x dx$ 等，利用换元积分法是无法求解的.为此本节介绍不定积分的另一种基本求积法——分部积分法.

设函数 $u=u(x)$ 及 $v=v(x)$ 具有连续导数，则由两个函数乘积的微分公式得

$$d(u\cdot v)=vdu+udv.$$

移项得

$$udv=d(u\cdot v)-vdu,$$

两边积分得

$$\int udv=\int d(u\cdot v)-\int vdu=uv-\int vdu \tag{1}$$

或

$$\int u\cdot v'dx=uv-\int v\cdot u'dx. \tag{2}$$

以上公式(1)与公式(2)是等价的，它们都称为分部积分公式，一般利用公式(1)计算不定积分更容易记忆.

利用分部积分公式求不定积分的关键在于如何将所含积分 $\int f(x)dx$ 化为 $\int udv$ 的形式，使它更容易计算.一般分部积分法中 $f(x)dx$ 分为 $u$ 与 $dv$ 的乘积，令 $u$ 的大致规则是可以化简原积分；令 $dv$ 的规则是 $v$ 易求出来.否则，若选择不当，将会使原积分的计算变得更加复杂.例如，

$$\int xe^x dx=\int x(e^x dx)=\int xd(e^x)=xe^x-\int e^x dx$$
$$=xe^x-e^x+C=(x-1)e^x+C.$$

在上述的求解过程中，令 $u=x$，$\mathrm{d}v=\mathrm{e}^x\mathrm{d}x$，故

$$\int x\mathrm{e}^x\mathrm{d}x=x\mathrm{e}^x-\int \mathrm{e}^x\mathrm{d}x.$$

显然，$\int \mathrm{e}^x\mathrm{d}x$ 比 $\int x\mathrm{e}^x\mathrm{d}x$ 易求，即分部是正确的.

但若不这样分部，即令 $u=\mathrm{e}^x$，$\mathrm{d}v=x\mathrm{d}x$，故

$$\begin{aligned}\int x\mathrm{e}^x\mathrm{d}x&=\int \mathrm{e}^x(x\mathrm{d}x)=\int \mathrm{e}^x\mathrm{d}\left(\frac{x^2}{2}\right)\\&=\mathrm{e}^x\cdot\frac{x^2}{2}-\int \mathrm{e}^x\cdot\frac{x^2}{2}\mathrm{d}x.\end{aligned}$$

显然，$\frac{1}{2}\int \mathrm{e}^x\cdot x^2\mathrm{d}x$ 比原积分 $\int \mathrm{e}^x\cdot x\mathrm{d}x$ 还复杂，这就说明这种分部是错误的.

分部积分法的实质就是求两个函数乘积的导数(或微分)的逆运算.一般情况下，若被积函数满足以下形式，往往考虑不定积分的分部法.

$x^n\sin mx$； $x^n\cos mx$； $\mathrm{e}^{nx}\sin mx$； $\mathrm{e}^{nx}\cos mx$； $x^n\mathrm{e}^{mx}$；

$x^n\ln x$； $x^n\arcsin mx$； $x^n\arctan mx$； $x^n\arccos mx$.

其中 $m,n$ 为正整数.

**例 1** 求不定积分 $\int x\sin x\mathrm{d}x$.

**解** 
$$\begin{aligned}\int x\sin x\mathrm{d}x&=\int x(\sin x\mathrm{d}x)=\int x\mathrm{d}(-\cos x)\\&=-x\cos x+\int\cos x\mathrm{d}x=-x\cos x+\sin x+C.\end{aligned}$$

**例 2** 求不定积分 $\int x^2\mathrm{e}^x\mathrm{d}x$.

**解** 
$$\begin{aligned}\int x^2\mathrm{e}^x\mathrm{d}x&=\int x^2\mathrm{d}\mathrm{e}^x=x^2\mathrm{e}^x-\int\mathrm{e}^x\mathrm{d}x^2\\&=x^2\mathrm{e}^x-2\int\mathrm{e}^x\cdot x\mathrm{d}x=x^2\mathrm{e}^x-2\int x\mathrm{d}(\mathrm{e}^x)\\&=x^2\mathrm{e}^x-2\left(x\mathrm{e}^x-\int\mathrm{e}^x\mathrm{d}x\right)\\&=x^2\mathrm{e}^x-2x\mathrm{e}^x+2\mathrm{e}^x+C\\&=(x^2-2x+2)\mathrm{e}^x+C.\end{aligned}$$

**注** (1) 若被积函数是多项式与三角函数或指数函数的乘积时，一般令多项式为 $u$ 进行分部积分，这样经过一次分部法之后，多项式降一次幂，从而简化了原积分，有时也称为降幂分部积分法.

(2) 有时不定积分需二次分部或多次分部，这也是读者需要注意的地方.

**例 3** 求不定积分 $\int x\arctan x\mathrm{d}x$.

**解** 
$$\begin{aligned}\int x\arctan x\mathrm{d}x&=\int\arctan x\mathrm{d}\left(\frac{x^2}{2}\right)=\arctan x\cdot\frac{x^2}{2}-\int\frac{x^2}{2}\mathrm{d}(\arctan x)\\&=\arctan x\cdot\frac{x^2}{2}-\int\frac{x^2}{2}\cdot\frac{1}{1+x^2}\mathrm{d}x\end{aligned}$$

$$=\arctan x\cdot\frac{x^2}{2}-\frac{1}{2}\int\frac{(x^2+1)-1}{1+x^2}dx$$

$$=\arctan x\cdot\frac{x^2}{2}-\frac{1}{2}\int 1dx+\frac{1}{2}\int\frac{1}{1+x^2}dx$$

$$=\arctan x\cdot\frac{x^2}{2}-\frac{1}{2}x+\frac{1}{2}\arctan x+C$$

$$=\frac{1}{2}(1+x^2)\arctan x-\frac{1}{2}x+C.$$

**例 4** 求不定积分$\int x^2\ln x\,dx$.

**解** $\int x^2\ln x\,dx=\int\ln x(x^2dx)=\int\ln x\,d\left(\frac{x^3}{3}\right)$

$$=\frac{x^3}{3}\cdot\ln x-\int\frac{x^3}{3}d(\ln x)=\frac{x^3}{3}\cdot\ln x-\frac{1}{3}\int x^3\cdot\frac{1}{x}dx$$

$$=\frac{x^3}{3}\cdot\ln x-\frac{1}{3}\int x^2dx=\frac{x^3}{3}\cdot\ln x-\frac{1}{9}x^3+C.$$

**例 5** 求不定积分$\int\arctan x\,dx$.

**解** $\int\arctan x\,dx=\arctan x\cdot x-\int x\,d(\arctan x)$

$$=\arctan x\cdot x-\int x\cdot\frac{1}{1+x^2}dx$$

$$=\arctan x\cdot x-\frac{1}{2}\int\frac{1}{1+x^2}d(1+x^2)$$

$$=\arctan x\cdot x-\frac{1}{2}\ln(1+x^2)+C.$$

**注** 当积分表达式中含有对数函数或反三角函数时需要用分部积分法，一般地，令对数函数或反三角函数为 $u$，剩余部分为 $dv$.

**例 6** 求不定积分$\int e^x\sin x\,dx$.

**解** $\int e^x\sin x\,dx=\int\sin x\,d(e^x)=e^x\sin x-\int e^x d(\sin x)$

$$=e^x\sin x-\int e^x\cos x\,dx=e^x\sin x-\int\cos x\,d(e^x)$$

$$=e^x\sin x-e^x\cos x+\int e^x d(\cos x)$$

$$=e^x(\sin x-\cos x)-\int e^x\sin x\,dx+C_1,$$

故
$$2\int e^x\sin x\,dx=e^x(\sin x-\cos x)+C_1,$$

即
$$\int e^x\sin x\,dx=\frac{1}{2}e^x(\sin x-\cos x)+C.$$

**注** 若被积函数 $f(x)$ 为 $e^{mx}\cos nx$ 或 $e^{mx}\sin nx$ 的形式，则分部时 $u$ 与 $dv$ 可以任意选，但二次分部时的选择的类型必相同，这样才可以使二次分部积分后产生一个循环式，从而解出所求积分.

**例 7** 求不定积分的 $I_n=\int(\ln x)^n\mathrm{d}x$ 递推公式($n\in\mathbf{N}^+$ 且 $n\geqslant 2$).

**解**
$$\begin{aligned}I_n&=\int(\ln x)^n\mathrm{d}x=x(\ln x)^n-\int x\,\mathrm{d}(\ln x)^n\\&=x(\ln x)^n-\int x\cdot n(\ln x)^{n-1}\cdot\frac{1}{x}\mathrm{d}x\\&=x(\ln x)^n-n\int(\ln x)^{n-1}\mathrm{d}x=x(\ln x)^n-nI_{n-1}.\end{aligned}$$

所求递推公式为 $I_n=x(\ln x)^n-nI_{n-1}$.

**例 8** 求不定积分$\int\sec^3x\,\mathrm{d}x$.

**解**
$$\begin{aligned}\int\sec^3x\,\mathrm{d}x&=\int\sec x\cdot\sec^2x\,\mathrm{d}x=\int\sec x\,\mathrm{d}(\tan x)\\&=\sec x\cdot\tan x-\int\sec x\cdot(\sec^2x-1)\mathrm{d}x\\&=\sec x\cdot\tan x-\int\sec^3x\,\mathrm{d}x+\int\sec x\,\mathrm{d}x\\&=\sec x\cdot\tan x-\int\sec^3x\,\mathrm{d}x+\ln|\sec x+\tan x|+C.\end{aligned}$$

故
$$\int\sec^3x\,\mathrm{d}x=\frac{1}{2}(\sec x\cdot\tan x+\ln|\sec x+\tan x|)+C.$$

在求不定积分的过程中,有时同时使用换元法与分部法,即注意二者的结合应用.

**例 9** 求不定积分$\int\mathrm{e}^{\sqrt{x}}\mathrm{d}x$.

**解** 令 $t=\sqrt{x}$,则 $x=t^2$,$\mathrm{d}x=\mathrm{d}t^2=2t\,\mathrm{d}t$.故
$$\begin{aligned}\int\mathrm{e}^{\sqrt{x}}\mathrm{d}x&=\int\mathrm{e}^t\cdot 2t\,\mathrm{d}t=2\int\mathrm{e}^t\cdot t\,\mathrm{d}t=2\int t\,\mathrm{d}(\mathrm{e}^t)=2\left(\mathrm{e}^t\cdot t-\int\mathrm{e}^t\mathrm{d}t\right)\\&=2(\mathrm{e}^t\cdot t-\mathrm{e}^t)+C=2(t-1)\mathrm{e}^t+C\\&=2(\sqrt{x}-1)\mathrm{e}^{\sqrt{x}}+C.\end{aligned}$$

**例 10** 已知 $f(x)$ 的一个原函数是 $\mathrm{e}^{-x^2}$,求$\int xf'(x)\mathrm{d}x$.

**解** 利用分部积分公式得
$$\int xf'(x)\mathrm{d}x=\int x\,\mathrm{d}(f(x))=xf(x)-\int f(x)\mathrm{d}x,$$
再由 $\mathrm{e}^{-x^2}$ 是 $f(x)$ 的一个原函数,得
$$\int f(x)\mathrm{d}x=\mathrm{e}^{-x^2}+C.$$
两边求导得
$$f(x)=\mathrm{e}^{-x^2}\cdot(-2x)=-2x\mathrm{e}^{-x^2},$$
所以
$$\int xf'(x)\mathrm{d}x=x(-2x\mathrm{e}^{-x^2})-\mathrm{e}^{-x^2}+C$$

$$=-2x^2e^{-x^2}-e^{-x^2}+C.$$

**注** 在例10中若先求出 $f(x)=-2xe^{-x^2}$ 后，再代入原积分计算，是比较繁杂的，故对这类题目应注意在原积分中直接利用分部积分法进行计算.在本节最后，给出分部积分法中令 $u$ 的优先顺序大致如下：反三角函数 → 对数函数 → 幂函数 → 指数函数 → 三角函数.

## 练　习　4.3

1. 求下列不定积分：

(1) $\int xe^{-x}dx$；　　(2) $\int \ln(x^2+1)dx$；

(3) $\int x\cos\frac{x}{2}dx$；　　(4) $\int \cos(\ln x)dx$；

(5) $\int \arcsin x\,dx$；　　(6) $\int \frac{\ln(\ln x)}{x}dx$；

(7) $\int x^2e^{-x}dx$；　　(8) $\int x\tan^2 x\,dx$；

(9) $\int x\sin x\cos x\,dx$；　　(10) $\int x^2\arctan x\,dx$.

2. 已知 $f(x)=\frac{e^x}{x}$，求不定积分 $\int xf''(x)dx$.

# 4.4 有理函数积分与简单的无理函数积分

本节介绍一类特殊函数的不定积分，包括有理函数的积分及可化为有理函数的积分.

## 4.4.1 有理函数的积分

典型例题讲解

有理函数是指由两个实系数的多项式的商所表示的函数，即

$$\frac{P_n(x)}{Q_m(x)}=\frac{a_0x^n+a_1x^{n-1}+\cdots+a_{n-1}x+a_n}{b_0x^m+b_1x^{m-1}+\cdots+b_{m-1}x+b_m}.$$

其中 $m,n$ 为非负整数；系数 $a_0$ 与 $b_0$ 都不为0.

当 $n<m$ 时，称为真分式；当 $n\geqslant m$ 时，称为假分式.

此外，可以利用带余式的多项式除法，可以将任意的假分式化成一个多项式和一个真分式之和，而多项式不定积分是易求的，故只讨论有理真分式的不定积分.

一般情况下，有理真分式 $\frac{P_n(x)}{Q_m(x)}$ 的不定积分主要是利用拆分分母多项式 $Q_m(x)$ 的方法，将真有理式拆分为若干个小有理式之和再进行计算.

理论上任何一个有理真分式的积分都可以拆分为以下六个类型的基本积分的代数和.

(1) $\int \frac{1}{x+a}dx=\ln|x+a|+C$；

(2) $\int \frac{1}{(x+a)^n}dx=\frac{1}{(1-n)(x+a)^{n-1}}+C\ (n\geqslant 2)$；

(3) $\int \frac{1}{x^2+a^2}dx=\frac{1}{a}\arctan\frac{x}{a}+C$；

(4) $\int \frac{x}{x^2+a^2}dx=\frac{1}{2}\ln(x^2+a^2)+C$；

(5) $\int \frac{x}{(x^2+a^2)^n}dx=\frac{1}{2(1-n)(x^2+a^2)^{n-1}}+C\ (n\geqslant 2)$；

(6) $\int \frac{1}{(x^2+a^2)^n}dx$，可以用递推法求解.

按照代数学的基本原理，总可以将有理函数中的分母 $Q_m(x)$ 在实数范围里分解为若干个一次因式(可以重复)及若干个不可以分解因式的二次因式(可以重复)的乘积.故所有有理式可以拆成若干个部分分式之和(这里所指的部分分式是分母为一次或二次质因式的正整数次幂).具体方法如下.

(1) 若分母中含有因式 $(x+a)^k$ 时，部分分式形式中所含的对应项应为

$$\frac{A_1}{x+a}+\frac{A_2}{(x+a)^2}+\cdots+\frac{A_k}{(x+a)^k}.$$

(2) 若分母中含有因式 $(x^2+px+q)^l(p^2-4q<0)$ 时，部分分式形式中所含有的对应项为

$$\frac{B_1x+C_1}{x^2+px+q}+\frac{B_2x+C_2}{(x^2+px+q)^2}+\cdots+\frac{B_lx+C_l}{(x^2+px+q)^l}.$$

在以上公式中的 $A_i(i=1,2,\cdots,k)$，$B_j(j=1,2,\cdots,l)$ 均为待定常数，可以通过待定系数法求得.

**例 1** 求不定积分 $\int \frac{x+3}{x^2-5x+6}dx$.

**解** 令 $\frac{x+3}{x^2-5x+6}=\frac{x+3}{(x-2)(x-3)}=\frac{A}{x-2}+\frac{B}{x-3}$

$$=\frac{A(x-3)+B(x-2)}{(x-2)(x-3)}=\frac{(A+B)x+(-3A-2B)}{(x-2)(x-3)}.$$

比较系数得

$$\begin{cases}A+B=1,\\-3A-2B=3.\end{cases}$$

解得

$$\begin{cases}A=-5,\\B=6.\end{cases}$$

故

$$\int \frac{x+3}{x^2-5x+6}dx=\int\left(\frac{-5}{x-2}+\frac{6}{x-3}\right)dx$$
$$=-5\ln|x-2|+6\ln|x-3|+C.$$

**例 2** 求不定积分 $\int \frac{1}{x(x-1)^2}dx$.

**解** 由被积函数 $\frac{1}{x(x-1)^2}$ 可以拆成

$$\begin{aligned}\frac{1}{x(x-1)^2}&=\frac{A}{x}+\frac{B}{x-1}+\frac{C}{(x-1)^2}\\&=\frac{A(x-1)^2+Bx(x-1)+Cx}{x(x-1)^2}\\&=\frac{(A+B)x^2+(-2A-B+C)x+A}{x(x-1)^2},\end{aligned}$$

比较系数有

$$\begin{cases}A+B=0,\\-2A-B+C=0,\\A=1,\end{cases}$$

解得

$$\begin{cases}A=1,\\B=-1,\\C=1.\end{cases}$$

故

$$\begin{aligned}\int\frac{1}{x(x-1)^2}\mathrm{d}x&=\int\left[\frac{1}{x}-\frac{1}{x-1}+\frac{1}{(x-1)^2}\right]\mathrm{d}x\\&=\ln|x|-\ln|x-1|-\frac{1}{x-1}+C.\end{aligned}$$

在以上两个例题的求解过程中，是将被积函数拆分成若干个基本类型的积分，所用的方法称为待定系数法，其中分母为可分解因式的多项式，若分母为不可分解因式的二次三项式，那就配方.

**例 3** 求不定积分$\int\frac{1}{x^2+4x+6}\mathrm{d}x=\int\frac{1}{(x+2)^2+2}\mathrm{d}x$.

**解** $\int\frac{1}{(x+2)^2+(\sqrt{2})^2}\mathrm{d}(x+2)=\frac{1}{\sqrt{2}}\arctan\left(\frac{x+2}{\sqrt{2}}\right)+C.$

**例 4** 求不定积分$\int\frac{1}{x(x^7+1)}\mathrm{d}x$.

**解** **方法一**(硬凑法).

$$\begin{aligned}\int\frac{1}{x(x^7+1)}\mathrm{d}x&=\int\frac{x^7+1-x^7}{x(x^7+1)}\mathrm{d}x\\&=\int\left(\frac{1}{x}-\frac{x^6}{x^7+1}\right)\mathrm{d}x\\&=\int\frac{1}{x}\mathrm{d}x-\int\frac{x^6}{x^7+1}\mathrm{d}x\\&=\ln|x|-\frac{1}{7}\ln|x^7+1|+C.\end{aligned}$$

**方法二**(待定系数法).

由

$$\frac{1}{x(x^7+1)}=\frac{A}{x}+\frac{B_1x^6+B_2x^5+\cdots+B_6x+B_7}{x^7+1}$$

通过比较系数可解得

$$A=1,\quad B_1=-1,\quad B_2=B_3=\cdots=B_6=B_7=0.$$

故

$$\int\frac{1}{x(x^7+1)}dx=\int\left(\frac{1}{x}-\frac{x^6}{x^7+1}\right)dx=\ln|x|-\frac{1}{7}\ln|x^7+1|+C.$$

**方法三**(倒代换法).

令 $x=\frac{1}{t}$,则 $dx=\frac{-1}{t^2}dt$,故

$$\begin{aligned}\int\frac{1}{x(x^7+1)}dx&=-\int\frac{t^6}{t^7+1}dt=\frac{-1}{7}\int\frac{1}{t^7+1}d(t^7+1)\\&=\frac{-1}{7}\ln|1+t^7|+C\\&=\ln|x|-\frac{1}{7}\ln|1+x^7|+C\end{aligned}$$

其中方法三称为倒代换法,有理分式的分母的阶数较高的常用到,请读者熟记.

**注** 例4的求解方法可以看出同一题目,其求解方法并不一定相同,所以在求积分时应根据被积函数的特点,不拘一格,灵活选用各种能化简积分的方法.

### 4.4.2 简单的无理函数积分

求简单的无理函数积分,基本思路是通过适当的代换将其有理化,再转化为有理函数积分(这种规则有时也称为根式代换法).下面通过例题说明.

**例5** 求不定积分$\int\frac{1}{x+\sqrt{x}}dx$

**解** 令$\sqrt{x}=t$,则 $x=t^2$,故 $dx=2t\,dt$.代入原积分得

$$\begin{aligned}\int\frac{1}{x+\sqrt{x}}dx&=\int\frac{1}{t^2+t}\cdot 2t\,dt=2\int\frac{1}{t+1}dt\\&=2\ln|t+1|=2\ln\left|\sqrt{x}+1\right|+C.\end{aligned}$$

**例6** 求不定积分$\int\frac{1}{\sqrt[3]{x}+\sqrt{x}}dx$.

**解** 令$\sqrt[6]{x}=t$,则 $x=t^6$,故 $dx=6t^5dt\,(t>0)$.代入原积分得

$$\begin{aligned}\int\frac{1}{\sqrt[3]{x}+\sqrt{x}}dx&=\int\frac{1}{t^2+t^3}\cdot 6t^5dt\\&=6\int\frac{t^3}{t+1}dt=6\int\frac{(t^3+1)-1}{t+1}dt\\&=6\int\frac{(t+1)(t^2-t+1)}{t+1}dt-6\int\frac{1}{t+1}dt\\&=6\int(t^2-t+1)dt-6\int\frac{1}{t+1}d(t+1)\\&=2t^3-3t^2+6t-6\ln|t+1|+C\end{aligned}$$

$$=2x^{\frac{1}{2}}-3x^{\frac{1}{3}}+6x^{\frac{1}{6}}-6\ln|x^{\frac{1}{6}}+1|+C.$$

**例 7** 求不定积分$\int\frac{1}{\sqrt{e^x+1}}dx$.

**解** 令 $t=\sqrt{e^x+1}$，则 $e^x=t^2-1$，即 $x=\ln(t^2-1)$，故 $dx=\frac{2t}{t^2-1}dt$.所以

$$\int\frac{1}{\sqrt{e^x+1}}dx=\int\frac{2}{t^2-1}dt=\int\left(\frac{1}{t-1}-\frac{1}{t+1}\right)dt$$

$$=\ln\left|\frac{t-1}{t+1}\right|+C=2\ln\left|\sqrt{e^x+1}-1\right|-x+C.$$

本章介绍了不定积分概念及计算方法，在求不定积分过程中，求解方法的思考顺序大致遵循：基本公式法 → 硬凑法 → 代换法 → 分部积分法 → 综合法等.

必须指出的是，初等函数在它有定义的区间上的不定积分一定存在，但不定积分存在与不定积分能否用初等函数表示出来不是一回事，事实上，有许多初等函数，它们的不定积分是存在的，但它们的不定积分却无法用初等函数表示，如$\int e^{x^2}dx$，$\int e^{-x^2}dx$，$\int\frac{\sin x}{x}dx$，$\int\frac{\cos x}{x}dx$，$\int\frac{1}{\ln x}dx$，$\int\frac{1}{\sqrt{x^4+1}}dx$ 等.这些函数看似简单，但它们的不定积分是利用初等函数无法表示的，也就是平常讲的它们的不定积分在初等函数的范畴中是不可求的.

最后还要指出的是，在实际应用中，常常利用积分表来计算不定积分.求不定积分时，可按被积函数的类型从积分表中查到相应的公式，或经过简单运算和代换将积分化成积分表中已有的公式形式，再代公式.

## 练　习　4.4

1. 求下列不定积分：

(1) $\int\frac{x^3}{x+2}dx$；

(2) $\int\frac{3x+1}{x^2+3x-10}dx$；

(3) $\int\frac{x^5+x^4-8}{x^3-x}dx$；

(4) $\int\frac{x^2+1}{(x+1)^2(x-1)}dx$；

(5) $\int\frac{1}{x(x^6+4)}dx$；

(6) $\int\frac{x}{x^8-1}dx$.

2. 求下列不定积分：

(1) $\int\frac{1}{1+\sqrt[3]{x+1}}dx$；

(2) $\int\frac{1}{\sqrt{x}+\sqrt[4]{x}}dx$；

(3) $\int\sqrt{\frac{1+x}{1-x}}dx$；

(4) $\int\frac{1}{(x-3)\sqrt{1+x}}dx$.

# 本章知识小结

## 一、基本概念与性质

1. 原函数和不定积分的概念.

设 $f(x)$ 和 $F(x)$ 是定义在区间 $I$ 上的函数,若 $F'(x)=f(x)$,则称 $F(x)$ 为 $f(x)$ 在区间 $I$ 上的一个原函数.

函数 $f(x)$ 在区间 $I$ 上的不定积分:$\int f(x)\mathrm{d}x=F(x)+C$.

2. 不定积分的性质.

(1) $\left[\int f(x)\mathrm{d}x\right]'=f(x)$ 或 $\mathrm{d}\int f(x)\mathrm{d}x=f(x)\mathrm{d}x$;

(2) $\int F'(x)\mathrm{d}x=F(x)+C$ 或 $\int \mathrm{d}F(x)=F(x)+C$;

(3) $\int [\alpha f(x)+\beta g(x)]\,\mathrm{d}x=\alpha\int f(x)\mathrm{d}x+\beta\int g(x)\mathrm{d}x$,其中,$\alpha$,$\beta$ 为任意常数.

## 二、基本积分公式与直接积分法

基本积分公式参考教材.直接积分法通常是对被积函数作代数变形或三角变形,化成能直接套用基本积分公式的形式.代数变形主要是因式分解、加减拆并等,三角变形主要利用三角恒等式.

## 三、换元积分法

1. 第一类换元法(凑微分法).

若 $\int g(x)\mathrm{d}x$ 的被积表达式 $g(x)\mathrm{d}x$ 可表示为 $g(x)\mathrm{d}x=f(\varphi(x))\varphi'(x)=f(\varphi(x))\mathrm{d}\varphi(x)$,且 $\int f(u)\mathrm{d}u$ 较容易计算,则令 $u=\varphi(x)$,代入后有

$$\begin{aligned}\int g(x)\mathrm{d}x&=\int f(\varphi(x))\varphi'(x)\mathrm{d}x=\int f(\varphi(x))\mathrm{d}\varphi(x)\\&=\int f(u)\mathrm{d}u=[F(u)+C]\Big|_{u=\varphi(x)}.\end{aligned}$$

2. 第二类换元法.

令 $x=\varphi(t)$,将 $\int f(x)\mathrm{d}x$ 化为 $\int f(\varphi(t))\varphi'(t)\mathrm{d}t$,在求出后一个积分后,代回 $x=\varphi(t)$ 的反函数 $t=\varphi^{-1}(x)$,有

$$\int f(x)\mathrm{d}x=\int f(\varphi(t))\varphi'(t)\mathrm{d}t=[G(t)+C]\Big|_{t=\varphi^{-1}(x)}.$$

常用的第二类换元法的变换类型有

(1) 对被积函数直接去根号;

(2) 倒代换:$x=\dfrac{1}{t}$;

（3）三角带换去根号：若被积函数中含有$\sqrt{a^2-x^2}$，可作代换$x=a\sin t$或$x=a\cos t$；含有$\sqrt{a^2+x^2}$，可作代换$x=a\tan t$；含有$\sqrt{x^2-a^2}$，可作代换$x=a\sec t$.在回代时，可利用直角三角形，比较直观明了.

## 四、分部积分法

分部积分公式：$\int u\mathrm{d}v=uv-\int v\mathrm{d}u$.

选取$u$和$\mathrm{d}v$是关键，一般以$\int v\mathrm{d}u$比$\int u\mathrm{d}v$易求出为原则.一般地，如果被积函数是两类基本初等函数的乘积，可按“反对幂指三”的顺序：反三角函数、对数函数、幂函数、三角函数、指数函数，将排在前面的那类函数选做$u$，后面的那类函数选作$v'$.

## 历年考研真题选讲

**例 1** （**2009 年，数二、三**）计算不定积分$\int\ln\left(1+\sqrt{\dfrac{1+x}{x}}\right)\mathrm{d}x\ (x>0)$.

**解** 令$\sqrt{\dfrac{1+x}{x}}=t$得$x=\dfrac{1}{t^2-1}$，$\mathrm{d}x=\dfrac{-2t\,\mathrm{d}t}{(t^2-1)^2}$，且

$$\int\ln\left(1+\sqrt{\frac{1+x}{x}}\right)\mathrm{d}x=\int\ln(1+t)\mathrm{d}\,\frac{1}{t^2-1}=\frac{\ln(1+t)}{t^2-1}-\int\frac{1}{t^2-1}\,\frac{1}{t+1}\mathrm{d}t,$$

而

$$\begin{aligned}\int\frac{1}{t^2-1}\,\frac{1}{t+1}\mathrm{d}t&=\frac{1}{4}\int\left(\frac{1}{t-1}-\frac{1}{t+1}-\frac{2}{(t+1)^2}\right)\mathrm{d}t\\&=\frac{1}{4}\ln(t-1)-\frac{1}{4}\ln(t+1)+2\,\frac{1}{t+1}+C,\end{aligned}$$

所以

$$\begin{aligned}\int\ln\left(1+\sqrt{\frac{1+x}{x}}\right)\mathrm{d}x&=\frac{\ln(1+t)}{t^2-1}+\frac{1}{4}\ln\frac{t+1}{t-1}-\frac{1}{2(t+1)}+C\\&=x\ln\left(1+\sqrt{\frac{1+x}{x}}\right)+\frac{1}{2}\ln(\sqrt{1+x}+\sqrt{x})\\&\quad-\frac{1}{2}\,\frac{\sqrt{x}}{\sqrt{1+x}+\sqrt{x}}+C.\end{aligned}$$

**例 2** （**2011 年，数三**）求不定积分$\int\dfrac{\arcsin\sqrt{x}+\ln x}{\sqrt{x}}\mathrm{d}x$.

**解** $$\int\frac{\arcsin\sqrt{x}+\ln x}{\sqrt{x}}\mathrm{d}x=2\int\frac{\arcsin\sqrt{x}+\ln x}{2\sqrt{x}}\mathrm{d}x=2\int(\arcsin\sqrt{x}+2\ln\sqrt{x})\mathrm{d}\sqrt{x}$$

$$\xlongequal{\sqrt{x}=t}2\int(\arcsin t+2\ln t)\mathrm{d}t$$

$$=2t(\arcsin t+2\ln t)-2\int\left(\frac{t}{\sqrt{1-t^2}}+2\right)\mathrm{d}t$$

$$=2t(\arcsin t+2\ln t)+\int\frac{\mathrm{d}(1-t^2)}{\sqrt{1-t^2}}-4t$$

$$=2t(\arcsin t+2\ln t)+2\sqrt{1-t^2}-4t+C$$

$$=2\sqrt{x}(\arcsin\sqrt{x}+2\ln\sqrt{x})+2\sqrt{1-x}-4\sqrt{x}+C,$$

其中 $C$ 是任意常数.

**例 3** (**2018 年,数三**)$\int \mathrm{e}^x\arcsin\sqrt{1-\mathrm{e}^{2x}}\,\mathrm{d}x=$________.

**解** $\int \mathrm{e}^x\arcsin\sqrt{1-\mathrm{e}^{2x}}\,\mathrm{d}x=\int\arcsin\sqrt{1-\mathrm{e}^{2x}}\,\mathrm{d}\mathrm{e}^x$

$$=\mathrm{e}^x\arcsin\sqrt{1-\mathrm{e}^{2x}}-\int\mathrm{e}^x\,\mathrm{d}\arcsin\sqrt{1-\mathrm{e}^{2x}}$$

$$=\mathrm{e}^x\arcsin\sqrt{1-\mathrm{e}^{2x}}-\int\frac{\mathrm{e}^x}{\sqrt{1-(1-\mathrm{e}^{2x})}}\frac{-2\mathrm{e}^{2x}}{2\sqrt{1-\mathrm{e}^{2x}}}\mathrm{d}x$$

$$=\mathrm{e}^x\arcsin\sqrt{1-\mathrm{e}^{2x}}+\int\frac{\mathrm{e}^{2x}}{\sqrt{1-\mathrm{e}^{2x}}}\mathrm{d}x$$

$$=\mathrm{e}^x\arcsin\sqrt{1-\mathrm{e}^{2x}}-\frac{1}{2}\int\frac{1}{\sqrt{1-\mathrm{e}^{2x}}}\mathrm{d}(1-\mathrm{e}^{2x})$$

$$=\mathrm{e}^x\arcsin\sqrt{1-\mathrm{e}^{2x}}-\sqrt{1-\mathrm{e}^{2x}}+C.$$

**例 4** (**2019 年,数二**)求不定积分$\int\frac{3x+6}{(x-1)^2(x^2+x+1)}\mathrm{d}x$.

**解** $\int\frac{3x+6}{(x-1)^2(x^2+x+1)}\mathrm{d}x=\int\frac{-2}{x-1}+\frac{3}{(x-1)^2}+\frac{2x+1}{x^2+x+1}\mathrm{d}x$

$$=-2\ln|x-1|-\frac{3}{x-1}+\ln|x^2+x+1|+C.$$

**例 5** (**2023 年,数二、三**)函数 $f(x)=\begin{cases}\dfrac{1}{\sqrt{1+x^2}}, & x\leqslant 0,\\(x+1)\cos x, & x>0\end{cases}$ 的原函数为(　　).

A. $F(x)=\begin{cases}\ln\left(\sqrt{1+x^2}-x\right), & x\leqslant 0,\\(x+1)\cos x-\sin x, & x>0\end{cases}$

B. $F(x)=\begin{cases}\ln\left(\sqrt{1+x^2}-x\right)+1, & x\leqslant 0,\\(x+1)\cos x-\sin x, & x>0\end{cases}$

C. $F(x)=\begin{cases}\ln\left(\sqrt{1+x^2}-x\right), & x\leqslant 0,\\(x+1)\sin x+\cos x, & x>0\end{cases}$

D. $F(x)=\begin{cases}\ln\left(\sqrt{1+x^2}+x\right)+1, & x\leqslant 0,\\(x+1)\sin x+\cos x, & x>0\end{cases}$

**解** 当 $x\leqslant 0$ 时,原函数 $F(x)=\int f(x)\mathrm{d}x=\int\frac{\mathrm{d}x}{\sqrt{1+x^2}}=\ln\left(x+\sqrt{1+x^2}\right)+C_1$.

当 $x>0$ 时，原函数

$$F(x)=\int(x+1)\cos x\,dx=\int x\,d\sin x+\int\cos x\,dx$$
$$=x\sin x-\int\sin x\,dx+\int\cos x\,dx$$
$$=x\sin x+\cos x+\sin x+C_2.$$

因 $F'(x)=f(x)$，故 $F(x)$ 在 $x=0$ 处连续.则 $\lim\limits_{x\to0^+}F(x)=\lim\limits_{x\to0^-}F(x)$，即 $1+C_2=C_1$.因此原函数

$$F(x)=\begin{cases}\ln(x+\sqrt{x^2+1})+1+C_2, & x\leqslant0,\\ x\sin x+\cos x+\sin x+C_2, & x<0.\end{cases}$$

取 $C_2=0$，故答案为 D.

## 数学星空　光辉典范：数学家与数学家精神

### 数学家简介[4]

## 总练习　4

1. 设 $\int xf(x)\,dx=\arcsin x+C$，试求 $\int\dfrac{1}{f(x)}dx$.

2. 设 $f(x^2-1)=\ln\left(\dfrac{x^2}{x^2-2}\right)$，且 $f[\varphi(x)]=\ln x$，试求 $\int\varphi(x)\,dx$.

3. 求不定积分：

(1) $\int x\sqrt{2-5x}\,dx$；　　(2) $\int\dfrac{1}{x\sqrt{x^2-1}}dx$；

(3) $\int\dfrac{x^2}{a^6-x^6}dx\ (a>0)$；　　(4) $\int\dfrac{e^x(1+\sin x)}{1+\cos x}dx$；

(5) $\int\sqrt{x}\sin\sqrt{x}\,dx$；　　(6) $\int x^2\ln(x^2+1)\,dx$；

(7) $\int\arctan\sqrt{x}\,dx$；　　(8) $\int\dfrac{\sqrt{1+\cos2x}}{\sin2x}dx$；

(9) $\int\dfrac{x+2\sin x\cos x}{1+\cos2x}dx$；　　(10) $\int\dfrac{\sin^2x}{\cos^3x}dx$；

(11) $\int \frac{1}{\sin^2 x \cos^4 x} dx$；　(12) $\int \frac{1}{\sin^3 x \cos^5 x} dx$；

(13) $\int \frac{\cos x}{1+\cos x} dx$；　(14) $\int \frac{1}{1+\tan x} dx$；

(15) $\int (x^2+3x+7)^3(2x+3) dx$；　(16) $\int \frac{x^2}{1+x^2} \cdot \arctan x \, dx$.

4. 求不定积分：

(1) $\int \frac{f(x)-xf'(x)}{f^2(x)} dx$；

(2) $\int [\ln f(x)+\ln f'(x)]\,[f'^2(x)+f(x)f''(x)] dx$；

(3) $\int \left[\frac{f(x)}{f'(x)} - \frac{f^2(x)f''(x)}{f'^3(x)}\right] dx$.

5. 设某工厂每周生产某种产品 $x$ 单位的边际成本为 $0.3x+8$(元 / 单位)，固定成本为 100 元.

(1) 求总成本函数 $C(x)$；

(2) 若该产品的需求函数为 $x=320-4p$，求利润函数 $L(x)$；

(3) 每周生产多少单位可获得最大利润？最大利润是多少？

6. 设某商品的需求量 $Q$ 是价格 $P$ 的函数.该商品的最大需求量为 1 000(即 $P=0$ 时，$Q=1\,000$)，已知需求量的变化率(边际需求)为 $Q'(P)=(-1\,000\ln 3)\left(\frac{1}{3}\right)^P$.求需求量关于价格的弹性.

# 目标自测题 4

## 一、填空题

1. 已知 $f(x)$ 的一个原函数为 $\ln^2 x$，则 $\int xf'(x)dx=$______.

2. 设 $f'(x)=\sin 3x$，则 $\int f(x)dx=$______.

3. $\int \frac{f'(\ln x)}{x\sqrt{f(\ln x)}} dx=$______.

4. $\int \frac{x+5}{x^2-6x+13} dx=$______.

5. $\int x^x(1+\ln x)dx=$______.

## 二、选择题

1. 设 $\sin x+1$ 为 $f(x)$ 的一个原函数，则 $\int \frac{f(\arcsin x)}{\sqrt{1-x^2}} dx=$(　　).

A. $\arcsin x+C$　　B. $x+C$　　C. $\sin(\arcsin x)$　　D. $\arcsin(\sin x)+C$

2. $d\left[\int d(\cos x+\ln 2)\right]=($　　$)$.

A. $-\sin x$　　B. $-\sin x\,dx$　　C. $\left(\sin x+\frac{1}{2}\right)dx$　　D. $\left(-\sin x+\frac{1}{2}\right)dx$

3. 设 $f(x)$ 的一个原函数为 $\cos x+\sin 1$，则 $f'(x)=($　　$)$.

A. $\cos x$　　B. $-\cos x$　　C. $\sin x+c$　　D. $-\sin x$

4. 设 $F(x)$ 是 $e^{-x^2}$ 的一个原函数，$\frac{d}{dx}[F(\sqrt{x})]=($　　$)$.

A. $\frac{e^{-x}}{2\sqrt{x}}$　　B. $\frac{e^{-x^2}}{2\sqrt{x}}$　　C. $\frac{2e^{-x}}{\sqrt{x}}$　　D. $\frac{1}{2}\sqrt{x}\,e^{-x}$

5. 设 $f'(e^x)=xe^{-x}$，且 $f(1)=0$，则 $f(x)=($　　$)$.

A. $\frac{1}{2}(\ln x)^2$　　B. $(\ln x)^2$　　C. $\frac{1}{2}(\ln x)^2+C$　　D. $\frac{1}{2}\ln x$

## 三、计算解答题

1. 计算 $\int\frac{1}{\sin^2 x+2\cos^2 x}dx$.

2. 计算 $\int\frac{dx}{(2x^2+1)\sqrt{x^2+1}}$.

3. 计算 $\int\frac{dx}{\sin x\cos^4 x}$.

4. 计算 $\int\frac{dx}{(1+e^x)^2}$.

5. 计算 $\int\frac{\ln\sin x}{\sin^2 x}dx$.

6. 计算 $\int e^{2x}(\tan x+1)^2dx$.

7. 计算 $\int\frac{1}{x^4-1}dx$.

8. 计算 $\int\frac{\arctan e^x}{e^{2x}}dx$.

9. 已知曲线 $y=f(x)$ 上任一点 $(x,y)$ 处的切线斜率为 $ax^2-3x-6$，且 $x=-1$ 时，$y=\frac{11}{2}$ 为极大值，求曲线方程 $y=f(x)$.

10. 设 $F(x)$ 为 $f(x)$ 的一个原函数，当 $x\geqslant 0$ 时有 $f(x)F(x)=\sin^2 2x$，且 $F(0)=1$，$F(x)\geqslant 0$，求 $f(x)$.

# 第 5 章

# 定积分及其应用

在第 4 章中，介绍了积分学的一个范畴 —— 不定积分，在本章中，要介绍积分学的另外一个范畴 —— 定积分.定积分起源于求图形面积和体积等实际问题，故先从几何学、力学等问题出发，引入定积分的定义，然后讨论定积分的性质、计算方法及其应用.在本章中，会学到一个重要公式 —— 微积分基本公式，即牛顿 - 莱布尼茨公式，这个公式建立了定积分与原函数间的重要关系，从而给出了计算定积分的一般方法，才使得定积分成为解决有关实际问题的有力工具，同时也将微分学与积分学紧密联系在一起，构成了微积分学完整的理论体系.

知识结构图

# 5.1 定积分的概念

先从分析和解决几个典型的实际问题入手，引出定积分的概念.

## 5.1.1 引例

**1. 曲边梯形的面积**

在中学，学过怎样求矩形、三角形、圆、梯形等规则的几何图形的面积.但在实际问题中，往往需要求一些不规则图形的面积，如曲边梯形.

设 $y=f(x)\geqslant 0$ 在 $x\in[a,b]$ 上连续，在直角坐标系中，由曲线 $y=f(x)$，直线 $x=a$，$x=b$ 和 $y=0$($x$ 轴) 所围成图形称为曲边梯形(图 5-1).

由于曲边梯形属于不规则图形，故利用中学公式是不能求解的.下面利用“分割 - 近似求和 - 取极限”的方法来求解.

(1) 分割.在区间$[a,b]$中任意插入 $n-1$ 个分点

$$a=x_0<x_1<x_2<\cdots<x_{n-1}<x_n=b,$$

把区间$[a,b]$划分成 $n$ 个小区间

$$[x_0,x_1],[x_1,x_2],\cdots,[x_{n-1},x_n],$$

它们的长度分别为

$$\Delta x_1=x_1-x_0,\Delta x_2=x_2-x_1,\cdots,\Delta x_n=x_n-x_{n-1},$$

过每个分点，作平行于 $y$ 轴的直线段，这样曲边梯形就被划分为 $n$ 个小曲边梯形(图 5-2)，在每个小区间$[x_{i-1},x_i](i=1,2,\cdots,n)$ 中任取一点 $\xi_i$，用以$[x_{i-1},x_i]$为底，以 $f(\xi_i)$ 为高的小矩形近似代替第 $i$ 个小曲边梯形，则第 $i$ 个小曲边梯形的面积近似为 $f(\xi_i)\Delta x_i$.

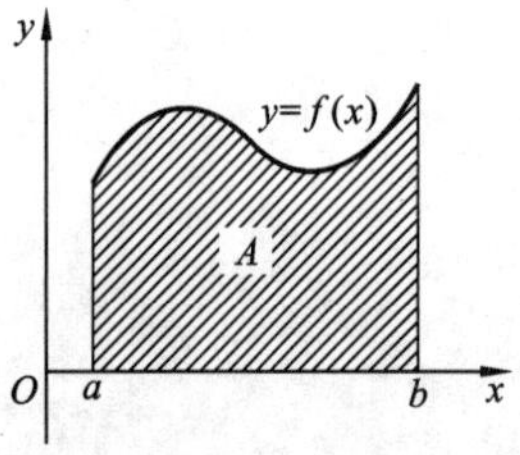

图 5-1

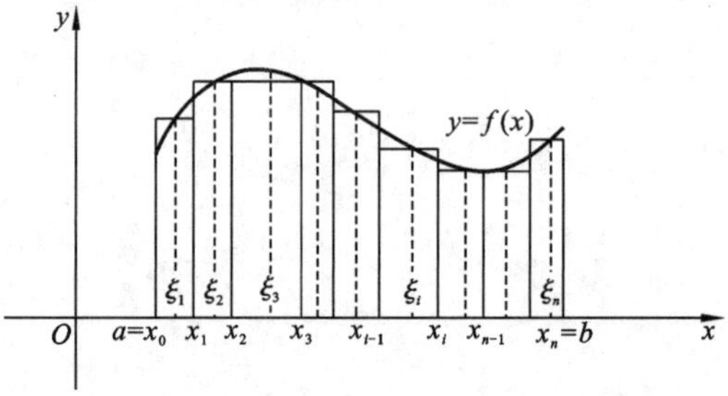

图 5-2

(2) 近似求和.将第一步中得到的 $n$ 个小矩形的面积作和就可以得到曲边梯形面积的近似值，即有

$$A\approx f(\xi_1)\Delta x_1+f(\xi_2)\Delta x_2+\cdots+f(\xi_n)\Delta x_n=\sum_{i=1}^{n}f(\xi_i)\Delta x_i.$$

(3) 取极限.令 $n$ 个小区间$[x_{i-1},x_i]$ $(i=1,2,\cdots,n)$ 的区间长度中的最大值为 $\lambda$，即令

$$\lambda=\max\{\Delta x_1,\Delta x_2,\cdots,\Delta x_n\},$$

则当 $\lambda\to 0$ 时(注意此时小区间的个数 $n$ 无限增多，即有 $n\to\infty$)，上述(2) 中的近似和的极限即为曲边梯形的面积

$$A=\lim_{\lambda\to 0}\sum_{i=1}^{n}f(\xi_i)\Delta x_i.$$

**2. 变速直线运动的位移**

设某物体做直线运动，其速度 $V=V(t)$ 是一个已知的连续函数，计算该物体从时刻 $\alpha$ 到时刻 $\beta$ 这段时间内所运行的路程.仍然采用“分割 - 近似求和 - 取极限”的思想来讨论.

(1) 分割.在时间间隔 $[\alpha,\beta]$ 中任意插入 $n-1$ 个分点

$$\alpha=t_0<t_1<t_2<\cdots<t_{n-1}<t_n=\beta,$$

把时间间隔 $[\alpha,\beta]$ 划分成 $n$ 个小的时间段 $[t_{i-1},t_i](i=1,2,\cdots,n)$，各个时间段的长度为

$$\Delta t_i=t_i-t_{i-1}(i=1,2,\cdots,n).$$

(2) 近似求和.在 $[t_{i-1},t_i](i=1,2,\cdots,n)$ 中任取一点 $\tau_i$，作乘积

$$\Delta S_i=V(\tau_i)\Delta t_i,$$

可作为第 $i$ 个时段内通过路程的近似值(这是因为可以将物体在第 $i$ 段时间 $[t_{i-1},t_i]$ 中的变速直线运动近似看成以 $V(\tau_i)$ 为速度的匀速运动)，故总路程为

$$S\approx\sum_{i=1}^{n}V(\tau_i)\Delta t_i.$$

(3) 取极限.令 $\lambda=\max\{\Delta t_1,\Delta t_2,\cdots,\Delta t_n\}$，则

$$S=\lim_{\lambda\to 0}\sum_{i=1}^{n}V(\xi_i)\Delta t_i.$$

### 5.1.2 定积分的定义

从以上两个引例可以看出，无论是求曲边梯形的面积，还是求变速直线运动的路程，虽然实际背景完全不同，但它们都可以通过“分割 - 近似求和- 取极限”的思想转化为求某个和式的极限.据此，可以抽象出定积分的定义.

**定义 1** 设函数 $f(x)$ 在区间 $[a,b]$ 上有界，在 $[a,b]$ 中任意插入 $n-1$ 个分点

$$a=x_0<x_1<x_2<\cdots<x_{n-1}<x_n=b,$$

把区间 $[a,b]$ 分割为 $n$ 个小区间 $[x_{i-1},x_i](i=1,2,\cdots,n)$，各个小区间的长度分别为 $\Delta x_1$，$\Delta x_2,\cdots,\Delta x_n$，即 $\Delta x_i=x_i-x_{i-1}(i=1,2,\cdots,n)$，在每个小区间 $[x_{i-1},x_i]$ 上任取一点 $\xi_i$，作和

$$\sum_{i=1}^{n}f(\xi_i)\Delta x_i,$$

记 $\lambda=\max\{\Delta x_1,\Delta x_2,\cdots,\Delta x_n\}$，如果对区间 $[a,b]$ 的任意分法，对在小区间 $[x_{i-1},x_i]$ 上 $\xi_i$ 的任意取值，极限 $\lim\limits_{\lambda\to 0}\sum\limits_{i=1}^{n}f(\xi_i)\Delta x_i$ 总趋向于同一个确定数 $I$，那么就称 $f(x)$ 在区间 $[a,b]$ 上可积，称这个极限值 $I$ 为函数 $f(x)$ 在区间 $[a,b]$ 上的定积分，记为

$$\int_a^b f(x)\mathrm{d}x.$$

其中，$f(x)$ 称为**被积函数**，$f(x)\mathrm{d}x$ 称为**被积表达式**，$x$ 称为**积分变量**，$[a,b]$ 称为**积分区间**，$a$ 称为**积分下限**，$b$ 称为**积分上限**.

关于定积分的定义，作以下几点注解.

**注** (1) 定积分 $\int_a^b f(x)\mathrm{d}x$ 是和式 $\sum\limits_{i=1}^{n}f(\xi_i)\Delta x_i$ 的极限值，即是一个确定常数，这个常数

只与被积函数 $f(x)$、积分区间 $[a,b]$ 有关,而与积分变量无关,即有

$$\int_a^b f(x)\mathrm{d}x=\int_a^b f(t)\mathrm{d}t=\int_a^b f(u)\mathrm{d}u.$$

(2) 定积分与区间的分法及 $\xi_i$ 的取法无关,即定义中的区间分法与 $\xi_i$ 的取法是任意的.

(3) $\sum\limits_{i=1}^{n} f(\xi_i)\Delta x_i$ 通常称为积分和,若 $\int_a^b f(x)\mathrm{d}x$ 存在时,称 $f(x)$ 在 $[a,b]$ 可积.

(4) 特别规定

$$\int_a^a f(x)\mathrm{d}x=0;$$

$$\int_a^b f(x)\mathrm{d}x=-\int_b^a f(x)\mathrm{d}x.$$

关于可积性问题,也就是 $f(x)$ 满足怎样的条件,定积分才存在呢?这个问题十分复杂,本书不作深入讨论,只是不加证明地给出下面两个定理.

**定理 1** 若函数 $f(x)$ 在 $[a,b]$ 上连续,则 $f(x)$ 在 $[a,b]$ 上可积.

**定理 2** 若函数 $f(x)$ 在 $[a,b]$ 上有界,且只有有限个间断点,则 $f(x)$ 在 $[a,b]$ 上可积.

### 5.1.3 定积分的几何意义

典型例题讲解

由引例 1 与定积分的定义可知,当 $f(x)\geqslant 0, x\in[a,b]$,有定积分 $\int_a^b f(x)\mathrm{d}x$ 正好表示由 $y=f(x), x=a, x=b, y=0$ 所围图形的面积;当 $f(x)\leqslant 0, x\in[a,b]$,由于 $y=f(x)$ 在 $x$ 轴下方,故定积分 $\int_a^b f(x)\mathrm{d}x$ 就是曲边梯形面积的相反数;如果 $y=f(x)$ 在 $[a,b]$ 上的某些区间取正值,另外一些区间取负值,则 $\int_a^b f(x)\mathrm{d}x$ 表示 $y=f(x), x=a, x=b, y=0$ 所围图形面积的代数和.其中 $x$ 轴上方部分取正值,$x$ 轴下方部分取负值,图形表示如图 5-3 所示.

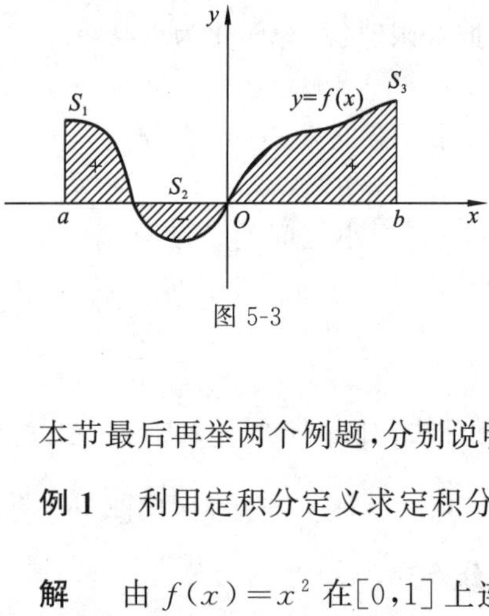


图 5-3

函数 $y=f(x)$ 在 $[a,b]$ 上定积分的几何意义为 $y=f(x), y=0$($x$ 轴),$x=a, x=b$,所围面积的代数和,即有 $\int_a^b f(x)\mathrm{d}x=(+S_1)+(-S_2)+(+S_3)$.

本节最后再举两个例题,分别说明利用定积分定义和几何意义计算定积分.

**例 1** 利用定积分定义求定积分 $\int_0^1 x^2\mathrm{d}x$.

**解** 由 $f(x)=x^2$ 在 $[0,1]$ 上连续,故 $\int_0^1 x^2\mathrm{d}x$ 是可积的,从而该积分值与区间 $[0,1]$ 的分割及 $\xi_i$ 的取法完全无关,为此不妨将区间 $[0,1]$ $n$ 等分(图 5-4),分点为 $x_i=\dfrac{i}{n}(i=1,2,\cdots,n-1)$;这样 $\Delta x_i=x_i-x_{i-1}=\dfrac{1}{n}$,此时,$\lambda=\dfrac{1}{n}$,可取 $\xi_i$ 为 $[x_{i-1},x_i]$ 的右端点,即 $\xi_i=x_i(i=1,2,\cdots,n)$,作积分和

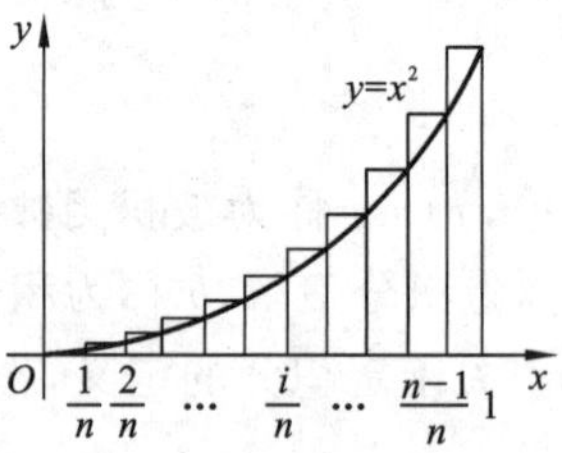


图 5-4

$$\sum_{i=1}^{n} f(\xi_i)\Delta x_i = \sum_{i=1}^{n} \xi_i^2 \Delta x_i = \sum_{i=1}^{n} x_i^2 \Delta x_i = \sum_{i=1}^{n} \left(\frac{i}{n}\right)^2 \cdot \frac{1}{n}$$
$$= \frac{1}{n^3}\sum_{i=1}^{n} i^2 = \frac{1}{n^3}(1^2+2^2+3^2+\cdots+n^2)$$
$$= \frac{1}{n^3}\cdot\frac{1}{6}n(n+1)(2n+1) = \frac{1}{6}\left(1+\frac{1}{n}\right)\left(2+\frac{1}{n}\right),$$

当 $\lambda = \frac{1}{n} \to 0$,即当 $n \to \infty$ 时,有

$$\int_0^1 x^2 \mathrm{d}x = \lim_{n\to\infty} \frac{1}{6}\left(1+\frac{1}{n}\right)\left(2+\frac{1}{n}\right) = \frac{1}{3}.$$

**例 2**　利用定积分的几何意义求下列积分:

(1) $\int_0^1 x\,\mathrm{d}x$;　(2) $\int_0^1 \sqrt{1-x^2}\,\mathrm{d}x$;　(3) $\int_{-\frac{\pi}{2}}^{\frac{\pi}{2}} \sin x\,\mathrm{d}x$ .

**解**　(1) 由题意可知 $\int_0^1 x\,\mathrm{d}x$ 表示 $y=x$,$y=0$,$x=1$ 所围三角形的面积(图 5-5),即

$$\int_0^1 x\,\mathrm{d}x = \frac{1}{2}(1\times 1) = \frac{1}{2}.$$

(2) 由定积分的几何意义可知,$\int_0^1 \sqrt{1-x^2}\,\mathrm{d}x$ 表示半径为 1,圆心在原点的圆在第一象限部分的面积(图 5-6),即

$$\int_0^1 \sqrt{1-x^2}\,\mathrm{d}x = \frac{1}{4}\pi\cdot 1^2 = \frac{\pi}{4}.$$

(3) 由于 $f(x)=\sin x$ 是奇函数(图 5-7),故图形关于原点对称,从而积分 $\int_{-\frac{\pi}{2}}^{0} \sin x\,\mathrm{d}x$ 与 $\int_0^{\frac{\pi}{2}} \sin x\,\mathrm{d}x$ 的值互为相反数,故积分值为 0.

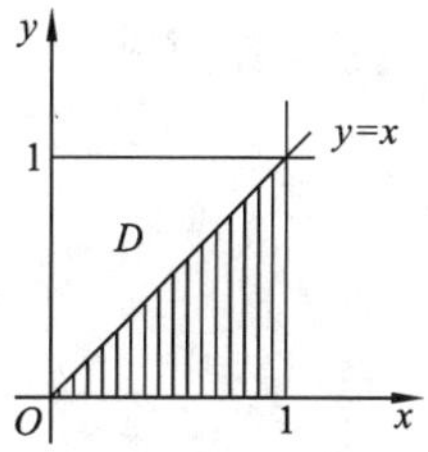

图 5-5

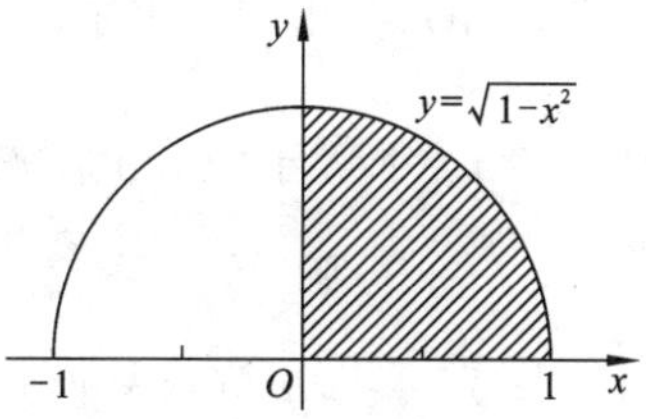

图 5-6

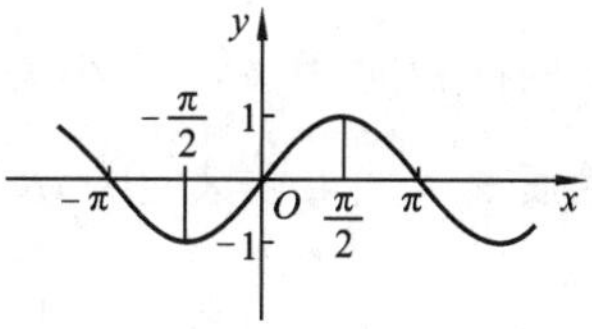

图 5-7

## 练　习　5.1

1. 利用定积分的定义计算下列定积分:

(1) $\int_{-1}^{2} x\,\mathrm{d}x$;　　　(2) $\int_0^1 \mathrm{e}^x\,\mathrm{d}x$.

2. 利用定积分的几何意义,说明下列等式成立:

(1) $\int_0^1 2x\,\mathrm{d}x = 1$;　　　(2) $\int_{-\pi}^{\pi} \sin x\,\mathrm{d}x = 0$;

(3) $\int_{-1}^{1}\sqrt{1-x^2}\,\mathrm{d}x=\frac{\pi}{2}$；

(4) $\int_{-\frac{\pi}{2}}^{\frac{\pi}{2}}\cos x\,\mathrm{d}x=2\int_{0}^{\frac{\pi}{2}}\cos x\,\mathrm{d}x$.

*3. 利用定积分表示下列极限：

(1) $\lim\limits_{n\to\infty}\sum\limits_{i=1}^{n}\frac{1}{n+i}$；

(2) $\lim\limits_{n\to\infty}\sum\limits_{i=1}^{n}\frac{n}{n^2+i^2}$.

典型例题讲解

## 5.2 定积分的性质

5.1 节介绍了定积分的概念，为了进一步讨论定积分的理论与计算，本节介绍定积分的一些性质.在下面的讨论中，假定被积函数是可积的，同时也特别取消了积分上下限的大小限制.

**性质 1** 函数和(差) 的定积分等于它们定积分的和(差)，即

$$\int_a^b[f(x)\pm g(x)]\mathrm{d}x=\int_a^b f(x)\mathrm{d}x\pm\int_a^b g(x)\mathrm{d}x.$$

**性质 2** 被积函数的常数因子可以提到积分号外边来，即

$$\int_a^b kf(x)\mathrm{d}x=k\int_a^b f(x)\mathrm{d}x\ (k\ 为常数).$$

性质 1、性质 2 利用定积分的定义很容易证明，请读者自己证.

**性质 3** 如果将积分区间分为两部分，则在该区间上的积分等于在这两个区间上积分的和，即设 $a<c<b$，则

$$\int_a^b f(x)\mathrm{d}x=\int_a^c f(x)\mathrm{d}x+\int_c^b f(x)\mathrm{d}x.$$

性质 3 称为定积分对积分区间的“可加性”.这种“可加性”，可以取消 $a,b,c$ 的大小限制，即对任意的 $a,b,c$，有 $\int_a^b f(x)\mathrm{d}x=\int_a^c f(x)\mathrm{d}x+\int_c^b f(x)\mathrm{d}x$，其中，$f(x)$ 在区间 $[a,b]$，$[a,c]$，$[c,b]$ 上都是可积的.

**性质 4** $\int_a^b 1\mathrm{d}x=b-a$.显然，定积分 $\int_a^b 1\mathrm{d}x$ 在几何上表示以 $[a,b]$ 为底，以 $f(x)\equiv 1$ 为高的矩形的面积.不管 $a,b$ 大小关系怎样，$\int_a^b 1\mathrm{d}x$ 都等于积分上限减去积分下限.

**性质 5** 如果在区间 $[a,b]$ 上有 $f(x)\geqslant 0$，则

$$\int_a^b f(x)\mathrm{d}x\geqslant 0\ (a<b)\ (保号性).$$

**推论 1** 如果在区间 $[a,b]$ 上有 $f(x)\geqslant g(x)$，则

$$\int_a^b f(x)\mathrm{d}x\geqslant\int_a^b g(x)\mathrm{d}x\ (a<b)\ (保序性).$$

**推论 2** $\left|\int_a^b f(x)\mathrm{d}x\right|\leqslant\int_a^b|f(x)|\mathrm{d}x\,(a<b)$.

推论 2 表明在 $[a,b]$ 上有定积分的绝对值不超过绝对值的定积分，有时也称为定积分的绝对值不等式.

**性质 6**(估值定理) 设 $M$ 与 $m$ 分别是函数 $f(x)$ 在区间 $[a,b]$ 上的最大值与最小值，则

$$m(b-a)\leqslant\int_a^b f(x)\mathrm{d}x\leqslant M(b-a).$$

利用性质4和性质5，易证性质6.可以利用几何图形解释性质6的意义所在，如图5-8所示.

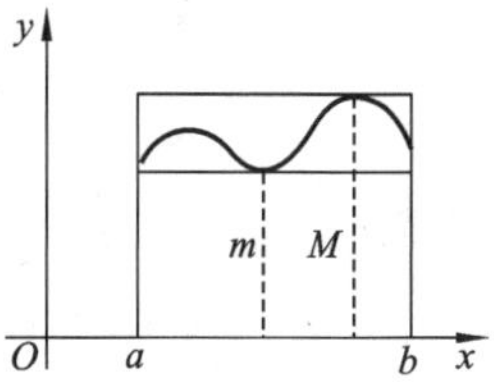

图 5-8

显然如果 $y=f(x)$ 在 $[a,b]$ 上取得最值 $M$ 与 $m$，则 $\int_a^b f(x)\mathrm{d}x$ 表示以 $y=f(x)$ 为曲边的曲边梯形的面积介于同一底边而高分别为 $M$ 与 $m$ 的两个矩形的面积 $m(b-a)$ 与 $M(b-a)$ 之间.

**注** (1) 性质6也称为定积分的估值定理，可以利用该不等式估计一个定积分的大小.

(2) 性质5、推论1、推论2、性质6有时也称为定积分的不等式性质.

**性质7**(定积分的中值定理) 如果函数 $f(x)$ 在区间 $[a,b]$ 上连续，则在 $[a,b]$ 上至少存在一点 $\xi$，使得下式成立：

$$\int_a^b f(x)\mathrm{d}x=f(\xi)(b-a)\ (a\leqslant\xi\leqslant b).$$

**证** 由于 $f(x)$ 在区间 $[a,b]$ 上连续，故 $f(x)$ 在区间 $[a,b]$ 上存在最大值 $M$ 与最小值 $m$，由性质6得

$$m\leqslant\frac{1}{b-a}\int_a^b f(x)\mathrm{d}x\leqslant M,$$

故常数 $\frac{1}{b-a}\int_a^b f(x)\mathrm{d}x$ 介于函数 $f(x)$ 的最大值与最小值之间，由闭区间上连续函数的介值定理可知，在区间 $[a,b]$ 上至少存在一点 $\xi$，使得

$$\frac{1}{b-a}\int_a^b f(x)\mathrm{d}x=f(\xi),$$

即

$$\int_a^b f(x)\mathrm{d}x=f(\xi)(b-a)\ (a\leqslant\xi\leqslant b).$$

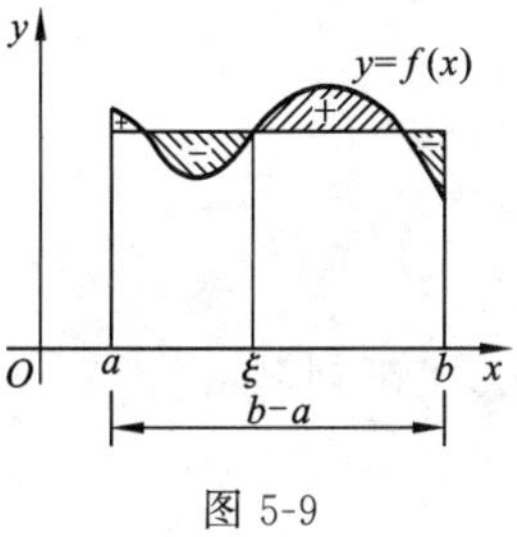

图 5-9

性质7的几何意义如下(图5-9)：如果 $y=f(x)$ 在区间 $[a,b]$ 上是一段连续曲线，则总可以适当选取数 $f(\xi)$ 使得由直线 $y=f(\xi)$，$y=0$，$x=a$，$x=b$ 所围成的矩形面积 $f(\xi)(b-a)$ 恰好等于由 $y=f(x)$，$y=0$，$x=a$，$x=b$ 所围图形面积的代数和，图5-9中的正负号是 $f(x)$ 相对于矩形的凸出与凹进的部分.

由上述几何解释易见，数值 $f(\xi)=\frac{1}{b-a}\int_a^b f(x)\mathrm{d}x$ 表示曲线 $y=f(x)$ 在区间 $[a,b]$ 上的平均高度，称其为函数 $f(x)$ 在 $[a,b]$ 上的平均值.

最后，再举几个例子说明定积分性质的应用.

**例1** 估计积分值 $\int_1^2 x^2\mathrm{d}x$ 大小.

**解** 由于 $f(x)=x^2$ 在 $[1,2]$ 上连续且单调增加，故 $f(x)$ 的最小值 $m=f(1)=1$，最大值 $M=f(2)=4$，即 $1\leqslant f(x)\leqslant 4$，由性质6可知 $1\cdot(2-1)\leqslant\int_1^2 x^2\mathrm{d}x\leqslant 4\cdot(2-1)$，即

$$1\leqslant\int_1^2 x^2\mathrm{d}x\leqslant 4.$$

**例 2** 比较下面两个积分值的大小

$$I_1=\int_1^e \ln x\,\mathrm{d}x,\quad I_2=\int_1^e (\ln x)^2\,\mathrm{d}x.$$

**解** 当 $1\leqslant x\leqslant \mathrm{e}$ 时，$0\leqslant \ln x\leqslant 1$，所以 $\ln^2 x\leqslant \ln x$，根据定积分的估值不等式，有

$$I_2=\int_1^e (\ln x)^2\,\mathrm{d}x\leqslant I_1=\int_1^e \ln x\,\mathrm{d}x,\quad 即\ I_2\leqslant I_1.$$

**例 3** 设 $f(x)$ 在 $[a,b]$ 上连续，在 $(a,b)$ 内可导，且存在 $c\in(a,b)$，使得 $\int_a^c f(x)\mathrm{d}x=f(b)(c-a)$，证明至少存在一点 $\xi\in(a,b)$，使得 $f'(\xi)=0$.

**证** 由 $f(x)$ 在 $[a,b]$ 上连续，$c\in(a,b)$，故 $f(x)$ 在 $[a,c]$ 上连续，由定积分中值定理知，存在 $\eta\in[a,c]$，使得 $\int_a^c f(x)\mathrm{d}x=f(\eta)(c-a)$，再由题设 $\int_a^c f(x)\mathrm{d}x=f(b)(c-a)$，知 $f(\eta)=f(b)$，且 $\eta\neq b$，故在 $[\eta,b]$ 上利用罗尔中值定理知至少存在一点 $\xi\in(\eta,b)\subset(a,b)$，使得 $f'(\xi)=0$.

## 练 习 5.2

1. 估计下列定积分值的大小：

(1) $\int_1^4 (x^2-1)\mathrm{d}x$； (2) $\int_{\frac{\pi}{4}}^{\frac{5\pi}{4}} (1+\sin^2 x)\mathrm{d}x$；

(3) $\int_1^2 \dfrac{x}{1+x^2}\mathrm{d}x$； (4) $\int_1^2 x\mathrm{e}^x\,\mathrm{d}x$.

2. 根据定积分的性质，比较下列各题中两个积分值的大小：

(1) $I_1=\int_0^1 x^2\mathrm{d}x$，$I_2=\int_0^1 x^3\mathrm{d}x$；

(2) $I_1=\int_0^1 \mathrm{e}^x\mathrm{d}x$，$I_2=\int_0^1 \mathrm{e}^{x^2}\mathrm{d}x$；

(3) $I_1=\int_0^1 x\,\mathrm{d}x$，$I_2=\int_0^1 \ln(1+x)\mathrm{d}x$；

(4) $I_1=\int_0^1 \sin x\,\mathrm{d}x$，$I_2=\int_0^1 x\,\mathrm{d}x$.

3. 设 $f(x)$ 在 $[3,4]$ 上连续，且有 $\int_0^3 f(x)\mathrm{d}x=3$ 及 $\int_0^4 f(x)\mathrm{d}x=7$，求下列各值：

(1) $\int_3^4 f(x)\mathrm{d}x$； (2) $\int_4^3 f(x)\mathrm{d}x$.

4. 利用定积分中值定理证明：$\lim\limits_{n\to\infty}\int_0^{\frac{1}{2}} \dfrac{x^n}{1+x}\mathrm{d}x=0$.

## 5.3 微积分基本公式

积分学主要包含两个部分：一部分是不定积分，即求原函数问题，另一部分就是定积分.显然，利用定积分的定义来计算定积分是十分困难的，因此，需要寻求一种计算定积分的有效方法，这成了积分学发展的关键.从不定积分的定义与定积分的定义可以看出，二者表面上关系

并不大,但是牛顿和莱布尼茨不仅发现而且找出了这两个概念间存在着深刻的内在联系,这就是本节要介绍的“微积分基本定理”,由此得到“牛顿-莱布尼茨”公式,它使得积分学与微分学紧密地结合在一起,从而构成了微积分学的基本的理论和方法.

### 5.3.1 引例

设有一物体以速度 $v=v(t)$ 做直线运动,从时刻 $T_1$ 到 $T_2$ 通过的路程为

$$\int_{T_1}^{T_2} v(t)\mathrm{d}t = S(T_2)-S(T_1).$$

其中,$S(t)$ 表示物体在 $t$ 时刻的位置函数,且

$$S'(t)=v(t).$$

即位置函数为速度函数的一个原函数,所以求速度函数为 $v(t)$ 的物体,在时间间隔 $[T_1,T_2]$ 内所经过的路程就转化为速度函数 $v(t)$ 的原函数 $S(t)$ 在 $[T_1,T_2]$ 上的增量.

对于一般的函数 $f(x)$,设 $F'(t)=f(t)$,类似的关系

$$\int_a^b f(t)\mathrm{d}t = F(b)-F(a)$$

是否也成立呢?若上式成立,就找到了用 $f(x)$ 的原函数的数值差(增量)$F(b)-F(a)$ 来计算 $f(x)$ 在 $[a,b]$ 上的定积分的方法,下面将具体讨论这个问题.

### 5.3.2 积分上限函数与导数

设函数 $f(x)$ 在区间 $[a,b]$ 上连续,$x$ 是 $[a,b]$ 上的一点,则由

$$\Phi(x)=\int_a^x f(t)\mathrm{d}t,\ x\in[a,b] \tag{1}$$

所定义的函数称为积分上限函数(也称为变上限积分函数).

在式(1)中有时积分变量与积分上限都用 $x$ 表示,即

$$\Phi(x)=\int_a^x f(x)\mathrm{d}x=\int_a^x f(t)\mathrm{d}t.$$

但积分变量 $x$ 与积分上限 $x$ 的含义并不相同,为了区别所见,常将积分变量用 $t$ 表示,即如式(1)所示,请读者熟记.

关于变限积分函数 $\Phi(x)$,具有下面定理1所指出的重要性质.

**定理1** 若函数 $f(x)$ 在 $[a,b]$ 上连续,则积分上限函数 $\Phi(x)=\int_a^x f(t)\mathrm{d}t, x\in[a,b]$ 在 $[a,b]$ 上可导,且它的导数是

$$\Phi'(x)=\frac{\mathrm{d}}{\mathrm{d}x}\int_a^x f(t)\mathrm{d}t=f(x)\ (a\leqslant x\leqslant b). \tag{2}$$

**证** 若 $x\in(a,b)$,当 $x$ 获得增量 $\Delta x$,不妨设 $\Delta x>0$,使得 $x+\Delta x\in(a,b)$,则由导数定义得

$$\begin{aligned}\Delta\Phi&=\Delta\Phi(x)=\Phi(x+\Delta x)-\Phi(x)\\&=\int_a^{x+\Delta x} f(t)\mathrm{d}t-\int_a^x f(t)\mathrm{d}t\\&=\int_a^x f(t)\mathrm{d}t+\int_x^{x+\Delta x} f(t)\mathrm{d}t-\int_a^x f(t)\mathrm{d}t\ (\text{积分性质 3})\end{aligned}$$

$= \int_x^{x+\Delta x} f(t)\mathrm{d}t = f(\xi)\Delta x$（积分中值定理，$\xi$ 介于 $x$ 与 $x+\Delta x$ 之间，见图 5-10）.

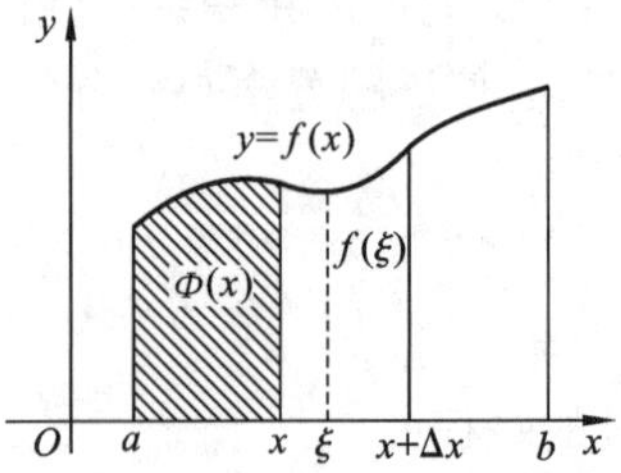

图 5-10

故

$$\Phi'(x) = \lim_{\Delta x \to 0} \frac{\Delta \Phi}{\Delta x} = \lim_{\Delta x \to 0} \frac{f(\xi) \cdot \Delta x}{\Delta x} = \lim_{\Delta x \to 0} f(\xi) = \lim_{\xi \to x} f(\xi) = f(x).$$

即

$$\Phi'(x) = \frac{\mathrm{d}}{\mathrm{d}x}\int_a^x f(t)\mathrm{d}t = f(x).$$

若 $x = a$，取 $\Delta x > 0$，则同理可证 $\Phi'_+(a) = f(a)$，若 $x = b$，取 $\Delta x < 0$，则同理可证 $\Phi'_-(b) = f(b)$.

综上所述有

$$\Phi'(x) = \frac{\mathrm{d}}{\mathrm{d}x}\int_a^x f(t)\mathrm{d}t = f(x)\ (a \leqslant x \leqslant b).$$

**注** 定理 1 揭示了微分(导数)与定积分这两个定义上不相干的概念之间的内在联系，因此称为微积分基本定理.

结合公式(2) 及复合函数求导法则，可以进一步得到变限积分的求导公式：

① $\dfrac{\mathrm{d}}{\mathrm{d}x}\displaystyle\int_a^{\varphi(x)} f(t)\mathrm{d}t = f[\varphi(x)]\varphi'(x)$；

② $\dfrac{\mathrm{d}}{\mathrm{d}x}\displaystyle\int_{\psi(x)}^{\varphi(x)} f(t)\mathrm{d}t = f[\varphi(x)]\varphi'(x) - f[\psi(x)]\psi'(x)$.

其中公式(2) 可以叙述为：当被积函数不含有变限变量时，变限积分的导数等于被积函数在上限处的值乘以上限的导数减去被积函数在下限处的值乘以下限的导数.

**例 1** 求 $\dfrac{\mathrm{d}}{\mathrm{d}x}\left(\displaystyle\int_0^{x^2} t\mathrm{e}^t\,\mathrm{d}t\right)$.

**解** $\dfrac{\mathrm{d}}{\mathrm{d}x}\left(\displaystyle\int_0^{x^2} t\mathrm{e}^t\,\mathrm{d}t\right) = (x^2\mathrm{e}^{x^2}) \cdot (x^2)' = (x^2\mathrm{e}^{x^2}) \cdot 2x = 2x^3\mathrm{e}^{x^2}$.

**例 2** 求极限 $\lim\limits_{x \to 0} \dfrac{\int_0^{x^2} t\sin t\,\mathrm{d}t}{x^6}$.

**解** 由题设可知，该极限是 $\dfrac{0}{0}$ 型未定式极限，可利用洛必达法则，有

$$\lim_{x \to 0} \frac{\int_0^{x^2} t\sin t\,\mathrm{d}t}{x^6} = \lim_{x \to 0} \frac{\left(\int_0^{x^2} t\sin t\,\mathrm{d}t\right)'}{(x^6)'} = \lim_{x \to 0} \frac{x^2\sin x^2 \cdot (x^2)'}{6x^5} = \lim_{x \to 0} \frac{x^2 \cdot x^2 \cdot 2x}{6x^5} = \frac{2}{6} = \frac{1}{3}.$$

**例 3** 求极限 $\lim\limits_{x \to 0} \dfrac{\int_0^{x^2} x^2\sin t\,\mathrm{d}t}{x^6}$.

**解** (1) 错误的求解方法：

$$\text{原式}=\lim_{x\to 0}\frac{\left(\int_0^{x^2}x^2\sin t\,\mathrm{d}t\right)'}{(x^6)'}=\lim_{x\to 0}\frac{x^2\cdot\sin x^2\cdot 2x}{6x^5}$$

$$=\lim_{x\to 0}\frac{x^2\cdot x^2\cdot 2x}{6x^5}=\frac{1}{3}.$$

这种解法为什么是错误的呢？这是因变限积分函数 $\int_0^{x^2}x^2\sin t\,\mathrm{d}t$ 的被积函数中含有变限变量 $x$，这种情况下不能直接求导.正确的方法应将被积函数中的 $x^2$ 提出，再求导数.

(2) 正确的解法：

$$\text{原式}=\lim_{x\to 0}\frac{x^2\int_0^{x^2}\sin t\,\mathrm{d}t}{x^6}=\lim_{x\to 0}\frac{\int_0^{x^2}\sin t\,\mathrm{d}t}{x^4}$$

$$=\lim_{x\to 0}\frac{\left(\int_0^{x^2}\sin t\,\mathrm{d}t\right)'}{(x^4)'}=\lim_{x\to 0}\frac{\sin x^2\cdot 2x}{4x^3}$$

$$=\lim_{x\to 0}\frac{x^2\cdot 2x}{4x^3}=\frac{1}{2}.$$

由例3的讨论作如下注解.

**注** $\frac{\mathrm{d}}{\mathrm{d}x}\left[\int_{\psi(x)}^{\varphi(x)}g(x)f(t)\mathrm{d}t\right]=g'(x)\int_{\psi(x)}^{\varphi(x)}f(t)\mathrm{d}t+g(x)\left[\int_{\psi(x)}^{\varphi(x)}f(t)\mathrm{d}t\right]'.$

### 5.3.3 牛顿-莱布尼茨公式

在以上定理1的讨论中，设函数 $f(x)$ 为连续函数，从而得到了公式(2).再结合原函数的定义，即可得到下面的重要定理——原函数存在定理.

**定理2** 若函数 $f(x)$ 在区间 $[a,b]$ 上连续，则函数

$$\Phi(x)=\int_a^x f(t)\mathrm{d}t$$

就是 $f(x)$ 在 $[a,b]$ 上的一个原函数.

定理2的重要意义在于，一方面肯定了连续函数一定存在原函数，另一方面也初步揭示了积分学中定积分与原函数的联系.因此，就有可能通过原函数来计算定积分.

**定理3** 若函数 $F(x)$ 是连续函数 $f(x)$ 在区间 $[a,b]$ 上的一个原函数，则

$$\int_a^b f(x)\mathrm{d}x=F(b)-F(a). \tag{3}$$

公式(3)称为**牛顿-莱布尼茨公式**，通常也称为**微积分基本公式**.

**证** 已知函数 $F(x)$ 是 $f(x)$ 的一个原函数，又根据定理2知 $\Phi(x)=\int_a^x f(t)\mathrm{d}t$ 也是 $f(x)$ 的一个原函数，所以

$$F(x)-\Phi(x)=C\ (C\text{ 为某个常数}).$$

令 $x=a$，得 $F(a)-\Phi(a)=C$，而 $\Phi(a)=\int_a^a f(t)\mathrm{d}t=0$，所以 $F(a)=C$，故

$$\Phi(x)=\int_a^x f(t)\mathrm{d}t=F(x)-C=F(x)-F(a).$$

令 $x=b$，即有

$$\int_a^b f(t)\mathrm{d}t = F(b) - F(a).$$

根据定积分与积分变量无关，得到$\int_a^b f(x)\mathrm{d}x = F(b) - F(a)$.

**注** 在计算定积分的过程中，常把 $F(b) - F(a)$ 记为 $F(x)\Big|_a^b$，即

$$\int_a^b f(x)\mathrm{d}x = F(x)\Big|_a^b = F(b) - F(a).$$

由于 $f(x)$ 的原函数一般可以通过求不定积分得到，牛顿 - 莱布尼茨公式给出了计算定积分的一个有效的简便方法：连续函数 $f(x)$ 在$[a,b]$上的定积分等于它的任意一个原函数 $F(x)$ 在$[a,b]$上的增量.

**例 4** 求定积分$\int_0^1 x^2\mathrm{d}x$.

**解** 因$\frac{x^3}{3}$是 $x^2$ 的一个原函数，由牛顿 - 莱布尼茨公式，有

$$\int_0^1 x^2\mathrm{d}x = \frac{x^3}{3}\Big|_0^1 = \frac{1}{3} - 0 = \frac{1}{3}.$$

**例 5** 求定积分$\int_{-1}^{-\sqrt{3}} \frac{1}{1+x^2}\mathrm{d}x$.

**解**
$$\begin{aligned}\int_{-1}^{-\sqrt{3}} \frac{1}{1+x^2}\mathrm{d}x &= \arctan x\Big|_{-1}^{-\sqrt{3}} = \arctan(-\sqrt{3}) - \arctan(-1)\\ &= -\frac{\pi}{3} - \left(-\frac{\pi}{4}\right) = -\frac{\pi}{12}.\end{aligned}$$

**例 6** 求定积分$\int_0^2 |x-1|\mathrm{d}x$.

**解** 因为

$$|x-1| = \begin{cases} -(x-1), & x \leqslant 1, \\ x-1, & x > 1 \end{cases}$$

所以

$$\begin{aligned}\int_0^2 |x-1|\mathrm{d}x &= \int_0^1 [-(x-1)]\mathrm{d}x + \int_1^2 (x-1)\mathrm{d}x \\ &= \int_0^1 (1-x)\mathrm{d}x + \int_1^2 (x-1)\mathrm{d}x \\ &= \left(x - \frac{x^2}{2}\right)\Big|_0^1 + \left(\frac{x^2}{2} - x\right)\Big|_1^2 \\ &= \left[\left(1-\frac{1}{2}\right) - 0\right] + \left[\left(\frac{4}{2} - 2\right) - \left(\frac{1}{2} - 1\right)\right] \\ &= \frac{1}{2} + \frac{1}{2} = 1.\end{aligned}$$

**注** 分段函数的定积分应分段讨论计算.

**例 7** 计算定积分$\int_{-1}^{1} \frac{1}{x}\mathrm{d}x$.

**解** $\int_{-1}^{1}\frac{1}{x}\mathrm{d}x=(\ln|x|)\Big|_{-1}^{1}=\ln1-\ln|-1|=0.$

这是一种错误的解法，因为被积函数 $f(x)=\frac{1}{x}$ 在$[-1,1]$上不连续，同时也无界，故不能直接利用牛顿 - 莱布尼茨公式计算，实际上，这是一种广义积分.关于广义积分的内容将在后面的5.6节中讨论.

## 练 习 5.3

1. 求下列各导数：

(1) $\frac{\mathrm{d}}{\mathrm{d}x}\int_{0}^{x^2}\sqrt{1+t^2}\,\mathrm{d}t$；　(2) $\frac{\mathrm{d}}{\mathrm{d}x}\int_{\cos x}^{0}\frac{1}{1+t^2}\mathrm{d}t$；

(3) $\frac{\mathrm{d}}{\mathrm{d}x}\int_{\cos x}^{\sin x}\cos t^2\,\mathrm{d}t$；　(4) $\frac{\mathrm{d}}{\mathrm{d}x}\int_{x^2}^{x^3}t\mathrm{e}^t\,\mathrm{d}t$.

2. 求下列各积分：

(1) $\int_{0}^{a}(3x^2-x)\mathrm{d}x$；　(2) $\int_{1}^{2}\left(x^2+\frac{1}{x^4}\right)\mathrm{d}x$；

(3) $\int_{-1}^{3}|x-2|\mathrm{d}x$；　(4) $\int_{0}^{\frac{1}{2}}\frac{1}{\sqrt{1-x^2}}\mathrm{d}x$；

(5) $\int_{0}^{2\pi}|\sin x|\mathrm{d}x$；　(6) $\int_{0}^{\frac{\pi}{4}}\tan^2\theta\,\mathrm{d}\theta$；

(7) $\int_{0}^{\frac{\pi}{2}}|\sin x-\cos x|\mathrm{d}x$；　(8) $\int_{0}^{1}t\mathrm{e}^{t^2}\,\mathrm{d}t$；

(9) $\int_{\mathrm{e}-1}^{\mathrm{e}^2-1}\frac{1}{x+1}\mathrm{d}x$；　(10) $\int_{0}^{2}f(x)\mathrm{d}x$，其中 $f(x)=\begin{cases}x, & x<1,\\ x^2, & x\geqslant 1.\end{cases}$

3. 设 $f(x)$ 在$(0,+\infty)$上连续，若$\int_{0}^{f(x)}t^2\mathrm{d}t=x^2(1+x)$，求 $f(2)$ 的值.

4. 求函数 $f(x)=\int_{0}^{x}t\mathrm{e}^{-t^2}\,\mathrm{d}t$ 的极值.

5. 设方程$\int_{0}^{y}\mathrm{e}^t\,\mathrm{d}t+\int_{0}^{x}\cos t\,\mathrm{d}t=0$ 确定隐函数 $y=y(x)$，求$\frac{\mathrm{d}y}{\mathrm{d}x}\Big|_{x=0}$ 的值.

6. 设 $f(x)$ 在$[a,b]$上连续，在$(a,b)$中可导，且 $f'(x)<0$，证明函数

$$F(x)=\frac{1}{x-a}\int_{a}^{x}f(t)\mathrm{d}t$$

在$(a,b)$内的一阶导数 $F'(x)<0$.

7. 设 $f(x)$ 在$[0,1]$上连续，且满足

$$f(x)=4x\int_{0}^{1}f(t)\mathrm{d}t-1,$$

求$\int_{0}^{1}f(x)\mathrm{d}x$ 的值及 $f(x)$ 的表达式.

# 5.4 定积分的换元积分法

典型例题讲解

5.3 节介绍了微积分基本公式，由此可知求定积分$\int_a^b f(x)\mathrm{d}x$ 的问题可以转化为求被积函数 $f(x)$ 的一个原函数 $F(x)$ 在区间$[a,b]$上的增量问题，从而需求 $f(x)$ 的不定积分，故求不定积分的换元法与分部积分法在求定积分时仍然适用，本节与 5.5 节将详细讨论这些内容.

在第 4 章中用换元法计算不定积分时，没有考虑原变量 $x$ 与新变量 $t$ 的取值范围，如果用换元法计算定积分，作代换后，原变量 $x$ 与新变量 $t$ 的变化区间一般是会有所不同，即积分区间会随之改变.而且还必须要求新的积分区间应该是唯一的，这就要求积分代换函数 $x=\varphi(t)$ 在对应区间上具有连续的导数且反函数单调.下面用定理 1 来阐述定积分的换元法.

**定理 1**（定积分的换元法） 设函数 $f(x)$ 在闭区间$[a,b]$上连续，函数 $x=\varphi(t)$ 满足以下条件：

(1) $\varphi(\alpha)=a$，$\varphi(\beta)=b$；

(2) $\varphi(t)$ 在$[\alpha,\beta]$或$[\beta,\alpha]$上具有连续导数且值域为$[a,b]$.

则有

$$\int_a^b f(x)\mathrm{d}x=\int_\alpha^\beta f[\varphi(t)]\varphi'(t)\mathrm{d}t. \tag{1}$$

公式(1) 称为定积分的换元法公式.与不定积分的换元法不同的是：只需计算在新的积分变量下，新的被积函数在新的积分区间的积分值，从而避免了积分后新变量要还原到旧变量的麻烦.

**证** 如果

$$\int f(x)\mathrm{d}x=F(x)+C,$$

则

$$\int f[\varphi(t)]\varphi'(t)\mathrm{d}t=\int f[\varphi(t)]\mathrm{d}\varphi(t)=F[\varphi(t)]+C.$$

于是

$$\begin{aligned}\int_a^b f(x)\mathrm{d}x&=F(b)-F(a)=F[\varphi(\beta)]-F[\varphi(\alpha)]\\&=\int_\alpha^\beta f[\varphi(t)]\varphi'(t)\mathrm{d}t.\end{aligned}$$

**注** 以上的讨论是假定 $a<b$，显然换元公式对 $a>b$ 也是适用的.

定积分的换元法与不定积分的换元法有区别也有联系，在利用换元公式求定积分时，一定要注意以下两点.

(1) 积分限必须对应地变化.即用 $x=\varphi(t)$ 把变量 $x$ 变成变量 $t$ 时，积分限也要换成新的变量 $t$ 的积分限，且上限对应上限，下限对应下限.

(2) 求出 $f[\varphi(t)]\varphi'(t)$ 的一个原函数后，直接求出该原函数作为 $t$ 的函数在新的积分区间上的增量，而不需要还原成 $x$ 的函数.

**例 1**　求定积分$\int_0^{\frac{\pi}{2}} \cos^3 x \sin x \mathrm{d}x$.

**解**　令 $t=\cos x$，相当于令 $x=\arccos t$，则 $\mathrm{d}t=-\sin x \mathrm{d}x$，且当 $x=0$ 时，$t=1$，当 $x=\frac{\pi}{2}$ 时，$t=0$，所以

$$\int_0^{\frac{\pi}{2}} \cos^3 x \sin x \mathrm{d}x=-\int_1^0 t^3 \mathrm{d}t=-\frac{t^4}{4}\bigg|_1^0=-\left(0-\frac{1}{4}\right)=\frac{1}{4}.$$

**注**　本例中，如果不明确写成关于新变量 $t$ 的积分，则利用硬凑法计算时，积分上、下限就不需要改变，重新计算如下：

$$\begin{aligned}\int_0^{\frac{\pi}{2}} \cos^3 x \sin x \mathrm{d}x&=-\int_0^{\frac{\pi}{2}} \cos^3 x \mathrm{d}(\cos x)\\&=-\frac{\cos^4 x}{4}\bigg|_0^{\frac{\pi}{2}}=-\frac{1}{4}\left(\cos^4 \frac{\pi}{2}-\cos^4 0\right)\\&=-\frac{1}{4}(0-1)=\frac{1}{4}.\end{aligned}$$

有时也称以上两种方法为定积分的真正代换法与硬凑法，这和不定积分是完全对应的.所以在以后利用换元法求定积分时，其思考顺序与不定积分完全相同，即先基本公式，再考虑硬凑，最后考虑代换法.

**例 2**　求定积分$\int_0^a \sqrt{a^2-x^2}\mathrm{d}x\ (a>0)$.

**解**　令 $x=a\sin t$，则 $\mathrm{d}x=a\cos t\mathrm{d}t$，且当 $x=0$ 时，$t=0$，当 $x=a$ 时，$t=\frac{\pi}{2}$，所以

$$\begin{aligned}\int_0^a \sqrt{a^2-x^2}\mathrm{d}x&=\int_0^{\frac{\pi}{2}} \sqrt{a^2-a^2\sin^2 t}\cdot a\cos t\mathrm{d}t\\&=\int_0^{\frac{\pi}{2}} |a\cos t|\cdot a\cos t\mathrm{d}t=a^2\int_0^{\frac{\pi}{2}} \cos^2 t\mathrm{d}t\\&=\frac{a^2}{2}\int_0^{\frac{\pi}{2}}(1+\cos 2t)\mathrm{d}t\\&=\frac{a^2}{2}\left(t+\frac{1}{2}\sin 2t\right)\bigg|_0^{\frac{\pi}{2}}=\frac{\pi}{4}a^2.\end{aligned}$$

**注**　利用定积分的几何意义，很容易得到本题的计算结果.

**例 3**　求定积分$\int_0^4 \frac{1}{1+\sqrt{x}}\mathrm{d}x$.

**解**　令 $t=\sqrt{x}$，则 $x=t^2$，$\mathrm{d}x=2t\mathrm{d}t$，当 $x=0$ 时，$t=0$，当 $x=4$ 时，$t=2$，所以

$$\begin{aligned}\int_0^4 \frac{1}{1+\sqrt{x}}\mathrm{d}x&=\int_0^2 \frac{1}{1+t}2t\mathrm{d}t=2\int_0^2 \frac{t}{1+t}\mathrm{d}t\\&=2\int_0^2 \frac{(1+t)-1}{1+t}\mathrm{d}t=2\int_0^2\left(1-\frac{1}{1+t}\right)\mathrm{d}t\\&=2\int_0^2 1\mathrm{d}t-2\int_0^2 \frac{1}{1+t}\mathrm{d}(1+t)\end{aligned}$$

$$=2(2-0)-2\ln|1+t|\Big|_0^2$$
$$=4-2ln3.$$

**例 4** 求定积分$\int_0^{\frac{\pi}{2}}\sqrt{(1-\sin2x)(1+\cos2x)}\,dx$.

**解** $$\int_0^{\frac{\pi}{2}}\sqrt{(1-\sin2x)(1+\cos2x)}\,dx=\int_0^{\frac{\pi}{2}}\sqrt{(\cos x-\sin x)^2 2\cos^2 x}\,dx$$
$$=\sqrt{2}\int_0^{\frac{\pi}{2}}|\cos x-\sin x|\cdot|\cos x|\,dx=\sqrt{2}\int_0^{\frac{\pi}{2}}|\cos x-\sin x|\cdot\cos x\,dx$$
$$=\sqrt{2}\int_0^{\frac{\pi}{4}}(\cos x-\sin x)\cos x\,dx+\sqrt{2}\int_{\frac{\pi}{4}}^{\frac{\pi}{2}}(\sin x-\cos x)\cos x\,dx$$
$$=\sqrt{2}\int_0^{\frac{\pi}{4}}\cos^2 x\,dx-\sqrt{2}\int_0^{\frac{\pi}{4}}\sin x\cos x\,dx+\sqrt{2}\int_{\frac{\pi}{4}}^{\frac{\pi}{2}}\sin x\cos x\,dx-\sqrt{2}\int_{\frac{\pi}{4}}^{\frac{\pi}{2}}\cos^2 x\,dx$$
$$=\frac{\sqrt{2}}{2}\int_0^{\frac{\pi}{4}}(1+\cos2x)\,dx-\sqrt{2}\int_0^{\frac{\pi}{4}}\sin x\,d(\sin x)+\sqrt{2}\int_{\frac{\pi}{4}}^{\frac{\pi}{2}}\sin x\,d(\sin x)$$
$$-\frac{\sqrt{2}}{2}\int_{\frac{\pi}{4}}^{\frac{\pi}{2}}(1+\cos2x)\,dx$$
$$=\frac{\sqrt{2}}{2}\left(x+\frac{\sin2x}{2}\right)\Bigg|_0^{\frac{\pi}{4}}-\frac{\sqrt{2}}{2}\sin^2 x\Bigg|_0^{\frac{\pi}{4}}+\frac{\sqrt{2}}{2}\sin^2 x\Bigg|_{\frac{\pi}{4}}^{\frac{\pi}{2}}-\frac{\sqrt{2}}{2}\left(x+\frac{\sin2x}{2}\right)\Bigg|_{\frac{\pi}{4}}^{\frac{\pi}{2}}$$
$$=\frac{\sqrt{2}}{2}\left(\frac{\pi}{4}+\frac{1}{2}\right)-\frac{\sqrt{2}}{2}\left(\frac{1}{2}-0\right)+\frac{\sqrt{2}}{2}\left(1-\frac{1}{2}\right)-\frac{\sqrt{2}}{2}\left[\left(\frac{\pi}{2}+0\right)-\left(\frac{\pi}{4}+\frac{1}{2}\right)\right]$$
$$=1.$$

**注** 在例 3 中，如果忽略了$(\cos x-\sin x)^2$开方出来后必须有绝对值，而按$\sqrt{(\cos x-\sin x)^2}=\cos x-\sin x$，就出错了.故定积分的求解过程中要时刻注意积分变量的范围.

**例 5** 若 $f(x)$ 在$[-a,a]$上连续，证明：

(1) 当 $f(x)$ 为偶函数时，有$\int_{-a}^{a}f(x)\,dx=2\int_0^a f(x)\,dx$；

(2) 当 $f(x)$ 为奇函数时，有$\int_{-a}^{a}f(x)\,dx=0$.

**证** 因为

$$\int_{-a}^{a}f(x)\,dx=\int_{-a}^{0}f(x)\,dx+\int_0^a f(x)\,dx,$$

对积分$\int_{-a}^{0}f(x)\,dx$，作代换 $x=-t$，得

$$\int_{-a}^{0}f(x)\,dx=\int_a^0 f(-t)(-dt)=\int_0^a f(-t)\,dt$$
$$=\int_0^a f(-x)\,dx.\text{（定积分与积分变量无关）}.$$

于是

$$\int_{-a}^{a}f(x)\,dx=\int_0^a f(x)\,dx+\int_0^a f(-x)\,dx.$$

(1) 当 $f(x)$ 为偶函数时,则 $f(-x)=f(x)$,故

$$\int_{-a}^{a} f(x)\mathrm{d}x=\int_{0}^{a} f(x)\mathrm{d}x+\int_{0}^{a} f(x)\mathrm{d}x=2\int_{0}^{a} f(x)\mathrm{d}x.$$

(2) 当 $f(x)$ 为奇函数时,则 $f(-x)=-f(x)$,故

$$\begin{aligned}\int_{-a}^{a} f(x)\mathrm{d}x&=\int_{0}^{a} f(x)\mathrm{d}x+\int_{0}^{a}[-f(x)]\mathrm{d}x\\&=\int_{0}^{a} f(x)\mathrm{d}x-\int_{0}^{a} f(x)\mathrm{d}x=0.\end{aligned}$$

**注** 例5中的两个结论可以当成两个命题(或公式)来应用.即奇函数在关于原点对称的区间上的积分等于0;偶函数在关于原点对称的区间上的积分等于在正半区间上积分的两倍,这对化简某些积分是十分有效的,请读者熟记.

**例6** 求定积分$\int_{-1}^{1}\frac{(1+x)^2}{1+x^2}\sqrt{1-x^2}\,\mathrm{d}x$(提示:利用奇偶性及定积分的几何意义).

**解**
$$\begin{aligned}\int_{-1}^{1}\frac{(1+x)^2}{1+x^2}\sqrt{1-x^2}\,\mathrm{d}x&=\int_{-1}^{1}\frac{1+x^2+2x}{1+x^2}\sqrt{1-x^2}\,\mathrm{d}x\\&=\int_{-1}^{1}\sqrt{1-x^2}\,\mathrm{d}x+\int_{-1}^{1}\frac{2x}{1+x^2}\sqrt{1-x^2}\,\mathrm{d}x\\&=\frac{\pi}{2}+0=\frac{\pi}{2}.\end{aligned}$$

这是由于

$$\int_{-1}^{1}\sqrt{1-x^2}\,\mathrm{d}x=\frac{1}{2}\pi\text{(几何意义:上半圆的面积)}.$$

而$\frac{2x}{1+x^2}\sqrt{1-x^2}$ 是奇函数,故$\int_{-1}^{1}\frac{2x}{1+x^2}\sqrt{1-x^2}\,\mathrm{d}x=0$.

**例7** 若 $f(x)$ 在$[0,1]$上连续,证明:

(1) $\int_{0}^{\frac{\pi}{2}} f(\sin x)\mathrm{d}x=\int_{0}^{\frac{\pi}{2}} f(\cos x)\mathrm{d}x$;

(2) $\int_{0}^{\pi} x\cdot f(\sin x)\mathrm{d}x=\frac{\pi}{2}\int_{0}^{\pi} f(\sin x)\mathrm{d}x$.

**证** (1) 令 $x=\frac{\pi}{2}-t$,则 $\mathrm{d}x=-\mathrm{d}t$,当 $x=0$ 时,$t=\frac{\pi}{2}$,当 $x=\frac{\pi}{2}$ 时,$t=0$,所以

$$\begin{aligned}\int_{0}^{\frac{\pi}{2}} f(\sin x)\mathrm{d}x&=\int_{\frac{\pi}{2}}^{0} f\left[\sin\left(\frac{\pi}{2}-t\right)\right](-\mathrm{d}t)=\int_{0}^{\frac{\pi}{2}} f(\cos t)\mathrm{d}t\\&=\int_{0}^{\frac{\pi}{2}} f(\cos x)\mathrm{d}x\text{(定积分与积分变量无关)}.\end{aligned}$$

(2) 令 $x=\pi-t$,则 $\mathrm{d}x=-\mathrm{d}t$,当 $x=0$ 时,$t=\pi$,当 $x=\pi$ 时,$t=0$,故

$$\begin{aligned}\int_{0}^{\pi} x\cdot f(\sin x)\mathrm{d}x&=\int_{\pi}^{0}(\pi-t)f[\sin(\pi-t)](-\mathrm{d}t)\\&=\int_{0}^{\pi}(\pi-t)f(\sin t)\mathrm{d}t\\&=\pi\int_{0}^{\pi} f(\sin t)\mathrm{d}t-\int_{0}^{\pi} tf(\sin t)\mathrm{d}t\end{aligned}$$

$$=\pi\int_0^{\pi}f(\sin x)\mathrm{d}x-\int_0^{\pi}xf(\sin x)\mathrm{d}x,$$

移项整理得

$$\int_0^{\pi}x\cdot f(\sin x)\mathrm{d}x=\frac{\pi}{2}\int_0^{\pi}f(\sin x)\mathrm{d}x.$$

以上两个结论也可以作为两个命题或公式来应用，请读者熟记.

**例 8** 求定积分

(1) $I_1=\int_0^{\frac{\pi}{2}}\frac{\sin x}{\cos x+\sin x}\mathrm{d}x$，$I_2=\int_0^{\frac{\pi}{2}}\frac{\cos x}{\cos x+\sin x}\mathrm{d}x$；

(2) $\int_0^{\pi}\frac{x\sin x}{1+\cos^2 x}\mathrm{d}x$.

**解** (1) 令 $f(x)=\frac{x}{x+\sqrt{1-x^2}}$，则

$$I_1=\int_0^{\frac{\pi}{2}}f(\sin x)\mathrm{d}x,\quad I_2=\int_0^{\frac{\pi}{2}}f(\cos x)\mathrm{d}x,$$

故 $I_1=I_2$，再考虑到

$$\begin{aligned}I_1+I_2&=\int_0^{\frac{\pi}{2}}\frac{\sin x}{\cos x+\sin x}\mathrm{d}x+\int_0^{\frac{\pi}{2}}\frac{\cos x}{\cos x+\sin x}\mathrm{d}x\\&=\int_0^{\frac{\pi}{2}}\frac{\sin x+\cos x}{\cos x+\sin x}\mathrm{d}x\\&=\int_0^{\frac{\pi}{2}}1\mathrm{d}x=\frac{\pi}{2}.\end{aligned}$$

故 $I_1=I_2=\frac{1}{2}\cdot\frac{\pi}{2}=\frac{\pi}{4}$.

(2) 由 $\int_0^{\pi}\frac{x\sin x}{1+\cos^2 x}\mathrm{d}x=\int_0^{\pi}\frac{x\sin x}{2-\sin^2 x}\mathrm{d}x$，故可令 $f(x)=\frac{x}{2-x^2}$，即

$$\begin{aligned}\int_0^{\pi}\frac{x\sin x}{1+\cos^2 x}\mathrm{d}x&=\int_0^{\pi}xf(\sin x)\mathrm{d}x=\frac{\pi}{2}\int_0^{\pi}f(\sin x)\mathrm{d}x=\frac{\pi}{2}\int_0^{\pi}\frac{\sin x}{2-\sin^2 x}\mathrm{d}x=\frac{\pi}{2}\int_0^{\pi}\frac{\sin x}{1+\cos^2 x}\mathrm{d}x\\&=-\frac{\pi}{2}\int_0^{\pi}\frac{1}{1+\cos^2 x}\mathrm{d}(\cos x)=-\frac{\pi}{2}[\arctan(\cos x)]\Big|_0^{\pi}\\&=-\frac{\pi}{2}[\arctan(-1)-\arctan 1]=-\frac{\pi}{2}\left(-\frac{\pi}{4}-\frac{\pi}{4}\right)=\frac{\pi^2}{4}.\end{aligned}$$

## 练 习 5.4

1. 利用换元法计算下列定积分：

(1) $\int_{\frac{\pi}{3}}^{\pi}\sin\left(x+\frac{\pi}{3}\right)\mathrm{d}x$；

(2) $\int_0^{\pi}(1-\cos^2\theta)\mathrm{d}\theta$；

(3) $\int_0^{\sqrt{2}}x\sqrt{2-x^2}\,\mathrm{d}x$；

(4) $\int_{-2}^{-1}\frac{1}{x^2+4x+5}\mathrm{d}x$；

(5) $\int_1^{e^2}\frac{1}{x\sqrt{1+\ln x}}\mathrm{d}x$；

(6) $\int_{-3}^{0}\frac{x+1}{\sqrt{x+4}}\mathrm{d}x$；

(7) $\int_0^5 \dfrac{2x^2+3x-5}{x+3}\mathrm{d}x$；　　(8) $\int_{-\frac{\pi}{2}}^{\frac{\pi}{2}} \cos x\cos 2x\,\mathrm{d}x$；

(9) $\int_0^{\pi} \sqrt{1+\cos 2x}\,\mathrm{d}x$；　　(10) $\int_{-\frac{\pi}{2}}^{\frac{\pi}{2}} \sqrt{\cos x-\cos^3 x}\,\mathrm{d}x$.

2. 利用函数的奇偶性计算下列定积分：

(1) $\int_{-\pi}^{\pi} x^4\sin x\,\mathrm{d}x$；　　(2) $\int_{-5}^{5} \dfrac{x^3\sin^2 x}{x^4+2x^2+1}\mathrm{d}x$；

(3) $\int_{-1}^{1} (|x|+\sin x)x^2\,\mathrm{d}x$；　　(4) $\int_{-\frac{1}{2}}^{\frac{1}{2}} \dfrac{(\arcsin x)^2}{\sqrt{1-x^2}}\mathrm{d}x$；

3. 证明下列各题：

(1) $\int_0^1 x^m(1-x)^n\,\mathrm{d}x=\int_0^1 x^n(1-x)^m\,\mathrm{d}x$；

(2) $\int_0^{\pi} \cos^{10}x\,\mathrm{d}x=2\int_0^{\frac{\pi}{2}} \cos^{10}x\,\mathrm{d}x$.

4. 设 $f(x)$ 是一个连续的周期函数，周期为 $T>0$，试证明：对任意 $a\in\mathbf{R}$，有

(1) $\int_a^{a+T} f(x)\,\mathrm{d}x=\int_0^T f(x)\,\mathrm{d}x$；

(2) $\int_a^{a+nT} f(x)\,\mathrm{d}x=n\int_0^T f(x)\,\mathrm{d}x$（$n$ 为正整数）.

## 5.5　定积分的分部积分法

典型例题讲解

5.4 节介绍了定积分的换元积分法，本节将介绍求解定积分的第二种基本方法——分部积分法.

设函数 $u=u(x)$，$v=v(x)$ 在区间 $[a,b]$ 上有连续导数，则

$$(uv)'=vu'+uv'.$$

即

$$uv'=(uv)'-vu',$$

写成微分形式

$$u\,\mathrm{d}v=\mathrm{d}(uv)-v\,\mathrm{d}u.$$

等式两边取 $a$ 到 $b$ 上的积分，得

$$\int_a^b u\,\mathrm{d}v=\int_a^b \mathrm{d}(uv)-\int_a^b v\,\mathrm{d}u,$$

即

$$\int_a^b u\,\mathrm{d}v=(uv)\Big|_a^b-\int_a^b v\,\mathrm{d}u,$$

或

$$\int_a^b uv'\,\mathrm{d}x=(uv)\Big|_a^b-\int_a^b vu'\,\mathrm{d}x.$$

这就是定积分的分部积分公式.这里的分部规则与不定积分相同，其不同之处在于定积分的分部积分公式中，可以将原函数中已经积出的部分 $u\cdot v$ 先用上、下限代入算出来.

**例 1** 求定积分$\int_1^e \ln x\,dx$.

**解** $\int_1^e \ln x\,dx = x\ln x\Big|_1^e - \int_1^e x\,d(\ln x) = (e\ln e - 0) - \int_1^e x\cdot\frac{1}{x}dx$

$= e - \int_1^e 1dx = e - (e-1) = 1.$

**例 2** 求定积分$\int_0^1 x e^{-x}\,dx$.

**解** $\int_0^1 x e^{-x}\,dx = \int_0^1 x\,d(-e^{-x}) = -(x e^{-x})\Big|_0^1 + \int_0^1 e^{-x}\,dx$

$= -(1\cdot e^{-1} - 0) - e^{-x}\Big|_0^1$

$= -e^{-1} - (e^{-1} - 1) = 1 - \frac{2}{e}.$

**例 3** 求定积分$\int_0^1 e^{\sqrt{x}}\,dx$.

**解** 令$\sqrt{x} = t$，则$x = t^2$，$dx = 2t\,dt$，当$x = 0$时，$t = 0$，当$x = 1$时，$t = 1$，所以

$$\int_0^1 e^{\sqrt{x}}\,dx = \int_0^1 e^t\cdot 2t\,dt = 2\int_0^1 t e^t\,dt = 2\int_0^1 t\,de^t$$

$$= 2\left(t e^t\Big|_0^1 - \int_0^1 e^t\,dt\right) = 2(e-0) - 2e^t\Big|_0^1$$

$$= 2e - 2(e-1) = 2.$$

**例 4** 证明定积分公式

$$I_n = \int_0^{\frac{\pi}{2}} \sin^n x\,dx = \int_0^{\frac{\pi}{2}} \cos^n x\,dx$$

$$= \begin{cases} \frac{n-1}{n}\cdot\frac{n-3}{n-2}\cdot\cdots\cdot\frac{3}{4}\cdot\frac{1}{2}\cdot\frac{\pi}{2}, & n\text{ 为正偶数}; \\ \frac{n-1}{n}\cdot\frac{n-3}{n-2}\cdot\cdots\cdot\frac{4}{5}\cdot\frac{2}{3}, & n\text{ 为大于 1 的奇数}. \end{cases}$$

**证** 由 5.4 节中例 1 (1) 得$\int_0^{\frac{\pi}{2}} \sin^n x\,dx = \int_0^{\frac{\pi}{2}} \cos^n x\,dx$.故只需对$\int_0^{\frac{\pi}{2}} \sin^n x\,dx$证明结论成立即可.

由 $$I_n = \int_0^{\frac{\pi}{2}} \sin^{n-1}x\cdot\sin x\,dx = \int_0^{\frac{\pi}{2}} \sin^{n-1}x\,d(-\cos x)$$

$$= (-\cos x\cdot\sin^{n-1}x)\Big|_0^{\frac{\pi}{2}} + \int_0^{\frac{\pi}{2}} \cos x\,d(\sin^{n-1}x)$$

$$= 0 + \int_0^{\frac{\pi}{2}} \cos x\cdot(n-1)(\sin^{n-2}x)\cdot\cos x\,dx$$

$$= (n-1)\int_0^{\frac{\pi}{2}} \cos^2 x\,\sin^{n-2}x\,dx = (n-1)\int_0^{\frac{\pi}{2}} (1-\sin^2 x)\sin^{n-2}x\,dx$$

$$= (n-1)\int_0^{\frac{\pi}{2}} (\sin^{n-2}x - \sin^n x)dx$$

$$=(n-1)\int_0^{\frac{\pi}{2}}\sin^{n-2}x\,dx-(n-1)\int_0^{\frac{\pi}{2}}\sin^n x\,dx$$

$$=(n-1)I_{n-2}-(n-1)I_n.$$

即

$$I_n=(n-1)I_{n-2}-(n-1)I_n,$$

因此

$$I_n=\frac{n-1}{n}I_{n-2}.$$

上式是 $I_n$ 关于下标 $n$ 的递推公式,当 $n$ 为偶数时,设 $n=2m$,则有

$$I_{2m}=\frac{2m-1}{2m}\cdot\frac{2m-3}{2m-2}\cdot\cdots\cdot\frac{5}{6}\cdot\frac{3}{4}\cdot\frac{1}{2}\cdot I_0,$$

再由

$$I_0=\int_0^{\frac{\pi}{2}}\sin^0 x\,dx=\int_0^{\frac{\pi}{2}}1dx=\frac{\pi}{2},$$

故

$$I_{2m}=\frac{2m-1}{2m}\cdot\frac{2m-3}{2m-2}\cdot\cdots\cdot\frac{5}{6}\cdot\frac{3}{4}\cdot\frac{1}{2}\cdot\frac{\pi}{2};$$

当 $n$ 为奇数时,设 $n=2m+1$,则有

$$I_{2m+1}=\frac{2m}{2m+1}\cdot\frac{2m-2}{2m-1}\cdot\cdots\cdot\frac{6}{7}\cdot\frac{4}{5}\cdot\frac{2}{3}\cdot I_1,$$

再由

$$I_1=\int_0^{\frac{\pi}{2}}\sin x\,dx=(-\cos x)\Big|_0^{\frac{\pi}{2}}=1,$$

故

$$I_{2m+1}=\frac{2m}{2m+1}\cdot\frac{2m-2}{2m-1}\cdot\cdots\cdot\frac{6}{7}\cdot\frac{4}{5}\cdot\frac{2}{3}\cdot 1.$$

综上所述,原积分等式成立.

**注** 在计算定积分时,本例结果可以作为已知公式使用.

例如,$\int_0^{\frac{\pi}{2}}\sin^6 x\,dx=\frac{5}{6}\cdot\frac{3}{4}\cdot\frac{1}{2}\cdot\frac{\pi}{2}=\frac{15}{96}\pi$.

**例 5** 设 $\frac{\sin x}{x}$ 为 $f(x)$ 的一个原函数,试求 $\int_{\frac{\pi}{2}}^{\pi}xf'(x)dx$.

**解**

$$\int_{\frac{\pi}{2}}^{\pi}xf'(x)dx=\int_{\frac{\pi}{2}}^{\pi}x\,df(x)=xf(x)\Big|_{\frac{\pi}{2}}^{\pi}-\int_{\frac{\pi}{2}}^{\pi}f(x)dx$$

$$=xf(x)\Big|_{\frac{\pi}{2}}^{\pi}-\frac{\sin x}{x}\Big|_{\frac{\pi}{2}}^{\pi},$$

再由 $\frac{\sin x}{x}$ 是 $f(x)$ 的一个原函数,故

$$f(x)=\left(\frac{\sin x}{x}\right)'=\frac{x\cos x-\sin x}{x^2},$$

于是

$$\int_{\frac{\pi}{2}}^{\pi} x\ f'(x)\mathrm{d}x = x \cdot \frac{x\cos x - \sin x}{x^2}\Bigg|_{\frac{\pi}{2}}^{\pi} - \frac{\sin x}{x}\Bigg|_{\frac{\pi}{2}}^{\pi}$$

$$= \left(\cos x - \frac{\sin x}{x}\right)\Bigg|_{\frac{\pi}{2}}^{\pi} - \left(0 - \frac{2}{\pi}\right)$$

$$= (-1-0) - \left(0 - \frac{2}{\pi}\right) + \frac{2}{\pi}$$

$$= \frac{4}{\pi} - 1.$$

## 练　习　5.5

1. 利用分部积分法计算下列定积分：

(1) $\int_1^{\mathrm{e}} x\ln x\,\mathrm{d}x$；

(2) $\int_0^{\frac{1}{2}} \arcsin x\,\mathrm{d}x$；

(3) $\int_0^1 x\arctan x\,\mathrm{d}x$；

(4) $\int_0^2 \ln(x+\sqrt{x^2+1})\mathrm{d}x$；

(5) $\int_0^{2\pi} x\sin x\,\mathrm{d}x$；

(6) $\int_0^{\frac{\pi}{3}} \frac{x}{\cos^2 x}\mathrm{d}x$.

2. 若 $f''(x)$ 在 $[0,\pi]$ 上连续，$f(0)=2$，$f(\pi)=1$，证明：$\int_0^{\pi}[f(x)+f''(x)]\sin x\,\mathrm{d}x=3$.

3. 设 $f(x)$ 为连续函数，利用分部积分法证明：

$$\int_0^x \left[\int_0^t f(u)\mathrm{d}u\right]\mathrm{d}t = \int_0^x (x-t)f(t)\mathrm{d}t.$$

# 5.6　反常积分与 Γ 函数

前面介绍的定积分有两个基本的约束条件：积分区间的有限性和被积函数的有界性，即积分区间 $[a,b]$ 必须是有限区间，被积函数 $f(x)$ 在 $[a,b]$ 上必须有界.但在一些实际问题中，这两个约束条件常常有一个或两个是不满足的，因此，在定积分的计算中，还需讨论无穷区间上的积分及无界函数的积分.这两类积分相当于推广的定积分，通常称为广义积分或反常积分.

典型例题讲解

## 5.6.1　无穷限上的广义积分

**定义 1**　设函数 $f(x)$ 在 $[a,+\infty)$ 上连续，如果极限

$$\lim_{b\to+\infty}\int_a^b f(x)\mathrm{d}x$$

存在，则称此极限为函数 $f(x)$ 在无穷区间 $[a,+\infty)$ 上的广义积分，记为

$$\int_a^{+\infty} f(x)\mathrm{d}x = \lim_{b\to+\infty}\int_a^b f(x)\mathrm{d}x.$$

此时也称广义积分 $\int_a^{+\infty} f(x)\mathrm{d}x$ 收敛；相反，如果上述极限不存在，则称广义积分 $\int_a^{+\infty} f(x)\mathrm{d}x$ 发散.

类似地，设函数 $f(x)$ 在 $(-\infty,b]$ 上连续，如果极限

$$\lim_{a\to-\infty}\int_a^b f(x)\mathrm{d}x \ (a<b)$$

存在,则称此极限为函数 $f(x)$ 在无穷区间$(-\infty,b]$上的广义积分,记为

$$\int_{-\infty}^{b} f(x)\mathrm{d}x=\lim_{a\to-\infty}\int_a^b f(x)\mathrm{d}x.$$

此时也称广义积分$\int_{-\infty}^{b} f(x)\mathrm{d}x$ 收敛;相反称为发散.

**定义 2** 函数 $f(x)$ 在无穷区间$(-\infty,+\infty)$上的广义积分定义为

$$\int_{-\infty}^{+\infty} f(x)\mathrm{d}x=\int_{-\infty}^{c} f(x)\mathrm{d}x+\int_{c}^{+\infty} f(x)\mathrm{d}x,$$

其中,$c$ 是任意常数,当上式中右端两个广义积分同时收敛时,称广义积分$\int_{-\infty}^{+\infty} f(x)\mathrm{d}x$ 收敛,否则,称为发散.

以上的三种广义积分统称为无穷限的广义积分.

若 $F(x)$ 为 $f(x)$ 的一个原函数,记

$$F(+\infty)=\lim_{x\to+\infty}F(x),\quad F(-\infty)=\lim_{x\to-\infty}F(x),$$

则广义积分可以简单表示为

(1) $\int_a^{+\infty} f(x)\mathrm{d}x=F(x)\Big|_a^{+\infty}=\lim_{x\to+\infty}F(x)-F(a)=F(+\infty)-F(a)$;

(2) $\int_{-\infty}^{b} f(x)\mathrm{d}x=F(x)\Big|_{-\infty}^{b}=F(b)-\lim_{x\to-\infty}F(x)=F(b)-F(-\infty)$.

其中,式(1)中的$\int_a^{+\infty} f(x)\mathrm{d}x$ 收敛,等价于 $\lim_{x\to+\infty}F(x)$ 存在;式(2)中的$\int_{-\infty}^{b} f(x)\mathrm{d}x$ 收敛,等价于 $\lim_{x\to-\infty}F(x)$ 存在.

**例 1** 计算广义积分$\int_0^{+\infty}\mathrm{e}^{-x}\mathrm{d}x$.

**解** 对于任意的 $b>0$,有

$$\int_0^b \mathrm{e}^{-x}\mathrm{d}x=-\mathrm{e}^{-x}\Big|_0^b=-\mathrm{e}^{-b}+1=1-\mathrm{e}^{-b},$$

于是

$$\int_0^{+\infty}\mathrm{e}^{-x}\mathrm{d}x=\lim_{b\to+\infty}(1-\mathrm{e}^{-b})=1-\lim_{b\to+\infty}\mathrm{e}^{-b}=1-0=1.$$

若根据广义积分计算的简单书写形式,可书写为

$$\int_0^{+\infty}\mathrm{e}^{-x}\mathrm{d}x=-\mathrm{e}^{-x}\Big|_0^{+\infty}=\lim_{x\to+\infty}(-\mathrm{e}^{-x})+\mathrm{e}^0=0+1=1.$$

**例 2** 判断广义积分$\int_{-\infty}^{0}\cos x\,\mathrm{d}x$ 的敛散性.

**解** 由

$$\int_{-\infty}^{0}\cos x\,\mathrm{d}x=\sin x\Big|_{-\infty}^{0}=\sin 0-\lim_{x\to-\infty}\sin x=-\lim_{x\to-\infty}\sin x,$$

极限 $\lim_{x\to-\infty}\sin x$ 不存在,故原广义积分发散.

**例 3** 讨论广义积分$\int_a^{+\infty}\frac{1}{x^p}\mathrm{d}x\ (a>0)$ 的收敛性.

**解** 当 $p=1$ 时，

$$\int_a^{+\infty}\frac{1}{x^p}\mathrm{d}x=\int_a^{+\infty}\frac{1}{x}\mathrm{d}x=\ln x\Big|_a^{+\infty}$$

$$=\lim_{x\to+\infty}\ln x-\ln a=+\infty.$$

故广义积分发散.

当 $p\neq 1$ 时，

$$\int_a^{+\infty}\frac{1}{x^p}\mathrm{d}x=\int_a^{+\infty}x^{-p}\mathrm{d}x=\frac{1}{1-p}x^{1-p}\Big|_a^{+\infty}$$

$$=\frac{1}{1-p}(\lim_{x\to+\infty}x^{1-p}-a^{1-p})$$

$$=\begin{cases}+\infty, & p<1;\\ \dfrac{a^{1-p}}{p-1}, & p>1.\end{cases}$$

综合有广义积分$\int_a^{+\infty}\frac{1}{x^p}\mathrm{d}x$ 当 $p\leqslant 1$ 时发散，当 $p>1$ 时收敛，且有

$$\int_a^{+\infty}\frac{1}{x^p}\mathrm{d}x=\frac{a^{1-p}}{p-1}.$$

**注** 有时称广义积分$\int_a^{+\infty}\frac{1}{x^p}\mathrm{d}x\,(a>0)$为 $p$ 积分，它代表一类广义积分，其结论可以当做已知公式应用.

**例 4** 求广义积分$\int_{-\infty}^{+\infty}\frac{1}{1+x^2}\mathrm{d}x$.

**解** $$\int_{-\infty}^{+\infty}\frac{1}{1+x^2}\mathrm{d}x=\int_{-\infty}^{0}\frac{1}{1+x^2}\mathrm{d}x+\int_{0}^{+\infty}\frac{1}{1+x^2}\mathrm{d}x=\arctan x\Big|_{-\infty}^{0}+\arctan x\Big|_{0}^{+\infty}$$

$$=(\arctan 0-\lim_{x\to-\infty}\arctan x)+(\lim_{x\to+\infty}\arctan x-\arctan 0)$$

$$=\left[0-\left(-\frac{\pi}{2}\right)\right]+\left(\frac{\pi}{2}-0\right)$$

$$=\frac{\pi}{2}+\frac{\pi}{2}=\pi.$$

## 5.6.2 无界函数的广义积分

**定义 3** 设函数 $f(x)$ 在 $(a,b]$ 上连续，在点 $a$ 的右半邻域内无界，且 $\lim_{x\to a^+}f(x)=\infty$，如果极限

$$\lim_{\varepsilon\to 0^+}\int_{a+\varepsilon}^{b}f(x)\mathrm{d}x$$

存在，则称此极限为函数 $f(x)$ 在区间 $(a,b]$ 上的广义积分，记为

$$\int_a^b f(x)\mathrm{d}x=\lim_{\varepsilon\to 0^+}\int_{a+\varepsilon}^{b}f(x)\mathrm{d}x.$$

此时也称广义积分$\int_a^b f(x)\mathrm{d}x$ 收敛，相反，如果上述极限不存在，则称广义积分$\int_a^b f(x)\mathrm{d}x$ 发散.

类似地，可定义函数 $f(x)$ 在区间 $[a,b)$ 上的广义积分

$$\int_a^b f(x)\mathrm{d}x=\lim_{\varepsilon\to 0^+}\int_a^{b-\varepsilon} f(x)\mathrm{d}x.$$

其中，$f(x)$ 在点 $b$ 的左半邻域内无界，且 $\lim\limits_{x\to b^-} f(x)=\infty$.

**定义 4**　函数 $f(x)$ 在区间 $[a,b]$ 上点除 $c$ $(a<c<b)$ 外连续，在 $c$ 点的邻域内无界，且 $\lim\limits_{x\to c} f(x)=\infty$，则 $f(x)$ 在 $[a,b]$ 上的广义积分定义为

$$\int_a^b f(x)\mathrm{d}x=\int_a^c f(x)\mathrm{d}x+\int_c^b f(x)\mathrm{d}x.$$

当上式中右端两个广义积分同时收敛时，称广义积分 $\int_a^b f(x)\mathrm{d}x$ 收敛，否则，称为发散.

上述定义的广义积分统称为无界函数的广义积分，有时也称为瑕积分.定义中被积函数 $f(x)$ 的无穷间断点称为瑕点.

**例 5**　讨论广义积分 $\int_0^1 \frac{1}{x^q}\mathrm{d}x$ 的收敛性.

**解**　当 $q=1$ 时，

$$\int_0^1 \frac{1}{x^q}\mathrm{d}x=\int_0^1 \frac{1}{x}\mathrm{d}x=\ln x\Big|_0^1=\ln 1-\lim_{x\to 0^+}\ln x=+\infty.$$

当 $q\neq 1$ 时，

$$\int_0^1 \frac{1}{x^q}\mathrm{d}x=\int_0^1 x^{-q}\mathrm{d}x=\frac{1}{1-q}x^{1-q}\Big|_0^1=\frac{1}{1-q}\left(1-\lim_{x\to 0^+}x^{1-q}\right)$$
$$=\begin{cases}+\infty, & q>1;\\ \dfrac{1}{1-q}, & q<1.\end{cases}$$

综合有当 $q<1$ 时，广义积分收敛于 $\frac{1}{1-q}$，当 $q\geqslant 1$ 时发散.

**例 6**　讨论广义积分 $\int_{-1}^1 \frac{1}{x^2}\mathrm{d}x$ 的敛散性.

**解**
$$\int_{-1}^1 \frac{1}{x^2}\mathrm{d}x=\int_{-1}^0 \frac{1}{x^2}\mathrm{d}x+\int_0^1 \frac{1}{x^2}\mathrm{d}x,$$

其中

$$\int_0^1 \frac{1}{x^2}\mathrm{d}x=-\frac{1}{x}\Big|_0^1=-1-\lim_{x\to 0^+}\left(-\frac{1}{x}\right)=+\infty,$$

所以，广义积分 $\int_0^1 \frac{1}{x^2}\mathrm{d}x$ 发散，进一步有原广义积分 $\int_{-1}^1 \frac{1}{x^2}\mathrm{d}x$ 发散.

**注**　此题若不考虑被积函数 $f(x)=\frac{1}{x^2}$ 在 $x=0$ 点邻域内无界，即 $\lim\limits_{x\to 0}\frac{1}{x^2}=\infty$，而直接计算

$$\int_{-1}^1 \frac{1}{x^2}\mathrm{d}x=-\frac{1}{x}\Big|_{-1}^1=-1-\left(-\frac{1}{-1}\right)=-2$$

就错了.所以，在求积分过程中，应去判断是一般正常积分还是广义积分，若是广义积分，则必须按照广义积分收敛的定义来计算.

### 5.6.3 广义积分的收敛判别法

**一、无穷限的广义积分的收敛判别法**

首先给出无穷限的广义积分的收敛判定法.

**定理 1** 设函数 $f(x)$ 在区间$[a,+\infty)$ 上连续,且 $f(x)\geqslant 0$.若函数

$$F(x)=\int_a^x f(t)\mathrm{d}t$$

在$[a,+\infty)$ 上有上界,则广义积分$\int_a^{+\infty} f(t)\mathrm{d}t$ 收敛.

事实上,由 $f(x)\geqslant 0$,可得 $F(x)$ 在$[a,+\infty)$ 上单调增加,又 $F(x)$ 在$[a,+\infty)$ 上有上界,故 $F(x)$ 在$[a,+\infty)$ 上是单调有界的函数.按照"$[a,+\infty)$ 上的单调有界函数 $F(x)$ 必有极限 $\lim\limits_{x\to+\infty} F(x)$"的准则,可知极限

$$\lim_{x\to+\infty}\int_a^x f(t)\mathrm{d}t$$

存在,即广义积分$\int_a^{+\infty} f(t)\mathrm{d}t$ 收敛.

根据定理 1,对于非负函数的无穷限的广义积分,有以下的比较原则(请读者自己写出证明).

**定理 2(比较原则)** 设函数 $f(x)$,$g(x)$ 在区间$[a,+\infty)$ 上连续. 如果

$$0\leqslant f(x)\leqslant g(x)(a\leqslant x<+\infty),$$

并且$\int_a^{+\infty} g(x)\mathrm{d}x$ 收敛,那么$\int_a^{+\infty} f(x)\mathrm{d}x$ 也收敛;如果

$$0\leqslant g(x)\leqslant f(x)(a\leqslant x<+\infty),$$

并且$\int_a^{+\infty} g(x)\mathrm{d}x$ 发散,那$\int_a^{+\infty} f(x)\mathrm{d}x$ 也发散.

易知,广义积分$\int_a^{+\infty}\frac{\mathrm{d}x}{x^p}(a>0)$ 当 $p>1$ 时收敛,当 $p\leqslant 1$ 时发散. 因此,取 $g(x)=\frac{A}{x^p}$ $(A>0)$,立即可得下面的广义积分的比较收敛判别法。

**定理 3(比较收敛判别法 1)** 设函数 $f(x)$ 在区间$[a,+\infty)(a>0)$ 上连续,且 $f(x)\geqslant 0$.如果存在常数 $M>0$ 及 $p>1$,使得 $f(x)\leqslant\frac{M}{x^p}(a\leqslant x<+\infty)$,那么广义积分$\int_a^{+\infty} f(x)\mathrm{d}x$ 收敛;如果存在常数 $N>0$,使得 $f(x)\geqslant\frac{N}{x}(a\leqslant x<+\infty)$,那么广义积分$\int_a^{+\infty} f(x)\mathrm{d}x$ 发散.

**例 7** 判定广义积分$\int_1^{+\infty}\frac{\mathrm{d}x}{\sqrt[3]{x^4+1}}$ 的收敛性.

**解** 由于

$$0<\frac{1}{\sqrt[3]{x^4+1}}<\frac{1}{\sqrt[3]{x^4}}=\frac{1}{x^{\frac{4}{3}}},$$

根据比较收敛判别法 1,可知该广义积分收敛.

以比较收敛判别法 1 为基础,可以得到在应用上较为方便的极限收敛判别法.

**定理 4(极限收敛判别法 1)** 设函数 $f(x)$ 在区间$[a,+\infty)$ 上连续,且 $f(x)\geqslant 0$. 如果存在

常数 $p>1$，使得 $\lim\limits_{x\to+\infty} x^p f(x)=c<+\infty$，那么广义积分 $\int_a^{+\infty} f(x)\mathrm{d}x$ 收敛；如果 $\lim\limits_{x\to+\infty} xf(x)=d>0$（或 $\lim\limits_{x\to+\infty} xf(x)=+\infty$），那么广义积分 $\int_a^{+\infty} f(x)\mathrm{d}x$ 发散.

证明从略。

**例 8**　判定广义积分 $\int_1^{+\infty} \frac{\mathrm{d}x}{x\sqrt{1+x^2}}$ 的收敛性.

**解**　由于

$$\lim_{x\to+\infty} x^2 \cdot \frac{1}{x\sqrt{1+x^2}} = \lim_{x\to+\infty} \frac{1}{\sqrt{\frac{1}{x^2}+1}} = 1,$$

根据极限收敛判别法 1，知该广义积分收敛.

**例 9**　判定广义积分 $\int_1^{+\infty} \frac{x^{\frac{3}{2}}}{1+x^2}\mathrm{d}x$ 的收效性。

**解**　由于

$$\lim_{x\to+\infty} x \frac{x^{\frac{3}{2}}}{1+x^2} = \lim_{x\to+\infty} \frac{x^2\sqrt{x}}{1+x^2} = +\infty,$$

根据极限收敛判别法 1，知该广义积分发散.

当广义积分 $\int_a^{+\infty} |f(x)|\mathrm{d}x$ 收敛时，称 $\int_a^{+\infty} f(x)\mathrm{d}x$ 为绝对收敛，而绝对收敛的无穷积分，本身也一定收敛，但是它的逆命题不一定成立，即收敛的无穷积分不一定绝对收敛.

**二、无界函数的广义积分的收敛判别法**

对于无界函数的广义积分，也有类似的收敛判别法.

容易验证，广义积分

$$\int_a^b \frac{\mathrm{d}x}{(x-a)^q}$$

当 $q<1$ 时收敛，当 $q\geqslant 1$ 时发散. 于是，与定理 3、定理 4 类似可得如下两个收敛判别法：

**定理 5（比较收敛判别法 2）**　设函数 $f(x)$ 在区间 $(a,b]$ 上连续，且 $f(x)\geqslant 0$，$x=a$ 为 $f(x)$ 的瑕点. 如果存在常数 $M>0$ 及 $q<1$，使得

$$f(x)\leqslant \frac{M}{(x-a)^p} \quad (a<x\leqslant b),$$

那么广义积分 $\int_a^b f(x)\mathrm{d}x$ 收敛；如果存在常数 $N>0$，使得

$$f(x)\geqslant \frac{N}{x-a} \quad (a<x\leqslant b),$$

则广义积分 $\int_a^b f(x)\mathrm{d}x$ 发散.

**定理 6（极限收敛判别法 2）**　设函数 $f(x)$ 在区间 $(a,b]$ 上连续，且 $f(x)\geqslant 0$，$x=a$ 为 $f(x)$ 的瑕点. 如果存在常数 $0<q<1$，使得

$$\lim_{x\to a^+} (x-a)^q f(x)$$

存在，那么广义积分$\int_a^b f(x)\mathrm{d}x$ 收敛；如果

$$\lim_{x\to a^+}(x-a)f(x)=d>0(\text{或}\lim_{x\to a^+}(x-a)f(x)=+\infty),$$

那么广义积分$\int_a^b f(x)\mathrm{d}x$ 发散.

**例 10** 判定广义积分$\int_1^3 \frac{\mathrm{d}x}{\ln x}$ 的收敛性.

**解** 这里 $x=1$ 是被积函数的瑕点. 由洛必达法则知

$$\lim_{x\to 1^+}(x-1)\frac{1}{\ln x}=\lim_{x\to 1^+}\frac{1}{\frac{1}{x}}=1>0,$$

根据极限收敛判别法 2，所给广义积分发散.

**例 11** 判定广义积分$\int_0^1 \frac{1}{\sqrt{x}}\sin\frac{1}{x}\mathrm{d}x$ 的收敛性.

**解** 因为 $\left|\frac{1}{\sqrt{x}}\sin\frac{1}{x}\right|\leqslant\frac{1}{\sqrt{x}}$，而$\int_0^1 \frac{\mathrm{d}x}{\sqrt{x}}$ 收敛，根据比较收敛判别法 2，广义积分 $\int_0^1\left|\frac{1}{\sqrt{x}}\sin\frac{1}{x}\right|\mathrm{d}x$ 收敛，从而广义积分$\int_0^1 \frac{1}{\sqrt{x}}\sin\frac{1}{x}\mathrm{d}x$ 也收敛.

### 5.6.4 Γ 函数

**定义 5** 含有参量 $r$ $(r>0)$ 的广义积分

$$\Gamma(r)=\int_0^{+\infty}x^{r-1}\mathrm{e}^{-x}\mathrm{d}x$$

称为 Γ 函数.

Γ 函数是一种重要的广义积分，可以证明它是收敛的. 同时也可以证明它有如下重要性质：

(1) $\Gamma(r+1)=r\Gamma(r)(r>0)$.

(2) $\Gamma(1)=1$, $\Gamma(n+1)=n!$ $(n\in\mathbf{N})$.

(3) $\Gamma\left(\frac{1}{2}\right)=\int_{-\infty}^{+\infty}\mathrm{e}^{-x^2}\mathrm{d}x=\sqrt{\pi}$.

**注** 由性质(3)易得$\int_0^{+\infty}\mathrm{e}^{-x^2}\mathrm{d}x=\frac{\sqrt{\pi}}{2}$，将$\int_{-\infty}^{+\infty}\mathrm{e}^{-x^2}\mathrm{d}x=\sqrt{\pi}$ 及$\int_0^{+\infty}\mathrm{e}^{-x^2}\mathrm{d}x=\frac{\sqrt{\pi}}{2}$ 称为泊松积分，它是概率论中的一个重要积分，其结果的证明将在第 7 章二重积分中介绍.

**例 12** 计算下列各值：

(1) $\frac{\Gamma(6)}{2\Gamma(3)}$；　　(2) $\frac{\Gamma\left(\frac{5}{2}\right)}{\Gamma\left(\frac{3}{2}\right)}$.

**解** (1) $\Gamma(6)=\Gamma(5+1)=5!$，$\Gamma(3)=\Gamma(2+1)=2!$，

故

$$\frac{\Gamma(6)}{2\Gamma(3)}=\frac{5!}{2\times 2!}=\frac{120}{4}=30;$$

(2) 由

$$\Gamma\left(\frac{5}{2}\right)=\Gamma\left(\frac{3}{2}+1\right)=\frac{3}{2}\Gamma\left(\frac{3}{2}\right)=\frac{3}{2}\Gamma\left(\frac{1}{2}+1\right)=\frac{3}{2}\cdot\frac{1}{2}\Gamma\left(\frac{1}{2}\right),$$

$$\Gamma\left(\frac{3}{2}\right)=\Gamma\left(\frac{1}{2}+1\right)=\frac{1}{2}\Gamma\left(\frac{1}{2}\right),$$

故

$$\frac{\Gamma\left(\frac{5}{2}\right)}{\Gamma\left(\frac{3}{2}\right)}=\frac{\frac{3}{4}\Gamma\left(\frac{1}{2}\right)}{\frac{1}{2}\Gamma\left(\frac{1}{2}\right)}=\frac{3}{2}.$$

**例 13** 利用 Γ 函数计算下列积分值$\left(已知\ \Gamma\left(\frac{1}{2}\right)=\sqrt{\pi}\right)$.

(1) $\int_0^{+\infty} x^3 e^{-x}\,dx$； (2) $\int_0^{+\infty} \sqrt{x}\, e^{-x}\,dx$.

**解** (1) $\int_0^{+\infty} x^3 e^{-x}\,dx=\int_0^{+\infty} x^{4-1} e^{-x}\,dx=\Gamma(4)=\Gamma(3+1)=3!=6$；

(2) $\int_0^{+\infty} \sqrt{x}\, e^{-x}\,dx=\int_0^{+\infty} x^{\frac{3}{2}-1} e^{-x}\,dx=\Gamma\left(\frac{3}{2}\right)=\Gamma\left(\frac{1}{2}+1\right)=\frac{1}{2}\Gamma\left(\frac{1}{2}\right)=\frac{1}{2}\cdot\sqrt{\pi}=\frac{\sqrt{\pi}}{2}$.

## 练　习　5.6

1. 判断下列广义积分的收敛性，若收敛，计算其值：

(1) $\int_1^{+\infty} \frac{1}{x^3}dx$； (2) $\int_1^{+\infty} \frac{1}{\sqrt[4]{x}}dx$；

(3) $\int_0^{+\infty} e^{-x}\sin x\,dx$； (4) $\int_0^1 \frac{x}{\sqrt{1-x^2}}dx$；

(5) $\int_{-\infty}^{+\infty} \frac{1}{x^2+2x+2}dx$； (6) $\int_e^{+\infty} \frac{\ln x}{x}dx$；

(7) $\int_1^{+\infty} \frac{1}{x(x^2+1)}dx$； (8) $\int_1^2 \frac{x}{\sqrt{x-1}}dx$；

(9) $\int_{-\infty}^{+\infty} \frac{x}{\sqrt{1+x^2}}dx$； (10) $\int_0^2 \frac{1}{(1-x)^2}dx$.

2. 判断下列广义积分的收敛性

(1) $\int_0^{+\infty} \frac{x^2}{x^4+x^2+1}dx$； (2) $\int_1^{+\infty} \frac{dx}{x\sqrt[3]{x^2+1}}$；

(3) $\int_1^{+\infty} \sin\frac{1}{x^2}dx$； (4) $\int_1^{+\infty} \frac{x\arctan x}{1+x^3}dx$；

(5) $\int_1^2 \frac{dx}{(\ln x)^3}$； (6) $\int_0^1 \frac{x^4}{\sqrt{1-x^4}}dx$

3. 利用 $\Gamma$ 函数表示下列积分，并计算其积分值$\left(\Gamma\left(\frac{1}{2}\right)=\sqrt{\pi}\right)$：

(1) $\int_0^{+\infty} x^m e^{-x} dx \ (m \in \mathbf{N})$；　　(2) $\int_0^{+\infty} x^5 e^{-x^2} dx$；

(3) $\int_0^{+\infty} \sqrt{x^3} e^{-x} dx$；　　(4) $\int_0^{+\infty} x^4 e^{-x^2} dx$.

# 5.7 定积分的几何应用

定积分是求某种总量的数学模型，它在几何学、物理学、经济学、社会学等方面有着广泛而重要的应用，因此在学习过程中，既要掌握计算某些实际问题的公式，更要深刻领会用定积分解决实际问题的基本思想和方法 —— 微元法.

## 5.7.1 定积分的微元法

在定积分的定义中，按“分割 - 求和 - 取极限”三个步骤把待求量表示成积分的形式，为了更清楚地说明此规则，先作一个回顾：求曲边梯形的面积.

假设一曲边梯形由曲线 $y=f(x)\geqslant 0$，直线 $x=a$，$x=b$ 和 $y=0$（$x$ 轴）所围，试求其面积 $A$.

(1) 分割.将 $[a,b]$ 任意划分成 $n$ 个小区间 $[x_{i-1},x_i]$ $(i=1,2,\cdots,n)$，区间长度为 $\Delta x_i$ $(i=1,2,\cdots,n)$，相应曲边梯形被划分为 $n$ 个小曲边梯形，记第 $i$ 个小曲边梯形的面积为 $\Delta A_i$，则

$$\Delta A_i \approx f(\xi_i)\Delta x_i \ (i=1,2,\cdots,n),$$

其中，$\xi_i$ 是从 $[x_{i-1},x_i]$ 中任意取出的一点 $(i=1,2,\cdots,n)$.

(2) 求和.将上面的近似值求和，得面积的近似值

$$A=\sum_{i=1}^{n}\Delta A_i \approx \sum_{i=1}^{n} f(\xi_i)\Delta x_i.$$

(3) 取极限.

$$A=\lim_{\lambda\to 0}\sum_{i=1}^{n} f(\xi_i)\Delta x_i=\int_a^b f(x)dx.$$

其中，$\lambda=\max\{\Delta x_1,\Delta x_2,\cdots,\Delta x_n\}$.

在上述过程中，可以看出，当把区间 $[a,b]$ 分割成 $n$ 个小区间时，所求面积 $A$（总量）也相应地分割成 $n$ 个小面积（部分量），对于以上分析过程，在实际应用中，可略去下标，改写如下.

(1) 分割.把区间 $[a,b]$ 任意划分成 $n$ 个小区间，任取一个小区间 $[x,x+\Delta x]$，即 $[x,x+dx]$（区间微元），用 $\Delta A$ 表示 $[x,x+\Delta x]$ 上的小曲边梯形的面积，故所求面积

$$A=\sum \Delta A,$$

取 $[x,x+\Delta x]$ 的左端点 $x$ 为 $\xi$，以点 $x$ 处的函数值 $f(x)$ 为高，以 $dx$ 为底的小矩形的面积 $f(x)dx$（面积微元，记为 $dA$）作为 $\Delta A$ 的近似值，即

$$\Delta A \approx dA=f(x)dx.$$

(2) 求和.

$$A \approx \sum dA=\sum f(x)dx.$$

(3) 取极限.

$$A=\lim\sum f(x)\mathrm{d}x=\int_a^b f(x)\mathrm{d}x.$$

将上述分析过程再抽象总结就可得到在应用学科中广泛采用的把所求量(总量)表示为定积分的方法 —— 微元法,其步骤如下:

第一步　由分割写出微元.根据具体问题,选取一个积分变量(如 $x$),并确定 $x$ 的变化区间$[a,b]$,取$[a,b]$的一个区间微元$[x,x+\mathrm{d}x]$,求出该区间微元上的部分量 $\Delta U$ 的近似值,即求出总量 $U$ 的微元

$$\Delta U\approx \mathrm{d}U=f(x)\mathrm{d}x;$$

第二步　由微元写出积分

$$U=\int_a^b \mathrm{d}U=\int_a^b f(x)\mathrm{d}x.$$

微元法在几何学、物理学、经济学、社会学等领域中有着广泛应用,鉴于本教材的大纲要求,本章后面的内容主要介绍微元法在几何学与经济学中的应用.

## 5.7.2　平面图形的面积

### 1. 在直角坐标系下求平面图形的面积

(1) 如果平面图形看成 $X$ 型区域,即上下边界区域,选 $x$ 为积分变量.由 $x=a$,$x=b$,$y=\varphi_1(x)$,$y=\varphi_2(x)$,$x\in[a,b]$(不妨设 $\varphi_1(x)\leqslant\varphi_2(x)$)所围平面图形的面积如图 5-11 所示.

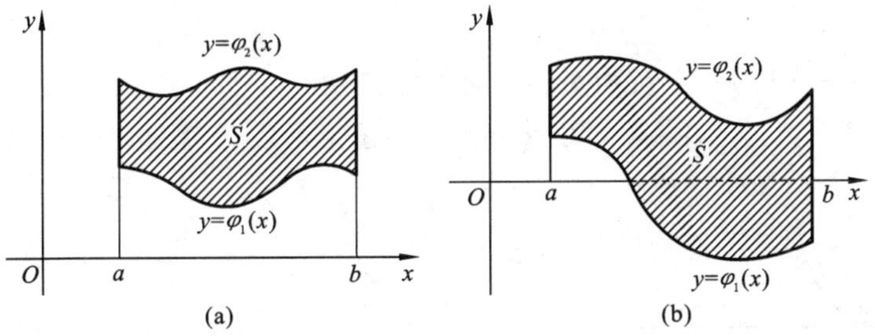


图 5-11

在$[a,b]$上任取区间微元$[x,x+\mathrm{d}x]$,则位于微元区间的部分图形看成长方形计算近似值.这个小长方形的长为 $\varphi_2(x)-\varphi_1(x)$,宽为 $\Delta x$,故面积的近似值为

$$\Delta A\approx[\varphi_2(x)-\varphi_1(x)]\Delta x,$$

即面积的微元为

$$\begin{aligned}\mathrm{d}A&=[\varphi_2(x)-\varphi_1(x)]\Delta x\\&=[\varphi_2(x)-\varphi_1(x)]\mathrm{d}x,\end{aligned}$$

将上式在$[a,b]$上积分得

$$A=\int_a^b[\varphi_2(x)-\varphi_1(x)]\mathrm{d}x.$$

上式就是上下边界类型区域的面积计算公式,$y=\varphi_2(x)$,$y=\varphi_1(x)$分别称为区域的上下边界.如果 $\varphi_1(x)$,$\varphi_2(x)$的大小不能确定,如图 5-12 所示,可以分段计算,此时公式可以改

写为

$$A=\int_a^b|\varphi_2(x)-\varphi_1(x)|\mathrm{d}x.$$

(2) 如果平面图形看成$Y$型区域，即左右边界区域，选$y$为积分变量.即求$y=c,y=d,x=\psi_1(y),x=\psi_2(y),y\in[c,d]$所围平面图形的面积，如图5-13所示.类似前面的讨论，可得计算公式

$$A=\int_c^d[\psi_2(y)-\psi_1(y)]\mathrm{d}y$$

或

$$A=\int_c^d|\psi_2(y)-\psi_1(y)|\mathrm{d}y.$$

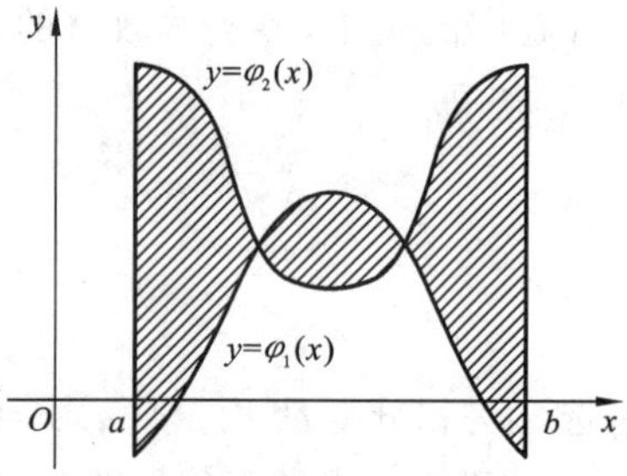


图 5-12

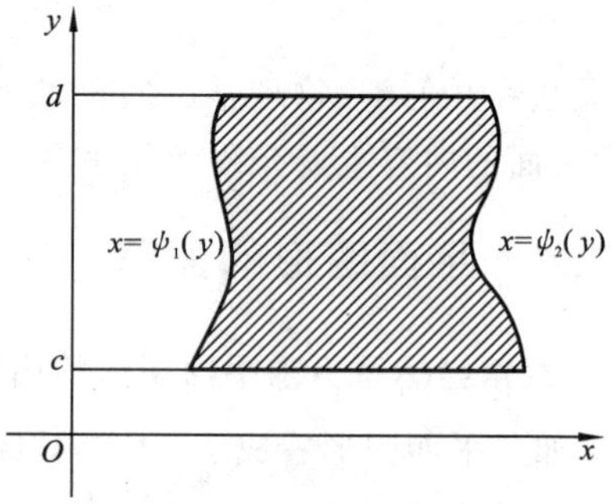


图 5-13

**例 1** 求由$y=x^2,y=x$所围图形的面积(图 5-14).

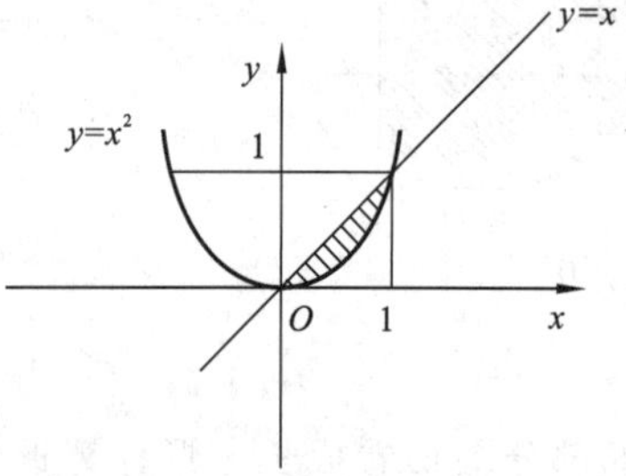


图 5-14

**解** (1) 将图形看成$X$型区域，则面积为

$$A=\int_0^1(x-x^2)\mathrm{d}x=\left(\frac{x^2}{2}-\frac{x^3}{3}\right)\Big|_0^1=\frac{1}{2}-\frac{1}{3}=\frac{1}{6}.$$

(2) 将图形看成$Y$型区域，则面积为

$$S=\int_0^1(\sqrt{y}-y)\mathrm{d}y=\left(\frac{2}{3}y^{\frac{3}{2}}-\frac{1}{2}y^2\right)\Big|_0^1=\frac{2}{3}-\frac{1}{2}=\frac{1}{6}.$$

**注** 由此例题可以看出，将图形看成$X$型区域(上下边界)对$x$积分与看成$Y$型区域(左右边界)对$y$积分的计算难度是相当的.

**例 2** 求由$y^2=2x$与$y=x-4$所围图形的面积(图 5-15).

**解** 由图5-15可知曲线交点分别为$(2,-2)$与$(8,4)$，将图形看成$Y$型区域，即左右边界区域，对$y$积分得

$$S=\int_{-2}^4\left[(y+4)-\frac{1}{2}y^2\right]\mathrm{d}y$$

$$=\left(\frac{1}{2}y^2+4y-\frac{1}{6}y^3\right)\Big|_{-2}^{4}$$

$$=18.$$

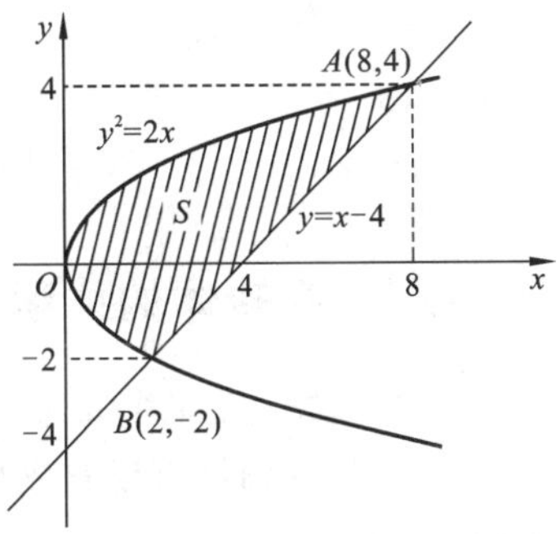

图 5-15

**注** 若将图形看成 $X$ 型区域(上下边界区域),对 $x$ 积分,由于下边界是一个分段函数,故必须将区域以 $x=2$ 划分为 $S_1+S_2$,从而需计算两个积分.所以过程将会复杂许多.在实际应用中,应根据具体情况合理选择区域的类型,即合理选择积分变量,可以达到简化计算的目的.

**2. 在极坐标系下计算平面图形的面积**

设曲线的方程由极坐标形式给出:

$$r=r(\theta)\ (\alpha\leqslant\theta\leqslant\beta).$$

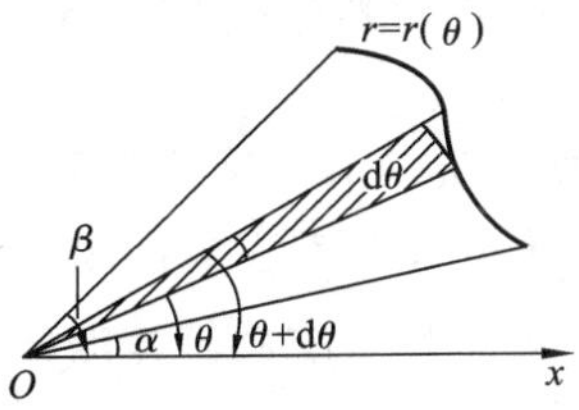

图 5-16

现在要求曲线 $r=r(\theta)$,射线 $\theta=\alpha,\theta=\beta$ 所围扇形的面积(图 5-16).

选择极角 $\theta$ 为积分变量,其变化范围为$[\alpha,\beta]$.任取区间微元$[\theta,\theta+\mathrm{d}\theta]$,则相应于$[\theta,\theta+\mathrm{d}\theta]$区间对应的小扇形的面积,可以用以 $r=r(\theta)$ 为半径,中心角为 $\mathrm{d}\theta$ 的圆扇形的面积近似代替,从而曲边扇形的面积微元为

$$\mathrm{d}A=\frac{\mathrm{d}\theta}{2\pi}\cdot\pi[r(\theta)]^2=\frac{1}{2}[r(\theta)]^2\mathrm{d}\theta.$$

故所求曲边扇形的面积为

$$S=A=\int_\alpha^\beta\mathrm{d}A=\int_\alpha^\beta\frac{1}{2}[r(\theta)]^2\mathrm{d}\theta=\frac{1}{2}\int_\alpha^\beta[r(\theta)]^2\mathrm{d}\theta.$$

**例 3** 证明圆 $x^2+y^2=R^2$ 的面积公式 $S=\pi R^2$.

**解** 由 $x^2+y^2=R^2$ 的极坐标方程为

$$r=r(\theta)=R(0\leqslant\theta\leqslant2\pi),$$

故

$$S_{圆}=\frac{1}{2}\int_0^{2\pi}r^2(\theta)\mathrm{d}\theta=\frac{1}{2}\int_0^{2\pi}R^2\mathrm{d}\theta=\frac{R^2}{2}\int_0^{2\pi}1\mathrm{d}\theta$$

$$=\frac{R^2}{2}(2\pi-0)=\pi R^2.$$

**例 4** 求心形线 $r=r(\theta)=a(1+\cos\theta)\ (a>0)$ 所围图形的面积.

**解** 由心形线的方程 $r=a(1+\cos\theta)\ (0\leqslant\theta\leqslant2\pi)$(见附录 Ⅲ 表 III-3),故

$$S=\frac{1}{2}\int_0^{2\pi}r^2(\theta)\mathrm{d}\theta=\frac{1}{2}\int_0^{2\pi}[a(1-\cos\theta)]^2\mathrm{d}\theta$$

$$=\frac{a^2}{2}\int_0^{2\pi}(1-2\cos\theta+\cos^2\theta)\mathrm{d}\theta$$

$$=\frac{a^2}{2}(\theta-2\sin\theta)\Big|_0^{2\pi}+\frac{a^2}{2}\int_0^{2\pi}\cos^2\theta\,\mathrm{d}\theta$$

$$=\frac{a^2}{2}\cdot2\pi+\frac{a^2}{2}\cdot\frac{1}{2}\int_0^{2\pi}(1+\cos2\theta)\mathrm{d}\theta$$

$$=\pi a^2+\frac{a^2}{4}\left(\theta+\frac{1}{2}\sin 2\theta\right)\Big|_0^{2\pi}$$

$$=\pi a^2+\frac{a^2}{4}\cdot 2\pi=\frac{3}{2}\pi a^2.$$

### 5.7.3 旋转体的体积

由一个平面图形绕平面内一条直线旋转一周而成的立体称为旋转体,这条直线称为旋转轴.如中学学过的圆柱可以看成矩形绕它的一条边旋转一周而成的立体,圆锥、圆台、球等都可以看成旋转体.

为了简便起见,主要讨论以 $x$ 轴和 $y$ 轴为旋转轴的旋转体.下面分别讨论.

**1. 以 $x$ 轴为旋转轴的旋转体的体积.**

由 $x=a,x=b,y=f(x),y=0$ ($x$ 轴)所围图形绕 $x$ 轴旋转一周所得旋转体的体积记为 $V_x$.

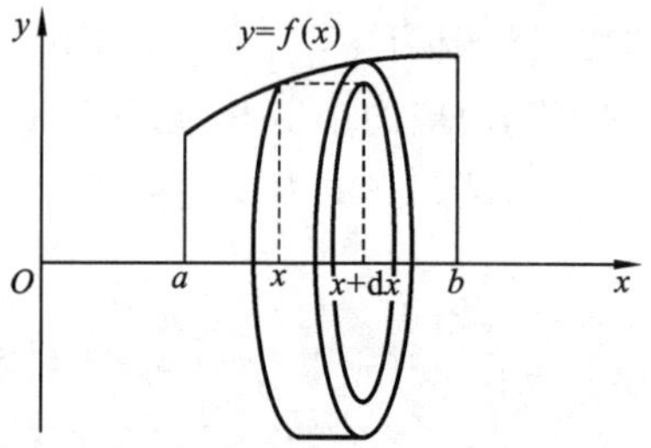


图 5-17

取 $x$ 为自变量,其变化区间为 $[a,b]$,取区间微元 $[x,x+\mathrm{d}x]$,其对应截得的部分立体可近似看成底面半径为 $y=f(x)$,高为 $\Delta x$ 的圆柱体(图 5-17),故旋转体的体积微元为

$$\mathrm{d}V=\pi[f(x)]^2\Delta x=\pi[f(x)]^2\mathrm{d}x,$$

两边积分后得旋转体的体积为

$$V_x=\pi\int_a^b[f(x)]^2\mathrm{d}x.$$

**例 5** 证明半径为 $R$ 的球体的体积为 $V_{球}=\frac{4}{3}\pi R^3$.

**证** 半径为 $R$ 的球体可以看成圆心在 $O$ 点,半径为 $R$ 的上半圆面绕 $x$ 轴一周所成的旋转体,即 $x^2+y^2=R^2(y\geqslant 0)$ 与 $y=0$ 所围的部分绕 $x$ 轴一周所成的旋转体,故

$$V_{球}=V_x=\pi\int_{-R}^{R}[f(x)]^2\mathrm{d}x=\pi\int_{-R}^{R}y^2\mathrm{d}x$$

$$=\pi\int_{-R}^{R}(R^2-x^2)\mathrm{d}x$$

$$=\pi\left(R^2x-\frac{1}{3}x^3\right)\Big|_{-R}^{R}$$

$$=\pi\left[\left(R^3-\frac{1}{3}R^3\right)-\left(-R^3+\frac{1}{3}R^3\right)\right]$$

$$=\frac{4}{3}\pi R^3.$$

**2.以 $y$ 轴为旋转轴的旋转体的体积 $V_y$.**

完全类似上面的讨论,由 $y=c,y=d,x=\varphi(y),x=0$ ($y$ 轴)所围图形绕 $y$ 轴旋转一周所得旋转体的体积为

$$V=V_y=\pi\int_c^d \varphi^2(y)\mathrm{d}y.$$

**例 6**　求由 $x=0,y=0,y=\cos x\left(0\leqslant x\leqslant\frac{\pi}{2}\right)$ 所围平面图形绕 $y$ 轴旋转的旋转体的体积(图 5-18).

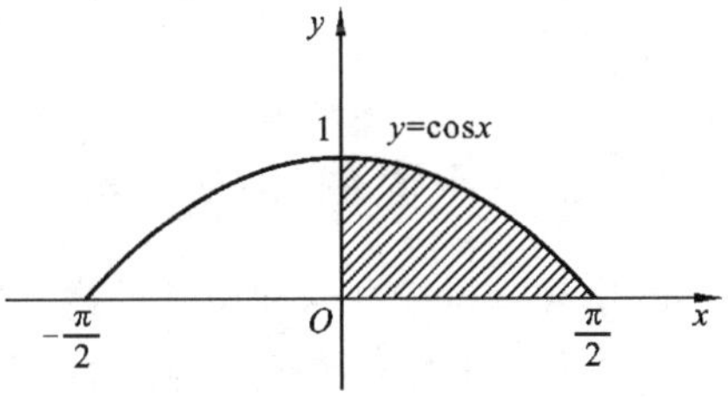

图 5-18

**解**　$y=\cos x$ 的反函数为 $x=\arccos y$.

$$\begin{aligned}V&=\pi\int_0^1(\arccos y)^2\mathrm{d}y\\&=-\pi\int_0^{\frac{\pi}{2}}t^2\mathrm{d}(\cos t)(\text{令 } t=\arccos y)\\&=(-\pi t^2\cos t)\Big|_0^{\frac{\pi}{2}}+2\pi\int_0^{\frac{\pi}{2}}t\cos t\,\mathrm{d}t\\&=2\pi\int_0^{\frac{\pi}{2}}t\,\mathrm{d}(\sin t)=(2\pi t\sin t)\Big|_0^{\frac{\pi}{2}}-2\pi\int_0^{\frac{\pi}{2}}\sin t\,\mathrm{d}t\\&=\pi^2+(2\pi\cos t)\Big|_0^{\frac{\pi}{2}}=\pi^2-2\pi.\end{aligned}$$

**注**　利用类似的方法可以证明圆锥的体积公式、椭球的体积公式、圆台的体积公式等,读者可以自己试证一下.

### 5.7.4　平行截面面积已知的立体的体积

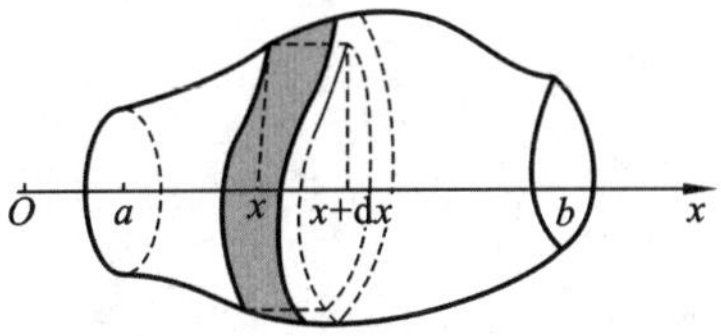

图 5-19

图 5-19 是位于过点 $x=a$ 与点 $x=b$ 且垂直于 $x$ 轴的两平面之间的立体,其截面的面积函数为 $A(x)$, $x\in[a,b]$.则这个立体的体积可以用微元法推出.据微元法有

$$\Delta V\approx A(x)\Delta x,$$

即

$$\mathrm{d}V=A(x)\mathrm{d}x,$$

两边取积分

$$V=\int_a^b\mathrm{d}V=\int_a^b A(x)\mathrm{d}x.$$

上式为平面截面面积函数已知的几何体的体积的计算公式.

**例 7**　一平面经过半径为 $R$ 的圆柱体的底面中心,并与底面所成的角为 $\alpha$,计算这个平面截圆柱体所得的体积(图 5-20).

**解**　建立如图的坐标系.

取底面直径为 $x$ 轴,则 $x\in[-R,R]$,在 $[-R,R]$ 中任取一点 $x$,作垂直于 $x$ 轴的截面,得一个直角三角形,它的两条直角边分别是 $y$ 及 $y\tan\alpha$,其中 $y=\sqrt{R^2-x^2}$,故截面面积为

$$\begin{aligned}A(x)&=\frac{1}{2}\cdot y\cdot y\tan\alpha=\frac{1}{2}y^2\tan\alpha\\&=\frac{1}{2}(R^2-x^2)\tan\alpha.\end{aligned}$$

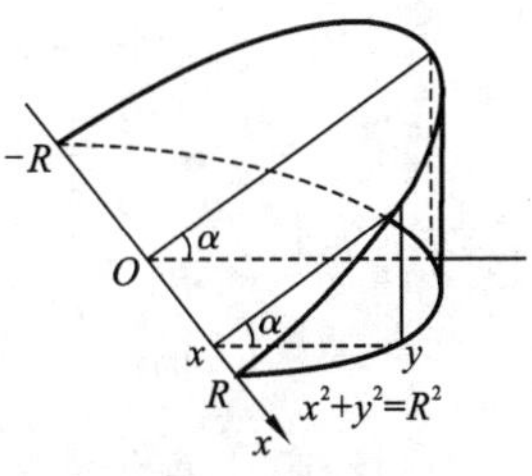

图 5-20

所得立体的体积为

$$V=\int_{-R}^{R}A(x)\mathrm{d}x=\int_{-R}^{R}\frac{1}{2}(R^2-x^2)\tan\alpha\,\mathrm{d}x$$

$$=\frac{1}{2}\tan\alpha\left(R^2x-\frac{1}{3}x^3\right)\Big|_{-R}^{R}$$

$$=\frac{2}{3}R^3\cdot\tan\alpha.$$

### 5.7.5 平面曲线的弧长

已知圆的周长可以利用圆的内接正多边形的周长当边数无限增多时的极限来确定.现在用类似的方法来建立平面的连续曲线弧长的概念.从而应用定积分来计算弧长.

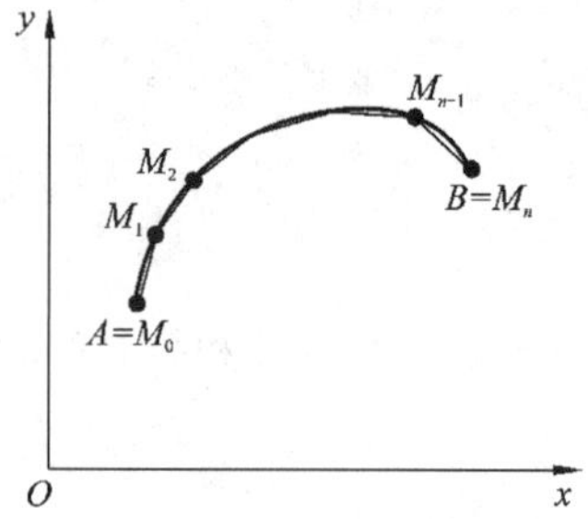


图 5-21

设 $A,B$ 是曲线弧的两个端点.在弧 $\widehat{AB}$ 上依次任取分点 $A=M_0,M_1,M_2,\cdots,M_{i-1},M_i,\cdots,M_{n-1},M_n=B$,并依次连接相邻的分点得一折线(图 5-21).当分点的数目无限增加且每个小段 $\widehat{M_{i-1}M_i}$ 都缩向一点时,如果此折线的长 $\sum_{i=1}^{n}|M_{i-1}M_i|$ 的极限存在,那么称此极限为曲线弧 $\widehat{AB}$ 的弧长,并称此曲线弧 $\widehat{AB}$ 是可求长的.

由于光滑曲线弧是可求长的,故可应用定积分来计算弧长.下面利用定积分的元素法来讨论平面光滑曲线弧长的计算公式.

设曲线弧由参数方程

$$\begin{cases}x=\varphi(t),\\ y=\psi(t),\end{cases}\quad(\alpha\leqslant t\leqslant\beta)$$

给出,其中 $\varphi(t),\psi(t)$ 在 $[\alpha,\beta]$ 上具有连续导数,且 $\varphi'(t),\psi'(t)$ 不同时为零.现在来计算这曲线弧的长度.

取参数 $t$ 为积分变量,它的变化区间为 $[\alpha,\beta]$.相应于 $[\alpha,\beta]$ 上任一小区间 $[t,t+\mathrm{d}t]$ 的小弧段的长度 $\Delta s$ 近似等于对应的弦的长度 $\sqrt{(\Delta x)^2+(\Delta y)^2}$,因为

$$\Delta x=\varphi(t+\mathrm{d}t)-\varphi(t)\approx\mathrm{d}x=\varphi'(t)\mathrm{d}t,$$

$$\Delta y=\psi(t+\mathrm{d}t)-\psi(t)\approx\mathrm{d}y=\psi'(t)\mathrm{d}t,$$

所以,$\Delta s$ 的近似值(弧微分)即弧长元素为

$$\mathrm{d}s=\sqrt{(\mathrm{d}x)^2+(\mathrm{d}y)^2}=\sqrt{\varphi'^2(t)(\mathrm{d}t)^2+\psi'^2(t)(\mathrm{d}t)^2}$$

$$=\sqrt{\varphi'^2(t)+\psi'^2(t)}\,\mathrm{d}t.$$

于是所求弧长为

$$s=\int_{\alpha}^{\beta}\sqrt{\varphi'^2(t)+\psi'^2(t)}\,\mathrm{d}t.$$

当曲线弧由直角坐标方程

$$y=f(x)\quad(a\leqslant x\leqslant b)$$

给出，其中 $f(x)$ 在 $[a,b]$ 上具有一阶连续导数，这时曲线弧有参数方程

$$\begin{cases} x = x, \\ y = f(x), \end{cases} \quad (a \leqslant x \leqslant b),$$

从而所求的弧长为

$$s = \int_a^b \sqrt{1 + y'^2}\, dx.$$

当曲线弧由极坐标方程

$$\rho = \rho(\theta) \quad (\alpha \leqslant \theta \leqslant \beta)$$

给出，其中 $\rho(\theta)$ 在 $[\alpha, \beta]$ 上具有连续导数，则由直角坐标与极坐标的关系可得

$$\begin{cases} x = x(\theta) = \rho(\theta)\cos\theta, \\ y = y(\theta) = \rho(\theta)\sin\theta, \end{cases} \quad (\alpha \leqslant \theta \leqslant \beta),$$

这就是以极角 $\theta$ 为参数的曲线弧的参数方程.于是，弧长元素为

$$ds = \sqrt{x'^2(\theta) + y'^2(\theta)}\, d\theta = \sqrt{\rho^2(\theta) + \rho'^2(\theta)}\, d\theta,$$

从而所求弧长为

$$s = \int_\alpha^\beta \sqrt{\rho^2(\theta) + \rho'^2(\theta)}\, d\theta.$$

**例 8**　计算曲线 $y = \frac{2}{3}x^{3/2}$ 上相应于 $a \leqslant x \leqslant b$ 的一段弧（图 5-22）的长度.

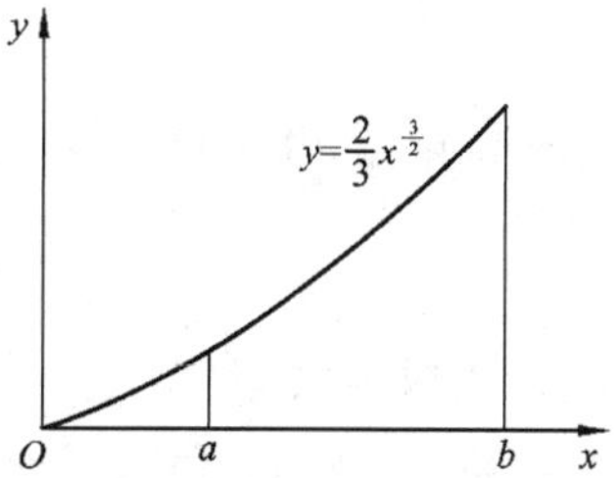

图 5-22

**解**　因 $y' = x^{1/2}$，从而弧长元素

$$ds = \sqrt{1 + (x^{1/2})^2}\, dx = \sqrt{1 + x}\, dx.$$

因此，所求弧长为

$$s = \int_a^b \sqrt{1 + x}\, dx = \left[\frac{2}{3}(1 + x^{3/2})\right]_a^b$$

$$= \frac{2}{3}\left[(1 + b)^{3/2} - (1 + a)^{3/2}\right].$$

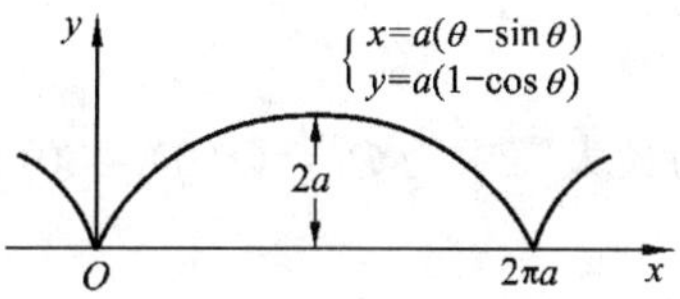

图 5-23

**例 9**　计算摆线（图 5-23）的一拱 $(0 \leqslant \theta \leqslant 2\pi)$ 的长度.

**解**　弧长元素为

$$ds = \sqrt{a^2(1 - \cos\theta)^2 + a^2\sin^2\theta}\, d\theta$$

$$= a\sqrt{2(1 - \cos\theta)}\, d\theta = 2a\sin\frac{\theta}{2} d\theta.$$

从而，所求弧长

$$s = \int_0^{2\pi} 2a\sin\frac{\theta}{2} d\theta = 2a\left[-2\cos\frac{\theta}{2}\right]_0^{2\pi} = 8a.$$

## 练　习　5.7

1. 求曲线 $y = \sqrt{x}$ 与直线 $y = x$ 所围图形的面积.
2. 求 $y = e^x, x = 0, y = e$ 所围图形的面积.
3. 求曲线 $y = x^2, 4y = x^2$ 及直线 $y = 1$ 所围图形的面积.
4. 求曲线 $y = \ln x, x = 0, y = \ln a, y = \ln b$ $(0 < a < b)$ 所围图形的面积.

5. 求 $y=x^3, y=0, x=2$ 所围图形绕 $x$ 轴一周的旋转体的体积 $V_x$.

6. 求 $x^2+(y-5)^2=16$ 所围图形绕 $x$ 轴一周的旋转体的体积 $V_x$.

7. 求 $y=x^2, x=y^2$ 所围图形绕 $y$ 轴一周的旋转体的体积 $V_y$.

8. 求由曲线 $r=2a\cos\theta\ (a>0)$ 所围图形的面积.

9. 求由曲线 $r=2a(2+\cos\theta)\ (a>0)$ 所围图形的面积.

10. 证明椭圆 $\frac{x^2}{a^2}+\frac{y^2}{b^2}=1$ 所围部分绕 $x$ 轴旋转一周所得的椭球体的体积为 $V=\frac{4}{3}\pi ab^2$.

## 5.8 定积分在经济分析中的应用

### 5.8.1 由边际函数求原经济函数

已知经济函数 $F(x)$ 的边际函数为 $F'(x)$，则有

$$\int_0^x F'(x)\mathrm{d}x=F(x)-F(0).$$

于是

$$F(x)=\int_0^x F'(x)\mathrm{d}x+F(0)$$

为原经济函数，并可求得原经济函数从 $a$ 到 $b$ 的增量

$$\Delta F=F(b)-F(a)=\int_a^b F'(x)\mathrm{d}x.$$

**1. 需求函数**

由第一章可知，商品的需求量 $Q$ 是价格 $P$ 的函数 $Q=Q(P)$. 一般地，当 $P=0$ 时，需求量达到最大值 $Q_0$，则有

$$Q_0=Q(P)\big|_{P=0}=Q(0).$$

若已知边际需求为 $Q'(P)$，则总需求函数为

$$Q(P)=\int_0^P Q'(P)\mathrm{d}P+Q_0.$$

**例 1** 已知某商品的边际需求为 $Q'(P)=-4$，且该商品的最大需求为 $Q_0=Q(0)=80$（即 $P=0$ 时 $Q=80$），求需求量与价格的函数关系.

**解** 
$$\begin{aligned}Q(P)&=\int_0^P Q'(P)\mathrm{d}P+Q_0=\int_0^P Q'(P)\mathrm{d}P+Q(0)\\&=\int_0^P(-4)\mathrm{d}P+80=-4P+80.\end{aligned}$$

**2. 总成本函数**

设产量为 $x$ 的边际成本为 $C'(x)$，固定成本为 $C_0$，则产量为 $x$ 时的总成本函数为

$$C(x)=\int_0^x C'(x)\mathrm{d}x+C(0)=\int_0^x C'(t)\mathrm{d}t+C_0.$$

其中，$\int_0^x C'(t)\mathrm{d}t$ 是可变成本，$C_0=C(0)$ 为固定成本.

**例 2** 若生产某产品的边际成本函数为

$$C'(x)=3x^2-14x+100.$$

固定成本为 $C_0=C(0)=10\,000$，求总成本函数.

**解**　$C(x)=\int_0^x C'(x)\mathrm{d}x+C(0)$

$$=\int_0^x (3t^2-14t+100)\mathrm{d}t+10\,000$$

$$=(t^3-7t^2+100t)\Big|_0^x+10\,000$$

$$=x^3-7x^2+100x+10\,000.$$

**3. 总收入(收益)函数**

设产品的销量为 $x$ 时的边际收入为 $R'(x)$，则总收入函数为

$$R(x)=\int_0^x R'(x)\mathrm{d}x+R(0)$$

$$=\int_0^x R'(t)\mathrm{d}t+R(0)\ (R(0)=0\text{，一般销量为 0 时收入为 0})$$

$$=\int_0^x R'(t)\mathrm{d}t.$$

**例 3**　已知某产品的边际收益为 $R'(x)=78-2x$，并设 $R(0)=0$，求总收益函数 $R(x)$.

**解**　$R(x)=\int_0^x R'(x)\mathrm{d}x+R(0)=\int_0^x (78-2t)\mathrm{d}t+0$

$$=(78t-t^2)\Big|_0^x=78x-x^2.$$

**4. 总利润函数**

设产品的边际收入为 $R'(x)$，边际成本为 $C'(x)$，则边际利润为

$$L'(x)=(R(x)-C(x))'=R'(x)-C'(x).$$

故总利润

$$L(x)=R(x)-C(x)=\int_0^x R'(x)\mathrm{d}x-\left(\int_0^x C'(t)\mathrm{d}t+C_0\right)$$

$$=\int_0^x [R'(t)-C'(t)]\mathrm{d}t-C_0.$$

即

$$L(x)=\int_0^x L'(t)\mathrm{d}t-C_0$$

其中，$\int_0^x [R'(t)-C'(t)]\mathrm{d}t$ 称为产销量为 $x$ 时的毛利，毛利减去固定成本即为纯利.

**例 4**　设某产品的边际收益为 $R'(x)=25-2x$，边际成本为 $C'(x)=13-4x$，固定成本为 $C_0=10$，求当产销量 $x=5$ 时的毛利与纯利.

**解**　由毛利的计算公式得毛利为

$$\int_0^5 L'(x)\mathrm{d}x=\int_0^5 [R'(x)-C'(x)]\mathrm{d}x=\int_0^5 [(25-2x)-(13-4x)]\mathrm{d}x$$

$$=\int_0^5 (12+2x)\mathrm{d}x$$

$$=(12x+x^2)\Big|_0^x=85.$$

当 $x=5$ 时的纯利为

$$L(5)=\int_0^5 L'(t)\mathrm{d}t-C_0=85-10=75.$$

## 5.8.2 资本现值和投资问题

设有 $p$ 元货币，若按年利率 $r$ 作连续复利计算，则 $t$ 年后的货币值为 $pe^{rt}$ 元；反之，若 $t$ 年后要有货币 $p$ 元，则按连续复利计算，现应有 $pe^{-rt}$ 元，称此为资本现值.

设在时间区间 $[0,T]$ 的 $t$ 时刻的单位时间收入为 $f(t)$，称为收入率，若按年利率为 $r$ 的连续复利计算，则在时间区间 $[t,t+\mathrm{d}t]$ 内的收入现值为 $f(t)e^{-rt}\mathrm{d}t$，由微元法可得在 $[0,T]$ 内的总收入现值为

$$y=\int_0^T f(t)e^{-rt}\mathrm{d}t.$$

若收入率 $f(t)=a$（$a$ 为常数），称其为均匀收入率.如果年利率 $r$ 也是常数，则总收入现值为

$$y=\int_0^T a e^{-rt}\mathrm{d}t=a\cdot\left(-\frac{1}{r}\right)e^{-rt}\Big|_0^T=\frac{a}{r}(1-e^{-rT}).$$

**例 5** 现给予某企业一笔投资 $A$，经测算，该企业在 $T$ 年后可以按每年 $a$ 元的均匀收入率获得收入，若年利率为 $r$，试求：

(1) 该投资的纯收入的贴现值；(2) 收回该笔投资的时间为多久.

**解** (1) 因收入率为 $a$，利率为 $r$，故投资后的 $T$ 年中，获得的总收入的现值为

$$y=\int_0^T a e^{-rt}\mathrm{d}t=\frac{a}{r}(1-e^{-rT}),$$

从而，投资所获得的纯收入的贴现值为

$$R=y-A=\frac{a}{r}(1-e^{-rT})-A.$$

(2) 若收回投资，则需要总收入的现值等于投资，即

$$\frac{a}{r}(1-e^{-rT})=A,$$

解得

$$T=\frac{1}{r}\ln\left(\frac{a}{a-Ar}\right).$$

**例 6** 投资 $A=800$（万元），年利率为 $r=5\%$，设在20年中的均匀收入率为 $a=200$（万元/年），则总收入现值为

$$y=\frac{200}{0.05}(1-e^{-0.05\times 20})=4\ 000(1-e^{-1})\approx 2\ 528.5(\text{万元}).$$

从而投资所得的纯收入为

$$R=y-A=2\ 528.5-800=1\ 728.5(\text{万元}).$$

投资回收期为

$$T=\frac{1}{0.05}\ln\left(\frac{200}{200-800\times 0.05}\right)$$
$$=20\ln(1.25)\approx 4.46(\text{年}).$$

故投资 20 年可获纯利润为 1 728.5 万元,投资回收期为 4.46 年.

## 练　习　5.8

1. 已知边际成本函数 $C'(q)=25+30q-9q^2$,固定成本为 55,试求总成本 $C(q)$,平均成本与可变成本.

2. 已知边际收入 $R'(x)=a-bx$,求收入函数.

3. 已知边际成本 $C'(x)=30+4x$,边际收入 $R'(x)=60-2x$,求最大利润(设固定成本为 0).

4. 某公司按利率 10%(连续复利) 贷款 100 万元购买某设备,并设该设备 10 年后报废,公司每年可收入 $b$ 万元.

(1) 当 $b$ 为何值时,公司不会亏本.

(2) 当 $b=20$ 万元时,求内部利率(应满足的方程).

(3) 当 $b=20$ 万元时,求收益的资本价值.

5. 某投资项目的成本为 100 万元,在 10 年中每年可收益 25 万元,投资率为 5%,试求这 10 年中,该项投资的纯收入的贴现值.

# 本章知识小结

## 一、定积分的概念和基本性质

1. 定积分:$\int_a^b f(x)\mathrm{d}x=\lim\limits_{\lambda\to 0}\sum\limits_{i=1}^{n} f(\xi_i)\Delta x_i$.

2. 定积分的几何意义:$\int_a^b f(x)\mathrm{d}x$ 表示介于 $x$ 轴,函数 $f(x)$ 的图形及两条直线 $x=a$,$x=b$ 之间的 各部分面积的代数和.

3. 定积分的基本性质.

(1) $\int_a^a f(x)\mathrm{d}x=0$;　(2) $\int_a^b f(x)\mathrm{d}x=-\int_b^a f(x)\mathrm{d}x$;　(3) $\int_a^b \mathrm{d}x=b-a$;

(4) $\int_a^b[\alpha f(x)+\beta g(x)]\mathrm{d}x=\alpha\int_a^b f(x)\mathrm{d}x+\beta\int_a^b g(x)\mathrm{d}x$,其中 $\alpha,\beta$ 为任意常数;

(5) 区间可加性:$\int_a^b f(x)\mathrm{d}x=\int_a^c f(x)\mathrm{d}x+\int_c^b f(x)\mathrm{d}x$;

(6) 比较性质:如果在区间$[a,b]$上,$f(x)\leqslant g(x)$,则

$$\int_a^b f(x)\mathrm{d}x\leqslant\int_a^b g(x)\mathrm{d}x;$$

(7) 估值性质:设 $M$ 与 $m$ 分别是函数 $f(x)$ 在区间$[a,b]$上的最大值及最小值,则

$$m(b-a)\leqslant\int_a^b f(x)\mathrm{d}x\leqslant M(b-a);$$

(8) 定积分中值定理：设 $f(x)$ 在 $[a,b]$ 上连续，则存在 $\xi \in [a,b]$，使

$$\int_a^b f(x)\mathrm{d}x = f(\xi)(b-a);$$

(9) 连续奇偶函数的积分性质：

当 $f(x)$ 为奇函数时，$\int_{-a}^{a} f(x)\mathrm{d}x = 0$；

当 $f(x)$ 为偶函数时，$\int_{-a}^{a} f(x)\mathrm{d}x = 2\int_0^a f(x)\mathrm{d}x$.

## 二、基本定理

1. 变积分上限的函数及其导数.

(1) 积分上限 $x$ 的函数 $\Phi(x) = \dfrac{\mathrm{d}}{\mathrm{d}x}\int_a^x f(t)\mathrm{d}t$ 的导数：

$$\Phi'(x) = \frac{\mathrm{d}}{\mathrm{d}x}\int_a^x f(t)\mathrm{d}t = f(x);$$

(2) 推广形式：

$$\frac{\mathrm{d}}{\mathrm{d}x}\int_{v(x)}^{u(x)} f(t)\mathrm{d}t = f(u(x)) \cdot u'(x) - f(v(x)) \cdot v'(x).$$

2. 牛顿－莱布尼茨公式：

$$\int_a^b f(x)\mathrm{d}x = F(x)\Big|_a^b = F(b) - F(a).$$

## 三、定积分的换元法与分部积分法

1. 换元积分法.

设 $f(x)$ 在区间 $[a,b]$ 上连续，若变量代换 $x=\varphi(t)$ 满足条件：

(1) 当 $t \in [\alpha,\beta]$（或 $[\beta,\alpha]$）时，$a \leqslant \varphi(t) \leqslant b$，且 $\varphi(\alpha)=a$，$\varphi(\beta)=b$；

(2) $\varphi(t)$ 在 $[\alpha,\beta]$（或 $[\beta,\alpha]$）上具有连续导数，则有

$$\int_a^b f(x)\mathrm{d}x = \int_\alpha^\beta f(\varphi(t))\varphi'(t)\mathrm{d}t.$$

定积分的换元法有别于不定积分的换元法，具有两点：一是换元必换上、下限，二是不必回代.

2. 分部积分法.

$$\int_a^b u(x)\mathrm{d}v(x) = u(x) \cdot v(x)\Big|_a^b - \int_a^b v(x)\mathrm{d}u(x).$$

## 四、定积分的应用

1. 平面图形的面积.

(1) 设平面图形由连续曲线 $y=f(x)$，$y=g(x)$ $(f(x) \geqslant g(x))$ 和直线 $x=a$，$x=b$ 所围成 $a \leqslant b$，则其面积为

$$A = \int_a^b [f(x) - g(x)]\mathrm{d}x;$$

(2) 设平面图形由连续曲线 $x=\varphi(y)$，$x=\psi(y)$ $(\varphi(y) \leqslant \psi(y))$ 及直线 $y=c$，$y=d$ $(c <$

$d$）所围成，则其面积为

$$A=\int_c^d[\psi(y)-\varphi(y)]\mathrm{d}y.$$

2. 旋转体的体积.

(1) 设旋转体是由曲线 $y=f(x)$，直线 $x=a$，$x=b(a<b)$ 和 $x$ 轴所围成的曲边梯形绕 $x$ 轴旋转一周而成，则其体积为

$$V_x=\pi\int_a^b f^2(x)\mathrm{d}x;$$

(2) 设旋转体是由曲线 $x=\varphi(y)$，直线 $y=c$，$y=d(c<d)$ 和 $y$ 轴所围成的曲边梯形绕 $y$ 轴旋转一周而成，则其体积为

$$V_y=\pi\int_c^d\varphi^2(y)\mathrm{d}y.$$

3. 在经济学中的应用.

如果固定成本为 $C_0$，边际成本为 $C'(Q)$，边际收益函数为 $R'(Q)$，其中 $Q$ 为产量，则有

总成本函数 $C(Q)=\int_0^Q C'(Q)\mathrm{d}Q+C_0$；

总收益函数 $R(Q)=\int_0^Q R'(Q)\mathrm{d}Q$；

总利润函数 $L(Q)=R(Q)-C(Q)=\int_0^Q[R'(Q)-C'(Q)]\mathrm{d}Q-C_0$；

## 五、反常积分

1. 无穷区间上的反常积分.

(1) $\int_a^{+\infty}f(x)\mathrm{d}x=\lim\limits_{t\to+\infty}(F(x)|_a^t)=F(x)|_a^{+\infty}=F(+\infty)-F(a)$；

(2) $\int_{-\infty}^{b}f(x)\mathrm{d}x=\lim\limits_{s\to-\infty}(F(x)|_s^b)=F(x)|_{-\infty}^{b}=F(b)-F(-\infty)$；

(3) $\int_{-\infty}^{+\infty}f(x)\mathrm{d}x=\lim\limits_{\substack{s\to-\infty\\ t\to+\infty}}(F(x)|_s^t)=F(x)|_{-\infty}^{+\infty}=F(+\infty)-F(-\infty)$.

2. 被积函数具有无穷间断点的反常积分.

(1) 设 $F(x)$ 是 $f(x)$ 在$(a,b]$上的一个原函数，且 $\lim\limits_{x\to a^+}f(x)=\infty$，则

$$\int_a^b f(x)\mathrm{d}x=F(x)\Big|_a^b=F(b)-F(a+0);$$

(2) 设 $F(x)$ 是 $f(x)$ 在$[a,b)$上连续，且 $\lim\limits_{x\to b^-}f(x)=\infty$，则

$$\int_a^b f(x)\mathrm{d}x=F(x)\Big|_a^b=F(b-0)-F(a).$$

# 历年考研真题选讲

**例 1** (**2004 年,数三**) 设 $f(x),g(x)$ 在$[a,b]$上连续,且满足

$$\int_a^x f(t)\mathrm{d}t \geqslant \int_a^x g(t)\mathrm{d}t, x \in [a,b), \int_a^b f(t)\mathrm{d}t = \int_a^b g(t)\mathrm{d}t.$$

证明:$\int_a^b xf(x)\mathrm{d}x \leqslant \int_a^b xg(x)\mathrm{d}x$.

**证** 令 $F(x)=f(x)-g(x), G(x)=\int_a^x F(t)\mathrm{d}t$,由题设 $G(x)\geqslant 0, x \in [a,b], G(a)=G(b)=0, G'(x)=F(x)$,从而

$$\int_a^b xF(x)\mathrm{d}x = \int_a^b x\,\mathrm{d}G(x) = xG(x)\Big|_a^b - \int_a^b G(x)\mathrm{d}x = -\int_a^b G(x)\mathrm{d}x,$$

由于 $G(x)\geqslant 0, x\in[a,b]$,故有

$$-\int_a^b G(x)\mathrm{d}x \leqslant 0,$$

即 $\int_a^b xF(x)\mathrm{d}x \leqslant 0$.因此$\int_a^b xf(x)\mathrm{d}x \leqslant \int_a^b xg(x)\mathrm{d}x$.

**例 2** (**2005 年,数三**) 设 $f(x),g(x)$ 在$[0,1]$上的导数连续,且 $f(0)=0, f'(x)\geqslant 0, g'(x)\geqslant 0$.证明:对任何 $a\in[0,1]$,有

$$\int_0^a g(x)f'(x)\mathrm{d}x + \int_0^1 f(x)g'(x)\mathrm{d}x \geqslant f(a)g(1).$$

**证** 设

$$F(x) = \int_0^x g(t)f'(t)\mathrm{d}t + \int_0^1 f(t)g'(t)\mathrm{d}t - f(x)g(1),$$

则 $F(x)$ 在$[0,1]$上的导数连续,并且

$$F'(x) = g(x)f'(x) - f'(x)g(1) = f'(x)[g(x)-g(1)],$$

由于 $x\in[0,1]$ 时,$f'(x)\geqslant 0, g'(x)\geqslant 0$,因此 $F'(x)\leqslant 0$,即 $F(x)$ 在$[0,1]$上单调递减.

注意到

$$F(1) = \int_0^1 g(t)f'(t)\mathrm{d}t + \int_0^1 f(t)g'(t)\mathrm{d}t - f(1)g(1),$$

而

$$\begin{aligned}\int_0^1 g(t)f'(t)\mathrm{d}t &= \int_0^1 g(t)\mathrm{d}f(t) = g(t)f(t)\Big|_0^1 - \int_0^1 f(t)g'(t)\mathrm{d}t \\ &= f(1)g(1) - \int_0^1 f(t)g'(t)\mathrm{d}t,\end{aligned}$$

故 $F(1)=0$.因此 $x\in[0,1]$ 时,$F(x)\geqslant 0$,由此可得对任何 $a\in[0,1]$,有

$$\int_0^a g(x)f'(x)\mathrm{d}x + \int_0^1 f(x)g'(x)\mathrm{d}x \geqslant f(a)g(1).$$

**例 3** (**2008 年,数二、三**) 曲线段方程为 $y=f(x)$,函数 $f(x)$ 在区间$[0,a]$上有连续的导数,则定积分$\int_0^a xf'(x)\mathrm{d}x$ 等于(　　).

A.曲边梯形 $ABCD$ 面积　　B.梯形 $ABCD$ 面积

C.曲边三角形 $ACD$ 面积　　D.三角形 $ACD$ 面积

**解** $$\int_0^a xf'(x)\mathrm{d}x=\int_0^a x\,\mathrm{d}f(x)=xf(x)\Big|_0^a-\int_0^a f(x)\mathrm{d}x=af(a)-\int_0^a f(x)\mathrm{d}x,$$

其中 $af(a)$ 是矩形 $ABOC$ 面积，$\int_0^a f(x)\mathrm{d}x$ 为曲边梯形 $ABOD$ 的面积，所以 $\int_0^a xf'(x)\mathrm{d}x$ 为曲边三角形的面积.

**例 4** **(2008 年，数三)** 设 $f(x)$ 是周期为 2 的连续函数，证明

(1) 对任意实数 $t$，有 $\int_t^{t+2} f(x)\mathrm{d}x=\int_0^2 f(x)\mathrm{d}x$；

(2) $G(x)=\int_0^x\left[2f(t)-\int_t^{t+2} f(s)\mathrm{d}s\right]\mathrm{d}t$ 是周期为 2 的周期函数.

**证** (1) 由积分的性质知对任意的实数 $t$，得

$$\int_t^{t+2} f(x)\mathrm{d}x=\int_t^0 f(x)\mathrm{d}x+\int_0^2 f(x)\mathrm{d}x+\int_2^{t+2} f(x)\mathrm{d}x,$$

令 $x=2+u$，则

$$\int_2^{t+2} f(x)\mathrm{d}x=\int_0^t f(2+u)\mathrm{d}u=\int_0^t f(u)\mathrm{d}u=-\int_t^0 f(x)\mathrm{d}x.$$

所以 $$\int_t^{t+2} f(x)\mathrm{d}x=\int_t^0 f(x)\mathrm{d}x+\int_0^2 f(x)\mathrm{d}x-\int_t^0 f(x)\mathrm{d}x=\int_0^2 f(x)\mathrm{d}x.$$

(2) 由(1) 知，对任意的 $t$ 有 $\int_2^{t+2} f(x)\mathrm{d}x=\int_0^2 f(x)\mathrm{d}x$，记 $a=\int_0^2 f(x)\mathrm{d}x$，则

$$G(x)=2\int_0^x f(u)\mathrm{d}u-ax.$$

所以，对任意的 $x$，有

$$\begin{aligned}G(x+2)-G(x)&=2\int_0^{x+2} f(u)\mathrm{d}u-a(x+2)-2\int_0^x f(u)\mathrm{d}u+ax\\&=2\int_x^{x+2} f(u)\mathrm{d}u-2a=2\int_0^2 f(u)\mathrm{d}u-2a=0,\end{aligned}$$

所以 $G(x)$ 是周期为 2 的周期函数.

**例 5** **(2009 年，数三)** 在以下区间中，不等式 $\int_1^x \frac{\sin t}{t}\mathrm{d}t>\ln x$ 成立的有(　　).

A. $(0,1)$　　B. $\left(1,\frac{\pi}{2}\right)$　　C. $\left(\frac{\pi}{2},\pi\right)$　　D. $(\pi,+\infty)$

**解** 原问题可转化为求 $f(x)=\int_1^x \frac{\sin t}{t}\mathrm{d}t-\ln x=\int_1^x \frac{\sin t}{t}\mathrm{d}t-\int_1^x \frac{1}{t}\mathrm{d}t=\int_1^x \frac{\sin t-1}{t}\mathrm{d}t=\int_x^1 \frac{1-\sin t}{t}\mathrm{d}t>0$ 成立时 $x$ 的取值范围，由 $\frac{1-\sin t}{t}>0,t\in(0,1)$，知当 $x\in(0,1)$ 时，$f(x)>0$. 故应选 A.

**例 6** **(2014 年，数一、二、三)** 求极限 $\lim\limits_{x\to+\infty}\dfrac{\int_1^x\left[t^2\left(\mathrm{e}^{\frac{1}{t}}-1\right)-t\right]\mathrm{d}t}{x^2\ln\left(1+\frac{1}{x}\right)}$.

**解** 由于当 $x\to+\infty$ 时有 $\ln\left(1+\frac{1}{x}\right)\sim\frac{1}{x}$，故

$$\lim_{x\to+\infty}\frac{\int_1^x[t^2(e^{\frac{1}{t}}-1)-t]\,dt}{x^2\ln\left(1+\frac{1}{x}\right)}=\lim_{x\to+\infty}\frac{\int_1^x[t^2(e^{\frac{1}{t}}-1)-t]\,dt}{x^2\cdot\frac{1}{x}}=\lim_{x\to+\infty}[x^2(e^{\frac{1}{x}}-1)-x],$$

令 $u=\frac{1}{x}$，则

$$\lim_{x\to+\infty}[x^2(e^{\frac{1}{x}}-1)-x]=\lim_{u\to0^+}\frac{e^u-1-u}{u^2}=\lim_{u\to0^+}\frac{e^u-1}{2u}=\frac{1}{2}.$$

**例 7** （**2014 年，数二、三**）设函数 $f(x)$，$g(x)$ 在区间 $[a,b]$ 上连续，且 $f(x)$ 单调增加，$0\leqslant g(x)\leqslant 1$，证明：

(1) $0\leqslant\int_a^x g(t)dt\leqslant x-a$，$x\in[a,b]$；

(2) $\int_a^{a+\int_a^b g(t)dt}f(x)dx\leqslant\int_a^b f(x)g(x)dx$.

**证** (1) 因为 $0\leqslant g(x)\leqslant 1$，所以由定积分比较定理可知，$\int_a^x 0dt\leqslant\int_a^x g(t)dt\leqslant\int_a^x 1dt$，即 $0\leqslant\int_a^x g(t)dt\leqslant x-a$.

(2) 令 $F(x)=\int_a^x f(t)g(t)dt-\int_a^{x+\int_a^x g(t)dt}f(t)dt$，$F(a)=0$，

则

$$\begin{aligned}F'(x)&=f(x)g(x)-f[a+\int_a^x g(t)dt]g(x)\\&=g(x)\{f(x)-f[a+\int_a^x g(t)dt]\},\end{aligned}$$

由(1) 可知 $\int_a^x g(t)dt\leqslant(x-a)$，所以

$$a+\int_a^x g(t)dt\leqslant x.$$

由 $f(x)$ 单调递增，可知

$$f(x)-f[a+\int_a^x g(t)dt]\geqslant 0,$$

因为 $0\leqslant g(x)\leqslant 1$，所以 $F'(x)\geqslant 0$，$F(x)$ 单调递增，所以 $F(b)>F(a)=0$，得证.

**例 8** （**2015 年，数二、三**）设函数 $f(x)$ 连续，$\varphi(x)=\int_0^{x^2}xf(t)dt$，若 $\varphi(1)=1$，$\varphi'(1)=5$，则 $f(1)=$________.

**解** 因为 $f(x)$ 连续，所以 $\varphi(x)$ 可导，$\varphi'(x)=\int_0^{x^2}f(t)dt+2x^2f(x)^2$；

因为 $\varphi(1)=1$，所以 $\varphi(1)=\int_0^1 f(t)dt=1$；

又因为 $\varphi'(1)=5$，所以 $\varphi'(1)=\int_0^1 f(t)dt+2f(1)=5$，故 $f(1)=2$.

**例 9** （**2010 年，数三**）设可导函数 $y=y(x)$ 由方程 $\int_0^{x+y}e^{-t^2}dt=\int_0^x x\sin t^2dt$ 确定，则

$\left.\frac{dy}{dx}\right|_{x=0}=$______.

**解** 由$\int_0^{x+y}e^{-t^2}dt=\int_0^x x\sin t^2dt$,令 $x=0$ 得 $y=0$.等式两端对 $x$ 求导得

$$e^{-(x+y)^2}\left(1+\frac{dy}{dx}\right)=(\int_0^x \sin t^2 dt)+x\sin x^2,$$

将 $x=0,y=0$ 代入上式得

$$\frac{dy}{dx}|_{x=0}=-1.$$

**例 10** (**2010 年,数三**)设函数 $f(x)$ 在闭区间 $[0,3]$ 上连续,在开区间 $(0,3)$ 内存在二阶导数,且

$$2f(0)=\int_0^2 f(x)dx=f(2)+f(3).$$

(1) 证明存在 $\eta\in(0,2)$,使得 $f(\eta)=f(0)$;

(2) 证明存在 $\xi\in(0,3)$,使得 $f''(\xi)=0$.

**证** (1) 令 $F(x)=\int_0^x f(t)dt$,因 $f(x)$ 在闭区间 $[0,2]$ 上连续,所以 $F(x)$ 在闭区间 $[0,2]$ 上连续,在开区间 $(0,2)$ 内可导,由拉格朗日中值定理得,至少存在一点 $\eta\in(0,2)$,使得 $F(2)-F(0)=F'(\eta)\cdot(2-0)$,即

$$\int_0^2 f(x)dx=2f(\eta).$$

又 $2f(0)=\int_0^2 f(x)dx$,所以 $f(\eta)=f(0)$.

(2) 因 $2f(0)=f(2)+f(3)$,即

$$f(0)=\frac{f(2)+f(3)}{2}.$$

又函数 $f(x)$ 在闭区间 $[0,3]$ 上连续,从而 $f(0)=\frac{f(2)+f(3)}{2}$ 介于 $f(x)$ 在 $[2,3]$ 上的最大值与最小值之间,由介值定理知,至少存在一点 $\gamma\in[2,3]$,使得 $f(\gamma)=f(0)$.

因此 $f(x)$ 在区间 $[0,\eta]$,$[\eta,\gamma]$ 上都满足罗尔中值定理条件,于是至少存在点 $\xi_1\in(0,\eta)$,$\xi_2\in(\eta,\gamma)$,使得 $f'(\xi_1)=f'(\xi_2)=0$.

由 $f(x)$ 在闭区间 $[0,3]$ 上连续,在开区间 $(0,3)$ 内存在二阶导数,知 $f'(x)$ 在 $[\xi_1,\xi_2]$ 上连续,在 $(\xi_1,\xi_2)$ 可导,用罗尔中值定理,至少存在一点 $\xi\in(\xi_1,\xi_2)\subset(0,3)$,使得 $f''(\xi)=0$.

**例 11** (**2013 年,数二、三**)设 $D$ 是由曲线 $y=f(x)=\sqrt[3]{x}$,直线 $x=a(a>0)$ 及 $x$ 轴所转成的平面图,$V_x,V_y$ 分别是 $D$ 绕 $x$ 轴和 $y$ 轴旋转一周所形成的立体的体积,若 $10V_x=V_y$,求 $a$ 的值.

**解** 由微元法可知

$$V_x=\pi\int_0^a y^2dx=\pi\int_0^a x^{\frac{2}{3}}dx=\frac{3}{5}a^{\frac{5}{3}}\pi;$$

$$V_y=2\pi\int_0^a xf(x)dx=2\pi\int_0^a x^{\frac{4}{3}}dx=\frac{6}{7}a^{\frac{7}{3}}\pi;$$

由条件 $10V_x=V_y$,知 $a=7\sqrt{7}$.

**例 12** (**2016 年,数二、三**)极限 $\lim\limits_{n\to\infty}\dfrac{1}{n^2}\left(\sin\dfrac{1}{n}+2\sin\dfrac{2}{n}+\cdots+n\sin\dfrac{n}{n}\right)=$________.

**解**

$$\lim_{n\to\infty}\frac{1}{n^2}\left(\sin\frac{1}{n}+2\sin\frac{2}{n}+\cdots+n\sin\frac{n}{n}\right)$$
$$=\lim_{n\to\infty}\frac{1}{n}\left(\frac{1}{n}\sin\frac{1}{n}+\frac{2}{n}\sin\frac{2}{n}+\cdots+\frac{n}{n}\sin\frac{n}{n}\right)$$
$$=\lim_{n\to\infty}\frac{1}{n}\sum_{i=1}^{n}\frac{i}{n}\sin\frac{i}{n}=\int_0^1 x\sin x\,\mathrm{d}x=\int_0^1 x\,d(-\cos x)$$
$$=-x\cos x\,\Big|_0^1+\int_0^1\cos x\,\mathrm{d}x$$
$$=-\cos 1+\sin x\,\Big|_0^1=-\cos 1+\sin 1=\sin 1-\cos 1.$$

**例 13** (**2017 年,数三**)$\displaystyle\int_{-\pi}^{\pi}(\sin^3 x+\sqrt{\pi^2-x^2})\mathrm{d}x=$________.

**解** $\displaystyle\int_{-\pi}^{\pi}(\sin^3 x+\sqrt{\pi^2-x^2})\mathrm{d}x=2\int_0^{\pi}\sqrt{\pi^2-x^2}\,\mathrm{d}x=2\cdot\frac{1}{4}\pi\cdot\pi^2=\frac{1}{2}\pi^2$.故应填$\dfrac{1}{2}\pi^2$.

**例 14** (**2017 年,数二、三**)求 $\lim\limits_{x\to0^+}\dfrac{\int_0^x\sqrt{x-t}\,\mathrm{e}^t\,\mathrm{d}t}{\sqrt{x^3}}$.

**解** 被积函数中含有 $x$,应该先将参数 $x$ 分离出来,提到积分前面.令 $x-t=u$,则 $t=x-u$,$\mathrm{d}t=-\mathrm{d}u$,故

$$\lim_{x\to0^+}\frac{\int_0^x\sqrt{x-t}\,\mathrm{e}^t\,\mathrm{d}t}{\sqrt{x^3}}=\lim_{x\to0^+}\frac{\mathrm{e}^x\int_0^x\sqrt{u}\,\mathrm{e}^{-u}\,\mathrm{d}u}{\sqrt{x^3}}=\lim_{x\to0^+}\frac{\int_0^x\sqrt{u}\,\mathrm{e}^{-u}\,\mathrm{d}u}{\sqrt{x^3}}=\lim_{x\to0^+}\frac{\sqrt{x}\,\mathrm{e}^{-x}}{\frac{3}{2}\sqrt{x}}=\frac{2}{3}.$$

**例 15** (**2017 年,数二、三**)求 $\lim\limits_{n\to\infty}\sum\limits_{k=1}^{n}\dfrac{k}{n^2}\ln\left(1+\dfrac{k}{n}\right)$.

**解** 原式$\displaystyle=\lim_{n\to\infty}\frac{1}{n}\sum_{k=1}^{n}\frac{k}{n}\ln\left(1+\frac{k}{n}\right)=\int_0^1 x\ln(1+x)\mathrm{d}x=\frac{1}{2}\int_0^1\ln(1+x)\mathrm{d}x^2$

$$=\frac{1}{2}x^2\ln(1+x)\Big|_0^1-\frac{1}{2}\int_0^1\frac{x^2}{1+x}\mathrm{d}x$$
$$=\frac{1}{2}\ln 2-\frac{1}{2}\int_0^1\frac{(x^2-1)+1}{1+x}\mathrm{d}x$$
$$=\frac{1}{2}\ln 2-\frac{1}{2}\int_0^1(x-1)\mathrm{d}x-\frac{1}{2}\int_0^1\frac{1}{1+x}\mathrm{d}x$$
$$=\frac{1}{2}\ln 2-\frac{1}{4}(x-1)^2\Big|_0^1-\frac{1}{2}\ln(1+x)\Big|_0^1=\frac{1}{4}.$$

**例 16** (**2018 年,数一、二**)求不定积分$\displaystyle\int\mathrm{e}^{2x}\arctan\sqrt{\mathrm{e}^x-1}\,\mathrm{d}x$.

**解** 原式$\displaystyle=\frac{1}{2}\int\arctan\sqrt{\mathrm{e}^x-1}\,\mathrm{d}\mathrm{e}^{2x}=\frac{1}{2}\left(\mathrm{e}^{2x}\arctan\sqrt{\mathrm{e}^x-1}-\int\frac{\mathrm{e}^{2x}}{2\sqrt{\mathrm{e}^x-1}}\mathrm{d}x\right)$

$$\int\frac{e^{2x}}{2\sqrt{e^x-1}}dx\xrightarrow{e^x-1=t}\int\frac{(t+1)^2}{\sqrt{t}}\frac{1}{1+t}dt$$

$$=\int\frac{t+1}{\sqrt{t}}dt=\frac{2}{3}t^{\frac{3}{2}}+2\sqrt{t}+C$$

$$=\frac{2}{3}(e^x-1)^{\frac{3}{2}}+2\sqrt{e^x-1}+C,$$

故
$$原式=\frac{1}{2}\left(e^{2x}\arctan\sqrt{e^x-1}-\frac{2}{3}(e^x-1)^{\frac{3}{2}}+2\sqrt{e^x-1}+C\right).$$

**例 17**　**（2019 年，数二）**曲线 $y=\ln\cos x\left(0<x<\frac{\pi}{6}\right)$ 的弧长.

**解**　$s=\int_0^{\frac{\pi}{6}}\sqrt{1+y'^2_x}\,dx=\int_0^{\frac{\pi}{6}}\sqrt{1+\left(\frac{-\sin x}{\cos x}\right)^2}\,dx=\int_0^{\frac{\pi}{6}}\sec x\,dx$

$$=\ln|\sec x+\tan x|\Big|_0^{\frac{\pi}{6}}=\ln\sqrt{3}=\frac{\ln 3}{2}.$$

**例 18**　**（2019 年，数二）**已知函数 $f(x)=x\int_1^x\frac{\sin t^2}{t}dt$，则 $\int_0^1 f(x)dt=$________.

**解**　$\int_0^1 f(x)dx=\int_0^1\left(x\int_1^x\frac{\sin t^2}{t}dt\right)dx=\int_0^1\left(\int_1^x\frac{\sin t^2}{t}dt\right)d\left(\frac{x^2}{2}\right)$

$$=\frac{x^2}{2}\int_1^x\frac{\sin t^2}{t}dt\Big|_0^1-\int_0^1\frac{x^2}{2}d\int_1^x\frac{\sin t^2}{t}dt$$

$$=-\frac{1}{2}\int_0^1 x^2\frac{\sin x^2}{x}dx=-\frac{1}{2}\int_0^1 x\sin x^2dx$$

$$=-\frac{1}{4}\int_0^1\sin x^2dx^2=\frac{1}{4}\cos x^2\Big|_0^1=\frac{\cos 1-1}{4}.$$

**例 19**　**（2019 年，数三）**设 $a_n=\int_0^1 x^n\sqrt{1-x^2}\,dx\ (n=0,1,2,\cdots)$.

(1) 证明数列 $\{a_n\}$ 单调递减，且 $a_n=\frac{n-1}{n+2}a_{n-2}\ (n=2,3,\cdots)$；(2) 求 $\lim\limits_{n\to\infty}\frac{a_n}{a_{n-1}}$.

**证**　(1) 因　　$x\in[0,1]$，$x^{n+1}\sqrt{1-x^2}\leqslant x^n\sqrt{1-x^2}$，

故
$$\int_0^1 x^{n+1}\sqrt{1-x^2}\,dx\leqslant\int_0^1 x^n\sqrt{1-x^2}\,dx,$$

即 $a_{n+1}\leqslant a_n$，$\{a_n\}$ 单调递减.则

$$a_n=\int_0^1 x^n\sqrt{1-x^2}\,dx=-\frac{1}{3}\int_0^1 x^{n-1}d(1-x^2)^{\frac{3}{2}}$$

$$=-\frac{1}{3}\left(x^{n-1}(1-x^2)^{\frac{3}{2}}\Big|_0^1-\int_0^1(1-x^2)^{\frac{3}{2}}dx^{n-1}\right)$$

$$=\frac{n-1}{3}\int_0^1(1-x^2)^{\frac{3}{2}}x^{n-2}dx$$

$$=\frac{n-1}{3}\int_0^1(1-x^2)\sqrt{1-x^2}\,x^{n-2}dx$$

$$=\frac{n-1}{3}\left(\int_0^1\sqrt{1-x^2}\,x^{n-2}dx-\int_0^1\sqrt{1-x^2}\,x^n dx\right)$$

$$=\frac{n-1}{3}(a_{n-2}-a_n)\Rightarrow\left(1+\frac{n-1}{3}\right)a_n$$

$$=\frac{n-1}{3}a_{n-2}\Rightarrow a_n=\frac{n-1}{n+2}a_{n-2}\quad(n=2,3,\cdots).$$

**解** (2) $\frac{a_n}{a_{n-1}}=\frac{\frac{n-1}{n+2}a_{n-2}}{a_{n-1}}=\frac{n-1}{n+2}\frac{a_{n-2}}{a_{n-1}}$，$a_n>0$，$\{a_n\}$单调递减，又$\frac{a_{n-2}}{a_{n-1}}>1$，故

$$\frac{n-1}{n+2}\frac{a_{n+2}}{a_{n-1}}>\frac{n-1}{n+2}\Rightarrow\frac{n-1}{n+1}<\frac{a_n}{a_{n+1}}<1\Rightarrow\lim_{n\to\infty}\frac{a_n}{a_{n-1}}=1.$$

**例 20** （**2020 年，数三**）设奇函数 $f(x)$ 在$(-\infty,+\infty)$上具有连续导数，则（　　）.

A. $\int_0^x[\cos f(t)+f'(t)]\mathrm{d}t$ 是奇函数　　B. $\int_0^x[\cos f(t)+f'(t)]\mathrm{d}t$ 是偶函数

C. $\int_0^x[\cos f'(t)+f'(t)]\mathrm{d}t$ 是奇函数　　D. $\int_0^x[\cos f'(t)+f'(t)]\mathrm{d}t$ 是偶函数.

**解** 由 $f(t)$ 是奇函数，知 $-f'(-t)=-f'(t)$，则 $f'(-t)=f'(t)$，有

$$F(x)=\int_0^x[\cos f(t)+f'(t)]\mathrm{d}t\Rightarrow F(-x)=\int_0^{-x}[\cos f(t)+f'(t)]\mathrm{d}t$$

$$\xlongequal{t=-u}-\int_0^x[\cos(-f(u))+f'(u)]\mathrm{d}u$$

$$=-\int_0^x[\cos f(u)+f'(u)]\mathrm{d}u=-F(x).$$

故 $F(x)$ 为奇函数，选 A.

**例 21** （**2020 年，数二**）已知函数 $f(x)$ 连续且$\lim\limits_{x\to0}\frac{f(x)}{x}=1$，$g(x)=\int_0^1 f(xt)\mathrm{d}t$，求 $g'(x)$ 并证明 $g'(x)$ 在 $x=0$ 处连续.

**解** 由$\lim\limits_{x\to0}\frac{f(x)}{x}=1$，可得 $f(0)=0$，$f'(0)=1$.且

$$g(x)=\int_0^1 f(xt)\mathrm{d}t\xlongequal{xt=u}\int_0^x f(u)\frac{1}{x}\mathrm{d}u=\frac{\int_0^x f(u)\mathrm{d}u}{x},$$

又 $g(0)=\int_0^1 f(0)\mathrm{d}t=0$，则

$$g'(x)=\frac{xf(x)-\int_0^x f(u)\mathrm{d}u}{x^2},$$

$$g'(0)=\lim_{x\to0}\frac{g(x)-g(0)}{x-0}=\lim_{x\to0}\frac{\int_0^x f(u)\mathrm{d}u}{x^2}=\lim_{x\to0}\frac{f(x)}{2x}=\frac{1}{2}(2),$$

可得

$$\lim_{x\to0}g'(x)=\lim_{x\to0}\frac{xf(x)-\int_0^x f(u)\mathrm{d}u}{x^2}=\lim_{x\to0}\left(\frac{f(x)}{x}-\frac{\int_0^x f(u)\mathrm{d}u}{x^2}\right)\xlongequal{\text{由}(2)}1-\frac{1}{2}=\frac{1}{2}.$$

故$\lim\limits_{x\to0}g'(x)=g'(0)$，即 $g'(x)$ 在 $x=0$ 处连续.

**例 22**　(**2021 年，数二、三**) $\int_0^{x^2}(e^{t^3}-1)dt$ 是 $x^7$ 的(　　).

A.低阶无穷小　　B.等价阶无穷小　　C.高阶无穷小　　D.同阶但非等价无穷小

**解**　$$\lim_{x\to 0}\frac{\int_0^{x^2}(e^{t^3}-1)dt}{x^7}=\lim_{x\to 0}\frac{2x(e^{x^6}-1)}{7x^6}=\lim_{x\to 0}\frac{2x\cdot x^6}{7x^6}=\lim_{x\to 0}\frac{2x}{7}=0,$$

则 $\int_0^{x^2}(e^{t^3}-1)dt=o(x^7)\ (x\to 0)$，故选 C.

**例 23**　(**2021 年，数二**) 设函数 $f(x)$ 满足 $\int\frac{f(x)}{\sqrt{x}}dx=\frac{1}{6}x^2-x+c$.$L$ 为曲线 $y=f(x)$ $(4\leqslant x\leqslant 9)$.记 $L$ 的长度为 $S$，$L$ 绕 $x$ 轴旋转的旋转曲面的面积为 $A$，求 $S$ 和 $A$.

**解**　$$\left(\int\frac{f(x)}{\sqrt{x}}dx\right)'=\left(\frac{1}{6}x^2-x+c\right)'\Rightarrow\frac{f(x)}{\sqrt{x}}=\frac{x}{3}-1,$$

则
$$f(x)=\frac{x\sqrt{x}}{3}-\sqrt{x}\ (4\leqslant x\leqslant 9),$$

$$S=\int_4^9\sqrt{1+f'(x)^2}\,dx=\int_4^9\frac{x+1}{2\sqrt{x}}dx=\frac{22}{3},$$

$$A=2\pi\int_4^9 f(x)\sqrt{1+f'(x)^2}\,dx=2\pi\int_4^9\left(\frac{x\sqrt{x}}{3}-\sqrt{x}\right)\frac{x+1}{2\sqrt{x}}dx=\frac{425}{9}\pi.$$

**例 24**　(**2022 年，数二、三**) 已知 $I_1=\int_0^1\frac{x}{2(1+\cos x)}dx$，$I_2=\int_0^1\frac{\ln(1+x)}{1+\cos x}dx$，$I_3=\int_0^1\frac{2x}{1+\sin x}dx$，则(　　).

A. $I_1<I_2<I_3$　　B. $I_2<I_1<I_3$　　C. $I_1<I_3<I_2$　　D. $I_3<I_2<I_1$

**解**　$$I_1=\int_0^1\frac{\frac{x}{2}}{1+\cos x}dx,\quad I_2=\int_0^1\frac{\ln(1+x)}{1+\cos x}dx,\quad I_3=\int_0^1\frac{x}{\frac{1+\sin x}{2}}dx,$$

先比较 $I_1,I_2$ 大小，令 $f(x)=\frac{x}{2}-\ln(1+x)$，$x\in(0,1)$ 且 $f(0)=0$，则 $f'(x)=\frac{1}{2}-\frac{1}{1+x}=\frac{x-1}{2(1+x)}<0$，即 $f(x)$ 单调递减，则 $f(x)<f(0)=0$，即 $\frac{x}{2}<\ln(1+x)$，$x\in(0,1)$，则 $I_1<I_2$.

再比较 $I_3,I_2$ 大小.因

$$\ln(1+x)<x,\ \frac{1+\sin x}{2}<1+\cos x,\ x\in(0,1),$$

则
$$\frac{\ln(1+x)}{1+\cos x}<\frac{x}{\frac{1+\sin x}{2}},$$从而 $I_3>I_2$.

**例 25**　(**2022 年，数三**) 计算 $\int_0^2\frac{2x-4}{x^2+2x+4}dx$.

**解**　$$\int_0^2\frac{2x-4}{x^2+2x+4}dx=\int_0^2\frac{2x+2}{x^2+2x+4}dx-6\int_0^2\frac{1}{x^2+2x+4}dx$$

$$=\int_0^2 \frac{\mathrm{d}(x^2+2x+4)}{x^2+2x+4}-6\int_0^2 \frac{1}{3+(x+1)^2}\mathrm{d}x$$

$$=\ln(x^2+2x+4)\Big|_0^2-2\sqrt{3}\int_0^2 \frac{1}{1+\left(\frac{x+1}{\sqrt{3}}\right)^2}\mathrm{d}\left(\frac{x+1}{\sqrt{3}}\right)$$

$$=\ln3-2\sqrt{3}\left(\arctan\frac{3}{\sqrt{3}}-\arctan\frac{\sqrt{3}}{3}\right)=\ln3-\frac{\sqrt{3}}{3}\pi.$$

**例 26** （**2023 年，数二**）设连续函数 $f(x)$ 满足：$f(x+2)-f(x)=x$，$\int_0^2 f(x)\mathrm{d}x=0$，则 $\int_1^3 f(x)\mathrm{d}x=$________.

**解** 
$$\int_1^3 f(x)\mathrm{d}x=\int_1^2 f(x)\mathrm{d}x+\int_2^3 f(x)\mathrm{d}x=\int_1^2 f(x)\mathrm{d}x+\int_0^1 f(x+2)\mathrm{d}x$$

$$=\int_1^2 f(x)\mathrm{d}x+\int_0^1 [f(x)+x]\mathrm{d}x$$

$$=\int_1^2 f(x)\mathrm{d}x+\int_0^1 f(x)\mathrm{d}x+\int_0^1 x\,\mathrm{d}x$$

$$=\int_0^2 f(x)\mathrm{d}x+\int_0^1 x\,\mathrm{d}x=0+\frac{1}{2}=\frac{1}{2}.$$

故答案为$\frac{1}{2}$.

**例 27** （**2027 年，数二、三**）已知平面区域 $D=\left\{(x,y)\mid 0\leqslant y\leqslant\frac{1}{x\sqrt{1+x^2}},x\geqslant1\right\}$，

(Ⅰ) 求 $D$ 的面积；(Ⅱ) 求 $D$ 绕 $x$ 轴旋转所成旋转体的体积.

**解** (Ⅰ) 由题设条件可知

$$S=\int_1^{+\infty}\frac{1}{x\sqrt{1+x^2}}\mathrm{d}x=\int_1^{+\infty}\frac{1}{x^2\sqrt{1+x^2}}\mathrm{d}x\xlongequal{\sqrt{1+x^2}=t}\int_{\sqrt{2}}^{+\infty}\frac{t}{(t^2-1)}\mathrm{d}t$$

$$=\frac{1}{2}\ln\frac{t-1}{t+1}\Big|_{\sqrt{2}}^{+\infty}=\ln(\sqrt{2}+1).$$

(Ⅱ) 旋转体体积

$$V=\int_1^{+\infty}\pi y^2\mathrm{d}x=\pi\int_1^{+\infty}\frac{1}{x^2(1+x^2)}\mathrm{d}x$$

$$=\pi\int_1^{+\infty}\left[\frac{1}{x^2}-\frac{1}{1+x^2}\right]\mathrm{d}x=\pi\left(1-\frac{\pi}{4}\right).$$

**例 28** （**2024 年，数三**）当 $x\to0$ 时，$\int_0^x \frac{(1+t^2)\sin t^2}{1+\cos^2 t}\mathrm{d}t$ 与 $x^k$ 是同阶无穷小，则 $k=$________.

**解** $x\to0$ 时，

$$\lim_{x\to0}\frac{\int_0^x \frac{(1+t^2)\sin t^2}{1+\cos^2 t}\mathrm{d}t}{x^k}=\lim_{x\to0}\frac{\frac{(1+x^2)\sin x^2}{1+\cos^2 x}}{kx^{k-1}}=\frac{1}{2k}\lim_{x\to0}\frac{x^2}{x^{k-1}},$$

所以 $k-1=2$，故 $k=3$.

**例 29** （**2024 年，数三**）$\int_2^{+\infty}\frac{5}{x^4+3x^2-4}\mathrm{d}x=$________.

**解** 因为$\frac{5}{x^4+3x^2-4}=\frac{5}{(x^2+4)(x^2-1)}=\frac{1}{x^2+4}-\frac{1}{x^2-1}$，所以

$$\int_2^{+\infty}\frac{5}{x^4+3x^2-4}\mathrm{d}x=\int_2^{+\infty}\left(\frac{1}{x^2+4}-\frac{1}{x^2-1}\right)\mathrm{d}x=\left(\frac{1}{2}\ln\left|\frac{x-1}{x+1}\right|-\frac{1}{2}\arctan\frac{x}{2}\right)\Big|_2^{+\infty}$$

$$=-\frac{\pi}{4}-\left(\frac{1}{2}\ln3-\frac{\pi}{8}\right)=\frac{1}{2}\ln3-\frac{\pi}{8}.$$

## 数学星空　光辉典范：数学家与数学家精神

### 数学家简介[5]

# 总练习　5

1. 求下列极限：

(1) $\lim\limits_{x\to1}\frac{1}{x-1}\int_1^x \mathrm{e}^{\frac{1}{t}}\mathrm{d}t$；　(2) $\lim\limits_{x\to+\infty}\frac{\int_0^x f(t)\mathrm{d}t}{\sqrt{x^2+1}}$，其中 $f(x)$ 连续，且 $\lim\limits_{t\to+\infty}f(t)=1$；

(3) $\lim\limits_{x\to0}\frac{\left(\int_0^x \mathrm{e}^{t^2}\mathrm{d}t\right)^2}{\int_0^x t\mathrm{e}^{2t^2}\mathrm{d}t}$；　(4) $\lim\limits_{n\to\infty}\int_n^{n+p}\frac{\sin x}{x}\mathrm{d}x$ $(p\in\mathbf{R})$.

2. 设 $f(x)$ 在$[0,a](a>0)$ 上有连续的导数，且 $f(0)=0$，证明

$$\left|\int_0^a f(x)\mathrm{d}x\right|\leqslant\frac{Ma^2}{2}，其中 M=\max\{|f'(x)|\,|0\leqslant x\leqslant a\}.$$

3. 求函数 $F(x)=\int_0^x t(t-4)\mathrm{d}t$ 在$[-1,5]$上的最值.

4. 设 $f(x)=x^2-x\int_0^2 f(x)\mathrm{d}x+2\int_0^1 f(x)\mathrm{d}x$，求 $f(x)$ 的表达式.

5. 求下列定积分：

(1) $\int_{-1}^1\left(x+\sqrt{1-x^2}\right)^2\mathrm{d}x$；　(2) $\int_0^1 x^5\ln^3 x\,\mathrm{d}x$；

(3) $\int_0^{\frac{\pi}{2}}\frac{x+\sin x}{1+\cos x}\mathrm{d}x$；　(4) $\int_{-2}^4\left(x^2-3|x|+\frac{1}{|x|+1}\right)\mathrm{d}x$.

6. 已知$\int_0^{+\infty}\frac{\sin x}{x}dx=\frac{\pi}{2}$，试求广义积分$\int_0^{+\infty}\frac{\sin^2 x}{x^2}dx$.

7. 求 $c$ 的值，使 $\lim\limits_{x\to+\infty}\left(\frac{x+c}{x-c}\right)^x=\int_{-\infty}^{c}te^{2t}dt$.

8. 设由曲线 $y=1-x^2(0\leqslant x\leqslant 1)$ 与 $x$，$y$ 轴所围成的区域，被曲线 $y=ax^2(a>0)$ 分为面积相等的两部分，试求 $a$ 的值.

9. 证明下列各题：

(1) 设 $f(x)$ 在$[a,b]$上连续，且 $f(x)>0$，则

$$\int_a^b f(x)dx\cdot\int_a^b\frac{1}{f(x)}dx\geqslant(b-a)^2;$$

(2) 设 $f(x)$ 连续，则

$$\int_0^x f(t)(x-t)dt=\int_0^x\left[\int_0^t f(u)du\right]dt;$$

(3) 设 $f(x)$ 在$[a,b]$上连续，且 $f(x)>0$，

$$F(x)=\int_a^x f(t)dt+\int_b^x\frac{1}{f(t)}dt,\quad x\in[a,b],$$

则 ①$F'(x)\geqslant 2$；②方程 $F(x)=0$ 在$(a,b)$内有且仅有一个实根.

10. 设$f''(x)$连续，证明$\int_0^1 f(x)dx=\frac{1}{2}\left[f(0)+f(1)-\int_0^1 x(1-x)f''(x)dx\right]$.

11. 设直线 $y=ax$ 与抛物线 $y=x^2$ 所围成图形的面积为 $S_1$，它们与直线 $x=1$ 所围成图形的面积 $S_2$，并设 $a<1$.

(1) 试确定 $a$ 的值，使 $S_1+S_2$ 达到最小，并求出此时的最小值；

(2) 求该最小值所对应的平面图形绕 $x$ 轴旋转一周所得旋转体的体积.

12. 某产品的总成本的变化率即边际成本为 $C'(q)=1$(万元/百台)，边际收益 $R'(q)=5-q$(万元/百台).

(1) 求产量 $q$ 为多少时，利润最大.

(2) 在上述产量(利润最大时)的基础上，再生产 100 台，利润将减少多少？

# 目标自测题 5

## 一、填空题

1. $\int_0^1\sqrt{2x-x^2}\,dx=$________.

2. $\int_e^{+\infty}\frac{dx}{x\ln^2 x}=$________.

3. $\int_{-\frac{\pi}{2}}^{\frac{\pi}{2}}(x^3+\sin^2 x)\cos^2 x\,dx=$________.

4. $\lim\limits_{n\to\infty}\frac{1}{n}\left(\sqrt{1+\cos\frac{\pi}{n}}+\sqrt{1+\cos\frac{2\pi}{n}}+\cdots+\sqrt{1+\cos\frac{n\pi}{n}}\right)$________.

5. 设$\frac{d}{dx}\int_0^{e^{-x}}f(t)dt=e^x$，则 $f(x)=$________.

## 二、选择题

1. 函数 $f(x)$ 连续，则下列函数中，必为偶函数的是(　　).

A. $\int_0^x f(t^2)\mathrm{d}t$　　B. $\int_0^x f^2(t)\mathrm{d}t$

C. $\int_0^x t[f(t)-f(-t)]\mathrm{d}t$　　D. $\int_0^x t[f(t)+f(-t)]\mathrm{d}t$

2. $\lim\limits_{n\to\infty}\ln\sqrt[n]{\left(1+\frac{1}{n}\right)^2\left(1+\frac{2}{n}\right)^2\cdots\left(1+\frac{n}{n}\right)^2}$ 等于(　　).

A. $\int_1^2 \ln^2 x\,\mathrm{d}x$　　B. $2\int_1^2 \ln x\,\mathrm{d}x$　　C. $2\int_1^2 \ln(1+x)\mathrm{d}x$　　D. $\int_1^2 \ln^2(1+x)\mathrm{d}x$

3. 设 $I_1=\int_0^{\frac{\pi}{4}}\frac{\tan x}{x}\mathrm{d}x$，$I_2=\int_0^{\frac{\pi}{4}}\frac{x}{\tan x}\mathrm{d}x$，则以下不等式成立的为(　　).

A. $I_1>I_2>1$　　B. $1>I_1>I_2$　　C. $I_2>I_1>1$　　D. $1>I_2>I_1$

4. 下列广义积分中发散的是(　　).

A. $\int_{-1}^1\frac{\mathrm{d}x}{\sin x}$　　B. $\int_{-1}^1\frac{\mathrm{d}x}{\sqrt{1-x^2}}$　　C. $\int_0^{+\infty}\mathrm{e}^{-x^2}\mathrm{d}x$　　D. $\int_2^{+}\frac{\mathrm{d}x}{x\ln^2 x}$

5. 设 $y=f(x)$ 连续，则曲线 $y=f(x)$，$x=a$，$x=b$ 及 $x$ 轴所围成的图形的面积为(　　).

A. $\int_a^b f(x)\mathrm{d}x$　　B. $-\int_a^b f(x)\mathrm{d}x$　　C. $\int_a^b |f(x)|\mathrm{d}x$　　D. $\left|\int_a^b f(x)\mathrm{d}x\right|$

## 三、计算证明题

1. 已知 $\lim\limits_{x\to\infty}\left(\frac{x-a}{x+a}\right)^x=\int_a^{+\infty}4x^2\mathrm{e}^{-2x}\mathrm{d}x$，求常数 $a$ 的值.

2. 设 $f(x)=\begin{cases}2^x+1, & -1\leqslant x<0\\ \sqrt{1-x}, & 0\leqslant x\leqslant 1\end{cases}$，求积分 $\int_{-1}^1 f(x)\mathrm{d}x$ 的值.

3. 设 $f(x)=12x^2+2\int_0^1 f(x)\mathrm{d}x$，求 $f(x)$ 的表达式及 $\int_0^1 f(x)\mathrm{d}x$ 的值.

4. 求极限 $\lim\limits_{x\to 0}\frac{\int_0^{x^2}t\sin t\,\mathrm{d}t}{x^4(\mathrm{e}^{x^2}-1)}$.

5. 求极限 $\lim\limits_{h\to 0^+}\frac{1}{h}\int_{x-h}^{x+h}\cos t^2\,\mathrm{d}t\ (h>0)$.

6. 设 $f(x)=\int_1^x \mathrm{e}^{-t^2}\mathrm{d}t$，求 $\int_0^1 f(x)\mathrm{d}x$.

7. 证明 $\int_{-a}^a f(x)\mathrm{d}x=\int_0^a[f(x)+f(-x)]\mathrm{d}x$.

8. 设 $f(x)$，$g(x)$ 在区间 $[-a,a]\,(a>0)$ 上连续，$g(x)$ 为偶函数，且 $f(x)$ 满足条件 $f(x)+f(-x)=A$（$A$ 为常数）. 证明：$\int_{-a}^a f(x)g(x)\mathrm{d}x=A\int_0^a g(x)\mathrm{d}x$.

# 第6章

# 多元函数微分学

前面几章中讨论的函数都只有一个自变量,即一元函数的极限、导数、微分、积分等,这属于一元函数微积分学的范畴.但许多实际问题,往往要考虑多个变量间的关系,即一个因变量与另外多个自变量的相互依赖关系,因此就提出了多元函数以及多元函数的微分与积分问题.本章在一元函数微分学的基础上,讨论多元函数的微分法.讨论过程中,以二元函数为主要对象,但得到的概念、性质与结论一般都可以推广到二元以上的多元函数.

知识结构图

# 6.1　空间解析几何知识简介

在中学，学过平面解析几何与空间立体几何，其中平面解析几何是用方程与坐标等知识讨论平面图形的性质，空间立体几何是讨论空间几何图形的性质.那么，用方程与坐标等知识讨论空间几何图形的性质就是现在要介绍的空间解析几何的范畴.

本节仅简单介绍空间解析几何的一些基本概念，它们包括空间直角坐标系、空间两点间距离公式、空间曲面及其方程等概念，这些概念对于多元函数微积分学的学习是十分重要的.

## 6.1.1　空间直角坐标系

在中学的平面解析几何中，建立了平面直角坐标系(也称为笛卡儿二维坐标系)，并通过平面直角坐标系将平面上的点与有序数组(坐标$(x,y)$) 建立起一一对应关系，类似地，为了将空间任一点与有序数组(坐标) 建立起一一对应关系，建立了空间直角坐标系.

过空间一定点$O$，作三条相互垂直的数轴，依次为$x$轴(横轴)、$y$轴(纵轴)、$z$轴(竖轴)，统称为坐标轴，它们构成一个空间直角坐标系，如图 6-1 所示，一般地，空间直角坐标系采用右手法则，如图 6-2 所示，其坐标轴正向按如下方式确定：以右手握住子轴，弯曲四指的方向从$x$轴正向以$\frac{\pi}{2}$角度指向$y$轴的正向，则大拇指所指方向就为$z$轴的正向.

设$M$为空间一点，过$M$点作分别垂直于$x$轴、$y$轴、$z$轴的平面，这三个平面分别与$x$轴、$y$轴、$z$轴相交于$P,Q,R$三点，这三点分别称为点$M$在$x$轴、$y$轴、$z$轴上的投影，他们在$x$轴、$y$轴、$z$轴上的坐标依次为$x,y$和$z$，这样空间点$M$唯一确定了一个有序数组$(x,y,z)$，反之亦然，即任给一个有序数组$(x,y,z)$，则将$x,y,z$分别作为$x$轴、$y$轴、$z$轴各子轴上的坐标对应于唯一确定的一点$M$，如图 6-3 所示.

三个坐标轴每两个相交可以确定一个平面，称为坐标平面，显然有三个坐标平面$xOy$，$xOz$，$yOz$，这三个坐标平面正好把空间分成八个部分，每个部分称为一个卦限，如图 6-4 所示，八个卦限中，$x>0$，$y>0$，$z>0$的部分称为第I卦限，第II，III，IV卦限在$xOy$平面上方，按逆时针方向来确定，第V，VI，VII，VIII卦限在$xOy$平面下方也按逆时针方向来确定，它们依次分别在第I，II，III，IV卦限的下方.

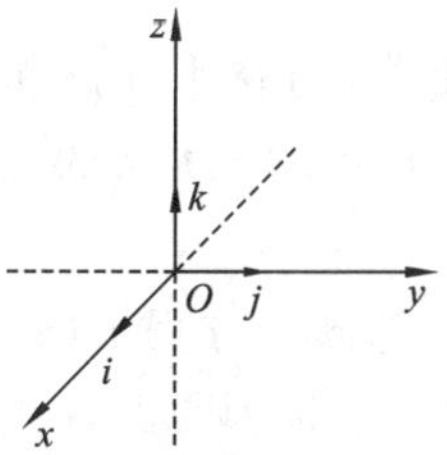


图 6-1

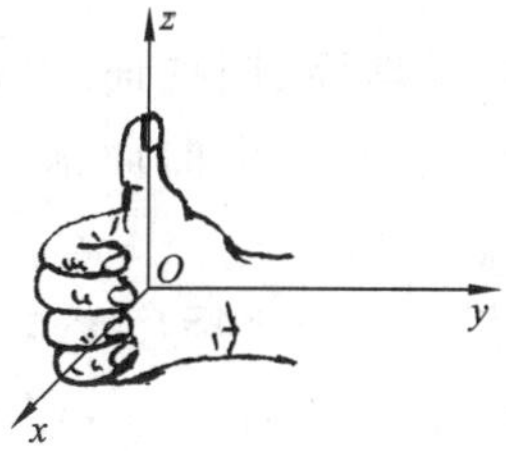


图 6-2

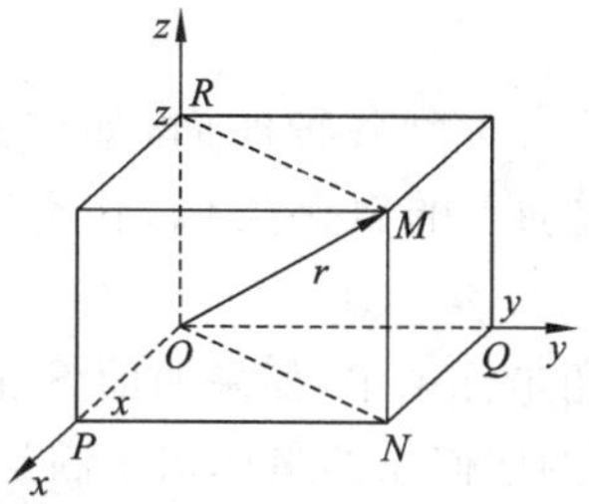


图 6-3

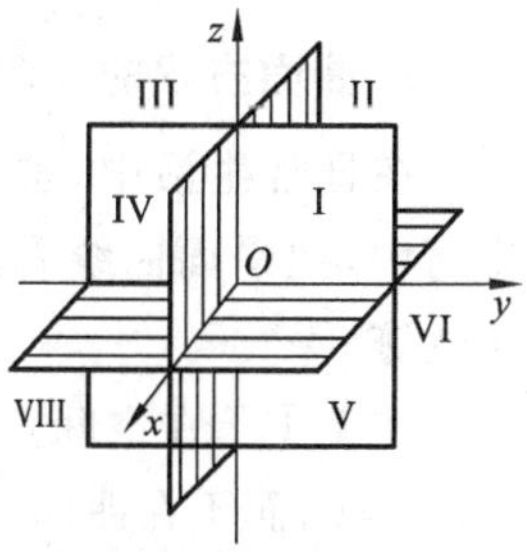


图 6-4

根据上面的讨论，可以发现坐标面和坐标轴上的点的坐标有一定的特征，如$xOy$坐标面上的点有竖坐标$z=0$，$xOz$坐标面上的点有纵坐标$y=0$，$yOz$坐标面上的点有横坐标$x=0$.再

如 $x$ 轴上的点有 $y=z=0$，坐标原点有 $x=y=z=0$ 等.

设点 $M(x,y,z)$ 为空间一点，则点 $M$ 关于坐标面 $xOy$ 的对称点为 $A(x,y,-z)$，关于 $x$ 轴的对称点为 $B(x,-y,-z)$，关于原点 $O$ 点的对称点为 $C(-x,-y,-z)$.

## 6.1.2 空间两点间的距离

已知在平面直角坐标系中，任意两点 $M_1(x_1,y_1)$，$M_2(x_2,y_2)$ 之间的距离公式为

$$d=|M_1M_2|=\sqrt{(x_1-x_2)^2+(y_1-y_2)^2}.$$

将这个公式推广到空间直角坐标系中，空间中两点 $M_1(x_1,y_1,z_1)$，$M_2(x_2,y_2,z_2)$ 之间的距离公式为

$$d=|M_1M_2|=\sqrt{(x_1-x_2)^2+(y_1-y_2)^2+(z_1-z_2)^2}.$$

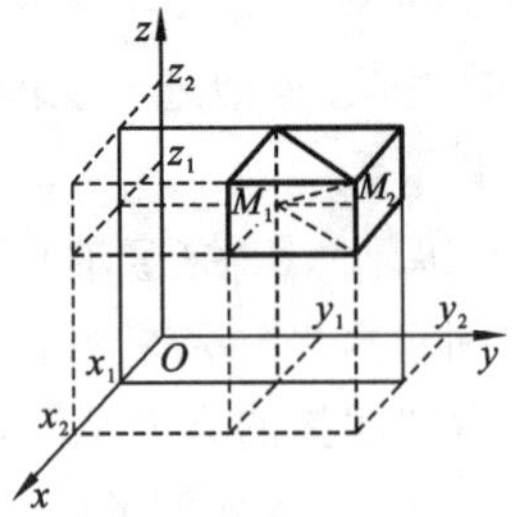

图 6-5

证明如下：过 $M_1$，$M_2$ 各作三个分别垂直于 $x$ 轴、$y$ 轴、$z$ 轴的平面，过这六个平面围成一个 $M_1M_2$ 为对角线的长方体，如图 6-5 所示，从图中可以看出长方体的各棱长的长度为 $|x_1-x_2|$，$|y_1-y_2|$，$|z_1-z_2|$，于是对角线的长度为

$$d=|M_1M_2|=\sqrt{(x_1-x_2)^2+(y_1-y_2)^2+(z_1-z_2)^2},$$

也就是空间两点 $M_1$，$M_2$ 间的距离.

由上面的公式易知空间点 $M(x,y,z)$ 到原点的距离为 $d=\sqrt{x^2+y^2+z^2}$.

**例 1** 设 $x$ 轴上一点 $P$，它到 $P_1(0,\sqrt{2},3)$ 的距离为到 $P_2(0,-1,-1)$ 的距离的两倍，求 $P$ 点的坐标.

**解** 由题意可设 $P$ 点的坐标为 $(x,0,0)$，由于

$$|PP_1|=\sqrt{x^2+11},$$
$$|PP_2|=\sqrt{x^2+2},$$
$$|PP_1|=2|PP_2|,$$

故可以解得 $x=\pm1$，即 $P$ 点的坐标为 $(1,0,0)$ 或 $(-1,0,0)$.

## 6.1.3 空间曲面及其方程

### 1. 曲面方程的概念

在日常生活中，常常会看到各种曲面，如球面、椭球面、圆柱面、锥面等，与在平面解析几何中，把平面曲线看成动点的轨迹类似，在空间解析几何中曲面都可以看成空间点的几何轨迹.

**定义 1** 在空间直角坐标系中，如果曲面 $S$ 上任一点的坐标 $(x,y,z)$ 都满足方程 $F(x,y,z)=0$，而不在曲面上的任何点的坐标都不满足方程，则方程 $F(x,y,z)=0$ 称为曲面 $S$ 的方程，而曲面 $S$ 称为方程 $F(x,y,z)=0$ 对应的曲面图形.

**例 2** 求三个坐标平面的方程.

**解** 显然，$xOy$ 平面上的点的坐标必有 $z=0$，而满足 $z=0$ 的点也必然在 $xOy$ 平面上，所以 $xOy$ 平面的方程为 $z=0$；同理 $yOz$ 平面的方程为 $x=0$；$xOz$ 平面的方程为 $y=0$.

**例 3** 求球心在 $M_0(x_0,y_0,z_0)$，半径为 $R$ 的球面的方程.

**解** 设 $M(x,y,z)$ 为球面上任一点，据题意有

$$|MM_0|=R.$$

即

$$\sqrt{(x-x_0)^2+(y-y_0)^2+(z-z_0)^2}=R.$$

所以

$$(x-x_0)^2+(y-y_0)^2+(z-z_0)^2=R^2$$

为所求的球面方程.

特殊地，当球心为原点 $O(0,0,0)$ 时，球面方程为 $x^2+y^2+z^2=R^2$.

**例 4** 方程 $x^2+y^2+z^2-4x+2y=0$ 表示怎样的曲面？

**解** 由 $x^2+y^2+z^2-4x+2y=0$ 配方得

$$(x-2)^2+(y+1)^2+z^2=(\sqrt{5})^2.$$

故原方程表示以 $(2,-1,0)$ 为球心，以 $R=\sqrt{5}$ 为半径的球面.

**2. 平面及其方程**

平面是空间中最为简单而且最重要的曲面，可以证明空间的平面方程可以用三元一次方程 $Ax+By+Cz+D=0$ 来表示，其中 $A$、$B$、$C$ 不能同时为0，反之任何一个如上三元一次方程都表示一个空间平面，故而称上式为平面的一般式方程.

一些特殊的平面方程.

(1) 平面过原点：$Ax+By+Cz=0$.

(2) 平面平行于 $z$ 轴：$Ax+By+D=0$；

平面平行于 $y$ 轴：$Ax+Cz+D=0$；

平面平行于 $x$ 轴：$By+Cz+D=0$.

(3) 平面平行于 $xOy$ 平面：$Cz+D=0$；

平面平行于 $xOz$ 平面：$By+D=0$；

平面平行于 $yOz$ 平面：$Ax+D=0$.

**例 5** 画出方程 $x+y+z=1$ 表示的平面.

**解** 由分析可以看出该平面在 $x$ 轴、$y$ 轴、$z$ 轴上的截距都是1，即过点 $(1,0,0)$，$(0,1,0)$ 及 $(0,0,1)$，如图 6-6 所示.

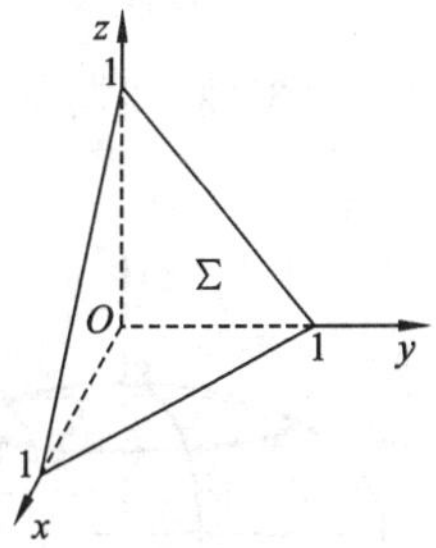

图 6-6

**3. 柱面**

**定义 2** 平行于某条确定直线 $L$ 并沿定曲线 $C$ 移动的直线所形成的曲面称为柱面，其中定曲线 $C$ 称为柱面的准线，动直线称为柱面的母线.

**例 6** 方程 $x^2+y^2=R^2$ 在空间中表示怎样的曲面？

**解** 在 $xOy$ 平面上，$x^2+y^2=R^2$ 表示圆心在原点，半径为 $R$ 的圆，在空间直角坐标系中，由于 $x^2+y^2=R^2$ 不含坐标 $z$，故对于空间一点 $(x,y,z)$，不论其竖坐标 $z$ 是什么，只要 $x$，$y$ 满足 $x^2+y^2=R^2$，则该点必在曲面上，故通过 $xOy$ 平面中圆 $x^2+y^2=R^2$ 上的一点 $M(x,y,0)$ 且平行于 $z$ 轴的直线上的点都在曲面上，因此该曲面可以看成平行于 $z$ 轴的直线 $L$ 沿着 $xOy$ 平面中圆 $x^2+y^2=R^2$ 移动而成，称此曲面为圆柱面，如图 6-7 所示.

一般的情况下，在空间解析几何中，不含 $z$ 而仅含 $x$，$y$ 的方程 $F(x,y)=0$ 表示母线 $L$ 平

行于 $z$ 轴，准线 $C$ 为 $xOy$ 平面上的曲线 $F(x,y)=0$ 的柱面方程，如图 6-8 所示.

类似地，有 $G(y,z)=0$ 表示母线平行于 $x$ 轴的柱面，

$H(x,z)=0$ 表示母线平行于 $y$ 轴的柱面.

**例 7** 方程 $x^2=2y$ 表示怎样的曲面？

**解** 方程 $x^2=2y$ 中不含竖坐标，故它表示母线平行于 $z$ 轴，准线为 $xOy$ 平面上的抛物线 $x^2=2y$ 的柱面，称其为抛物柱面，如图 6-9 所示.

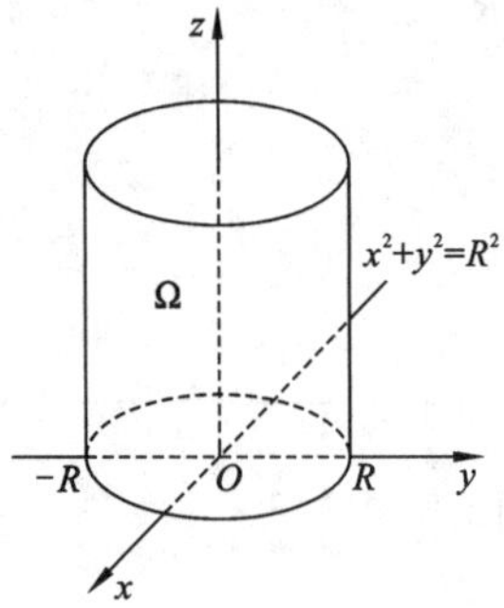


图 6-7

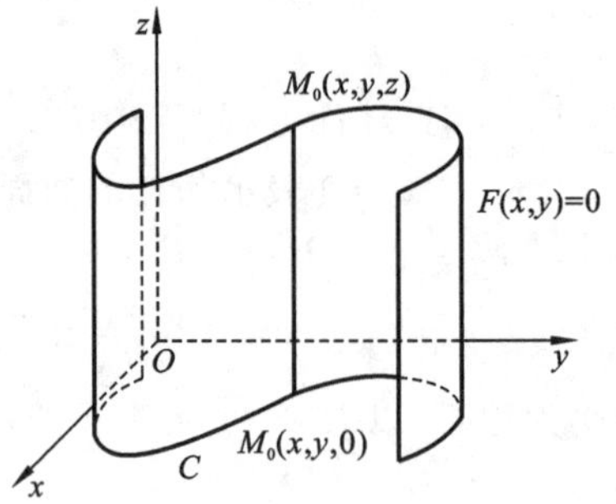


图 6-8

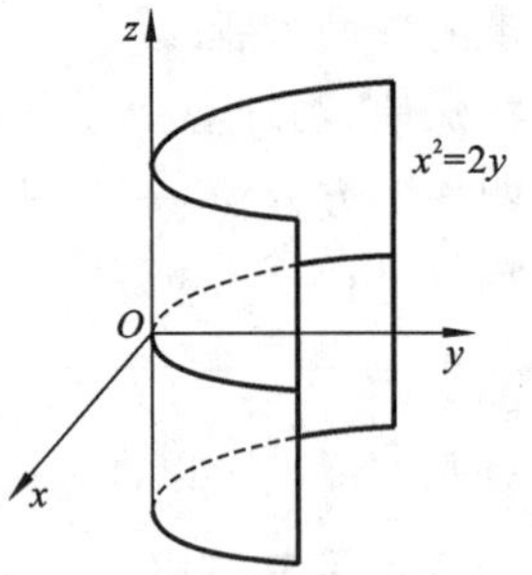


图 6-9

**4. 二次曲面**

几种常见的二次曲面如下所示.

(1) 椭球面：$\dfrac{x^2}{a^2}+\dfrac{y^2}{b^2}+\dfrac{z^2}{c^2}=1\ (a>0,b>0,c>0)$(图 6-10).

(2) 椭圆抛物面：$z=\dfrac{x^2}{2p}+\dfrac{y^2}{2q}(p>0,q>0)$(图 6-11).

(3) 双曲抛物面(马鞍面)：$z=-\dfrac{x^2}{2p}+\dfrac{y^2}{2q}(p>0,q>0)$(图 6-12).

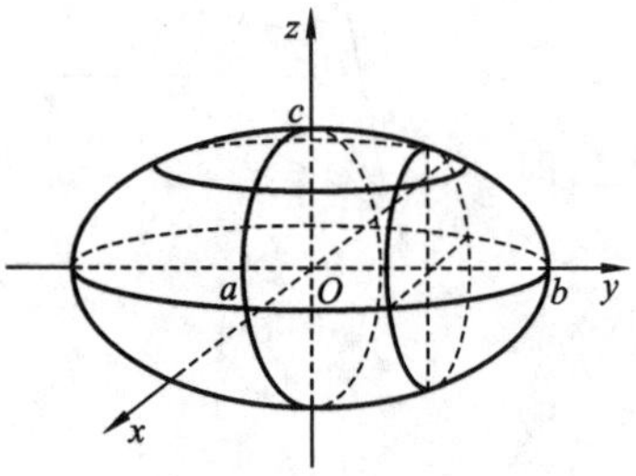


图 6-10

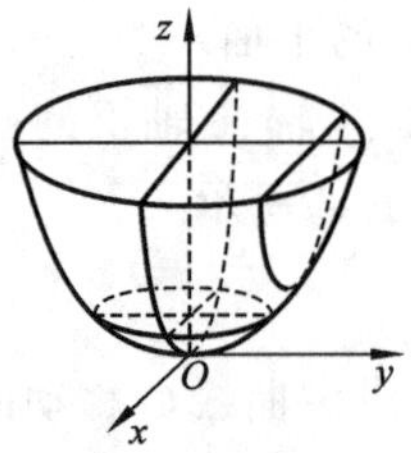


图 6-11

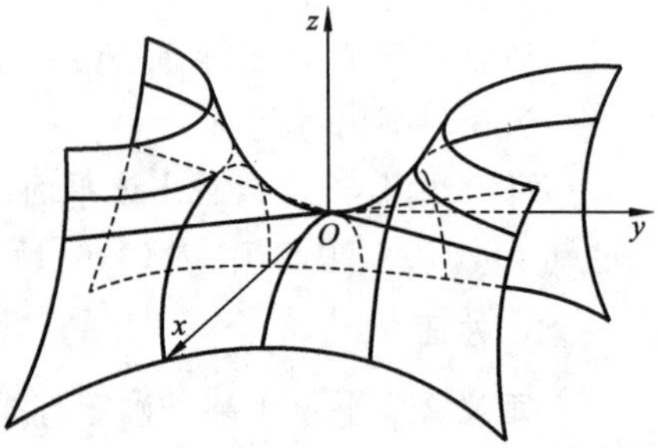


图 6-12

(4) 单叶双曲面：$\dfrac{x^2}{a^2}+\dfrac{y^2}{b^2}-\dfrac{z^2}{c^2}=1\ (a>0,b>0,c>0)$(图 6-13).

(5) 双叶双曲面：$\dfrac{x^2}{a^2}+\dfrac{y^2}{b^2}-\dfrac{z^2}{c^2}=-1\ (a>0,b>0,c>0)$(图 6-14).

(6) 锥面：$\dfrac{x^2}{a^2}+\dfrac{y^2}{b^2}-\dfrac{z^2}{c^2}=0\ (a>0,b>0,c>0)$(图 6-15).

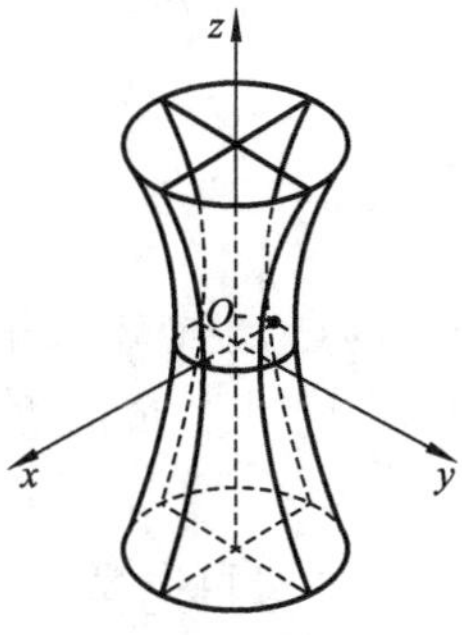

图 6-13

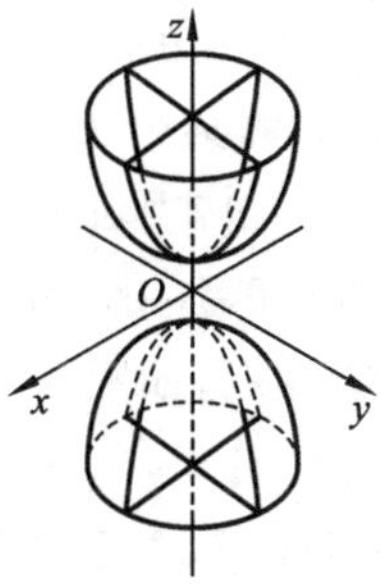

图 6-14

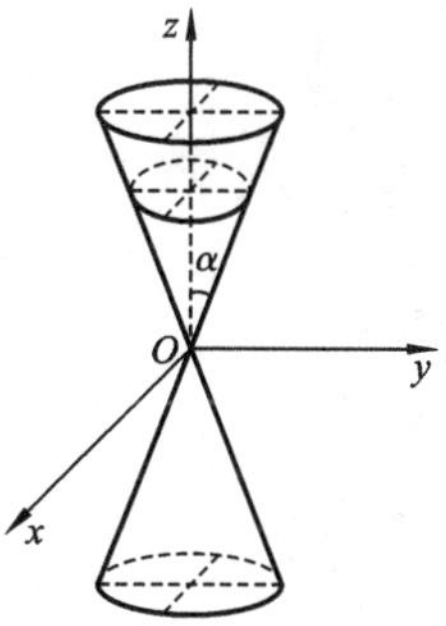

图 6-15

## 练 习 6.1

1. 在空间直角坐标系中，下列各点在哪个卦限？

$A(3,-2,4)$； $B(-4,2,-3)$； $C(-4,-3,2)$； $D(1,2,-5)$.

2. 设一动点与两定点$(2,3,1)$和$(4,5,6)$等距离，求该动点的轨迹方程.

3. 在平面解析几何中及在空间解析几何中指出下列方程表示怎样的图形.

(1) $x^2+y^2=4$； (2) $x^2-y^2=1$.

4. 确定 $k$ 的值，使得平面 $x+ky-2z=9$ 分别满足下列条件：

(1) 经过点$(5,-4,-6)$； (2) 在 $y$ 轴上的截距为 $-3$.

5. 求球面 $x^2+y^2+z^2-2x=0$ 的球心与半径.

# 6.2 多元函数的基本概念

## 6.2.1 平面区域的概念

在一元函数中，曾介绍过数轴上的邻域和区间的概念，本节要讨论多元函数，故要引入平面上的邻域及平面区域的概念.

**1. 邻域**

设 $P_0(x_0,y_0)$ 为平面直角坐标系中的一点，$\delta$ 为某一正数，在平面中与点 $P_0$ 的距离小于 $\delta$ 的点的集合称为 $P_0$ 的 $\delta$ 邻域，记为 $U(P_0,\delta)$，即

$$U(P_0,\delta)=\{P\,|\,|PP_0|<\delta\}$$
$$=\left\{(x,y)\,\middle|\,\sqrt{(x-x_0)^2+(y-y_0)^2}<\delta\right\}.$$



图 6-16

一般地，可以简记为 $U(P_0)$，其几何图形表示为以 $P_0$ 为中心，以 $\delta$ 为半径的圆的内部(图 6-16)，而将 $U(P_0)-\{P_0\}$ 称为 $P_0$ 的去心 $\delta$ 邻域，可以记为 $\mathring{U}(P_0)$.

**2. 内点，外点，边界点与聚点**

设 $E$ 是平面上的一个点集，$P$ 为平面上的一点.

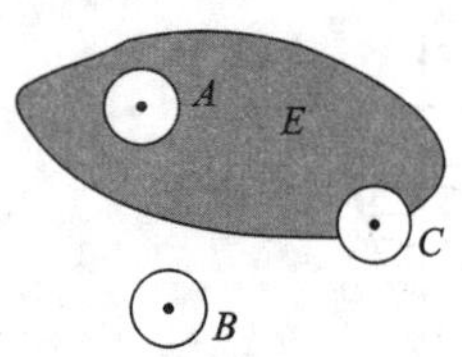

图 6-17

(1) 若存在 $P$ 的某个邻域 $U(P)$，使得 $U(P)\subset E$，则称点 $P$ 为 $E$ 的内点，如图 6-17 所示的点 $A$；

(2) 若存在 $P$ 的某个邻域 $U(P)$，使得 $U(P)\cap E=\varnothing$，则称点 $P$ 为 $E$ 的外点，如图 6-17 所示的点 $B$；

(3) 若点 $P$ 的任意一个邻域既有属于 $E$ 的点，也有不属于 $E$ 的点，则称 $P$ 为 $E$ 的边界点，如图 6-17 所示的点 $C$，同时将 $E$ 的边界点的全体称为 $E$ 的边界.

(4) 对于 $\forall\delta>0$，$P$ 点的去心邻域 $\mathring{U}(P,\delta)$ 中总有 $E$ 中的点($P$ 本身可以属于 $E$，也可以不属于 $E$)，则称 $P$ 是 $E$ 的聚点.

**3. 开集，闭集与区域**

如果点集 $E$ 的任意一点都是 $E$ 的内点，则称 $E$ 为开集.

例如

$$E=\{(x,y)\,|\,x^2+y^2<1\}.$$

如果点集 $E$ 的边界点都在 $E$ 中，则称 $E$ 为闭集.

例如

$$E=\{(x,y)\,|\,x^2+y^2\leqslant 1\}.$$

设 $E$ 为一点集，如果点集 $E$ 中的任何两点都可以用折线连接起来，且该折线上的点都属于 $E$，则称点集 $E$ 是连通的.连通的开集称为区域(或开区域)，开区域连同它的边界一起称为闭区域.

例如

$E_1=\{(x,y)\,|\,1<x^2+y^2<4\}$ 为一个开区域， $E_2=\{(x,y)\,|\,1\leqslant x^2+y^2\leqslant 4\}$ 为一个闭区域.

**4. 有界集与无界集**

对于点集 $E$ 而言，如果存在一个正数 $k$，使得对所有点 $P(x,y)\in E$，都有 $|OP|=\sqrt{x^2+y^2}\leqslant k$，则称 $E$ 为有界集，反之称为无界集.

例如

$E_1=\{(x,y)\,|\,x^2+y^2\leqslant 1\}$ 是有界集， $E_2=\{(x,y)\,|\,x^2+y^2>1\}$ 是无界集.

以上讨论都是建立在二维空间上的一些概念，显然这些概念可以逐一推广到 $n$ 维空间中，如三维空间中某点 $P_0(x_0,y_0,z_0)$ 的 $\delta$ 邻域定义为

$$\begin{aligned}U(P_0,\delta)&=\{P\,|\,|PP_0|<\delta\}\\&=\left\{(x,y,z)\,\middle|\,\sqrt{(x-x_0)^2+(y-y_0)^2+(z-z_0)^2}<\delta\right\}.\end{aligned}$$

## 6.2.2 多元函数的概念

下面以二元函数为目标来讨论，三元及三元以上的函数可以类似定义.

**定义 1** 设 $D$ 是平面 $\mathbf{R}^2$ 上的一个非空点集，如果对于 $D$ 中的任意一点 $P(x,y)$，按照某个对应法则 $f$，都有唯一确定的实数 $z$ 与之对应，则称对应法则 $f$ 为定义在 $D$ 上的**二元函数**，记为

$$z=f(x,y),\quad 或\ z=f(P).$$

其中 $x,y$ 称为**自变量**，$z$ 称为**因变量**，$D$ 称为 $f(x,y)$ 的**定义域**，记为 $D(f)=D$，函数值对应的数集 $\{z \mid z=f(P), P\in D\}$ 称为 $f(x,y)$ 的**值域**，记为 $R(f)$.

将二元及二元以上的函数统称为多元函数.

**例 1** 求二元函数 $z=f(x,y)=\sqrt{x^2+y^2-1}+\ln(4-x^2-y^2)$ 的定义域.

**解** 要使得表达式有意义，必须

$$\begin{cases} x^2+y^2-1\geqslant 0, \\ 4-x^2-y^2>0. \end{cases}$$

故定义域为

$$D(f)=\{(x,y) \mid 1\leqslant x^2+y^2<4\}.$$

**例 2** 设 $f(x+y,xy)=x^2+y^2$，求 $f(x,y)$.

**解** 由

$$f(x+y,xy)=x^2+y^2=(x+y)^2-2xy.$$

令 $x+y=s, xy=t$，则

$$f(s,t)=s^2-2t,$$

故

$$f(x,y)=x^2-2y.$$

### 6.2.3 二元函数的几何意义

已知一元函数 $y=f(x)$ 的几何意义表示二维空间中的一条曲线，那么二元函数 $z=f(x,y)$ 推广到三维空间中应表示一张曲面，而该曲面在 $xOy$ 上的投影即为 $f(x,y)$ 的定义域 $D(f)$，如图 6-18 所示.

例如，二元函数 $z=f(x,y)=\sqrt{1-x^2-y^2}$ 表示以原点为中心，以 1 为半径的上半球面，如图 6-19 所示.

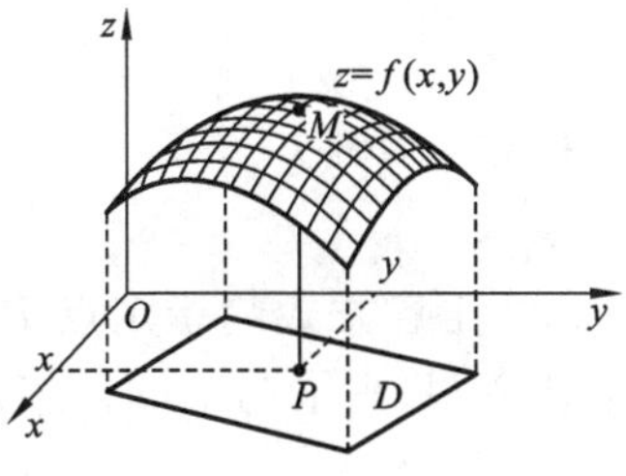


图 6-18

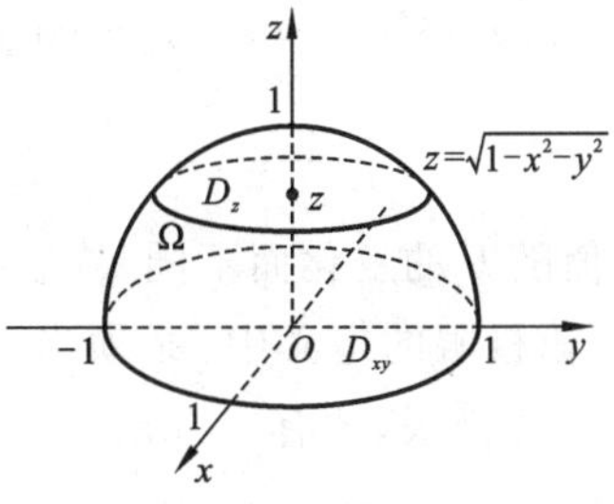


图 6-19

在一元函数中，可以讨论其单调性、奇偶性、周期性及有界性，但在多元函数中，前三个性质的定义已经不再适用，但第四个性质有界性仍然适用.

设二元函数 $z=f(x,y)$，$(x,y)\in D(f)\subset \mathbf{R}^2$，若存在正数 $M$，使得任意 $P(x,y)\in D(f)$，有 $|f(x,y)|\leqslant M$，则称 $z=f(x,y)$ 是一个有界函数，相反这样的 $M$ 不存在，则称之为无界.

例如，$z_1=f(x,y)=x^2+y^2$ 在 $\mathbf{R}^2$ 上是无界的，而 $z_2=f(x,y)=\sin(x+y)$ 在 $\mathbf{R}^2$ 上是有界的.

### 6.2.4 二元函数的极限

**定义 2** 设二元函数 $z=f(P)=f(x,y)$ 的定义域为 $D$，$P_0(x_0,y_0)$ 是 $D$ 的聚点，如果存在常数 $A$，使得对于任意的 $\varepsilon>0$，总存在 $\delta>0$，只要点 $P(x,y)\in D\cap \mathring{U}(P_0,\delta)$，就有 $|f(P)-A|=|f(x,y)-A|<\varepsilon$，则称 $A$ 为函数 $z=f(x,y)$ 当 $P(x,y)$ 趋于 $P_0(x_0,y_0)$ 时的极限.记为

$$\lim_{\substack{x\to x_0\\ y\to y_0}} f(x,y)=A,\quad \text{或}\lim_{P\to P_0} f(P)=A.$$

也可记为

$$\lim_{(x,y)\to(x_0,y_0)} f(x,y)=A,\quad \text{或 } f(x,y)\to A(\text{当}(x,y)\to(x_0,y_0)).$$

为了区别于一元函数的极限，把二元函数的极限称为二重极限，显然二重极限与一元函数的极限有某些类同的性质及运算法则，但值得注意的是，二重极限没有洛必达法则，请读者慎记.

**例 3** 求二重极限(1) $\displaystyle\lim_{(x,y)\to(0,0)}(x^2+y^2)\sin\frac{1}{x^2+y^2}$；

(2) $\displaystyle\lim_{(x,y)\to(0,0)}\frac{\sin(x^2+y^2)}{x^2+y^2}$.

**解** (1) 令 $x^2+y^2=u$，则当 $(x,y)\to(0,0)$ 时有 $u\to 0$，故

$$\lim_{(x,y)\to(0,0)}(x^2+y^2)\sin\frac{1}{x^2+y^2}=\lim_{u\to 0}u\sin\frac{1}{u}=0.$$

(2) 类似地，$\displaystyle\lim_{(x,y)\to(0,0)}\frac{\sin(x^2+y^2)}{x^2+y^2}=\lim_{u\to 0}\frac{\sin u}{u}=1.$

**例 4** 证明二重极限 $\displaystyle\lim_{(x,y)\to(0,0)}\frac{xy}{x^2+y^2}$ 不存在.

**证** 当 $(x,y)$ 沿着 $y=kx$ 趋于 $(0,0)$ 时，有

$$\lim_{(x,y)\to(0,0)}\frac{xy}{x^2+y^2}=\lim_{x\to 0}\frac{kx^2}{x^2+k^2x^2}=\frac{k}{1+k^2}.$$

显然极限值随 $k$ 的变化而不同，故极限不存在.

**注** 在二重极限的定义中，必须当动点 $P(x,y)$ 以任意方式趋于定点 $P_0(x_0,y_0)$ 时，$f(x,y)$ 都以 $A$ 为极限，才有 $\displaystyle\lim_{(x,y)\to(x_0,y_0)} f(x,y)=A$ 成立.若当 $P(x,y)$ 以不同的方式趋于 $P_0(x_0,y_0)$ 时，$f(x,y)$ 趋于不同的常数，那么就说明 $f(x,y)$ 的极限不存在.

**例 5** 求二重极限(1) $\displaystyle\lim_{(x,y)\to(0,2)}\frac{\sin xy}{x}$；(2) $\displaystyle\lim_{(x,y)\to(0,2)}(1+xy)^{\frac{1}{x}}$.

**解** (1) $\displaystyle\lim_{(x,y)\to(0,2)}\frac{\sin xy}{x}=\lim_{(x,y)\to(0,2)}\frac{\sin xy}{xy}y=1\times 2=2$；

(2) $\displaystyle\lim_{(x,y)\to(0,2)}(1+xy)^{\frac{1}{x}}=\lim_{(x,y)\to(0,2)}\left[(1+xy)^{\frac{1}{xy}}\right]^{y}=\mathrm{e}^2.$

### 6.2.5 多元函数的连续性

下面以二元函数为目标介绍多元函数的连续性及连续的多元函数的性质.

**定义 3** 设二元函数 $z=f(x,y)$ 在包含点 $P_0(x_0,y_0)$ 的平面区域 $D$ 内有定义，$P_0$ 为 $D$ 的聚点，如果

$$\lim_{(x,y)\to(x_0,y_0)} f(x,y)=f(x_0,y_0),$$

则称函数 $z=f(x,y)$ 在点 $P_0(x_0,y_0)$ 处连续，相反若上面极限等式不成立，则称 $z=f(x,y)$ 在点 $P_0(x_0,y_0)$ 处不连续，也称 $z=f(x,y)$ 在点 $P_0(x_0,y_0)$ 处间断.

若 $z=f(x,y)$ 在区域 $D$ 内每一点处都连续，则称该函数在 $D$ 内连续，显然区域 $D$ 上的连续函数表示一张连续曲面.

例如，$z=f(x,y)=\dfrac{1}{x^2+y^2-1}$ 的间断点满足 $x^2+y^2=1$，此时间断点构成一条曲线，称为函数 $f(x,y)$ 的间断线.

与一元函数类似，可以证明多元连续函数的四则运算及复合运算仍连续，同时二元函数也可类似地定义二元初等函数，并且有二元初等函数在其定义域中是连续函数，在此结论下，二元初等函数在求其定义域内某点极限时，只需计算出该点的函数值即可.

例如，

$$\lim_{(x,y)\to(0,2)}[xy+\sin(y+1)]=0\cdot 2+\sin(2+1)=\sin 3.$$

本节最后再介绍有界闭区域 $D$ 上的二元连续函数的性质，这些性质与一元连续函数在闭区间上的性质相对应，可以类似证明.

**性质 1**（最值定理） 有界闭区域 $D$ 上的二元连续函数一定存在最大值与最小值.

**性质 2**（有界性定理） 有界闭区域 $D$ 上的二元连续函数一定有界.

**性质 3**（介值定理） 有界闭区域 $D$ 上的二元连续函数必可取得介于最小值和最大值之间的任何值.

## 练 习 6.2

1. 设 $f\left(x+y,\dfrac{y}{x}\right)=x^2-y^2$，求 $f(x,y)$.

2. 求下列函数的定义域：

(1) $z=\ln(y^2-2x+1)$； (2) $z=\sqrt{x-\sqrt{y}}$；

(3) $z=\ln(1-|x|-|y|)$； (4) $z=\ln(y-x)+\dfrac{\sqrt{x}}{\sqrt{1-x^2-y^2}}$.

3. 求下列二重极限：

(1) $\displaystyle\lim_{(x,y)\to(0,0)}\frac{xy}{\sqrt{xy+1}-1}$； (2) $\displaystyle\lim_{(x,y)\to(0,0)}\frac{x^3+y^3}{x^2+y^2}$；

(3) $\displaystyle\lim_{(x,y)\to(0,0)}\left(x\sin\frac{1}{y}+y\sin\frac{1}{x}\right)$； (4) $\displaystyle\lim_{(x,y)\to(0,0)}\frac{\sin(x^2+y^2)+xy}{\sqrt{x^2+y^2}}$.

4. 证明下列极限不存在：

(1) $\displaystyle\lim_{(x,y)\to(0,0)}\frac{x+y}{x-y}$； (2) $\displaystyle\lim_{(x,y)\to(0,0)}\frac{xy}{x+y}$.

# 6.3 偏导数

典型例题讲解

## 6.3.1 偏导数的定义及其计算方法

在一元函数微分学中，已知一元函数的导数定义为函数值增量与自变量增量比值的极限，它刻画了函数对自变量的变化率，对于多元函数而言，由于自变量的个数大于等于二个，可以考虑因变量相对于其中某一个自变量的变化率，其余自变量固定不动，这就是本节要讨论的问题 —— 偏导数.

为了解释偏导数的概念，先给出多元函数因变量的增量的概念.

**1. 偏增量与全增量**

设二元函数 $z=f(x,y)$ 在点 $P_0(x_0,y_0)$ 的某个邻域内有定义，则当 $y$ 固定在 $y_0$，而 $x$ 在 $x_0$ 处有增量 $\Delta x$ 时，函数有相应的增量

$$\Delta_x z=f(x_0+\Delta x,y_0)-f(x_0,y_0),$$

称为 $z=f(x,y)$ 在 $P_0(x_0,y_0)$ 处相对于 $x$ 的偏增量.

类似地，称 $\Delta_y z=f(x_0,y_0+\Delta y)-f(x_0,y_0)$ 为 $z=f(x,y)$ 在 $P_0(x_0,y_0)$ 处相对于 $y$ 的偏增量.

若 $x$ 与 $y$ 同时变化，即

$$\Delta z=f(x_0+\Delta x,y_0+\Delta y)-f(x_0,y_0),$$

称为函数 $z=f(x,y)$ 在 $P_0(x_0,y_0)$ 处对应于自变量增量 $\Delta x,\Delta y$ 的全增量.

偏增量用于讨论偏导数，全增量用于 6.4 节讨论全微分.

**2. 偏导数的定义**

**定义 1** 设函数 $z=f(x,y)$ 在点 $P_0(x_0,y_0)$ 的某个邻域内有定义，若极限

$$\lim_{\Delta x\to 0}\frac{\Delta_x z}{\Delta x}=\lim_{\Delta x\to 0}\frac{f(x_0+\Delta x,y_0)-f(x_0,y_0)}{\Delta x}$$

存在，则称此极限为函数 $z=f(x,y)$ 在点 $P_0(x_0,y_0)$ 处对 $x$ 的偏导数，记为

$$\left.\frac{\partial z}{\partial x}\right|_{(x_0,y_0)},\quad 或\left.\frac{\partial f}{\partial x}\right|_{(x_0,y_0)},\quad 或\ f_x(x_0,y_0),\quad 或\ \left.z_x\right|_{(x_0,y_0)}.$$

类似地，函数 $z=f(x,y)$ 在点 $P_0(x_0,y_0)$ 处对 $y$ 的偏导数为

$$\lim_{\Delta y\to 0}\frac{\Delta_y z}{\Delta y}=\lim_{\Delta y\to 0}\frac{f(x_0,y_0+\Delta y)-f(x_0,y_0)}{\Delta y}.$$

记为

$$\left.\frac{\partial z}{\partial y}\right|_{(x_0,y_0)},\quad 或\left.\frac{\partial f}{\partial y}\right|_{(x_0,y_0)},\quad 或\ f_y(x_0,y_0),\quad 或\ \left.z_y\right|_{(x_0,y_0)}$$

如果函数 $z=f(x,y)$ 在区域 $D$ 内任一点 $(x,y)$ 处对 $x$ 及 $y$ 的偏导数都存在，那么这些偏导数仍然是 $x,y$ 的函数，称它们为 $f(x,y)$ 的偏导函数，记为 $\frac{\partial z}{\partial x}$，或 $\frac{\partial f}{\partial x}$，或 $f_x(x,y)$，或 $z_x$ 及 $\frac{\partial z}{\partial y}$，或 $\frac{\partial f}{\partial y}$，或 $f_y(x,y)$，或 $z_y$. 偏导函数简称为偏导数.

显然偏导数的概念可以推广到二元以上的函数.

例如,三元函数 $u=f(x,y,z)$ 在点$(x,y,z)$ 处的偏导数为

$$\frac{\partial u}{\partial x}=f_x(x,y,z)=\lim_{\Delta x\to 0}\frac{f(x+\Delta x,y,z)-f(x,y,z)}{\Delta x},$$

$$\frac{\partial u}{\partial y}=f_y(x,y,z)=\lim_{\Delta y\to 0}\frac{f(x,y+\Delta y,z)-f(x,y,z)}{\Delta y},$$

$$\frac{\partial u}{\partial z}=f_z(x,y,z)=\lim_{\Delta z\to 0}\frac{f(x,y,z+\Delta z)-f(x,y,z)}{\Delta z}.$$

由上述定义可知,在求多元函数对某一个变量的偏导数时,只需把其余的变量看成常数,对该变量求导数,其他的公式和法则与一元函数的求导公式和法则完全相同.

**例 1** 求 $z=f(x,y)=x^3+xy^2+1$ 在点$(1,1)$ 处的偏导数.

**解** 将 $y$ 看成常数,对 $x$ 求导数得

$$f_x(x,y)=3x^2+y^2.$$

典型例题讲解

故

$$f_x(1,1)=3\times 1^2+1^2=4.$$

类似地

$$f_y(x,y)=2xy,$$

故

$$f_y(1,1)=2\times 1\times 1=2.$$

**例 2** 讨论函数 $z=f(x,y)=\begin{cases}\dfrac{xy}{x^2+y^2}, & x^2+y^2\neq 0\\ 0, & x^2+y^2=0\end{cases}$

在点$(0,0)$ 处的连续性和可导性.

**解** 由 6.2 节中的例 4 知 $\lim\limits_{(x,y)\to(0,0)} f(x,y)$ 不存在,故函数在$(0,0)$ 处不连续.又

$$f_x(0,0)=\lim_{\Delta x\to 0}\frac{f(\Delta x,0)-f(0,0)}{\Delta x}=\lim_{\Delta x\to 0}\frac{0}{\Delta x}=0,$$

$$f_y(0,0)=\lim_{\Delta y\to 0}\frac{f(0,\Delta y)-f(0,0)}{\Delta y}=\lim_{\Delta y\to 0}\frac{0}{\Delta y}=0.$$

故函数在$(0,0)$ 处偏导数存在.

**注** (1) 一元函数在某点可导一定连续;(2) 多元函数在某点偏导存在并不一定连续.

## 6.3.2 偏导数的几何意义与经济意义

### 1. 几何意义

设空间曲面方程 $z=f(x,y)$,$M_0(x_0,y_0,f(x_0,y_0))$ 是其上的一点,过此点做平面 $y=y_0$ 截得一曲线

$$\begin{cases}z=f(x,y_0),\\ y=y_0.\end{cases}$$

则偏导数 $f_x(x_0,y_0)$ 表示上述曲线在点 $M_0$ 处的切线 $M_0T_x$ 对 $x$ 轴正向的斜率,如图 6-20 所示.

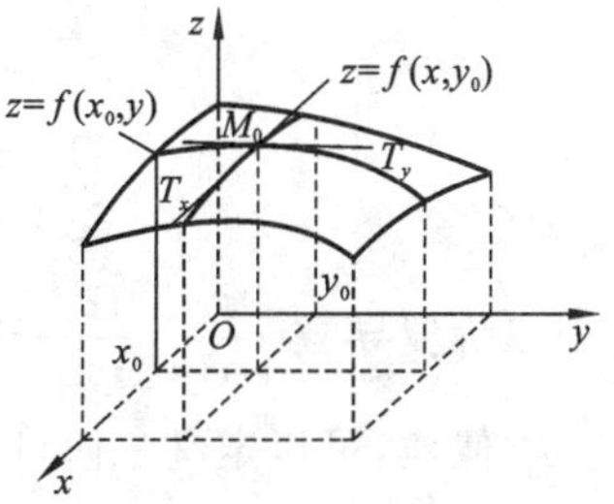

图 6-20

同理偏导数 $f_y(x_0,y_0)$ 就为曲面被平面 $x=x_0$ 所截曲线在点 $M_0$ 处的切线 $M_0T_y$ 对 $y$ 轴正向的斜率.

**2. 经济学意义(偏弹性)**

设某产品的需求量 $Q=Q(p,y)$，其中 $p$ 为价格，$y$ 为消费者收入.由

$$\Delta_p Q=Q(p+\Delta p,y)-Q(p,y),\quad \Delta_y Q=Q(p,y+\Delta y)-Q(p,y).$$

显然$\frac{\Delta_p Q}{\Delta p}$ 表示 $Q$ 在价格由 $p$ 变化到 $p+\Delta p$ 时的平均变化率.而

$$\frac{\partial Q}{\partial p}=\lim_{\Delta p\to 0}\frac{\Delta_p Q}{\Delta p}$$

表示当价格为 $p$，消费者收入为 $y$ 时，$Q$ 对 $p$ 的变化率，称

$$E_p=\lim_{\Delta p\to 0}\frac{\frac{\Delta_p Q}{Q}}{\frac{\Delta p}{p}}=\lim_{\Delta p\to 0}\frac{\Delta_p Q}{\Delta p}\frac{p}{Q}=\frac{\partial Q}{\partial p}\frac{p}{Q}$$

为需求 $Q$ 对价格 $p$ 的偏弹性.

同理称

$$E_y=\lim_{\Delta y\to 0}\frac{\frac{\Delta_y Q}{Q}}{\frac{\Delta y}{y}}=\lim_{\Delta y\to 0}\frac{\Delta_y Q}{\Delta y}\frac{y}{Q}=\frac{\partial Q}{\partial y}\frac{y}{Q}$$

为需求 $Q$ 对收入 $y$ 的偏弹性.

### 6.3.3 高阶偏导数

设函数 $z=f(x,y)$ 在区域 $D$ 内存在偏导数

$$\frac{\partial z}{\partial x}=f_x(x,y),\quad \frac{\partial z}{\partial y}=f_y(x,y),$$

则在 $D$ 内 $f_x(x,y)$ 和 $f_y(x,y)$ 仍为 $x,y$ 的函数，如果这两个偏导数仍可求偏导，则称它们的偏导数为函数 $z=f(x,y)$ 的二阶偏导数，按求导次序的不同，共有以下四种不同的二阶偏导数.

$$\frac{\partial}{\partial x}\left(\frac{\partial z}{\partial x}\right)=\frac{\partial^2 z}{\partial x^2}=f_{xx}(x,y)=\frac{\partial^2 f}{\partial x^2}=z_{xx},$$

$$\frac{\partial}{\partial y}\left(\frac{\partial z}{\partial x}\right)=\frac{\partial^2 z}{\partial x\partial y}=f_{xy}(x,y)=\frac{\partial^2 f}{\partial x\partial y}=z_{xy},$$

$$\frac{\partial}{\partial x}\left(\frac{\partial z}{\partial y}\right)=\frac{\partial^2 z}{\partial y\partial x}=f_{yx}(x,y)=\frac{\partial^2 f}{\partial y\partial x}=z_{yx},$$

$$\frac{\partial}{\partial y}\left(\frac{\partial z}{\partial y}\right)=\frac{\partial^2 z}{\partial y^2}=f_{yy}(x,y)=\frac{\partial^2 f}{\partial y^2}=z_{yy}.$$

其中二阶偏导数$\frac{\partial^2 z}{\partial x\partial y}$，$\frac{\partial^2 z}{\partial y\partial x}$ 称为 $z=f(x,y)$ 的二阶混合偏导数.

类似地，可以定义三阶、四阶及更高阶的偏导数，并且可仿此引入相应的记号，将二阶及二阶以上的偏导数统称为高阶偏导数.

**例 3** 求函数 $z=f(x,y)=x^4+3x^2y+y^3+2$ 的所有二阶偏导数.

**解**
$$\frac{\partial z}{\partial x}=4x^3+6xy,\quad \frac{\partial z}{\partial y}=3x^2+3y^2,$$
$$\frac{\partial^2 z}{\partial x^2}=12x^2+6y,\quad \frac{\partial^2 z}{\partial x\partial y}=6x,$$
$$\frac{\partial^2 z}{\partial y\partial x}=6x,\quad \frac{\partial^2 z}{\partial y^2}=6y.$$

**例 4** 设 $z=f(x,y)=\arctan\dfrac{y}{x}$.

(1) 求所有的二阶偏导数；

(2) 证明 $\dfrac{\partial^2 z}{\partial x^2}+\dfrac{\partial^2 z}{\partial y^2}=0$.

**解** (1) $$\frac{\partial z}{\partial x}=\frac{\dfrac{-y}{x^2}}{1+\left(\dfrac{y}{x}\right)^2}=\frac{-y}{x^2+y^2},\quad \frac{\partial z}{\partial y}=\frac{\dfrac{1}{x}}{1+\left(\dfrac{y}{x}\right)^2}=\frac{x}{x^2+y^2},$$
$$\frac{\partial^2 z}{\partial x^2}=\frac{-(-y)2x}{(x^2+y^2)^2}=\frac{2xy}{(x^2+y^2)^2},\quad \frac{\partial^2 z}{\partial x\partial y}=\frac{y^2-x^2}{(x^2+y^2)^2},$$
$$\frac{\partial^2 z}{\partial y\partial x}=\frac{y^2-x^2}{(x^2+y^2)^2},\quad \frac{\partial^2 z}{\partial y^2}=\frac{-2xy}{(x^2+y^2)^2}.$$

(2) 显然
$$\frac{\partial^2 z}{\partial x^2}+\frac{\partial^2 z}{\partial y^2}=0.$$

例 3 和例 4 中的两个二阶混合偏导数均相等，即
$$\frac{\partial^2 z}{\partial x\partial y}=\frac{\partial^2 z}{\partial y\partial x}.$$
这个结论不是偶然，实际上可以证明有如下定理.

**定理 1** 如果函数 $z=f(x,y)$ 的两个二阶混合偏导数 $\dfrac{\partial^2 z}{\partial x\partial y}$，$\dfrac{\partial^2 z}{\partial y\partial x}$ 在区域 $D$ 内连续，那么在该区域内二者一定相等，即
$$\frac{\partial^2 z}{\partial x\partial y}=\frac{\partial^2 z}{\partial y\partial x}.$$

证明从略.

该定理说明，二阶混合偏导数在连续的条件下与求导次序无关，这个性质还可以推广到高阶混合偏导数在偏导数连续的条件下与求导次序无关，这给混合偏导数的计算带来了很大的方便.

**例 5** 设 $r=\sqrt{x^2+y^2+z^2}$，证明：

(1) $\left(\dfrac{\partial r}{\partial x}\right)^2+\left(\dfrac{\partial r}{\partial y}\right)^2+\left(\dfrac{\partial r}{\partial z}\right)^2=1$，(2) $\dfrac{\partial^2 r}{\partial x^2}+\dfrac{\partial^2 r}{\partial y^2}+\dfrac{\partial^2 r}{\partial z^2}=\dfrac{2}{r}$.

**证** (1) 由 $\dfrac{\partial r}{\partial x}=\dfrac{2x}{2\sqrt{x^2+y^2+z^2}}=\dfrac{x}{r}$，类推

$$\frac{\partial r}{\partial y}=\frac{y}{r},\quad \frac{\partial r}{\partial z}=\frac{z}{r}.$$

故

$$\left(\frac{\partial r}{\partial x}\right)^2+\left(\frac{\partial r}{\partial y}\right)^2+\left(\frac{\partial r}{\partial z}\right)^2=\frac{x^2+y^2+z^2}{r^2}=1.$$

(2) 由 $\frac{\partial r}{\partial x}=\frac{x}{r}$ 得

$$\frac{\partial^2 r}{\partial x^2}=\frac{1}{r}-\frac{x}{r^2}\frac{\partial r}{\partial x}=\frac{r^2-x^2}{r^3}=\frac{y^2+z^2}{r^3}.$$

类推有

$$\frac{\partial^2 r}{\partial y^2}=\frac{x^2+z^2}{r^3},\quad \frac{\partial^2 r}{\partial z^2}=\frac{x^2+y^2}{r^3},$$

故

$$\frac{\partial^2 r}{\partial x^2}+\frac{\partial^2 r}{\partial y^2}+\frac{\partial^2 r}{\partial z^2}=\frac{2(x^2+y^2+z^2)}{r^3}=\frac{2}{r}.$$

**例 6** 设 $f(x,y)=x^2+y^3+(xy-x-y+1)\arctan\sqrt{\frac{x-y}{x+y}}$，求 $f_x(1,1)$ 及 $f_y(1,1)$.

**解** 由 $f_x(1,1)=[f(x,1)]'_x\Big|_{x=1}$

$$=(x^2+1)'\Big|_{x=1}=2x\Big|_{x=1}=2.$$

类似地，

$$f_y(1,1)=[f(1,y)]'_y\Big|_{y=1}$$

$$=(y^3+1)'\Big|_{y=1}=3y^2\Big|_{y=1}=3.$$

**注** 如在例 6 中先求 $f_x(x,y)$ 及 $f_y(x,y)$，再代入 $x=1,y=1$，这样计算是非常复杂的，但按上述方法，利用"**先代入，后求导，再代入**"的方法是非常简便的，这类方法请读者熟记，并活学活用.

## 练 习 6.3

1. 求下列函数的偏导数：

(1) $z=\sqrt{\ln(xy)}$；(2) $z=\ln\tan\frac{x}{y}$；(3) $z=\frac{x}{\sqrt{x^2+y^2}}$；(4) $u=x^{\frac{y}{z}}$；

(5) $z=\sin(xy)+\cos^2(xy)$；(6) $u=\ln(x^2+y^2+z^2)$.

2. 设 $z=e^{-\left(\frac{1}{x}+\frac{1}{y}\right)}$，证明 $x^2\frac{\partial z}{\partial x}+y^2\frac{\partial z}{\partial y}=2z$.

3. 设 $f(x,y)=x+(y-1)\arcsin\sqrt{\frac{x}{y}}$，求 $f_x(2,1)$.

4. 是否存在一个函数 $z=f(x,y)$，使得 $f_x(x,y)=x+4y$，$f_y(x,y)=3x-y$？

5. 求下列函数的高阶偏导数：

(1) $z=x^2ye^y$；求$\frac{\partial^2 z}{\partial x\partial y}$及$\frac{\partial^2 z}{\partial y^2}$.

(2) $z=x^{2y}$，求$\frac{\partial^2 z}{\partial x^2}$及$\frac{\partial^2 z}{\partial x\partial y}$.

6. 设 $f(x,y,z)=xy^2+yz^2+zx^2$，试求 $f_{xx}(1,0,2)$，$f_{xz}(1,0,2)$，$f_{yz}(0,-1,0)$及 $f_{zzx}(2,0,1)$.

7. 某公司某产品的生产函数为

$$p(x,y)=50x^{\frac{2}{3}}y^{\frac{1}{3}}.$$

其中 $p$ 为产品数，$x$ 为人力单位，$y$ 为资本单位.

(1) 求由 125 个人力单位和 64 个资本单位生产的产品数；

(2) 求边际生产力；

(3) 计算在 $x=125$ 和 $y=64$ 时的边际生产力.

## 6.4　全　微　分

典型例题讲解

### 6.4.1　全微分的定义

在讨论二元函数 $z=f(x,y)$ 的偏导数时，给出 $f(x,y)$ 在某点 $(x,y)$ 处的偏增量及全增量，偏增量对应讨论上一节的偏导数，全增量对应讨论本节的全微分.

**定义 1**　设函数 $z=f(x,y)$ 在点 $(x,y)$ 的某个邻域内有定义，如果该函数在点 $(x,y)$ 的全增量

$$\Delta z=f(x+\Delta x,y+\Delta y)-f(x,y)$$

可以表示为

$$\Delta z=A\Delta x+B\Delta y+o(\rho),$$

其中 $A,B$ 不依赖于 $\Delta x,\Delta y$，而仅与 $x,y$ 有关，$\rho=\sqrt{(\Delta x)^2+(\Delta y)^2}$，则称函数 $z=f(x,y)$ 在点 $(x,y)$ 处可微，而 $A\Delta x+B\Delta y$ 称为函数 $z=f(x,y)$ 在点 $(x,y)$ 处的全微分，记为 $dz$，即

$$dz=A\Delta x+B\Delta y.$$

当函数 $z=f(x,y)$ 在区域 $D$ 内各点处都可微时，称函数 $z=f(x,y)$ 在区域 $D$ 内可微.

已知对于一元函数而言，可微等价于可导，且可微推得连续，但对多元函数而言，这些关系还正确吗？下面一一讨论，首先由 6.3 节例 2 可知，多元函数在某点的偏导数存在，并不能推出在该点连续，其次给出下面的两个定理.

**定理 1** (可微的必要条件)　若函数 $z=f(x,y)$ 在点 $(x,y)$ 处可微，则

(1) $f(x,y)$ 在点 $(x,y)$ 处连续；

(2) $f(x,y)$ 在点 $(x,y)$ 处偏导数存在，且有 $A=\frac{\partial z}{\partial x}$，$B=\frac{\partial z}{\partial y}$，

即 $z=f(x,y)$ 在点 $(x,y)$ 处的全微分为

$$dz=\frac{\partial z}{\partial x}\Delta x+\frac{\partial z}{\partial y}\Delta y.$$

即

$$dz=\frac{\partial z}{\partial x}dx+\frac{\partial z}{\partial y}dy.$$

**证** (1) 由 $\Delta z=f(x+\Delta x,y+\Delta y)-f(x,y)$ 及 $f(x,y)$ 在点$(x,y)$处可微有

$$\Delta z=A\Delta x+B\Delta y+o(\rho).$$

故

$$\lim_{\rho\to 0}\Delta z=0.$$

即

$$\lim_{\rho\to 0}[f(x+\Delta x,y+\Delta y)-f(x,y)]=0.$$

即

$$\lim_{(\Delta x,\Delta y)\to(0,0)}f(x+\Delta x,y+\Delta y)=f(x,y).$$

从而 $z=f(x,y)$ 在点$(x,y)$处连续.

(2) 由 $z=f(x,y)$ 在点$(x,y)$处可微得

$$\Delta z=f(x+\Delta x,y+\Delta y)-f(x,y)=A\Delta x+B\Delta y+o(\rho).$$

令 $\Delta y=0$ 得

$$\Delta_x z=f(x+\Delta x,y)-f(x,y)=A\Delta x+o(|\Delta x|).$$

故

$$\lim_{\Delta x\to 0}\frac{\Delta_x z}{\Delta x}=\lim_{\Delta x\to 0}\frac{A\Delta x+o(|\Delta x|)}{\Delta x}=A.$$

从而有$\frac{\partial z}{\partial x}$存在,且$\frac{\partial z}{\partial x}=A$,同理可证$\frac{\partial z}{\partial y}=B$.

**定理 2** (可微的充分条件) 若函数$z=f(x,y)$的偏导数$\frac{\partial z}{\partial x},\frac{\partial z}{\partial y}$在点$(x,y)$处连续,那么函数在该点可微.

证明从略.

以上关于二元函数的全微分的定义及可微的必要条件和充分条件,都可以完全类似地推广到三元及三元以上的函数中去.

例如,三元函数 $u=f(x,y,z)$ 的全微分可表示为

$$du=\frac{\partial u}{\partial x}dx+\frac{\partial u}{\partial y}dy+\frac{\partial u}{\partial z}dz.$$

**例 1** 讨论函数
$$f(x,y)=\begin{cases}\frac{xy}{x^2+y^2}, & x^2+y^2\neq 0,\\ 0, & x^2+y^2=0\end{cases}$$
在点(0,0)处的连续性、可导性与可微性.

**解** 由 6.3 节中的例 2 可知它在(0,0)点不连续,但偏导数存在,且有

$$f_x(0,0)=0,\quad f_y(0,0)=0.$$

由于它在(0,0)点不连续,故它在(0,0)点不可微.

**注** 多元函数可导推不出可微,这和一元函数有很大的区别,请读者牢记.另外函数尤其是分段函数在某点处是否可微可以通过定义来判断.

**例 2** 求函数 $z=x^2y+\dfrac{x}{y}$ 的全微分.

**解** 由 $\dfrac{\partial z}{\partial x}=2xy+\dfrac{1}{y},\dfrac{\partial z}{\partial y}=x^2-\dfrac{x}{y^2}$,故

$$\begin{aligned}dz&=\frac{\partial z}{\partial x}dx+\frac{\partial z}{\partial y}dy\\&=\left(2xy+\frac{1}{y}\right)dx+\left(x^2-\frac{x}{y^2}\right)dy.\end{aligned}$$

**例 3** 求函数 $u=x^{y^z}$ 的全微分.

**解** 由 $\dfrac{\partial u}{\partial x}=y^z\cdot x^{y^z-1},\dfrac{\partial u}{\partial y}=zy^{z-1}\cdot x^{y^z}\ln x,\dfrac{\partial u}{\partial z}=y^z\ln y\cdot x^{y^z}\ln x$,故

$$\begin{aligned}du&=\frac{\partial u}{\partial x}dx+\frac{\partial u}{\partial y}dy+\frac{\partial u}{\partial z}dz\\&=y^z\cdot x^{y^z-1}dx+zy^{z-1}\cdot x^{y^z}\ln x\,dy+y^z\ln y\cdot x^{y^z}\ln x\,dz.\end{aligned}$$

### 6.4.2 全微分在近似计算中的应用

由二元函数全微分的定义及全微分存在的充分条件可知,当二元函数 $z=f(x,y)$ 在点 $P(x_0,y_0)$ 有连续偏导数,并且 $|\Delta x|$ 与 $|\Delta y|$ 都比较小时有以下近似式

$$\Delta z\approx dz=f_x(x_0,y_0)\Delta x+f_y(x_0,y_0)\Delta y,$$

从而

$$f(x_0+\Delta x,y_0+\Delta y)-f(x_0,y_0)\approx f_x(x_0,y_0)\Delta x+f_y(x_0,y_0)\Delta y,$$

即

$$f(x_0+\Delta x,y_0+\Delta y)\approx f(x_0,y_0)+f_x(x_0,y_0)\Delta x+f_y(x_0,y_0)\Delta y.$$

以上公式为二元函数的近似计算公式.

若令 $\Delta x=x-x_0,\Delta y=y-y_0$,则上式变为

$$f(x,y)\approx f(x_0,y_0)+f_x(x_0,y_0)(x-x_0)+f_y(x_0,y_0)(y-y_0).$$

该近似计算公式也称为函数 $f(x,y)$ 在 $(x_0,y_0)$ 处的线性化公式.

**例 4** 求 $(1.04)^{2.02}$ 的近似值.

**解** 由题意可知,令

$$f(x,y)=x^y,\quad x_0=1,\quad y_0=2,\quad \Delta x=0.04,\quad \Delta y=0.02,$$

由

$$f_x(x,y)=yx^{y-1},\quad f_y(x,y)=x^y\ln x,$$

故

$$\begin{aligned}(1.04)^{2.02}&=f(1.04,2.02)=f(1+0.04,2+0.02)\\&\approx 1^2+2\times 1^{2-1}\times 0.04+1^2\times\ln 1\times 0.02\\&=1.08.\end{aligned}$$

**例 5** 设要在高为 $H=20$ cm,半径为 $R=4$ cm 的圆柱体表面均匀地镀上一层厚度为 0.1 cm 的黄铜,问需要准备黄铜的质量大约为多少(其中黄铜的密度为 $\rho=8.5\ g/cm^3$)?

**解** 圆柱体的体积为 $V=\pi R^2H$,依题意有

$$H=20,\quad R=4,\quad \Delta R=0.1,\quad \Delta H=0.2.$$

需求 $\Delta V$,由于

$$\frac{\partial V}{\partial R}=2\pi RH,\quad \frac{\partial V}{\partial H}=\pi R^2.$$

于是

$$\Delta V\approx \mathrm{d}V=\frac{\partial V}{\partial R}\Delta R+\frac{\partial V}{\partial H}\Delta H=19.2\pi.$$

故所需黄铜的质量大约为

$$m=\Delta V\cdot\rho=19.2\pi\times 8.5=163.2\pi\ \mathrm{g}.$$

## 练　习　6.4

1. 求下列函数的全微分：

(1) $z=\sin(x\cos y)$；　(2) $u=x^{yz}$.

2. 求函数 $z=\ln(1+x^2+y^2)$ 在点(1,1) 处的全微分.

3. 设 $u=x^2+y^3+z^4+(x-1)(y-1)(z-1)\arctan\sqrt{\dfrac{xy+1}{z+1}}$，试求 $\mathrm{d}u\Big|_{(1,1,1)}$.

4. 求$\sqrt{(1.02)^3+(1.97)^3}$ 的近似值.

5. 用某种材料做个开口的长方体容器,其外形长 5 cm,宽 4 cm,高 3 cm,厚为 20 mm,求所需材料的近似值和精确值.

# 6.5　多元复合函数与隐函数的微分法

在一元函数微分学中,复合函数求导法则和隐函数的求导法则是非常重要的,当然对于多元函数,情况也是如此.

## 6.5.1　多元复合函数微分法(链式法则)

下面分几种情况讨论多元复合函数的求导法则.

**1. 复合函数的中间变量均为一元函数的情形**

**定理 1**　如果函数 $u=\varphi(t)$,$v=\psi(t)$ 都在点 $t$ 处可导,函数 $z=f(u,v)$ 在对应点 $(u,v)$ 处具有连续偏导数,则复合函数 $z=f(u,v)=f[\varphi(t),\psi(t)]$ 在点 $t$ 处可导,且有

$$\frac{\mathrm{d}z}{\mathrm{d}t}=\frac{\partial z}{\partial u}\frac{\mathrm{d}u}{\mathrm{d}t}+\frac{\partial z}{\partial v}\frac{\mathrm{d}v}{\mathrm{d}t}.$$

上式又称为全导数公式,这是由于 $z$ 最终是 $t$ 的一元函数.

该定理可以推广到中间变量多于两个的情形,如设

$$z=f(u,v,\omega),\quad u=\varphi(t),\quad v=\psi(t),\quad w=\omega(t),$$

复合而成函数

$$z=f(u,v,\omega)=f[\varphi(t),\psi(t),\omega(t)],$$

则

$$\frac{\mathrm{d}z}{\mathrm{d}t}=\frac{\partial z}{\partial u}\frac{\mathrm{d}u}{\mathrm{d}t}+\frac{\partial z}{\partial v}\frac{\mathrm{d}v}{\mathrm{d}t}+\frac{\partial z}{\partial w}\frac{\mathrm{d}w}{\mathrm{d}t}.$$

**例 1** 设 $z=f(u,v)=e^{u+v}+uv$，其中 $u=\sin t, v=t^2$，求 $\frac{dz}{dt}$.

**解** **方法一**(代入硬算的方法).

由题设可得

$$z=f(u,v)=e^{u+v}+uv=e^{\sin t+t^2}+t^2\sin t.$$

故

$$\frac{dz}{dt}=e^{\sin t+t^2}(\cos t+2t)+2t\sin t+t^2\cos t.$$

**方法二**(利用链式法则).

由

$$\begin{aligned}\frac{dz}{dt}&=\frac{\partial z}{\partial u}\frac{du}{dt}+\frac{\partial z}{\partial v}\frac{dv}{dt}\\&=(e^{u+v}+v)\cos t+(e^{u+v}+u)2t\\&=(e^{\sin t+t^2}+t^2)\cos t+(e^{\sin t+t^2}+\sin t)2t\\&=e^{\sin t+t^2}(\cos t+2t)+2t\sin t+t^2\cos t.\end{aligned}$$

**例 2** 若可微函数 $f(x,y)$ 满足对任意的 $\lambda\in\mathbf{R}^+$ 有

$$f(\lambda x,\lambda y)=\lambda^k f(x,y),$$

则称 $f(x,y)$ 为 $k$ 次齐次函数，试证明可微的 $k$ 次齐次函数满足以下方程

$$x\frac{\partial f}{\partial x}+y\frac{\partial f}{\partial y}=kf(x,y).$$

**证** 根据题意可设 $u=\lambda x, v=\lambda y$，则

$$f(u,v)=\lambda^k f(x,y).$$

将上式两边看成 $\lambda$ 的函数，并同时求导数得

$$\frac{\partial f}{\partial u}\frac{du}{d\lambda}+\frac{\partial f}{\partial v}\frac{dv}{d\lambda}=k\lambda^{k-1}f(x,y),$$

即

$$\frac{\partial f}{\partial u}x+\frac{\partial f}{\partial v}y=k\lambda^{k-1}f(x,y),$$

上式对于任意的 $\lambda\in\mathbf{R}^+$ 都成立，特别取 $\lambda=1$，此时有 $u=x, v=y$，故

$$x\frac{\partial f}{\partial x}+y\frac{\partial f}{\partial y}=kf(x,y).$$

**2. 复合函数的中间变量为多元函数的情形**

**定理 2** 如果函数 $u=\varphi(x,y), v=\psi(x,y)$ 都在点 $(x,y)$ 处可微，函数 $z=f(u,v)$ 在对应点 $(u,v)$ 处具有连续偏导数，则复合函数 $z=f(u,v)=f[\varphi(x,y),\psi(x,y)]$ 在点 $(x,y)$ 处可微，且有

$$\frac{\partial z}{\partial x}=\frac{\partial z}{\partial u}\frac{\partial u}{\partial x}+\frac{\partial z}{\partial v}\frac{\partial v}{\partial x},\quad \frac{\partial z}{\partial y}=\frac{\partial z}{\partial u}\frac{\partial u}{\partial y}+\frac{\partial z}{\partial v}\frac{\partial v}{\partial y}.$$

类似地，定理 2 的结论可以推广到中间变量多于两个的情形，如设

$$z=f(u,v,w),\quad u=\varphi(x,y),\quad v=\psi(x,y),\quad w=\omega(x,y),$$

复合而成函数

$$z=f(u,v,w)=f[\varphi(x,y),\psi(x,y),\omega(x,y)],$$

则

$$\frac{\partial z}{\partial x}=\frac{\partial z}{\partial u}\frac{\partial u}{\partial x}+\frac{\partial z}{\partial v}\frac{\partial v}{\partial x}+\frac{\partial z}{\partial w}\frac{\partial w}{\partial x},\quad \frac{\partial z}{\partial y}=\frac{\partial z}{\partial u}\frac{\partial u}{\partial y}+\frac{\partial z}{\partial v}\frac{\partial v}{\partial y}+\frac{\partial z}{\partial w}\frac{\partial w}{\partial y}.$$

**例 3** 设 $z=u^2\ln v,u=\frac{x}{y},v=3x-2y$，求$\frac{\partial z}{\partial x}$及$\frac{\partial z}{\partial y}$.

**解**

$$\begin{aligned}\frac{\partial z}{\partial x}&=\frac{\partial z}{\partial u}\frac{\partial u}{\partial x}+\frac{\partial z}{\partial v}\frac{\partial v}{\partial x}=2u\ln v\cdot\frac{1}{y}+\frac{u^2}{v}\cdot 3\\&=\frac{2x}{y^2}\ln(3x-2y)+\frac{3x^2}{(3x-2y)y^2}.\end{aligned}$$

$$\begin{aligned}\frac{\partial z}{\partial y}&=\frac{\partial z}{\partial u}\frac{\partial u}{\partial y}+\frac{\partial z}{\partial v}\frac{\partial v}{\partial y}=2u\ln v\cdot\left(\frac{-x}{y^2}\right)+\frac{u^2}{v}\cdot(-2)\\&=\frac{-2x^2}{y^3}\ln(3x-2y)-\frac{2x^2}{(3x-2y)y^2}.\end{aligned}$$

**3. 复合函数的中间变量既有一元函数，又有多元函数的情形**

**定理 3** 设函数 $u=\varphi(x,y)$ 在点$(x,y)$处可微，函数 $v=\psi(y)$ 在 $y$ 处可导，函数 $z=f(u,v)$ 在对应点$(u,v)$处具有连续偏导数，则复合函数 $z=f(u,v)=f[\varphi(x,y),\psi(y)]$ 在点$(x,y)$处可微，且有

$$\frac{\partial z}{\partial x}=\frac{\partial z}{\partial u}\frac{\partial u}{\partial x},\quad \frac{\partial z}{\partial y}=\frac{\partial z}{\partial u}\frac{\partial u}{\partial y}+\frac{\partial z}{\partial v}\frac{\mathrm{d}v}{\mathrm{d}y}.$$

这类情形实际相当于定理中的一种特殊情形，即变量 $v$ 与 $x$ 无关，从而$\frac{\partial v}{\partial x}=0$，同时 $v=\psi(y)$ 是一元函数，故$\frac{\partial v}{\partial y}$代换成$\frac{\mathrm{d}v}{\mathrm{d}y}$.从而可以得到上述定理 3 的结论.

在情形三中常用的情况如下，复合函数的某些中间变量本身又是复合函数的自变量，例如，

$$z=f(u,v,x,y),\quad u=\varphi(x,y),\quad v=\psi(x,y),$$

则

$$\frac{\partial z}{\partial x}=\frac{\partial f}{\partial u}\frac{\partial u}{\partial x}+\frac{\partial f}{\partial v}\frac{\partial v}{\partial x}+\frac{\partial f}{\partial x},\quad \frac{\partial z}{\partial y}=\frac{\partial f}{\partial u}\frac{\partial u}{\partial y}+\frac{\partial f}{\partial v}\frac{\partial v}{\partial y}+\frac{\partial f}{\partial y}.$$

**注** 这里$\frac{\partial z}{\partial x}$与$\frac{\partial f}{\partial x}$是不同的，$\frac{\partial z}{\partial x}$是把复合函数$z=f(\varphi(x,y),\psi(x,y),x,y)$中的 $y$ 看成常数对 $x$ 求偏导数，而$\frac{\partial f}{\partial x}$是 $f(u,v,x,y)f(\varphi(x,y),\psi(x,y),x,y)$ 中的 $u,v,y$ 看成常数对 $x$ 求偏导数.

当然$\frac{\partial z}{\partial y}$与$\frac{\partial f}{\partial y}$也有类似的区别.

**例 4** 设 $z=xy+u,u=\varphi(x,y)$，$u$ 对 $x$ 及 $y$ 都可导，试求$\frac{\partial z}{\partial x},\frac{\partial^2 z}{\partial x^2},\frac{\partial^2 z}{\partial x\partial y}$.

**解**

$$\frac{\partial z}{\partial x}=y+\frac{\partial u}{\partial x}=y+\varphi_x(x,y),$$

$$\frac{\partial^2 z}{\partial x^2}=\frac{\partial}{\partial x}(y+\varphi_x(x,y))=\frac{\partial^2 u}{\partial x^2}=\varphi_{xx}(x,y),$$

$$\frac{\partial^2 z}{\partial x\partial y}=\frac{\partial}{\partial y}(y+\varphi_x(x,y))=1+\frac{\partial^2 u}{\partial x\partial y}=1+\varphi_{xy}(x,y).$$

**注** 关于偏导数的数字化问题:在多元复合函数的求导过程中,为了简便起见,常采用以下记号简化偏导数的书写形式

$$f'_1=\frac{\partial f(u,v)}{\partial u},\quad f'_2=\frac{\partial f(u,v)}{\partial v},\quad f''_{12}=\frac{\partial^2 f(u,v)}{\partial u\partial v},\cdots$$

这里的下标 1 表示 $f$ 对第一个中间变量求偏导,下标 2 表示 $f$ 对第二个中间变量求偏导,同理 $f''_{12}$ 表示先对第一个中间变量求偏导,再对第二个中间变量求偏导等.

**例 5** 设 $w=f(x+y+z,xyz)$,其中 $f$ 具有二阶连续偏导数,求$\frac{\partial w}{\partial x},\frac{\partial^2 w}{\partial x\partial z}$.

**解** 令 $u=x+y+z,v=xyz$,则 $w=f(u,v)$.故

$$\frac{\partial w}{\partial x}=\frac{\partial f}{\partial u}\frac{\partial u}{\partial x}+\frac{\partial f}{\partial v}\frac{\partial v}{\partial x}=f'_1+yzf'_2,$$

$$\begin{aligned}\frac{\partial^2 w}{\partial x\partial z}&=\frac{\partial}{\partial z}(f'_1+yzf'_2)\\&=\left(f''_{11}\cdot\frac{\partial u}{\partial z}+f''_{12}\cdot\frac{\partial v}{\partial z}\right)+\left[yf'_2+yz\left(f''_{21}\cdot\frac{\partial u}{\partial z}+f''_{22}\cdot\frac{\partial v}{\partial z}\right)\right]\\&=(f''_{11}+xyf''_{12})+[yf'_2+yz(f''_{21}+xyf''_{22})]\\&=f''_{11}+(xy+yz)f''_{12}+yf'_2+xy^2zf''_{22}.\end{aligned}$$

## 6.5.2 全微分形式的不变性

根据复合函数求偏导的链式法则,可以得到多元复合函数的全微分形式的不变性.

设函数 $z=f(u,v)$ 具有连续偏导数,则有全微分 $\mathrm{d}z=\frac{\partial z}{\partial u}\mathrm{d}u+\frac{\partial z}{\partial v}\mathrm{d}v$.如果 $u,v$ 又是 $x,y$ 的函数,即设 $u=\varphi(x,y),v=\psi(x,y)$ 具有连续偏导数,则有

$$\begin{aligned}\mathrm{d}z&=\frac{\partial z}{\partial x}\mathrm{d}x+\frac{\partial z}{\partial y}\mathrm{d}y\\&=\left(\frac{\partial z}{\partial u}\frac{\partial u}{\partial x}+\frac{\partial z}{\partial v}\frac{\partial v}{\partial x}\right)\mathrm{d}x+\left(\frac{\partial z}{\partial u}\frac{\partial u}{\partial y}+\frac{\partial z}{\partial v}\frac{\partial v}{\partial y}\right)\mathrm{d}y\\&=\frac{\partial z}{\partial u}\left(\frac{\partial u}{\partial x}\mathrm{d}x+\frac{\partial u}{\partial y}\mathrm{d}y\right)+\frac{\partial z}{\partial v}\left(\frac{\partial v}{\partial x}\mathrm{d}x+\frac{\partial v}{\partial y}\mathrm{d}y\right)\\&=\frac{\partial z}{\partial u}\mathrm{d}u+\frac{\partial z}{\partial v}\mathrm{d}v.\end{aligned}$$

由此可见,无论 $z$ 是自变量 $x,y$ 的函数,还是中间变量 $u,v$ 的函数,它的全微分形式是一样的,将这个性质称为全微分形式的不变性.在求解问题的进程中,适当的应用这些性质,会收到很好的效果.

**例 6** 利用全微分形式的不变性求函数 $u=f(x,y,z)=\frac{x}{x^2+y^2+z^2}$ 的三个偏导数.

**解** 由

$$\mathrm{d}u=\mathrm{d}\left(\frac{x}{x^2+y^2+z^2}\right)=\frac{(x^2+y^2+z^2)\mathrm{d}x-x\,\mathrm{d}(x^2+y^2+z^2)}{(x^2+y^2+z^2)^2}$$

$$=\frac{(x^2+y^2+z^2)\mathrm{d}x-x(2x\,\mathrm{d}x+2y\,\mathrm{d}y+2z\,\mathrm{d}z)}{(x^2+y^2+z^2)^2}$$

$$=\frac{(y^2+z^2-x^2)\mathrm{d}x-2xy\,\mathrm{d}y-2xz\,\mathrm{d}z}{(x^2+y^2+z^2)^2}$$

故

$$\frac{\partial u}{\partial x}=\frac{y^2+z^2-x^2}{(x^2+y^2+z^2)^2},\frac{\partial u}{\partial y}=\frac{-2xy}{(x^2+y^2+z^2)^2},\frac{\partial u}{\partial z}=\frac{-2xz}{(x^2+y^2+z^2)^2}.$$

### 6.5.3 隐函数求导公式

典型例题讲解

在一元函数微分学中，已给出了隐函数的概念及其求导方法，现在给出隐函数存在定理，并根据多元隐函数的复合求导法则来推导出隐函数的求导公式.

**隐函数存在定理 1**（一元隐函数的情形） 设函数 $F(x,y)$ 在点 $P_0(x_0,y_0)$ 的某个邻域内具有一阶连续偏导数，且 $F(x_0,y_0)=0$，$F_y(x_0,y_0)\neq 0$，则方程 $F(x,y)=0$ 在 $U(P_0)$ 内一定能唯一确定一个具有连续导数的一元函数 $y=f(x)$，它满足条件

$$y_0=f(x_0),$$

且

$$\frac{\mathrm{d}y}{\mathrm{d}x}=-\frac{F_x}{F_y}.$$

以上公式就为一元隐函数的求导公式.

定理的证明从略，下面仅对结论中的公式作简单的解释.

由 $F(x,y)=0$ 确定 $y=f(x)$，故将 $y=f(x)$ 代入 $F(x,y)=0$，得 $F(x,f(x))=0$，两边同时对 $x$ 求导得

$$F_x+F_y\cdot f'(x)=0.$$

即

$$\frac{\mathrm{d}y}{\mathrm{d}x}=f'(x)=-\frac{F_x}{F_y}.$$

**例 7** 设方程 $\mathrm{e}^{x+y}+xy=2$ 确定一元函数 $y=f(x)$，求 $\dfrac{\mathrm{d}y}{\mathrm{d}x}$.

**解** **方法一**（一元微分的方法）.

方程两边同时对 $x$ 求导，其中将 $y$ 看成是 $x$ 的函数，得

$$\mathrm{e}^{x+y}(1+y')+y+xy'=0.$$

解得

$$\frac{\mathrm{d}y}{\mathrm{d}x}=y'=\frac{-(\mathrm{e}^{x+y}+y)}{\mathrm{e}^{x+y}+x}.$$

**方法二**（利用偏导数的方法）.

令 $F(x,y)=\mathrm{e}^{x+y}+xy-2$，$F_x=\mathrm{e}^{x+y}+y$，$F_y=\mathrm{e}^{x+y}+x$.

故

$$\frac{\mathrm{d}y}{\mathrm{d}x}=-\frac{F_x}{F_y}=\frac{-(\mathrm{e}^{x+y}+y)}{\mathrm{e}^{x+y}+x}.$$

隐函数存在定理可以推广到二元及二元以上的函数.

**隐函数存在定理 2** 设函数 $F(x,y,z)$ 在点 $P_0(x_0,y_0,z_0)$ 的某个邻域内具有一阶连续偏导数,且 $F(x_0,y_0,z_0)=0$,$F_z(x_0,y_0,z_0)\neq 0$,则方程 $F(x,y,z)=0$ 在 $U(P_0)$ 内一定能唯一确定一个具有连续偏导数的二元函数 $z=f(x,y)$,它满足条件

$$z_0=f(x_0,y_0),$$

且

$$\frac{\partial z}{\partial x}=-\frac{F_x}{F_z},\quad \frac{\partial z}{\partial y}=-\frac{F_y}{F_z}.$$

这个定理的证明也从略,下面仅对结论中的两个公式作简单的解释.

由 $F(x,y,z)=0$ 确定 $z=f(x,y)$,故 $F(x,y,f(x,y))=0$,两边同时对 $x$ 求偏导数得

$$F_x+F_z\cdot\frac{\partial z}{\partial x}=0.$$

即

$$\frac{\partial z}{\partial x}=-\frac{F_x}{F_z}.$$

两边同时对 $y$ 求偏导得

$$F_y+F_z\cdot\frac{\partial z}{\partial y}=0.$$

即

$$\frac{\partial z}{\partial y}=-\frac{F_y}{F_z}.$$

**例 8** 求由方程 $\frac{x}{z}=\ln\frac{z}{y}$ 所确定的隐函数的偏导数 $\frac{\partial z}{\partial x},\frac{\partial z}{\partial y}$.

**解** 令 $F(x,y,z)=\frac{x}{z}-\ln\frac{z}{y}$,则

$$F_x=\frac{1}{z},\quad F_y=\frac{1}{y},\quad F_z=-\frac{x}{z^2}-\frac{1}{z}=-\frac{x+z}{z^2},$$

故

$$\frac{\partial z}{\partial x}=-\frac{F_x}{F_z}=\frac{z}{x+z},\quad \frac{\partial z}{\partial y}=-\frac{F_y}{F_z}=\frac{z^2}{y(x+z)}.$$

当然隐函数也可以求高阶偏导数,和一元隐函数的高阶导数的计算方法是一样的,如上面例 8.

$$\frac{\partial^2 z}{\partial x^2}=\frac{\partial}{\partial x}\left(\frac{z}{x+z}\right)=\frac{\frac{\partial z}{\partial x}(x+z)-z\left(1+\frac{\partial z}{\partial x}\right)}{(x+z)^2}=-\frac{z^2}{(x+z)^3}.$$

**注** 关于隐函数的方程组的情况,由于比较复杂,这里就不讨论了,读者若有兴趣,可以参考阅读同济大学的高等数学中的相应内容.

## 练 习 6.5

1. $z=\frac{y}{x}$,而 $x=\mathrm{e}^t$,$y=1-\mathrm{e}^{2t}$,求 $\frac{\mathrm{d}z}{\mathrm{d}t}$.

2. 设 $z=u^2+v^2$，而 $u=x+y, v=x-y$，求$\frac{\partial z}{\partial x}, \frac{\partial z}{\partial y}$.

3. 求下列函数的一阶偏导数：

(1)$z=f(x^2-y^2, e^{xy})$； (2)$u=f\left(\frac{x}{y}, \frac{y}{z}\right)$； (3)$u=f(x, xy, xyz)$.

4. 设 $z=f(2x-y, y\sin x)$，其中 $f$ 具有二阶连续偏导数，求$\frac{\partial^2 z}{\partial x \partial y}$.

5. 设 $z=\frac{y}{f(x^2-y^2)}$，其中 $f(u)$ 可导，证明：$\frac{1}{x}\frac{\partial z}{\partial x}+\frac{1}{y}\frac{\partial z}{\partial y}=\frac{z}{y^2}$.

6. 已知 $x+2y+z-2\sqrt{xyz}=0$，确定 $z=f(x, y)$，求$\frac{\partial z}{\partial x}, \frac{\partial z}{\partial y}$.

7. 已知 $2\sin(x+2y-3z)=x+2y-3z$，确定 $z=f(x, y)$，证明：$\frac{\partial z}{\partial x}+\frac{\partial z}{\partial y}=1$.

8. 已知 $x=x(y, z), y=y(x, z), z=z(x, y)$ 都是由方程 $F(x, y, z)=0$ 确定的具有连续偏导数的隐函数，证明：$\frac{\partial x}{\partial y}\cdot\frac{\partial y}{\partial z}\cdot\frac{\partial z}{\partial x}=-1$.

**提示**：由此题也可以看出$\frac{\partial z}{\partial x}$不能看成是$\partial z$ 与$\partial x$ 的商，这是与一元函数中$\frac{dy}{dx}$可以看成 $dy$ 与 $dx$ 的商是完全不同的.

## 6.6 多元函数的极值和最值

在经济科学、管理科学和许多的工程技术科学的现实问题中，会遇到大量的求多元函数的最大值或者最小值问题.与一元函数类似，多元函数的最值与其极值有密切的关系，以二元函数为目标来讨论多元函数的极值问题，当然所得结论大部分可以推广到三元及三元以上的多元函数中去.

典型例题讲解

### 6.6.1 二元函数的极值

**定义 1** 设函数 $z=f(x, y)$ 在 $P_0(x_0, y_0)\in D(f)$ 的某个邻域内有定义，若对于该邻域内异于 $P_0$ 的任何点 $P(x, y)$，都有

$$f(x, y)<f(x_0, y_0),$$

则称函数 $z=f(x, y)$ 在 $P_0(x_0, y_0)$ 处有极大值 $f(x_0, y_0)$，如果

$$f(x, y)>f(x_0, y_0),$$

则称函数 $z=f(x, y)$ 在 $P_0(x_0, y_0)$ 处有极小值 $f(x_0, y_0)$，极大值、极小值统称为极值，使得函数取得极值的点称为极值点.

**例 1** (1) 函数 $z=x^2+y^2$ 在$(0,0)$ 处取极小值 $f(0,0)=0$，当然也是最小值.

(2) 函数 $z=2-x^2-y^2$ 在$(0,0)$ 处取极大值 $f(0,0)=2$，当然也是最大值.

(3) 函数 $z=x^2-y^2$ 在$(0,0)$ 处不取极值，因为在$(0,0)$ 某个邻域内的异于$(0,0)$ 的点的函数值可以大于 0 也可以小于 0.

在一元函数微分学中，已知一元函数 $y=f(x)$ 在 $x=x_0$ 是否取得极值与它在该点的导数

$f'(x_0)$ 间有密切的关系,类似地,若二元函数 $z=f(x,y)$ 在 $(x_0,y_0)$ 点取极值,那么固定 $y=y_0$,一元函数 $z=f(x,y_0)$ 在 $x=x_0$ 点处必取得相同的极值,同理固定 $x=x_0$,则 $z=f(x_0,y)$ 在 $y=y_0$ 点处也必取得相同的极值,因此得到以下二元函数取极值的必要条件.

**定理 1**(取极值的必要条件) 设二元函数 $z=f(x,y)$ 在点 $P_0(x_0,y_0)$ 处偏导数存在,且在 $P_0(x_0,y_0)$ 处取得极值,则 $f_x(x_0,y_0)=0, f_y(x_0,y_0)=0$.

与一元函数类似,对于多元函数一阶偏导数同时为零的点称为函数的**驻点**,故据定理 1 可知,多元函数与一元函数取极值的必要条件有类似的结论:**可导的极值点必为驻点**.

在例 1 中,已知三个函数在 $(0,0)$ 点都有偏导数为零,即都是驻点,但这三个函数在 $(0,0)$ 取极值的情况是不同的,那么怎样判断一个驻点是否为极值点呢? 是极值点的时候究竟是极大值点还是极小值点呢? 下面的定理就回答了以上的问题.

**定理 2**(取极值的充分条件) 设函数 $z=f(x,y)$ 在 $P_0(x_0,y_0)$ 的某个邻域内有直到二阶的连续偏导数,又设 $(x_0,y_0)$ 为其驻点,即

$$f_x(x_0,y_0)=0,\quad f_y(x_0,y_0)=0.$$

记

$$f_{xx}(x_0,y_0)=A,\quad f_{xy}(x_0,y_0)=B,\quad f_{yy}(x_0,y_0)=C,$$

则函数 $f(x,y)$ 在 $(x_0,y_0)$ 点是否取得极值有以下判别法:

(1) 当 $AC-B^2>0$ 时,函数 $f(x,y)$ 在 $(x_0,y_0)$ 取极值,且当 $A<0$ 时,取极大值,当 $A>0$ 时取极小值;

(2) 当 $AC-B^2<0$ 时,函数 $f(x,y)$ 在 $(x_0,y_0)$ 不取极值;

(3) 当 $AC-B^2=0$ 时,函数 $f(x,y)$ 在 $(x_0,y_0)$ 可能取极值,也可能不取极值,需另作讨论.

证明从略.

据以上定理 1 和定理 2,如果函数 $z=f(x,y)$ 具有二阶连续偏导数,则求其极值有以下步骤:

第一步 先求两个一阶偏导数 $f_x(x,y)$ 及 $f_y(x,y)$,并解方程组

$$\begin{cases} f_x(x,y)=0, \\ f_y(x,y)=0 \end{cases}$$

求得 $f(x,y)$ 的一切驻点.

第二步 对于以上的驻点,求出相应的 $A,B,C$.

第三步 求出 $AC-B^2$,并根据其符号按定理 2 的结论判断 $(x_0,y_0)$ 是否为极值点,是极大值点还是极小值点.

**例 2** 求 $f(x,y)=x^3-y^3+3x^2+3y^2-9x$ 的极值.

**解** 先解方程组

$$\begin{cases} f_x(x,y)=3x^2+6x-9=0, \\ f_y(x,y)=-3y^2+6y=0 \end{cases}$$

得驻点

$$(1,0),\quad (1,2),\quad (-3,0),\quad (-3,2),$$

再求二阶偏导数

$$f_{xx}(x,y)=6x+6,\quad f_{xy}(x,y)=0,\quad f_{yy}(x,y)=-6y+6.$$

在(1,0) 处，$A=12,B=0,C=6$，从而 $AC-B^2=72>0$，又 $A=12>0$，故函数在(1,0) 处取极小值 $f(1,0)=-5$.

在(1,2) 及(−3,0) 处，可以计算 $AC-B^2<0$，故不取极值.

在(−3,2) 处 $A=-12,B=0,C=-6$，且 $AC-B^2=72>0$，又 $A=-12<0$，故函数在(−3,2) 处取极大值 $f(-3,2)=31$.

在一元函数极值的讨论中，已知函数的极值有可能在驻点处取得，也可能在导数不存在的点处取得，同样多元函数也有类似的结果，如 $z=\sqrt{x^2+y^2}$ 在(0,0) 处取极小值，但可以证明该函数在(0,0) 点处的偏导数不存在，故在求多元函数极值时，既要考虑驻点，也要考虑那些偏导数不存在的有定义点.

### 6.6.2 多元函数的最大值与最小值

在一元函数微分学中，讨论一元函数的最值时需要考虑一元函数的极值及一元函数在区间端点处的函数值.二元函数有着类似的规则.首先需要考虑函数的极值，再由 6.2 节的讨论可知，如果 $f(x,y)$ 在有界闭区域 $D$ 上连续，则 $f(x,y)$ 在 $D$ 上一定可以取得最大值和最小值，这种使函数取得最值的点，既可能在 $D$ 的内部，也可能在 $D$ 的边界上，因此只需求出 $f(x,y)$ 在各驻点处和不可偏导点处的函数值及在边界上的最值，然后加以总体比较.

假定函数 $z=f(x,y)$ 在 $D$ 上连续，且驻点只有有限个，则求函数 $f(x,y)$ 最值的规则如下.

(1) 先求出 $f(x,y)$ 在 $D$ 中的所有驻点及不可导的点；

(2) 求出 $f(x,y)$ 在 $D$ 的边界上的最大值和最小值；

(3) 将上面所得函数值作比较，其中最大的即为最大值，最小的即为最小值.

在通常的实际问题的求解中，如果根据问题的性质，可以判断函数 $f(x,y)$ 的最大值(最小值)一定在 $D$ 的内部取得，而函数 $f(x,y)$ 在 $D$ 内只有唯一驻点，则可以肯定该驻点处的函数值就是函数 $f(x,y)$ 在 $D$ 上的最大值(最小值).

最后指出的是，在求 $D$ 的边界上的 $f(x,y)$ 的最值时，往往过程相当复杂，常用的方法是代换法及下面要讲的拉格朗日乘数法.

**例 3** 某工厂生产甲、乙两种型号的产品，甲产品的售价是每件 1 000 元，乙产品的售价是每件 900 元，若生产 $x$ 件甲产品与 $y$ 件乙产品的总成本为 $4\,000+200x+300y+3x^2+xy+3y^2$ 元，求甲、乙产品各生产多少件时，该工厂的利润最大？

**解** 设 $L(x,y)$ 为生产 $x$ 件甲产品与 $y$ 件乙产品所获得的总利润，则

$$L(x,y)=1\,000x+900y-(4\,000+200x+300y+3x^2+xy+3y^2).$$

令

$$\begin{cases}L_x(x,y)=-6x-y+800=0,\\L_y(x,y)=-x-6y+600=0,\end{cases}$$

解方程组得

$$x=120,\quad y=80.$$

由于 $A=L_{xx}=-6,B=L_{xy}=-1,C=L_{yy}=-6$，故

$$AC-B^2=35>0,\quad 且\ A<0.$$

故 $L(x,y)$ 在唯一驻点(120,80) 处取得极大值，当然也是最大值，故当生产 120 件甲产品和 80

件乙产品时,利润最大.

### 6.6.3 条件极值与拉格朗日乘数法

上面所讨论的函数的极值问题,对于函数的自变量除限制在其定义域内以外,并无其他条件,这类极值称为无条件(无约束)极值,但在实际问题中,常常遇到对函数的自变量还有附加条件的极值问题,称这种对自变量有附加条件的极值为条件极值(约束极值),下面介绍这种条件极值的计算方法 —— 拉格朗日乘数法.

**拉格朗日乘数法** 设二元函数 $f(x,y)$ 与 $\varphi(x,y)$ 在所考察的目标区域内有一阶连续偏导数,则求 $f(x,y)$ 在条件 $\varphi(x,y)=0$ 下的极值问题,可以转化为求拉格朗日函数

$$L(x,y,\lambda)=f(x,y)+\lambda\varphi(x,y)$$

(其中 $\lambda$ 是某一常数参数)的无条件极值问题.

这个方法的证明从略.

故利用拉格朗日乘数法求一个二元函数 $f(x,y)$ 在一个约束条件 $\varphi(x,y)=0$ 下的极值的基本步骤如下:

(1) 构造拉格朗日函数:$L(x,y,\lambda)=f(x,y)+\lambda\varphi(x,y)$;

(2) 解方程组

$$\begin{cases}L_x=f_x(x,y)+\lambda\varphi_x(x,y)=0,\\ L_y=f_y(x,y)+\lambda\varphi_y(x,y)=0,\\ L_\lambda=\varphi(x,y)=0\end{cases}$$

得$(x_0,y_0)$就是所求问题的极值点,但该点是极大值点还是极小值点,需再分析.

拉格朗日乘数法可以推广到目标函数为三元及三元以上的函数的条件极值的情况.

例如,求三元函数 $f(x,y,z)$ 在一个约束条件 $\varphi(x,y,z)=0$ 下的极值.

令 $L(x,y,z,\lambda)=f(x,y,z)+\lambda\varphi(x,y,z)$,解方程组

$$\begin{cases}L_x=f_x(x,y,z)+\lambda\varphi_x(x,y,z)=0,\\ L_y=f_y(x,y,z)+\lambda\varphi_y(x,y,z)=0,\\ L_z=f_z(x,y,z)+\lambda\varphi_z(x,y,z)=0,\\ L_\lambda=\varphi(x,y,z)=0\end{cases}$$

得 $f(x,y,z)$ 在 $\varphi(x,y,z)=0$ 条件下的可能极值点$(x_0,y_0,z_0)$.

再如求三元函数 $f(x,y,z)$ 在两个约束条件 $\varphi(x,y,z)=0,\psi(x,y,z)=0$ 下的极值.

令 $L(x,y,z,\lambda,\mu)=f(x,y,z)+\lambda\varphi(x,y,z)+\mu\psi(x,y,z)$,解方程组

$$\begin{cases}L_x=f_x(x,y,z)+\lambda\varphi_x(x,y,z)+\mu\psi_x(x,y,z)=0,\\ L_y=f_y(x,y,z)+\lambda\varphi_y(x,y,z)+\mu\psi_y(x,y,z)=0,\\ L_z=f_z(x,y,z)+\lambda\varphi_z(x,y,z)+\mu\psi_z(x,y,z)=0,\\ L_\lambda=\varphi(x,y,z)=0,\\ L_\mu=\psi(x,y,z)=0\end{cases}$$

得 $f(x,y,z)$ 在 $\varphi(x,y,z)=0,\psi(x,y,z)=0$ 条件下的可能极值点$(x_0,y_0,z_0)$.

**注** 据分析可以发现,$n$ 元函数可以求在最多有 $n-1$ 个约束条件下的极值,方法是完全类似的.

**例 4** 试求表面积 $S=6$ 为定值的长方体的最大体积.

**解** 据题意可设长方体的长、宽、高分别为 $x,y,z$，显然 $x>0,y>0,z>0$，即求 $V=xyz$ 在约束条件 $2(xy+xz+yz)=6$ 下的极大值.

令 $L(x,y,z,\lambda)=xyz+\lambda(xy+xz+yz-3)$，解方程组

$$\begin{cases}L_x=yz+\lambda(y+z)=0,\\L_y=xz+\lambda(x+z)=0,\\L_z=xy+\lambda(x+y)=0,\\L_\lambda=xy+xz+yz-3=0\end{cases}$$

得 $x=y=z=1$，即当长、宽、高都为 1 时有最大体积为 $V=1$.

**注** 由例 4 可知，表面积为定值的长方体中，正方体有最大体积.

## 练　习　6.6

1. 求下列函数的极值：

(1) $f(x,y)=x^3+y^3-3xy$；(2) $f(x,y)=(x^2+y^2)^2-2(x^2-y^2)$.

2. 求下列函数的条件极值：

(1) $f(x,y)=xy$ 在条件 $x+y=1$ 下的极值；

(2) $f(x,y,z)=2(xy+xz+yz)$ 在条件 $xyz=1$ 下的极值.

3. 求由方程 $x^2+y^2+z^2-2x+2y-4z-10=0$ 所确定的隐函数 $z=f(x,y)$ 的极值.

4. 求函数 $z=x^2-y^2$ 在闭区域 $x^2+4y^2\leqslant 4$ 上的最大值和最小值.

5. 某工厂生产的两种产品 $A$ 与 $B$，售价分别为10元与9元，若生产 $x$ 单位的产品 $A$ 与 $y$ 单位的产品 $B$ 的总费用是 $400+2x+3y+0.01(3x^2+xy+3y^2)$（单位元），求获得最大利润时两种产品的产量.

6. 某公司可通过电台及报纸两种方式做销售某商品的广告，根据统计资料，销售收入 $R$（万元）与电台广告费用 $x_1$（万元）及报纸广告费用 $x_2$（万元）之间的关系如下：

$$R=15+14x_1+32x_2-8x_1x_2-2x_1^2-10x_2^2.$$

(1) 在广告费用不限的情况下，求最优广告策略；

(2) 若广告总费用为 1.5 万元，求相应的最优广告策略.

7. 求抛物线 $y=x^2$ 和直线 $x-y-2=0$ 之间的最短距离.

8. 抛物面 $z=x^2+y^2$ 被平面 $x+y+z=1$ 截成一个椭圆，求原点到这个椭圆的最长与最短距离.

# 本章知识小结

## 一、空间解析几何基础

1. 空间直角坐标系.

过空间一定点 $O$ 作三条具有长度单位且两两相互垂直的数轴：$x$ 轴、$y$ 轴、$z$ 轴，符合右手系，由此构成一个空间直角坐标系.

坐标平面：$xOy$ 面、$yOz$ 面和 $zOx$ 面.

2. 空间两点 $M_1(x_1,y_1,z_1)$，$M_2(x_2,y_2,z_2)$ 的距离公式.

$$d=|M_1M_2|=\sqrt{(x_2-x_1)^2+(y_2-y_1)^2+(z_2-z_1)^2}.$$

3. 平面.

(1) 一般方程：$Ax+By+Cz+D=0$.

(2) 截距式方程：$\frac{x}{a}+\frac{y}{b}+\frac{z}{c}=1$，其中 $a,b,c$ 依次称为平面在 $x$ 轴、$y$ 轴、$z$ 轴上的截距.

(3) 三种特殊的平面方程：

$Ax+By+Cz=0$ 表示过原点的平面；

$Ax+By+D=0$ 表示平行于 $z$ 轴的平面；

$Ax+D=0$ 表示平行于 $yOz$ 面的平面.

4. 球心在点 $M_0(x_0,y_0,z_0)$、半径为 $R$ 的球面的方程.

$$(x-x_0)^2+(y-y_0)^2+(z-z_0)^2=R^2.$$

5. 柱面.

只含 $x,y$ 而缺 $z$ 的方程 $F(x,y)=0$ 表示，母线平行于 $z$ 轴的柱面，其准线是 $xOy$ 面上的曲线 $C:F(x,y)=0$.

$x^2+y^2=R^2$ 表示，平行于 $z$ 轴的直线沿准线为 $xOy$ 面上的圆 $x^2+y^2=R^2$ 移动而成的圆柱面.

6. 常见的二次曲面.

(1) 椭球面 $\frac{x^2}{a^2}+\frac{y^2}{b^2}+\frac{z^2}{c^2}=1$；

(2) 椭圆抛物面 $z=\frac{x^2}{2p}+\frac{y^2}{2q}$（$p$ 与 $q$ 同号）；

(3) 双曲抛物面（马鞍面）$z=-\frac{x^2}{2p}+\frac{y^2}{2q}$（$p$ 与 $q$ 同号）.

## 二、多元函数的概念、极限与连续

1. 多元两数的概念.

(1) 二元函数的几何意义：二元函数 $z=f(x,y)$ 的图形是空间直角坐标系中的一张曲面.例如，函数 $z=ax+by+c$ 的图形是一张平面；函数 $z=\sqrt{R^2-x^2-y^2}$ 表示球面的上半部.

(2) 三元函数 $u=f(x,y,z)$；$n$ 元函数 $u=f(x_1,x_2,\cdots,x_n)$.

2. 二元函数的极限.

$$\lim_{\substack{x\to x_0\\y\to y_0}}f(x,y)=A,\quad \lim_{(x,y)\to(x_0,y_0)}f(x,y)=A \text{ 或 } \lim_{P\to P_0}f(P)=A.$$

二元函数的极限比一元函数的极限复杂，需特别注意以下两点：

(1) 二元函数的极限存在，是指点 $P$ 以任何方式趋于点 $P_0$ 时，函数都无限接近于 $A$；

(2) 如果当点 $P$ 以两种不同方式趋于点 $P_0$ 时，函数趋于不同的值，则函数的极限不存在.

3. 二元函数的连续性.

(1) 若 $\lim\limits_{\substack{x\to x_0\\y\to y_0}}f(x,y)=f(x_0,y_0)$，则称 $z=f(x,y)$ 在点 $(x_0,y_0)$ 处连续，称点 $(x_0,y_0)$ 为

连续点.

(2) 一切二元初等函数在其定义区域内连续.

(3) 有界闭区域上二元连续函数的性质：最大值和最小值定理、有界性定理、介值定理.

## 三、多元函数偏导数与全微分

1. 多元函数偏导数的概念与计算.

(1) $z=f(x,y)$ 对 $x$ 的偏导数 $\dfrac{\partial z}{\partial x},\dfrac{\partial f}{\partial x},z_x$ 或 $f_x(x,y)$ 为

$$f_x(x,y)=\lim_{\Delta x\to 0}\frac{f(x+\Delta x,y)-f(x,y)}{\Delta x};$$

(2) $z=f(x,y)$ 对 $y$ 的偏导数 $\dfrac{\partial z}{\partial y},\dfrac{\partial f}{\partial y},z_y$ 或 $f_y(x,y)$ 为

$$f_y(x,y)=\lim_{\Delta y\to 0}\frac{f(x,y+\Delta y)-f(x,y)}{\Delta y}.$$

2. 二阶偏导数.

$$\frac{\partial}{\partial x}\left(\frac{\partial z}{\partial x}\right)=\frac{\partial^2 z}{\partial x^2}=f_{xx}(x,y),\quad \frac{\partial}{\partial y}\left(\frac{\partial z}{\partial x}\right)=\frac{\partial^2 z}{\partial x\partial y}=f_{xy}(x,y),$$

$$\frac{\partial}{\partial x}\left(\frac{\partial z}{\partial y}\right)=\frac{\partial^2 z}{\partial y\partial x}=f_{yx}(x,y),\quad \frac{\partial}{\partial y}\left(\frac{\partial z}{\partial y}\right)=\frac{\partial^2 z}{\partial y^2}=f_{yy}(x,y).$$

3. 全微分.

(1) 二元函数 $f(x,y)$ 全微分：$\mathrm{d}z=\dfrac{\partial z}{\partial x}\mathrm{d}x+\dfrac{\partial z}{\partial y}\mathrm{d}y$.

(2) 三元函数 $u=f(x,y,z)$ 全微分：$\mathrm{d}u=\dfrac{\partial u}{\partial x}\mathrm{d}x+\dfrac{\partial u}{\partial y}\mathrm{d}y+\dfrac{\partial u}{\partial z}\mathrm{d}z$.

(3) 全微分形式不变性：$\mathrm{d}z=\dfrac{\partial z}{\partial u}\mathrm{d}u+\dfrac{\partial z}{\partial v}\mathrm{d}v,z=f(u,v)$.

(4) 可微(全微分存在)与连续、偏导数存在之间的关系：

$f(x,y)$ 在点 $(x,y)$ 处可微 $\Rightarrow f(x,y)$ 在点 $(x,y)$ 处连续；

$f(x,y)$ 在点 $(x,y)$ 处可微 $\Rightarrow f(x,y)$ 在点 $(x,y)$ 处的偏导数 $\dfrac{\partial z}{\partial x},\dfrac{\partial z}{\partial y}$ 必存在；

$f(x,y)$ 在点 $(x,y)$ 处可微 $\Leftarrow f(x,y)$ 的偏导数 $\dfrac{\partial z}{\partial x},\dfrac{\partial z}{\partial y}$ 在点 $(x,y)$ 处连续.

## 四、多元复合函数的求导法与隐函数求导法

1. 多元复合函数的求导法 —— 链式法则.

模型 1. $z=f(u,v)$ ，$u=u(t),v=v(t)$，

$$\frac{\mathrm{d}z}{\mathrm{d}t}=\frac{\partial z}{\partial u}\cdot\frac{\mathrm{d}u}{\mathrm{d}t}+\frac{\partial z}{\partial v}\cdot\frac{\mathrm{d}v}{\mathrm{d}t}.$$

模型 2. $z=f(u,v)$ ，$u=u(x,y),v=v(x,y)$，

$$\frac{\partial z}{\partial x}=\frac{\partial z}{\partial u}\cdot\frac{\partial u}{\partial x}+\frac{\partial z}{\partial v}\cdot\frac{\partial v}{\partial x},$$

$$\frac{\partial z}{\partial y}=\frac{\partial z}{\partial u}\cdot\frac{\partial u}{\partial y}+\frac{\partial z}{\partial v}\cdot\frac{\partial v}{\partial y}.$$

模型 3.$z=f(u,v,w)$，$u=u(x,y)$，$v=v(x,y)$，$w=w(x,y)$，

$$\frac{\partial z}{\partial x}=\frac{\partial z}{\partial u}\cdot\frac{\partial u}{\partial x}+\frac{\partial z}{\partial v}\cdot\frac{\partial v}{\partial x}+\frac{\partial z}{\partial w}\cdot\frac{\partial w}{\partial x},$$

$$\frac{\partial z}{\partial y}=\frac{\partial z}{\partial u}\cdot\frac{\partial u}{\partial y}+\frac{\partial z}{\partial v}\cdot\frac{\partial v}{\partial y}+\frac{\partial z}{\partial w}\cdot\frac{\partial w}{\partial y}.$$

模型 4. $w=f(u,v)$，$u=u(x,y,z)$，$v=v(x,y,z)$

$$\frac{\partial w}{\partial x}=\frac{\partial w}{\partial u}\cdot\frac{\partial u}{\partial x}+\frac{\partial w}{\partial v}\cdot\frac{\partial v}{\partial x},$$

$$\frac{\partial w}{\partial y}=\frac{\partial w}{\partial u}\cdot\frac{\partial u}{\partial y}+\frac{\partial w}{\partial v}\cdot\frac{\partial v}{\partial y},$$

$$\frac{\partial w}{\partial z}=\frac{\partial w}{\partial u}\cdot\frac{\partial u}{\partial z}+\frac{\partial w}{\partial v}\cdot\frac{\partial v}{\partial z}.$$

模型 5. $z=f(u,v)$，$u=u(x,y)$，$v=v(y)$，

$$\frac{\partial z}{\partial x}=\frac{\partial z}{\partial u}\cdot\frac{\partial u}{\partial x},\quad \frac{\partial z}{\partial y}=\frac{\partial z}{\partial u}\cdot\frac{\partial u}{\partial y}+\frac{\partial z}{\partial v}\cdot\frac{\mathrm{d}v}{\mathrm{d}y}.$$

2. 隐函数求导法.

(1) $F(x,y)=0$，$\frac{\mathrm{d}y}{\mathrm{d}x}=-\frac{F_x}{F_y}$.

(2) 若方程 $F(x,y,z)=0$ 确定 $z=f(x,y)$，则$\frac{\partial z}{\partial x}=-\frac{F_x}{F_z}$，$\frac{\partial z}{\partial y}=-\frac{F_y}{F_z}$.

## 五、多元函数的极值与最值

1. 求 $z=f(x,y)$ 的极值的一般步骤如下.

第一步，解方程组 $f_x(x,y)=0$，$f_y(x,y)=0$，求出 $f(x,y)$ 的所有驻点；

第二步，求出函数 $f(x,y)$ 的二阶偏导数的值：

$$f_{xx}(x_0,y_0)=A,f_{xy}(x_0,y_0)=B,f_{yy}(x_0,y_0)=C;$$

第三步，根据 $AC-B^2=\Delta$ 的符号逐一判定驻点是否为极值点.

(1) 当 $\Delta>0$ 时，函数 $z=f(x,y)$ 在点$(x_0,y_0)$处有极值，且当 $A>0$ 时为极小值，当 $A<0$ 时为极大值；

(2) 当 $\Delta<0$ 时，函数 $z=f(x,y)$ 在点$(x_0,y_0)$处有没有极值；

(3) 当 $\Delta=0$ 时，函数 $z=f(x,y)$ 在点$(x_0,y_0)$处可能有极值，也可能没有极值(需另作讨论).

2. 用拉格朗日乘数法求函数 $z=f(x,y)$ 在条件 $\varphi(x,y)=0$ 下的极值的基本步骤如下：

(1) 构造拉格朗日函数 $L(x,y,\lambda)=f(x,y)+\lambda\varphi(x,y)$；

(2) 由方程$\begin{cases}L_x=f_x(x,y)+\lambda\varphi_x(x,y)=0,\\L_y=f_y(x,y)+\lambda\varphi_y(x,y)=0,\\L_\lambda=\varphi(x,y)=0\end{cases}$解出 $x,y,\lambda$，其中$(x,y)$就是所求条件极值的可能的极值点.

3. 求有界闭区域 $D$ 上的二元连续函数 $f(x,y)$ 的最大值和最小值的一般步骤如下：

(1) 求出 $f(x,y)$ 在 $D$ 内所有驻点处的函数值；

(2) 求出 $f(x,y)$ 在 $D$ 的边界上的最大值和最小值；

(3) 比较前两步得到的所有函数值，最大者为最大值，最小者为最小值.

## 历年考研真题选讲

**例 1** （**2003 年，数三**）设 $f(u,v)$ 具有二阶连续偏导数，且满足 $\frac{\partial^2 f}{\partial u^2}+\frac{\partial^2 f}{\partial v^2}=1$，又 $g(x,y)=f\left[xy,\frac{1}{2}(x^2-y^2)\right]$，试求 $\frac{\partial^2 g}{\partial x^2}+\frac{\partial^2 g}{\partial y^2}$.

**解**

$$\frac{\partial g}{\partial x}=y\frac{\partial f}{\partial u}+x\frac{\partial f}{\partial v},\frac{\partial g}{\partial y}=x\frac{\partial f}{\partial u}-y\frac{\partial f}{\partial v}.$$

故

$$\frac{\partial^2 g}{\partial x^2}=y^2\frac{\partial^2 f}{\partial u^2}+2xy\frac{\partial^2 f}{\partial u\partial v}+x^2\frac{\partial^2 f}{\partial v^2}+\frac{\partial f}{\partial v},$$

$$\frac{\partial^2 g}{\partial y^2}=x^2\frac{\partial^2 f}{\partial u^2}-2xy\frac{\partial^2 f}{\partial v\partial u}+y^2\frac{\partial^2 f}{\partial v^2}-\frac{\partial f}{\partial v}.$$

所以

$$\frac{\partial^2 g}{\partial x^2}+\frac{\partial^2 g}{\partial y^2}=(x^2+y^2)\frac{\partial^2 f}{\partial u^2}+(x^2+y^2)\frac{\partial^2 f}{\partial v^2}=x^2+y^2.$$

**例 2** （**2006 年，数三**）设函数 $f(u)$ 可微，且 $f'(0)=\frac{1}{2}$，则 $z=f(4x^2-y^2)$ 在点(1,2)处的全微分 $\mathrm{d}z\big|_{(1,2)}=$ ________.

**解** **方法一**：因为

$$\left.\frac{\partial z}{\partial x}\right|_{(1,2)}=f'(4x^2-y^2)\cdot 8x\big|_{(1,2)}=4,$$

$$\left.\frac{\partial z}{\partial y}\right|_{(1,2)}=f'(4x^2-y^2)\cdot(-2y)\big|_{(1,2)}=-2,$$

所以

$$\mathrm{d}z\big|_{(1,2)}=\left[\left.\frac{\partial z}{\partial x}\right|_{(1,2)}\mathrm{d}x+\left.\frac{\partial z}{\partial y}\right|_{(1,2)}\mathrm{d}y\right]=4\mathrm{d}x-2\mathrm{d}y.$$

**方法二**：对 $z=f(4x^2-y^2)$ 微分得

$$\mathrm{d}z=f'(4x^2-y^2)\,\mathrm{d}(4x^2-y^2)=f'(4x^2-y^2)(8x\,\mathrm{d}x-2y\,\mathrm{d}y),$$

故

$$\mathrm{d}z\big|_{(1,2)}=f'(0)(8\mathrm{d}x-4\mathrm{d}y)=\frac{1}{2}(8\mathrm{d}x-4\mathrm{d}y)=4\mathrm{d}x-2\mathrm{d}y.$$

**例 3** （**2008 年，数三**）设 $z=z(x,y)$ 是由方程 $x^2+y^2-z=\varphi(x+y+z)$ 所确定的函数，其中 $\varphi$ 具有 2 阶导数且 $\varphi'\neq-1$ 时.

(1) 求 $\mathrm{d}z$；(2) 记 $u(x,y)=\frac{1}{x-y}\left(\frac{\partial z}{\partial x}-\frac{\partial z}{\partial y}\right)$，求 $\frac{\partial u}{\partial x}$.

**解** (1)

$$2x\,\mathrm{d}x+2y\,\mathrm{d}y-\mathrm{d}z=\varphi'(x+y+z)\cdot(\mathrm{d}x+\mathrm{d}y+\mathrm{d}z)$$

$$\Rightarrow(\varphi'+1)\,\mathrm{d}z=(-\varphi'+2x)\,\mathrm{d}x+(-\varphi'+2y)\,\mathrm{d}y$$

$$\Rightarrow\mathrm{d}z=\frac{(-\varphi'+2x)\,\mathrm{d}x+(-\varphi'+2y)\,\mathrm{d}y}{\varphi'+1}(\varphi'\neq-1).$$

(2) 由上一问可知

$$\frac{\partial z}{\partial x}=\frac{-\varphi'+2x}{\varphi'+1},\frac{\partial z}{\partial y}=\frac{-\varphi'+2y}{\varphi'+1},$$

所以

$$u(x,y)=\frac{1}{x-y}\left(\frac{\partial z}{\partial x}-\frac{\partial z}{\partial y}\right)=\frac{1}{x-y}\left(\frac{-\varphi'+2x}{\varphi'+1}-\frac{-\varphi'+2y}{\varphi'+1}\right)$$

$$=\frac{1}{x-y}\cdot\frac{-2y+2x}{\varphi'+1}=\frac{2}{\varphi'+1},$$

则有

$$\frac{\partial u}{\partial x}=\frac{-2\varphi''\left(1+\frac{\partial z}{\partial x}\right)}{(\varphi'+1)^2}=-\frac{2\varphi''\left(1+\frac{2x-\varphi'}{1+\varphi'}\right)}{(\varphi'+1)^2}$$

$$=-\frac{2\varphi''(1+\varphi'+2x-\varphi')}{(\varphi'+1)^3}=-\frac{2\varphi''(1+2x)}{(\varphi'+1)^3}.$$

**例 4** **(2009 年,数一、三)** 求二元函数 $f(x,y)=x^2(2+y^2)+y\ln y$ 的极值.

**解** 因 $f'_x(x,y)=2x(2+y^2)=0,f'_y(x,y)=2x^2y+\ln y+1=0$,故 $x=0,y=\frac{1}{e}$.且有

$$f''_{xx}=2(2+y^2),\quad f''_{yy}=2x^2+\frac{1}{y},f''_{xy}=4xy.$$

则
$$f''_{xx}\Big|_{\left(0,\frac{1}{e}\right)}=2\left(2+\frac{1}{e^2}\right),f''_{xy}\Big|_{\left(0,\frac{1}{e}\right)}=0,f''_{yy}\Big|_{\left(0,\frac{1}{e}\right)}=e.$$

因 $f''_{xx}>0$,而 $(f''_{xy})^2-f''_{xx}f''_{yy}<0$,故二元函数存在极小值 $f\left(0,\frac{1}{e}\right)=-\frac{1}{e}$.

**例 5** **(2012 年,数三)** $z=f(x,y)$ 满足 $\lim\limits_{\substack{x\to0\\y\to1}}\frac{f(x,y)-2x+y-2}{\sqrt{x^2+(y-1)^2}}=0$,则 $dz\big|_{(0,1)}=$________.

**解** 由题意可知分子应为分母的高阶无穷小,即

$$f(x,y)=2x-y+2+o(\sqrt{x^2+(y-1)^2}),$$

所以 $\frac{\partial z}{\partial x}\Big|_{(0,1)}=2,\frac{\partial z}{\partial y}\Big|_{(0,1)}=-1$,故 $dz\big|_{(0,1)}=2dx-dy$.

**例 6** **(2011 年,数三)** 已知函数 $f(u,v)$ 具有连续的二阶偏导数,$f(1,1)=2$ 是 $f(u,v)$ 的极值,$z=f(x+y,f(x,y))$.求 $\frac{\partial^2 z}{\partial x\partial y}\Big|_{(1,1)}$.

**解** $z=f(x+y,f(x,y))\Rightarrow\frac{\partial z}{\partial x}=f'_1\cdot1+f'_2\cdot1\cdot f'_x=f'_1+f'_2\cdot f'_x$

$$\frac{\partial^2 z}{\partial x\partial y}=f''_{11}\cdot1+f''_{12}\cdot1\cdot f'_y+f'_x[f''_{21}\cdot1+f''_{22}\cdot1\cdot f'_y]+f'_2\cdot f''_{xy}$$

$$=f''_{11}+f''_{12}f'_y+f'_x[f''_{21}+f''_{22}f'_y]+f'_2\cdot f''_{xy},$$

又 $f(1,1)=2$ 为 $f(u,v)$ 的极值,则 $f_x{}'(1,1)=f'_y(1,1)=0$,因此

$$\frac{\partial^2 z}{\partial x\partial y}\Big|_{(1,1)}=f''_{11}(2,2)+f'_2(2,2)\cdot f''_{xy}(1,1)=f''_{11}(2,2)+f'_2(2,2)\cdot f''_{12}(1,1).$$

**例 7** **(2016 年,数一、三)** 设函数 $f(u,v)$ 可微,$z=z(x,y)$ 有方程 $(x+1)z-y^2=$

$x^2f(x-z,y)$ 确定，则 $\mathrm{d}z\big|_{(0,1)}=$________.

**解** $(x+1)x-y^2=x^2f(x-z,y)$ 两边分别关于 $x,y$ 求导得

$$z+(x+1)z'_x=2xf(x-z,y)+x^2f_1'(x-z,y)(1-z'_x),$$

$$(x+1)z'_y-2y=x^2(f_1'(x-z,y)(-z'_y)+f_2'(x-z,y)),$$

将 $x=0,y=1,z=1$ 代入得，$\mathrm{d}z\big|_{(0,1)}=-\mathrm{d}x+2\mathrm{d}y$.

**例 8** **(2017 年，数二、三)** 设函数 $f(x,y)$ 具有一阶连续偏导数，且

$\mathrm{d}f(x,y)=y\mathrm{e}^y\mathrm{d}x+x(1+y)\mathrm{e}^y\mathrm{d}y$，$f(0,0)=0$，则 $f(x,y)=$________.

**解** 由题知 $\dfrac{\partial f}{\partial x}=y\mathrm{e}^y$，$\dfrac{\partial f}{\partial y}=x(1+y)\mathrm{e}^y$，利用积分有

$$f(x,y)=\int y\mathrm{e}^y\mathrm{d}x=xy\mathrm{e}^y+\varphi(y).$$

所以 $\dfrac{\partial f}{\partial y}=x(1+y)\mathrm{e}^y+\varphi'(y)=x(1+y)\mathrm{e}^y$，得 $\varphi'(y)=0$，有 $\varphi(y)=C$. 因而 $f(x,y)=xy\mathrm{e}^y+C$，再由 $f(0,0)=0$ 得 $C=0$，故 $f(x,y)=xy\mathrm{e}^y$. 故应填 $xy\mathrm{e}^y$.

**例 9** **(2017 年，数二)** 设函数 $f(u,v)$ 具有 2 阶连续偏导数，$y=f(\mathrm{e}^x,\cos x)$，求 $\left.\dfrac{\mathrm{d}y}{\mathrm{d}x}\right|_{x=0}$，$\left.\dfrac{\mathrm{d}^2y}{\mathrm{d}x^2}\right|_{x=0}$.

**解** $\dfrac{\mathrm{d}y}{\mathrm{d}x}=\mathrm{e}^xf'_1(\mathrm{e}^x,\cos x)-\sin xf'_2(\mathrm{e}^x,\cos x)\Rightarrow\dfrac{\mathrm{d}y}{\mathrm{d}x}\big|_{x=0}=f'_1(1,1)$，

$$\begin{aligned}\frac{\mathrm{d}^2y}{\mathrm{d}x^2}=&\mathrm{e}^xf'_1(\mathrm{e}^x,\cos x)+\mathrm{e}^x[\mathrm{e}^xf''_{11}(\mathrm{e}^x,\cos x)-\sin xf''_{12}(\mathrm{e}^x,\cos x)]\\&-\cos xf'_2(\mathrm{e}^x,\cos x)-\sin x[\mathrm{e}^xf''_{21}(\mathrm{e}^x,\cos x)-\sin xf''_{22}(\mathrm{e}^x,\cos x)]\\\Rightarrow&\left.\frac{\mathrm{d}^2y}{\mathrm{d}x^2}\right|_{x=0}=f'_1(1,1)+f''_{11}(1,1)-f'_2(1,1).\end{aligned}$$

**例 10** **(2018 年，数二)** 设函数 $z=z(x,y)$ 由方程 $\ln z+\mathrm{e}^{z-1}=xy$ 确定，则 $\left.\dfrac{\partial z}{\partial x}\right|_{(2,\frac{1}{2})}=$________.

**解** 由已知可得当 $x=2,y=\dfrac{1}{2}$ 时，$z=1$，令 $F(x,y,z)=\ln z+\mathrm{e}^{z-1}-xy$，则 $F'_x=-y$，$F'_z=\dfrac{1}{z}+\mathrm{e}^{z-1}$，所以

$$\frac{\partial z}{\partial x}=\frac{y}{\dfrac{1}{z}+\mathrm{e}^{z-1}},\quad \left.\frac{\partial z}{\partial x}\right|_{(2,\frac{1}{2})}=\frac{1}{4}.$$

**例 11** **(2019 年，数三)** 已知函数 $f(u,v)$ 具有二阶连续偏导数，函数

$g(x,y)=xy-f(x+y,x-y)$，求 $\dfrac{\partial^2g}{\partial x^2}+\dfrac{\partial^2g}{\partial x\partial y}+\dfrac{\partial^2g}{\partial y^2}$.

**解** 由

$$\frac{\partial g}{\partial x}=y-f'_1-f_2',\quad \frac{\partial g}{\partial y}=x-f'_1+f'_2,$$

因为

$$\frac{\partial^2g}{\partial x^2}=-f''_{11}-f''_{12}-f''_{21}-f''_{22}=-f''_{11}-2f''_{12}-f''_{22},$$

$$\frac{\partial^2 g}{\partial x\partial y}=1-f''_{11}+f''_{12}-f''_{21}+f''_{22}=1-f''_{11}+f''_{22},$$

$$\frac{\partial^2 g}{\partial y^2}=-f''_{11}+f''_{12}+f''_{21}-f''_{22}=-f''_{11}+2f''_{12}-f''_{22},$$

所以

$$\frac{\partial^2 g}{\partial x^2}+\frac{\partial^2 g}{\partial x\partial y}+\frac{\partial^2 g}{\partial y^2}=1-3f''_{11}-f''_{22}.$$

**例 12** （**2020 年，数二、三**）设 $z=\arctan[xy+\sin(x+y)]$，则 $\mathrm{d}z\big|_{(0,\pi)}=$ ________.

**解** 由 $z=\arctan[xy+\sin(x+y)]$ 知

$$\frac{\mathrm{d}z}{\mathrm{d}x}=\frac{y+\cos(x+y)}{1+[xy+\sin(x+y)]^2},\quad \frac{\mathrm{d}z}{\mathrm{d}y}=\frac{x+\cos(x+y)}{1+[xy+\sin(x+y)]^2},$$

有 $\left.\frac{\mathrm{d}z}{\mathrm{d}x}\right|_{(0,\pi)}=\pi-1,\left.\frac{\mathrm{d}z}{\mathrm{d}y}\right|_{(0,\pi)}=-1$，则

$$\mathrm{d}z\big|_{(0,\pi)}=\left.\frac{\mathrm{d}z}{\mathrm{d}x}\right|_{(0,\pi)}+\left.\frac{\mathrm{d}z}{\mathrm{d}y}\right|_{(0,\pi)}=(\pi-1)\,\mathrm{d}x-\mathrm{d}y.$$

**例 13** （**2021 年，数二、三**）设函数 $f(u,v)$ 可微且 $f(x+1,\mathrm{e}^x)=x(x+1)^2$，$f(x,x^2)=2x^2\ln x$，则 $\mathrm{d}f(1,1)=$ ________.

**解** $f(x+1,\mathrm{e}^x)=x(x+1)^2$ 对 $x$ 求导得

$$f'_1(x+1,\mathrm{e}^x)+f'_2(x+1,\mathrm{e}^x)=(x+1)^2+2x(x+1),$$

$f(x,x^2)=2x^2\ln x$ 对 $x$ 求导得

$$f'_1(x,x^2)+2xf'_2(x,x^2)=4x\ln x+2x.$$

分别令 $x=0$ 和 $x=1$ 得

$$\begin{cases}f'_1(1,1)+f'_2(1,1)=1\\ f'_1(1,1)+2f'_2(1,1)=2\end{cases}\Rightarrow\begin{cases}f'_1(1,1)=0\\ f'_2(1,1)=1\end{cases}$$

则

$$\mathrm{d}f(1,1)=f'_1(1,1)\mathrm{d}x+f'_2(1,1)\mathrm{d}y=\mathrm{d}y.$$

**例 14** （**2022 年，数二、三**）设函数 $f(t)$ 连续，令 $F(x,y)=\int_0^{x-y}(x-y-t)f(t)\mathrm{d}t$，则（　　）.

A. $\frac{\partial F}{\partial x}=\frac{\partial F}{\partial y},\frac{\partial^2 F}{\partial^2 x}=\frac{\partial^2 F}{\partial^2 y}$　　B. $\frac{\partial F}{\partial x}=\frac{\partial F}{\partial y},\frac{\partial^2 F}{\partial^2 x}=-\frac{\partial^2 F}{\partial^2 y}$

C. $\frac{\partial F}{\partial x}=-\frac{\partial F}{\partial y},\frac{\partial^2 F}{\partial^2 x}=\frac{\partial^2 F}{\partial^2 y}$　　D. $\frac{\partial F}{\partial x}=-\frac{\partial F}{\partial y},\frac{\partial^2 F}{\partial^2 x}=-\frac{\partial^2 F}{\partial^2 y}$

**解** $F(x,y)=\int_0^{x-y}(x-y-t)f(t)\mathrm{d}t=(x-y)\int_0^{x-y}f(t)\mathrm{d}t-\int_0^{x-y}tf(t)\mathrm{d}t$，

则

$$\frac{\partial F}{\partial x}=\int_0^{x-y}f(t)\mathrm{d}t+(x-y)f(x-y)-(x-y)f(x-y)$$

$$=\int_0^{x-y}f(t)\mathrm{d}t\Rightarrow\frac{\partial^2 F}{\partial^2 x}=f(x-y),$$

$$\frac{\partial F}{\partial y}=\int_0^{x-y}f(t)\mathrm{d}t+(x-y)f(x-y)-(x-y)f(x-y)$$

$$=-\int_0^{x-y}f(t)\mathrm{d}t\Rightarrow\frac{\partial^2 F}{\partial^2 y}=f(x-y),$$

综上所述，$\frac{\partial F}{\partial x}=-\frac{\partial F}{\partial y},\frac{\partial^2 F}{\partial^2 x}=\frac{\partial^2 F}{\partial^2 y}$，故选 C.

**例 15** （**2023 年，数三**）已知函数 $f(x,y)$ 满足 $\mathrm{d}f(x,y)=\frac{x\mathrm{d}y-y\mathrm{d}x}{x^2+y^2}$，$f(1,1)=\frac{\pi}{4}$，则 $f(\sqrt{3},3)=$________.

**解** 由题意可得 $f'_x(x,y)=\frac{-y}{x^2+y^2}$，则

$$f(x,y)=-y\cdot\frac{1}{y}\cdot\arctan\frac{x}{y}+c(y)=-\arctan\frac{x}{y}+c(y),$$

又因为 $f'_y(x,y)=\frac{x}{x^2+y^2}$，可得 $c'(y)=c$，由 $f(1,1)=\frac{\pi}{4}$ 可得 $c=\frac{\pi}{2}$，即 $f(x,y)=-\arctan\frac{x}{y}+\frac{\pi}{2}$，故 $f(\sqrt{3},3)=\frac{\pi}{3}$.故答案为$\frac{\pi}{3}$.

**例 16** （**2024 年，数二**）设 $f(u,v)$ 具有二阶连续偏导，$g(x,y)=f(2x+y,3x-y)$，且满足$\frac{\partial^2 g}{\partial x^2}+\frac{\partial^2 g}{\partial x\partial y}-6\frac{\partial^2 g}{\partial y^2}=1$.

(1) 求$\frac{\partial^2 f}{\partial u\partial v}$；(2) 若$\frac{\partial f(u,0)}{\partial u}=u\mathrm{e}^{-u}$，且 $f(0,v)=\frac{1}{50}v^2-1$，求 $f(u,v)$ 的表达式.

**解** (1) 由于 $g(x,y)=f(2x+y,3x-y)=f(u,v)$，$u=2x+y$，$v=3x-y$，那么由复合函数求导可得

$$\frac{\partial g}{\partial x}=\frac{\partial f}{\partial u}\frac{\partial u}{\partial x}+\frac{\partial f}{\partial v}\frac{\partial v}{\partial x}=2\frac{\partial f}{\partial u}+3\frac{\partial f}{\partial v},$$

$$\begin{aligned}\frac{\partial^2 g}{\partial x^2}&=2\left(\frac{\partial^2 f}{\partial u^2}\frac{\partial u}{\partial x}+\frac{\partial^2 f}{\partial u\partial v}\frac{\partial v}{\partial x}\right)+3\left(\frac{\partial^2 f}{\partial u\partial v}\frac{\partial v}{\partial x}+\frac{\partial^2 f}{\partial v^2}\frac{\partial v}{\partial x}\right)\\&=4\frac{\partial^2 f}{\partial u^2}+12\frac{\partial^2 f}{\partial u\partial v}+9\frac{\partial^2 f}{\partial v^2},\end{aligned}$$

$$\begin{aligned}\frac{\partial^2 g}{\partial x\partial y}&=2\left(\frac{\partial^2 f}{\partial u^2}\frac{\partial u}{\partial y}+\frac{\partial^2 f}{\partial u\partial v}\frac{\partial v}{\partial y}\right)+3\left(\frac{\partial^2 f}{\partial u\partial v}\frac{\partial u}{\partial y}+\frac{\partial^2 f}{\partial v^2}\frac{\partial v}{\partial x}\right)\\&=2\frac{\partial^2 f}{\partial u^2}+\frac{\partial^2 f}{\partial u\partial v}-3\frac{\partial^2 f}{\partial v^2},\end{aligned}$$

$$\begin{aligned}\frac{\partial^2 g}{\partial y^2}&=\frac{\partial^2 f}{\partial u^2}\frac{\partial u}{\partial y}+\frac{\partial^2 f}{\partial u\partial v}\frac{\partial v}{\partial y}-\left(\frac{\partial^2 f}{\partial u\partial v}\frac{\partial u}{\partial y}+\frac{\partial^2 f}{\partial v^2}\frac{\partial v}{\partial x}\right)\\&=\frac{\partial^2 f}{\partial u^2}-2\frac{\partial^2 f}{\partial u\partial v}+\frac{\partial^2 f}{\partial v^2},\end{aligned}$$

由$\frac{\partial^2 g}{\partial x^2}+\frac{\partial^2 g}{\partial x\partial y}-6\frac{\partial^2 g}{\partial y^2}=1$ 可得 $25\frac{\partial^2 f}{\partial u\partial v}=1$，即$\frac{\partial^2 f}{\partial u\partial v}=\frac{1}{25}$.

(2) 由$\frac{\partial^2 f}{\partial u\partial v}=\frac{1}{25}$ 知$\frac{\partial f}{\partial u}=\frac{1}{25}v+g(u)$.因为$\frac{\partial f(u,0)}{\partial u}=u\mathrm{e}^{-u}$，所以 $g(u)=u\mathrm{e}^{-u}$，所以$\frac{\partial f}{\partial u}=\frac{1}{25}v+u\mathrm{e}^{-u}$，所以 $f(u,v)=\frac{1}{25}uv-\mathrm{e}^{-u}(u+1)+h(0)$.又 $f(0,v)=\frac{1}{50}v^2-1$，那么 $h(v)=\frac{1}{50}v^2$，所以 $f(u,v)=\frac{1}{25}uv-\mathrm{e}^{-u}(u+1)+\frac{1}{50}v^2$.

**例 17** （**2024 年，数三**）已知 $z=z(x,y)$ 由方程 $z+\mathrm{e}^x-y\ln(1+z^2)=0$ 确定，求 $\left.\left(\dfrac{\partial^2 z}{\partial x^2}+\dfrac{\partial^2 z}{\partial y^2}\right)\right|_{(0,0)}$.

**解** (1) 当 $x=0,y=0$ 时，$z+1=0$，即 $z=-1$.

对 $z+\mathrm{e}^x-y\ln(1+z^2)=0$ 两边对 $x$ 求导可得

$$\frac{\partial z}{\partial x}+\mathrm{e}^x-y\frac{1}{1+z^2}2z\frac{\partial z}{\partial x}=0,$$

即 $\dfrac{\partial z}{\partial x}=\dfrac{\mathrm{e}^x(1+z^2)}{2yz-1-z^2}$，则 $\left.\dfrac{\partial z}{\partial x}\right|_{(0,0)}=-1$.且有

$$\frac{\partial^2 z}{\partial x^2}=\frac{\left[\mathrm{e}^x(1+z^2)+\mathrm{e}^x\cdot 2z\dfrac{\partial z}{\partial x}\right](2yz-1-z^2)-\mathrm{e}^x(1+z^2)\left(2y\dfrac{\partial z}{\partial x}-2z\dfrac{\partial z}{\partial x}\right)}{(2yz-1-z^2)^2},$$

则

$$\left.\frac{\partial^2 z}{\partial x^2}\right|_{(0,0)}=-1.$$

对 $z+\mathrm{e}^x-y\ln(1+z^2)=0$ 两边对 $y$ 求导可得

$$\frac{\partial z}{\partial y}-\ln(1+z^2)-y\frac{1}{1+z^2}2z\frac{\partial z}{\partial y}=0,$$

即 $\dfrac{\partial z}{\partial y}=\dfrac{(1+z^2)\ln(1+z^2)}{1+z^2-2yz}$，则 $\left.\dfrac{\partial z}{\partial y}\right|_{(0,0)}=\ln 2$.且

$$\frac{\partial^2 z}{\partial y^2}=\frac{\left[2z\dfrac{\partial z}{\partial y}\ln(1+z^2)+(1+z^2)\dfrac{1}{(1+z^2)}2z\dfrac{\partial z}{\partial y}\right](1+z^2-2yz)}{(1+z^2-2yz)^2}$$

$$-\frac{(1+z^2)\ln(1+z^2)\left(2z\dfrac{\partial z}{\partial y}-2z-2y\dfrac{\partial z}{\partial y}\right)}{(1+z^2-2yz)^2},$$

则 $\left.\dfrac{\partial^2 z}{\partial y^2}\right|_{(0,0)}=-2\ln 2$.故

$$\left.\left(\frac{\partial^2 z}{\partial x^2}+\frac{\partial^2 z}{\partial y^2}\right)\right|_{(0,0)}=-1-2\ln 2.$$

## 数学星空　光辉典范：数学家与数学家精神

### 数学家简介[6]

# 总练习 6

1. 在“充分”“必要”和“充要”三者中间选择一个正确的填空：

(1) $f(x,y)$ 在点$(x,y)$处可微是连续的 ______ 条件；

(2) $f(x,y)$ 在点$(x,y)$处偏导数存在是可微的 ______ 条件；

(3) $f(x,y)$ 在点$(x,y)$处偏导数存在且偏导数连续是可微的 ______ 条件；

(4) $f(x,y)$ 在 $D$ 中两个二阶混合偏导数连续是二者相等的 ______ 条件.

2. 求下列二重极限：

(1) $\lim\limits_{\substack{x\to\infty\\ y\to a}}\left(1+\dfrac{1}{x}\right)^{\frac{x^2}{x+y}}$；　　(2) $\lim\limits_{\substack{x\to\infty\\ y\to\infty}}\dfrac{x+y}{x^2-xy+y^2}$.

3. 证明下列二重极限不存在：

(1) $\lim\limits_{\substack{x\to0\\ y\to0}}\dfrac{x^2y}{x^4+y^2}$；　　(2) $\lim\limits_{\substack{x\to0\\ y\to0}}\dfrac{xy^2}{x^2+y^6}$.

4. 设 $f(x,y)$ 有一阶连续偏导数，且 $f(x,x^2)=1$，$f_x(x,x^2)=x$，求 $f_y(x,x^2)$.

5. 讨论函数 $f(x,y)=\begin{cases}(x+y)\cos\dfrac{1}{x}, & x\neq0,\\ 0, & x=0\end{cases}$ 在$(0,0)$点的连续性.

6. 设 $f(x,y)=\int_0^{xy}\mathrm{e}^{-t^2}\mathrm{d}t$，求$\dfrac{x}{y}\dfrac{\partial^2 f}{\partial x^2}+\dfrac{y}{x}\dfrac{\partial^2 f}{\partial y^2}-2\dfrac{\partial^2 f}{\partial x\partial y}$.

7. 讨论 $f(x,y)=\begin{cases}\dfrac{x^2y^2}{(x^2+y^2)^{\frac{3}{2}}}, & x^2+y^2\neq0,\\ 0, & x^2+y^2=0\end{cases}$ 在$(0,0)$点的连续性、可导性及可微性.

8. 求 $u=f(x,y,z)=x^y\cdot y^z\cdot z^x$ 的全微分.

9. 设 $z=xy+xF(u)$，而 $u=\dfrac{y}{x}$，$F(u)$为可导函数，证明：$x\dfrac{\partial z}{\partial x}+y\dfrac{\partial z}{\partial y}=z+xy$.

10. 设 $z=f(2x-y)+g(x,xy)$，其中 $f$ 二阶可导，$g$ 为具有二阶连续偏导数，求$\dfrac{\partial^2 z}{\partial x\partial y}$.

11. 设函数 $z=f(x,y)$ 在点$(1,1)$处可微，且 $f(1,1)=1$，$f_x(1,1)=2$，$f_y(1,1)=3$，$\varphi(x)=f(x,f(x,x))$，求$\dfrac{\mathrm{d}}{\mathrm{d}x}[\varphi^3(x)]\Big|_{x=1}$.

12. 设 $f(u)$ 具有二阶连续导数，且 $g(x,y)=f\left(\dfrac{y}{x}\right)+yf\left(\dfrac{x}{y}\right)$，求 $x^2\dfrac{\partial^2 g}{\partial x^2}-y^2\dfrac{\partial^2 g}{\partial y^2}$.

13. 已知函数 $z=f(x,y)$ 的全微分为 $\mathrm{d}z=2x\mathrm{d}x-2y\mathrm{d}y$，且 $f(1,1)=2$，试求 $f(x,y)$ 在椭圆域 $D=\left\{(x,y)\,\middle|\,x^2+\dfrac{y^2}{4}\leqslant1\right\}$ 上的最大值和最小值.

14. 某企业在雇用 $x$ 名技术工人、$y$ 名非技术工人时，产品量 $Q=-8x^2+12xy-3y^2$，若企业只能雇用 230 人，那么该怎样雇用技术工人与非技术工人的名额，才能使得产量最大(用两种方法求解)？

# 目标自测题 6

## 一、填空题

1. 函数 $z=\ln(4-x^2-y^2)+\dfrac{1}{\sqrt{x^2+y^2-1}}$ 的定义域是________.

2. $\lim\limits_{\substack{x\to 0\\ y\to 2}}\dfrac{y\sin(xy)}{x}=$________，$\lim\limits_{\substack{x\to 0\\ y\to 0}}(1+xy)^{\frac{1}{y}}=$________.

3. 设 $z=x^y$，则 $z_x(1,0)=$________，$z_y(1,0)=$________，$\mathrm{d}z=$________.

4. 极限 $\lim\limits_{x\to\infty}x\sin\dfrac{2x}{x^2+1}=$________.

5. 由方程 $xyz+\sqrt{x^2+y^2+z^2}=\sqrt{2}$ 确定的函数 $z=z(x,y)$，在点 $(1,0,-1)$ 处的全微分 $\mathrm{d}z=$________.

## 二、选择题

1. 满足 $f_x(x_0,y_0)=0$ 且 $f_y(x_0,y_0)=0$ 的点 $(x_0,y_0)$ 一定是(　　).

A. 驻点　　B. 极值点　　C. 最大值点　　D. 最小值点

2. $z=f(x,y,z)$，则 $\dfrac{\partial z}{\partial x}=$(　　).

A. $\dfrac{\partial f}{\partial x}$　　B. $\dfrac{\partial f}{\partial x}\Big/\dfrac{\partial f}{\partial y}$

C. $\dfrac{\partial f}{\partial x}\Big/\left(1-\dfrac{\partial f}{\partial z}\right)$　　D. $\left(\dfrac{\partial f}{\partial x}-\dfrac{\partial f}{\partial y}\cdot\dfrac{\partial y}{\partial x}\right)\Big/\left(1-\dfrac{\partial f}{\partial x}\right)$

3. 若 $f(x+y,xy)=x^2+y^2$，则 $\dfrac{\partial f(x,y)}{\partial x}+\dfrac{\partial f(x,y)}{\partial y}=$(　　).

A. $2x-2y$　　B. $2x+2y$　　C. $2x-2$　　D. $2-2y$

4. 函数 $z=f(x,y)$ 的偏导数 $\dfrac{\partial z}{\partial x},\dfrac{\partial z}{\partial y}$ 在点 $(x,y)$ 存在且连续是 $f(x,y)$ 在该点可微分的(　　).

A. 充分非必要条件　　B. 必要非充分条件

C. 充要条件　　D. 既不充分也不必要条件

5. 设函数 $f(x,y)$ 在点 $(0,0)$ 的某领域内有定义，且 $f_x(0,0)=2$，$f_y(0,0)=-1$，则有(　　).

A. $\mathrm{d}z\big|_{(0,0)}=2\mathrm{d}x-\mathrm{d}y$　　B. $z=f(x,y)$ 在点 $(0,0)$ 的连续

C. $z=f(x,y)$ 在点 $(0,0)$ 处可微　　D. $z=f(x,y)$ 在点 $(0,0)$ 处微分可能不存在

**三、计算证明题**

1. 证明下列极限不存在：

(1) $\lim\limits_{\substack{x\to 0\\ y\to 0}}\dfrac{x^4y^4}{(x^2+y^4)^3}$；　　(2) $\lim\limits_{\substack{x\to 0\\ y\to 0}}\dfrac{x^2y^2}{x^2y^2+(x-y)^2}$.

2. 讨论 $f(x,y)=\begin{cases}(x^2+y^2)\sin\dfrac{1}{x^2+y^2}, & (x,y)\neq(0,0),\\ 0, & (x,y)=(0,0)\end{cases}$ 在$(0,0)$点处的连续性.

3. 设 $z=f(u,x,y)$，$u=xe^y$，其中 $f$ 具有连续的二阶偏导数，求曲线$\dfrac{\partial^2 z}{\partial x\partial y}$.

4. 设 $u=xf(x+y)+yg(x+y)$ 其中 $f,g$ 二阶可导，证明：$\dfrac{\partial^2 u}{\partial x^2}+\dfrac{\partial^2 u}{\partial y^2}=2\dfrac{\partial^2 u}{\partial x\partial y}$.

5. 求函数 $z=x^2+4y^2+9$ 在闭区域 $x^2+y^2\leqslant 4$ 上的最大值和最小值.

6.设 $z=f(x,y)=\arctan\dfrac{y}{x}$，试证明：$\dfrac{\partial^2 z}{\partial x^2}+\dfrac{\partial^2 z}{\partial y^2}=0$.

7.设 $f(x,y)=\begin{cases}\dfrac{x^2y^2}{(x^2+y^2)^{3/2}}, & (x,y)\neq(0,0),\\ 0, & (x,y)=(0,0),\end{cases}$用定义证明：$f(x,y)$在$(0,0)$处连续，且偏导数存在.

# 第7章

# 二重积分

在前面定积分的讨论中，可知定积分是从求曲边梯形的面积、变速直线运动的位移等问题的实践中抽象出来的.本章要讨论的二重积分也是从现实实践中抽象出来的.它是定积分的推广，其中的数学思想与定积分相同，也是利用“和式的极限”来定义的.但是，由于定积分的被积函数是一元函数，其积分范围是一个区间；而二重积分的被积函数是二元函数，其积分范围是平面上的一个区域.它们之间存在着密切的关系.本章先讨论二重积分的概念与性质，再讨论它的计算方法，最后再利用二重积分方法证明一个重要的一元广义积分公式——泊松积分.

知识结构图

# 7.1 二重积分的概念与性质

## 7.1.1 二重积分的概念

**例 1** 曲顶柱体的体积.

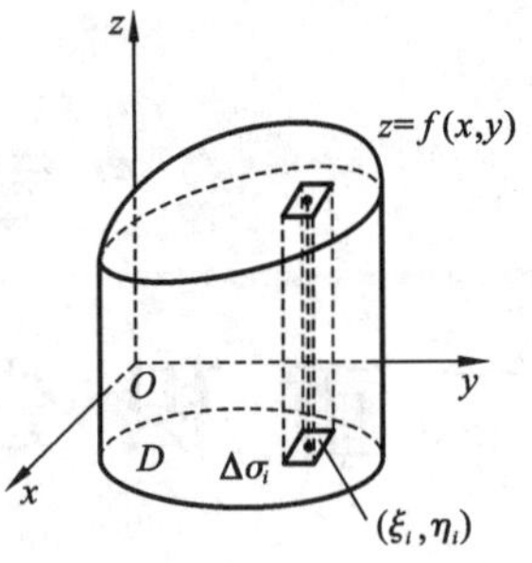


图 7-1

设有一空间立体，它的底面是 $xOy$ 面上的有界闭区域 $D$，它的侧面是以 $D$ 的边界曲线为准线，而母线平行于 $z$ 轴的柱面，它的顶是曲面 $z=f(x,y)$.其中，$f(x,y)$ 在 $D$ 上连续且 $f(x,y)\geqslant 0$，以后称这种立体为曲顶柱体(图 7-1).下面用类似于一元定积分的“划分”“近似”“求极限”的思想来讨论该曲顶柱体的体积.

可知若曲顶柱体的顶面是与底面平行的平面，即当顶面 $z=f(x,y)$ 在 $D$ 上为常数时，则该立体的体积为

$$\text{体积}=\text{底面积}\times\text{高}.$$

但当顶面是一曲面时，显然该公式是无能为力的.可以利用下面的方法来解决.

(1) 分割(划分) 用任意一组曲线网将区域 $D$ 划分成 $n$ 个小区域 $\Delta\sigma_1,\Delta\sigma_2,\cdots,\Delta\sigma_n$，以这些小区域的边界曲线为准线，作母线平行于 $z$ 轴的柱面，这些柱面将原来的曲顶柱体 $V$ 划分成 $n$ 个小曲顶柱体 $\Delta V_1,\Delta V_2,\cdots,\Delta V_n$. 假设 $\Delta\sigma_i$ 所对应的小曲顶柱体为 $\Delta V_i$，这里 $\Delta\sigma_i$ 既代表第 $i$ 个小区域，又代表它的面积值，$\Delta V_i$ 既代表第 $i$ 个小曲顶柱体，又代表它的体积值.从而

$$V=\sum_{i=1}^{n}\Delta V_i.$$

(2) 近似求和 由于 $f(x,y)$ 连续，对同一个小区域来说，函数值的变化不大.因此，对于分割后的每个小曲顶柱体而言，在 $\Delta\sigma_i$ 中任取一点 $(\xi_i,\eta_i)\in\Delta\sigma_i$，则 $\Delta V_i$ 近似等于以 $\Delta\sigma_i$ 为底，以 $f(\xi_i,\eta_i)$ 为高的平顶柱体的体积，即

$$\Delta V_i\approx f(\xi_i,\eta_i)\Delta\sigma_i\,(i=1,2,\cdots,n).$$

从而，整个曲顶柱体的体积近似值为

$$V=\sum_{i=1}^{n}\Delta V_i\approx\sum_{i=1}^{n}f(\xi_i,\eta_i)\Delta\sigma_i.$$

(3) 取极限 为得到 $V$ 的精确值，只需让这 $n$ 个小区域越来越小，即让每个小区域向某点收缩.为此，令 $\lambda$ 为 $n$ 个小区域的最大直径，则当 $\lambda\to 0$ 时，即当分割越来越细时，上述求和部分的极限就为曲顶柱体的体积的精确值.即

$$V=\lim_{\lambda\to 0}\sum_{i=1}^{n}f(\xi_i,\eta_i)\Delta\sigma_i.$$

**注** 一个闭区域的直径是指区域上任意两点间距离的最大者.

**例 2** 平面薄片的质量.

设有一平面薄片占有 $xOy$ 平面上的区域 $D$，它在 $(x,y)$ 处的面密度为 $\rho(x,y)$，这里 $\rho(x,y)\geqslant 0$，而且 $\rho(x,y)$ 在 $D$ 上连续，现计算该平面薄片的质量 $M$.采用与例 1 完全类似的思想讨论如下：

如图 7-2 所示，将 $D$ 任意划分成 $n$ 个小区域 $\Delta\sigma_1,\Delta\sigma_2,\cdots,\Delta\sigma_n$，记 $\lambda_i$ 为 $\Delta\sigma_i$ 的直径，$\Delta\sigma_i$ 既代表第 $i$ 个小区域又代表它的面积.

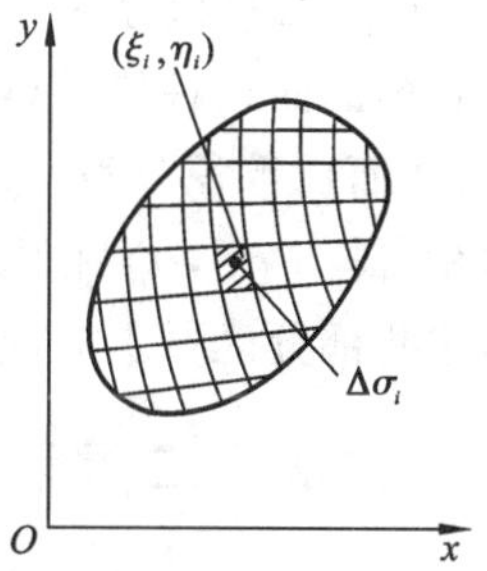

图 7-2

当 $\lambda=\max\limits_{1\leqslant i\leqslant n}\{\lambda_i\}$ 很小时，由于 $\rho(x,y)$ 连续，每小片区域的质量可近似地看成是均匀的，那么第 $i$ 小块区域的近似质量可取为

$$\rho(\xi_i,\eta_i)\Delta\sigma_i,\quad \forall(\xi_i,\eta_i)\in\Delta\sigma_i.$$

于是

$$M\approx\sum_{i=1}^{n}\rho(\xi_i,\eta_i)\Delta\sigma_i.\quad M=\lim_{\lambda\to 0}\sum_{i=1}^{n}\rho(\xi_i,\eta_i)\Delta\sigma_i.$$

通过以上讨论，可以发现以上两个例题的思想与定积分的思想是完全类似的.在几何学、力学、经济学及工程技术中，有许多量都可以归结为求类似于以上两例题中的和式的极限.因此，有必要撇开这类极限问题的实际背景，给出一个更广泛、更抽象的数学概念，即二重积分.

**定义 1**　设 $f(x,y)$ 是闭区域 $D$ 上的有界函数，将区域 $D$ 任意划分成 $n$ 个小区域 $\Delta\sigma_1$，$\Delta\sigma_2,\cdots,\Delta\sigma_n$，其中，$\Delta\sigma_i$ 既表示第 $i$ 个小区域，同时也表示它的面积，$\lambda_i$ 表示它的直径.任取 $(\xi_i,\eta_i)\in\Delta\sigma_i(i=1,2,\cdots,n)$，作乘积 $f(\xi_i,\eta_i)\Delta\sigma_i(i=1,2,\cdots,n)$，再作和有

$$\sum_{i=1}^{n}f(\xi_i,\eta_i)\Delta\sigma_i.$$

令 $\lambda=\max\limits_{1\leqslant i\leqslant n}\{\lambda_i\}$.若当 $\lambda\to 0$ 时，上述和式的极限存在，即 $\lim\limits_{\lambda\to 0}\sum\limits_{i=1}^{n}f(\xi_i,\eta_i)\Delta\sigma_i$ 存在，则称此极限值为函数 $f(x,y)$ 在区域 $D$ 上的二重积分，记为 $\iint\limits_D f(x,y)\,\mathrm{d}\sigma$，即

$$\iint_D f(x,y)\,\mathrm{d}\sigma=\lim_{\lambda\to 0}\sum_{i=1}^{n}f(\xi_i,\eta_i)\Delta\sigma_i.$$

其中，$f(x,y)$ 称为**被积函数**，$f(x,y)\,\mathrm{d}\sigma$ 称为**积表达式**，$\mathrm{d}\sigma$ 称为**面积元素**（**面积微元**），$x,y$ 称为**积分变量**，$D$ 称为**积分区域**，$\sum\limits_{i=1}^{n}f(\xi_i,\eta_i)\Delta\sigma_i$ 称为**积分和式**.

对于二重积分的定义，给出以下几点说明.

(1) 二重积分的存在定理.若 $f(x,y)$ 在有界闭区域 $D$ 上连续，则 $f(x,y)$ 在 $D$ 上的二重积分存在.

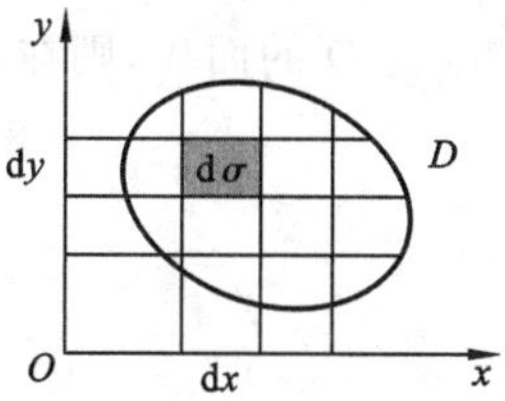

图 7-3

(2) 二重积分的等价书写形式.如图 7-3 所示，在二重积分的书写形式中，知道面积元素 $\mathrm{d}\sigma$ 象征着积分和式中的 $\Delta\sigma_i$.再由于二重积分的定义中对区域 $D$ 的划分是任意的，若用一组平行于坐标轴的直线来划分区域 $D$，那么除靠近边界曲线的一些小区域之外，绝大多数的小区域都是矩形，因此，可以将 $\mathrm{d}\sigma$ 记为 $\mathrm{d}x\,\mathrm{d}y$（并称 $\mathrm{d}x\,\mathrm{d}y$ 为直角坐标系下的面积元素），二重积分也可记为

$$\iint_D f(x,y)\,\mathrm{d}x\,\mathrm{d}y,$$

这里把 $\mathrm{d}x\,\mathrm{d}y$ 称为直角坐标系下的面积微元.

(3) 二重积分的几何意义.若 $f(x,y)\geqslant 0$,则二重积分表示以 $z=f(x,y)$ 为顶面,以 $D$ 为底面的曲顶柱体的体积(可称为正体积). 若 $f(x,y)\leqslant 0$,则此时曲顶柱体在 $xOy$ 平面下方,从而二重积分表示以 $f(x,y)$ 为顶面,以 $D$ 为底面的曲顶柱体的体积的相反数(可称为负体积).若 $f(x,y)$ 在区域 $D$ 上若干部分为正,其余部分为负,则 $f(x,y)$ 在 $D$ 上的二重积分表示这些部分区域上对应的体积的代数和.

### 7.1.2 二重积分的性质

二重积分与定积分有相类似的性质,而且这些性质的证明与定积分的性质证明完全类似.请读者参照定积分性质的证明方法自己证明.

(1) 线性运算性.

$$\iint_D [\alpha f(x,y)+\beta g(x,y)]\,\mathrm{d}\sigma=\alpha\iint_D f(x,y)\,\mathrm{d}\sigma+\beta\iint_D g(x,y)\,\mathrm{d}\sigma.$$

其中,$\alpha$,$\beta$ 是常数.

(2) 对积分区域的可加性.若区域 $D$ 可被曲线分为两个没有公共内点的闭子区域 $D_1$ 与 $D_2$,则

$$\iint_D f(x,y)\,\mathrm{d}\sigma=\iint_{D_1} f(x,y)\,\mathrm{d}\sigma+\iint_{D_2} f(x,y)\,\mathrm{d}\sigma.$$

(3) 若在 $D$ 上,$f(x,y)\equiv 1$,$\sigma$ 为区域 $D$ 的面积,则

$$S_D=\sigma=\iint_D 1\cdot \mathrm{d}\sigma=\iint_D \mathrm{d}\sigma.$$

上述性质的几何意义:高为 1 的平顶柱体的体积在数值上等于该柱体的底面积.

(4) 若在 $D$ 上,$f(x,y)\leqslant g(x,y)$,则有不等式

$$\iint_D f(x,y)\,\mathrm{d}\sigma\leqslant\iint_D g(x,y)\,\mathrm{d}\sigma.$$

特别地,由于 $-|f(x,y)|\leqslant f(x,y)\leqslant |f(x,y)|$,有

$$\left|\iint_D f(x,y)\,\mathrm{d}\sigma\right|\leqslant\iint_D |f(x,y)|\,\mathrm{d}\sigma.$$

(5) 估值不等式.设 $M$ 与 $m$ 分别是 $f(x,y)$ 在闭区域 $D$ 上最大值和最小值,$\sigma$ 是 $D$ 的面积,则

$$m\sigma\leqslant\iint_D f(x,y)\,\mathrm{d}\sigma\leqslant M\sigma.$$

(6) 二重积分的中值定理.设函数 $f(x,y)$ 在有界闭区域 $D$ 上连续,$\sigma$ 是 $D$ 的面积,则在 $D$ 上至少存在一点 $(\xi,\eta)$,使得

$$\iint_D f(x,y)\,\mathrm{d}\sigma=f(\xi,\eta)\sigma.$$

上式也可记为

$$f(\xi,\eta)=\frac{1}{\sigma}\iint_D f(x,y)\,\mathrm{d}\sigma.$$

通常将 $\frac{1}{\sigma}\iint_D f(x,y)\,\mathrm{d}\sigma$ 称为函数 $f(x,y)$ 在平面区域 $D$ 上的**平均值**.

### 7.1.3　利用对称性与奇偶性化简二重积分

利用被积函数的奇偶性与积分区域的对称性，有时可以化简二重积分.不加证明的总结如下.

1）若积分区域 $D$ 关于 $y$ 轴对称划分为 $D_1+D_2$，则

（1）当 $f(x,y)$ 关于 $x$ 为奇函数时，即当 $f(-x,y)=-f(x,y)((x,y)\in D)$ 时，有

$$\iint\limits_D f(x,y)\mathrm{d}\sigma=0.$$

（2）当 $f(x,y)$ 关于 $x$ 为偶函数时，即当 $f(-x,y)=f(x,y)((x,y)\in D)$ 时，有

$$\iint\limits_D f(x,y)\mathrm{d}\sigma=2\iint\limits_{D_1} f(x,y)\mathrm{d}\sigma.$$

其中，$D_1=\{(x,y)\mid(x,y)\in D,x\geqslant 0\}$.

2）若积分区域 $D$ 关于 $x$ 轴对称划分为 $D_1+D_2$，则

（1）当 $f(x,y)$ 关于 $y$ 为奇函数时，即当 $f(x,-y)=-f(x,y)((x,y)\in D)$ 时，有

$$\iint\limits_D f(x,y)\mathrm{d}\sigma=0.$$

（2）当 $f(x,y)$ 关于 $y$ 为偶函数时，即当 $f(x,-y)=f(x,y)((x,y)\in D)$ 时，有

$$\iint\limits_D f(x,y)\mathrm{d}\sigma=2\iint\limits_{D_1} f(x,y)\mathrm{d}\sigma.$$

其中，$D_1=\{(x,y)\mid(x,y)\in D,y\geqslant 0\}$.

3）若积分区域 $D$ 关于直线 $y=x$ 对称，则

$$\iint\limits_D f(x,y)\mathrm{d}\sigma=\iint\limits_D f(y,x)\mathrm{d}\sigma.$$

以上简化计算性质对于某些二重积分的计算是非常有效的，请读者一定要牢记，以便做到灵活应用.

**例1**　估计二重积分 $I=\iint\limits_D \dfrac{\mathrm{d}\sigma}{\sqrt{x^2+y^2+2xy+16}}$ 的值，其中积分区域 $D$ 为矩形区域

$$\{(x,y)\mid 0\leqslant x\leqslant 1,0\leqslant y\leqslant 2\}.$$

**解**　由于 $f(x,y)=\dfrac{1}{\sqrt{(x+y)^2+16}}$，故 $f(x,y)$ 在区域 $D$ 上的最大值和最小值分别为

$$M=f(0,0)=\frac{1}{\sqrt{(0+0)^2+16}}=\frac{1}{4},\quad m=f(1,2)=\frac{1}{\sqrt{(1+2)^2+16}}=\frac{1}{5}.$$

再由于积分区域 $D$ 的面积为 $\sigma=2$，所以 $m\sigma\leqslant I\leqslant M\sigma$，即 $\dfrac{1}{5}\times 2\leqslant I\leqslant\dfrac{1}{4}\times 2$，从而有 $\dfrac{2}{5}\leqslant I\leqslant\dfrac{1}{2}$.

**例2**　比较积分 $I_1=\iint\limits_D(x+y)\mathrm{d}\sigma$ 与 $I_2=\iint\limits_D\sin(x+y)\mathrm{d}\sigma$ 的大小，其中 $D$ 是由 $x$ 轴、$y$ 轴及 $x+y=1$ 所围的平面区域.

**解**　由于当 $x>0$ 时，有 $x>\sin x$ 成立，故当 $(x,y)\in D$ 时，有 $0\leqslant x+y\leqslant 1$，从而有

$$x+y \geqslant \sin(x+y),$$

故

$$\iint_D (x+y)\mathrm{d}\sigma \geqslant \iint_D \sin(x+y)\mathrm{d}\sigma,$$

即有

$$I_1 \geqslant I_2.$$

**例 3** 求二重积分 $I=\iint_D \left(\sqrt{1-x^2-y^2}+x+y\right)^2 \mathrm{d}\sigma$，其中 $D=\{(x,y)\mid x^2+y^2\leqslant 1\}$.

**解** 由 $I=\iint_D \left[1-x^2-y^2+2(x+y)\sqrt{1-x^2-y^2}+(x+y)^2\right]\mathrm{d}\sigma$

$$=\iint_D 1\cdot\mathrm{d}\sigma+2\iint_D x\sqrt{1-x^2-y^2}\,\mathrm{d}\sigma+2\iint_D y\sqrt{1-x^2-y^2}\,\mathrm{d}\sigma+2\iint_D xy\,\mathrm{d}\sigma,$$

由于 $D$ 为一个圆心在原点的单位圆盘是关于 $y$ 轴对称的，而被积函数 $x\sqrt{1-x^2-y^2}$ 关于 $x$ 是奇函数，故

$$\iint_D x\sqrt{1-x^2-y^2}\,\mathrm{d}\sigma=0.$$

类似地，利用 $D$ 关于 $x$ 轴的对称性及被积函数关于 $y$ 是奇函数可得

$$\iint_D y\sqrt{1-x^2-y^2}\,\mathrm{d}\sigma=0, \quad 及 \quad \iint_D xy\,\mathrm{d}\sigma=0,$$

综合有

$$I=\sigma+0+0+0=\sigma=\pi.$$

**例 4** 求二重积分 $I=\iint_D (\cos^2 x+\sin^2 y)\,\mathrm{d}\sigma$，其中 $D=\{(x,y)\mid x^2+y^2\leqslant 1\}$.

**解** 据题意可令 $f(x,y)=\cos^2 x+\sin^2 y$，由于 $D$ 为一个圆心在原点的单位圆盘，它是关于直线 $y=x$ 对称的，故

$$\iint_D f(x,y)\mathrm{d}\sigma=\iint_D f(y,x)\mathrm{d}\sigma,$$

即

$$I=\iint_D (\cos^2 x+\sin^2 y)\,\mathrm{d}\sigma=\iint_D (\cos^2 y+\sin^2 x)\,\mathrm{d}\sigma.$$

从而有

$$\begin{aligned}2I&=\iint_D (\cos^2 x+\sin^2 y)\,\mathrm{d}\sigma+\iint_D (\cos^2 y+\sin^2 x)\,\mathrm{d}\sigma\\&=\iint_D (\cos^2 x+\sin^2 y+\cos^2 y+\sin^2 x)\,\mathrm{d}\sigma\\&=\iint_D 2\mathrm{d}\sigma=2\iint_D 1\cdot\mathrm{d}\sigma=2\sigma=2\pi,\end{aligned}$$

故有

$$I=\iint_D (\cos^2 x+\sin^2 y)\,\mathrm{d}\sigma=\pi.$$

## 练 习 7.1

1. 比较以下三个二重积分的大小：

$$I_1=\iint\limits_D \ln^3(x+y)\mathrm{d}\sigma,\quad I_2=\iint\limits_D (x+y)^3\mathrm{d}\sigma,\quad I_3=\iint\limits_D \sin^3(x+y)\mathrm{d}\sigma.$$

其中 $D$ 是由 $x+y=\frac{1}{2},x+y=1,x=0,y=0$ 所围的平面区域.

2. 估计下列二重积分的大小：

(1) $\iint\limits_D xy(x+y)\mathrm{d}\sigma$，其中 $D=\{(x,y)\mid 0\leqslant x\leqslant 1,0\leqslant y\leqslant 1\}$；

(2) $\iint\limits_D \frac{1}{100+\cos^2 x+\cos^2 y}\mathrm{d}\sigma$，其中 $D=\{(x,y)\mid |x|+|y|\leqslant 10\}$.

3. 利用奇偶性与对称性计算下列二重积分：

(1) $\iint\limits_D xy(x+y)\mathrm{d}\sigma$；　　(2) $\iint\limits_D \frac{y^3\cos x}{1+x^2+y^2}\mathrm{d}\sigma$；

(3) $\iint\limits_D \frac{y^2}{x^2+y^2}\mathrm{d}\sigma$；　　(4) $\iint\limits_D (\cos x+\sin y)^2\mathrm{d}\sigma$.

其中 $D=\{(x,y)\mid 1\leqslant x^2+y^2\leqslant 4\}$.

4. 利用二重积分的性质证明不等式

$$1\leqslant\iint\limits_D(\cos x^2+\sin y^2)\,\mathrm{d}\sigma\leqslant\sqrt{2},$$

其中 $D=\{(x,y)\mid 0\leqslant x\leqslant 1,0\leqslant y\leqslant 1\}$ 为方形区域.

(提示：先利用对称性，再利用二重积分的估计定理).

# 7.2 在直角坐标系下计算二重积分

已知二重积分是用和式的极限来定义的，但是利用定义来计算二重积分显然是不实际的.本节与7.3节，要讨论二重积分的计算方法，其基本思想是将二重积分化为两个定积分(即二次积分)来计算.转化后的这种两次定积分通常称为二次积分或累次积分.本节先讨论在直角坐标系下计算二重积分的方法.

## 7.2.1 在直角坐标下计算二重积分

典型例题讲解

在具体讨论二重积分的计算方法之前，先介绍一下平面区域的类型，即所谓的 $X$ 型区域与 $Y$ 型区域.这在5.7节中有过简单的介绍，在这里再给出较详细的介绍.如图7-4与图7-5所示分别给出了两种区域的典型图例.

$X$ 型区域：$\{(x,y)\mid a\leqslant x\leqslant b,\varphi_1(x)\leqslant y\leqslant\varphi_2(x)\}$，其中 $\varphi_2(x),\varphi_1(x)$ 是连续函数，分别称为区域的上下边界.其特征为用平行于 $y$ 轴的直线穿过区域，直线与区域边界的交点不多于两个.

$Y$ 型区域：$\{(x,y)\mid c\leqslant y\leqslant d,\psi_1(y)\leqslant x\leqslant\psi_2(y)\}$，其中 $\psi_1(y),\psi_2(y)$ 是连续函数，

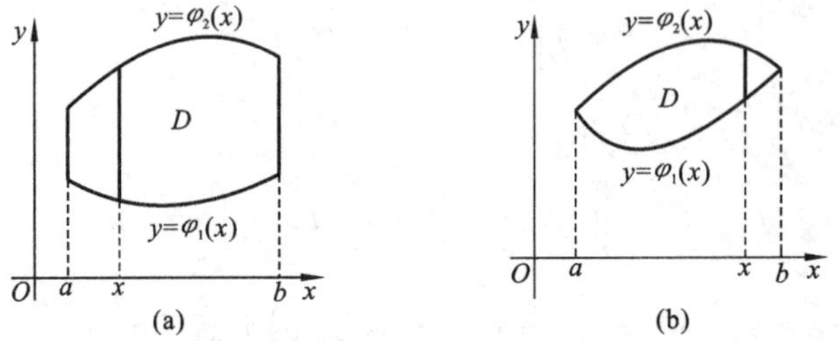


图 7-4

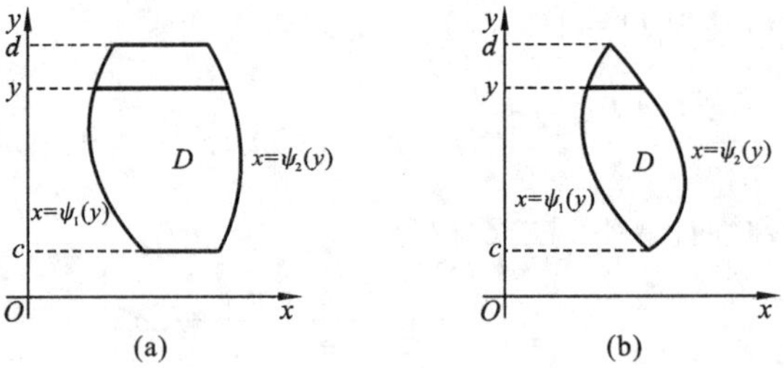


图 7-5

分别称为区域的左右边界.其特征为用平行于 $x$ 轴的直线穿过区域，直线与区域边界的交点不多于两个.

下面在假定 $D$ 是 $X$ 型区域及被积函数 $f(x,y)\geqslant 0$ 的条件下利用几何观点来讨论二重积分的计算方法.

设积分区域 $D$ 是 $X$ 型区域，即它可用以下不等式

$$a\leqslant x\leqslant b,\quad \varphi_1(x)\leqslant y\leqslant \varphi_2(x)$$

来表示(图 7-4).其中 $\varphi_1(x)$，$\varphi_2(x)$ 在区间$[a,b]$上连续.

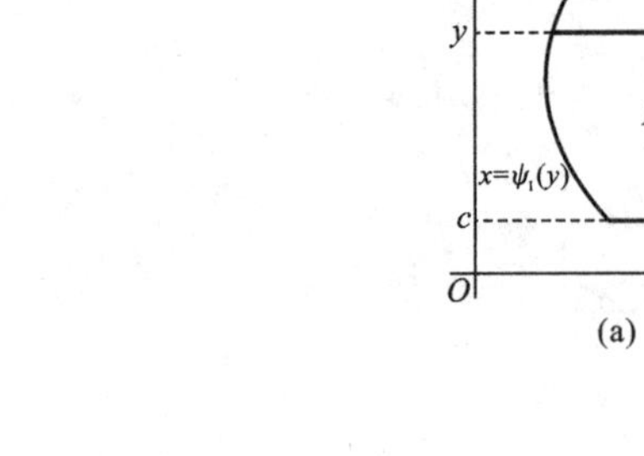


图 7-6

据二重积分的几何意义可知

$$\iint_D f(x,y)\,\mathrm{d}\sigma=\iint_D f(x,y)\,\mathrm{d}x\,\mathrm{d}y$$

的值等于以 $D$ 为底面，以曲面 $z=f(x,y)$ 为顶面的曲顶柱体的体积(图 7-6).

下面利用第 5 章的 5.7 节中的“已知平行截面面积函数的立体的体积”来计算这个曲顶柱体的体积.

先计算截面面积.在区间$[a,b]$上任意取定一个点 $x_0$，作平行于 $yOz$ 坐标面的平面 $x=x_0$，这平面截曲顶柱体所得截面是一个以区间$[\varphi_1(x_0),\varphi_2(x_0)]$为底，曲线 $z=f(x_0,y)$ 为曲边的曲边梯形，由一元积分可知其面积为

$$A(x_0)=\int_{\varphi_1(x_0)}^{\varphi_2(x_0)} f(x_0,y)\,\mathrm{d}y.$$

一般地，过区间$[a,b]$上任一 $x$ 且平行于 $yOz$ 面的平面截曲顶柱体所得截面的面积为

$$A(x)=\int_{\varphi_1(x)}^{\varphi_2(x)} f(x,y)\,\mathrm{d}y.$$

利用计算平行截面面积为已知的立体体积的方法，该曲顶柱体的体积为

$$V=\int_a^b A(x)\mathrm{d}x=\int_a^b\left[\int_{\varphi_1(x)}^{\varphi_2(x)}f(x,y)\mathrm{d}y\right]\mathrm{d}x.$$

从而有

$$\iint_D f(x,y)\mathrm{d}\sigma=\iint_D f(x,y)\mathrm{d}x\mathrm{d}y=\int_a^b\left[\int_{\varphi_1(x)}^{\varphi_2(x)}f(x,y)\mathrm{d}y\right]\mathrm{d}x.$$

上述积分称为先对 $y$、后对 $x$ 的二次积分，即先把 $x$ 看成常数，$f(x,y)$ 只看成 $y$ 的函数，对 $f(x,y)$ 计算从 $\varphi_1(x)$ 到 $\varphi_2(x)$ 的定积分，然后把所得的结果(此时它是 $x$ 的函数)当成被积函数再对 $x$ 从 $a$ 到 $b$ 计算定积分.习惯上可以简记为

$$\iint_D f(x,y)\mathrm{d}\sigma=\int_a^b\mathrm{d}x\int_{\varphi_1(x)}^{\varphi_2(x)}f(x,y)\mathrm{d}y.$$

**注** 在上述讨论中，为了讨论方便，事先假定了 $f(x,y)\geqslant 0$，利用二重积分的几何意义，导出了二重积分的计算公式.但实际上，公式并不受此条件限制，对一般的 $f(x,y)$（在 $D$ 上连续），该公式仍然是成立的.

完全类似，如果积分区域 $D$ 为 $Y$ 型区域，即可以用下述不等式

$$c\leqslant y\leqslant d,\quad \psi_1(y)\leqslant x\leqslant \psi_2(y)$$

表示，其中 $\psi_1(y),\psi_2(y)$ 是$[c,d]$上的连续函数，$f(x,y)$ 在 $D$ 上连续，则

$$\iint_D f(x,y)\mathrm{d}\sigma=\iint_D f(x,y)\mathrm{d}x\mathrm{d}y=\int_c^d\left[\int_{\psi_1(y)}^{\psi_2(y)}f(x,y)\mathrm{d}x\right]\mathrm{d}y$$

$$=\int_c^d\mathrm{d}y\int_{\psi_1(y)}^{\psi_2(y)}f(x,y)\mathrm{d}x.$$

上式称为先对 $x$ 后对 $y$ 的二次积分.

如果积分区域 $D$ 既不是 $X$ 型区域，也不是 $Y$ 型区域，如图 7-7 所示，可以将它分割成若干块 $X$ 型区域或 $Y$ 型区域，然后再利用二重积分对积分区域的可加性分别计算再作和.

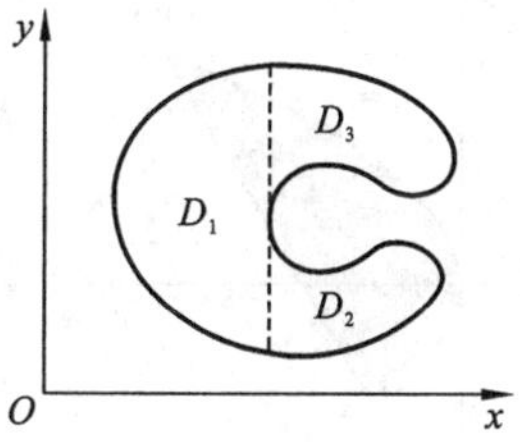

图 7-7

如果积分区域 $D$ 既是 $X$ 型区域也是 $Y$ 型区域，即积分区域 $D$ 既可以用不等式

$$a\leqslant x\leqslant b,\quad \varphi_1(x)\leqslant y\leqslant \varphi_2(x)$$

表示，又可以用不等式

$$c\leqslant y\leqslant d,\quad \psi_1(y)\leqslant x\leqslant \psi_2(y)$$

表示(图 7-8)，则有

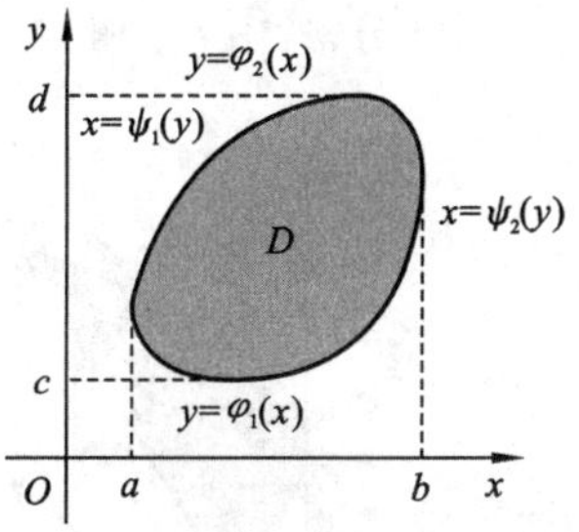

图 7-8

$$\int_a^b\mathrm{d}x\int_{\varphi_1(x)}^{\varphi_2(x)}f(x,y)\mathrm{d}y=\int_c^d\mathrm{d}y\int_{\psi_1(y)}^{\psi_2(y)}f(x,y)\mathrm{d}x.$$

上式表明，这两个不同积分次序的二次积分是相等的，这个结果提示在计算二重积分的过程中，一定注意根据积分区域 $D$ 与被积函数 $f(x,y)$ 的特点来适当地选择积分次序，可以使计算更为简便.

如果积分区域 $D$ 可以表示为 $a\leqslant x\leqslant b,c\leqslant y\leqslant d$，且 $f(x,y)=f_1(x)\cdot f_2(y)$(此时称 $f(x,y)$ 为可分离变量函数)，则

$$\iint_D f(x,y)\mathrm{d}\sigma=\int_a^b f_1(x)\mathrm{d}x\int_c^d f_2(y)\mathrm{d}y.$$

此时的二重积分正好等于两个定积分作乘积.

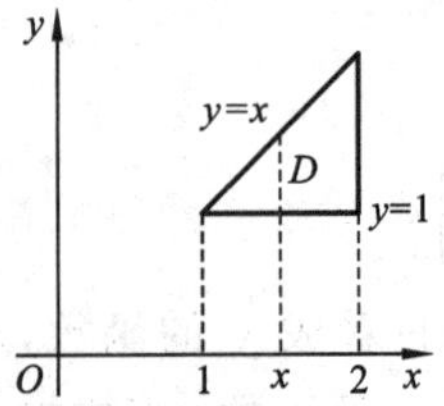

图 7-9

**例 1** 计算二重积分$\iint\limits_D xy\,\mathrm{d}\sigma$，其中$D$是由直线$y=1$，$x=2$及$y=x$所围的闭区域.

**解** **方法一** 将$D$看成$X$型区域(图 7-9)，故$D$的不等式表示为

$$1\leqslant x\leqslant 2,\quad 1\leqslant y\leqslant x,$$

所以有

$$\iint\limits_D xy\,\mathrm{d}\sigma=\int_1^2\left(\int_1^x xy\,\mathrm{d}y\right)\mathrm{d}x=\int_1^2 x\cdot\frac{y^2}{2}\bigg|_1^x\mathrm{d}x=\int_1^2\left(\frac{x^3}{2}-\frac{x}{2}\right)\mathrm{d}x$$

$$=\left[\frac{x^4}{8}-\frac{x^2}{4}\right]_1^2=\frac{9}{8}.$$

**方法二** 将$D$看成$Y$型区域(图 7-10)，故$D$的不等式为

$$1\leqslant y\leqslant 2,\quad y\leqslant x\leqslant 2,$$

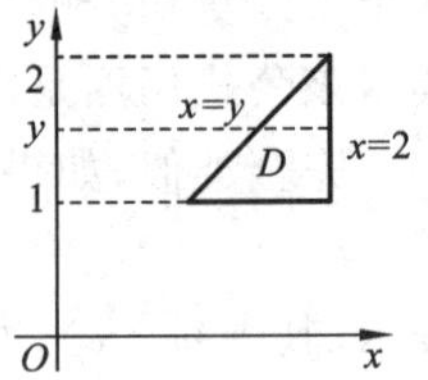

图 7-10

所以有

$$\iint\limits_D xy\,\mathrm{d}\sigma=\int_1^2\left(\int_y^2 xy\,\mathrm{d}x\right)\mathrm{d}y=\int_1^2 y\cdot\frac{x^2}{2}\bigg|_y^2\mathrm{d}y$$

$$=\int_1^2\left(2y-\frac{y^3}{2}\right)\mathrm{d}y=\left[y^2-\frac{y^4}{8}\right]_1^2=\frac{9}{8}.$$

**注** 从例 1 可以看出，将$D$看成$X$型区域与将$D$看成$Y$型区域来计算该二重积分的难度与计算量是相当的.

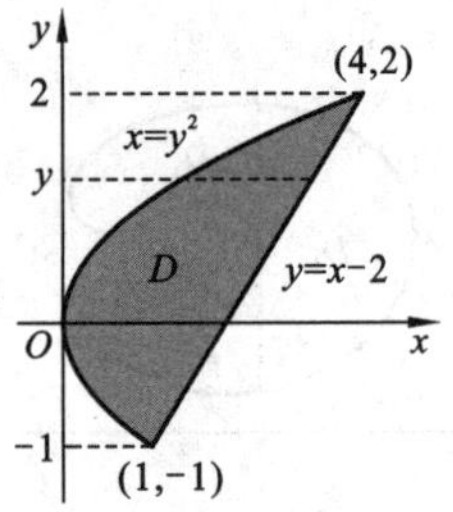

图 7-11

**例 2** 计算二重积分$\iint\limits_D xy\,\mathrm{d}\sigma$，其中$D$是由直线$y=x-2$与抛物线$y^2=x$所围闭区域.

**解** **方法一** 将$D$看成$Y$型区域(图 7-11)，故$D$的不等式为

$$-1\leqslant y\leqslant 2,\quad y^2\leqslant x\leqslant y+2,$$

所以有

$$\iint\limits_D xy\,\mathrm{d}\sigma=\int_{-1}^2\left(\int_{y^2}^{y+2}xy\,\mathrm{d}x\right)\mathrm{d}y=\int_{-1}^2 y\cdot\frac{x^2}{2}\bigg|_{y^2}^{y+2}\mathrm{d}y$$

$$=\frac{1}{2}\int_{-1}^2\left[y\,(y+2)^2-y^5\right]\mathrm{d}y=\frac{45}{8}.$$

**方法二** 将$D$看成$X$型区域(图 7-12)，需将$D$划分成$D_1$和$D_2$两部分.其中$D_1$和$D_2$的积分限不等式为

$$D_1:0\leqslant x\leqslant 1,\quad -\sqrt{x}\leqslant y\leqslant\sqrt{x};$$

$$D_2:1\leqslant x\leqslant 4,\quad x-2\leqslant y\leqslant\sqrt{x}.$$

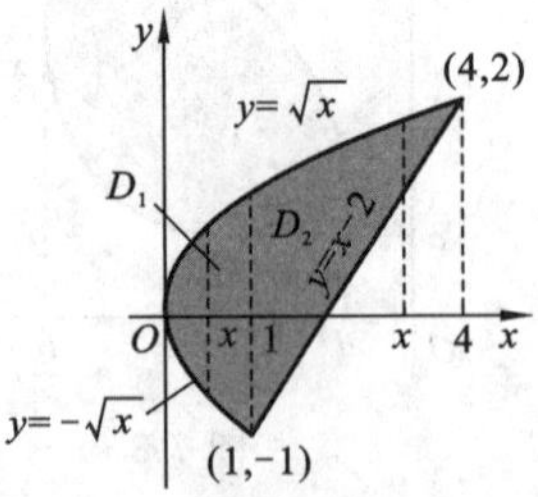

图 7-12

从而有

$$\iint\limits_D xy\,\mathrm{d}\sigma=\iint\limits_{D_1}xy\,\mathrm{d}\sigma+\iint\limits_{D_2}xy\,\mathrm{d}\sigma=\int_0^1\left(\int_{-\sqrt{x}}^{\sqrt{x}}xy\,\mathrm{d}y\right)\mathrm{d}x+\int_1^4\left(\int_{x-2}^{\sqrt{x}}xy\,\mathrm{d}y\right)\mathrm{d}x$$

$$=\int_1^2 x\cdot\frac{y^2}{2}\bigg|_{-\sqrt{x}}^{\sqrt{x}}\mathrm{d}x+\int_1^4 x\cdot\frac{y^2}{2}\bigg|_{x-2}^{\sqrt{x}}\mathrm{d}x=\frac{45}{8}.$$

**注**　从例 2 可以看出，将 $D$ 看成 $X$ 型区域与将 $D$ 看成 $Y$ 型区域来计算该二重积分的难度与计算量是不同的.

**例 3**　计算二重积分 $\iint\limits_D e^{y^2}\,dx\,dy$，其中 $D$ 是由直线 $y=x$，$y=1$ 及 $y$ 轴所围的闭区域.

**解**　**方法一**　将 $D$ 看成 $X$ 型区域(图 7-13)，故 $D$ 的不等式表示为

$$0\leqslant x\leqslant 1,\quad x\leqslant y\leqslant 1,$$

所以有

$$\iint\limits_D e^{y^2}\,dx\,dy=\int_0^1\left(\int_x^1 e^{y^2}\,dy\right)dx.$$

由于积分 $\int e^{y^2}\,dy$ 不能利用初等函数来表示，所以利用先对 $y$ 后对 $x$ 积分的顺序是不可行的，故需要选择另一种积分顺序，即下面的方法二.

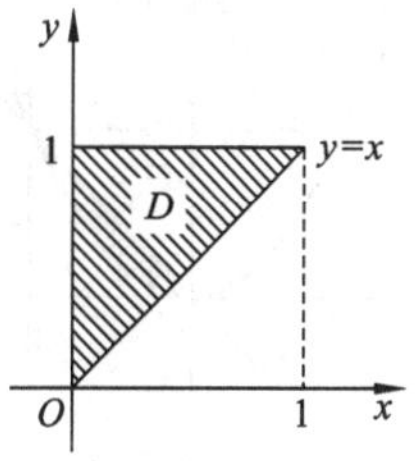

图 7-13

**方法二**　将 $D$ 看成 $Y$ 型区域，故 $D$ 的不等式为

$$0\leqslant y\leqslant 1,\quad 0\leqslant x\leqslant y,$$

所以有

$$\begin{aligned}\iint\limits_D e^{y^2}\,dx\,dy&=\int_0^1\left(\int_0^y e^{y^2}\,dx\right)dy=\int_0^1 e^{y^2}\left(\int_0^y 1\,dx\right)dy\\&=\int_0^1 e^{y^2}\cdot x\Big|_0^y\,dy=\int_0^1 e^{y^2}\cdot y\,dy\\&=\frac{1}{2}\int_0^1 e^{y^2}\,d(y^2)=\frac{e^{y^2}}{2}\Big|_0^1=\frac{e-1}{2}.\end{aligned}$$

**注**　从例 3 可以看出，计算二重积分时，有时积分顺序的选择是非常重要的，它不但要考虑到积分区域的特点，还要考虑到被积函数的特点.这点请读者一定要牢记心中.

典型例题讲解

## 7.2.2　交换二次积分的积分顺序

从前面的例题讨论可以看出，计算二重积分时，合理选择积分顺序是非常重要的.在某些情况下，积分顺序选择不当，可能使二次积分的计算变得很烦琐，甚至无法计算出来.

如果积分区域既可以写成 $X$ 型区域

$$a\leqslant x\leqslant b,\quad \varphi_1(x)\leqslant y\leqslant \varphi_2(x),$$

也可以写成 $Y$ 型区域

$$c\leqslant y\leqslant d,\quad \psi_1(y)\leqslant x\leqslant \psi_2(y),$$

则有

$$\iint\limits_D f(x,y)\,d\sigma=\int_a^b dx\int_{\varphi_1(x)}^{\varphi_2(x)} f(x,y)\,dy,$$

及

$$\iint\limits_D f(x,y)\,d\sigma=\int_c^d dy\int_{\psi_1(y)}^{\psi_2(y)} f(x,y)\,dx,$$

即有

$$\int_a^b dx\int_{\varphi_1(x)}^{\varphi_2(x)} f(x,y)\,dy=\int_c^d dy\int_{\psi_1(y)}^{\psi_2(y)} f(x,y)\,dx.$$

以上等式称为交换二次积分的积分顺序.

根据以上讨论可知，交换积分顺序的关键在于转换积分区域类型，其步骤如下：

(1) 根据给定的二次积分写出积分区域 $D$ 的不等式；

(2) 画出 $D$ 的草图；

(3) 根据 $D$ 的草图将 $D$ 的不等式转换类型，并写出相应的不等式；

(4) 根据新的不等式写出交换积分顺序后的二次积分.

**例 4** 交换积分 $\int_0^1 dx \int_{x^2}^{x} f(x,y)dy$ 的积分顺序.

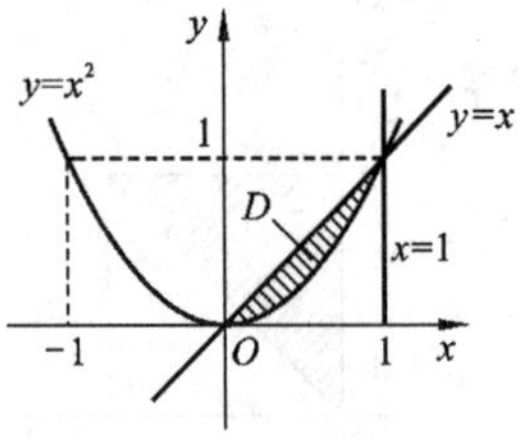


图 7-14

**解** 根据题设可知二重积分的积分区域 $D$ 为一个 $X$ 型区域，如图 7-14 所示，其不等式表示为

$$0 \leqslant x \leqslant 1, \quad x^2 \leqslant y \leqslant x,$$

将 $D$ 转化为 $Y$ 型区域，其不等式表示为

$$0 \leqslant y \leqslant 1, y \leqslant x \leqslant \sqrt{y},$$

故有

$$\int_0^1 dx \int_{x^2}^{x} f(x,y)dy = \int_0^1 dy \int_y^{\sqrt{y}} f(x,y)dx.$$

## 练　习　7.2

1. 计算下列二重积分：

(1) $\iint\limits_D \sin^2 x \cdot \sin^2 y d\sigma$，其中 $D: 0 \leqslant x \leqslant \pi, 0 \leqslant y \leqslant \pi$；

(2) $\iint\limits_D (3x+2y)d\sigma$，其中 $D$ 是由 $x=0, y=0$ 及 $x+y=2$ 所围的闭区域；

(3) $\iint\limits_D e^{x+y} d\sigma$，其中 $D: |x|+|y| \leqslant 1$；

(4) $\iint\limits_D \frac{x^2}{y^2} d\sigma$，其中 $D$ 是由 $x=2, y=x$ 及 $xy=1$ 所围的闭区域；

(5) $\iint\limits_D \frac{\sin x}{x} d\sigma$，其中 $D$ 是由 $x=2, y=x, y=\frac{x}{2}$ 所围的闭区域；

(6) $\iint\limits_D x^2 e^{-y^2} d\sigma$，其中 $D$ 是以 $(0,0)$，$(1,1)$ 及 $(0,1)$ 为顶点的三角形区域.

2. 交换积分顺序：

(1) $\int_0^1 dy \int_y^{\sqrt{y}} f(x,y)dx$；　　(2) $\int_1^e dx \int_0^{\ln x} f(x,y)dy$；

(3) $\int_0^1 dy \int_{1-y}^{1+y^2} f(x,y)dx$；　　(4) $\int_0^1 dx \int_0^x f(x,y)dy + \int_1^2 dx \int_0^{2-x} f(x,y)dy$.

3. 利用二重积分表示由曲面 $z=0, x+y+z=1, x^2+y^2=1$ 所围的立体的体积.

4. 设 $D$ 表示由不等式 $|x|+|y| \leqslant 1$ 所确定的区域，试求二重积分 $\iint\limits_D (|x|+y)d\sigma$.

# 7.3　在极坐标系下计算二重积分

典型例题讲解

有些二重积分，其积分区域 $D$ 的边界曲线用极坐标方程来表示比较简单，如圆形或扇形区域的边界.此时，如果二重积分的被积函数 $f(x,y)$ 在极坐标系下也有比较简单的形式(如 $f(x,y)$ 是 $x^2+y^2$ 的函数或 $\frac{y}{x}$ 的函数)，则应考虑利用极坐标来计算二重积分.

**1. 变换公式**

按照二重积分的定义有

$$\iint_D f(x,y)\,\mathrm{d}\sigma=\lim_{\lambda\to 0}\sum_{i=1}^{n} f(\xi_i,\eta_i)\,\Delta\sigma_i.$$

现研究这一和式极限在极坐标中的形式.

如图 7-15 所示，用以极点 $O$ 为中心的一族同心圆 $r$ 为常数以及从极点出发的一族射线 $\theta$ 为常数，将 $D$ 剖分成几个小闭区域.

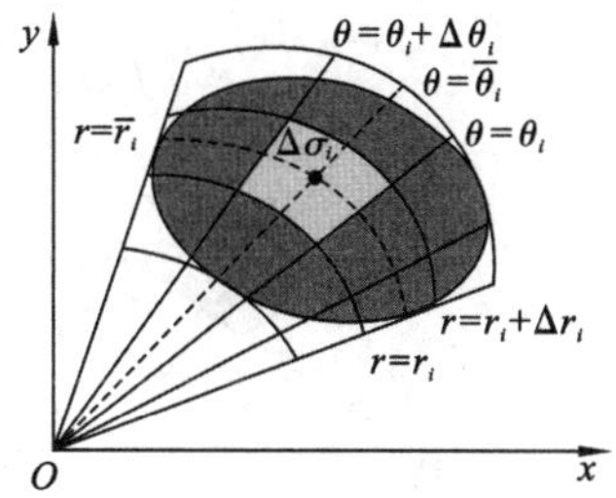

图 7-15

除包含边界点的一些小闭区域外，小闭区域 $\Delta\sigma_i$ 的面积可如下计算.

$$\Delta\sigma_i=\frac{1}{2}(r_i+\Delta r_i)^2\Delta\theta_i-\frac{1}{2}r_i^2\Delta\theta_i=\frac{1}{2}(2r_i+\Delta r_i)\Delta r_i\Delta\theta_i$$

$$=\frac{r_i+(r_i+\Delta r_i)}{2}\Delta r_i\Delta\theta_i=\bar{r}_i\Delta r_i\Delta\theta_i.$$

其中 $\bar{r}_i$ 表示相邻两圆弧半径的平均值.

在小区域 $\Delta\sigma_i$ 上取点 $(\bar{r}_i,\bar{\theta}_i)$，设该点直角坐标为 $(\xi_i,\eta_i)$，据直角坐标与极坐标转换公式

$$x=r\cos\theta,\quad y=r\sin\theta,$$

有

$$\xi_i=\bar{r}_i\cos\bar{\theta}_i,\quad \eta_i=\bar{r}_i\sin\bar{\theta}_i,$$

于是

$$\lim_{\lambda\to 0}\sum_{i=1}^{n} f(\xi_i,\eta_i)\Delta\sigma_i=\lim_{\lambda\to 0}\sum_{i=1}^{n} f(\bar{r}_i\cos\bar{\theta}_i,\bar{r}_i\sin\bar{\theta}_i)\cdot\bar{r}_i\Delta r_i\Delta\theta_i.$$

即

$$\iint_D f(x,y)\mathrm{d}\sigma=\iint_D f(r\cos\theta,r\sin\theta)r\,\mathrm{d}r\,\mathrm{d}\theta.$$

由于 $\iint_D f(x,y)\,\mathrm{d}\sigma$ 也常记为 $\iint_D f(x,y)\,\mathrm{d}x\,\mathrm{d}y$，因此，上述变换公式也可以写成更富有启发性的形式

$$\iint_D f(x,y)\mathrm{d}x\,\mathrm{d}y=\iint_D f(r\cos\theta,r\sin\theta)r\,\mathrm{d}r\,\mathrm{d}\theta,$$

上式称为二重积分由直角坐标变量变换成极坐标变量的变换公式，其中 $r\,\mathrm{d}r\,\mathrm{d}\theta$ 就是极坐标中的面积元素 $\mathrm{d}\sigma$，即 $\mathrm{d}\sigma=r\,\mathrm{d}r\,\mathrm{d}\theta$.

**2. 极坐标下的二重积分计算法**

极坐标系中的二重积分,同样可以化归为二次积分来计算.

(1) 如图 7-16 所示,积分区域 $D$ 可表示成下述形式

$$\alpha \leqslant \theta \leqslant \beta, \quad \varphi_1(\theta) \leqslant r \leqslant \varphi_2(\theta),$$

其中函数 $\varphi_1(\theta)$ ,$\varphi_2(\theta)$ 在 $[\alpha,\beta]$ 上连续.则

$$\iint_D f(r\cos\theta, r\sin\theta) r\,\mathrm{d}r\,\mathrm{d}\theta = \int_\alpha^\beta \mathrm{d}\theta \int_{\varphi_1(\theta)}^{\varphi_2(\theta)} f(r\cos\theta, r\sin\theta) r\,\mathrm{d}r.$$

(2) 积分区域 $D$ 如图 7-17 所述形式.显然,这只是情形(1) 的特殊形式 $\varphi_1(\theta) \equiv 0$(即极点在积分区域的边界上),故

$$\iint_D f(r\cos\theta, r\sin\theta) r\,\mathrm{d}r\,\mathrm{d}\theta = \int_\alpha^\beta \mathrm{d}\theta \int_0^{\varphi(\theta)} f(r\cos\theta, r\sin\theta) r\,\mathrm{d}r.$$

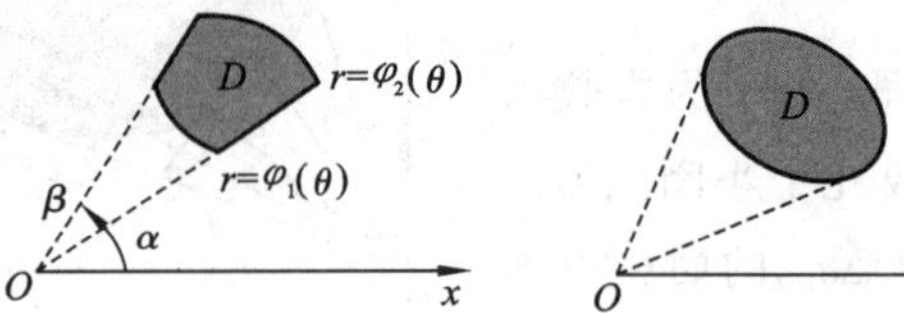


图 7-16

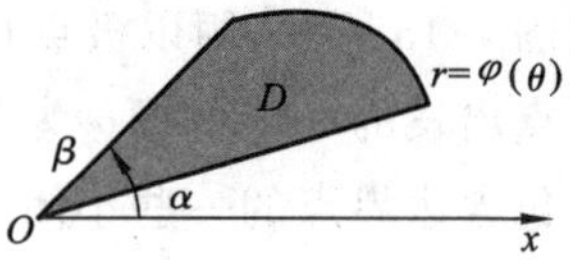


图 7-17

(3) 积分区域 $D$ 如图 7-18 所述形式.显然,这类区域又是情形(2) 的一种变形(极点包围在积分区域 $D$ 的内部),$D$ 可剖分成 $D_1$ 与 $D_2$,而

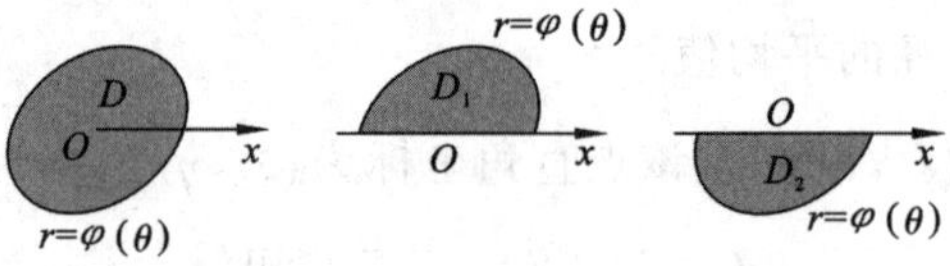


图 7-18

$$D_1: 0 \leqslant \theta \leqslant \pi, 0 \leqslant r \leqslant \varphi(\theta); \quad D_2: \pi \leqslant \theta \leqslant 2\pi, 0 \leqslant r \leqslant \varphi(\theta).$$

故

$$D: 0 \leqslant \theta \leqslant 2\pi, \quad 0 \leqslant r \leqslant \varphi(\theta).$$

则

$$\iint_D f(r\cos\theta, r\sin\theta) r\,\mathrm{d}r\,\mathrm{d}\theta = \int_0^{2\pi} \mathrm{d}\theta \int_0^{\varphi(\theta)} f(r\cos\theta, r\sin\theta) r\,\mathrm{d}r.$$

由上面的讨论不难发现,将二重积分化为极坐标形式进行计算,其关键之处在于将积分区域 $D$ 用极坐标变量 $r,\theta$ 表示成如下极坐标形式:

$$\alpha \leqslant \theta \leqslant \beta, \quad \varphi_1(\theta) \leqslant r \leqslant \varphi_2(\theta).$$

**3. 使用极坐标变换计算二重积分的原则**

(1) 积分区域的边界曲线(含圆弧,直线段) 易于用极坐标方程表示;

(2) 被积函数用极坐标变量表示较简单$\left(\text{特别 } f(x,y) \text{ 是 } x^2+y^2 \text{ 的函数或} \dfrac{y}{x} \text{ 的函数}\right)$.

如果以上两条都满足时，利用极坐标计算该二重积分时一般较简单.如果只满足其中一条，也可以考虑极坐标方法计算.如果两条都不满足，就先考虑直角坐标系计算.当然，每种方法都不是绝对有效的，具体问题具体分析，只有经过大量训练，才能熟能生巧.

**例 1**　计算二重积分 $\iint\limits_D \frac{\mathrm{d}x\,\mathrm{d}y}{1+x^2+y^2}$，其中 $D$ 是由 $x^2+y^2 \leqslant 1$ 所确定的区域.

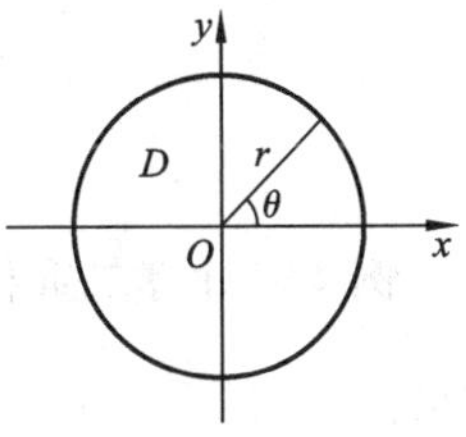


图 7-19

**解**　由积分区域 $D$ 是一个单位圆盘(图 7-19)，它在极坐标系下的不等式表示为 $0 \leqslant \theta \leqslant 2\pi, 0 \leqslant r \leqslant 1$，所以

$$\iint\limits_D \frac{\mathrm{d}x\,\mathrm{d}y}{1+x^2+y^2} = \int_0^{2\pi}\mathrm{d}\theta \int_0^1 \frac{1}{1+r^2} r\,\mathrm{d}r$$

$$= \theta\Big|_0^{2\pi} \cdot \frac{1}{2}\int_0^1 \frac{1}{1+r^2}\mathrm{d}(1+r^2)$$

$$= 2\pi \cdot \frac{1}{2}\ln(1+r^2)\Big|_0^1 = \pi\ln 2.$$

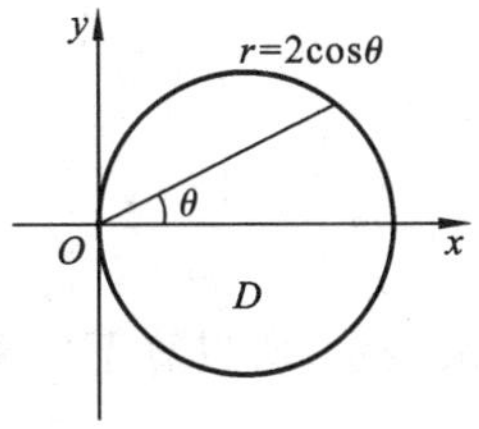


图 7-20

**例 2**　计算二重积分 $\iint\limits_D \frac{y^2}{x^2}\mathrm{d}x\,\mathrm{d}y$，其中 $D$ 是由 $x^2+y^2=2x$ 所围的平面区域.

**解**　由积分区域 $D$ 如图 7-20 所示，其边界曲线的极坐标方程为 $r=2\cos\theta$，于是它在极坐标系下的不等式表示为

$$-\frac{\pi}{2} \leqslant \theta \leqslant \frac{\pi}{2}, \quad 0 \leqslant r \leqslant 2\cos\theta,$$

所以

$$\iint\limits_D \frac{y^2}{x^2}\mathrm{d}x\,\mathrm{d}y = \int_{-\frac{\pi}{2}}^{\frac{\pi}{2}}\mathrm{d}\theta \int_0^{2\cos\theta} \frac{\sin^2\theta}{\cos^2\theta} r\,\mathrm{d}r = \int_{-\frac{\pi}{2}}^{\frac{\pi}{2}}\left[\frac{\sin^2\theta}{\cos^2\theta}\int_0^{2\cos\theta} r\,\mathrm{d}r\right]\mathrm{d}\theta$$

$$= \int_{-\frac{\pi}{2}}^{\frac{\pi}{2}}\left[\frac{\sin^2\theta}{\cos^2\theta} \cdot \frac{r^2}{2}\Big|_0^{2\cos\theta}\right]\mathrm{d}\theta = \int_{-\frac{\pi}{2}}^{\frac{\pi}{2}} \frac{\sin^2\theta}{\cos^2\theta} \cdot \frac{4\cos^2\theta}{2}\mathrm{d}\theta$$

$$= \int_{-\frac{\pi}{2}}^{\frac{\pi}{2}} 2\sin^2\theta\,\mathrm{d}\theta = \int_{-\frac{\pi}{2}}^{\frac{\pi}{2}} (1-\cos 2\theta)\,\mathrm{d}\theta$$

$$= \left(\theta - \frac{1}{2}\sin 2\theta\right)\Big|_{-\frac{\pi}{2}}^{\frac{\pi}{2}} = \pi.$$

**例 3**　计算二重积分 $\int_0^a \mathrm{d}x \int_{-x}^{\sqrt{a^2-x^2}-a} \frac{\mathrm{d}y}{\sqrt{x^2+y^2} \cdot \sqrt{4a^2-x^2-y^2}}\ (a>0)$.

**解**　由题设可知积分区域为

$$D: 0 \leqslant x \leqslant a, \quad -x \leqslant y \leqslant -a+\sqrt{a^2-x^2}.$$

区域 $D$ 的简图如图 7-21 所示.

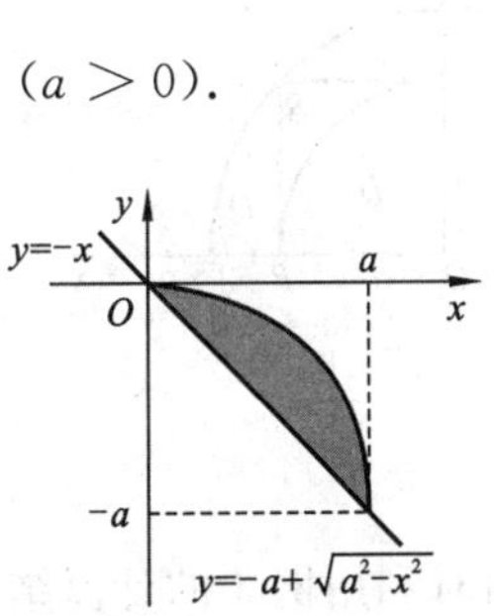


图 7-21

该区域在极坐标下的表示形式为

$$D: -\frac{\pi}{4} \leqslant \theta \leqslant 0, \quad 0 \leqslant r \leqslant -2a\sin\theta.$$

故

$$\int_0^a dx \int_{-x}^{\sqrt{a^2-x^2}-a} \frac{dy}{\sqrt{x^2+y^2}\cdot\sqrt{4a^2-x^2-y^2}}$$

$$=\int_{\frac{-\pi}{4}}^0 d\theta \int_0^{-2a\sin\theta} \frac{r\,dr}{\sqrt{r^2}\cdot\sqrt{4a^2-r^2}}$$

$$=\int_{\frac{-\pi}{4}}^0 \arcsin\frac{r}{2a}\bigg|_0^{-2a\sin\theta} d\theta=\int_{\frac{-\pi}{4}}^0 -\theta\, d\theta=\frac{-\theta^2}{2}\bigg|_{\frac{-\pi}{4}}^0=\frac{\pi^2}{32}.$$

**例 4** 计算二重积分 $\iint\limits_D e^{-x^2-y^2}\,dx\,dy$，其中 $D$ 是由中心在原点，半径为 $a$ 的圆所围的闭区域.

**解** 在极坐标系中，积分区域 $D$ 可表示为

$$0\leqslant\theta\leqslant 2\pi,\quad 0\leqslant r\leqslant a.$$

故

$$\iint\limits_D e^{-x^2-y^2}\,dx\,dy=\iint\limits_D e^{-r^2}r\,dr=\int_0^{2\pi}d\theta\int_0^a e^{-r^2}r\,dr=\int_0^{2\pi}\left[\frac{-1}{2}\int_0^a e^{-r^2}d(-r^2)\right]d\theta$$

$$=\int_0^{2\pi}\left[\frac{-1}{2}e^{-r^2}\bigg|_0^a\right]d\theta=\frac{-1}{2}(e^{-a^2}-1)\int_0^{2\pi}d\theta$$

$$=\frac{-1}{2}(e^{-a^2}-1)\cdot 2\pi=\pi(1-e^{-a^2}).$$

本题如果利用直角坐标系计算，由于积分 $\int e^{-x^2}dx$ 不能用初等函数来表示，所以算不出来. 现在利用例 4 的结果来计算概率论中常用的反常积分（泊松积分）$\int_0^{+\infty}e^{-x^2}dx=\frac{\sqrt{\pi}}{2}$ 或 $\int_{-\infty}^{+\infty}e^{-x^2}dx=\sqrt{\pi}$.

设

$$D_1=\{(x,y)\mid x^2+y^2\leqslant R^2,x\geqslant 0,y\geqslant 0\},$$
$$D_2=\{(x,y)\mid x^2+y^2\leqslant 2R^2,x\geqslant 0,y\geqslant 0\},$$
$$S=\{(x,y)\mid 0\leqslant x\leqslant R,0\leqslant y\leqslant R\}.$$

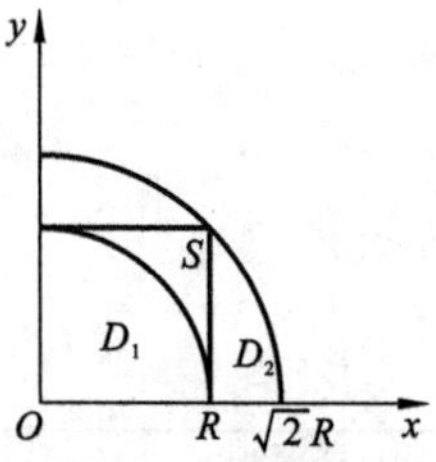

图 7-22

显然有 $D_1\subset S\subset D_2$（图 7-22）. 由于 $e^{-x^2-y^2}>0$，从而在这三个区域上的二重积分满足以下不等式

$$\iint\limits_{D_1}e^{-x^2-y^2}\,dx\,dy\leqslant\iint\limits_S e^{-x^2-y^2}\,dx\,dy\leqslant\iint\limits_{D_2}e^{-x^2-y^2}\,dx\,dy.$$

再由于

$$\iint\limits_S e^{-x^2-y^2}\,dx\,dy=\int_0^R e^{-x^2}dx\int_0^R e^{-y^2}dy$$

$$=\int_0^R e^{-x^2}dx\int_0^R e^{-x^2}dx=\left(\int_0^R e^{-x^2}dx\right)^2,$$

同时利用例 4 的计算结果有

$$\iint\limits_{D_1}e^{-x^2-y^2}\,dx\,dy=\frac{\pi}{4}(1-e^{-R^2}),\quad \iint\limits_{D_2}e^{-x^2-y^2}\,dx\,dy=\frac{\pi}{4}(1-e^{-2R^2}).$$

故上面的不等式可以写成

$$\frac{\pi}{4}(1-e^{-R^2}) \leqslant \left(\int_0^R e^{-x^2}dx\right)^2 \leqslant \frac{\pi}{4}(1-e^{-2R^2}).$$

令 $R \to +\infty$,有

$$\lim_{R\to+\infty}\frac{\pi}{4}(1-e^{-R^2}) = \lim_{R\to+\infty}\frac{\pi}{4}(1-e^{-2R^2}) = \frac{\pi}{4}.$$

由夹逼准则可知

$$\lim_{R\to+\infty}\left(\int_0^R e^{-x^2}dx\right)^2 = \frac{\pi}{4},$$

从而

$$\lim_{R\to+\infty}\int_0^R e^{-x^2}dx = \frac{\sqrt{\pi}}{2},$$

即

$$\int_0^{+\infty} e^{-x^2}dx = \frac{\sqrt{\pi}}{2}.$$

最后再根据奇偶性有

$$\int_{-\infty}^{+\infty} e^{-x^2}dx = 2\int_0^{+\infty} e^{-x^2}dx = \sqrt{\pi}.$$

**注** 反常积分$\int_0^{+\infty} e^{-x^2}dx = \frac{\sqrt{\pi}}{2}$与$\int_{-\infty}^{+\infty} e^{-x^2}dx = \sqrt{\pi}$都称为泊松积分,它在概率论与数理统计中有着重要的应用,请读者牢记.

## 练 习 7.3

1. 利用极坐标计算下列二重积分:

(1) $\iint\limits_D e^{x^2+y^2}d\sigma$,其中 $D: x^2+y^2 \leqslant 9$;

(2) $\iint\limits_D \ln(1+x^2+y^2)d\sigma$,其中 $D: x^2+y^2 \leqslant 4, x \geqslant 0, y \geqslant 0$;

(3) $\iint\limits_D \arctan\frac{y}{x}d\sigma$,其中 $D$ 是由 $x^2+y^2=1, x^2+y^2=4, y=x$ 及 $y=0$ 所围的第一象限部分;

(4) $\iint\limits_D \sin\sqrt{x^2+y^2}\,d\sigma$,其中 $D: \pi^2 \leqslant x^2+y^2 \leqslant 4\pi^2$.

2. 把下列积分化为极坐标形式计算其值:

(1) $\int_0^{2a}dx\int_0^{\sqrt{2ax-x^2}}(x^2+y^2)dy$;  (2) $\int_0^1 dx\int_x^{\sqrt{3}x}\frac{1}{\sqrt{x^2+y^2}}dy$;

(3) $\int_0^{\frac{\sqrt{3}}{2}a}dx\int_0^{\frac{\sqrt{3}x}{3}}\sqrt{x^2+y^2}\,dy + \int_{\frac{\sqrt{3}}{2}a}^{a}dx\int_0^{\sqrt{a^2-x^2}}\sqrt{x^2+y^2}\,dy$.

# 本章知识小结

## 一、二重积分的概念与性质

1. 二重积分的定义式：$\iint\limits_D f(x,y)\mathrm{d}\sigma=\lim\limits_{\lambda\to 0}\sum\limits_{i=1}^{n}f(x_i,y_i)\Delta\sigma_i$.

2. 几何意义：

$\iint\limits_D f(x,y)\mathrm{d}\sigma$ 表示以曲面 $z=f(x,y)$ 为顶，以 $D$ 为底的被 $xOy$ 面分成的上方和下方的曲顶柱体体积的代数和.

3. 基本性质：

(1) $\iint\limits_D[\alpha f(x,y)+\beta g(x,y)]\mathrm{d}\sigma=\alpha\iint\limits_D f(x,y)\mathrm{d}\sigma+\beta\iint\limits_D g(x,y)\mathrm{d}\sigma$，其中 $\alpha,\beta$ 为常数.

(2) $\iint\limits_D f(x,y)\mathrm{d}\sigma=\iint\limits_{D_1}f(x,y)\mathrm{d}\sigma+\iint\limits_{D_2}f(x,y)\mathrm{d}\sigma$，其中 $D=D_1\cup D_2$，且 $D_1$ 与 $D_2$ 除边界外无公共点.

(3) $\iint\limits_D \mathrm{d}x\,\mathrm{d}y=$ 区域 $D$ 的面积.

(4) 若在 $D$ 上，有 $f(x,y)\leqslant g(x,y)$，则 $\iint\limits_D f(x,y)\mathrm{d}\sigma\leqslant\iint\limits_D g(x,y)\mathrm{d}\sigma$.

(5) 估值性质：设在 $D$ 上，有 $m\leqslant f(x,y)\leqslant M$，$\sigma$ 是 $D$ 的面积，则

$$m\sigma\leqslant\iint\limits_D f(x,y)\mathrm{d}\sigma\leqslant M\sigma.$$

(6) 二重积分的中值定理：设 $f(x,y)$ 在有界区域 $D$ 上连续，$\sigma$ 是 $D$ 的面积，则在 $D$ 内至少存在一点 $(\xi,\eta)$，使 $\iint\limits_D f(x,y)\mathrm{d}\sigma=f(\xi,\eta)\cdot\sigma$.

## 二、在直角坐标系中化二重积分为累次积分，交换积分次序

1. 若 $D$ 为 $X$- 型区域 $\{(x,y)\mid a\leqslant x\leqslant b,\varphi_1(x)\leqslant y\leqslant\varphi_2(x)\}$：穿过 $D$ 内部且平行于 $y$ 轴的直线与 $D$ 的边界的交点不多于两个，则

$$\iint\limits_D f(x,y)\mathrm{d}\sigma=\int_a^b\mathrm{d}x\int_{\varphi_1(x)}^{\varphi_2(x)}f(x,y)\mathrm{d}y.$$

2. 若 $D$ 为 $Y$- 型区域 $\{(x,y)\mid c\leqslant x\leqslant d,\varphi_1(y)\leqslant x\leqslant\varphi_2(y)\}$：穿过 $D$ 内部且平行于 $x$ 轴的直线与 $D$ 的边界的交点不多于两个，则

$$\iint\limits_D f(x,y)\mathrm{d}\sigma=\int_c^d\mathrm{d}y\int_{\varphi_1(y)}^{\varphi_2(y)}f(x,y)\mathrm{d}x.$$

3. 交换积分次序.

先由所给积分的上、下限确定积分区域 $D$，再根据条件对 $X$- 型区域与 $Y$- 型区域进行相互转化.

## 三、在极坐标系中化二重积分为累次积分

$$\iint\limits_D f(x,y)\mathrm{d}\sigma=\iint\limits_{D'} f(r\cos\theta,r\sin\theta)r\mathrm{d}r\mathrm{d}\theta.$$

其中 $D'$ 是将 $D$ 变换成极坐标$(r,\theta)$所对应的区域.

(1) 若极点 $O$ 在区域 $D'$ 外,且 $D'$ 由射线 $\theta=\alpha,\theta=\beta$ 和两条连续曲线 $r=r_1(\theta),r=r_2(\theta)$ 所围成:$D'=\{(r,\theta)\mid\alpha\leqslant\theta\leqslant\beta,r_1(\theta)\leqslant r\leqslant r_2(\theta)\}$,则

$$\iint\limits_{D'} f(r\cos\theta,r\sin\theta)r\mathrm{d}r\mathrm{d}\theta=\int_\alpha^\beta\mathrm{d}\theta\int_{r_1(\theta)}^{r_2(\theta)} f(r\cos\theta,r\sin\theta)r\mathrm{d}r.$$

(2) 若极点 $O$ 在区域 $D'$ 的边界上,且 $D'$ 由射线 $\theta=\alpha,\theta=\beta$ 和连续曲线 $r=r(\theta)$ 所围成:$D'=\{(r,\theta)\mid\alpha\leqslant\theta\leqslant\beta,0\leqslant r\leqslant r(\theta)\}$,则

$$\iint\limits_{D'} f(r\cos\theta,r\sin\theta)r\mathrm{d}r\mathrm{d}\theta=\int_\alpha^\beta\mathrm{d}\theta\int_0^{r(\theta)} f(r\cos\theta,r\sin\theta)r\mathrm{d}r.$$

(3) 极点 $O$ 在区域 $D'$ 内,且 $D'$ 的边界曲线为连续封闭曲线

$$r=r(\theta)(0\leqslant\theta\leqslant 2\pi):D'=\{(r,\theta)\mid 0\leqslant\theta\leqslant 2\pi,0\leqslant r\leqslant r(\theta)\},$$

则

$$\iint\limits_{D'} f(r\cos\theta,r\sin\theta)r\mathrm{d}r\mathrm{d}\theta=\int_0^{2\pi}\mathrm{d}\theta\int_0^{r(\theta)} f(r\cos\theta,r\sin\theta)r\mathrm{d}r.$$

## 四、无界区域上简单的反常二重积分

$$\iint\limits_D f(x,y)\mathrm{d}\sigma=\lim_{D_\Gamma\to D}\iint\limits_{D_\Gamma} f(x,y)\mathrm{d}\sigma.$$

# 历年考研真题选讲

**例1** (**2009年,数一**)如图7-23所示,正方形$\{(x,y)\mid|x|\leqslant 1,|y|\leqslant 1\}$被其对角线划分为四个区域 $D_k(k=1,2,3,4)$,$I_k=\iint\limits_{D_k} y\cos x\,\mathrm{d}x\mathrm{d}y$,则$\max\limits_{1\leqslant k\leqslant 4}\{I_k\}=(\quad)$.

A.$I_1$　　B.$I_2$　　C.$I_3$　　D.$I_4$

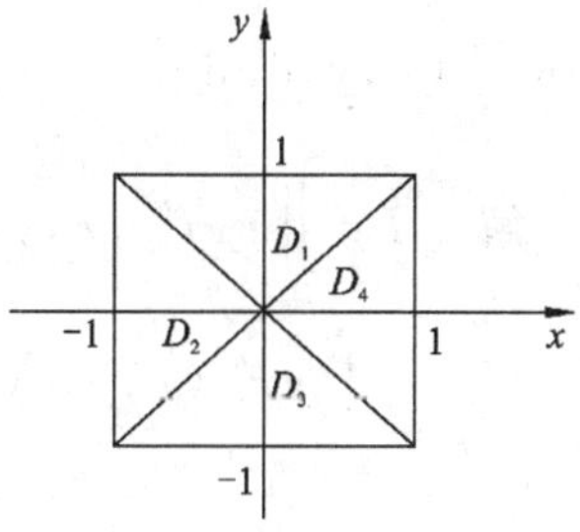


图 7-23

**解**　本题考查二重积分的积分区域的对称性和被积函数的奇偶性.

$D_2,D_4$ 两区域关于 $x$ 轴对称,被积函数 $f(x,-y)=-y\cos x=-f(x,y)$,关于 $y$ 为奇函数,所以 $I_2=I_4=0$;

$D_1,D_3$ 两区域关于 $y$ 轴对称,被积函数 $f(x,-y)=y\cos(-x)=f(x,y)$,关于 $x$ 为偶函数,$I_1=2\iint\limits_{\{(x,y)\mid y\geqslant x,0\leqslant x\leqslant 1\}} y\cos x\,\mathrm{d}x\mathrm{d}y>0$,$I_3=2\iint\limits_{\{(x,y)\mid y\leqslant -x,0\leqslant x\leqslant 1\}} y\cos x\,\mathrm{d}x\mathrm{d}y<0$,所以A答案为正确答案.

**例2** (**2014年,数一**)设 $f(x,y)$ 是连续函数,则$\int_0^1\mathrm{d}y\int_{-\sqrt{1-y^2}}^{1-y} f(x,y)\mathrm{d}x=(\quad)$.

A. $\int_0^1 \mathrm{d}x\int_0^{x-1} f(x,y)\mathrm{d}y+\int_{-1}^0 \mathrm{d}x\int_0^{\sqrt{1-x^2}} f(x,y)\mathrm{d}y$

B. $\int_0^1 \mathrm{d}x\int_0^{1-x} f(x,y)\mathrm{d}y+\int_{-1}^0 \mathrm{d}x\int_{-\sqrt{1-x^2}}^0 f(x,y)\mathrm{d}y$

C. $\int_0^{\frac{\pi}{2}} \mathrm{d}\theta\int_0^{\frac{1}{\cos\theta+\sin\theta}} f(r\cos\theta,r\sin\theta)\mathrm{d}r+\int_{\frac{\pi}{2}}^{\pi} \mathrm{d}\theta\int_0^1 f(r\cos\theta,r\sin\theta)\mathrm{d}r$

D. $\int_0^{\frac{\pi}{2}} \mathrm{d}\theta\int_0^{\frac{1}{\cos\theta+\sin\theta}} f(r\cos\theta,r\sin\theta)r\mathrm{d}r+\int_{\frac{\pi}{2}}^{\pi} \mathrm{d}\theta\int_0^1 f(r\cos\theta,r\sin\theta)r\mathrm{d}r$

**解** $$\int_0^1 \mathrm{d}y\int_{\sqrt{1-y^2}}^{1-y} f(x,y)\mathrm{d}x=\int_{-1}^0 \mathrm{d}x\int_0^{\sqrt{1-x^2}} f(x,y)\mathrm{d}y+\int_0^1 \mathrm{d}x\int_0^{1-x} f(x,y)\mathrm{d}y$$

$$=\int_0^{\frac{\pi}{2}} \mathrm{d}\theta\int_0^{\frac{1}{\cos\theta\sin\theta}} f(r\cos\theta,r\sin\theta)r\mathrm{d}r+\int_{\frac{\pi}{2}}^{\pi} \mathrm{d}\theta\int_0^1 f(r\cos\theta,r\sin\theta)r\mathrm{d}r.$$

故选 D.

**例 3** **（2015 年，数一、二）**设 $D$ 是第一象限由曲线 $2xy=1$，$4xy=1$ 与直线 $y=x$，$y=\sqrt{3}x$ 围成的平面区域，函数 $f(x,y)$ 在 $D$ 上连续，则 $\iint\limits_D f(x,y)\mathrm{d}x\mathrm{d}y=$（　　）.

A. $\int_{\frac{\pi}{4}}^{\frac{\pi}{3}} \mathrm{d}\theta\int_{\frac{1}{2\sin2\theta}}^{\frac{1}{\sin2\theta}} f(r\cos\theta,r\sin\theta)r\mathrm{d}r$　　B. $\int_{\frac{\pi}{4}}^{\frac{\pi}{3}} \mathrm{d}\theta\int_{\frac{1}{\sqrt{2\sin2\theta}}}^{\frac{1}{\sqrt{\sin2\theta}}} f(r\cos\theta,r\sin\theta)r\mathrm{d}r$

C. $\int_{\frac{\pi}{4}}^{\frac{\pi}{3}} \mathrm{d}\theta\int_{\frac{1}{2\sin2\theta}}^{\frac{1}{\sin2\theta}} f(r\cos\theta,r\sin\theta)\mathrm{d}r$　　D. $\int_{\frac{\pi}{4}}^{\frac{\pi}{3}} \mathrm{d}\theta\int_{\frac{1}{\sqrt{2\sin2\theta}}}^{\frac{1}{\sqrt{\sin2\theta}}} f(r\cos\theta,r\sin\theta)\mathrm{d}r$

**解** 本题主要考查二重积分在极坐标下化为二次积分，首先画出 $D$ 的图形如图，从而 $\iint\limits_D f(x,y)\mathrm{d}x\mathrm{d}y=\int_{\frac{\pi}{4}}^{\frac{\pi}{3}} \mathrm{d}\theta\int_{\frac{1}{\sqrt{2\sin2\theta}}}^{\frac{1}{\sqrt{\sin2\theta}}} f(r\cos\theta,r\sin\theta)r\mathrm{d}r$，选 B.

**例 4** **（2011 年，数一、二）**已知函数 $f(x,y)$ 具有二阶连续的偏导数，且 $f(1,y)=f(x,1)=0$，$\iint\limits_D f(x,y)\mathrm{d}x\mathrm{d}y=a$，其中 $D=\{(x,y)\mid 0\leqslant x\leqslant 1,0\leqslant y\leqslant 1\}$，计算二重积分 $\iint\limits_D xyf''_{xy}(x,y)\mathrm{d}x\mathrm{d}y$.

**解** $I=\iint\limits_D xyf''_{xy}(x,y)\mathrm{d}x\mathrm{d}y=\int_0^1 x\mathrm{d}x\int_0^1 yf''_{xy}(x,y)\mathrm{d}y$，而

$$\int_0^1 yf''_{xy}(x,y)\mathrm{d}y=\int_0^1 y\mathrm{d}[f'_x(x,y)]=yf'_x(x,y)\Big|_0^1-\int_0^1 f'_x(x,y)\mathrm{d}y$$

$$=f'_x(x,1)-\int_0^1 f'_x(x,y)\mathrm{d}y,$$

则 $$I=\iint\limits_D xyf''_{xy}(x,y)\mathrm{d}x\mathrm{d}y=\int_0^1 x\left[f'_x(x,1)-\int_0^1 f'_x(x,y)\mathrm{d}y\right]\mathrm{d}x$$

$$=\int_0^1 xf'_x(x,1)\mathrm{d}x-\int_0^1 x\mathrm{d}x\int_0^1 f'_x(x,y)\mathrm{d}y$$

$$=\int_0^1 x\mathrm{d}[f(x,1)]-\int_0^1 x\mathrm{d}x\int_0^1 f'_x(x,y)\mathrm{d}y$$

$$=xf(x,1)\Big|_0^1-\int_0^1 f(x,1)\mathrm{d}x-\int_0^1 \mathrm{d}x\int_0^1 f'_x(x,y)\mathrm{d}y=-\int_0^1 \mathrm{d}y\int_0^1 xf'_x(x,y)\mathrm{d}x$$

$$=-\int_0^1 \mathrm{d}y\int_0^1 x\,\mathrm{d}[f(x,y)]=-\int_0^1\left[xf(x,y)\Big|_0^1-\int_0^1 f(x,y)\mathrm{d}x\right]\mathrm{d}y$$

$$=\int_0^1 \mathrm{d}y\int_0^1 f(x,y)\mathrm{d}x=\int_0^1 \mathrm{d}x\int_0^1 f(x,y)\mathrm{d}y=\iint\limits_D f(x,y)\mathrm{d}x\,\mathrm{d}y=a.$$

**例 5** **(2017 年,数二)** $\int_0^1 \mathrm{d}y\int_y^1 \frac{\tan x}{x}\mathrm{d}x=$ ________.

**解** 交换积分次序:

$$\int_0^1 \mathrm{d}y\int_y^1 \frac{\tan x}{x}\mathrm{d}x=\int_0^1 \mathrm{d}x\int_0^x \frac{\tan x}{x}\mathrm{d}y=\int_0^1 \tan x\,\mathrm{d}x=-\ln(\cos x)\Big|_0^1=-\ln(\cos 1).$$

**例 6** **(2017 年,数二)** 已知平面区域 $D=\{(x,y)\mid x^2+y^2\leqslant 2y\}$,计算二重积分 $\iint\limits_D (x+1)^2\mathrm{d}x\,\mathrm{d}y$.

**解**
$$\iint\limits_D (x+1)^2\mathrm{d}x\,\mathrm{d}y=\iint\limits_D (x^2+2x+1)\mathrm{d}x\,\mathrm{d}y.$$

$D$ 的边界曲线在极坐标系下的方程为 $r=2\sin\theta(0\leqslant\theta\leqslant\pi)$,所以

$$\iint\limits_D x^2\mathrm{d}x\,\mathrm{d}y=\int_0^{\pi}\mathrm{d}\theta\int_0^{2\sin\theta} r^3\cos^2\theta\,\mathrm{d}r=4\int_0^{\pi}\sin^4\theta\cos^2\theta\,\mathrm{d}\theta$$

$$=\int_0^{\pi}\frac{1-\cos 2\theta}{2}\sin^2 2\theta\,\mathrm{d}\theta$$

$$=\frac{1}{2}\int_0^{\pi}\sin^2 2\theta\,\mathrm{d}\theta-\frac{1}{2}\int_0^{\pi}\cos 2\theta\sin^2 2\theta\,\mathrm{d}\theta$$

$$=\frac{1}{4}\int_0^{\pi}(1-\cos 4\theta)\mathrm{d}\theta=\frac{\pi}{4}.$$

又因为 $\iint\limits_D (2x+1)\mathrm{d}x\,\mathrm{d}y=\iint\limits_D 2x\,\mathrm{d}x\,\mathrm{d}y+\iint\limits_D 1\mathrm{d}x\,\mathrm{d}y=0+\pi=\pi$,所以

$$\iint\limits_D (x+1)^2\mathrm{d}x\,\mathrm{d}y=\frac{5\pi}{4}.$$

**例 7** **(2017 年,数三)** 计算积分 $\iint\limits_D \frac{y^3}{(1+x^2+y^4)^2}\mathrm{d}x\,\mathrm{d}y$,其中 $D$ 是第一象限中以曲线 $y=\sqrt{x}$ 与 $x$ 轴为边界的无界区域.

**解**
$$\iint\limits_D \frac{y^3}{(1+x^2+y^4)^2}\mathrm{d}x\,\mathrm{d}y=\int_0^{+\infty}\mathrm{d}x\int_0^{\sqrt{x}}\frac{y^3}{(1+x^2+y^4)^2}\mathrm{d}y$$

$$=-\frac{1}{4}\int_0^{+\infty}\left(\frac{1}{1+2x^2}-\frac{1}{1+x^2}\right)\mathrm{d}x$$

$$=-\frac{1}{4\sqrt{2}}\arctan\sqrt{2}x\Big|_0^{+\infty}+\frac{1}{4}\arctan x\Big|_0^{+\infty}$$

$$=\frac{\pi}{8}\left(1-\frac{1}{\sqrt{2}}\right)=\frac{2-\sqrt{2}}{16}\pi.$$

**例 8** **(2018 年,数三)** 设平面区域 $D$ 由曲线 $y=\sqrt{3(1-x^2)}$ 与直线 $y=\sqrt{3}x$ 及 $y$ 轴围成. 计算二重积分 $\iint\limits_D x^2\mathrm{d}x\,\mathrm{d}y$.

**解** 原式$=\int_0^{\frac{1}{\sqrt{2}}}\mathrm{d}x\int_{\sqrt{3}x}^{\sqrt{3(1-x^2)}}x^2\mathrm{d}y=\int_0^{\frac{1}{\sqrt{2}}}x^2\left(\sqrt{3(1-x^2)}-\sqrt{3}x\right)\mathrm{d}x$

$$=\sqrt{3}\left(\int_0^{\frac{1}{\sqrt{2}}}x^2\sqrt{(1-x^2)}\,\mathrm{d}x-\int_0^{\frac{1}{\sqrt{2}}}x^3\mathrm{d}x\right),$$

又$\int_0^{\frac{1}{\sqrt{2}}}x^2\sqrt{(1-x^2)}\,\mathrm{d}x\xlongequal{x=\sin t}\int_0^{\frac{\pi}{4}}\sin^2t\cos^2t\,\mathrm{d}t=\frac{1}{4}\int_0^{\frac{\pi}{4}}\sin^2 2t\,\mathrm{d}t=\frac{1}{4}\int_0^{\frac{\pi}{4}}\frac{1-\cos 4t}{2}\mathrm{d}t=\frac{\pi}{32}$,

所以

$$\sqrt{3}\left(\int_0^{\frac{1}{\sqrt{2}}}x^2\sqrt{(1-x^2)}\,\mathrm{d}x-\int_0^{\frac{1}{\sqrt{2}}}x^3\mathrm{d}x\right)=\sqrt{3}\left(\frac{\pi}{32}-\frac{1}{16}\right)=\frac{\sqrt{3}}{32}(\pi-2).$$

**例 9** (**2019 年,数二**)已知平面区域 $D=\{(x,y)\mid |x|\leqslant y,(x^2+y^2)^3\leqslant y^4\}$,计算二重积分$\iint\limits_D\frac{x+y}{\sqrt{x^2+y^2}}\mathrm{d}x\,\mathrm{d}y$.

**解** 由 $(x^2+y^2)^3\leqslant y^4\Rightarrow\rho^6=\rho^4\sin^4\theta\Rightarrow\rho^2=\sin^4\theta\Rightarrow\rho=\sin^2\theta$,得

$$\iint\limits_D\frac{x+y}{\sqrt{x^2+y^2}}\mathrm{d}x\,\mathrm{d}y=\iint\limits_D\frac{y}{\sqrt{x^2+y^2}}\mathrm{d}x\,\mathrm{d}y=2\iint\limits_{D_1}\frac{y}{\sqrt{x^2+y^2}}\mathrm{d}x\,\mathrm{d}y$$

$$=2\int_{\frac{\pi}{4}}^{\frac{\pi}{2}}\mathrm{d}\theta\int_0^{\sin^2\theta}\frac{\rho\sin\theta}{\rho}\rho\,\mathrm{d}\rho=2\int_{\frac{\pi}{4}}^{\frac{\pi}{2}}\frac{\sin^4\theta}{2}\sin\theta\,\mathrm{d}\theta=\int_{\frac{\pi}{4}}^{\frac{\pi}{2}}\sin^5\theta\,\mathrm{d}\theta$$

$$=-\int_{\frac{\pi}{4}}^{\frac{\pi}{2}}(1-\cos^2\theta)^2\,\mathrm{d}\cos\theta$$

$$=-\int_{\frac{\pi}{4}}^{\frac{\pi}{2}}(1-2\cos^2\theta+\cos^4\theta)\,\mathrm{d}\cos\theta$$

$$=-\left(\cos\theta-\frac{2}{3}\cos^3\theta+\frac{\cos^5\theta}{5}\right)\Bigg|_{\frac{\pi}{4}}^{\frac{\pi}{2}}=\frac{43}{120}\sqrt{2}.$$

**例 10** (**2020 年,数二**)$\int_0^1\mathrm{d}y\int_{\sqrt{y}}^1\sqrt{x^3+1}=$________.

**解** $\int_0^1\mathrm{d}y\int_{\sqrt{y}}^1\sqrt{x^3+1}\xlongequal{x\text{ 型}}\int_0^1\mathrm{d}x\int_0^{x^2}\sqrt{x^3+1}\,\mathrm{d}y=\int_0^1\sqrt{x^3+1}\cdot x^2\mathrm{d}x$

$$=\frac{1}{3}\int_0^1(x^3+1)^{\frac{1}{2}}\mathrm{d}(x^3+1)$$

$$=\frac{1}{3}\cdot\frac{2}{3}(x^3+1)^{\frac{3}{2}}\Big|_0^1=\frac{2}{9}(2\sqrt{2}-1).$$

**例 11** (**2020 年,数二**)设平面区域 $D$ 由直线 $x=1,x=2,y=x$ 与 $x$ 轴围成,计算$\iint\limits_D\frac{\sqrt{x^2+y^2}}{x}\mathrm{d}x\,\mathrm{d}y$.

**解** $\iint\limits_D\frac{\sqrt{x^2+y^2}}{x}\mathrm{d}x\,\mathrm{d}y\xlongequal{x\text{ 型}}\int_1^2\mathrm{d}x\int_0^x\frac{\sqrt{x^2+y^2}}{x}\mathrm{d}y=\int_1^2x\cdot\frac{\sqrt{2}+\ln(\sqrt{2}+1)}{2}\mathrm{d}x$

$$=\frac{3\left[\sqrt{2}+\ln(\sqrt{2}+1)\right]}{4},$$

其中

$$\int_0^x \frac{\sqrt{x^2+y^2}}{x} \xlongequal{y=\tan x} x\int_0^{\frac{\pi}{4}} \sec^3 t\,\mathrm{d}t = x\cdot\left.\frac{\sec t\cdot\tan t+\ln|\sec t+\tan t|}{2}\right|_0^{\frac{\pi}{4}}$$

$$= x\cdot\frac{\sqrt{2}+\ln(\sqrt{2}+1)}{2}.$$

**例 12** **(2020 年，数三)** 设 $D=\{(x,y)\mid x^2+y^2\leqslant 1, y\geqslant 0\}$，连续函数 $f(x,y)$ 满足 $f(x,y)=y\sqrt{1-x^2}+x\iint\limits_D f(x,y)\mathrm{d}x\mathrm{d}y$，求 $\iint\limits_D xf(x,y)\mathrm{d}x\mathrm{d}y$.

**解** 设 $A=\iint\limits_D f(x,y)\mathrm{d}x\mathrm{d}y$，则 $f(x,y)=y\sqrt{1-x^2}+Ax$，求 $A$ 即可.

由 $\iint\limits_D f(x,y)\mathrm{d}x\mathrm{d}y=\iint\limits_D y\sqrt{1-x^2}\mathrm{d}x\mathrm{d}y+A\iint\limits_D x\mathrm{d}x\mathrm{d}y$，有 $\iint\limits_D x\mathrm{d}x\mathrm{d}y=0$，则

$$A=\iint\limits_D y\sqrt{1-x^2}\mathrm{d}x\mathrm{d}y=2\int_0^1\mathrm{d}x\int_0^{\sqrt{1-x^2}} y\sqrt{1-x^2}\mathrm{d}y=2\int_0^1(1-x^2)\frac{\sqrt{1-x^2}}{2}\mathrm{d}x$$

$$\xlongequal{x=\sin t}\int_0^{\frac{\pi}{2}}\cos^4 t\,\mathrm{d}t=\int_0^{\frac{\pi}{2}}\left(\frac{1+\cos^2 t}{2}\right)^2\mathrm{d}t=\frac{3}{16}\pi,$$

得 $f(x,y)=y\sqrt{1-x^2}+\frac{3\pi}{16}x$，故

$$\begin{aligned}\iint\limits_D xf(x,y)\mathrm{d}x\mathrm{d}y&=\iint\limits_D x\left[y\sqrt{1-x^2}+\frac{3\pi}{16}x\right]\mathrm{d}x\mathrm{d}y\\&=\iint\limits_D xy\sqrt{1-x^2}\mathrm{d}x\mathrm{d}y+\frac{3}{16}\pi\iint\limits_D x^2\mathrm{d}x\mathrm{d}y\\&=\frac{3}{16}\pi\int_0^\pi\mathrm{d}\theta\int_0^1\rho^2\cos^2\theta\rho\,\mathrm{d}\rho\\&=\frac{3}{16}\pi\cdot\frac{1}{4}\int_0^\pi\frac{1+\cos 2\theta}{2}\mathrm{d}\theta\\&=\frac{3}{16}\pi\cdot\frac{1}{4}\cdot\frac{\pi}{2}=\frac{3\pi^2}{128}.\end{aligned}$$

**例 13** **(2021 年，数二)** 已知函数 $f(t)=\int_1^{t^2}\mathrm{d}x\int_{\sqrt{x}}^t\sin\frac{x}{y}\mathrm{d}y$，则 $f'\left(\frac{\pi}{2}\right)=$________.

**解** $f(t)=\int_1^{t^2}\mathrm{d}x\int_{\sqrt{x}}^t\sin\frac{x}{y}\mathrm{d}y\xlongequal{y\text{ 型}}\int_1^t\mathrm{d}y\int_1^{y^2}\sin\frac{x}{y}\mathrm{d}x=\int_1^t\left(y\cos\frac{1}{y}-y\cos y\right)\mathrm{d}y$，

故
$$f'(t)=t\cos\frac{1}{t}-t\cos t\Rightarrow f'\left(\frac{\pi}{2}\right)=\frac{\pi}{2}\cos\frac{2}{\pi}.$$

**例 14** **(2022年，数二)** 已知平面区域 $D=\{(x,y)\mid y-2\leqslant x\leqslant\sqrt{4-y^2}, 0\leqslant y\leqslant 2\}$，计算 $I=\iint\limits_D\frac{(x-y)^2}{x^2+y^2}\mathrm{d}x\mathrm{d}y$.

**解** $I=\iint\limits_D\frac{(x-y)^2}{x^2+y^2}\mathrm{d}x\mathrm{d}y$

$$=\int_0^{\frac{\pi}{2}}(\cos\theta-\sin\theta)^2\mathrm{d}\theta\int_0^2 r\,\mathrm{d}r+\int_{\frac{\pi}{2}}^{\pi}(\cos\theta-\sin\theta)^2\mathrm{d}\theta\int_0^{\frac{2}{\sin\theta-\cos\theta}}r\,\mathrm{d}r$$

$$=2\int_0^{\frac{\pi}{2}}(1-2\sin\theta\cos\theta)\mathrm{d}\theta+2\int_{\frac{\pi}{2}}^{\pi}\mathrm{d}\theta$$

$$=2(\theta-\sin^2\theta)\Big|_0^{\frac{\pi}{2}}+\pi$$

$$=2\left(\frac{\pi}{2}-1\right)+\pi=2\pi-2.$$

**例 15** （**2023 年，数二**）设平面有界区域 $D$ 位于第一象限，由曲线 $x^2+y^2-xy=1$，$x^2+y^2-xy=2$，与直线 $y=\sqrt{3}x$，$y=0$ 围成，计算 $\iint\limits_D \frac{1}{3x^2+y^2}\mathrm{d}x\,\mathrm{d}y$.

**解** 本题采用极坐标进行计算：

$$\iint\limits_D \frac{1}{3x^2+y^2}\mathrm{d}\sigma=\int_0^{\frac{\pi}{3}}\mathrm{d}\theta\int_{\sqrt{\frac{1}{1-\sin\theta\cos\theta}}}^{\sqrt{\frac{2}{1-\sin\theta\cos\theta}}}\frac{1}{r^2(3\cos^2\theta+\sin^2\theta)}r\,\mathrm{d}\theta$$

$$=\int_0^{\frac{\pi}{3}}\mathrm{d}\theta\int_{\sqrt{\frac{1}{1-\sin\theta\cos\theta}}}^{\sqrt{\frac{2}{1-\sin\theta\cos\theta}}}\frac{1}{(3\cos^2\theta+\sin^2\theta)}\frac{1}{r}\mathrm{d}\theta$$

$$=\int_0^{\frac{\pi}{3}}\frac{1}{(3\cos^2\theta+\sin^2\theta)}\cdot\ln r\Bigg|_{\sqrt{\frac{1}{1-\sin\theta\cos\theta}}}^{\sqrt{\frac{2}{1-\sin\theta\cos\theta}}}\mathrm{d}\theta$$

$$=\int_0^{\frac{\pi}{3}}\frac{1}{(3\cos^2\theta+\sin^2\theta)}\cdot\frac{1}{2}\ln\sqrt{2}\,\mathrm{d}\theta$$

$$=\frac{1}{2}\ln 2\cdot\int_0^{\frac{\pi}{3}}\frac{1}{(3+\tan^2\theta)\cdot\cos^2\theta}\mathrm{d}\theta$$

$$=\frac{1}{2}\ln 2\cdot\int_0^{\frac{\pi}{3}}\frac{1}{(3+\tan^2\theta)}\mathrm{d}\tan\theta$$

$$=\frac{1}{2}\ln 2\cdot\frac{1}{\sqrt{3}}\arctan\frac{\tan\theta}{\sqrt{3}}\Bigg|_0^{\frac{\pi}{3}}=\frac{\pi}{8\sqrt{3}}\ln 2.$$

**例 16** （**2023 年，数三**）已知平面区域 $D=\{(x,y)\mid(x-1)^2+y^2\leqslant 1\}$，计算二重积分 $\iint\limits_D\left|\sqrt{x^2+y^2}-1\right|\mathrm{d}x\,\mathrm{d}y$.

**解** 本题目先利用奇偶对称性化简，再切割积分区域，把积分区域分为三块，分别采用极坐标进行计算：

$$\iint\limits_D\left|\sqrt{x^2+y^2}-1\right|\mathrm{d}\sigma=2\iint\limits_{D_1+D_2+D_3}\left|\sqrt{x^2+y^2}-1\right|\mathrm{d}\sigma$$

$$=2\iint\limits_{D_1}1-\sqrt{x^2+y^2}\,\mathrm{d}\sigma+2\iint\limits_{D_2}1-\sqrt{x^2+y^2}\,\mathrm{d}\sigma+2\iint\limits_{D_3}\sqrt{x^2+y^2}-1\mathrm{d}\sigma.$$

采用极坐标进行计算：

$$\iint\limits_{D_1}1-\sqrt{x^2+y^2}\,\mathrm{d}\sigma=\int_0^{\frac{\pi}{3}}\mathrm{d}\theta\int_0^1 r(1-r)\mathrm{d}r=\frac{\pi}{3}\cdot\frac{1}{6}=\frac{\pi}{18}$$

$$\iint\limits_{D_2}(1-\sqrt{x^2+y^2})\mathrm{d}\sigma=\int_{\frac{\pi}{3}}^{\frac{\pi}{2}}\mathrm{d}\theta\int_0^{2\cos\theta}(1-r)r\,\mathrm{d}r=\frac{\pi}{6}-\frac{16}{9}+\frac{3\sqrt{3}}{4},$$

$$\iint_{D_3} \sqrt{x^2+y^2}-1\mathrm{d}\sigma=\int_0^{\frac{\pi}{3}}\mathrm{d}\theta\int_1^{2\cos\theta} r(r-1)\mathrm{d}r.$$

$$\iint_D \left|\sqrt{x^2+y^2}-1\right|\mathrm{d}x\mathrm{d}y=2\iint_{D_1} 1-\sqrt{x^2+y^2}\mathrm{d}\sigma+2\iint_{D_2} 1-\sqrt{x^2+y^2}\mathrm{d}\sigma+2\iint_{D_3}\sqrt{x^2+y^2}-1\mathrm{d}\sigma$$

$$=-\frac{\pi+32}{9}+3\sqrt{3}.$$

**例 17**　**(2024 年,数二、三)** 设平面有界区域 $D$ 位于第一象限,由曲线 $xy=\frac{1}{3}$,$xy=3$ 与直线 $y=\frac{1}{3}x$,$y=3x$ 围成,计算 $\iint_D (1+x-y)\mathrm{d}x\mathrm{d}y$.

**解**　由于积分区域关于 $y=x$ 对称,由二重积分的对称性可得

$$\iint_D (1+x-y)\mathrm{d}x\mathrm{d}y=\iint_D (1+y-x)\mathrm{d}x\mathrm{d}y,$$

故

$$\begin{aligned}\iint_D (1+x-y)\mathrm{d}x\mathrm{d}y&=\frac{1}{2}\left(\iint_D (1+x-y)\mathrm{d}x\mathrm{d}y+\iint_D (1+y-x)\mathrm{d}x\mathrm{d}y\right)\\&=\iint_D 1\mathrm{d}x\mathrm{d}y=\int_{\frac{1}{3}}^{1}\left(3x-\frac{1}{3x}\right)\mathrm{d}x+\int_1^3\left(\frac{3}{x}-\frac{x}{3}\right)\mathrm{d}x\\&=\frac{4}{3}-\frac{1}{3}\ln3+3\ln3-\frac{4}{3}=\frac{8}{3}\ln3.\end{aligned}$$

## 数学星空　光辉典范:数学家与数学家精神

### 数学家简介[7]

## 总练习　7

1. 计算下列二重积分:

(1) $\iint_D |\cos(x+y)|\mathrm{d}\sigma$,其中 $D$ 由 $y=x$,$y=0$ 及 $x=\frac{\pi}{2}$ 所围的闭区域;

(2) $\iint_D |xy|\mathrm{d}\sigma$,其中 $D$ 是 $x^2+y^2\leqslant a^2$ 对应的圆域.

2. 交换积分顺序：

(1) $\int_0^1 \mathrm{d}y \int_{\sqrt{y}}^{1+\sqrt{1-y^2}} f(x,y)\mathrm{d}x$；

(2) $\int_0^1 \mathrm{d}x \int_0^{2x} f(x,y)\mathrm{d}y + \int_1^3 \mathrm{d}x \int_0^{3-x} f(x,y)\mathrm{d}y$.

3. 设 $f(x)$ 在$[0,1]$上连续，并设$\int_0^1 f(x)\mathrm{d}x = A$，求$\int_0^1 \mathrm{d}x \int_x^1 f(x)\cdot f(y)\mathrm{d}y$.

4. 设 $f(x)$ 在$[a,b]$上连续，试利用二重积分证明：

$$\left(\int_a^b f(x)\mathrm{d}x\right)^2 \leqslant (b-a)\int_a^b f^2(x)\mathrm{d}x.$$

5. 设 $D=\{(x,y)\mid 1\leqslant x^2+y^2\leqslant 4\}$，求二重积分$\iint\limits_D \frac{(x+y)^2}{x^2+y^2}(\cos^2 x+\sin^2 y)\mathrm{d}\sigma$.

6. 设 $f(x,y)$ 在 $\mathbf{R}^2$ 上连续，且 $f(0,0)=2$，利用二重积分中值定理证明：

$$\lim_{r\to 0}\frac{1}{r^2}\iint\limits_D f(x,y)\mathrm{d}\sigma = 2\pi，其中 D=\{(x,y)\mid x^2+y^2\leqslant r^2\}.$$

7. 设 $f(x,y)=xy^2+\sqrt{4-x^2-y^2}\iint\limits_D f(x,y)\mathrm{d}\sigma$，试求$\iint\limits_D f(x,y)\mathrm{d}\sigma$ 的值及$f(x,y)$的表达式.其中 $D=\{(x,y)\mid x^2+y^2\leqslant 1\mid\}$.

8. 设 $f(x)$ 在$[a,b]$上连续，且 $f(x)>0$，试利用二重积分证明：

$$\int_a^b f(x)\mathrm{d}x\cdot\int_a^b \frac{1}{f(x)}\mathrm{d}x \geqslant (b-a)^2.$$

9. 计算二重积分

$$I=\iint\limits_D f(x,y)\mathrm{d}\sigma,$$

其中 $f(x,y)=\begin{cases}x^2y, & 1\leqslant x\leqslant 2,0\leqslant y\leqslant x,\\ 0, & 其他,\end{cases}$ $D=\{(x,y)\mid x^2+y^2\geqslant 2x\}$.

10. 设 $f(x)$ 连续，证明：

$$\iint\limits_D f(x-y)\mathrm{d}\sigma = \int_{-A}^{A} f(t)(A-|t|)\mathrm{d}t,$$

其中 $D=\left\{(x,y)\,\middle|\,|x|\leqslant\frac{A}{2},|y|\leqslant\frac{A}{2}\right\}$.

# 目标自测题 7

**一、填空题**

1. 设 $D$ 为 $x^2+y^2\leqslant a^2$，当 $a=$________时，$\iint\limits_D \sqrt{a^2-x^2-y^2}\,\mathrm{d}x\mathrm{d}y=\pi$.

2. 交换积分$\int_0^1 \mathrm{d}y\int_y^{\sqrt{y}} f(x,y)\mathrm{d}x$ 的积分次序为________.

3. 交换积分$\int_0^1 \mathrm{d}x\int_0^{x^2} f(x,y)\mathrm{d}y+\int_1^{\sqrt{2}}\mathrm{d}x\int_0^{2-x^2} f(x,y)\mathrm{d}y$ 的次序得________.

4. 设 $D: x^2+y^2 \leqslant 2x$，$f$ 为连续函数，则二重积分 $\iint\limits_D f(x^2+y^2)\mathrm{d}\sigma$ 化为在极坐标下的二次积分为 ________.

5. 积分 $\int_0^1 \mathrm{d}x \int_{1-x}^{\sqrt{1-x^2}} f(x,y)\mathrm{d}y$ 化为极坐标下的二次积分为 ________.

**二、选择题**

1. $I_1 = \iint\limits_D (x^2+y^2)\mathrm{d}x\mathrm{d}y$，$I_2 = \iint\limits_D (x+y)\mathrm{d}x\mathrm{d}y$，$I_3 = \iint\limits_D (|x|+|y|)\mathrm{d}x\mathrm{d}y$，其中 $D$ 是 $|x|+|y| \leqslant 1$，则有（　　）.

A. $I_3 > I_2 > I_1$　　B. $I_3 > I_1 > I_2$　　C. $I_1 > I_3 > I_2$　　D. $I_1 > I_2 > I_3$

2. 设 $D$ 是圆域 $x^2+y^2 \leqslant 4$，则 $\iint\limits_D \sqrt{x^2+y^2}\,\mathrm{d}x\mathrm{d}y =$（　　）.

A. $\frac{8}{3}\pi$　　B. $\frac{16}{3}\pi$　　C. $4\pi$　　D. $\pi$

3. $I = \int_0^{\frac{\pi}{2}} \mathrm{d}\theta \int_0^{\cos\theta} f(r\cos\theta, r\sin\theta) r\mathrm{d}r$ 化为在直角坐标系下的二次积分的正确结果为（　　）.

A. $\int_0^1 \mathrm{d}y \int_0^{\sqrt{y-y^2}} f(x,y)\mathrm{d}x$　　B. $\int_0^1 \mathrm{d}y \int_0^{\sqrt{1-y^2}} f(x,y)\mathrm{d}x$

C. $\int_0^1 \mathrm{d}x \int_0^1 f(x,y)\mathrm{d}x$　　D. $\int_0^1 \mathrm{d}x \int_0^{\sqrt{x-x^2}} f(x,y)\mathrm{d}y$

4. $\iint\limits_D \sqrt{9-x^2-y^2}\,\mathrm{d}x\mathrm{d}y =$（　　），其中 $D: x^2+y^2 \leqslant 9$.

A. $9\pi$　　B. $18\pi$　　C. $27\pi$　　D. $54\pi$

5. 二重积分 $\iint\limits_D \frac{(x+y)^2}{x^2+y^2}(\cos^2 x + \sin^2 y)\mathrm{d}x\mathrm{d}y =$（　　），其中 $D: 1 \leqslant x^2+y^2 \leqslant 16$.

A.$9\pi$　　B.$15\pi$　　C.$20\pi$　　D.$16\pi$

**三、计算证明题**

1. 计算 $\iint\limits_D (2x-y)\mathrm{d}x\mathrm{d}y$，其中 $D$ 是由直线 $2x-y+3=0$，$y=0$ 及 $x+y=3$ 所围成区域.

2. 计算 $I = \iint\limits_D \frac{\sin y}{y}\mathrm{d}x\mathrm{d}y$，其中 $D$ 是由直线 $y^2=x$ 及 $y=x$ 所围成的区域.

3. 交换积分顺序：$\int_{\frac{1}{4}}^{\frac{1}{2}} \mathrm{d}y \int_{\frac{1}{2}}^{\sqrt{y}} \mathrm{e}^{\frac{y}{x}}\mathrm{d}x + \int_{\frac{1}{2}}^1 \mathrm{d}y \int_y^{\sqrt{y}} \mathrm{e}^{\frac{y}{x}}\mathrm{d}x$.

4. 计算 $\iint\limits_D |x^2+y^2-2|\mathrm{d}x\mathrm{d}y$，其中 $D: x^2+y^2 \leqslant 3$.

5. 计算 $\iint\limits_D (|x|+|y|)\mathrm{d}x\mathrm{d}y$，其中 $D: x^2+y^2 \leqslant 1$.

6. 计算 $\iint\limits_D \frac{2+x\sin y}{1+x^2+y^2}\mathrm{d}x\mathrm{d}y$，其中 $D$ 为 $\{(x,y) \mid x^2+y^2 \leqslant 1, x \geqslant 0\}$.

7. 计算二重积分

$$I = \int_0^a \mathrm{d}x \int_{-x}^{\sqrt{a^2-x^2}-a} \frac{\mathrm{d}y}{\sqrt{x^2+y^2} \cdot \sqrt{4a^2-(x^2+y^2)}} \quad (a > 0).$$

# 第 8 章

# 无穷级数

无穷级数是高等数学的一个重要组成部分.它是表示函数、研究函数的性质及进行数值计算的一种工具.本章先讨论常数项级数,介绍无穷级数的一些基本内容,然后讨论泰勒级数,着重讨论如何将函数展开成幂级数的问题.

知识结构图

# 8.1 常数项级数的概念与性质

## 8.1.1 常数项级数的概念

设 $u_1,u_2,\cdots,u_n,\cdots$ 是一个给定的无穷数列，按数列 $\{u_n\}$ 下标的大小次序依次相加

$$u_1+u_2+u_3+\cdots+u_n+\cdots$$

的表达式称为(**常数项**)**无穷级数**，简称为级数，记为 $\sum_{n=1}^{\infty}u_n$.即

$$\sum_{n=1}^{\infty}u_n=u_1+u_2+u_3+\cdots+u_n+\cdots. \tag{1}$$

其中第 $n$ 项 $u_n$ 称为级数(1)的**一般项**，也称为**通项**.

由于任意有限项的和是有确定意义的，可以通过考察级数的前 $n$ 项和随着 $n$ 的变化趋势来认识这个形式表达式——级数的和的含义.

级数(1)的前 $n$ 项和

$$S_n=u_1+u_2+u_3+\cdots+u_n=\sum_{i=1}^{n}u_i \tag{2}$$

称为级数(1)的前 $n$ 项**部分和**.当 $n$ 依次取值 $1,2,3,\cdots$ 时，它们所构成的新的数列 $\{S_n\}$ 称为**部分和数列**.

**定义 1** 如果级数(1)的部分和数列 $\{S_n\}$ 存在极限 $S$，即

$$\lim_{n\to\infty}S_n=S,$$

则称无穷级数(1)**收敛**，极限 $S$ 为级数(1)的**和**，并写成

$$S=u_1+u_2+u_3+\cdots+u_n+\cdots.$$

如果极限(2)不存在，则称无穷级数(1)**发散**.

在级数(1)收敛于 $S$ 时，其和 $S$ 与 $S_n$ 的差

$$R_n=S-S_n=u_{n+1}+u_{n+2}+\cdots \tag{3}$$

称为级数(1)的**余项级数**.而 $|R_n|$ 是用 $S_n$ 近似代替 $S$ 所产生的**误差**.

**例 1** 无穷级数

$$\sum_{n=1}^{\infty}aq^{n-1}=a+aq+aq^2+\cdots+aq^{n-1}+\cdots \tag{4}$$

称为**几何级数**(**或等比级数**)，其中 $a\neq0$，$q$ 称为级数的公比，它的通项 $u_n=aq^{n-1}$.试讨论级数(4)的收敛性.

**解** 首先，级数(4)中，

$q=1$ 时，则部分和 $S_n=a+a+\cdots+a=na$ 发散，故级数发散.

$q=-1$ 时，则部分和 $S_n=a-a+a-a+\cdots+(-1)^{n-1}a=\begin{cases}0, & n\text{ 为偶数},\\ a, & n\text{ 为奇数}.\end{cases}$ 故级数发散.

$|q|>1$ 时，则部分和

$$S_n=a+aq+aq^2+\cdots+aq^{n-1}=\frac{a-aq^n}{1-q}=\frac{a}{1-q}-\frac{aq^n}{1-q},$$

这时由$\lim\limits_{n\to\infty}q^n=\infty$,从而$\lim\limits_{n\to\infty}S_n=\infty$,故级数发散.

$|q|<1$时,则部分和

$$S_n=a+aq+aq^2+\cdots+aq^{n-1}=\frac{a}{1-q}-\frac{aq^n}{1-q},$$

这时由$\lim\limits_{n\to\infty}q^n=0$,从而$\lim\limits_{n\to\infty}S_n=\frac{a}{1-q}$,故级数收敛,其和为$\frac{a}{1-q}$.

综上所述,如果等比级数(4)的公比的绝对值$|q|<1$,则级数收敛;如果$|q|\geqslant 1$,则级数发散.

**例 2** 判定级数

$$\sum_{n=1}^{\infty}\frac{1}{n(n+1)}=\frac{1}{1\cdot 2}+\frac{1}{2\cdot 3}+\frac{1}{3\cdot 4}+\cdots+\frac{1}{n(n+1)}+\cdots$$

的收敛性;若级数收敛,求其和.

**解** 由$\frac{1}{n(n+1)}=\frac{1}{n}-\frac{1}{n+1}\ (n=1,2,3,\cdots)$得

$$\begin{aligned}S_n&=\frac{1}{1\cdot 2}+\frac{1}{2\cdot 3}+\frac{1}{3\cdot 4}+\cdots+\frac{1}{n(n+1)}\\&=\left(1-\frac{1}{2}\right)+\left(\frac{1}{2}-\frac{1}{3}\right)+\left(\frac{1}{3}-\frac{1}{4}\right)+\cdots+\left(\frac{1}{n}-\frac{1}{n+1}\right)\\&=1-\frac{1}{n+1}.\end{aligned}$$

因为

$$\lim_{n\to\infty}S_n=\lim_{n\to\infty}\left(1-\frac{1}{n+1}\right)=1,$$

所以级数收敛,其和为1.

**例 3** 判定级数

$$\sum_{n=1}^{\infty}\ln\frac{n+1}{n}=\ln\frac{2}{1}+\ln\frac{3}{2}+\ln\frac{4}{3}+\cdots+\ln\frac{n+1}{n}+\cdots$$

的收敛性.

**解** 由$\ln\frac{n+1}{n}=\ln(n+1)-\ln n\ (n=1,2,3,\cdots)$得

$$\begin{aligned}S_n&=\ln\frac{2}{1}+\ln\frac{3}{2}+\ln\frac{4}{3}+\cdots+\ln\frac{n+1}{n}\\&=(\ln 2-\ln 1)+(\ln 3-\ln 2)+(\ln 4-\ln 3)+\cdots+[\ln(n+1)-\ln n]\\&=\ln(n+1)-\ln 1=\ln(n+1).\end{aligned}$$

因为

$$\lim_{n\to\infty}S_n=\lim_{n\to\infty}\ln(n+1)=+\infty,$$

所以级数发散.

### 8.1.2 常数项级数的性质

典型例题讲解

**定理 1** 级数(1)与它的余项级数(3)有相同的收敛性.

**证** 设级数(3)的前 $m$ 项部分和为 $S'_m$，级数(1)的前 $n+m$ 项部分和为 $S_{n+m}$，记 $A=u_1+u_2+\cdots+u_n$，则

$$S_{n+m}=A+S'_m.$$

由此可知，当 $m\to\infty$ 时，$S'_m$ 与 $S_{n+m}$ 有相同的收敛性.因此，级数(1)与级数(3)有相同的收敛性.由此可以看出去掉级数前面的部分有限项并不会改变级数的收敛性.

在级数(1)和级数(3)都收敛，且 $\lim\limits_{m\to\infty}S'_m=S'$，$\lim\limits_{m\to\infty}S_{n+m}=S$ 时，一定成立

$$S=A+S' \quad 或 \quad S'=S-A.$$

**例 4** 设级数 $\sum\limits_{n=1}^{\infty}u_n$ 的前 $n$ 项和 $S_n=\dfrac{4n}{3n+1}$，判定级数 $\sum\limits_{n=1}^{\infty}u_{n+2}$ 的收敛性.若收敛，求它的和.

**解** 因为

$$S=\lim_{n\to\infty}S_n=\lim_{n\to\infty}\frac{4n}{3n+1}=\frac{4}{3},$$

所以级数 $\sum\limits_{n=1}^{\infty}u_n$ 收敛，其和为 $S=\dfrac{4}{3}$.从而

$$\sum_{n=1}^{\infty}u_{n+2}=u_3+u_4+\cdots=\sum_{n=1}^{\infty}u_n-(u_1+u_2)=S-(u_1+u_2).$$

根据定理 1 知级数 $\sum\limits_{n=1}^{\infty}u_{n+2}$ 收敛，其和为

$$S'=S-(u_1+u_2).$$

又

$$u_1=S_1=\frac{4}{3+1}=1,\quad u_2=S_2-S_1=\frac{4\times 2}{3\times 2+1}-1=\frac{8}{7}-1=\frac{1}{7},$$

所以

$$S'=S-(u_1+u_2)=\frac{4}{3}-\left(1+\frac{1}{7}\right)=\frac{4}{21}.$$

**定理 2** 设级数 $\sum\limits_{n=1}^{\infty}u_n$ 收敛于$S$，级数 $\sum\limits_{n=1}^{\infty}v_n$ 收敛于$T$，则对任意常数$k$ 和$l$，级数 $\sum\limits_{n=1}^{\infty}(ku_n+lv_n)$ 也收敛，且其和为 $kS+lT$.

**证** 分别用 $S_n,T_n,W_n$ 记 $\sum\limits_{n=1}^{\infty}u_n$，$\sum\limits_{n=1}^{\infty}v_n$，$\sum\limits_{n=1}^{\infty}(ku_n+lv_n)$ 的前 $n$ 项和，则

$$\lim_{n\to\infty}S_n=S,\quad \lim_{n\to\infty}T_n=T,\quad W_n=kS_n+lT_n$$

从而

$$\lim_{n\to\infty}W_n=\lim_{n\to\infty}(kS_n+lT_n)=k\lim_{n\to\infty}S_n+l\lim_{n\to\infty}T_n=kS+lT.$$

所以 $\sum\limits_{n=1}^{\infty}(ku_n+lv_n)$ 也收敛，其和为 $kS+lT$.

定理 2 指出，收敛级数可以进行线性运算.

**例 5** 讨论级数 $\sum\limits_{n=1}^{\infty}\left(\dfrac{3}{2^n}-\dfrac{4}{3^n}\right)$ 的收敛性，若收敛，求其和.

**解** 两个等比级数$\sum\limits_{n=1}^{\infty}\frac{1}{2^n}$和$\sum\limits_{n=1}^{\infty}\frac{1}{3^n}$的公比的绝对值分别是$\frac{1}{2}$和$\frac{1}{3}$，都小于 1，从而都收敛，且

$$\sum_{n=1}^{\infty}\frac{1}{2^n}=\frac{\frac{1}{2}}{1-\frac{1}{2}}=1,\quad \sum_{n=1}^{\infty}\frac{1}{3^n}=\frac{\frac{1}{3}}{1-\frac{1}{3}}=\frac{1}{2}.$$

从而级数$\sum\limits_{n=1}^{\infty}\left(\frac{3}{2^n}-\frac{4}{3^n}\right)$也收敛，且

$$\sum_{n=1}^{\infty}\left(\frac{3}{2^n}-\frac{4}{3^n}\right)=3\sum_{n=1}^{\infty}\frac{1}{2^n}-4\sum_{n=1}^{\infty}\frac{1}{3^n}=3\times1-4\times\frac{1}{2}=1.$$

由此线性运算性质可得，每一项乘以同一个不为零的常数后，级数的收敛性不变.

**定理 3** 收敛级数的项任意加括号后构成的新级数仍然收敛，且其和不变.

**证** 记收敛级数的部分和为 $S_n$，加括号后构成的新级数的部分和为 $S_m$，则数列$\{S_m\}$是数列$\{S_n\}$的一个子数列.由于$\{S_n\}$收敛，从而数列$\{S_m\}$也收敛且极限相同.

但是，数列的某一个子数列收敛时，并不能保证原数列收敛.因此定理 3 的逆命题不成立.即某个加括号后构成的级数收敛时，并不能断定原来的级数收敛.

例如，加括号之后的级数

$$(1-1)+(1-1)+(1-1)+\cdots$$

收敛于 0，但是原级数

$$1-1+1-1+1-1+\cdots$$

却是发散的(它的部分和在 1 和 0 两个值之间跳动，无极限).

**定理 4**（级数收敛的必要条件） 如果级数$\sum\limits_{n=1}^{\infty}u_n$收敛，则当 $n\to\infty$ 时，它的一般项趋于零，即$\lim\limits_{n\to\infty}u_n=0$.

**证** 设$\sum\limits_{n=1}^{\infty}u_n=S$，$\sum\limits_{k=1}^{n}u_k=S_n$，则 $u_n=S_n-S_{n-1}$.

故

$$\lim_{n\to\infty}u_n=\lim_{n\to\infty}S_n-\lim_{n\to\infty}S_{n-1}=S-S=0.$$

定理 4 的逆否命题常用来判别一个级数发散.即如果级数的一般项 $u_n$ 不趋于零(包括$\lim\limits_{n\to\infty}u_n$不存在情形)，则级数$\sum\limits_{n=1}^{\infty}u_n$必然发散.

例如，级数$\sum\limits_{n=1}^{\infty}\frac{(-1)^n n}{3n-2}$，由于$\lim\limits_{n\to\infty}|u_n|=\lim\limits_{n\to\infty}\left|\frac{(-1)^n n}{3n-2}\right|=\frac{1}{3}\neq0$，从而$\lim\limits_{n\to\infty}u_n\neq0$，故所给级数发散.

但是应该牢牢记住的是，定理 4 的逆命题是不成立的，即仅仅根据级数的一般项趋于零是不能得出级数收敛的结论的.

例如，级数$\sum\limits_{n=1}^{\infty}\ln\frac{n+1}{n}$在前面例 3 中已知是发散的，但是它的一般项趋于零：

$$\lim_{n\to\infty}u_n=\lim_{n\to\infty}\ln\frac{n+1}{n}=\lim_{n\to\infty}\ln\left(1+\frac{1}{n}\right)=0.$$

## 练 习 8.1

1. 写出下列级数的前五项：

(1) $\sum_{n=1}^{\infty} \frac{1-(-1)^n}{1+2n^3}$；　　(2) $\sum_{n=1}^{\infty} \frac{1 \cdot 3 \cdot 5 \cdots (2n-1)}{2 \cdot 4 \cdot 6 \cdots 2n}$.

2. 根据级数收敛与发散的定义判断下列级数的收敛性：

(1) $\sum_{n=1}^{\infty} (\sqrt{n+1}-\sqrt{n})$；　　(2) $\sum_{n=1}^{\infty} \ln\left(1+\frac{1}{n}\right)$；

(3) $\sum_{n=1}^{\infty} \frac{1}{(2n-1)(2n+1)}$.

3. 判断下列级数的收敛性：

(1) $\sum_{n=1}^{\infty} \frac{2n+1}{4n+3}$；　　(2) $\sum_{n=1}^{\infty} \frac{1}{\sqrt[n]{5}}$；

(3) $\sum_{n=1}^{\infty} (-1)^n \frac{3^n}{7^n}$；　　(4) $\sum_{n=1}^{\infty} \left(\frac{2^n}{3^n}+\frac{-1}{5^n}\right)$.

4. 利用级数收敛的必要条件证明下列级数发散：

(1) $\sum_{n=1}^{\infty} n \sin \frac{1}{n}$；　　(2) $\sum_{n=1}^{\infty} \cos \frac{\pi}{2n+1}$.

典型例题讲解

## 8.2 正 项 级 数

如果级数 $\sum_{n=1}^{\infty} u_n$ 的每一项 $u_n \geqslant 0 (n=1,2,\cdots)$，就称它是**正项级数**.显然，正项级数的部分和数列 $\{S_n\}$ 是一个单调递增数列，即有

$$S_1 \leqslant S_2 \leqslant S_3 \leqslant \cdots \leqslant S_n \leqslant \cdots.$$

根据数列极限的性质可得如下结论.

**定理 1**（正项级数基本定理）　正项级数 $\sum_{n=1}^{\infty} u_n$ 收敛的充分必要条件是它的部分和数列 $\{S_n\}$ 有界.

**证**　一方面，单调增加的部分和数列 $\{S_n\}$ 有界时一定有极限，从而级数 $\sum_{n=1}^{\infty} u_n$ 收敛，这就证明了充分性.另一方面，级数 $\sum_{n=1}^{\infty} u_n$ 收敛时，它的部分和数列 $\{S_n\}$ 也收敛，从而部分和数列 $\{S_n\}$ 有界.这就证明了必要性.

由定理 1 知，正项级数 $\sum_{n=1}^{\infty} u_n$ 发散时，它的部分和数列 $\{S_n\}$ 一定无界，又知 $\{S_n\}$ 单调增加，从而 $S_n \to +\infty (n \to \infty)$.这时也记为 $\sum_{n=1}^{\infty} u_n = +\infty$.

**例 1**　讨论 $p$ 级数

$$\sum_{n=1}^{\infty}\frac{1}{n^p}=1+\frac{1}{2^p}+\frac{1}{3^p}+\cdots+\frac{1}{n^p}+\cdots(p>0,p\text{ 为常数})\tag{1}$$

的收敛性.

**解** 记部分和数列 $S_n(p)=1+\frac{1}{2^p}+\frac{1}{3^p}+\cdots+\frac{1}{n^p}$.

(1) $p=1$ 时，级数又称为**调和级数**，用反证法可得它是发散的.因为若调和级数收敛于 $S$，则一方面

$$\lim_{n\to\infty}[S_{2n}(1)-S_n(1)]=S-S=0,$$

另一方面

$$S_{2n}(1)-S_n(1)=\frac{1}{n+1}+\frac{1}{n+2}+\cdots+\frac{1}{2n}\geqslant\frac{n}{2n}=\frac{1}{2}.$$

上式中令 $n\to\infty$，便得出一个矛盾结论 $0\geqslant\frac{1}{2}$.

这样，根据正项级数基本定理就知道 $S_n(1)=1+\frac{1}{2}+\frac{1}{3}+\cdots+\frac{1}{n}$ 无上界.

(2) $0<p<1$ 时，由于

$$S_n(p)=1+\frac{1}{2^p}+\frac{1}{3^p}+\cdots+\frac{1}{n^p}>1+\frac{1}{2}+\frac{1}{3}+\cdots+\frac{1}{n}=S_n(1).$$

从而 $S_n(p)$ 也无上界，再由正项级数基本定理就得出，这时 $p$ 级数也是发散的.

(3) $p>1$ 时，因为当 $k-1\leqslant x\leqslant k$ 时，有 $\frac{1}{k^p}\leqslant\frac{1}{x^p}$，所以

$$\frac{1}{k^p}=\int_{k-1}^{k}\frac{1}{k^p}\mathrm{d}x\leqslant\int_{k-1}^{k}\frac{1}{x^p}\mathrm{d}x\,(k=2,3,\cdots),$$

从而

$$\begin{aligned}S_n(p)&=1+\sum_{k=2}^{n}\frac{1}{k^p}\leqslant1+\sum_{k=2}^{n}\int_{k-1}^{k}\frac{1}{x^p}\mathrm{d}x\\&=1+\int_{1}^{n}\frac{1}{x^p}\mathrm{d}x=1+\frac{1}{p-1}\left(1-\frac{1}{n^{p-1}}\right)\\&<1+\frac{1}{p-1}(n=2,3,\cdots).\end{aligned}$$

此式表明数列 $\{S_n(p)\}$ 有界，于是由正项级数基本定理得出此时的 $p$ 级数是收敛的.

综上所述，就得到 $p$ 级数的收敛性结论：$p>1$ 时，$p$ 级数收敛；$p\leqslant1$ 时，$p$ 级数发散.这一结果在判别级数收敛性时经常用到，望读者牢记.

例 1 是通过估计部分和数列是否有界去判别正项级数的收敛性的，这一方法一般比较困难.但是，由例中 $p<1$ 时的解题方法可知，可通过比较两个级数的项的大小来判定两个级数收敛性之间的关系.

**定理 2**（比较判别法） 设 $\sum_{n=1}^{\infty}u_n$ 和 $\sum_{n=1}^{\infty}v_n$ 都是正项级数，且 $u_n\leqslant v_n(n=1,2,\cdots)$.

(1) 若级数 $\sum_{n=1}^{\infty}v_n$ 收敛，则 $\sum_{n=1}^{\infty}u_n$ 也收敛；

(2) 若级数$\sum_{n=1}^{\infty}u_n$发散，则$\sum_{n=1}^{\infty}v_n$也发散.

**证** (1) 设$\sum_{n=1}^{\infty}v_n$收敛于$V$，则$\sum_{n=1}^{\infty}u_n$的部分和

$$S_n=u_1+u_2+\cdots+u_n\leqslant v_1+v_2+\cdots+v_n\leqslant V(n=1,2,3,\cdots),$$

即正项级数$\sum_{n=1}^{\infty}u_n$的部分和数列$\{S_n\}$有界.由正项级数基本定理得$\sum_{n=1}^{\infty}u_n$收敛.

(2) 是(1)的逆否命题，不需证明.

由级数基本性质：每一项乘以同一个不等于零的常数和去掉级数前面部分的有限项不会影响级数的收敛性，就得出如下结论.

**推论 1** 设$\sum_{n=1}^{\infty}u_n$和$\sum_{n=1}^{\infty}v_n$都是正项级数.

(1) 若级数$\sum_{n=1}^{\infty}v_n$收敛，且存在正整数$N$，使得当$n\geqslant N$时，有$u_n\leqslant kv_n(k>0)$成立，则级数$\sum_{n=1}^{\infty}u_n$也收敛；

(2) 若级数$\sum_{n=1}^{\infty}v_n$发散，且存在正整数$N$，使得当$n\geqslant N$时，有$u_n\geqslant kv_n(k>0)$成立，则级数$\sum_{n=1}^{\infty}u_n$也发散.

**例 2** 判定级数$\sum_{n=1}^{\infty}\frac{1}{n^n}=1+\frac{1}{2^2}+\frac{1}{3^3}+\cdots+\frac{1}{n^n}+\cdots$的收敛性.

**解** 由$\frac{1}{n^n}\leqslant\frac{1}{2^{n-1}}$，而$\sum_{n=1}^{\infty}\frac{1}{2^{n-1}}$收敛于$2\left(\text{这是等比级数，公比 }q=\frac{1}{2}\right)$，所以原级数$\sum_{n=1}^{\infty}\frac{1}{n^n}$亦收敛.

**例 3** 判定级数$\sum_{n=1}^{\infty}\frac{1}{\sqrt[3]{7n^3+n}}=\frac{1}{2}+\frac{1}{\sqrt[3]{7\times8+2}}+\cdots+\frac{1}{\sqrt[3]{7n^3+n}}+\cdots$的收敛性.

**解** 因

$$\frac{1}{\sqrt[3]{7n^3+n}}\geqslant\frac{1}{\sqrt[3]{7n^3+n^3}}=\frac{1}{2n}$$

而$\sum_{n=1}^{\infty}\frac{1}{n}$发散，故$\sum_{n=1}^{\infty}\frac{1}{\sqrt[3]{7n^3+n}}$发散.

**例 4** 判定级数$\sum_{n=1}^{\infty}\frac{1}{\sqrt{5n^3-3}}$的收敛性.

**解** 由于

$$\frac{1}{\sqrt{5n^3-3}}\leqslant\frac{1}{\sqrt{5n^3-n^3}}=\frac{1}{2n^{\frac{3}{2}}}(n=2,3,\cdots),$$

而级数$\sum_{n=1}^{\infty}\frac{1}{n^{\frac{3}{2}}}$是$p=\frac{3}{2}>1$的$p$级数，一定收敛.所以原级数$\sum_{n=1}^{\infty}\frac{1}{\sqrt{5n^3-3}}$收敛.

比较判别法应用中对通项的适当放大或缩小有时比较困难.实际使用中，下述比较法则的

极限形式更为灵活方便.

**推论 2** 设$\sum_{n=1}^{\infty}u_n$和$\sum_{n=1}^{\infty}v_n$均为正项级数，且$\lim_{n\to\infty}\frac{u_n}{v_n}=l$.

(1) 若$0<l<+\infty$，则级数$\sum_{n=1}^{\infty}u_n$与$\sum_{n=1}^{\infty}v_n$有相同的收敛性；

(2) 若$l=0$且级数$\sum_{n=1}^{\infty}v_n$收敛，则级数$\sum_{n=1}^{\infty}u_n$收敛；

(3) 若$l=+\infty$且级数$\sum_{n=1}^{\infty}v_n$发散，则级数$\sum_{n=1}^{\infty}u_n$发散.

**例 5** 判定级数

$$\sum_{n=1}^{\infty}\ln\left(1+\frac{1}{n^p}\right)=\ln(1+1)+\ln\left(1+\frac{1}{2^p}\right)+\cdots+\ln\left(1+\frac{1}{n^p}\right)+\cdots$$

的收敛性其中$p>0$.

**解** 由于$\ln(1+x)\sim x\ (x\to 0)$，可知

$$\ln\left(1+\frac{1}{n^p}\right)\sim\frac{1}{n^p}(\text{当 } n\to\infty).$$

即

$$\lim_{n\to\infty}\frac{\ln\left(1+\frac{1}{n^p}\right)}{\frac{1}{n^p}}=1.$$

而$\sum_{n=1}^{\infty}\frac{1}{n^p}$为$p$级数，故根据比较判别法的极限形式及$p$级数的收敛结论可知，$p>1$时，原级数$\sum_{n=1}^{\infty}\ln\left(1+\frac{1}{n^p}\right)$收敛；$0<p\leqslant 1$时，原级数发散.

**例 6** 判定级数$\sum_{n=1}^{\infty}\frac{1}{8^n-4^n}$的收敛性.

**解** 由于$\frac{1}{8^n-4^n}=\frac{1}{8^n}\cdot\frac{1}{1-\left(\frac{1}{2}\right)^n}$，而

$$\lim_{n\to\infty}\frac{\frac{1}{8^n-4^n}}{\left(\frac{1}{8}\right)^n}=\lim_{n\to\infty}\frac{1}{1-\left(\frac{1}{2}\right)^n}=1$$

且等比级数$\sum_{n=1}^{\infty}\left(\frac{1}{8}\right)^n$收敛$\left(\text{它的公比的绝对值 } |q|=\frac{1}{8}<1\right)$，从而原级数$\sum_{n=1}^{\infty}\frac{1}{8^n-4^n}$也收敛.

在利用比较判别法判定级数的收敛性时，通常总是将所给级数与$p$级数或等比级数进行比较.若将所给的正项级数与等比级数作比较，就可得到一个应用起来很方便的方法.

**定理 3** 比值判别法(达朗贝尔判别法).

设$\sum_{n=1}^{\infty}u_n$为正项级数，如果

$$\lim_{n\to\infty}\frac{u_{n+1}}{u_n}=\rho\ (\rho \text{ 可为 } +\infty),$$

则(1) 当 $\rho<1$ 时,级数收敛;

(2) 当 $1<\rho\leqslant+\infty$ 时,级数发散.

**证** (1) 当 $\rho<1$ 时,可取一个适当小的正数 $\varepsilon$,使得 $\rho+\varepsilon=r<1$,由极限定义,存在正整数 $m$,当 $n>m$ 时,有 $\dfrac{u_{n+1}}{u_n}<\rho+\varepsilon=r$.

因此

$$u_{m+1}<ru_m,\quad u_{m+2}<ru_{m+1}<r^2u_m,\quad \cdots,\quad u_n<r^{n-m}u_m,$$

而等比级数 $\sum\limits_{n=m}^{\infty}r^{n-m}u_m$ 收敛(公比 $q=r<1$),从而由比较判别法的极限形式(推论 2) 知 $\sum\limits_{n=1}^{\infty}u_n$ 收敛.

(2) 当 $1<\rho\leqslant+\infty$ 时,取一个适当小的正数 $\varepsilon$,使得 $\rho-\varepsilon>1$,根据极限定义存在正整数 $m$,当 $n>m$ 时,有 $\dfrac{u_{n+1}}{u_n}>\rho-\varepsilon$,即 $u_{n+1}>u_n$.

所以当 $n\geqslant m$ 时,级数的一般项 $u_n$ 是单调增加的,又为正项,故 $\lim\limits_{n\to\infty}u_n\neq 0$,从而级数 $\sum\limits_{n=1}^{\infty}u_n$ 发散.

对于 $\rho=1$ 时,比值判别法没有给出结论,这时级数可能收敛,也可能发散,需另行判定.

**例 7** 判定级数 $\sum\limits_{n=1}^{\infty}\dfrac{n\cos^2\dfrac{n}{3}\pi}{2^n}$ 的收敛性.

**解** 由于 $0<\dfrac{n\cos^2\dfrac{n}{3}\pi}{2^n}\leqslant\dfrac{n}{2^n}$,对于级数 $\sum\limits_{n=1}^{\infty}\dfrac{n}{2^n}$,因为

$$\lim_{n\to\infty}\frac{u_{n+1}}{u_n}=\lim_{n\to\infty}\frac{\dfrac{n+1}{2^{n+1}}}{\dfrac{n}{2^n}}=\lim_{n\to\infty}\frac{1}{2}\cdot\frac{n+1}{n}=\frac{1}{2}<1,$$

根据比值判别法,级数 $\sum\limits_{n=1}^{\infty}\dfrac{n}{2^n}$ 收敛,再根据比较判别法可知,级数 $\sum\limits_{n=1}^{\infty}\dfrac{n\cos^2\dfrac{n}{3}\pi}{2^n}$ 收敛.

**例 8** 证明数列极限 $\lim\limits_{n\to\infty}\dfrac{2^nn!}{n^n}=0$.

**证** 考察级数 $\sum\limits_{n=1}^{\infty}\dfrac{2^nn!}{n^n}$,由 $u_n=\dfrac{2^n\cdot n!}{n^n}$ 知

$$\rho=\lim_{n\to\infty}\frac{u_{n+1}}{u_n}=\lim_{n\to\infty}\frac{\dfrac{2^{n+1}(n+1)!}{(n+1)^{n+1}}}{\dfrac{2^nn!}{n^n}}=\lim_{n\to\infty}\frac{2}{\left(1+\dfrac{1}{n}\right)^n}=\frac{2}{\mathrm{e}}<1,$$

根据比值判别法知级数 $\sum\limits_{n=1}^{\infty}\dfrac{2^nn!}{n^n}$ 收敛,再根据级数收敛的必要条件知 $\lim\limits_{n\to\infty}u_n$ $\lim\limits_{n\to\infty}\dfrac{2^nn!}{n^n}=0$.

# 练　习　8.2

1. 用比较判别法或其极限形式判定下列级数的收敛性：

(1) $\sum_{n=1}^{\infty}\frac{1}{3n-1}$；　　(2) $\sum_{n=1}^{\infty}\frac{2+n}{3+n^2}$；

(3) $\sum_{n=1}^{\infty}\frac{1}{(n+1)(n+3)}$；　　(4) $\sum_{n=1}^{\infty}\sin\frac{\pi}{3^n}$.

2. 用比值判别法判定下列级数的收敛性：

(1) $\sum_{n=1}^{\infty}\frac{5^n}{n\cdot 4^n}$；　　(2) $\sum_{n=1}^{\infty}\frac{3^n\cdot n!}{n^n}$；

(3) $\sum_{n=1}^{\infty}n\sin\frac{\pi}{3^n}$；　　(4) $\sum_{n=1}^{\infty}\left[\frac{2^n}{n!}+\frac{\ln(2+n)}{n^2}\right]$.

3. 利用级数收敛的必要条件证明数列极限 $\lim\limits_{n\to\infty}\frac{2^n\cdot n}{3^n}=0$.

## 8.3　任意项级数的绝对收敛与条件收敛

本节讨论级数的各项具有任意正负号的情况.首先讨论各项正负号相间的特殊情况，这种各项正负号相间的级数，称为**交错级数**，也称为**莱布尼茨级数**.其一般形式为

$$\sum_{n=1}^{\infty}(-1)^{n-1}u_n=u_1-u_2+u_3-u_4+\cdots+u_{2k-1}-u_{2k}+\cdots,\tag{1}$$

其中 $u_n>0(n=1,2,\cdots)$.

莱布尼茨首先证明了如下定理.

**定理 1**（莱布尼茨定理）　如果交错级数 $\sum_{n=1}^{\infty}(-1)^{n-1}u_n$ 满足条件：

(1) $u_n\geqslant u_{n+1}(n=1,2,3,\cdots)$；

(2) $\lim\limits_{n\to\infty}u_n=0$，

则级数 $\sum_{n=1}^{\infty}(-1)^{n-1}u_n$ 收敛，且其和 $S\leqslant u_1$.

**证**　将级数的前 $2k$ 项部分和写成下面的形式

$$S_{2k}=(u_1-u_2)+(u_3-u_4)+\cdots+(u_{2k-1}-u_{2k})$$

及

$$S_{2k}=u_1-(u_2-u_3)-(u_4-u_5)-\cdots-(u_{2k-2}-u_{2k-1})-u_{2k},$$

由条件(1) 知两式中所有括号内的差都非负.

由第一式可知 $S_{2k}$ 随 $k$ 增大而增大，由第二式知 $S_{2k}\leqslant u_1$.根据极限存在的单调有界准则，得到

$$\lim_{k\to\infty}S_{2k}=S\leqslant u_1,$$

再由 $S_{2k+1}=S_{2k}+u_{2k+1}$ 及条件(2) 得到

$$\lim_{k\to\infty}S_{2k+1}=\lim_{k\to\infty}S_{2k}+\lim_{k\to\infty}u_{2k+1}=S+0=S\leqslant u_1.$$

数列$\{S_n\}$分成了两个子数列$\{S_{2k}\}$和$\{S_{2k+1}\}$，他们有相同的极限$S\leqslant u_1$，从而数列$\{S_n\}$也有同一极限$S\leqslant u_1$.也就是级数收敛，且其和$S\leqslant u_1$.

在定理条件下，如果用前$n$项和$S_n$作为级数和$S$的近似值，则误差$|R_n|\leqslant u_{n+1}$.这是因为

$$|R_n|=u_{n+1}-u_{n+2}+\cdots$$

也是一个交错级数，并且也满足定理条件，所以收敛，其和小于级数第一项，即$|R_n|\leqslant u_{n+1}$.

**注** 从前述定理证明中可以看出，只要交错级数的第2项以后各项绝对值中有不相等的项，则其和$S<u_1$.而只要级数的各项绝对值中有无穷多个不相等，则误差$|R_n|<u_{n+1}$.

**例1** 证明交错级数$\sum\limits_{n=1}^{\infty}(-1)^{n-1}\dfrac{1}{n}$收敛，其和$S<1$，且前$n$项和

$$S_n=\sum_{k=1}^{n}(-1)^{k-1}\frac{1}{k}$$

作为$S$的近似值，则误差$|R_n|<\dfrac{1}{n+1}$.

**证** 由于级数$\sum\limits_{n=1}^{\infty}(-1)^{n-1}\dfrac{1}{n}$的各项绝对值满足条件

$$1>\frac{1}{2}>\frac{1}{3}>\frac{1}{4}>\cdots>\frac{1}{n}>\frac{1}{n+1}>\cdots$$

及

$$\lim_{n\to\infty}\frac{1}{n}=0,$$

所以它收敛.其和$S<u_1=1$，且用前$n$项部分和$S_n=\sum\limits_{k=1}^{n}(-1)^{k-1}\dfrac{1}{k}$作为和$S$的近似值，则误差$|R_n|<\dfrac{1}{n+1}$.

对于既有正项又有负项的一般任意项级数有下面所谓"绝对收敛就一定收敛"定理.

**定理2** 如果任意项级数

$$\sum_{n=1}^{\infty}u_n=u_1+u_2+\cdots+u_n+\cdots$$

的各项的绝对值组成的级数

$$\sum_{n=1}^{\infty}|u_n|=|u_1|+|u_2|+\cdots+|u_n|+\cdots$$

收敛，则原级数也收敛.

**证** 取$v_n=\dfrac{1}{2}(|u_n|+u_n)$，$w_n=\dfrac{1}{2}(|u_n|-u_n)$ $(n=1,2,3,\cdots)$，即

$$v_n=\begin{cases}|u_n|, & u_n\geqslant 0,\\ 0, & u_n<0,\end{cases}\qquad w_n=\begin{cases}0, & u_n\geqslant 0,\\ |u_n|, & u_n<0.\end{cases}$$

于是有

$$0\leqslant v_n\leqslant|u_n|,\quad 0\leqslant w_n\leqslant|u_n|.$$

由于各项绝对值组成的级数$\sum\limits_{n=1}^{\infty}|u_n|$收敛，根据正项级数的比较判别法得级数$\sum\limits_{n=1}^{\infty}v_n$和

$\sum_{n=1}^{\infty} w_n$ 都收敛，又因为 $u_n = v_n - w_n$，所以原级数

$$\sum_{n=1}^{\infty} u_n = \sum_{n=1}^{\infty} (v_n - w_n) = \sum_{n=1}^{\infty} v_n - \sum_{n=1}^{\infty} w_n$$

也收敛.

如果由各项绝对值组成的级数收敛，则称此级数**绝对收敛**.

如果级数收敛，而由各项绝对值组成的级数发散，则称此级数**条件收敛**.

在任意项级数中，研究条件收敛特别重要，特别是不要把非绝对收敛的级数错误地认为是发散.

**定理 3** 如果任意项级数

$$\sum_{n=1}^{\infty} u_n = u_1 + u_2 + \cdots + u_n + \cdots$$

满足条件 $\lim_{n\to\infty} \left|\frac{u_{n+1}}{u_n}\right| = l$，则当 $l < 1$ 时级数绝对收敛，当 $l > 1$ 时级数发散.

**证** 根据正项级数的比值判别法，当 $l < 1$ 时，$\sum_{n=1}^{\infty} |u_n|$ 收敛，从而 $\sum_{n=1}^{\infty} u_n$ 绝对收敛；而当 $l > 1$ 时，$n \to \infty$，$|u_n|$ 不可能趋于 0，因此 $u_n$ 也不可能趋于 0，所以 $\sum_{n=1}^{\infty} u_n$ 发散.

这个定理就是用取绝对值方法，利用正项级数的比值判别法来判定任意项级数的收敛性.

**例 2** 判定如下级数的收敛性.如果收敛，是绝对收敛，还是条件收敛.

(1) $\sum_{n=1}^{\infty} (-1)^n \frac{n!}{n^n}$； (2) $\sum_{n=0}^{\infty} \frac{x^n}{n!}$； (3) $\sum_{n=1}^{\infty} \frac{x^n}{n}$.

**解** (1) 由 $\lim_{n\to\infty} \left|\frac{u_{n+1}}{u_n}\right| = \lim_{n\to\infty} \frac{\frac{(n+1)!}{(n+1)^{n+1}}}{\frac{n!}{n^n}} = \lim_{n\to\infty} \frac{1}{\left(1+\frac{1}{n}\right)^n} = \frac{1}{\mathrm{e}} < 1$，故 $\sum_{n=1}^{\infty} (-1)^n \frac{n!}{n^n}$ 绝对收敛.

(2) 由 $\lim_{n\to\infty} \left|\frac{u_{n+1}}{u_n}\right| = \lim_{n\to\infty} \frac{|x|}{n+1} = 0$，故 $\sum_{n=0}^{\infty} \frac{x^n}{n!}$ 对一切 $x \in (-\infty, +\infty)$ 都绝对收敛.

(3) 由 $\lim_{n\to\infty} \left|\frac{u_{n+1}}{u_n}\right| = \lim_{n\to\infty} \frac{n}{n+1} |x| = |x|$，故当 $|x| < 1$ 时，$\sum_{n=1}^{\infty} \frac{x^n}{n}$ 绝对收敛.当 $|x| > 1$ 时，$\sum_{n=1}^{\infty} \frac{x^n}{n}$ 发散.当 $x = 1$ 时，$\sum_{n=1}^{\infty} \frac{x^n}{n} = \sum_{n=1}^{\infty} \frac{1}{n}$ 发散.当 $x = -1$ 时，$\sum_{n=1}^{\infty} \frac{x^n}{n} = -\sum_{n=1}^{\infty} (-1)^{n-1} \frac{1}{n}$ 收敛.但 $\sum_{n=1}^{\infty} \left|\frac{x^n}{n}\right| = \sum_{n=1}^{\infty} \frac{1}{n}$ 发散，故 $\sum_{n=1}^{\infty} \frac{x^n}{n} = \sum_{n=1}^{\infty} \frac{(-1)^n}{n}$ 条件收敛.

综合有当 $-1 < x < 1$ 时，原级数绝对收敛；当 $x = -1$ 时，原级数条件收敛；当 $x < -1$ 或 $x \geqslant 1$ 时，原级数发散.

由本例还得到如下一些极限结论.

(1) $\lim_{n\to\infty} \frac{n!}{n^n} = 0$；

(2) $\lim\limits_{n\to\infty}\dfrac{x^n}{n!}=0$ 对 $\forall x\in(-\infty,+\infty)$ 成立；

(3) $\lim\limits_{n\to\infty}\dfrac{x^n}{n}=0$ 对一切 $x\in(-1,1)$ 成立.

## 练　习　8.3

1. 讨论下列交错级数的收敛性：

(1) $\sum\limits_{n=1}^{\infty}(-1)^n\sqrt{\dfrac{n}{3n+1}}$；　　(2) $\sum\limits_{n=1}^{\infty}(-1)^{n-1}\sin\dfrac{1}{n}$.

2. 判别下列级数是否收敛？如果收敛是绝对收敛还是条件收敛？

(1) $\sum\limits_{n=1}^{\infty}\dfrac{(-1)^{n-1}}{(2n-1)^2}$；　　(2) $\sum\limits_{n=1}^{\infty}\dfrac{1}{n}\sin\dfrac{n\pi}{2}$；

(3) $\sum\limits_{n=1}^{\infty}(-1)^n\left(1-\cos\dfrac{1}{n}\right)$；　　(4) $\sum\limits_{n=1}^{\infty}(-1)^n\ln\left(\dfrac{n+1}{n}\right)$；

(5) $\sum\limits_{n=1}^{\infty}(-1)^n\dfrac{x^{2n}}{(2n)!}$；　　(6) $\sum\limits_{n=1}^{\infty}\dfrac{\cos n\pi}{n(n+1)}$.

## 8.4　泰勒级数与幂级数

在第 3 章，学习了**泰勒公式**：如果函数 $f(x)$ 在含有 $x_0$ 的某个开区间 $(a,b)$ 内具有直到 $n+1$ 阶的导数，则对任一 $x\in(a,b)$，有

$$f(x)=P_n(x)+R_n(x),$$

其中多项式

$$P_n(x)=f(x_0)+f'(x_0)(x-x_0)+\frac{f''(x_0)}{2!}(x-x_0)^2+\cdots+\frac{f^{(n)}(x_0)}{n!}(x-x_0)^n,$$

余项 $R_n(x)=\dfrac{f^{(n+1)}(\xi)}{(n+1)!}(x-x_0)^{n+1}$，$\xi$ 介于 $x_0$ 与 $x$ 之间.

显然，如果函数 $f(x)$ 在含有 $x_0$ 的某个开区间 $(a,b)$ 内具有无穷阶导数，则对任一 $x\in(a,b)$，如果 $\lim\limits_{n\to\infty}R_n(x)=0$，则级数 $\sum\limits_{n=0}^{\infty}\dfrac{f^{(n)}(x_0)}{n!}(x-x_0)^n$ 收敛，且和为 $f(x)$.此时

$$f(x)=\sum_{n=0}^{\infty}\frac{f^{(n)}(x_0)}{n!}(x-x_0)^n. \tag{1}$$

称 $\sum\limits_{n=0}^{\infty}\dfrac{f^{(n)}(x_0)}{n!}(x-x_0)^n$ 为函数 $f(x)$ 的**泰勒级数**.

特别地，当 $x_0=0$ 时，公式(1) 成为

$$f(x)=\sum_{n=0}^{\infty}\frac{f^{(n)}(0)}{n!}x^n. \tag{2}$$

它称为函数 $f(x)$ 的**麦克劳林级数**.这时，余项中的 $\xi$ 介于 0 与 $x$ 之间，可写成 $\theta x$，$0<\theta<1$，

$$R_n(x)=\frac{f^{(n+1)}(\theta x)}{(n+1)!}x^n.$$

泰勒级数(1)和麦克劳林级数(2)都是如下幂级数的特殊情形：

$$\sum_{n=0}^{\infty} a_n (x-x_0)^n = a_0 + a_1(x-x_0) + a_2(x-x_0)^2 + \cdots + a_n(x-x_0)^n + \cdots, \quad (3)$$

其中 $a_0, a_1, a_2, \cdots, a_n, \cdots$ 均是常数，称为幂级数的系数.

当 $x_0 = 0$ 时，幂级数(3)变成

$$\sum_{n=0}^{\infty} a_n x^n = a_0 + a_1 x + a_2 x^2 + \cdots + a_n x^n + \cdots. \quad (4)$$

下面主要讨论形如式(4)的幂级数的性质.

(1) 如果 $\sum_{n=0}^{\infty} a_n x_0^n$ 收敛，则称 $x_0$ 为级数(4)的**收敛点**.

(2) 如果 $\sum_{n=0}^{\infty} a_n x_0^n$ 发散，则称 $x_0$ 为级数(4)的**发散点**.

全体收敛点的集合称为幂级数(4)的**收敛域**.

如果 $\lim\limits_{n\to\infty}\left|\dfrac{a_{n+1}}{a_n}\right| = l$，则 $\lim\limits_{n\to\infty}\left|\dfrac{a_{n+1}x^{n+1}}{a_n x^n}\right| = l|x|$，由此，根据比值判别法得

(1) 如果 $l|x| < 1(l \neq 0)$，即 $|x| < \dfrac{1}{l} = R$，则级数(4)绝对收敛；

(2) 如果 $l|x| > 1$，即 $|x| > \dfrac{1}{l} = R$，则级数(4)发散；

(3) 如果 $l = 0$，则 $l|x| = 0 < 1$，这时级数(4)对任何 $x$ 都收敛(可看成 $R = +\infty$).

因此，幂级数(4)在一个以原点为中心从 $-R$ 到 $R$ 的区间内绝对收敛. 区间 $(-R, R)$ 称为幂级数(4)的**收敛区间**，其 $R = \dfrac{1}{l}$ ($l = 0$ 时，$R = +\infty$；$l = +\infty$ 时，$R = 0$) 称为幂级数(4)的**收敛半径**.

例如，级数

$$\sum_{n=0}^{\infty} n!\, x^n = 1 + 1!\, x + 2!\, x^2 + \cdots + n!\, x^n + \cdots,$$

由于

$$\lim_{n\to\infty}\left|\frac{a_{n+1}}{a_n}\right| = \lim_{n\to\infty}\frac{(n+1)!}{n!} = \lim_{n\to\infty}(n+1) = +\infty,$$

所以 $R = 0$，即级数对任何 $x \neq 0$ 都发散，即收敛域仅一个点 $x = 0$.

再如级数

$$\sum_{n=1}^{\infty} \frac{x^n}{n^n} = \frac{x}{1} + \frac{x^2}{2^2} + \frac{x^3}{3^3} + \cdots + \frac{x^n}{n^n} + \cdots,$$

由于

$$\lim_{n\to\infty}\left|\frac{a_{n+1}}{a_n}\right| = \lim_{n\to\infty}\frac{\dfrac{1}{(n+1)^{n+1}}}{\dfrac{1}{n^n}} = \lim_{n\to\infty}\frac{1}{n+1}\cdot\frac{1}{\left(1+\dfrac{1}{n}\right)^n} = 0\cdot\frac{1}{\mathrm{e}} = 0,$$

所以 $R = +\infty$，即此级数对任何 $x$ 都绝对收敛，所以此级数的收敛域为 $(-\infty, +\infty)$.

对于 $0 < R < +\infty$ 的情形，要对收敛区间 $(-R, +R)$ 的端点 $x = \pm R$ 单独考察幂级数(4)

的收敛情况：收敛域就是收敛区间再加上收敛的端点构成的区间：$(-R,R)$ 或 $(-R,R]$ 或 $[-R,R)$ 或 $[-R,R]$ 之一.

上述对于收敛半径的讨论可写成如下定理.

**定理 1**　如果幂级数

$$\sum_{n=0}^{\infty} a_n x^n = a_0 + a_1 x + a_2 x^2 + \cdots + a_n x^n + \cdots$$

的系数满足条件

$$\lim_{n\to\infty}\left|\frac{a_{n+1}}{a_n}\right| = l,$$

则(1) 当 $0 < l < +\infty$ 时，$R = \dfrac{1}{l}$；

(2) 当 $l = 0$ 时，$R = +\infty$；

(3) 当 $l = +\infty$ 时，$R = 0$.

**例 1**　求幂级数

$$\sum_{n=1}^{\infty} \frac{(-1)^{n-1} x^n}{n} = x - \frac{x^2}{2} + \frac{x^3}{3} - \cdots + (-1)^{n-1}\frac{x^n}{n} + \cdots$$

的收敛半径和收敛域.

**解**　由

$$\lim_{n\to\infty}\left|\frac{a_{n+1}}{a_n}\right| = \lim_{n\to\infty}\left|\frac{\dfrac{(-1)^{n+1-1}}{n+1}}{\dfrac{(-1)^{n-1}}{n}}\right| = \lim_{n\to\infty}\frac{n}{n+1} = 1,$$

得到收敛半径 $R = 1$.

当 $x = -1$ 时，幂级数成为调和级数 $\displaystyle\sum_{n=1}^{\infty}\frac{(-1)^{n-1}(-1)^n}{n} = -\sum_{n=1}^{\infty}\frac{1}{n}$，发散；当 $x = 1$ 时，幂级数成为交错级数 $\displaystyle\sum_{n=1}^{\infty}\frac{(-1)^{n-1}\cdot 1^n}{n} = \sum_{n=1}^{\infty}\frac{(-1)^{n-1}}{n}$，由于 $\left\{\dfrac{1}{n}\right\}$ 单调下降趋于 0，该交错级数收敛. 幂级数 $\displaystyle\sum_{n=1}^{\infty}\frac{(-1)^{n-1}x^n}{n}$ 的收敛域为 $(-1,1]$.

**例 2**　求级数 $\displaystyle\sum_{n=1}^{\infty}\frac{(3x+1)^n}{n}$ 的收敛半径和收敛域.

**解**　作变量代换，令 $t = 3x + 1$，则原级数变成 $t$ 的幂级数 $\displaystyle\sum_{n=1}^{\infty}\frac{t^n}{n}$. 这是由于

$$\lim_{n\to\infty}\left|\frac{a_{n+1}}{a_n}\right| = \lim_{n\to\infty}\frac{\dfrac{1}{n+1}}{\dfrac{1}{n}} = \lim_{n\to\infty}\frac{n}{n+1} = 1.$$

可知，当 $|t| < 1$，即 $|3x+1| < 1$ 时原级数 $\displaystyle\sum_{n=1}^{\infty}\frac{(3x+1)^n}{n}$ 绝对收敛；而当 $|t| > 1$，即 $|3x+1| > 1$ 时，原级数发散.

由 $|3x+1| < 1$，即 $x \in \left(-\dfrac{2}{3}, 0\right)$ 是一个关于 $x = -\dfrac{1}{3}$ 的对称区间，可知原级数的收敛半

径

$$R=\frac{0-\left(-\frac{2}{3}\right)}{2}=\frac{1}{3}.$$

又当 $x=-\frac{2}{3}$ 时,原级数为交错级数 $\sum\limits_{n=1}^{\infty}\frac{(-1)^n}{n}$,故收敛.

当 $x=0$ 时,原级数为调和级数 $\sum\limits_{n=1}^{\infty}\frac{1}{n}$ 发散.因此原级数的收敛域为 $\left[-\frac{2}{3},0\right)$.

**例 3** 求级数 $\sum\limits_{n=1}^{\infty}(-1)^{n-1}\frac{4^n x^{2n}}{n}$ 的收敛半径和收敛域.

典型例题讲解

**解** 直接应用比值判别法.因此

$$\lim_{n\to\infty}\left|\frac{u_{n+1}}{u_n}\right|=\lim_{n\to\infty}\left|\frac{\frac{(-1)^n 4^{n+1}x^{2(n+1)}}{n+1}}{\frac{(-1)^{n-1}4^n x^{2n}}{n}}\right|=\lim_{n\to\infty}\frac{4n}{n+1}\cdot x^2=4x^2.$$

所以当 $4x^2<1$ 即 $|x|<\frac{1}{2}$ 时,原级数绝对收敛.当 $4x^2>1$ 即 $|x|>\frac{1}{2}$ 时,原级数发散.因此原级数的收敛半径 $R=\frac{1}{2}$,收敛区间为 $\left(-\frac{1}{2},\frac{1}{2}\right)$.

又当 $x=\pm\frac{1}{2}$ 时,原级数为收敛的交错级数 $\sum\limits_{n=1}^{\infty}\frac{(-1)^{n-1}}{n}$. 所以原级数的收敛域为 $\left[-\frac{1}{2},\frac{1}{2}\right]$.

由于幂级数对于收敛域内每一个取定的 $x$ 都收敛于一个确定的**和**,因此,幂级数在收敛域内确定一个函数,这个函数称为幂级数的**和函数**,记为 $S(x)$,它的定义域就是收敛域.

下面不加证明地给出幂级数运算的几个性质.

(1) 若幂级数 $\sum\limits_{n=0}^{\infty}a_n x^n$ 的收敛半径为 $R_1$,和函数为 $S_1(x)$,$\sum\limits_{n=0}^{\infty}b_n x^n$ 的收敛半径为 $R_2$,和函数为 $S_2(x)$,则 $\sum\limits_{n=0}^{\infty}a_n x^n\pm\sum\limits_{n=0}^{\infty}b_n x^n$ 的收敛半径为 $R_1$ 与 $R_2$ 中较小的一个,且和函数为 $S_1(x)\pm S_2(x)$,收敛域为两级数收敛域的交集,即

$$\sum_{n=0}^{\infty}a_n x^n\pm\sum_{n=0}^{\infty}b_n x^n=\sum_{n=0}^{\infty}(a_n\pm b_n)x^n=S_1(x)\pm S_2(x).$$

(2) 如果幂级数 $\sum\limits_{n=0}^{\infty}a_n x^n$ 的收敛半径 $R>0$,则在收敛域内,它的和函数 $S(x)$ 是连续函数.

(3) 在幂级数 $\sum\limits_{n=0}^{\infty}a_n x^n$ 的收敛区间内任意一点 $x$,有

$$\int_0^x S(x)\mathrm{d}x=\int_0^x\left(\sum_{n=0}^{\infty}a_n x^n\right)\mathrm{d}x=\sum_{n=0}^{\infty}\int_0^x a_n x^n\mathrm{d}x=\sum_{n=0}^{\infty}\frac{a_n}{n+1}x^{n+1},$$

且收敛区间不变. 即幂级数在收敛区间内可以逐项积分,并且积分后级数的收敛区间不变.

(4) 在幂级数 $\sum_{n=0}^{\infty} a_n x^n$ 的收敛区间内任意一点 $x$，有

$$S'(x)=\left(\sum_{n=0}^{\infty} a_n x^n\right)'=\sum_{n=0}^{\infty}(a_n x^n)'=\sum_{n=1}^{\infty} n a_n x^{n-1}$$

且收敛区间不变. 即幂级数在收敛区间内可以逐项求导，并且求导后级数的收敛区间不变.

在性质(3)和性质(4)中，如果逐项积分或逐项求导后，级数在收敛区间的端点 $x=-R$ 或 $x=+R$ 处收敛，则在 $x=-R$ 或 $x=+R$ 处，也能逐项积分或逐项求导.

**例 4** 求幂级数 $\sum_{n=1}^{\infty} n x^{n-1}$ 的收敛域及和函数，并求级数 $\sum_{n=1}^{\infty} \frac{n}{2^n}$ 的和.

**解** 由 $\lim\limits_{n\to\infty}\left|\frac{a_{n+1}}{a_n}\right|=\lim\limits_{n\to\infty}\frac{n+1}{n}=1$ 得收敛半径 $R=1$. 当 $x=\pm 1$ 时幂级数成为 $\sum_{n=1}^{\infty}(\pm 1)^{n-1} n$，通项不趋于 0，因此发散，所以收敛域为 $(-1,1)$.

典型例题讲解

对和函数 $S(x)$ 从 0 到 $x$ 积分

$$\int_0^x S(x)\mathrm{d}x=\int_0^x \sum_{n=1}^{\infty} n x^{n-1}\mathrm{d}x=\sum_{n=1}^{\infty}\int_0^x n x^{n-1}\mathrm{d}x=\sum_{n=1}^{\infty} x^n=\frac{x}{1-x}.$$

两边同时对 $x$ 求导，即得

$$S(x)=\frac{\mathrm{d}}{\mathrm{d}x}\int_0^x S(x)\mathrm{d}x=\left(\frac{x}{1-x}\right)'=\frac{1}{(1-x)^2}.$$

取 $x=\frac{1}{2}\in(-1,1)$ 收敛区间，则有

$$\sum_{n=1}^{\infty} n\frac{1}{2^{n-1}}=S\left(\frac{1}{2}\right)=\frac{1}{\left(1-\frac{1}{2}\right)^2}=4.$$

从而

$$\sum_{n=1}^{\infty}\frac{n}{2^n}=\frac{1}{2}\sum_{n=1}^{\infty} n\cdot\frac{1}{2^{n-1}}=\frac{1}{2}\cdot 4=2.$$

**例 5** 求幂级数 $\sum_{n=1}^{\infty}\frac{1}{n}x^n$ 的收敛域及和函数，并求级数 $\sum_{n=1}^{\infty}\frac{1}{n\cdot 2^n}$ 的和.

**解** 由 $\lim\limits_{n\to\infty}\left|\frac{a_{n+1}}{a_n}\right|=\lim\limits_{n\to\infty}\frac{\frac{1}{n+1}}{\frac{1}{n}}=\lim\limits_{n\to\infty}\frac{n}{n+1}=1$ 得收敛半径 $R=1$. 当 $x=1$ 时幂级数成为调和级数 $\sum_{n=1}^{\infty}\frac{1}{n}$ 发散，而当 $x=-1$ 时幂级数成为收敛的交错级数 $\sum_{n=1}^{\infty}\frac{1}{n}(-1)^n$，所以收敛域为 $[-1,1)$.

对和函数 $S(x)$ 求导得

$$S'(x)=\left(\sum_{n=1}^{\infty}\frac{1}{n}x^n\right)'=\sum_{n=1}^{\infty}\left(\frac{1}{n}x^n\right)'=\sum_{n=1}^{\infty}x^{n-1}=\frac{1}{1-x}.$$

再两边对 $x$ 从 0 到 $x$ 积分，由 $S(0)=0$ 得

$$S(x)=\int_0^x S'(x)\mathrm{d}x=\int_0^x\frac{\mathrm{d}x}{1-x}=-\ln(1-x).$$

取 $x=\frac{1}{2}\in(-1,1)$ 收敛区间,则有

$$\sum_{n=1}^{\infty}\frac{1}{n\cdot 2^n}=S\left(\frac{1}{2}\right)=-\ln\left(1-\frac{1}{2}\right)=\ln 2.$$

## 练 习 8.4

1. 设 $f(x)=\ln x$,根据定义写出 $f(x)$ 在 $x_0=1$ 的泰勒级数,并证明该级数在 $x\in(0,2)$ 收敛于 $f(x)$.

2. 求下列幂级数的收敛域:

(1) $\sum\limits_{n=1}^{\infty}nx^n$; (2) $\sum\limits_{n=1}^{\infty}\frac{x^n}{(2n)!}$;

(3) $\sum\limits_{n=1}^{\infty}\frac{2^n}{n^2+1}x^n$; (4) $\sum\limits_{n=1}^{\infty}\frac{(x-3)^n}{\sqrt{n}}$.

3. 利用逐项求导或逐项积分,求下列级数的和函数:

(1) $\sum\limits_{n=0}^{\infty}\frac{x^n}{n+1}$; (2) $\sum\limits_{n=1}^{\infty}2nx^{2n-1}$; (3) $\sum\limits_{n=1}^{\infty}\frac{1}{4n+1}x^{4n+1}$.

4. 设 $f(x)=\sum\limits_{n=0}^{\infty}\frac{x^n}{n!}(-\infty<x<+\infty)$.

(1) 通过逐项求导的方法证明 $f(x)$ 满足微分方程 $f'(x)=f(x)(-\infty<x<+\infty)$ 且 $f(0)=1$.

(2) 证明 $f(x)=e^x$.

# 8.5 函数展开成幂级数及其应用

将函数展开成幂级数,可以按照泰勒级数的方法求出各阶导数,只要余项的极限为 0,就可以写出函数的泰勒级数,即得到幂级数展开式.这是直接展开法.也可以利用函数展开成幂级数的唯一性,并利用某些已知函数的幂级数展开式,通过加、减、乘、除、复合、微分、积分等运算,可得到所求函数的幂级数展开式,这是间接展开法.

## 8.5.1 直接展开法

将 $f(x)$ 展开成泰勒级数的步骤如下:

(1) 求出 $f(x)$ 在 $x=x_0$ 的各阶导数值 $f^{(n)}(x_0)$.若 $f(x)$ 在 $x=x_0$ 的某阶导数不存在,则 $f(x)$ 不能展开为幂级数;

(2) 写出 $f(x)$ 的泰勒级数 $\sum\limits_{n=0}^{\infty}\frac{f^{(n)}(x_0)}{n!}(x-x_0)^n$ 并求出其收敛域;

(3) 考察在收敛域内 $f(x)$ 的 $n$ 阶泰勒余项 $R_n(x)$ 的极限

$$\lim_{n\to\infty}\frac{f^{(n+1)}(x_0+\theta x)}{(n+1)!}(x-x_0)^{n+1}$$

是否等于 0,如为 0,则幂级数 $\sum\limits_{n=0}^{\infty}\frac{f^{(n)}(x_0)}{n!}(x-x_0)^n$ 在此收敛域内等于 $f(x)$;如不为 0,幂级

数 $\sum_{n=0}^{\infty}\frac{f^{(n)}(x_0)}{n!}(x-x_0)^n$ 虽然收敛,但其和不等于 $f(x)$.

**例 1**　求 $f(x)=(1+x)^{\alpha}$ 的麦克劳林级数展开式.

**解**　由于

$$f^{(n)}(x)=\alpha(\alpha-1)\cdots(\alpha-n+1)(1+x)^{\alpha-n},$$

得

$$f^{(n)}(0)=\alpha(\alpha-1)\cdots(\alpha-n+1),$$

所以

$$\sum_{n=0}^{\infty}\frac{f^{(n)}(0)}{n!}x^n=\sum_{n=0}^{\infty}\frac{\alpha(\alpha-1)\cdots(\alpha-n+1)}{n!}x^n.$$

由于

$$\lim_{n\to\infty}\left|\frac{\dfrac{\alpha(\alpha-1)\cdots[\alpha-(n+1)+1]}{(n+1)!}}{\dfrac{\alpha(\alpha-1)\cdots(\alpha-n+1)}{n!}}\right|=\lim_{n\to\infty}\frac{|\alpha-n|}{n+1}=1,$$

故收敛区间为(−1,1).

可以证明,当 $\alpha\leqslant -1$ 时,收敛域为 $(-1,1)$;当 $-1<\alpha<0$ 时,收敛域为 $(-1,1]$;当 $\alpha>0$ 时,收敛域为 $[-1,1]$.

也可以证明,当 $-1<x<1$ 时

$$\lim_{n\to\infty}R_n(x)=\lim_{n\to\infty}\left|\frac{\alpha(\alpha-1)\cdots[\alpha-(n+1)+1](1+\theta x)^{\alpha-(n+1)}}{(n+1)!}x^{n+1}\right|=0,$$

所以

$$(1+x)^{\alpha}=\sum_{n=0}^{\infty}\frac{\alpha(\alpha-1)\cdots(\alpha-n+1)}{n!}x^n,\quad -1<x<1.$$

特别地,可得到

$$\begin{aligned}(1+x)^{-1}&=\frac{1}{1+x}=\sum_{n=0}^{\infty}(-1)^n\cdot x^n\\&=1-x+x^2-\cdots+(-1)^nx^n-\cdots(-1<x<1).\end{aligned}\tag{1}$$

$$(1+x)^{\frac{1}{2}}=\sqrt{1+x}=1+\frac{1}{2}x+\frac{1}{2\cdot 4}x^2+\frac{1\cdot 3}{2\cdot 4\cdot 6}x^3+\cdots(-1\leqslant x\leqslant 1).\tag{2}$$

$$(1+x)^n=1+nx+\frac{n(n-1)}{2!}x^2+\cdots+nx^{n-1}+x^n.$$

最后这个公式称为**二项式公式**.

**例 2**　求 $f(x)=\sin x$ 的麦克劳林级数展开式.

**解**　由 $f^{(n)}(x)=\sin\left(x+\frac{n\pi}{2}\right)(n=0,1,2,3,\cdots)$,故 $f^{(n)}(0)$ 按顺序循环地取 0,1,0,−1,⋯.于是 $f(x)=\sin x$ 对应的麦克劳林级数为

$$x-\frac{x^3}{3!}+\frac{x^5}{5!}-\cdots+(-1)^{n-1}\frac{x^{2n-1}}{(2n-1)!}+\cdots(-\infty<x<+\infty).$$

显然该级数的收敛半径为 $R=+\infty$,在由于

$$|R_n(x)|=\left|\frac{\sin\left(\xi+\frac{(n+1)\pi}{2}\right)}{(n+1)!}x^{n+1}\right|<\frac{|x|^{n+1}}{(n+1)!}\to 0(n\to\infty),$$

所以

$$\begin{aligned}\sin x&=\sum_{n=0}^{\infty}\frac{(-1)^n x^{2n+1}}{(2n+1)!}\\&=x-\frac{x^3}{3!}+\frac{x^5}{5!}-\cdots+(-1)^{n-1}\frac{x^{2n-1}}{(2n-1)!}+\cdots(-\infty<x<+\infty).\end{aligned}\tag{3}$$

类似地,可以证明

$$\mathrm{e}^x=\sum_{n=0}^{\infty}\frac{x^n}{n!}=1+x+\frac{x^2}{2!}+\cdots+\frac{x^n}{n!}+\cdots(-\infty<x<+\infty).\tag{4}$$

$$\cos x=\sum_{n=0}^{\infty}\frac{(-1)^n x^{2n}}{(2n)!}=1-\frac{x^2}{2!}+\frac{x^4}{4!}+\cdots+(-1)^n\frac{x^{2n}}{(2n)!}+\cdots(-\infty<x<+\infty).\tag{5}$$

### 8.5.2 间接展开法

间接展开法是利用已知的一些函数的幂级数展开式,进行加、减、乘、除、复合、微分、积分、变量代换等,求出函数的幂级数展开式.

**例 3** 将函数 $\ln(1+x)$ 展开成 $x$ 的幂级数.

**解** 由式(1)可知

$$\frac{1}{1+x}=\sum_{n=0}^{\infty}(-1)^n x^n=1-x+x^2-\cdots+(-1)^n x^n+\cdots(-1<x<1),$$

两边分别从 0 到 $x$ 逐项积分,得

$$\begin{aligned}\ln(1+x)&=\int_0^x\frac{\mathrm{d}x}{1+x}=\sum_{n=0}^{\infty}\frac{(-1)^n}{n+1}\cdot x^{n+1}\\&=x-\frac{1}{2}x^2+\frac{1}{3}x^3-\cdots+\frac{(-1)^n}{n+1}x^{n+1}+\cdots.\end{aligned}$$

可以证明,在 $x=1$ 处上式仍成立,因此收敛域为 $(-1,1]$.

**例 4** 将函数 $\arctan x$ 展开成 $x$ 的幂级数.

**解** 将式(1)中 $x$ 换成 $x^2$,有

$$\frac{1}{1+x^2}=\sum_{n=0}^{\infty}(-1)^n\cdot x^{2n}=1-x^2+x^4-\cdots+(-1)^n x^{2n}+\cdots.$$

从而两边逐项积分,得

$$\arctan x=\sum_{n=0}^{\infty}\frac{(-1)^n x^{2n+1}}{2n+1}=x-\frac{1}{3}x^3+\frac{1}{5}x^5-\cdots+\frac{(-1)^n}{2n+1}x^{2n+1}+\cdots.$$

当 $x=\pm1$ 时,它是交错级数 $\sum_{n=0}^{\infty}\frac{(-1)^n}{2n+1}$,收敛.因此,它的收敛域为 $[-1,1]$.

**例 5** 将 $\sin^2 x$ 展开成 $x$ 的幂级数.

**解** 由 $\sin^2 x=\frac{1}{2}(1-\cos 2x)$,利用(5)并将其中的 $x$ 换成 $2x$,得

$$\cos 2x = \sum_{n=0}^{\infty} (-1)^n \frac{(2x)^{2n}}{(2n)!}.$$

于是

$$\begin{aligned}\sin^2 x &= \frac{1}{2}\left[1 - \sum_{n=0}^{\infty} (-1)^n \frac{(2x)^{2n}}{(2n)!}\right] \\ &= \frac{1}{2} + \sum_{n=0}^{\infty} (-1)^{n+1} \frac{2^{2n-1}}{(2n)!} x^{2n} \\ &= \sum_{n=1}^{\infty} (-1)^{n-1} \frac{2^{2n-1}}{(2n)!} x^{2n-1} (-\infty < x < +\infty).\end{aligned}$$

**例 6** 将 $f(x) = \dfrac{2x}{x^2 - 2x - 3}$ 展开成 $x$ 的幂级数.

**解** 由于

$$f(x) = \frac{2x}{x^2 - 2x - 3} = \frac{2x}{(x-3)(x+1)} = \frac{1}{2}\left(\frac{3}{x-3} + \frac{1}{x+1}\right).$$

而

典型例题讲解

$$\frac{1}{x+1} = \sum_{n=0}^{\infty} (-1)^n x^n (-1 < x < 1),$$

$$\frac{3}{x-3} = -\frac{1}{1-\dfrac{x}{3}} = -\sum_{n=0}^{\infty} \left(\frac{x}{3}\right)^n (-3 < x < 3).$$

从而

$$f(x) = \frac{1}{2}\left[-\sum_{n=0}^{\infty} \left(\frac{x}{3}\right)^n + \sum_{n=0}^{\infty} (-1)^n x^n\right] (-1 < x < 1).$$

**例 7** 将 $f(x) = \dfrac{1}{ax+b}$ 展开成 $(x - x_0)$ 的幂级数.

**解**

$$\begin{aligned}f(x) &= \frac{1}{ax+b} = \frac{1}{ax_0+b} \cdot \frac{1}{1 + \dfrac{a}{ax_0+b}(x-x_0)} \\ &= \frac{1}{ax_0+b} \sum_{n=0}^{\infty} \frac{(-1)^n a^n}{(ax_0+b)^n} (x-x_0)^n \\ &= \sum_{n=0}^{\infty} \frac{(-1)^n a^n}{(ax_0+b)^{n+1}} (x-x_0)^n, \quad |x - x_0| < \left|x_0 + \frac{b}{a}\right|.\end{aligned}$$

**例 8** 计算 $\sqrt[3]{e}$ 的近似值.

**解** 在 $e^x$ 的麦克劳林展开式(4)中,令 $x = \dfrac{1}{3}$,得

$$\sqrt[3]{e} = e^{\frac{1}{3}} = 1 + \frac{1}{3} + \frac{1}{2!}\left(\frac{1}{3}\right)^2 + \frac{1}{3!}\left(\frac{1}{3}\right)^3 + \cdots + \frac{1}{n!}\left(\frac{1}{3}\right)^n + \cdots.$$

取前 4 项作为 $\sqrt[3]{e}$ 的近似值

$$\sqrt[3]{e} = 1 + \frac{1}{3} + \frac{1}{2!}\left(\frac{1}{3}\right)^2 + \frac{1}{3!}\left(\frac{1}{3}\right)^3 \approx 1.395.$$

其误差

$$
\begin{aligned}
|r_4| &= \frac{1}{4!}\left(\frac{1}{3}\right)^4+\frac{1}{5!}\left(\frac{1}{3}\right)^5+\cdots+\frac{1}{n!}\left(\frac{1}{3}\right)^n+\cdots \\
&= \frac{1}{4!}\left(\frac{1}{3}\right)^4\left(1+\frac{1}{5\cdot 3}+\frac{1}{5\cdot 6\cdot 3^2}+\cdots+\frac{4!}{n!\ 3^{n-4}}+\cdots\right) \\
&< \frac{1}{4!}\left(\frac{1}{3}\right)^4\left[1+\frac{1}{5\cdot 3}+\frac{1}{(5\cdot 3)^2}+\cdots+\frac{1}{(5\cdot 3)^{n-4}}+\cdots\right] \\
&= \frac{1}{4!}\left(\frac{1}{3}\right)^4\cdot\frac{1}{1-\frac{1}{5\cdot 3}}\approx 0.00055.
\end{aligned}
$$

## 练　习　8.5

1. 求下列函数的幂级数展开式：

(1) $y=\dfrac{1}{2x+1}$ 在 $x=3$ 处展开；　(2) $y=\dfrac{1}{x^2-2x-3}$ 在 $x=2$ 处展开.

2. 利用幂级数展开方法计算 $\int_0^{\frac{1}{2}}\dfrac{\mathrm{d}x}{1+x^4}$（误差不超过 $10^{-5}$）.

## 本章知识小结

### 一、常数项级数概念与性质

1. 常数项级数的收敛与发散的概念.

常数项级数：$\sum\limits_{n=1}^{\infty}u_n=u_1+u_2+\cdots+u_n+\cdots$.

记部分和 $S_n=\sum\limits_{k=1}^{n}u_k$，若 $\lim\limits_{n\to\infty}S_n=S$，则称级数 $\sum\limits_{n=1}^{\infty}u_n$ 收敛，称 $S$ 为级数的和，记为 $S=\sum\limits_{n=1}^{\infty}u_n$；若 $\lim\limits_{n\to\infty}S_n$ 不存在，则称级数 $\sum\limits_{n=1}^{\infty}u_n$ 发散.

2. 级数的基本性质与收敛的必要条件.

(1) 若 $\sum\limits_{n=1}^{\infty}u_n$ 与 $\sum\limits_{n=1}^{\infty}v_n$ 都收敛，$\alpha$，$\beta$ 为常数，则 $\sum\limits_{n=1}^{\infty}(\alpha u_n+\beta v_n)$ 收敛，且

$$\sum_{n=1}^{\infty}(\alpha u_n+\beta v_n)=\alpha\sum_{n=1}^{\infty}u_n+\beta\sum_{n=1}^{\infty}v_n;$$

(2) 在一个级数中，增加或删去有限个项不改变级数的收敛性；

(3) 收敛级数加括号后所成的级数仍收敛，且其和不变；

(4) 级数 $\sum\limits_{n=1}^{\infty}u_n$ 收敛的必要条件是 $\lim\limits_{n\to\infty}u_n=0$，

若 $\lim\limits_{n\to\infty}u_n\neq 0$，则可判断级数 $\sum\limits_{n=1}^{\infty}u_n$ 发散.注意不能由 $\lim\limits_{n\to\infty}u_n=0$，判断 $\sum\limits_{n=1}^{\infty}u_n$ 收敛.

3. 几何级数与 $p$- 级数及其收敛性.

(1) 几何级数(等比级数) $\sum_{n=0}^{\infty} ar^n\ (a \neq 0)$,当公比 $|r| < 1$ 时收敛,当公比 $|r| \geqslant 1$ 时发散;

(2) $p$- 级数 $\sum_{n=1}^{\infty} \frac{1}{n^p}$,当 $p > 1$ 时,收敛,当 $p \leqslant 1$ 时,发散.

## 二、正项级数审敛法(该部分的级数均为正项级数)

1. 比较判别法 :设 $u_n \leqslant v_n$,

(1) 若 $\sum_{n=1}^{\infty} v_n$ 收敛,则 $\sum_{n=1}^{\infty} u_n$ 收敛;

(2) 若 $\sum_{n=1}^{\infty} u_n$ 发散,则 $\sum_{n=1}^{\infty} v_n$ 也发散.

2. 比较判别法的极限形式:设 $\lim\limits_{n\to\infty} \frac{u_n}{v_n} = \rho$,则

(1) 当 $0 < \rho < +\infty$ 时,$\sum_{n=1}^{\infty} u_n$ 与 $\sum_{n=1}^{\infty} v_n$ 具有相同的收敛性;

(2) 当 $\rho = 0$ 时,若 $\sum_{n=1}^{\infty} v_n$ 收敛,则 $\sum_{n=1}^{\infty} u_n$ 收敛;

(3) 当 $\rho = +\infty$ 时,若 $\sum_{n=1}^{\infty} v_n$ 发散,则 $\sum_{n=1}^{\infty} u_n$ 发散.

3. 比值判别法:设 $\lim\limits_{n\to\infty} \frac{u_{n+1}}{u_n} = \rho$,则

(1) 当 $0 < \rho < 1$ 时,$\sum_{n=1}^{\infty} u_n$ 收敛;

(2) 当 $\rho > 1$(包括 $\rho = +\infty$) 时,$\sum_{n=1}^{\infty} u_n$ 发散;

(3) 当 $\rho = 1$ 时,不能判断 $\sum_{n=1}^{\infty} u_n$ 的收敛性.

4. 根值判别法:设 $\lim\limits_{n\to\infty} \sqrt[n]{u_n} = \rho$,则

(1) 当 $0 < \rho < 1$ 时,$\sum_{n=1}^{\infty} u_n$ 收敛;

(2) 当 $\rho > 1$(包括 $\rho = +\infty$) 时,$\sum_{n=1}^{\infty} u_n$ 发散;

(3) 当 $\rho = 1$ 时,不能判断 $\sum_{n=1}^{\infty} u_n$ 的收敛性.

## 三、任意项级数

1. 交错级数的莱布尼兹判别法:设交错级数 $\sum_{n=1}^{\infty} (-1)^{n-1} u_n$ 满足:

(1) $u_n \geqslant u_{n+1} (n = 1,2,3,\cdots)$;　　(2) $\lim\limits_{n\to\infty} u_n = 0$,

则级数 $\sum_{n=1}^{\infty} (-1)^{n-1} u_n$ 收敛,且其和 $S \leqslant u_1$.

2. 绝对收敛和条件收敛.

(1) 当 $\sum_{n=1}^{\infty}|u_n|$ 收敛，则 $\sum_{n=1}^{\infty}u_n$ 一定收敛；若 $\sum_{n=1}^{\infty}u_n$ 收敛，则 $\sum_{n=1}^{\infty}|u_n|$ 不一定收敛；

(2) 当 $\sum_{n=1}^{\infty}|u_n|$ 收敛，则 $\sum_{n=1}^{\infty}u_n$ 绝对收敛；若 $\sum_{n=1}^{\infty}u_n$ 收敛，则 $\sum_{n=1}^{\infty}|u_n|$ 发散，则称 $\sum_{n=1}^{\infty}u_n$ 条件收敛.

## 四、幂级数

1. 幂级数的概念.

(1) 在 $x=x_0$ 处的幂级数或 $(x-x_0)$ 的幂级数

$$\sum_{n=0}^{\infty}a_n(x-x_0)^n=a_0+a_1(x-x_0)+a_2(x-x_0)^2+\cdots+a_n(x-x_0)^n+\cdots$$

(2) 在 $x=0$ 处的幂级数或 $x$ 的幂级数

$$\sum_{n=0}^{\infty}a_nx^n=a_0+a_1x+a_2x^2+\cdots+a_nx^n+\cdots$$

2. 幂级数 $\sum_{n=0}^{\infty}a_nx^n$ 的收敛半径、收敛区间和收敛域

(1) 收敛半径 $R=+\infty$，则 $\sum_{n=0}^{\infty}a_nx^n$ 在整个数轴上都收敛，收敛域为 $(-\infty,+\infty)$；

(2) 收敛半径 $R=0$，则 $\sum_{n=0}^{\infty}a_nx^n$ 仅在 $x=0$ 处收敛；

(3) 收敛半径 $R>0$，则 $\sum_{n=0}^{\infty}a_nx^n$ 收敛域为以下 4 种区间之一：$(-R,+R)$，$[-R,+R)$，$(-R,+R]$，$[-R,+R]$.

3. 幂级数 $\sum_{n=0}^{\infty}a_nx^n$ 的收敛半径求法：设 $\lim\limits_{n\to\infty}\left|\dfrac{a_{n+1}}{a_n}\right|=\rho$，则

(1) 当 $0<\rho<+\infty$ 时，$R=\dfrac{1}{\rho}$；

(2) 当 $\rho=0$ 时，$R=+\infty$；

(3) 当 $\rho=+\infty$ 时，$R=0$.

4. 幂级数在其收敛区间内的基本运算性质.

加法、乘法、逐项求导、逐项积分.

5. 简单幂级数的和函数求法.

(1) 用逐项求导、逐项积分的方法及等比级数的求和公式；

(2) 把已知函数的幂级数展开式反过来用.

## 五、函数展开成幂级数

1. 泰勒级数与麦克劳林级数.

(1) $f(x)$ 的泰勒级数

$$f(x_0)+f'(x_0)(x-x_0)+\frac{f''(x_0)}{2!}(x-x_0)^2+\cdots+\frac{f^{(n)}(x_0)}{n!}(x-x_0)^n+\cdots$$

(2) $f(x)$ 的麦克劳林级数

$$f(0)+f'(0)x+\frac{f''(0)}{2!}x^2+\cdots+\frac{f^{(n)}(0)}{n!}x^n+\cdots$$

2. 函数 $f(x)$ 展开成幂级数的方法.

(1) 直接展开法：套用麦克劳林级数展开式；

(2) 间接展开法：利用已知的展开式，通过变形、变量代换，以及加法、逐项求导和逐项积分等幂级数的运算.

3. 6 个常用的初等函数 $e^x$，$\ln(1+x)$，$\sin x$，$\cos x$，$\arctan x$，$(1+x)^a$ 的幂级数展开式.

## 历年考研真题选讲

**例 1** **(2003 年，数三)** 求幂级数 $1+\sum\limits_{n=1}^{\infty}(-1)^n\frac{x^{2n}}{2n}(|x|<1)$ 的和函数 $f(x)$ 及其极值.

**解**
$$f'(x)=\sum_{n=1}^{\infty}(-1)^n x^{2n-1}=-\frac{x}{1+x^2}.$$
上式两边从 0 到 $x$ 积分，得
$$f(x)-f(0)=-\int_0^x\frac{t}{1+t^2}dt=-\frac{1}{2}\ln(1+x^2).$$
由 $f(0)=1$，得 $f(x)=1-\frac{1}{2}\ln(1+x^2)(|x|<1)$.令 $f'(x)=0$，求得唯一驻点 $x=0$.

**例 2** **(2005 年，数三)** 设 $a_n>0,n=1,2,\cdots$，若 $\sum\limits_{n=1}^{\infty}a_n$ 发散，$\sum\limits_{n=1}^{\infty}(-1)^{n-1}a_n$ 收敛，则下列结论正确的是(　　).

A. $\sum\limits_{n=1}^{\infty}a_{2n-1}$ 收敛，$\sum\limits_{n=1}^{\infty}a_{2n}$ 发散　　B. $\sum\limits_{n=1}^{\infty}a_{2n}$ 收敛，$\sum\limits_{n=1}^{\infty}a_{2n-1}$ 发散

C. $\sum\limits_{n=1}^{\infty}(a_{2n-1}+a_{2n})$ 收敛　　D. $\sum\limits_{n=1}^{\infty}(a_{2n-1}-a_{2n})$ 收敛

**解** 取 $a_n=\frac{1}{n}$，则 $\sum\limits_{n=1}^{\infty}a_n$ 发散，$\sum\limits_{n=1}^{\infty}(-1)^{n-1}a_n$ 收敛，但 $\sum\limits_{n=1}^{\infty}a_{2n-1}$ 与 $\sum\limits_{n=1}^{\infty}a_{2n}$ 均发散，排除 A、B 选项，且 $\sum\limits_{n=1}^{\infty}(a_{2n-1}+a_{2n})$ 发散，进一步排除 C，故应选 D.

**例 3** **(2005 年，数一、三)** 求幂级数 $\sum\limits_{n=1}^{\infty}\left(\frac{1}{2n+1}-1\right)x^{2n}$ 在区间 $(-1,1)$ 内的和函数 $S(x)$.

**解** 设
$$S(x)=\sum_{n=1}^{\infty}\left(\frac{1}{2n+1}-1\right)x^{2n},\quad S_1(x)=\sum_{n=1}^{\infty}\frac{1}{2n+1}x^{2n},\quad S_2(x)=\sum_{n=1}^{\infty}x^{2n},$$
则
$$S(x)=S_1(x)-S_2(x),\ x\in(-1,1).$$
由于
$$S_2(x)=\sum_{n=1}^{\infty}x^{2n}=\frac{x^2}{1-x^2},$$

$$(xS_1(x))'=\sum_{n=1}^{\infty}x^{2n}=\frac{x^2}{1-x^2},x\in(-1,1),$$

因此
$$xS_1(x)=\int_0^x\frac{t^2}{1-t^2}\mathrm{d}t=-x+\frac{1}{2}\ln\frac{1+x}{1-x},$$

又由于 $S_1(0)=0$,有

$$S_1(x)=\begin{cases}-1+\dfrac{1}{2x}\ln\dfrac{1+x}{1-x}, & |x|<1,\\ 0, & x=0.\end{cases}$$

所以
$$S(x)=S_1(x)-S_2(x)=\begin{cases}\dfrac{1}{2x}\ln\dfrac{1+x}{1-x}-\dfrac{1}{1-x^2}, & |x|<1,\\ 0, & x=0.\end{cases}$$

**例 4** (**2006 年,数三**) 求幂级数 $\sum_{n=1}^{\infty}\frac{(-1)^{n-1}x^{2n+1}}{n(2n-1)}$ 的收敛域及和函数 $s(x)$.

**解** 记 $u_n(x)=\frac{(-1)^{n-1}x^{2n+1}}{n(2n-1)}$,则

$$\lim_{n\to\infty}\left|\frac{u_{n+1}(x)}{u_n(x)}\right|=\lim_{n\to\infty}\left|\frac{\dfrac{(-1)^n x^{2n+3}}{(n+1)(2n+1)}}{\dfrac{(-1)^{n-1}x^{2n+1}}{n(2n-1)}}\right|=|x|^2.$$

所以当 $|x|^2<1$,即 $|x|<1$ 时,所给幂级数收敛;当 $|x|>1$ 时,所给幂级数发散;

当 $x=\pm1$ 时,所给幂级数 $\sum_{n=1}^{\infty}\frac{(-1)^{n-1}}{n(2n-1)}$ 与 $\sum_{n=1}^{\infty}\frac{(-1)^n}{n(2n-1)}$ 均收敛,故所给幂级数的收敛域为$[-1,1]$.在$(-1,1)$内,

$$s(x)=\sum_{n=1}^{\infty}\frac{(-1)^{n-1}x^{2n+1}}{n(2n-1)}=2x\sum_{n=1}^{\infty}\frac{(-1)^{n-1}x^{2n}}{(2n-1)(2n)}=2xs_1(x),$$

而
$$s_1'(x)=\sum_{n=1}^{\infty}\frac{(-1)^{n-1}x^{2n-1}}{2n-1},\quad s_1''(x)=\sum_{n=1}^{\infty}(-1)^{n-1}x^{2n-2}=\frac{1}{1+x^2},$$

所以
$$s_1'(x)-s_1'(0)=\int_0^x s_1''(t)\mathrm{d}t=\int_0^x\frac{1}{1+t^2}\mathrm{d}t=\arctan x,$$

又 $s_1'(0)=0$,于是 $s_1'(x)=\arctan x$.同理

$$s_1(x)-s_1(0)=\int_0^x s_1'(t)\mathrm{d}t=\int_0^x\arctan t\,\mathrm{d}t$$
$$=t\arctan t\Big|_0^x-\int_0^x\frac{t}{1+t^2}\mathrm{d}t=x\arctan x-\frac{1}{2}\ln(1+x^2),$$

又 $s_1(0)=0$,所以

$$s_1(x)=x\arctan x-\frac{1}{2}\ln(1+x^2).$$

故 $s(x)=2x^2\arctan x-x\ln(1+x^2).x\in(-1,1)$.

由于所给幂级数在 $x=\pm1$ 处都收敛,且 $s(x)=2x^2\arctan x-x\ln(1+x^2)$ 在 $x=\pm1$ 处都连续,所以 $s(x)$ 在 $x=\pm1$ 成立,即

$$s(x)=2x^2\arctan x-x\ln(1+x^2),x\in[-1,1].$$

**例5** **(2008年,数三)** 设银行存款的年利率为 $r=0.05$,并依年复利计算,某基金会希望通过存款 $A$ 万元,实现第一年提取19万元,第二年提取28万元,……,第 $n$ 年提取 $(10+9n)$ 万元,并能按此规律一直提取下去,问 $A$ 至少应为多少万元?

**解** 设 $A_n$ 为用于第 $n$ 年提取 $(10+9n)$ 万元的贴现值,则 $A_n=(1+r)^{-n}(10+9n)$.故

$$A=\sum_{n=1}^{\infty}A_n=\sum_{n=1}^{\infty}\frac{10+9n}{(1+r)^n}=10\sum_{n=1}^{\infty}\frac{1}{(1+r)^n}+\sum_{n=1}^{\infty}\frac{9n}{(1+r)^n}=200+9\sum_{n=1}^{\infty}\frac{n}{(1+r)^n},$$

设 $S(x)=\sum_{n=1}^{\infty}nx^n,x\in(-1,1)$,因为

$$S(x)=x\left(\sum_{n=1}^{\infty}x^n\right)'=x\left(\frac{x}{1-x}\right)'=\frac{x}{(1-x)^2},\quad x\in(-1,1),$$

所以

$$S\left(\frac{1}{1+r}\right)=S\left(\frac{1}{1.05}\right)=420(\text{万元}),$$

故 $A=200+9\times420=3980$(万元),即至少应存入3980万元.

**例6** **(2009年,数三)** 幂级数 $\sum_{n=1}^{\infty}\frac{\mathrm{e}^n-(-1)^n}{n^2}x^n$ 的收敛半径为________.

**解** 由题意知,$a_n=\frac{\mathrm{e}^n-(-1)^n}{n^2}>0$,且

$$\left|\frac{a_{n+1}}{a_n}\right|=\frac{\mathrm{e}^{n+1}-(-1)^{n+1}}{(n+1)^2}\cdot\frac{n^2}{\mathrm{e}^n-(-1)^n}=\frac{n^2}{(n+1)^2}\cdot\frac{\mathrm{e}^{n+1}\left[1-\left(-\frac{1}{\mathrm{e}}\right)^{n+1}\right]}{\mathrm{e}^n\left[1-\left(-\frac{1}{\mathrm{e}}\right)^n\right]}\to\mathrm{e}(n\to\infty),$$

所以该幂级数的收敛半径为 $R=\frac{1}{\mathrm{e}}$.

**例7** **(2012年,数三)** 级数 $\sum_{i=1}^{\infty}(-1)^n\sqrt{n}\sin\frac{1}{n^\alpha}$ 绝对收敛,$\sum_{i=1}^{\infty}\frac{(-1)^n}{n^{2-\alpha}}$ 条件收敛,则 $\alpha$ 范围为(  ).

A.$0<\alpha\leqslant\frac{1}{2}$  B.$\frac{1}{2}<\alpha\leqslant1$  C.$1<\alpha\leqslant\frac{3}{2}$  D.$\frac{3}{2}<\alpha\leqslant2$

**解** 考察的知识点是绝对收敛和条件收敛的定义及常见的 $p$ 级数的收敛性结论. $\sum_{i=1}^{\infty}(-1)^n\sqrt{n}\sin\frac{1}{n^\alpha}$ 绝对收敛可知 $\alpha>\frac{3}{2}$;$\sum_{i=1}^{\infty}\frac{(-1)^n}{n^{2-\alpha}}$ 条件收敛可知 $\alpha\leqslant2$,故答案为D.

**例8** **(2014年,数三)** 求幂级数 $\sum_{n=0}^{\infty}(n+1)(n+3)x^n$ 的收敛域及和函数.

**解** 由 $\lim_{n\to\infty}\left|\frac{a_{n+1}}{a_n}\right|=\lim_{n\to\infty}\frac{(n+2)(n+4)}{(n+1)(n+3)}=1$,得 $R=1$.

当 $x=1$ 时,$\sum_{n=0}^{\infty}(n+1)(n+3)$ 发散,当 $x=-1$ 时,$\sum_{n=0}^{\infty}(-1)^n(n+1)(n+3)$ 发散,故收敛域为 $(-1,1)$.

当 $x\in(-1,1)$ 且 $x\neq0$ 时,和函数

$$S(x)=\sum_{n=0}^{\infty}(n+1)(n+3)x^n=\left(\sum_{n=0}^{\infty}(n+3)\int_0^x(n+1)x^n\mathrm{d}x\right)'$$

$$=\left(\sum_{n=0}^{\infty}(n+3)x^{n+1}\right)'=\left(\frac{1}{x}\sum_{n=0}^{\infty}(n+3)x^{n+2}\right)'$$

$$=\left(\frac{1}{x}\left(\sum_{n=0}^{\infty}\int_0^x(n+3)x^{n+2}\mathrm{d}x\right)'\right)'=\left(\frac{1}{x}\left(\sum_{n=0}^{\infty}x^{n+3}\right)'\right)'$$

$$=\left(\frac{1}{x}\left(\frac{x^3}{1-x}\right)'\right)'=\left(\frac{3x-2x^2}{(1-x)^2}\right)'=\frac{3-x}{(1-x)^3}.$$

当 $x=0$ 时，$S(x)=3$，故和函数 $S(x)=\dfrac{3-x}{(1-x)^3}$，$x\in(-1,1)$.

**例 9** （**2015 年，数三**）下列级数中发散的是（　　）.

A. $\sum\limits_{n=1}^{\infty}\dfrac{n}{3^n}$　　B. $\sum\limits_{n=1}^{\infty}\dfrac{1}{\sqrt{n}}\ln\left(1+\dfrac{1}{n}\right)$　　C. $\sum\limits_{n=2}^{\infty}\dfrac{(-1)^n+1}{\ln n}$　　D. $\sum\limits_{n=1}^{\infty}\dfrac{n!}{n^n}$

**解** 选项 A 为正项级数，因为 $\lim\limits_{n\to\infty}\dfrac{\frac{n+1}{3^{n+1}}}{\frac{n}{3^n}}=\lim\limits_{n\to\infty}\dfrac{n+1}{3n}=\dfrac{1}{3}<1$，所以根据正项级数的比值判别法 $\sum\limits_{n=1}^{\infty}\dfrac{n}{3^n}$ 收敛；选项 B 为正项级数，因为 $\dfrac{1}{\sqrt{n}}\ln\left(1+\dfrac{1}{n}\right)\sim\dfrac{1}{n^{3/2}}$，根据 $P$ 级数收敛准则，知 $\sum\limits_{n=1}^{\infty}\dfrac{1}{\sqrt{n}}\ln\left(1+\dfrac{1}{n}\right)$ 收敛；选项 C，由于 $\sum\limits_{n=1}^{\infty}\dfrac{(-1)^n+1}{\ln n}=\sum\limits_{n=1}^{\infty}\dfrac{(-1)^n}{\ln n}+\sum\limits_{n=1}^{\infty}\dfrac{1}{\ln n}$，根据莱布尼茨判别法知 $\sum\limits_{n=1}^{\infty}\dfrac{(-1)^n}{\ln n}$ 收敛，$\sum\limits_{n=1}^{\infty}\dfrac{1}{\ln n}$ 发散，所以 $\sum\limits_{n=1}^{\infty}\dfrac{(-1)^n+1}{\ln n}$ 发散；D 为正项级数，因为 $\lim\limits_{n\to\infty}\dfrac{\frac{(n+1)!}{(n+1)^{n+1}}}{\frac{n!}{n^n}}=\lim\limits_{n\to\infty}\dfrac{(n+1)!}{n!}\dfrac{n^n}{(n+1)^{n+1}}=\lim\limits_{n\to\infty}\left(\dfrac{n}{n+1}\right)^n=\dfrac{1}{e}<1$，所以根据正项级数的比值判别法 $\sum\limits_{n=1}^{\infty}\dfrac{n!}{n^n}$ 收敛，所以选 C.

**例 10** （**2013 年，数三**）设 $\{a_n\}$ 为正项数列，则下列选择项正确的是（　　）.

A. 若 $a_n>a_{n+1}$，则 $\sum\limits_{n=1}^{\infty}(-1)^{n-1}a_n$ 收敛

B. 若 $\sum\limits_{n=1}^{\infty}(-1)^{n-1}a_n$ 收敛，则 $a_n>a_{n+1}$

C. 若 $\sum\limits_{n=1}^{\infty}a_n$ 收敛.则存在常数 $P>1$，使 $\lim\limits_{n\to\infty}n^pa_n$ 存在

D. 若存在常数 $P>1$，使 $\lim\limits_{n\to\infty}n^pa_n$ 存在，则 $\sum\limits_{n=1}^{\infty}a_n$ 收敛

**解** 由正项级数的比较审敛法，可知选项 D 正确，故应选 D.

此小题的选项 A、B 想考查的交错级数收敛的莱布尼茨条件，对于选项 A，但少一条件 $\lim\limits_{n\to\infty}a_n=0$，显然错误.而莱布尼茨条件只是交错级数收敛的充分条件，不是必要条件，选项 B 也不正确，反例自己去构造.

**例 11** （2016 年，数三）级数 $\sum_{n=1}^{\infty}\left(\frac{1}{\sqrt{n}}-\frac{1}{\sqrt{n+1}}\right)\sin(n+k)$（$k$ 为常数）为（　　）.

A. 绝对收敛　　B. 条件收敛　　C.发散　　D.收敛性与 $k$ 有关

**解**　由题目可得

$$\sum_{n=1}^{\infty}\left(\frac{1}{\sqrt{n}}-\frac{1}{\sqrt{n+1}}\right)\sin(n+k)=\sum_{n=1}^{\infty}\frac{\sqrt{n+1}-\sqrt{n}}{\sqrt{n}\sqrt{n+1}}\sin(n+k)=\sum_{n=1}^{\infty}\frac{\sin(n+k)}{\sqrt{n}\sqrt{n+1}(\sqrt{n+1}+\sqrt{n})}$$

因为

$$\left|\frac{\sin(n+k)}{\sqrt{n}\sqrt{n+1}(\sqrt{n+1}+\sqrt{n})}\right|\leqslant\frac{1}{\sqrt{n}\sqrt{n+1}(\sqrt{n+1}+\sqrt{n})}\leqslant\frac{1}{n\sqrt{n}},$$

由正项级数的比较判别法得，该级数绝对收敛.

**例 12** （2016 年，数三）求幂级数 $\sum_{n=0}^{\infty}\frac{x^{2n+2}}{(n+1)(2n+1)}$ 的收敛域与和函数.

**解**　令 $S(x)=\sum_{n=0}^{\infty}\frac{x^{2n+2}}{(n+1)(2n+1)}$，两边同时求导得

$$S'(x)=2\sum_{n=0}^{\infty}\frac{x^{2n+1}}{(2n+1)},$$

两边再同时求导得

$$S''(x)=2\sum_{n=0}^{\infty}x^{2n}=\frac{2}{1-x^2},\quad |x|<1,$$

两边积分可得

$$S'(x)=\ln\frac{1+x}{1-x}+C,$$

由 $S'(0)=0$ 可知 $C=0$，故

$$S'(x)=\ln\frac{1+x}{1-x}=\ln(1+x)-\ln(1-x),$$

两边再积分并注意到 $S(0)=0$ 可知

$$S(x)=(1+x)\ln(1+x)+(1-x)\ln(1-x).$$

易知，$S(x)=\sum_{n=0}^{\infty}\frac{x^{2n+2}}{(n+1)(2n+1)}$ 的收敛半径为1，且当 $x=1,x=-1$ 时级数收敛，可知幂级数的收敛域为$[-1,1]$.再根据连续性可知当 $S(\pm 1)=2\ln 2$.综合有

$$S(x)=\begin{cases}(1+x)\ln(1+x)+(1-x)\ln(1-x), & x\in(-1,1),\\ 2\ln 2, & x=\pm 1.\end{cases}$$

**例 13** （2017 年，数三）若级数 $\sum_{n=2}^{\infty}\left[\sin\frac{1}{n}-k\ln\left(1-\frac{1}{n}\right)\right]$ 收敛，则 $k=$（　　）.

A. 1　　B. 2　　C. $-1$　　D. $-2$

**解**　当 $n\to\infty$ 时，有

$$\sin\frac{1}{n}-k\ln\left(1-\frac{1}{n}\right)=\frac{1}{n}-k\left(-\frac{1}{n}-\frac{1}{2}\left(\frac{1}{n}\right)^2\right)+o\left(\frac{1}{n^2}\right)=(1+k)\frac{1}{n}+\frac{k}{2}\frac{1}{n^2}o\left(\frac{1}{n^2}\right).$$

显然当且仅当$(1+k)=0$，也就是 $k=-1$ 时，级数的一般项是关于 $\frac{1}{n}$ 的二阶无穷小，级数收敛.

故应选 C.

**例 14** **(2017 年,数三)** 若 $a_0=1,a_1=0,a_{n+1}=\frac{1}{n+1}(na_n+a_{n-1})(n=1,2,3\cdots)$,$S(x)$ 为幂级数 $\sum_{n=0}^{\infty}a_nx^n$ 的和函数.证明:

(1) $\sum_{n=0}^{\infty}a_nx^n$ 的收敛半径不小于 1.

(2) $(1-x)S'(x)-xS(x)=0(x\in(-1,1))$,并求 $S(x)$ 的表达式.

**证** (1) 由已知 $a_0=1,a_1=0,a_{n+1}=\frac{1}{n+1}(na_n+a_{n-1})$,所以 $0\leqslant a_{n+1}\leqslant 1$.记 $R$ 为幂级数 $\sum_{n=0}^{\infty}a_nx^n$ 的收敛半径.当 $|x|<1$ 时,因为 $|a_nx^n|\leqslant|x^n|$ 且级数 $\sum_{n=0}^{\infty}\left|x_n\right|$ 收敛,所以幂级数 $\sum_{n=0}^{\infty}a_nx^n$ 绝对收敛,于是 $(-1,1)\subseteq(-R,R)$,故 $R\geqslant 1$.

(2) 利用幂级数的逐项求导,得

$$S'(x)=\sum_{n=1}^{\infty}na_nx^{n-1}=\sum_{n=0}^{\infty}(n+1)a_{n+1}x^n,$$

则

$$(1-x)S'(x)=\sum_{n=1}^{\infty}[(n+1)a_{n+1}-na_n]x^n+a_1,$$

$$xS(x)=\sum_{n=0}^{\infty}a_nx^{n+1}=\sum_{n=1}^{\infty}a_{n-1}x^n,$$

进而 $(1-x)S'(x)-xS(x)=\sum_{n=1}^{\infty}[(n+1)a_{n+1}-na_n-a_{n-1}]x^n+a_1$.由已知

$$(n+1)a_{n+1}-na_n-a_{n-1}=0,a_1=0,$$

所以

$$(1-x)S'(x)-xS(x)=0.$$

解微分方程 $\frac{S'(x)}{S(x)}=\frac{x}{1-x}$,得

$$S(x)=\frac{Ce^{-x}}{x-1},$$

由 $S(0)=a_0=1$,得 $C=-1$,有 $S(x)=\frac{e^{-x}}{1-x}$.

**例 15** **(2018 年,数三)** 已知 $\cos 2x-\frac{1}{(1+x)^2}=\sum_{n=0}^{\infty}a_nx^n(-1<x<1)$,求 $a_n$.

**解** 由泰勒级数可得

$$\cos x=1-\frac{x^2}{2!}+\frac{x^4}{4!}-\frac{x^6}{6!}+\cdots=\sum_{n=0}^{\infty}\frac{(-1)^n}{(2n)!}x^{2n};$$

$$\frac{1}{1-x}=1+x+x^2+\cdots=\sum_{n=0}^{\infty}x^n;$$

$$-\frac{1}{(1+x)^2}=\left(\frac{1}{1+x}\right)'=\sum_{n=1}^{\infty}(-1)^nnx^{n-1}$$

$$=\sum_{n=0}^{\infty}(-1)^n(n+1)x^n,$$

由上可以得到

$$\cos 2x=\sum_{n=0}^{\infty}\frac{(-1)^n}{(2n)!}(2x)^{2n}=\sum_{n=0}^{\infty}\frac{(-1)^n2^{2n}}{(2n)!}x^{2n};$$

$$\frac{1}{1+x}=\sum_{n=0}^{\infty}(-x)^n=\sum_{n=0}^{\infty}(-1)^nx^n,$$

综上可得

$$\sum_{n=0}^{\infty}\frac{(-1)^n2^{2n}}{(2n)!}x^{2n}+\sum_{n=0}^{\infty}(-1)^{n+1}(n+1)x^n=\sum_{n=0}^{\infty}a_nx^n,$$

所以

$$a_n=\begin{cases}(-1)^{2k}(2k-1+1)=2k, & n=2k-1,\\ \dfrac{(-1)^k2^{2k}}{(2k)!}+(-1)^{2k+1}(2k+1), & n=2k.\end{cases}$$

**例 16** (**2019 年,数三**)若$\sum\limits_{n=1}nu_n$绝对收敛,$\sum\limits_{n=1}\dfrac{v_n}{n}$条件收敛,则(　　).

A. $\sum\limits_{n=1}^{\infty}u_nv_n$ 条件收敛　　B. $\sum\limits_{n=1}^{\infty}u_nv_n$ 绝对收敛

C. $\sum(u_n+v_n)$ 收敛　　D. $\sum(u_n+v_n)$ 发散

**解** $\lim\limits_{n\to\infty}\left|\dfrac{u_nv_n}{nu_n}\right|=\lim\limits_{n\to\infty}\left|\dfrac{v_n}{n}\right|=0$,$\sum|u_nv_n|$收敛,$\sum u_nv_n$绝对收敛,选 B.

**例 17** (**2020 年,数三**)设幂级数$\sum\limits_{n=1}^{\infty}na_n(x-2)^n$的收敛区间为$(-2,6)$,则$\sum\limits_{n=1}^{\infty}a_n(x+1)^{2n}$的收敛区间为(　　).

A. $(-2,6)$　　B. $(-3,1)$　　C. $(-5,3)$　　D. $(-17,5)$

**解** 可知$\sum\limits_{n=1}^{\infty}na_nx^n$与$\sum\limits_{n=1}^{\infty}a_nx^n$有相同的收敛半径,$\sum\limits_{n=1}^{\infty}na_n(x-2)^n$的收敛区间为$(-2,6)$,即收敛半径为$R=4$,故$\sum\limits_{n=1}^{\infty}a_n(x+1)^{2n}$收敛区间为$|(x+1)^2|<4$,即$|x+1|<2\Rightarrow -3<x<1$.

**例 18** (**2022 年,数三**)求幂级数$\sum\limits_{n=0}^{\infty}\dfrac{(-4)^n+1}{4^n(2n+1)}x^{2n}$的收敛域及和函数$S(x)$.

**解** $\lim\limits_{n\to\infty}\left|\dfrac{\dfrac{(-4)^{n+1}+1}{4^{n+1}(2n+3)}x^{2n+2}}{\dfrac{(-4)^n+1}{4^n(2n+1)}x^{2n}}\right|<1$,解得$|x|<1$,所以$R=1$,$S$收敛区间为$(-1,1)$.

当$x=\pm1$时,$\sum\limits_{n=0}^{\infty}\dfrac{(-4)^n+1}{4^n(2n+1)}$收敛,收敛域为$[-1,1]$.

$$S(x)=\sum_{n=0}^{\infty}\frac{(-1)^n}{2n+1}x^{2n}+\sum_{n=0}^{\infty}\frac{x^{2n}}{4^n(2n+1)}.$$

设
$$S_1(x)=\sum_{n=0}^{\infty}\frac{(-1)^n}{2n+1}x^{2n}=\frac{1}{x}\sum_{n=0}^{\infty}\frac{(-1)^n}{2n+1}x^{2n+1},\quad x\neq 0.$$
$$\left(\sum_{n=0}^{\infty}\frac{(-1)^n}{2n+1}x^{2n+1}\right)'=\sum_{n=0}^{\infty}(-1)^n x^{2n}=\frac{1}{1+x^2}.$$
$$\sum_{n=0}^{\infty}\frac{(-1)^n}{2n+1}x^{2n+1}=\int_0^x\frac{1}{1+t^2}\mathrm{d}t=\arctan x,$$
则
$$S_1(x)=\frac{1}{x}\arctan x,\quad x\neq 0.$$
$$S_2(x)=\sum_{n=0}^{\infty}\frac{x^{2n}}{4^n(2n+1)}=\frac{1}{x}\sum_{n=0}^{\infty}\frac{x^{2n+1}}{4^n(2n+1)},\quad x\neq 0,$$
$$\left(\sum_{n=0}^{\infty}\frac{x^{2n+1}}{4^n(2n+1)}\right)'=\sum_{n=0}^{\infty}\frac{x^{2n}}{4^n}=\frac{1}{1-\frac{x^2}{4}}=\frac{4}{4-x^2},$$
$$\sum_{n=0}^{\infty}\frac{x^{2n+1}}{4^n(2n+1)}=\int_0^x\frac{4}{4-t^2}\mathrm{d}t=\ln\frac{2+x}{2-x},\quad S_2(x)=\frac{1}{x}\ln\frac{2+x}{2-x},\quad x\neq 0.$$
$$S(0)=2.$$
综上
$$S(x)=\begin{cases}\dfrac{1}{x}\arctan x+\dfrac{1}{x}\ln\dfrac{2+x}{2-x}, & x\neq 0,x\in[-1,1],\\ 2, & x=0,\end{cases}$$

**例 19** （**2023 年，数三**）已知 $a_n<b_n(n=1,2,\cdots)$，若级数 $\sum\limits_{n=1}^{\infty}a_n$ 与 $\sum\limits_{n=1}^{\infty}b_n$ 均收敛，则“级数 $\sum\limits_{n=1}^{\infty}a_n$ 绝对收敛”是“级数 $\sum\limits_{n=1}^{\infty}b_n$ 绝对收敛”的（　　）.

A. 充要条件　　B.充分不必要条件

C.必要不充分条件　　D.既不充分也不必要条件

**解**　由条件知 $\sum\limits_{n=1}^{\infty}(b_n-a_n)$ 为收敛的正项级数，进而绝对收敛；

设 $\sum\limits_{n=1}^{\infty}a_n$ 绝对收敛，则由 $|b_n|=|b_n-a_n+a_n|\leqslant|b_n-a_n|+|a_n|$ 与比较判别法知 $\sum\limits_{n=1}^{\infty}b_n$ 绝对收敛；

设 $\sum\limits_{n=1}^{\infty}b_n$ 绝对收敛，则由 $|a_n|=|a_n-b_n+b_n|\leqslant|b_n-a_n|+|b_n|$ 与比较判别法，得 $\sum\limits_{n=1}^{\infty}a_n$ 绝对收敛.故答案为 A.

**例 20** （**2024 年，数一、三**）已知 $\ln(2+x)=\sum\limits_{n=0}^{\infty}a_nx^n$，则 $\sum\limits_{n=0}^{\infty}na_{2n}=$（　　）.

A. $-\frac{1}{6}$　　B. $-\frac{1}{3}$　　C. $\frac{1}{6}$　　D. $\frac{1}{3}$

**解**　由于
$$\ln(2+x)=\ln2\left(1+\frac{1}{2}x\right)=\ln2+\ln\left(1+\frac{1}{2}x\right)$$

$$=\ln 2+\sum_{n=1}^{\infty}(-1)^{n-1}\frac{\left(\frac{1}{2}x\right)^{n}}{n}\Rightarrow a_n$$

$$=\begin{cases}\ln 2, & n=0,\\ (-1)^{n-1}\dfrac{1}{n2^{n}}, & n>0,\end{cases}$$

当 $n>0$，$a_{2n}=-\dfrac{1}{2n\cdot 2^{2n}}$.所以

$$\sum_{n=0}^{\infty}na_{2n}=\sum_{n=1}^{\infty}na_{2n}=\sum_{n=1}^{\infty}n\left(-\frac{1}{2n\cdot 2^{2n}}\right)=-\sum_{n=1}^{\infty}\frac{1}{2^{2n+1}}=-\frac{\left(\frac{1}{2}\right)^{3}}{1-\frac{1}{4}}=-\frac{1}{6},$$

故选 A.

## 数学星空　光辉典范：数学家与数学家精神

### 数学家简介[8]

## 总练习　8

1. 填空题.

(1) 若级数 $\sum_{n=1}^{\infty}a_n$ 的部分和数列 $\{S_n\}$ 为 $\left\{\dfrac{3n}{n+1}\right\}$，则 $a_n=$____，而 $\sum_{n=1}^{\infty}a_n=$ ________；

(2) 正项级数 $\sum_{n=1}^{\infty}a_n$ 的部分和数列 $\{S_n\}$ 有界是 $\sum_{n=1}^{\infty}a_n$ 收敛的________条件；

(3) $\lim\limits_{n\to\infty}a_n=0$ 是 $\sum_{n=0}^{\infty}a_n$ 收敛的________条件，而不是________条件；

(4) 若 $\sum_{n=1}^{\infty}\dfrac{(-1)^{n-1}+a}{2n}$ 收敛，则 $a$ 的取值为________；

(5) 若 $\sum_{n=1}^{\infty}a_n$ 绝对收敛，则 $\sum_{n=1}^{\infty}a_n$ 必是________；若 $\sum_{n=1}^{\infty}a_n$ 条件收敛，则 $\sum_{n=1}^{\infty}|a_n|$ 必是________；

(6) 若 $\sum_{n=0}^{\infty}a_nx^n$ 的收敛区间为 $(-R,R)$，则 $\sum_{n=1}^{\infty}na_n(x-x_0)^{n-1}$ 的收敛区间为________.

2. 选择题.

(1) 若 $a$ 为常数，则级数 $\sum_{n=1}^{\infty}\left(\frac{\sin na}{n^2}-\frac{1}{\sqrt{n}}\right)$（ ）.

A. 绝对收敛　　B. 条件收敛　　C. 发散　　D. 收敛性取决于 $a$ 的值

(2) 若 $\sum_{n=1}^{\infty}(a_{2n-1}+a_{2n})$ 收敛，则（ ）.

A. $\sum_{n=1}^{\infty}a_n$ 必收敛　　B. $\sum_{n=1}^{\infty}a_n$ 未必收敛　　C. $\lim_{n\to\infty}a_n=0$　　D. $\sum_{n=1}^{\infty}a_n$ 发散

(3) 若 $0\leqslant a_n<\frac{1}{n}(n=1,2,\cdots)$，则下列级数中必定收敛的是（ ）.

A. $\sum_{n=1}^{\infty}a_n$　　B. $\sum_{n=1}^{\infty}(-1)^n a_n$　　C. $\sum_{n=1}^{\infty}\sqrt{a_n}$　　D. $\sum_{n=1}^{\infty}(-1)^n a_n^{\,2}$

3. 判定下列级数的敛散性.

(1) $\sum_{n=1}^{\infty}\int_0^{\frac{1}{n}}\frac{x}{1+x^2}\mathrm{d}x$；　(2) $\sum_{n=1}^{\infty}\frac{(n+1)!}{n^{n+1}}$；　(3) $\sum_{n=2}^{\infty}\frac{1}{\ln^{10}n}$；

(4) $\sum_{n=1}^{\infty}\frac{a^n}{n^s}(s>0)$；　(5) $\sum_{n=1}^{\infty}\frac{1}{n\sqrt[n]{n}}$.

4. 设正项级数 $\sum_{n=1}^{\infty}a_n$ 和 $\sum_{n=1}^{\infty}b_n$ 都收敛，证明：

(1) $\sum_{n=1}^{\infty}a_n^{\,2}$ 收敛；　(2) $\sum_{n=1}^{\infty}a_n b_n$ 收敛；　(3) $\sum_{n=1}^{\infty}(a_n+b_n)$ 收敛.

5. 讨论下列级数是绝对收敛，还是条件收敛？

(1) $\sum_{n=1}^{\infty}(-1)^n\frac{1}{n^p}$；　(2) $\sum_{n=1}^{\infty}(-1)^n\frac{\sin n}{\pi^n}$；　(3) $\sum_{n=1}^{\infty}(-1)^n\ln\left(1+\frac{1}{\sqrt{n}}\right)$.

6. 已知函数 $f(x)$ 在 $x=0$ 的某邻域内有二阶连续导数，且 $\lim_{x\to 0}\frac{f(x)}{x}=0$. 证明级数 $\sum_{n=1}^{\infty}f\left(\frac{1}{n}\right)$ 绝对收敛.

7. 求下列幂级数的和函数：

(1) $\sum_{n=1}^{\infty}nx^{n-1}$；　(2) $\sum_{n=1}^{\infty}\frac{n^2}{n!}x^n$；

(3) $\sum_{n=1}^{\infty}\frac{1}{2n-1}x^{2n+1}$；　(4) $\sum_{n=1}^{\infty}\frac{2n-1}{2^n}x^{2(n-1)}$.

8. 求下列数项级数的和：

(1) $\sum_{n=1}^{\infty}\frac{n^2}{n!}$；　(2) $\sum_{n=1}^{\infty}\frac{1}{n2^n}$；

(3) $\sum_{n=0}^{\infty}(-1)^n\frac{1}{3n+1}$；　(4) $\sum_{n=0}^{\infty}\frac{1}{2^n}\cdot\frac{2n+1}{n!}$.

9. 将下列函数展开成 $x$ 的幂级数：

(1) $f(x)=\arctan\frac{1+x}{1-x}$；　　(2) $f(x)=\ln(4-3x-x^2)$；

(3) $f(x)=\int_0^x \cos t^2 \mathrm{d}t$；　　(4) $f(x)=\ln(x+\sqrt{1+x^2})$；

(5) $f(x)=\frac{1}{(x-2)^2}$.

10. 设 $f(x)=\sum_{n=0}^{\infty}a_n x^n$，$x\in(-R,R)$. 证明，若 $f(x)$ 为奇函数，则级数 $\sum_{n=0}^{\infty}a_n x^n$ 中仅出现奇数次幂的项；若 $f(x)$ 为偶函数，则级数 $\sum_{n=0}^{\infty}a_n x^n$ 中仅出现偶数次幂的项.

# 目标自测题 8

## 一、填空题

1. 当________时，级数 $\sum_{n=1}^{\infty}\frac{(-1)^n}{n^p}$ 为绝对收敛，当________时，该级数为条件收敛.

2. 已知幂级数 $\sum_{n=1}^{\infty}a_n x^n$ 的收敛半径为 $R$，和函数为 $S(x)$，则幂级数 $\sum_{n=1}^{\infty}na_n x^{n-1}$ 的收敛半径为________，和函数为________.

3. 若 $\frac{1}{3+x}=\sum_{n=0}^{\infty}a_n(x-1)^n$，$(|x-1|<4)$，则 $a_n=$________.

4. 级数 $\sum_{n=1}^{\infty}\frac{1}{1+a^n}$，$(a>0)$ 当 $a$________时收敛.

5. 幂级数 $\sum_{n=1}^{\infty}\frac{x^{3n}}{n\cdot 8^n}$ 的收敛域为________.

## 二、选择题

1. $\lim\limits_{n\to\infty}u_n=0$ 是级数 $\sum_{n=1}^{\infty}u_n$ 发散的(　　).

A. 必要条件　　B. 充分条件

C. 充要条件　　D. 既非充分也非必要条件

2. 若级数 $\sum_{n=1}^{\infty}u_n$ 和 $\sum_{n=1}^{\infty}v_n$ 都发散，则(　　).

A. $\sum_{n=1}^{\infty}(u_n+v_n)$ 必发散　　B. $\sum_{n=1}^{\infty}u_n v_n$ 必发散

C. $\sum_{n=1}^{\infty}(|u_n|+|v_n|)$ 必发散　　D. 以上说法都不对

3. 设有一任意项级数$\sum_{n=1}^{\infty} u_n$，若$|u_n|>|u_{n+1}|$，且$\lim\limits_{n\to\infty} u_n=0$，则该级数(　　).

A. 条件收敛　　B. 绝对收敛

C. 发散　　D. 可能收敛可能发散

4. 正项级数$\sum_{n=1}^{\infty} u_n$ 收敛是级数$\sum_{n=1}^{\infty} u_n^2$ 收敛的(　　).

A. 必要条件　　B. 充分条件

C. 充要条件　　D. 既非充分也非必要条件

5. 设级数 $\sum_{n=1}^{\infty}(-1)^{n-1}\dfrac{(x-a)^n}{n}$ 在 $x>0$ 时发散，而在点 $x=0$ 处收敛，则常数$a=$(　　).

A. 1　　B. $-1$　　C. 2　　D. $-2$

**三、计算证明题**

1. 判断级数 $\dfrac{1^3}{4}-\dfrac{2^3}{4^2}+\cdots+(-1)^{n-1}\dfrac{n^3}{4^n}+\cdots$ 的敛散性.

2. 将函数 $f(x)=\dfrac{e^{2x}+e^{-2x}}{2}$ 展开成 $x$ 的幂级数.

3. 求级数 $\dfrac{x^2}{1\cdot 2}-\dfrac{x^3}{2\cdot 3}+\dfrac{x^4}{3\cdot 4}-\cdots+(-1)^{n+1}\dfrac{x^{n+1}}{n\cdot(n+1)}+\cdots$ 的收敛半径与和函数.

4. 判断级数 $\sum_{n=1}^{\infty}\left(\dfrac{n}{7n+1}\right)^n$ 的敛散性.

5. 将函数 $f(x)=\ln\dfrac{x}{x+1}$ 在 $x_0=1$ 点展开成幂级数.

6. 判断级数$\sum_{n=1}^{\infty}\dfrac{n!\ \pi^n}{n^n}$ 的敛散性.

7. 求级数$\sum_{n=1}^{\infty} n\cdot\left(\dfrac{1}{2}\right)^n$ 的和.

8. 求级数 $1-\dfrac{1}{3\cdot 3}+\dfrac{1}{5\cdot 3^2}-\dfrac{1}{7\cdot 3^3}+\cdots+\dfrac{(-1)^{n-1}}{(2n-1)\cdot 3^{n-1}}+\cdots$ 的和.

9. 求幂级数$\sum_{n=1}^{\infty}\dfrac{2+(-1)^n}{2^n}x^n$ 的收敛半径.

10. 设$\sum_{n=1}^{\infty} a_n^2\ (a_n>0)$ 收敛，试证$\sum_{n=1}^{\infty}\dfrac{a_n}{n}$ 收敛.

# 第 9 章

# 微分方程与差分方程

已知利用函数关系可以对客观事物的规律性进行研究.而在许多几何、物理、经济和其他领域的实际问题中,即使经过分析、处理和适当的简化后,也只能列出含有未知函数及其导数的关系式.这种含有未知函数的导数的关系式就是所谓的微分方程.本章主要介绍微分方程的一些基本概念和几种常用的微分方程的解法.

实际问题中的数据大多数是按等时间间隔周期统计的.因此,有关变量的取值是离散变化的,处理它们之间的关系和变化规律就是本章最后要讨论的内容 —— 差分方程.

知识结构图

## 9.1 微分方程的基本概念

含有未知函数的导数或微分的方程称为**微分方程**.微分方程中出现的未知函数的导数的最高阶数称为微分方程的**阶**. 求出微分方程中的未知函数的过程称为**解微分方程**.

现实世界中的许多实际问题，如物体的冷却、人口的增长、琴弦的振动、电磁波的传播等，都可以归结为利用微分方程表示问题的内在规律.这时微分方程也称为所研究问题的**数学模型**.

**例 1** 质量为 $m$ 的物体只受重力作用由静止开始自由垂直降落.根据牛顿第二定律：物体所受的力 $F$ 等于物体的质量 $m$ 与物体运动的加速度的乘积，即 $F=ma$.取物体降落的铅垂线为 $x$ 轴，其正向向下.下落的起点为原点.记开始下落的时间 $t=0$，则物体下落的距离 $x$ 与时间 $t$ 的函数关系 $x=x(t)$ 满足

$$\frac{d^2x}{dt^2}=g,$$

其中 $g$ 为重力加速度常数.这就是一个 2 阶微分方程.

**例 2** 产品的月产量为 $x$ 时的边际成本

$$C'(x)=\frac{1}{2}x+8,$$

就是一个 1 阶微分方程.

在微分方程中，若未知函数是一元函数就称为**常微分方程**；若未知函数是多元函数，就称为**偏微分方程**.本章只讨论常微分方程.

$n$ 阶微分方程的一般形式是

$$F(x,y,y',y'',\cdots,y^{(n)})=0, \tag{1}$$

其中 $x$ 为自变量，$y=y(x)$ 是未知函数，式(1) 中，$y^{(n)}$ 必须出现，而其余变量(包括低阶导数)可以不出现.

如果能从式(1) 中解出最高阶导数得到 $n$ 阶微分方程的如下形式

$$y^{(n)}=f(x,y,y',y'',\cdots,y^{(n-1)}) \tag{2}$$

以后只讨论形如式(2) 的微分方程，并假设式(2) 右端的函数 $f$ 在所讨论的范围内连续.

特别地，式(2) 如果能写成如下形式

$$y^{(n)}=a_1(x)y^{(n-1)}+\cdots+a_{n-1}(x)y'+a_n(x)y+g(x) \tag{3}$$

则称式(3) 为 ***n* 阶线性微分方程**.其中 $a_1(x),\cdots,a_n(x)$ 和 $g(x)$ 均为自变量 $x$ 的已知函数.把不能表示成形如式(3) 的微分方程称为**非线性微分方程**.

**例 3** 试指出下列微分方程是什么方程，并指出微分方程的阶数.

(1) $\dfrac{dy}{dx}=x^3+y$； (2) $\sin x\dfrac{dy}{dx}+(\cos x)y+\tan x=0$；

(3) $x\dfrac{d^2y}{dx^2}-3\left(\dfrac{dy}{dx}\right)^3=5y$； (4) $\dfrac{d^3y}{dx^3}+\ln x\dfrac{dy}{dx}+xy=x$.

**解** 方程(1) 是一阶线性微分方程.因为$\dfrac{dy}{dx}$和 $y$ 都是一次.

方程(2) 也是一阶线性微分方程.因为两边除以 $\sin x$ 就可看出.

方程(3) 是 2 阶非线性微分方程,因为其中含有$\frac{d^2y}{dx^2}$.

方程(4) 是 3 阶线性微分方程.因为$\frac{d^3y}{dx^3}$为 3 阶导数.

如果一个函数代入微分方程能使方程式成为恒等式,则称这个函数为该**微分方程的解**.

例如,$x=\frac{1}{2}gt^2$ 及 $x=\frac{1}{2}gt^2+C_1t+C_2$ 都是例 1 中的微分方程的解,其中 $C_1$,$C_2$ 为任意常数.

通常,不含任意待定常数的解称为微分方程的**特解**.而含有相互独立的任意常数,且任意常数的个数与微分方程的阶数相等的解称为微分方程的**通解**(**一般解**).

这里所说的相互独立的任意常数,是指它们取不同的值时就得到不同的解.从而不能通过合并而使得通解中的任意常数的个数减少.

例如,$x=\frac{1}{2}gt^2$ 及 $x=\frac{1}{2}gt^2+C_1t+C_2$ 都是例 1 中的微分方程的解,其中 $C_1$,$C_2$ 为任意常数,$x=\frac{1}{2}gt^2+C_1t+C_2$ 是通解.

在实际问题中通常都要求寻找满足某些附加条件的解.此时,这类附加条件就可以用来确定通解中的任意常数.这类附加条件称为**初始条件**,也称为**定解条件**.

一般地,一阶微分方程 $y'=f(x,y)$ 的初始条件为

$$y\Big|_{x=x_0}=y_0,$$

其中 $x_0$,$y_0$ 都是已知常数.

二阶微分方程 $y''=f(x,y,y')$ 的初始条件为

$$y\Big|_{x=x_1}=y_1,\quad y'\Big|_{x=x_2}=y_2.$$

带有初始条件的微分方程称为微分方程的**初值问题**.

微分方程的解的图形是一条曲线,称为微分方程的**积分曲线**.

**例 4** 验证函数 $y=(x^3+C)\cos x$($C$ 为任意常数)是方程

$$\frac{dy}{dx}+y\tan x-3x^2\cos x=0$$

的通解,并求出满足初始条件$y\Big|_{x=0}=0$的特解.

**解** 要验证一个函数是否是微分方程的通解,只要将函数代入方程,验证是否恒等,再看函数式中所含的相互独立的任意常数的个数是否与方程的阶数相同.

对 $y=(x^3+C)\cos x$,求一阶导数

$$\frac{dy}{dx}=3x^2\cos x-(x^3+C)\sin x.$$

把 $y$ 和$\frac{dy}{dx}$代入方程左端,得

$$\frac{dy}{dx}+y\tan x-3x^2\cos x$$
$$=3x^2\cos x-(x^3+C)\sin x+(x^3+C)\cos x\tan x-3x^2\cos x=0.$$

因为方程两边恒等，且 $y$ 中含有一个任意常数，方程又是一阶的，故

$$y=(x^3+C)\cos x$$

是题设方程的通解.把初始条件 $y\big|_{x=0}=0$ 代入到通解

$$y=(x^3+C)\cos x,$$

得 $C=0$.从而所求特解为 $y=x^3\cos x$.

## 练　习　9.1

1. 指出下列微分方程的阶数：

(1) $xy''-2yy'+2x=0$；

(2) $(y'')^2-y^3\sin x+x^5=0$；

(3) $(x^2+3)dx+(4x+5y^2)dy=0$ .

2. 指出下列各题中的函数是否为所给微分方程的解：

(1) $xy'=2y, y=5x^2$；

(2) $y''-\frac{2}{x}y'+\frac{2y}{x^2}=0, y=C_1x+C_2x^2$；

(3) $y''-(\lambda_1+\lambda_2)y'+\lambda_1\lambda_2y=0, y=C_1e^{\lambda_1x}+C_2e^{\lambda_2x}$.

3. 验证 $y=Cx+\frac{1}{C}$（$C$ 为任意常数）是方程 $x(y')^2-yy'+1=0$ 的通解，并求满足初始条件 $y\Big|_{x=0}=2$ 的特解.

4. 设曲线在点 $(x, y)$ 处的切线的斜率等于该点横坐标的平方，试建立曲线所满足的微分方程，并求出通解.

# 9.2　一阶微分方程

微分方程没有统一的解法，必须根据微分方程的不同类型，研究相应的解法.本节将介绍可分离变量的微分方程以及一些可以化为这类方程的微分方程求解问题，如齐次方程等.

### 9.2.1　可分离变量的微分方程

在一阶微分方程 $\frac{dy}{dx}=F(x, y)$ 中，如果右端函数能分解成 $F(x, y)=f(x)g(y)$，即 $x$ 的一个函数 $f(x)$ 与 $y$ 的一个函数 $g(y)$ 相乘的形式，即

$$\frac{dy}{dx}=f(x)g(y), \tag{1}$$

其中 $f(x), g(y)$ 都是连续函数. 则这种微分方程称为可分离变量的微分方程.根据这种方程的特点，可以通过积分的方法来求解.

设 $g(y)\neq 0$，则方程可变形为

$$\frac{1}{g(y)}\mathrm{d}y=f(x)\mathrm{d}x.$$

再对上述等式两边积分,即得

$$\int\frac{1}{g(y)}\mathrm{d}y=\int f(x)\mathrm{d}x. \tag{2}$$

积分出来以后就表明 $y$ 是 $x$ 的一个(隐)函数(关系),就是方程(1)的解.

如果 $g(y_0)=0$,则易验证 $y=y_0$ 也是方程(1)的解.

上述求解可分离变量的微分方程的方法,称为**分离变量法**.

**例 1**　求微分方程

$$xy\mathrm{d}x+\mathrm{d}y=x^2\mathrm{d}y+x\mathrm{d}x$$

的通解.

**解**　先合并 $\mathrm{d}x$, $\mathrm{d}y$ 的各项得

$$x(y-1)\mathrm{d}x=(x^2-1)\mathrm{d}y.$$

设 $y-1\neq 0, x^2-1\neq 0$,分离变量得

$$\frac{\mathrm{d}y}{y-1}=\frac{x}{x^2-1}\mathrm{d}x.$$

两端积分

$$\int\frac{\mathrm{d}y}{y-1}=\int\frac{x}{x^2-1}\mathrm{d}x.$$

得

$$\ln|y-1|=\frac{1}{2}\ln|x^2-1|+\frac{1}{2}\ln|C_1|.$$

于是

$$(y-1)^2=\pm C_1(x^2-1).$$

记 $C=\pm C_1$,则得到题设方程的通解为

$$(y-1)^2=C(x^2-1).$$

**注**　利用 $x$, $y$ 的方程表示的微分方程的通解称为隐式通解(如例 1).

**例 2**　求微分方程 $\frac{\mathrm{d}y}{\mathrm{d}x}=\mathrm{e}^x y$ 的通解.

**解**　分离变量后两边积分

$$\int\frac{\mathrm{d}y}{y}=\int\mathrm{e}^x\mathrm{d}x.$$

得

$$\ln|y|=\mathrm{e}^x+\ln|C_1|.$$

从而

$$y=\pm C_1\mathrm{e}^{\mathrm{e}^x}.$$

记 $C=\pm C_1$,则得到题设方程的通解为 $y=C\mathrm{e}^{\mathrm{e}^x}$.

**例 3**　一曲线通过点(3,2),它在两坐标轴间的任一切线段均被切点所平分,求曲线的方程.

**解**　设曲线的方程为 $y=y(x)$.曲线上任一点$(x,y)$的切线方程为

$$\frac{Y-y}{X-x}=y'.$$

由假设，切点$(x,y)$的切线位于两坐标轴间的线段的两个端点分别是$X=0$时，$Y=2y$和$Y=0$时，$X=2x$.将这两个端点的坐标代入切线方程都得到曲线所满足的微分方程

$$\frac{\mathrm{d}y}{\mathrm{d}x}=-\frac{y}{x}.$$

分离变量后积分，得到通解为$xy=C$.将初始条件$y|_{x=3}=2$代入通解得$C=6$.从而所求的曲线方程为$xy=6$.

## 9.2.2 齐次方程

如果一阶微分方程

$$\frac{\mathrm{d}y}{\mathrm{d}x}=f(x,y)$$

中的函数$f(x,y)$可以写成$\frac{y}{x}$的函数，即

$$\frac{\mathrm{d}y}{\mathrm{d}x}=\varphi\left(\frac{y}{x}\right),\tag{3}$$

则这种微分方程称为**齐次方程**.

齐次方程可以通过引进新的未知函数的方法化成可分离变量的微分方程.

令$u=\frac{y}{x}$，$u$是$x$的一个新的未知函数.则有

$$y=ux,\quad \frac{\mathrm{d}y}{\mathrm{d}x}=x\frac{\mathrm{d}u}{\mathrm{d}x}+u,$$

原齐次方程变成

$$x\frac{\mathrm{d}u}{\mathrm{d}x}+u=\varphi(u).$$

分离变量后积分得

$$\int\frac{\mathrm{d}u}{\varphi(u)-u}=\int\frac{\mathrm{d}x}{x}=\ln|x|+C.$$

记$\Phi(u)$为$\frac{1}{\varphi(u)-u}$的一个原函数，则得通解为

$$\Phi(u)=\ln|x|+C.$$

再以$\frac{y}{x}$代替$u$，就得所给齐次方程的通解

$$\Phi\left(\frac{y}{x}\right)=\ln|x|+C.$$

**例 4** 求微分方程$(xy-x^2)\mathrm{d}x-(y^2-xy)\mathrm{d}y=0$的通解.

**解** **方法一**(看成齐次方程).

原方程变形为

$$\frac{\mathrm{d}y}{\mathrm{d}x}=\frac{xy-x^2}{y^2-xy}=\frac{\frac{y}{x}-1}{\left(\frac{y}{x}\right)^2-\frac{y}{x}},$$

就是一个齐次方程.令 $u=\dfrac{y}{x}$,则有

$$y=ux,\quad \frac{\mathrm{d}y}{\mathrm{d}x}=x\frac{\mathrm{d}u}{\mathrm{d}x}+u.$$

代入齐次方程得

$$x\frac{\mathrm{d}u}{\mathrm{d}x}+u=\frac{u-1}{u^2-u}.$$

分离变量并假设 $1-u^2\neq 0, x\neq 0$,得

$$\frac{u}{1-u^2}\mathrm{d}u=\frac{1}{x}\mathrm{d}x.$$

两边积分

$$\int\frac{u}{1-u^2}\mathrm{d}u=\int\frac{1}{x}\mathrm{d}x.$$

得

$$-\frac{1}{2}\ln|1-u^2|=\ln|x|+\ln|C_1|.$$

以 $\dfrac{y}{x}$ 代替 $u$ 就得到原方程的通解

$$-\frac{1}{2}\ln\left|1-\left(\frac{y}{x}\right)^2\right|=\ln|x|+\ln|C_1|.$$

记 $C=\pm\dfrac{1}{C_1^2}$ 得

$$1-\left(\frac{y}{x}\right)^2=\frac{C}{x^2},$$

从而

$$x^2-y^2=C.$$

**方法二**(分离变量法).

$$-x(x-y)\mathrm{d}x=y(y-x)\mathrm{d}y.$$

当 $y-x\neq 0$ 时有 $y\mathrm{d}y=x\mathrm{d}x$,积分得

$$\frac{1}{2}y^2=\frac{1}{2}x^2+\frac{1}{2}C.$$

即 $y^2-x^2=C$ 为原方程的通解,显然 $y=x$ 时也成立.

### 9.2.3 一阶线性微分方程

典型例题讲解

方程

$$\frac{\mathrm{d}y}{\mathrm{d}x}+P(x)y=Q(x)\tag{4}$$

称为**一阶线性微分方程**,它关于未知函数 $y$ 及其导数 $y'$ 都是一次的.如果 $Q(x)\equiv 0$,则方程(4)称为**一阶线性齐次微分方程**,否则就称为**一阶线性非齐次方程**.

对于一阶线性齐次微分方程

$$\frac{\mathrm{d}y}{\mathrm{d}x}+P(x)y=0. \tag{5}$$

通过分离变量积分，可得它的通解

$$y=C\mathrm{e}^{-\int P(x)\mathrm{d}x}. \tag{6}$$

而对于一阶线性非齐次微分方程(4)，可以利用它相应的一阶线性齐次微分方程(5)的通解(6)形式，并使用所谓**常数变易法**来求非齐次方程(4)的通解，这种方法是把齐次方程(5)的通解(6)中的任意常数 $C$ 变易换成 $x$ 的未知函数 $u(x)$，即作变换

$$y=u\mathrm{e}^{-\int P(x)\mathrm{d}x}. \tag{7}$$

假设方程(7)是非齐次方程(4)的解，代入方程(4)中进而求出 $u(x)$，再代入方程(7)就得到非齐次方程(4)的通解.为此，将式(7)对 $x$ 求导，注意 $u$ 是 $x$ 的函数，得

$$\frac{\mathrm{d}y}{\mathrm{d}x}=\frac{\mathrm{d}u}{\mathrm{d}x}\mathrm{e}^{-\int P(x)\mathrm{d}x}-uP(x)\mathrm{e}^{-\int P(x)\mathrm{d}x}. \tag{8}$$

将式(8)和式(7)代入方程(4)，得

$$\frac{\mathrm{d}u}{\mathrm{d}x}\mathrm{e}^{-\int P(x)\mathrm{d}x}=Q(x).$$

分离变量后积分得

$$u=\int Q(x)\mathrm{e}^{\int P(x)\mathrm{d}x}\mathrm{d}x+C. \tag{9}$$

将式(9)代入式(7)就得到方程(4)的通解

$$\begin{aligned} y&=C\mathrm{e}^{-\int P(x)\mathrm{d}x}+\mathrm{e}^{-\int P(x)\mathrm{d}x}\int Q(x)\mathrm{e}^{\int P(x)\mathrm{d}x}\mathrm{d}x \\ &=\mathrm{e}^{-\int P(x)\mathrm{d}x}\left(C+\int Q(x)\mathrm{e}^{\int P(x)\mathrm{d}x}\mathrm{d}x\right). \end{aligned} \tag{10}$$

易见，一阶线性非齐次方程的通解(10)是对应的一阶线性齐次方程的通解(6)与其本身的一个特解(式(10)中取 $C=0$ 的解)之和.此后还可看到，这个结论对高阶非齐次线性方程也成立.

**例 5** 求方程 $y'+\frac{1}{x}y=\frac{\cos x}{x}$ 的通解.

**解** 由于方程是一阶非齐次线性方程，这时

$$p(x)=\frac{1}{x},\quad Q(x)=\frac{\cos x}{x}.$$

于是，按公式(10)，所求通解为

$$\begin{aligned} y&=C\mathrm{e}^{-\int\frac{1}{x}\mathrm{d}x}+\mathrm{e}^{-\int\frac{1}{x}\mathrm{d}x}\int\frac{\cos x}{x}\mathrm{e}^{\int\frac{1}{x}\mathrm{d}x}\mathrm{d}x \\ &=C\mathrm{e}^{-\ln x}+\mathrm{e}^{-\ln x}\int\frac{\cos x}{x}\mathrm{e}^{\ln x}\mathrm{d}x \\ &=\frac{C}{x}+\frac{1}{x}\int\cos x\,\mathrm{d}x \\ &=\frac{C}{x}+\frac{1}{x}\sin x. \end{aligned}$$

**例 6** 求方程$\frac{dy}{dx}+3y=8$的通解.

**解** 这是一个一阶线性非齐次方程.下面不利用公式(10),而采用常数变易法来求解.先求解相应的齐次方程的通解.由

$$\frac{dy}{dx}+3y=0,$$

分离变量后积分得相应齐次方程的通解 $y=C_1e^{-3x}$，其中 $C_1$ 为任意常数.

利用常数变易法,将 $C_1$ 变易为 $u(x)$,即设原非齐次方程的通解为

$$y=ue^{-3x}.$$

求导得

$$\frac{dy}{dx}=\frac{du}{dx}e^{-3x}-3ue^{-3x}.$$

代入原非齐次方程得

$$\frac{du}{dx}e^{-3x}=8.$$

分离变量后积分得

$$u(x)=\int 8e^{3x}dx=\frac{8}{3}e^{3x}+C.$$

从而得到原非齐次方程的通解为

$$y=\left(\frac{8}{3}e^{3x}+C\right)\cdot e^{-3x}=\frac{8}{3}+Ce^{-3x}.$$

## 9.2.4 伯努利方程

方程

$$\frac{dy}{dx}+P(x)y=Q(x)y^n \quad (n\neq 0,1) \tag{11}$$

叫做**伯努利(Bernoulli)方程.**

当 $n=0$ 或 $n=1$ 时,方程(11)退化为线性微分方程.当 $n\neq 0,n\neq 1$ 时,该方程不是线性的,但是可以通过变量代换,将其化为线性微分方程,并求其通解.具体方法如下.

方程(11)的两端同时乘以 $y^{-n}$,得

$$y^{-n}\frac{dy}{dx}+P(x)y^{1-n}=Q(x), \tag{12}$$

注意到$\frac{d}{dx}(y^{1-n})=(1-n)y^{-n}\frac{dy}{dx}$.于是,可令新的因变量 $z=y^{1-n}$，则

$$\frac{dz}{dx}=(1-n)y^{-n}\frac{dy}{dx}, \tag{13}$$

方程(12)的两端同时乘以$(1-n)$,并将变换 $z=y^{1-n}$ 和(13)式代入,可得

$$\frac{dz}{dx}+(1-n)P(x)z=(1-n)Q(x). \tag{14}$$

显然,上式为一阶线性微分方程.先求出方程(14)的通解,再以 $y^{1-n}$ 替换 $z$ 即可得到伯努利方程(11)的通解.

**例 7** 求伯努利方程 $\frac{dy}{dx}-3xy=xy^2$ 的通解.

**解** 方程两端同时乘以 $y^{-2}$，得

$$y^{-2}\frac{dy}{dx}-3xy^{-1}=x,$$

即

$$\frac{d(y^{-1})}{dx}+3xy^{-1}=-x.$$

令 $z=y^{-1}$，得

$$\frac{dz}{dx}+3xz=-x.$$

这是一个线性微分方程，其通解为 $z=e^{-\frac{3}{2}x^2}\left(-\frac{1}{3}e^{\frac{3}{2}x^2}+C_1\right)$，用 $\frac{1}{y}$ 替换 $z$ 可得原方程的通解为

$$\left(1+\frac{3}{y}\right)e^{\frac{3}{2}x^2}=C(C=3C_1).$$

## 练　习　9.2

1. 求下列微分方程的通解：

(1) $x(y^2-1)dx+y(x^2-1)dy=0$；(2) $\frac{dy}{dx}=3^{x+y}$.

2. 求下列微分方程的通解：

(1) $xy'-y-\sqrt{y^2-x^2}=0$；

(2) $y(x^2-xy+y^2)dx+x(x^2+xy+y^2)dy=0$.

3. 求下列微分方程的通解：

(1) $y'+y=e^{-x}$；　　(2) $xy'+y=\sin x$.

4. 求下列微分方程的初值问题：

(1) $\cos y dx+(1+e^{-x})\sin y dy=0, y|_{x=0}=\frac{\pi}{4}$；

(2) $(x+1)y'-y=(x+1)^2e^x, y|_{x=0}=1$.

5. 已知某产品生产的总成本 $C$ 由可变成本与固定成本两部分组成.可变成本 $y$ 是产量 $x$ 的函数，且 $y$ 关于 $x$ 的变化率等于 $\frac{2xy}{x^2+y^2}$，当 $x=10$ 时，$y=1$；固定成本为 100.求总成本函数 $C=C(x)$.

# 9.3　可降阶的二阶微分方程

本节讨论三种特殊形式的二阶微分方程的求解.

### 9.3.1　$y''=f(x)$ 型

这种简单形式的微分方程，其求解方法就是方程两边求两次积分.

对 $y''=f(x)$ 两端积分得

$$y'=\int f(x)\mathrm{d}x+C_1.$$

再次积分得

$$y=\int\left[\int f(x)\mathrm{d}x+C_1\right]\mathrm{d}x+C_2.$$

**注** 对于 $n$ 阶微分方程 $y^{(n)}=f(x)$，显然也可以连续积分 $n$ 次，就得到含有 $n$ 个任意常数的通解.

**例 1** 求微分方程 $y''=\mathrm{e}^{2x}+\sin x$ 的通解.

**解** 连续积分两次，得

$$y'=\frac{1}{2}\mathrm{e}^{2x}-\cos x+C_1,\quad y=\frac{1}{4}\mathrm{e}^{2x}-\sin x+C_1x+C_2.$$

这就是所求的通解.

### 9.3.2 $y''=f(x,y')$ 型

这种类型方程的特征是不显含 $y$，求解方法如下.

令 $y'=p(x)$，则 $y''=p'(x)$，则原二阶方程化成了一阶方程

$$p'=f(x,p).$$

利用 9.2 节的方法求出它的通解 $p=\varphi(x,C_1)$，再根据

$$\frac{\mathrm{d}y}{\mathrm{d}x}=y'=p=\varphi(x,C_1)$$

也是一阶方程.直接积分得 $y=\int\varphi(x,C_1)\mathrm{d}x+C_2$，就是原二阶微分方程的通解.

**例 2** 求方程 $y''=\frac{1}{x}y'+x\mathrm{e}^x$ 的通解.

**解** 令 $p=y'$，原方程化成

$$p'-\frac{1}{x}p=x\mathrm{e}^x$$

由于上式方程一阶线性微分方程.从而有

$$\begin{aligned}p&=C_1\mathrm{e}^{-\int\left(-\frac{1}{x}\right)\mathrm{d}x}+\mathrm{e}^{-\int\left(-\frac{1}{x}\right)\mathrm{d}x}\int x\mathrm{e}^x\mathrm{e}^{\int\left(-\frac{1}{x}\right)\mathrm{d}x}\mathrm{d}x\\&=C_1x+x\int\mathrm{e}^x\mathrm{d}x\\&=C_1x+x\mathrm{e}^x.\end{aligned}$$

即

$$p=y'=C_1x+x\mathrm{e}^x.$$

因此，原方程的通解为

$$y=\int(C_1x+x\mathrm{e}^x)\mathrm{d}x+C_2=\frac{1}{2}C_1x^2+(x-1)\mathrm{e}^x+C_2.$$

### 9.3.3 $y''=f(y,y')$ 型

这种类型方程的特征是不显含 $x$.这时把 $x$ 看成 $y$ 的函数，令 $p=y'$，从而 $p$ 也是 $y$ 的函数.

再利用复合函数的求导法则，把对 $x$ 的导数 $y''$ 化为对 $y$ 的导数，即

$$y''=\frac{\mathrm{d}p}{\mathrm{d}x}=\frac{\mathrm{d}p}{\mathrm{d}y}\cdot\frac{\mathrm{d}y}{\mathrm{d}x}=\frac{\mathrm{d}p}{\mathrm{d}y}\cdot p.$$

典型例题讲解

于是，$y''=f(y,y')$ 就变成了

$$p\frac{\mathrm{d}p}{\mathrm{d}y}=f(y,p).$$

这样就得到一个关于 $y,p$ 的一阶微分方程.如果求出它的通解为

$$y'=p=\varphi(y,C_1),$$

那么分离变量再积分就得到原方程的通解为

$$\int\frac{\mathrm{d}y}{\varphi(y,C_1)}=x+C_2.$$

**例 3** 求方程 $yy''=(y')^2$ 的通解.

**解** 令 $p=y'$，将 $x$ 看成是 $y$ 的函数.

这时

$$y''=\frac{\mathrm{d}p}{\mathrm{d}x}=\frac{\mathrm{d}p}{\mathrm{d}y}\cdot\frac{\mathrm{d}y}{\mathrm{d}x}=p\frac{\mathrm{d}p}{\mathrm{d}y}.$$

代入原方程就得

$$yp\frac{\mathrm{d}p}{\mathrm{d}y}=p^2.$$

当 $y\neq 0,p\neq 0$ 时，化简上方程并分离变量得

$$\frac{\mathrm{d}p}{p}=\frac{\mathrm{d}y}{y}.$$

两边积分得

$$\ln|p|=\ln|y|+\ln|C_1|.$$

即

$$y'=p=C_1y.$$

再分离变量并积分便得原方程的通解

$$\ln|y|=C_1x+\ln|C_2|.$$

即

$$y=C_2\mathrm{e}^{C_1x}.$$

**注** 从以上求解过程中可以看出，待定常数 $C_1,C_2$ 应该不等于 0，但是 $y=C$ 也是原方程的解，所以 $C_1,C_2$ 可以是任意常数.

## 练　习　9.3

1. 求下列微分方程的通解：

(1) $y''=x-\cos x$；　(2) $y''=x+y'$；　(3) $y''=(y+1)y'$.

2. 求下列微分方程初值问题的特解：

(1) $y''=\mathrm{e}^{3x},y|_{x=0}=0,y'|_{x=0}=0$；

(2) $y''=\frac{1}{x}y',y|_{x=1}=0,y'|_{x=1}=2$；

(3) $yy''-(y')^2-y'=0,y|_{x=0}=2,y'|_{x=0}=1$.

典型例题讲解

## 9.4　二阶线性微分方程解的结构

二阶线性微分方程的一般形式是

$$\frac{d^2y}{dx^2}+P(x)\frac{dy}{dx}+Q(x)y=f(x). \tag{1}$$

其中 $P(x),Q(x),f(x)$ 是自变量 $x$ 的已知函数，且 $f(x)$ 称为方程(1)的**自由项**.

当 $f(x)\neq 0$ 时，称方程(1)为非齐次的，而对应的二阶齐次线性微分方程是

$$\frac{d^2y}{dx^2}+P(x)\frac{dy}{dx}+Q(x)y=0. \tag{2}$$

本节只讨论方程(1)和方程(2)的解的性质，而它们的具体求解在下一节再讨论.

**定理 1**　如果已知齐次方程(2)的两个解为 $y_1(x)$ 和 $y_2(x)$，则

$$y=C_1y_1(x)+C_2y_2(x) \tag{3}$$

也是齐次方程(2)的解.其中 $C_1,C_2$ 是任意常数.

**证**　首先由 $y_1$ 和 $y_2$ 是方程(2)的两个解得

$$y''_1+p(x)y'_1+Q(x)y_1=0,\quad y''_2+p(x)y'_2+Q(x)y_2=0.$$

将式(3)代入方程(2)验证.

$$\begin{aligned}&(C_1y_1+C_2y_2)''+p(x)(C_1y_1+C_2y_2)'+Q(x)(C_1y_1+C_2y_2)\\&=(C_1y''_1+C_2y''_2)+p(x)(C_1y'_1+C_2y'_2)+Q(x)(C_1y_1+C_2y_2)\\&=C_1[y''_1+p(x)y'_1+Q(x)y_1]+C_2[y''_2+p(x)y'_2+Q(x)y_2]\\&=C_1\cdot 0+C_2\cdot 0=0.\end{aligned}$$

这就验证了式(3)也是齐次方程(2)的解.

定理 1 讨论的这个性质称为齐次线性微分方程的**解的叠加原理**.

显然方程(2)的解(3)中含有两个任意常数，但是还不能说它就是方程(2)的通解.因为还不知道这两个任意常数是否互相独立.为此，引入函数的线性相关和线性无关概念.

**定义 1**　设 $y_1(x)$ 和 $y_2(x)$ 是定义在区间 $I$ 内的两个函数.如果存在两个不全为零的常数 $k_1,k_2$，使得在区间 $I$ 内恒有

$$k_1y_1(x)+k_2y_2(x)=0,$$

则称这两个函数在区间 $I$ 内是**线性相关**的.否则就称为是**线性无关**的.

显然，要判断定义在区间 $I$ 内的两个函数是否线性相关，只要看它们的比值是否为常数.如果是常数，就说明它们线性相关；如果不是常数，即比值随 $x$ 的变化而改变，就说明它们线性无关.

例如，$y_1(x)=2\sec^2x$，$y_2(x)=1+\tan^2x$ 是两个线性相关的函数.因为

$$\frac{y_1(x)}{y_2(x)}=\frac{2\sec^2x}{1+\tan^2x}=2,$$

而 $y_1(x)=\sin x$，$y_2(x)=\cos x$ 是两个线性无关的函数.因为

$$\frac{y_1(x)}{y_2(x)}=\frac{\sin x}{\cos x}=\tan x\neq \text{常数}.$$

现在，可以给出齐次方程(2)的通解的结论了.

**定理 2** 如果已知齐次方程(2) 的两个特解 $y_1(x)$ 和 $y_2(x)$ 是线性无关的，则式(3) 是齐次方程(2) 的通解.

**证** 由定理 2 的条件，根据定理 1 知 $y=C_1y_1+C_2y_2$ 是方程(2) 的解.又若

$$C_1y_1+C_2y_2\equiv C'_1y_1+C'_2y_2,$$

即任意常数取两组值而得到相同的解，则

$$(C_1-C'_1)y_1+(C_2-C'_2)y_2\equiv 0.$$

由 $y_1$ 和 $y_2$ 是线性无关的就得到

$$C_1=C'_1,\quad C_2=C'_2.$$

这就证明了任意常数是相互独立的，从而式(3) 是方程(2) 的通解.

在 9.2 节中，讨论一阶线性微分方程的求解时得到：一阶非齐次线性微分方程的通解可以表示为它的一个特解与对应齐次线性微分方程的通解之和.对于二阶非齐次线性微分方程的通解也有类似的结论.

**定理 3** 设 $y^*$ 是非齐次方程(1) 的一个特解，$\bar{y}$ 是对应齐次方程(2) 的通解，则

$$y=y^*+\bar{y}. \tag{4}$$

就是非齐次方程(1) 的通解.

**证** 把式(4) 代入方程(1)，验证

$$\begin{aligned}&(y^*+\bar{y})''+p(x)(y^*+\bar{y})'+Q(x)(y^*+\bar{y})\\=&(y^{*\prime\prime}+\bar{y}'')+p(x)(y^{*\prime}+\bar{y}')+Q(x)(y^*+\bar{y})\\=&[y^{*\prime\prime}+p(x)y^{*\prime}+Q(x)y^*]+[\bar{y}''+p(x)\bar{y}'+Q(x)\bar{y}]\\=&f(x)+0\\=&f(x).\end{aligned}$$

即式(4) 是方程(1) 的解.又 $\bar{y}$ 中含有两个相互独立的任意常数，所以式(4) 是方程(1) 的通解.

类似地，还有如下结论.

**定理 4** 设 $y_1^*$ 和 $y_2^*$ 分别是方程

$$y''+p(x)y'+Q(x)y=f_1(x),\quad y''+p(x)y'+Q(x)y=f_2(x)$$

的特解，则 $y_1^*+y_2^*$ 是方程

$$y''+p(x)y'+Q(x)y=f_1(x)+f_2(x)$$

的特解.

这个定理的证明留给读者完成.

定理 4 讨论的这个性质称为非齐次线性微分方程的**叠加原理**.

本节讨论的二阶线性微分方程的解的性质都可以推广到如下 $n$ 阶线性微分方程.

$$y^{(n)}+p_1(x)y^{(n-1)}+\cdots+p_{n-1}(x)y'+p_n(x)y=f(x).$$

## 练　习　9.4

1. 判断下列各组函数是否线性相关：

(1) $y_1=\sin 2x$，$y_2=2\sin x\cos x$；　　(2) $y_1=e^x$，$y_2=\ln x$.

2. 证明定理 4.

3. 将定理 2 推广到三阶齐次线性微分方程.

## 9.5 二阶常系数线性微分方程的求解

在实际中问题应用较多的一类二阶微分方程是二阶常系数线性微分方程，它的一般形式为

$$y''+py'+qy=f(x).$$

其中 $p,q$ 为常数，$f(x)$ 为已知函数.当 $f(x)\equiv 0$ 时，方程称为**二阶常系数齐次线性微分方程，简称齐次方程**；相反当 $f(x)\neq 0$ 时，方程称为**二阶常系数非齐次线性微分方程，简称非齐次方程**.下面先介绍齐次方程的求解方法.

### 9.5.1 二阶常系数齐次线性微分方程的通解

二阶常系数齐次线性微分方程

$$y''+py'+qy=0, \tag{1}$$

其中 $p,q$ 是常数.

由 9.4 节定理 2 知，其通解可由两个线性无关的特解构成.那么它的特解具有什么形式呢？注意到方程(1) 的特点是 $y'',y',y$ 各乘以常数因子后相加等于零.如果能找到一个函数 $y$，其使 $y'',y'$ 与 $y$ 之间只相差一个常数因子，这样的函数就有可能是方程(1) 的特解.而初等函数中，指数函数 $y=e^{rx}$ 符合上述要求.于是假设

$$y=e^{rx} \tag{2}$$

是所求特解，其中 $r$ 为待定常数，则

$$(e^{rx})''+p(e^{rx})'+q(e^{rx})=0.$$

即

$$(r^2+pr+q)e^{rx}=0.$$

由于 $e^{rx}\neq 0$，故

$$r^2+pr+q=0. \tag{3}$$

由此可见，若 $r$ 是二次方程(3) 的根，则式(2) 就是方程(1) 的特解.因此，称二次方程(3) 为方程(1) 的**特征方程**，并称特征方程(3) 的两个根 $r_1,r_2$ 为特征根.下面根据特征方程的特征根的三种可能情况分别讨论.

第一种情形：特征方程(3) 有两个不相等的实根 $r_1,r_2$.此时 $p^2-4q>0$，$e^{r_1x},e^{r_2x}$ 是方程(1) 的两个特解，且$\dfrac{e^{r_1x}}{e^{r_2x}}=e^{(r_1-r_2)x}\neq$ 常数，所以 $e^{r_1x},e^{r_2x}$ 是线性无关的. 因此，方程(1) 的通解为

$$y=C_1e^{r_1x}+C_2e^{r_2x}, \tag{4}$$

其中 $C_1,C_2$ 为任意常数.

第二种情形：特征方程(3) 有两个相等的实根 $r_1=r_2$.此时 $p^2-4q=0$，$r_1=r_2=-\dfrac{p}{2}$，只能得到方程(1) 的一个特解 $y_1=e^{r_1x}$.要找到另一个特解 $y_2$，并使得 $y_1,y_2$ 线性无关，则可根据 $y_1,y_2$ 的比值不是常数，而设为待定函数 $u(x)$，即设 $y_2=u(x)e^{r_1x}$，则

$$[u(x)e^{r_1x}]''+p[u(x)e^{r_1x}]'+q[u(x)e^{r_1x}]=0.$$

即

$$(r_1^2u+2r_1u'+u'')e^{r_1x}+p(u'+r_1u)e^{r_1x}+que^{r_1x}=0.$$

消去 $e^{r_1x}(\neq 0)$，再合并整理得

$$u''+(2r_1+p)u'+(r_1{}^2+pr_1+q)u=0.$$

因为 $r_1$ 是特征方程(3) 的两相等实根，故 $2r_1+p=0$，$r_1^2+pr_1+q=0$.

故 $u$ 应满足的条件化成了 $u''=0$，它有一个简单的解 $u(x)=x$.由此得到了方程(1) 的另一个特解 $y_2=xe^{r_1x}$，且 $y_1$ 与 $y_2$ 线性无关，所以这时方程(1) 有通解

$$y=(C_1+C_2x)e^{r_1x}. \tag{5}$$

其中 $C_1,C_2$ 为任意常数.

第三种情形：特征方程(3) 有一对共轭复根 $r_1=\alpha+i\beta$，$r_2=\alpha-i\beta$.此时 $p^2-4q<0$，可以证明，由这一对共轭复根的实部和虚部系数构造的两个函数

$$y_1=e^{\alpha x}\cos\beta x,\quad y_2=e^{\alpha x}\sin\beta x$$

是方程(1) 的两个特解.这是因为

$$\begin{aligned}
y''_1+py'_1+qy_1&=(e^{\alpha x}\cos\beta x)''+p(e^{\alpha x}\cos\beta x)'+qe^{\alpha x}\cos\beta x\\
&=(\alpha e^{\alpha x}\cos\beta x-\beta e^{\alpha x}\sin\beta x)'\\
&\quad+p(\alpha e^{\alpha x}\cos\beta x-\beta e^{\alpha x}\sin\beta x)+qe^{\alpha x}\cos\beta x\\
&=\alpha^2e^{\alpha x}\cos\beta x-2\alpha\beta e^{\alpha x}\sin\beta x-\beta^2e^{\alpha x}\cos\beta x\\
&\quad+p\alpha e^{\alpha x}\cos\beta x-p\beta e^{\alpha x}\sin\beta x+qe^{\alpha x}\cos\beta x\\
&=(\alpha^2-\beta^2+p\alpha+q)e^{\alpha x}\cos\beta x-\beta(2\alpha+p)e^{\alpha x}\sin\beta x.
\end{aligned}$$

根据

$$\alpha=-\frac{p}{2},\quad \beta=\frac{\sqrt{4q-p^2}}{2}$$

知

$$\alpha^2-\beta^2+p\alpha+q=0,\quad 2\alpha+p=0.$$

因此

$$y''_1+py'_1+qy_1=0.$$

同样

$$\begin{aligned}
y''_2+py'_2+qy_2&=(e^{\alpha x}\sin\beta x)''+p(e^{\alpha x}\sin\beta x)'+qe^{\alpha x}\sin\beta x\\
&=(\alpha e^{\alpha x}\sin\beta x+\beta e^{\alpha x}\cos\beta x)'+p(\alpha e^{\alpha x}\sin\beta x\\
&\quad+\beta e^{\alpha x}\cos\beta x)+qe^{\alpha x}\sin\beta x\\
&=\alpha^2e^{\alpha x}\sin\beta x+2\beta\alpha e^{\alpha x}\cos\beta x-\beta^2e^{\alpha x}\sin\beta x\\
&\quad+p\alpha e^{\alpha x}\sin\beta x+p\beta e^{\alpha x}\cos\beta x+qe^{\alpha x}\sin\beta x\\
&=(\alpha^2-\beta^2+p\alpha+q)e^{\alpha x}\sin\beta x+\beta(2\alpha+p)e^{\alpha x}\cos\beta x\\
&=0.
\end{aligned}$$

显然这两个特解是线性无关的.所以这时方程(1) 的通解为

$$y=C_1e^{\alpha x}\cos\beta x+C_2e^{\alpha x}\sin\beta x=e^{\alpha x}(C_1\cos\beta x+C_2\sin\beta x). \tag{6}$$

其中 $C_1,C_2$ 为任意常数.

综上所述，求二阶常系数齐次线性微分方程

$$y''+py'+qy=0$$

的通解的一般步骤如下：

第一步　写出微分方程对应的特征方程

$$r^2+pr+q=0.$$

第二步　求出上特征方程的两个特征根 $r_1,r_2$.

第三步　根据特征方程的两个根的不同情形按照表 9-1 对应地写出微分方程的通解.

**表 9-1**

| 特征方程 $r^2+pr+q=0$ 的根 | 微分方程 $y''+py'+py=0$ 的通解 |
| --- | --- |
| 有两个不相等的实根 $r_1,r_2$ | $y=C_1e^{r_1x}+C_2e^{r_2x}$ |
| 有两个相等的实根 $r_1=r_2$ | $y=e^{r_1x}(C_1+C_2x)$ |
| 有一对共轭复根 $r_1=\alpha+i\beta,r_2=\alpha-i\beta$ | $y=e^{\alpha x}(C_1\cos\beta x+C_2\sin\beta x)$ |

上述这种利用特征方程的根直接确定微分方程的通解的方法称为**特征方程法**.

**例 1**　求方程 $y''-5y'+6y=0$ 的通解.

**解**　特征方程 $r^2-5r+6=0$ 的根为两个不相等实根 $r_1=2,r_2=3$，故所求通解为

$$y=C_1e^{2x}+C_2e^{3x}.$$

**例 2**　求方程 $16y''-24y'+9y=0$ 的通解.

**解**　原方程变形为($y''$ 系数为 1 的方程)

$$y''-\frac{3}{2}y'+\frac{9}{16}y=0.$$

特征方程 $r^2-\frac{3}{2}r+\frac{9}{16}=0$ 的根为两个相等实根

$$r_1=r_2=-\frac{-\frac{3}{2}}{2}=\frac{3}{4}.$$

故原方程的通解为

$$y=(C_1+C_2x)e^{\frac{3}{4}x}.$$

**例 3**　求方程 $y''+8y'+25y=0$ 的通解.

**解**　特征方程 $r^2+8r+25=0$ 有一对共轭复数根

$$\alpha\pm\beta i=\frac{-8\pm\sqrt{4\times25-8^2}\,i}{2}=-4\pm3i.$$

故方程的通解为

$$y=C_1e^{-4x}\cos3x+C_2e^{-4x}\sin3x.$$

### 9.5.2　二阶常系数非齐次线性微分方程的通解

为了求解二阶常系数非齐次线性微分方程的通解，根据 9.4 节中的定理 2 可知，二阶常系数非齐次线性微分方程的通解等于其对应的齐次方程的通解与其一个特解之和，即 $y''+py'+qy=f(x)$ 通解为

$$y=\bar{y}+y^*.$$

其中 $\bar{y}$ 为齐次方程 $y''+py'+qy=0$ 的通解，$y^*$ 为非齐次方程的一个特解.

下面主要讨论非齐次方程

$$y''+py'+qy=f(x) \tag{7}$$

的一个特解 $y^*$ 的求解方法.为了方便起见，仅就 $f(x)$ 的以下两种情形讨论.

(1) $f(x)=P_m(x)e^{\lambda x}$，其中 $\lambda$ 为常数，$P_m(x)$ 是 $x$ 的 $m$ 次多项式

$$P_m(x)=a_0x^m+a_1x^{m-1}+\cdots+a_{m-1}x+a_m\ (a_0\neq 0).$$

(2) $f(x)=P_l(x)e^{\lambda x}\cos\omega x+P_m(x)e^{\lambda x}\sin\omega x$，其中 $\lambda,\omega$ 是常数，$P_l(x)$ 是 $x$ 的 $l$ 次多项式，$P_m(x)$ 是 $x$ 的 $m$ 次多项式.

**1. $f(x)=P_m(x)e^{\lambda x}$ 型**

由于多项式 $P_m(x)$ 与指数函数 $e^{\lambda x}$ 的乘积作为自由项，而多项式与指数函数乘积的导数仍是同类型的函数.由此推测方程(7) 具有如下形式的解

$$y^*=Q(x)e^{\lambda x}\text{（其中 } Q(x) \text{ 为待定多项式）}.$$

由于

$$\begin{aligned}
&y^{*\prime\prime}+py^{*\prime}+qy^*\\
=&[Q(x)e^{\lambda x}]''+p[Q(x)e^{\lambda x}]'+qQ(x)e^{\lambda x}\\
=&[Q'(x)e^{\lambda x}+\lambda Q(x)e^{\lambda x}]'+p[Q'(x)e^{\lambda x}+\lambda Q(x)e^{\lambda x}]+qQ(x)e^{\lambda x}\\
=&[Q''(x)e^{\lambda x}+2\lambda Q'(x)e^{\lambda x}+\lambda^2Q(x)e^{\lambda x}]+p[Q'(x)e^{\lambda x}+\lambda Q(x)e^{\lambda x}]+qQ(x)e^{\lambda x}\\
=&[Q''+(2\lambda+p)Q'+(\lambda^2+p\lambda+q)Q]e^{\lambda x}\\
=&f(x)=P_m(x)e^{\lambda x}.
\end{aligned}$$

消去 $e^{\lambda x}\neq 0$，得

$$Q''+(2\lambda+p)Q'+(\lambda^2+p\lambda+q)Q=P_m(x) \tag{8}$$

下面根据 $\lambda$ 是否为特征方程(3) 的特征根，分三种情形讨论，满足等式(8) 的 $Q(x)$ 的形式.

(I) 如果 $\lambda$ 不是特征方程(3) 的特征根，则 $\lambda^2+p\lambda+q\neq 0$，由于 $P_m(x)$ 为 $m$ 次多项式，$Q'$ 和 $Q''$ 都比 $Q$ 的次数低，故应设 $Q$ 为 $m$ 次多项式

$$Q_m(x)=b_0x^m+b_1x^{m-1}+\cdots+b_{m-1}x+b_m.$$

(II) 如果 $\lambda$ 是特征方程(3) 的单根，则

$$\lambda^2+p\lambda+q=0,\quad 2\lambda+p\neq 0.$$

根据式(8)，则 $Q'$ 必为 $m$ 次多项式.从而可设 $Q(x)=xQ_m(x)$.

(III) 如果 $\lambda$ 是特征方程(3) 的重根，则

$$\lambda^2+p\lambda+q=0,\quad 2\lambda+p=0.$$

根据式(8)，则 $Q''$ 必为 $m$ 次多项式，从而可设 $Q(x)=x^2Q_m(x)$.

综上所述，当 $f(x)=P_m(x)e^{\lambda x}$ 时，方程(7) 具有形如

$$y^*=x^kQ_m(x)e^{\lambda x} \tag{9}$$

的特解，其中 $Q_m(x)$ 是与 $P_m(x)$ 同次的多项式，而 $k$ 按 $\lambda$ 不是特征方程(3) 的根，是单根，是重根依次取 0,1,2.

**例 4** 下列方程具有什么形式的特解.

(1) $y''+2y'+3y=e^{4x}(x+1)$；

(2) $y''-5y'+6y=x^2e^{3x}$；

(3) $y''-4y'+4y=xe^{2x}$.

**解** (1) $\lambda=4$ 不是 $r^2+2r+3=0$ 的根,故特解具有形式

$$y^*=e^{4x}(ax+b).$$

(2) $\lambda=3$ 是 $r^2-5r+6=0$ 的单根,故特解具有形式

$$y^*=e^{3x}\cdot x\cdot(ax^2+bx+c).$$

(3) $\lambda=2$ 是 $r^2-4r+4=0$ 的重根,故特解具有形式

$$y^*=e^{2x}\cdot x^2\cdot(ax+b).$$

**例5** 求 $y''-5y'+6y=x^2e^{3x}$ 的通解.

**解** 由例4(2)知,$y''-5y'+6y=x^2e^{3x}$ 的特解具有形式

$$y^*=e^{3x}\cdot x\cdot(ax^2+bx+c),$$

其中 $Q(x)=x(ax^2+bx+c)$ 满足式(8),即

$$[x(ax^2+bx+c)]''+(2\times3-5)[x(ax^2+bx+c)]'=x^2.$$

$$6ax+2b+3ax^2+2bx+c=x^2.$$

$$3ax^2+(6a+2b)x+(2b+c)=x^2.$$

比较系数得

$$\begin{cases}3a=1,\\6a+2b=0,\\2b+c=0.\end{cases}$$

解得

$$a=\frac{1}{3},\quad b=-1,\quad c=2.$$

即方程 $y''-5y'+6y=x^2e^{3x}$ 有特解为

$$y^*=e^{3x}\left(\frac{1}{3}x^3-x^2+2x\right).$$

再由例1知对应的齐次方程 $y''-5y'+6y=0$ 通解为

$$\bar{y}=C_1e^{2x}+C_2e^{3x}.$$

因此原非齐次方程 $y''-5y'+6y=x^2e^{3x}$ 通解为

$$y=\bar{y}+y^*=e^{3x}\left(\frac{1}{3}x^3-x^2+2x\right)+C_1e^{2x}+C_2e^{3x}.$$

**2. $f(x)=e^{\lambda x}[P_l(x)\cos\omega x+P_m(x)\sin\omega x]$ 型**

仿照上一类型的讨论方法,可知,这时方程(7)具有形如

$$y^*=x^ke^{\lambda x}[R_n^{(1)}(x)\cos\omega x+R_n^{(2)}(x)\sin\omega x] \tag{10}$$

的特解,其中 $R_n^{(1)}(x)$,$R_n^{(2)}(x)$ 是 $n$ 次多项式,$n=\max\{l,m\}$,而 $k$ 按 $\lambda+i\omega$ 不是特征方程(3)的根,是单根,依次取0,1.

**例6** 求方程 $y''+y=x\cos2x$ 的一个特解.

**解** 这是二阶常系数非齐次方程,$f(x)$ 形如 $e^{\lambda x}[P_l(x)\cos\omega x+P_m(x)\sin\omega x]$ 型,其中 $\lambda=0,\omega=2,P_l(x)=x,P_m(x)=0$.

与所给方程对应的齐次方程为

$$y''+y=0.$$

它的特征方程为

$$r^2+1=0.$$

这时 $\lambda+i\omega=2i$ 不是特征方程的根,故可设特解为

$$y^*=(ax+b)\cos 2x+(cx+d)\sin 2x.$$

求出

$$y^{*\prime}=[a+2(cx+d)]\cos 2x+[-2(ax+b)+c]\sin 2x.$$

$$y^{*\prime\prime}=[2c+2(-2ax+2b+c)]\cos 2x+[-2(2cx+2d+a)-2c]\sin 2x.$$

代入所给方程,得

$$(-3ax-3b+4c)\cos 2x-(3cx+3d+4a)\sin 2x=x\cos 2x.$$

因此

$$\begin{cases}-3a=1,\\-3b+4c=0,\\-3c=0,\\-3d-4a=0.\end{cases}$$

解得

$$a=-\frac{1}{3},\quad b=0,\quad c=0,\quad d=\frac{4}{9}.$$

求出了一个特解为

$$y^*=-\frac{1}{3}x\cos 2x+\frac{4}{9}\sin 2x.$$

**例 7** 求 $y''+4y=\sin^2 x$ 的通解.

**解** 这是二阶常系数线性非齐次方程.

(1) 求 $y''+4y=0$ 的通解.特征方程 $r^2+4=0$,特征根为 $r_1=2i,r_2=-2i$.故根据式(6)得 $y''+4y=0$ 的通解为

$$\bar{y}=C_1\cos 2x+C_2\sin 2x.$$

其中 $C_1,C_2$ 为任意常数.

(2) 由

$$f(x)=\sin^2 x=1-\cos^2 x=1-\left(\frac{1+\cos 2x}{2}\right)=\frac{1}{2}-\frac{1}{2}\cos 2x=f_1(x)+f_2(x).$$

故先求 $y''+4y=f_1(x)=\frac{1}{2}$ 的一个特解 $y_1^*$.这是 $f_1(x)=P_m(x)e^{\lambda x}$ 型,$\lambda=0,m=0,\lambda$ 不是特征方程 $r^2+4=0$ 的解.故可设 $y_1^*=A$.代入 $y''+4y=f_1(x)$ 得 $A=\frac{1}{8}$,即 $y_1^*=\frac{1}{8}$.

再求 $y''+4y=f_2(x)=-\frac{1}{2}\cos 2x$ 的一个特解 $y_2^*$.

这是 $f_2(x)=e^{\lambda x}[P_l(x)\cos\omega x+P_m(x)\sin\omega x]$ 型,$\lambda=0,P_l(x)=-\frac{1}{2},P_m(x)=0,\omega=2,\lambda+i\omega=2i$ 是特征方程 $r^2+4=0$ 的单根.故可设

$$y_2^*=x(R_1\cos 2x+R_2\sin 2x).$$

求出

$$y_2^{*\prime}=(R_1+2R_2x)\cos 2x+(R_2-2R_1x)\sin 2x.$$

$$y_2^{*}{}'' = 4(R_2 - R_1 x)\cos 2x - 4(R_1 + R_2 x)\sin 2x.$$

代入 $y'' + 4y = f_2(x)$ 得

$$4R_2\cos 2x - 4R_1\sin 2x = -\frac{1}{2}\cos 2x.$$

因此

$$4R_2 = -\frac{1}{2},\quad -4R_1 = 0.$$

即

$$R_2 = -\frac{1}{8},\quad R_1 = 0.$$

所以

$$y_2^* = -\frac{1}{8}x\sin 2x.$$

于是得到 $y'' + 4y = f(x) = f_1(x) + f_2(x)$ 的一个特解为

$$y^* = y_1^* + y_2^* = \frac{1}{8} - \frac{1}{8}x\sin 2x.$$

(3) $y'' + 4y = f(x) = \frac{1}{2} - \frac{1}{2}\cos 2x$ 通解为

$$y = y^* + \bar{y} = \frac{1}{8} - \frac{1}{8}x\sin 2x + C_1\cos 2x + C_2\sin 2x.$$

其中 $C_1, C_2$ 为任意常数.

### 9.5.3 二阶常系数非齐次线性微分方程特解的又一求法——常数变易法

这是根据将齐次方程(1)的通解

$$y = C_1 y_1(x) + C_2 y_2(x)$$

中的任意常数 $C_1, C_2$ 替换为待定函数 $u_1(x), u_2(x)$ 作为非齐次方程(7)的特解

$$y^* = u_1(x)y_1(x) + u_2(x)y_2(x). \tag{11}$$

求出

$$y^*{}' = u_1' y_1 + u_1 y_1' + u_2' y_2 + u_2 y_2'.$$

为了简化待定函数 $u_1(x), u_2(x)$ 的计算,避免出现 $u_1(x), u_2(x)$ 的二阶微分方程求解,要求 $u_1(x), u_2(x)$ 满足第一个条件

$$u_1' y_1 + u_2' y_2 = 0. \tag{12}$$

于是

$$y^*{}' = u_1 y_1' + u_2 y_2'.$$

再求出

$$y^*{}'' = u_1' y_1' + u_1 y_1'' + u_2' y_2' + u_2 y_2''.$$

代入原方程(7),得

$$u_1(y_1'' + p y_1' + q y_1) + u_2(y_2'' + p y_2' + q y_2) + u_1' y_1' + u_2' y_2' = f(x).$$

由于 $y_1(x), y_2(x)$ 是齐次方程(1)的特解,于是得到 $u_1(x), u_2(x)$ 满足的第二个条件

$$u'_1y'_1+u'_2y'_2=f(x). \tag{13}$$

联立 $u_1(x)$，$u_2(x)$ 满足的两个条件式(12)和式(13)构成 $u'_1$，$u'_2$ 的线性方程组，由于 $y_1$，$y_2$ 是线性无关的，即 $\frac{y_1}{y_2}$ 不是常数，所以方程组的系数行列式

$$\begin{vmatrix} y_1 & y_2 \\ y'_1 & y'_2 \end{vmatrix}=y_1y'_2-y_2y'_1=-y_2^2\left(\frac{y_1}{y_2}\right)'\neq 0.$$

因此，关于 $u'_1$，$u'_2$ 的线性方程组有唯一解.解出 $u'_1$，$u'_2$ 后再积分就可求出 $u_1$，$u_2$，代入式(11)就得到方程(7)的一个特解.

## 练　习　9.5

1. 求下列方程的通解：

(1) $y''-3y'-10y=0$；

(2) $y''-4y'+4y=0$；

(3) $y''-4y'+13y=0$；

(4) $y''-y=-5x$；

(5) $y''-3y'+2y=x\mathrm{e}^x$；

(6) $y''+4y=\mathrm{e}^{2x}(\sin 2x+\cos 2x)$；

(7) $y''-5y'+6y=3\mathrm{e}^{2x}$.

# 9.6　差分方程初步

在实际问题中，除连续取值的变量外，还有离散取值的变量.研究离散取值变量之间的函数关系就是本节要介绍的差分及差分方程问题.

## 9.6.1　差分的概念

**定义 1**　设函数 $y=f(x)$，记为 $y_x$，当 $x$ 取遍非负整数时，函数值 $y_x$ 可以排成一个排列

$$y_0, y_1, y_2, \cdots, y_x, \cdots.$$

则称 $y_{x+1}-y_x$ 为函数 $y_x$ 在 $x$ 处的**差分**，也称为**一阶差分**，记为 $\Delta y_x$，即 $\Delta y_x=y_{x+1}-y_x$.

进而

$$\Delta(\Delta y_x)=\Delta y_{x+1}-\Delta y_x=(y_{x+1+1}-y_{x+1})-(y_{x+1}-y_x)=y_{x+2}-2y_{x+1}+y_x$$

就称为 $y_x$ 在 $x$ 处的**二阶差分**，记为 $\Delta^2 y_x$，依此类推，定义各阶差分.

显然差分具有如下线性性质.

(1) $\Delta(Cy_x)=C\Delta y_x$；

(2) $\Delta(y_x+z_x)=\Delta y_x+\Delta z_x$.

**例 1**　求 $\Delta(x^2)$，$\Delta(x^2+1)$，$\Delta^2(x^2+x)$.

**解**

$$\begin{aligned}
&\Delta(x^2)=(x+1)^2-x^2=2x+1.\\
&\Delta(x^2+1)=[(x+1)^2+1]-(x^2+1)=2x+1.\\
&\Delta^2(x^2+x)=\Delta[\Delta(x^2+x)]\\
&=\Delta[(x+1)^2+(x+1)-(x^2+x)]\\
&=\Delta(2x+2)\\
&=[2(x+1)+2]-(2x+2)\\
&=2.
\end{aligned}$$

**例 2**　设阶乘函数 $y_x = x^{(n)} = x(x-1)(x-2)\cdots(x-n+1)$，$x^{(0)}=1$，求 $\Delta y_x$.

**解**　
$$\begin{aligned}\Delta y_x &= y_{x+1} - y_x = (x+1)^{(n+1)} - x^{(n)}\\ &= (x+1)x(x-1)\cdots(x+1-n+1) - x(x-1)(x-2)\cdots(x-n+1)\\ &= [(x+1)-(x-n+1)]x(x-1)(x-2)\cdots(x-n+2)\\ &= nx^{(n-1)}.\end{aligned}$$

这个结果与 $y=x^n$ 的一阶导数(微分)等于 $nx^{n-1}$ 的形式很相似，这也是差分名称的由来.

**例 3**　证明差分还具有如下乘除运算的性质.

(1) $\Delta(y_x z_x) = y_{x+1}\Delta z_x + z_x \Delta y_x = y_x \Delta z_x + z_{x+1}\Delta y_x$；

(2) $\Delta\left(\dfrac{y_x}{z_x}\right) = \dfrac{z_x \Delta y_x - y_x \Delta z_x}{z_x z_{x+1}} = \dfrac{z_{x+1}\Delta y_x - y_{x+1}\Delta z_x}{z_x z_{x+1}}$.

**证**　(1)
$$\begin{aligned}\Delta(y_x z_x) &= y_{x+1}z_{x+1} - y_x z_x\\ &= y_{x+1}z_{x+1} - y_{x+1}z_x + y_{x+1}z_x - y_x z_x\\ &= y_{x+1}(z_{x+1}-z_x) + (y_{x+1}-y_x)z_x\\ &= y_{x+1}\Delta z_x + z_x \Delta y_x.\end{aligned}$$

同样
$$\begin{aligned}\Delta(y_x z_x) &= y_{x+1}z_{x+1} - y_x z_{x+1} + y_x z_{x+1} - y_x z_x\\ &= z_{x+1}\Delta y_x + y_x \Delta z_x.\end{aligned}$$

(2)
$$\begin{aligned}\Delta\left(\frac{y_x}{z_x}\right) &= \frac{y_{x+1}}{z_{x+1}} - \frac{y_x}{z_x} = \frac{y_{x+1}z_x - y_x z_{x+1}}{z_x z_{x+1}} = \frac{y_{x+1}z_x - y_x z_x + y_x z_x - y_x z_{x+1}}{z_x z_{x+1}}\\ &= \frac{z_x(y_{x+1}-y_x) - y_x(z_{x+1}-z_x)}{z_x z_{x+1}}\\ &= \frac{z_x \Delta y_x - y_x \Delta z_x}{z_x z_{x+1}}.\end{aligned}$$

同样
$$\begin{aligned}\Delta\left(\frac{y_x}{z_x}\right) &= \frac{y_{x+1}z_x - y_{x+1}z_{x+1} + y_{x+1}z_{x+1} - y_x z_{x+1}}{z_x z_{x+1}}\\ &= \frac{-y_{x+1}(z_{x+1}-z_x) + z_{x+1}(y_{x+1}-y_x)}{z_x z_{x+1}}\\ &= \frac{z_{x+1}\Delta y_x - y_{x+1}\Delta z_x}{z_x z_{x+1}}.\end{aligned}$$

**例 4**　证明：(1) $\Delta^n y_x = \sum\limits_{k=0}^{n} (-1)^k C_n^k y_{x+n-k}$；

(2) $y_{x+n} = \sum\limits_{k=0}^{n} C_n^k \Delta^k y_x$.

**证**　(1) 显然
$$\begin{aligned}\Delta y_x &= y_{x+1} - y_x.\\ \Delta^2 y_x &= y_{x+2} - 2y_{x+1} + y_x.\\ \Delta^3 y_x &= \Delta^2(y_{x+1} - y_x)\\ &= (y_{x+3} - y_{x+2}) - 2(y_{x+2} - y_{x+1}) + (y_{x+1} - y_x)\\ &= y_{x+3} - 3y_{x+2} + 3y_{x+1} - y_x.\end{aligned}$$

而

$$y_{x+1}=y_x+\Delta y_x.$$

$$y_{x+2}=y_{x+1}+\Delta y_{x+1}=y_x+\Delta y_x+\Delta(y_x+\Delta y_x)=y_x+2\Delta y_x+\Delta^2 y_x.$$

$$\begin{aligned}y_{x+3}&=y_{x+2}+\Delta y_{x+2}=(y_x+2\Delta y_x+\Delta^2 y_x)+\Delta(y_x+2\Delta y_x+\Delta^2 y_x)\\&=y_x+3\Delta y_x+3\Delta^2 y_x+\Delta^2 y_x.\end{aligned}$$

一般地，为了写出证明，并让读者易于记住公式，引进**位移算子 $E$**，即$Ey_x=y_{x+1}$，$E^2y_x=y_{x+2}$，…，$E^ny_x=y_{x+n}$.**恒等算子 $I$**，即$Iy_x=y_x$，则**差分算子**$\Delta=E-I$；$\Delta y_x=(E-I)y_x=Ey_x-Iy_x=y_{x+1}-y_x$.

从而(1) $\Delta^n y_x=(E-I)^n y_x=\sum\limits_{k=0}^{n}(-1)^k C_n^k E^{n-k}I^k y_x$

$$=\sum_{k=0}^{n}(-1)^k C_n^k E^{n-k}y_x=\sum_{k=0}^{n}(-1)^k C_n^k y_{x+n-k}.$$

(2) $y_{x+n}=E^n y_x=(\Delta+I)^n y_x=\sum\limits_{k=0}^{n}C_n^k\Delta^k I^{n-k}y_x=\sum\limits_{k=0}^{n}C_n^k\Delta^k y_x.$

### 9.6.2 差分方程的概念

**定义 2** 含有未知函数 $y_x$ 的差分的方程，称为**差分方程**.方程中未知函数差分的最高阶数称为差分方程的**阶**.

这时，差分方程中可能还有自变量 $x$ 和未知函数 $y_x$，也可以不出现，但必须出现未知函数 $y_x$ 的差分. 因此，$n$ 阶差分方程的一般形式为

$$F(x,y_x,\Delta y_x,\cdots,\Delta^n y_x)=0.$$

其中 $F(x,y_x,\Delta y_x,\cdots,\Delta^n y_x)$ 是 $x,y_x,\Delta y_x,\cdots,\Delta^n y_x$ 的已知函数，且至少 $\Delta^n y_x$ 要在方程中出现.

差分方程应用中还有另一种常用的形式.

**定义 3** 含有自变量 $x$ 的未知函数两个或两个以上函数取值 $y_x,y_{x+1},\cdots$ 的函数方程，称为**差分方程**.方程中未知函数自变量的最大值与最小值的差数称为差分方程的**阶**.

这时，差分方程中是否有独立出现的自变量 $x$ 无关紧要，但必须要出现未知函数在自变量两处或两处以上取值.因此，$n$ 阶差分方程的一般形式为

$$F(x,y_x,y_{x+1},\cdots,y_{x+n})=0.$$

这里 $F(x,y_x,y_{x+1},\cdots,y_{x+n})$ 是 $x,y_x,y_{x+1},\cdots,y_{x+n}$ 的已知函数，且至少 $y_x,y_{x+1},\cdots,y_{x+n}$ 中要出现 $y_x$ 和 $y_{x+n}$.

根据例 3 知上述差分方程的两个定义所得的不同形式之间可以互相转化.

**例 5** $y_{x+2}-2y_{x+1}-y_x=\Delta^2 y_x-2y_x=0$ 都是 2 阶差分方程.

但应注意，差分方程的两个定义不是等价的，虽然它们可以互相转化，但却不一定是同阶的.

**例 6** $\Delta^2 y_x+\Delta y_x=0$ 按定义 2 是二阶差分方程.但是，由 $\Delta^2 y_x+\Delta y_x=(y_{x+2}-2y_{x+1}+y_x)+(y_{x+1}-y_x)=y_{x+2}-y_{x+1}=0$，根据定义 3，这应该是一阶差分方程.

一般来说，根据例 3 知，差分方程经过转化后，阶不会升高，但可能降低.上例中 $y_{x+2}-y_{x+1}=\Delta y_{x+1}=0$ 仍然是一阶差分方程，只是自变量要换成新记号 $t=x+1$.

在后面差分方程的讨论中，只针对定义3的常用形式.

**定义4** 如果一个函数代入差分方程后，方程两边恒等，则称此函数为该差分方程的解. 若在差分方程的解中，含有相互独立的任意常数的个数与该方程的阶数相同，则称这个解为差分方程的通解.

**例7** 验证(1)$y_x=3+2x$；(2)$y=C+2x$ 都是差分方程 $y_{x+1}-y_x=2$ 的解.

**解** (1) $y_{x+1}-y_x=[3+2(x+1)]-(3+2x)=2$，故 $y=3+2x$ 是 $y_{x+1}-y_x=2$ 的解.

(2) $y_{x+1}-y_x=[C+2(x+1)]-(C+2x)=2$，故 $y=C+2x$ 也是 $y_{x+1}-y_x=2$ 的解. 它含有一个任意常数 $C$，而该差分方程又是一阶的. 故 $y_x=C+2x$ 是该差分方程的通解.

人们往往要根据系统在初始时变量所处的状态，对差分方程附加一定的条件，这种附加条件称为初始条件. 当通解中任意常数被初始条件确定之后，这个解就称为差分方程的特解.

### 9.6.3 常系数线性差分方程解的结构

$n$ 阶常系数线性差分方程的一般形式为

$$y_{x+n}+a_1y_{x+n-1}+\cdots+a_{n-1}y_{x+1}+a_ny_x=f(x). \tag{1}$$

其中 $a_i(i=1,2,\cdots,n)$ 为常数，且 $a_n\neq0$，$f(x)$ 为已知函数. 当 $f(x)\equiv0$ 时，差分方程(1)称为齐次的，否则称为非齐次的.

这里，将不加证明地指出，与常系数线性微分方程解的结果类似，常系数线性差分方程的解也满足如下性质.

**定理1** 若函数 $y_1(x),y_2(x),\cdots,y_k(x)$ 都是常系数线性差分方程(1)的解，则它们的线性组合

$$y(x)=C_1y_1(x)+C_2y_2(x)+\cdots+C_ky_k(x)$$

也是方程(1)的解，其中 $C_1,C_2,\cdots,C_k$ 为常数.

**定义5** 设有 $n$ 个函数 $y_1(x),y_2(x),\cdots,y_n(x)$ 都是某一区间 $I$ 上有定义，若存在一组不全为零的数 $k_1,k_2,\cdots,k_n$ 使对一切 $x\in I$ 都有 $k_1y_1+k_2y_2+\cdots+k_ny_n\equiv0$，则称函数 $y_1$，$y_2,\cdots,y_n$ 在区间 $I$ 上线性相关. 否则称为线性无关.

**定理2** 若函数 $y_1(x),y_2(x),\cdots,y_n(x)$ 是 $n$ 阶常系数齐次线性差分方程(1)的 $n$ 个线性无关的解，则 $y(x)=C_1y_1(x)+C_2y_2(x)+\cdots+C_ny_n(x)$ 就是它的通解(其中 $C_1,C_2,\cdots$，$C_n$ 为任意常数).

**定理3** 若 $y_x^*$ 是非齐次方程(1)的一个特解，$\bar{y}_x$ 是它对应的齐次方程(1)的通解，则非齐次方程(1)的通解为

$$y_x=y_x^*+\bar{y}_x.$$

**定理4** 若 $y_1^*,y_2^*$ 分别是非齐次方程

$$y_{x+n}+a_1y_{x+n-1}+\cdots+a_{n-1}y_{x+1}+a_ny_x=f_1(x),$$
$$y_{x+n}+a_1y_{x+n-1}+\cdots+a_{n-1}y_{x+1}+a_ny_x=f_2(x)$$

的特解，则 $y^*=y_1^*+y_2^*$ 是方程

$$y_{x+n}+a_1y_{x+n-1}+\cdots+a_{n-1}y_{x+1}+a_ny_x=f_1(x)+f_2(x)$$ 的特解.

### 9.6.4 一阶常系数线性差分方程的解法

先考虑一阶常系数齐次线性差分方程

$$y_{x+1}-ay_x=0(a\text{ 为非零常数}) \tag{2}$$

方法一.迭代法.

由 $y_{x+1}=ay_x$ 知 $y_1=ay_0, y_2=ay_1=a^2y_0, \cdots, y_x=a^xy_0$.容易验证 $y_x=a^xy_0$ 满足方程(2).这就得到了方程(2)的通解 $y_x=a^xC$($C$ 为任意常数)，这个解法称为迭代法.

方法二.特征根法.

齐次方程(2)等同于

$$\Delta y_x+(1-a)y_x=0.$$

可知 $y_x$ 为指数函数，设 $y_x=\lambda^x(\lambda\neq 0)$，代入原方程(2)得

$$\lambda^{x+1}-a\lambda^x=0.$$

即

$$\lambda-a=0. \tag{3}$$

得 $\lambda=a$.称式(3)为齐次方程(2)的特征方程，而 $\lambda=a$ 为特征方程的根，简称为齐次方程(2)的特征根.于是，$y=a^x$ 是齐次方程(2)的一个解.从而

$$y_x=a^xC(C\text{ 为任意常数}) \tag{4}$$

是齐次方程(2)的通解.

**例 8** 求 $2y_{x+1}+y_x=0$ 的通解.

**解** 原方程化为

$$y_{x+1}+\frac{1}{2}y_x=0.$$

特征方程为

$$\lambda+\frac{1}{2}=0.$$

得特征根为 $\lambda=-\frac{1}{2}$.于是原方程的通解为

$$y_x=C\left(-\frac{1}{2}\right)^x(C\text{ 为任意常数}).$$

**例 9** 求 $3y_x-y_{x-1}=0$ 满足初始条件 $y_0=3$ 的特解.

**解** 原方程可改写 $3y_{x+1}-y_x=0$，也可化为 $y_{x+1}-\frac{1}{3}y_x=0$.

从而特征方程为

$$\lambda-\frac{1}{3}=0,$$

得特征根为 $\lambda=\frac{1}{3}$.于是原方程的通解为 $y_x=C\left(\frac{1}{3}\right)^x$.

把初始条件 $y_0=3$ 代入得 $3=C\left(\frac{1}{3}\right)^0=C$，因此所求特解为 $y_x=3\left(\frac{1}{3}\right)^x$.

再考虑一阶常系数非齐次线性差分方程

$$y_{x+1}-ay_x=f(x). \tag{5}$$

根据定理 3 知，非齐次方程(5)的通解为它的一个特解 $y^*$ 与相应的齐次方程(2)的通解之和.因此，这里只讨论求非齐次方程(5)的一个特解的求法，且只针对右端 $f(x)=P_m(x)$，$P_m(x)$ 表示 $x$ 的 $m$ 次多项式.此时，方程(5)可改写为

$$\Delta y_x+(1-a)y_x=P_m(x).$$

可知它的特解 $y_x^*$ 一定为多项式.通过代入原方程(5) 可得

(1) 1 不是特征根,即 $1-a\neq 0$,则 $y_x^*$ 是 $m$ 次多项式,即

$$y_x^*=Q_m(x)=b_0x^m+b_1x^{m-1}+\cdots+b_{m-1}x+b_m.$$

代入原方程(5) 可求出 $b_0,b_1,\cdots,b_{m-1},b_m$.

(2) 1 是特征根,即 $1-a=0$,这时方程为 $\Delta y_x=P_m(x)$.$y_x^*$ 是 $m+1$ 次多项式且 $y_x^*=xQ_m(x)$.代入原方程(5) 可求出 $b_0,b_1,\cdots,b_{m-1},b_m$.

因此得到:若 $f(x)=P_m(x)$,则非齐次方程(5) 的特解具有形式 $y_x^*=x^kQ_m(x)$.其中 $Q_m(x)$ 与 $P_m(x)$ 是同次多项式而 $k$ 的取值为1作为特征根的重数:1不是特征根,$k=0$;1是特征根时,$k=1$.

**例 10** 求 $y_{x+1}-3y_x=3x^2+1$ 的通解.

**解** $1(\neq 3)$ 不是特征根.

$f(x)=3x^2+1$ 是 2 次多项式,故可设特解为

$$y_x^*=b_0x^2+b_1x+b_2.$$

代入原方程

$$\begin{aligned}y_{x+1}^*-3y_x^*&=[b_0(x+1)^2+b_1(x+1)+b_2]-3(b_0x^2+b_1x+b_2)\\&=-2b_0x^2+(2b_0-2b_1)x+(b_0^2+b_1-2b_2)=3x^2+1.\end{aligned}$$

于是有

$$\begin{cases}-2b_0=3,\\2b_0-2b_1=0,\\b_0^2+b_1-2b_2=1.\end{cases}$$

得

$$b_0=-\frac{3}{2},\quad b_1=-\frac{3}{2},\quad b_2=-\frac{1}{8}.$$

所以原方程特解为

$$y_x^*=-\frac{3}{2}x^2-\frac{3}{2}x-\frac{1}{8}.$$

而对应齐次方程的通解为 $\overline{y_x}=C3^x$.

故原方程的通解为 $y_x=y_x^*+\bar{y}_x=-\dfrac{3}{2}x^2-\dfrac{3}{2}x-\dfrac{1}{8}+C3^x$,$C$ 为任意常数.

**例 11** 求非齐次方程 $y_{x+1}-2y_x=3$ 满足 $y_0=4$ 的特解.

**解** 特征根 $\lambda=a=2$.故对应齐次方程的通解为 $\overline{y_x}=C\cdot 2^x$.

又由于 $1(\neq 2)$ 不是特征根,而 $f(x)=3$ 是零次多项式,故可设原方程的特解为 $y_x^*=b_0$,代入原方程

$$y_{x+1}^*-2y_x^*=b_0-2b_0=3.$$

得

$$b_0=-3.$$

即特解为 $y_x^*=-3$.因此原方程的通解为 $y_x=y_x^*+\overline{y_x}=-3+C\cdot 2^x$.

将初始条件 $y_0=4$ 代入通解得 $-3+C\cdot 2^0=4$,即 $C=7$.所以,所求特解为 $y_x=-3+7\cdot$

$2^x$.

**例 12** 求 $y_{x+1}-y_x=x^3-2x^2+x$ 的通解.

**解** 这时 1 是原方程的特征根，而 $f(x)$ 是多项式可表示为阶乘函数 $x^{(u)}$ 的形式，进而像“积分”一样求出通解.

方程左端为 $\Delta y_x$，而右端表示为

$$\begin{aligned}x^3-2x^2+x&=x(x^2-2x+1)=x(x-1)(x-1)\\&=x(x-1)(x-2+1)=x(x-1)(x-2)+x(x-1)\\&=x^{(3)}+x^{(2)}.\end{aligned}$$

故原方程变为

$$\Delta y_x=x^{(3)}+x^{(2)}.$$

它的通解为

$$\begin{aligned}y_x&=\frac{1}{4}x^{(4)}+\frac{1}{3}x^{(3)}+C\\&=\frac{1}{4}x(x-1)(x-2)(x-3)+\frac{1}{3}x(x-1)(x-2)+C.\end{aligned}$$

差分方程就讨论这些了，更多的内容有兴趣的同学可参考有关专著和教材.

## 练　习　9.6

1. 求下列函数的一阶与二阶差分：

(1) $y_x=2x^3-x^2$；　　(2) $y_x=x^{(4)}$.

2. 已知 $y_x=e^x$ 是方程 $y_{x+1}+ay_{x-1}=2e^x$ 的一个解，求 $a$.

3. 确定下列差分方程的阶：

(1) $y_{x+3}-x^2y_{x+1}+3y_x=4$；　　(2) $y_{x-2}+y_{x-4}=y_{x+1}$.

4. 求下列差分方程的通解：

(1) $y_x+y_{x-1}=0$；　　(2) $\Delta y_x=x^{(9)}$.

5. 求下列差分方程在给定条件下的特解：

(1) $\Delta y_x=3$ 且 $y_0=2$；　　(2) $y_{x+1}+4y_x=2x^2+x+1$ 且 $y_0=1$.

# 本章知识小结

## 一、基本概念与一阶微分方程

1. 基本概念.

(1) 微分方程：含有未知函数的导数(或微分) 的方程.

(2) 微分方程的阶：微分方程中未知函数的导数的最高阶数.

(3) 微分方程的解：满足微分方程的函数.

(4) 微分方程的通解和特解：通解是含有独立的任意常数的个数与阶数相同的解，注意通解并非全部解；特解是不含任意常数的解.

(5) 初始条件与初值问题：用于确定通解中常数值的条件称为初始条件；求微分方程满足

初始条件的解的问题称为初值问题.

2. 可分离变量方程.

(1) 方程形式：$\psi(y)\mathrm{d}y=\varphi(x)\mathrm{d}x$ 或 $y'=f(x)g(y)$.

(2) 求解方法：分离变量后两边同时积分.

3. 可化为可分离变量方程的齐次方程$\dfrac{\mathrm{d}y}{\mathrm{d}x}=f\left(\dfrac{y}{x}\right)$.

求解方法(变量代换)：令 $u=\dfrac{y}{x}$，则 $y=xu$，$\dfrac{\mathrm{d}y}{\mathrm{d}x}=u+x\dfrac{\mathrm{d}u}{\mathrm{d}x}$.

4. 一阶线性微分方程.

(1) 一阶齐次线性微分方程 $y'+P(x)y=0$.视为可分离变量的方程. 分离变量后得$\dfrac{\mathrm{d}y}{y}=-P(x)\mathrm{d}x$.

(2) 一阶非齐次线性微分方程 $y'+P(x)y=Q(x)$ 的常数变易法：将其对应齐次方程的通解 $y=C\mathrm{e}^{-\int P(x)\mathrm{d}x}$ 中的常数 $C$ 换成函数 $C(x)$，代入求出 $C(x)$.

(3) 一阶非齐次线性微分方程 $y'+P(x)y=Q(x)$ 的通解公式：

$$y=\mathrm{e}^{-\int P(x)\mathrm{d}x}\left(\int Q(x)\mathrm{e}^{\int P(x)\mathrm{d}x}\mathrm{d}x+C\right).$$

5. 可化为一阶线性微分方程的伯努利方程 $\dfrac{\mathrm{d}y}{\mathrm{d}x}+P(x)y=Q(x)y^n$.

求解方法：令 $z=y^{1-n}$，可得$\dfrac{\mathrm{d}z}{\mathrm{d}x}+(1-n)P(x)z=(1-n)Q(x)$.

## 二、可降阶的高阶微分方程

1. 类型 I　$y^{(n)}=f(x)$.

求解方法：相继积分 $n$ 次即可求出通解.

2. 类型 II (不显含 $y$ 的方程)$y''=f(x,y')$.

求解方法：令 $y'=p$，则 $y''=\dfrac{\mathrm{d}p}{\mathrm{d}x}$，将原方程化为关于 $p$ 的一阶方程 $p'=f(x,p)$.

3. 类型 III (不显含 $x$ 的方程)$y''=f(y,y')$.

求解方法：做变换 $y'=p(y)$，则 $y''=p\dfrac{\mathrm{d}p}{\mathrm{d}y}$，将原方程化为关于 $p$ 的一阶方程 $p\dfrac{\mathrm{d}p}{\mathrm{d}y}=f(y,p)$.

## 三、二阶常系数线性微分方程

1. 二阶常系数齐次线性微分方程 $y''+py'+qy=0$.

根据特征方程 $r^2+pr+q=0$ 的特征根的3种不同情形，得出方程 $y''+py'+qy=0$ 的通解.

2. 二阶常系数非齐次线性微分方程 $y''+py'+qy=f(x)$.

通解结构为

$$y=Y+y^*,$$

其中 $y^*$ 是方程的一个特解，$Y$ 是方程对应的齐次方程的通解.

$f(x)$ 为三种特殊形式时,特解的求法如下:

(1) $f(x)=P_n(x)$ 的特解形式为

$$y^*=x^kQ_n(x),$$

其中 $k$ 的取值原则是使得等式两边 $x$ 的最高阶的幂次相同:① 当 $q\neq0$ 时,取 $k=0$;② 当 $q=0$ 且 $p\neq0$ 时,取 $k=1$;③ 当 $q=0$ 且 $p=0$ 时,取 $k=2$.

(2) $f(x)=A\mathrm{e}^{\alpha x}$ 的特解形式为

$$y^*=Bx^k\mathrm{e}^{\alpha x},$$

其中 $B$ 为待定常数,$k$ 的取值是当 $\alpha$ 不是特征方程的根、是特征方程的单根、是特征方程的重根时,分别取 0,1,2.

(3) $f(x)=\mathrm{e}^{\alpha x}(A\cos\omega x+B\sin\omega x)$ 的特解形式为

$$y^*=x^k\mathrm{e}^{\alpha x}(C\cos\omega x+D\sin\omega x),$$

其中 $C,D$ 为待定常数,$k$ 的取值是当 $\alpha+\mathrm{i}\omega$ 不是特征方程的根,是特征方程的根时,分别取 0,1.

## 四、差分方程

1. 差分与差分方程的概念.

(1) 函数 $y_t=y(t)$ 的一阶差分:$\Delta y_t=y_{t+1}-y_t$ 或 $\Delta y(t)=y(t+1)-y(t)$ $(t=0,1,2,\cdots)$.

(2) 二阶差分:$\Delta^2y_t=\Delta(\Delta y_t)=\Delta y_{t+1}-\Delta y_t$.

(3) $n$ 阶差分:$\Delta^ny_t=\Delta^{n-1}y_{t+1}-\Delta^{n-1}y_t=\sum\limits_{i=0}^{n}(-1)^iC_n^iy_{t+n-i}$.

2. 一阶常系数线性差分方程.

(1) 齐次方程 $y_{t+1}-ay_t=0$(常数 $a\neq0$) 的通解为 $y_t=Ca^t$.

(2) 非齐次方程 $y_{t+1}-ay_t=f(t)$ (常数 $a\neq0$) 的通解结构为 $y_t=Ca^t+y_t^*$,其中 $y_t^*$ 是方程的一个特解.

# 历年考研真题选讲

**例1** **(2003年,数三)** 设 $F(x)=f(x)g(x)$,其中函数 $f(x),g(x)$ 在 $(-\infty,+\infty)$ 内满足以下条件:

$$f'(x)=g(x),g'(x)=f(x),\text{且 } f(0)=0,\ f(x)+g(x)=2\mathrm{e}^x.$$

(1) 求 $F(x)$ 所满足的一阶微分方程;

(2) 求出 $F(x)$ 表达式.

**解** (1) 由 
$$\begin{aligned}F'(x)&=f'(x)g(x)+f(x)g'(x)=g^2(x)+f^2(x)\\&=[f(x)+g(x)]^2-2f(x)g(x)=(2\mathrm{e}^x)^2-2F(x),\end{aligned}$$

可见 $F(x)$ 所满足的一阶微分方程为 $F'(x)+2F(x)=4\mathrm{e}^{2x}$.

(2)
$$\begin{aligned}F(x)&=\mathrm{e}^{-\int2\mathrm{d}x}\left[\int4\mathrm{e}^{2x}\cdot\mathrm{e}^{\int2\mathrm{d}x}\mathrm{d}x+C\right]\\&=\mathrm{e}^{-2x}\left[\int4\mathrm{e}^{4x}\mathrm{d}x+C\right]=\mathrm{e}^{2x}+C\mathrm{e}^{-2x}.\end{aligned}$$

将 $F(0)=f(0)g(0)=0$ 代入上式，得 $C=-1$.于是有

$$F(x)=e^{2x}-e^{-2x}.$$

**例 2** （**2004 年，数三**）设级数 $\frac{x^4}{2\cdot4}+\frac{x^6}{2\cdot4\cdot6}+\frac{x^8}{2\cdot4\cdot6\cdot8}+\cdots$ $(-\infty<x<+\infty)$ 的和函数为 $S(x)$. 求：(1) $S(x)$ 所满足的一阶微分方程；(2)$S(x)$ 的表达式.

**解** (1)
$$S(x)=\frac{x^4}{2\cdot4}+\frac{x^6}{2\cdot4\cdot6}+\frac{x^8}{2\cdot4\cdot6\cdot8}+\cdots,$$

易见
$$S(0)=0,$$

$$\begin{aligned}S'(x)&=\frac{x^3}{2}+\frac{x^5}{2\cdot4}+\frac{x^7}{2\cdot4\cdot6}+\cdots\\&=x\left(\frac{x^2}{2}+\frac{x^4}{2\cdot4}+\frac{x^6}{2\cdot4\cdot6}+\cdots\right)\\&=x\left[\frac{x^2}{2}+S(x)\right].\end{aligned}$$

因此 $S(x)$ 是初值问题 $y'=xy+\frac{x^3}{2},y(0)=0$ 的解.

(2) 方程 $y'=xy+\frac{x^3}{2}$ 的通解为

$$y=e^{\int x\mathrm{d}x}\left[\int\frac{x^3}{2}e^{-\int x\mathrm{d}x}\mathrm{d}x+C\right]=-\frac{x^2}{2}-1+Ce^{\frac{x^2}{2}},$$

由初始条件 $y(0)=0$，得 $C=1$.故 $y=-\frac{x^2}{2}+e^{\frac{x^2}{2}}-1$，因此和函数 $S(x)=-\frac{x^2}{2}+e^{\frac{x^2}{2}}-1$.

**例 3** （**2006 年，数三**）在 $xOy$ 坐标平面上，连续曲线 $L$ 过点 $M(1,0)$，其上任意点 $P(x,y)$ $(x\neq0)$ 处的切线斜率与直线 $OP$ 的斜率之差等于 $ax$（常数 $a>0$）.

(1) 求 $L$ 的方程；

(2) 当 $L$ 与直线 $y=ax$ 所围成平面图形的面积为 $\frac{8}{3}$ 时，确定 $a$ 的值.

**解** (1) 设曲线 $L$ 的方程为 $y=f(x)$，则由题设可得 $y'-\frac{y}{x}=ax$，这是一阶线性微分方程，其中 $P(x)=-\frac{1}{x}$，$Q(x)=ax$，代入通解公式得

$$y=e^{\int\frac{1}{x}\mathrm{d}x}\left(\int ax\,e^{-\int\frac{1}{x}\mathrm{d}x}\mathrm{d}x+C\right)=x(ax+C)=ax^2+Cx,$$

又 $f(1)=0$，所以 $C=-a$.故曲线 $L$ 的方程为 $y=ax^2-ax(x\neq0)$.

(2) $L$ 与直线 $y=ax(a>0)$ 所围成平面图形如图 9-1 所示.所以

$$\begin{aligned}D&=\int_0^2[ax-(ax^2-ax)]\mathrm{d}x\\&=a\int_0^2(2x-x^2)\mathrm{d}x=\frac{4}{3}a=\frac{8}{3},\end{aligned}$$

故 $a=2$.

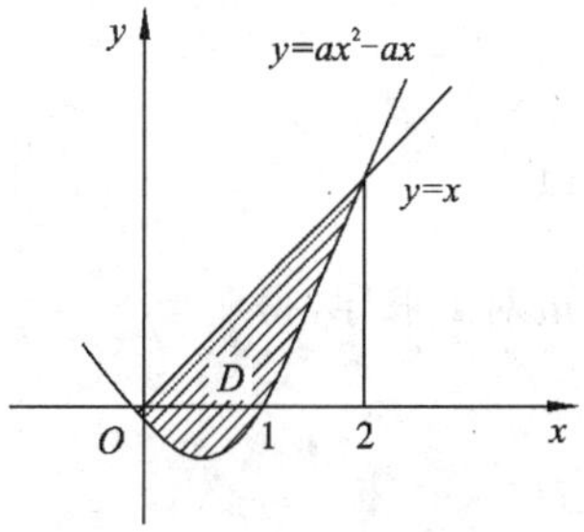

图 9-1

**例 4** (2009 年,数三)设曲线 $y=f(x)$,其中 $f(x)$ 是可导函数,且 $f(x)>0$.已知曲线 $y=f(x)$ 与直线 $y=0,x=1$ 及 $x=t(t>1)$ 所围成的曲边梯形绕 $x$ 轴旋转一周所得的立体体积值是该曲边梯形面积值的 $\pi t$ 倍,求该曲线的方程.

**解** 旋转体的体积为 $V=\pi\int_1^t f^2(x)\mathrm{d}x$,曲边梯形的面积为 $S=\int_1^t f(x)\mathrm{d}x$.故题设可知

$$V=\pi tS\Rightarrow\pi\int_1^t f^2(x)\mathrm{d}x=\pi t\int_1^t f(x)\mathrm{d}x\Rightarrow\int_1^t f^2(x)\mathrm{d}x=t\int_1^t f(x)\mathrm{d}x,$$

两边对 $t$ 求导可得

$$f^2(t)=\int_1^t f(x)\mathrm{d}x+tf(t)\Rightarrow f^2(t)-tf(t)=\int_1^t f(x)\mathrm{d}x \qquad ①$$

再对上 ① 式是两边求 $t$ 的导数得 $2f(t)f'(t)-f(t)-tf'(t)=f(t)$,化简可得

$$(2f(t)-t)f'(t)=2f(t)\Rightarrow\frac{\mathrm{d}t}{\mathrm{d}y}+\frac{1}{2y}t=1,$$

解之得 $t=c\cdot y^{-\frac{1}{2}}+\dfrac{2}{3}y$.

在 ① 式中令 $t=1$,则 $f^2(1)-f(1)=0$,又 $f(t)>0$,故 $f(1)=1$,代入 $t=cy^{-\frac{1}{2}}+\dfrac{2}{3}y$ 得 $c=\dfrac{1}{3}$,则 $t=\dfrac{1}{3}\left(\dfrac{1}{\sqrt{y}}+2y\right)$.所以该曲线方程为 $2y+\dfrac{1}{\sqrt{y}}-3x=0$.

**例 5** (2015 年,数二、三)设函数 $y=y(x)$ 是微分方程 $y''+y'-2y=0$ 的解,且在 $x=0$ 处取得极值 3,则 $y(x)=$________.

**解** $y''+y'-2y=0$ 的特征方程为 $\lambda^2+\lambda-2=0$,特征根为 $\lambda=-2,\lambda=1$,所以该齐次微分方程的通解为 $y(x)=C_1\mathrm{e}^{-2x}+C_2\mathrm{e}^x$,因为 $y(x)$ 可导,所以 $x=0$ 为驻点,即 $y(0)=3$,$y'(0)=0$,所以 $C_1=1,C_2=2$,故 $y(x)=\mathrm{e}^{-2x}+2\mathrm{e}^x$.

**例 6** (2011 年,数三)设函数 $f(x)$ 在区间 $[0,1]$ 具有连续导数,$f(0)=1$,且满足 $\iint\limits_{D_t}f'(x+y)\mathrm{d}x\mathrm{d}y=\iint\limits_{D_t}f(t)\mathrm{d}x\mathrm{d}y$, $D_t=\{(x,y)\mid 0\leqslant y\leqslant t-x,0\leqslant x\leqslant t\}\ (0<t\leqslant 1)$,求 $f(x)$ 的表达式.

**解** 因为

$$\begin{aligned}\iint\limits_{D_t}f'(x+y)\mathrm{d}x\mathrm{d}y&=\int_0^t\mathrm{d}x\int_0^{t-x}f'(x+y)\mathrm{d}y=\int_0^t\mathrm{d}x\int_0^{t-x}f'(x+y)\mathrm{d}(y+x)\\&=\int_0^t f(x+y)\Big|_{y=0}^{y=t-x}\mathrm{d}x=\int_0^t[f(t)-f(x)]\mathrm{d}x\\&=f(t)x\Big|_{x=0}^{x=t}-\int_0^t f(x)\mathrm{d}x=tf(t)-\int_0^t f(x)\mathrm{d}x,\end{aligned}$$

所以
$$\iint\limits_{D_t}f(t)\mathrm{d}x\mathrm{d}y=f(t)\iint\limits_{D_t}\mathrm{d}x\mathrm{d}y=\frac{1}{2}t^2f(t).$$

两边对 $t$ 求导,得

$$f'(t)+\frac{2}{t-2}f(t)=0,$$

解齐次方程得
$$f(t)=C\mathrm{e}^{-\int\frac{2}{t-1}\mathrm{d}t}=\frac{C}{(t-2)^2},$$

由 $f(0)=1$，得 $C=4$. 所以函数表达式为 $f(x)=\dfrac{4}{(x-2)^2}(0\leqslant x\leqslant 1)$.

**例 7**　(**2016 年，数三**) 设 $f(x)$ 连续，且满足 $\int_0^x f(x-t)\,dt=\int_0^x (x-t)f(t)dt+e^{-x}-1$，求 $f(x)$.

**解**　令 $u=x-t$，则

$$\int_0^x f(x-t)\,dt=\int_x^0 f(u)(-du)=\int_0^x f(u)du,$$

代入方程可得

$$\int_0^x f(u)du=x\int_0^x f(t)dt-\int_0^x tf(t)dt+e^{-x}-1,$$

两边同时求导可得

$$f(x)=\int_0^x f(t)dt-e^{-x}, \qquad ①$$

由于 $f(x)$ 连续，可知 $\int_0^x f(t)dt$ 可导，从而 $f(x)$ 也可导.故对上式两边再求导可得

$$f'(x)=f(x)+e^{-x}$$

在①式两边令 $x=0$ 可得 $f(0)=-1$，从而得到关于 $y=f(x)$ 的初值问题 $\begin{cases}y'-y=e^{-x},\\ y(0)=-1,\end{cases}$ 解此初值问题得

$$f(x)=-\frac{1}{2}e^{x}-\frac{e^{-x}}{2}.$$

**例 8**　(**2017 年，数二**) 设 $y(x)$ 是区间 $\left(0,\dfrac{3}{2}\right)$ 内的可导函数，且 $y(1)=0$.点 $P$ 是曲线 $l:y=y(x)$ 上的任意一点，$l$ 在点 $P$ 处的切线与 $y$ 轴相交于点 $(0,Y_P)$，法线与 $x$ 轴相交于点 $(X_P,0)$，若 $X_P=Y_P$，求 $l$ 上点的坐标 $(x,y)$ 满足的方程.

**解**　曲线 $l:y=y(x)$ 在点 $P(x,y)$ 的切线方程为

$$Y-y=y'(X-x).$$

令 $X=0$ 得 $Y_P=y-xy'$.曲线 $l:y=y(x)$ 在点 $P(x,y)$ 的法线方程为

$$y'(Y-y)=-X+x.$$

令 $Y=0$ 得 $X_P=x+yy'$.由题设知 $x+yy'=y-xy'$，整理得

$$y'=\frac{y-x}{y+x}=\frac{\dfrac{y}{x}-1}{\dfrac{y}{x}+1}.$$

令 $\dfrac{y}{x}=u$，则 $\dfrac{dy}{dx}=u+x\dfrac{du}{dx}$，代入上述方程并分离变量得

$$\frac{1+u}{1+u^2}du=-\frac{1}{x}dx.$$

两边积分得 $\arctan u+\dfrac{1}{2}\ln(1+u^2)=-\ln|x|+C$，即 $\arctan\dfrac{y}{x}+\dfrac{1}{2}\ln(x^2+y^2)=C$.因为曲线 $l$ 过点 $(1,0)$，所以 $C=0$，于是曲线 $l$ 上点的坐标 $(x,y)$ 满足的方程为

$$\arctan\frac{y}{x}+\frac{1}{2}\ln(x^2+y^2)=0.$$

**例 9** （2018 年，数三）设函数 $f(x)$ 满足 $f(x+\Delta x)-f(x)=2xf(x)\Delta x+o(\Delta x)\ (\Delta x\to 0)$，且 $f(0)=2$，则 $f(1)=$________.

**解** $\dfrac{f(x+\Delta x)-f(x)}{\Delta x}=2xf(x)+\dfrac{o(\Delta x)}{\Delta x}$，求极限可得 $f'(x)=2xf(x)$，所以，$f(x)=ce^{\int 2x\mathrm{d}x}=ce^{x^2}$，再由 $f(0)=2\Rightarrow c=2$，所以 $f(x)=2e^{x^2}$，$f(1)=2e$.

**例 10** （2018 年，数二）已知连续函数 $f(x)$ 满足 $\int_0^x f(t)\mathrm{d}t+\int_0^x tf(x-t)\mathrm{d}t=ax^2$.

(1) 求 $f(x)$；(2) 若 $f(x)$ 在区间 $[0,1]$ 上的平均值为 1，求 $a$ 的值.

**解** (1)

$$\int_0^x tf(x-t)\mathrm{d}t\xrightarrow{x-t=u}\int_0^x(x-u)f(u)\mathrm{d}u=\int_0^x(x-t)f(t)\mathrm{d}t,$$

则 $$\int_0^x f(t)\mathrm{d}t+\int_0^x tf(x-t)\mathrm{d}t=ax^2\Rightarrow\int_0^x f(t)(1-t)\mathrm{d}t+x\int_0^x f(t)\mathrm{d}t=ax^2,$$

对 $x$ 求导可得

$$f(x)(1-x)+\int_0^x f(t)\mathrm{d}t+xf(x)=2ax\Rightarrow f(x)+\int_0^x f(t)\mathrm{d}t=2ax,\ f(0)=0,$$

再 $x$ 求导可得 $f'(x)+f(x)=2a$，令 $y=f(x)$，从而有

$$\begin{cases}\dfrac{\mathrm{d}y}{\mathrm{d}x}=-y+2a\\ y(0)=0\end{cases}\Rightarrow y=e^{\int -\mathrm{d}x}\left[\int e^{\int 1\mathrm{d}x}2a\,\mathrm{d}x+c\right]=e^{-x}(2ae^x+c),$$

则 $y=2a+ce^{-x}$，把 $y(0)=0$ 代入得 $c=-2a$，故 $f(x)=2a(1-e^{-x})$.

(2) $$1=\frac{\int_0^1 f(x)\mathrm{d}x}{1-0}=\int_0^1 2a(1-e^{-x})\mathrm{d}x=2a(1+e^{-x}|_0^1)=\frac{2a}{e}\Rightarrow a=\frac{e}{2}.$$

**例 11** （2019 年，数二、三）已知微分方程 $y''+ay'+by=ce^x$ 的通解为 $y=(C_1+C_2x)e^{-x}+e^x$，则 $a$、$b$、$c$ 依次为（　　）.

A. 1,0,1　　B. 1,0,2　　C. 2,1,3　　D. 2,1,4

**解** 特征方程为 $(r+1)^2=0$，即 $r^2+2r+1$，故 $a=2,b=1$，$y''=e^x$ 为 $y''+2y'+y=ce^x$ 的特解，即 $4e^x=ce^x\Rightarrow c=4$，选 D.

**例 12** （2012 年，数二、三）设函数 $y(x)$ 是微分方程 $y'-xy=\dfrac{1}{2\sqrt{x}}e^{\frac{x^2}{2}}$ 满足条件 $y(1)=\sqrt{e}$ 的特解.(1) 求 $y(x)$；(2) 设平面区域 $D=\{(x,y)\mid 1\leqslant x\leqslant 2,0\leqslant y\leqslant y(x)\}$，求 $D$ 绕 $x$ 轴旋转所得旋转体的体积.

**解** (1)

$$y=e^{\int x\mathrm{d}x}\left[\int e^{\int -x\mathrm{d}x}\frac{1}{2\sqrt{x}}e^{\frac{x^2}{2}}\mathrm{d}x+C\right]=e^{\frac{x^2}{2}}\left[\int e^{-\frac{x^2}{2}}\frac{1}{2\sqrt{x}}e^{\frac{x^2}{2}}\mathrm{d}x+C\right]$$

$$=e^{\frac{x^2}{2}}\left[\int\frac{1}{2\sqrt{x}}\mathrm{d}x+C\right]=e^{\frac{x^2}{2}}(\sqrt{x}+C),$$

把 $y(1)=\sqrt{e}$ 代入得 $c=0$ 则 $y(x)=\sqrt{x}\,e^{\frac{x^2}{2}}$.

(2) $V_x=\pi\int_1^2 y^2\mathrm{d}x=\pi\int_1^2 x\mathrm{e}^{x^2}\mathrm{d}x=\frac{\pi}{2}\int_1^2\mathrm{e}^x\mathrm{d}x^2=\frac{\pi}{2}\mathrm{e}^{x^2}\Big|_1^2=\frac{\pi(\mathrm{e}^4-\mathrm{e})}{2}$.

**例 13** (**2020 年,数二**)设 $y=y(x)$ 满足 $y''+2y'+y=0$,且 $y(0)=0,y'(0)=1$,则 $\int_0^{+\infty}y(x)\mathrm{d}x=$________.

**解** 可知特征方程为 $\lambda^2+2\lambda+1=0\Rightarrow\lambda_1=\lambda_2=0$,则 $y(x)=(C_1+C_2x)\mathrm{e}^{-x}$,又 $y(0)=0,y'(0)=1$ 得 $C_1=0,C_2=1$.则 $y(x)=x\mathrm{e}^{-x}$,故

$$\int_0^{+\infty}y(x)\mathrm{d}x=\int_0^{+\infty}x\mathrm{e}^{-x}\mathrm{d}x=-x\mathrm{e}^{-x}\big|_0^{+\infty}+\int_0^{+\infty}\mathrm{e}^{-x}\mathrm{d}x=-\mathrm{e}^{-x}\big|_0^{+\infty}=1.$$

**例 14** (**2020 年,数三**)设函数 $y=f(x)$ 满足 $y''+2y'+5y=0,f(0)=1,f'(0)=-1$.

(1) 求 $f(x)$ 的表达式;(2) 设 $a_n=\int_{n\pi}^{+\infty}f(x)\mathrm{d}x$,求 $\sum\limits_{n=1}^{\infty}a_n$.

**解** (1) 可知特征方程为 $\lambda^2+2\lambda+5=0\Rightarrow\lambda_{1,2}=\frac{-2\pm\sqrt{-16}}{2}=-1\pm 2\mathrm{i}$,则

$$y(x)=C_1\mathrm{e}^{-x}\cos 2x+C_2\mathrm{e}^{-x}\sin 2x,$$

$$y'(x)=-C_1\mathrm{e}^{-x}\cos 2x-2C_1\mathrm{e}^{-x}\sin 2x-C_2\mathrm{e}^{-x}\sin 2x+2C_2\mathrm{e}^{-x}\cos 2x,$$

又 $y(0)=1,y'(0)=-1$,得 $C_1=1,C_2=0$,

则
$$y=f(x)=\mathrm{e}^{-x}\cos 2x.$$

(2) 由 $\int\mathrm{e}^{-x}\cos 2x\mathrm{d}x=\frac{\mathrm{e}^{-x}}{5}(2\sin 2x-\cos 2x)+c$,则

$$a_n=\int_{n\pi}^{+\infty}f(x)\mathrm{d}x=\int_{n\pi}^{+\infty}\mathrm{e}^{-x}\cos 2x\mathrm{d}x=\frac{\mathrm{e}^{-x}}{5}(2\sin 2x-\cos 2x)\Bigg|_{n\pi}^{+\infty}=\frac{\mathrm{e}^{-n\pi}}{5},$$

故
$$\sum_{n=1}^{\infty}a_n=\sum_{n=1}^{\infty}\frac{\mathrm{e}^{-n\pi}}{5}=\frac{1}{5}\frac{\mathrm{e}^{-\pi}}{1-\mathrm{e}^{-\pi}}=\frac{1}{5(\mathrm{e}^{\pi}-1)}.$$

**例 15** (**2021 年,数二**)$y=y(x)(x>0)$ 是微分方程 $xy'-6y=-6$ 满足 $y(\sqrt{3})=10$ 的解.

(1) 求 $y(x)$;(2) 设 $p$ 为曲线 $y(x)$ 上的一点,记 $p$ 处法线在 $y$ 轴上的截距为 $I_p$,$I_p$ 最小时,求 $p$ 的坐标.

**解** (1) $y=y(x)(x>0)$,$\frac{\mathrm{d}y}{\mathrm{d}x}=\frac{6}{x}y-\frac{6}{x}$(一阶非齐次线性)

$$y=\mathrm{e}^{\int\frac{6}{x}\mathrm{d}x}\left[\int\mathrm{e}^{\int\frac{6}{x}\mathrm{d}x}\left(-\frac{6}{x}\right)\mathrm{d}x+c\right]=\mathrm{e}^{6\ln x}\left[\int\mathrm{e}^{-6\ln x}\left(-\frac{6}{x}\right)\mathrm{d}x+c\right]$$

$$=x^6\left(\int-6\frac{1}{x^7}\mathrm{d}x+c\right)=x^6\left(\frac{1}{x^6}+c\right)=cx^6+1.$$

把 $y(\sqrt{3})=10$ 代入得 $10=27c+1\Rightarrow c=\frac{1}{3}$,故 $y=\frac{x^6}{3}+1$.

(2) 设 $p\left(x,\frac{x^6}{3}+1\right)$,则 $p$ 处的法线方程为

$$Y-\left(\frac{x^6}{3}+1\right)=-\frac{1}{2x^5}(X-x),$$

令 $x=0$ 得法线在 $y$ 轴上的截距：$Y=\dfrac{x^6}{3}+\dfrac{1}{2x^4}$.

令 $f(x)=\dfrac{x^6}{3}+\dfrac{1}{2x^4}$，$f'(x)=2x^5-\dfrac{2}{x^5}=0\Rightarrow x^{10}=1\Rightarrow x=-1$（舍），$x=1$，$f''(x)=10x^2+\dfrac{10}{x^6}$，$f''(1)>0$，故 $f(1)$ 为唯一极小值，故 $f(1)$ 为最小值，$p$ 的坐标为 $\left(1,\dfrac{4}{3}\right)$.

**例 16** （**2021 年，数三**）设 $n$ 为正整数，$y=y_n(x)$ 是微分方程 $xy'-(n+1)y=0$ 满足条件 $y_n(1)=\dfrac{1}{n(n+1)}$ 的解.(1) 求 $y_n(x)$；(2) 求级数 $\sum\limits_{n=1}^{\infty}y_n(x)$ 的收敛域及和函数.

**解** (1)
$$\frac{\mathrm{d}y}{\mathrm{d}x}=\frac{n+1}{x}y\Rightarrow y_n(x)=c'\mathrm{e}^{\int\frac{n+1}{x}\mathrm{d}x}=c'\mathrm{e}^{(n+1)\ln|x|}$$
$$=c'|x|^{n+1}=\pm c'x^{n+1}=cx^{n+1},$$

把 $y_n(1)=\dfrac{1}{n(n+1)}$ 代入得
$$\frac{1}{n(n+1)}=c\Rightarrow y_n(x)=\frac{x^{n+1}}{n(n+1)}.$$

(2) $\sum\limits_{n=1}^{\infty}y_n(x)=\dfrac{x^{n+1}}{n(n+1)}$，则
$$l=\lim_{n\to\infty}\left|\frac{a_{n+1}}{a_n}\right|=\lim_{n\to\infty}\frac{n(n+1)}{(n+1)(n+2)}=1,$$
故 $|x|<1$，即 $-1<x<1$ 时级数绝对收敛.

当 $x=1$ 时级数为 $\sum\limits_{n=1}^{\infty}\dfrac{1}{n(n+1)}$ 收敛；当 $x=-1$ 时级数为 $\sum\limits_{n=1}^{\infty}\dfrac{(-1)^{n+1}}{n(n+1)}$ 收敛，故收敛域为 $[-1,1]$.

令 $S(x)=\sum\limits_{n=1}^{\infty}\dfrac{x^{n+1}}{n(n+1)}$，$x\in(-1,1)$，$S(0)=0$，则

$$S'(x)=\sum_{n=1}^{\infty}\frac{x^n}{n},\ S'(0)=0,$$
$$S''(x)=\sum_{n=1}^{\infty}x^{n-1}=\frac{1}{1-x}\Rightarrow\int_0^x S''(x)\mathrm{d}x=\int_0^x\frac{1}{1-x}\mathrm{d}x\Rightarrow S'(x)=-\ln(1-x)$$
$$\Rightarrow\int_0^x S'(x)\mathrm{d}x=\int_0^x-\ln(1-x)\mathrm{d}x$$
$$S(x)=-(x\ln(1-x)|_0^x-\int_0^x x\,\mathrm{d}\ln(1-x))=-x\ln(1-x)+\int_0^x\frac{x}{1-x}-1\mathrm{d}x$$
$$=-x\ln(1-x)+\int_0^x\frac{x-1+x}{1-x}\mathrm{d}x=-x\ln(1-x)+x+\ln|x-1|$$
$$=-x\ln(1-x)+x+\ln(1-x)=x+(1-x)\ln(1-x),$$

且 $S(1)=\lim\limits_{x\to1^-}S(x)=\lim\limits_{x\to1^-}(x+(1-x)\ln(1-x))=1$，则有
$$S(x)=\begin{cases}x+(1-x)\ln(1-x), & x\in[-1,1)\\ 1, & x=1\end{cases}$$

**例 17** （2022年，数二）设函数 $y(x)$ 是微分方程 $2xy'-4y=2\ln x-1$ 满足条件 $y(1)=\dfrac{1}{4}$ 的解，求曲线 $y=y(x)(1\leqslant x\leqslant \mathrm{e})$ 的弧长.

**解** 由题意可知 $y'-\dfrac{2}{x}y=\dfrac{2\ln x-1}{2x}$，则

$$y(x)=\mathrm{e}^{-\int\left(-\frac{2}{x}\right)\mathrm{d}x}\left[\int\frac{2\ln x-1}{2x}\mathrm{e}^{-\int\left(-\frac{2}{x}\right)\mathrm{d}x}\mathrm{d}x+C\right]=x^2\left[\int\frac{2\ln x-1}{2x^3}\mathrm{d}x+C\right]$$
$$=-\frac{1}{2}\ln x+Cx^2,$$

其中 $C$ 为任意常数，又 $C=\dfrac{1}{4}$，故 $y(x)=-\dfrac{1}{2}\ln x+\dfrac{1}{4}x^2$，则弧长为

$$L=\int_1^{\mathrm{e}}\sqrt{1+(y')^2}\,\mathrm{d}x=\int_1^{\mathrm{e}}\sqrt{1+\left(\frac{x}{2}-\frac{1}{2x}\right)^2}\,\mathrm{d}x$$
$$=\int_1^{\mathrm{e}}\sqrt{\left(\frac{x}{2}+\frac{1}{2x}\right)^2}\,\mathrm{d}x=\int_1^{\mathrm{e}}\left(\frac{x}{2}+\frac{1}{2x}\right)\mathrm{d}x$$
$$=\left(\frac{1}{4}x^2+\frac{1}{2}\ln x\right)\Bigg|_1^{\mathrm{e}}=\frac{1}{4}(\mathrm{e}^2+1).$$

**例 18** （2022年，数三）设函数 $y(x)$ 是微分方程 $y'+\dfrac{1}{2\sqrt{x}}y=2+\sqrt{x}$ 满足条件 $y(1)=3$ 有解，求曲线 $y=y(x)$ 的渐近线.

**解**
$$y(x)=\mathrm{e}^{-\int\frac{1}{2\sqrt{x}}\mathrm{d}x}\left[\int(2+\sqrt{x})\mathrm{e}^{-\int\frac{1}{2\sqrt{x}}\mathrm{d}x}+C\right]$$
$$=\mathrm{e}^{-\sqrt{x}}\left[\int(2+\sqrt{x})\mathrm{e}^{\sqrt{x}}\mathrm{d}x+C\right]$$
$$=\mathrm{e}^{-\sqrt{x}}(2x\mathrm{e}^{\sqrt{x}}+C)=2x+C\mathrm{e}^{-\sqrt{x}},$$

其中 $C$ 为任意常数，又 $y(1)=3$，则 $C=\mathrm{e}$，故 $y(x)=2x+\mathrm{e}^{1-\sqrt{x}}$. 且有

$$k=\lim_{x\to+\infty}\frac{y}{x}=\lim_{x\to+\infty}\frac{2x+\mathrm{e}^{1-\sqrt{x}}}{x}=2,\quad b=\lim_{x\to+\infty}(y-2x)=\lim_{x\to+\infty}\mathrm{e}^{1-\sqrt{x}}=0,$$

则 $y=2x$ 曲线 $y=y(x)$ 的渐近线.

**例 19** （2023年，数二）设曲线 $L:y=y(x)(x>\mathrm{e})$ 经过点 $(\mathrm{e}^2,0)$，$L$ 上任一点 $P(x,y)$ 到 $y$ 轴的距离等于该点处的切线在 $y$ 轴上的截距，

(1) 求 $y(x)$；

(2) 在 $L$ 上求一点，使该点的切线与两坐标轴所围三角形面积最小，并求此最小面积.

**解** (1) 曲线 $L$ 在点 $P(x,y)$ 处的切线方程为 $Y-y=y'(X-x)$，令 $X=0$，则切线在 $y$ 上的截距为 $Y=y-xy'$，则 $x=y-xy'$，即 $y'-\dfrac{1}{x}y=-1$，解得 $y(x)=x(C-\ln x)$，其中 $C$ 为任意常数. 又 $y(\mathrm{e}^2)=0$，则 $C=2$，故 $y(x)=x(2-\ln x)$.

(2) 设曲线 $L$ 在点 $(x,x(2-\ln x))$ 处的切线与两坐标轴所围三角形面积最小，此时切线方程为

$$Y-x(2-\ln x)=(1-\ln x)(X-x).$$

令 $Y=0$，则 $X=\dfrac{x}{\ln x-1}$；令 $X=0$，则 $Y=x$.故切线与两坐标轴所围三角形面积为

$$S(x)=\frac{1}{2}XY=\frac{1}{2}\cdot\frac{x}{\ln x-1}\cdot x=\frac{x^2}{2(\ln x-1)},$$

则 $S'(x)=\dfrac{x(2\ln x-3)}{2\ln x-1}$.令 $S'(x)=0$，得驻点 $x=e^{\frac{3}{2}}$.

当 $e<x<e^{\frac{3}{2}}$ 时，$S'(x)<0$；当 $x>e^{\frac{3}{2}}$ 时，$S'(x)>0$，故 $S(x)$ 在 $x=e^{\frac{3}{2}}$ 处取得极小值，同时也取最小值，且最小值为 $S(e^{\frac{3}{2}})=e^3$.

**例 20** （**2023 年，数三**）$\sum\limits_{n=0}^{\infty}\dfrac{x^{2n}}{(2n)!}=$________.

**解** 令 $s(x)=\sum\limits_{n=0}^{\infty}\dfrac{x^{2n}}{(2n)!}$，则

$$s'(x)=\sum_{n=1}^{\infty}\frac{x^{2n-1}}{(2n-1)!},\quad s''(x)=\sum_{n=1}^{\infty}\frac{x^{2n-2}}{(2n-2)!}=\sum_{n=0}^{\infty}\frac{x^{2n}}{(2n)!}=s(x).$$

即有 $s''(x)-s(x)=0$，解得 $\quad s(x)=C_1e^x+C_2e^{-x}$.

又由 $s(0)=1$，$s'(0)=0$ 有 $C_1+C_2=1$，$C_1-C_2=0$ 解得 $C_1=C_2=\dfrac{1}{2}$.故

$$s(x)=\frac{1}{2}e^x+\frac{1}{2}e^{-x}.$$

**例 21** （**2023 年，数三**）设某公司在 $t$ 时刻的资产为 $f(t)$，从 0 时刻到 $t$ 时刻的平均资产等于 $\dfrac{f(t)}{t}-t$.假设 $f(t)$ 连续且 $f(0)=0$，则 $f(t)=$________.

**解** 由题意可得方程 $\dfrac{\int_0^t f(x)dx}{t}=\dfrac{f(t)}{t}-t$，即得

$$\int_0^t f(x)dx=f(t)-t^2.$$

两边同时对 $t$ 求导得 $f(t)=f'(t)-2t$，即 $f'(t)-f(t)=2t$.由一阶线性微分方程通解公式有

$$\begin{aligned}f(t)&=e^{\int 1dt}\left(\int 2te^{-\int 1dt}dt+C\right)=e^t\left(\int 2te^{-t}dt+C\right)\\&=e^t[-(2t+2)e^{-t}+C]=Ce^t-2t-2.\end{aligned}$$

又由于 $f(0)=0$，则 $C-2=0$，即 $C=2$.故 $f(t)=2e^t-2t-2$.

**例 22** （**2024 年，数一、二**）微分方程 $y'=\dfrac{1}{(x+y)^2}$ 满足条件 $y(1)=0$ 的解为（　　）.

**解** 令 $u=x+y$，等式两边同时对 $x$ 求导，得到 $u=1+y'$，代入原式可得 $u'-1=\dfrac{1}{u^2}$，整理可得 $\dfrac{du}{dx}=\dfrac{1+u^2}{u^2}$，即 $\int\dfrac{u^2}{1+u^2}du=\int dx$，求得 $u-\arctan u=x+c$，即 $y-\arctan(x+y)=c$.把初始条件代入可得 $c=-\dfrac{\pi}{4}$，故解为 $y-\arctan(x+y)=-\dfrac{\pi}{4}$.

# 数学星空　光辉典范：数学家与数学家精神

## 数学家简介[9]

## 总练习 9

1. 填空题.

(1) 与积分方程 $y=\int_0^x f(x,y)\mathrm{d}x$ 等价的微分方程的初值问题是__________；

(2) 以 $y=C_1\mathrm{e}^{2x}+C_2\mathrm{e}^{3x}$（$C_1,C_2$ 为任意常数）为通解的微分方程为__________；

(3) 已知某二阶常系数非齐次线性差分方程的通解为 $y_x=C_1+C_2(-2)^x+3x$，则此差分方程为__________.

2. 验证下列各给定函数是其对应微分方程的解：

(1) $y''-\dfrac{2}{x}y'+\dfrac{2y}{x^2}=0,y=C_1x+C_2x^2$；

(2) $y''-7y'+12y=0,y=C_1\mathrm{e}^{3x}+C_2\mathrm{e}^{4x}$；

(3) $xy''+2y'-xy=0,xy=C_1\mathrm{e}^{x}+C_2\mathrm{e}^{-x}$；

(4) $xyy''+x(y')^2-yy'=0,\dfrac{x^2}{C_1}+\dfrac{y^2}{C_2}=1$；

(5) $y''+3y'-10y=2x,y=C_1\mathrm{e}^{2x}+C_2\mathrm{e}^{-5x}-\dfrac{x}{5}-\dfrac{3}{50}$.

3. 求下列各微分方程的通解或在给定初始条件下的特解：

(1) $(1+y)\mathrm{d}x-(1-x)\mathrm{d}y=0$；

(2) $y\ln x\,\mathrm{d}x+x\ln y\,\mathrm{d}y=0$；

(3) $\dfrac{x}{1+y}\mathrm{d}x-\dfrac{y}{1+x}\mathrm{d}y=0,y\Big|_{x=0}=1$；

(4) $y'\sin x-y\cos x=0,y\Big|_{x=\frac{\pi}{2}}=1$；

(5) $y'=\dfrac{y}{y-x}$；

(6) $xy'-y-\sqrt{x^2+y^2}=0$；

(7) $y'=\dfrac{y}{x}+\tan\dfrac{y}{x},y\Big|_{x=1}=\dfrac{\pi}{4}$；

(8) $(x^2+1)\dfrac{\mathrm{d}y}{\mathrm{d}x}+2xy=4x^2$；

(9) $xy'+y=3,y\Big|_{x=1}=0$；

(10) $yy''=(y')^2+y'$；

(11) $xy''+y'=0$；

(12) $y''=3\sqrt{y},y\,|_{x=0}=1,y'\,|_{x=0}=2$；

(13) $y''-5y'+6y=0, y\Big|_{x=0}=\frac{1}{2}, y'\,|_{x=0}=1$；

(14) $y''-6y'+9y=0, y\,|_{x=0}=0, y'\Big|_{x=0}=2$；

(15) $y''+3y'+2y=0, y\,|_{x=0}=1, y'\,|_{x=0}=1$；

(16) $y''-2y'-3y=2x+1$；　　(17) $y''-y'-2y=e^{2x}$；

(18) $y''+4y=8\sin 2x$；　　(19) $y''+3y'+2y=3xe^{-x}$；

(20) $y''-2y'+5y=e^{x}\sin 2x$；　　(21) $y''-y=\sin^{2}x$.

4. 设连续函数 $y(x)$ 满足方程 $y(x)=\int_{0}^{x}y(t)\mathrm{d}t+e^{x}$，求 $y(x)$.

5. 已知一曲线通过点(e,1)，且在曲线上任取一点 $(x,y)$ 处的法线的斜率等于 $-\frac{x\ln x}{x+y\ln x}$，求该曲线的方程.

6. 某林区现有木材10万立方米，如果在每一瞬时木材的变化率与当时的木材数成正比，假设10年内该林区有木材20万立方米，试确定木材数 $P$ 与时间 $t$ 的关系.

7. 某商品的需求量 $Q$ 对价格 $P$ 的弹性为 $-P\ln 3$.已知该商品的最大需求量为1 200(即当 $P=0$ 时，$Q=1\ 200$)，求需求量 $Q$ 对价格 $P$ 的函数关系.

8. 设在同一水域中生存着食草鱼与食鱼之鱼(或同一环境中的两种生物)，它们的数量分别为 $x(t)$ 与 $y(t)$，不妨设 $x$ 与 $y$ 是连续变化的.其中鱼数 $x$ 受 $y$ 的影响而减少(大鱼吃了小鱼)，减少的速率与 $y(t)$ 成正比；而鱼数 $y$ 也受 $x$ 的影响而减少(小鱼吃了大鱼卵)，减少的速率与 $x(t)$ 成正比.如果 $x(0)=x_0, y(0)=y_0$，试建立这一问题的数学模型，并求这两种鱼数量的变化规律.

9. 下列等式中不是差分方程的是(　　).

A. $2\Delta y_t-y_t=2$　　B. $3\Delta y_t+3y_t=t$　　C. $\Delta^2 y_t=0$　　D. $y_t+y_{t-2}=r^2$.

10. 求下列差分方程的通解：

(1) $3y_t-3y_{t+1}=y3^t+1$；

(2) $9y_{x+2}+3y_{x+1}-6y_x=(4x^2-10x+6)\left(\frac{1}{3}\right)^x$；

(3) $y_{t+1}+3y_t=t2^t$；

(4) $y_{x+2}+2y_{x+1}-3y_x=0$；

(5) $y_{t+2}-y_{t+1}-6y_t=3^t(2t+1)$.

11. 已知 $y_1=-2^{t-1}t\cos\pi t, y_2=(-2)^t-2^{t-1}t\cos\pi t$ 均为差分方程

$$y_{t+1}+2y_t=2^t\cos\pi t$$

的解，试求其通解.

12. 求方程 $y_{n+2}-10y_{n+1}+25y_n=3^n$ 满足条件 $y_0=1, y_1=0$ 的通解.

13. 设某产品在时期 $t$ 的价格、总供给与总需求分别为 $P_t$、$S_t$ 与 $D_t$，并设对于 $t=0,1,2,\cdots$，有

① $S_t=2P_t+1$；　　② $D_t=-4P_{t-1}+5$；　　③ $S_t=D_t$.

(1) 求证：由式①，式②，式③可推出差分方程 $P_{t+1}+2P_t=2$；

(2) 已知 $P_0$ 时，求(1)中差分方程的解.

# 目标自测题 9

## 一、填空题

1. 微分方程$(y+x^3)dx-2xdy=0$满足$y|_{x=1}=\frac{6}{5}$的特解是________.

2. 微分方程$y''-y'+\frac{1}{4}y=0$的通解为$y=$________.

3. 设方程$y''+ay'+by=f(x)$有通解$y=c_1e^x+c_2e^{2x}-\left(\frac{1}{2}x^2+x\right)e^x$,$c_1$,$c_2$为任意常数,则该方程为________.

4. 微分方程$\frac{dy}{dx}=\frac{y}{x}-\frac{1}{2}\left(\frac{y}{x}\right)^3$满足$y|_{x=1}=1$的特解为________.

5. 微分方程$yy''+y'^2=0$满足初始条件$y|_{x=0}=1$,$y'|_{x=0}=\frac{1}{2}$的特解是________.

## 二、选择题

1. 关于微分方程$y''+2y'+y=e^x$的下列结论:

① 该方程为齐次微分方程　　② 该方程为线性微分方程

③ 该方程为常系数微分方程　　④ 该方程为二阶微分方程

其中正确的是(　　).

A. ①②③　　B. ①②④　　C. ①③④　　D. ②③④

2. 设非齐次线性微分方程$y'+P(x)y=Q(x)$有两个不同的解$y_1$,$y_2$,$C$为任意常数,则该方程的通解是(　　).

A. $C[y_1(x)-y_2(x)]$　　B. $y_1(x)+C[y_1(x)-y_2(x)]$

C. $C[y_1(x)+y_2(x)]$　　D. $y_1(x)+C[y_1(x)+y_2(x)]$

3. 微分方程$x\ln x\cdot y''=y'$的通解为(　　).

A. $y=c_1x\ln x+c_2$　　B. $y=c_1x(\ln x-1)+c_2$

C. $y=x\ln x$　　D. $y=c_1x(\ln x-1)+2$

4. 用待定系数法求方程$y''-2y'=5$的特解时,应设特解为(　　).

A. $y^*=a$　　B. $y^*=ax^2$

C. $y^*=ax$　　D. $y^*=ax^2+bx$

5. 微分方程$y'=\frac{x^2}{y^2}+\frac{y}{x}$,$y|_{x=1}=3$,则该方程的特解为(　　).

A. $y^3=3x^3(\ln|x|+9)$　　B. $y^3=3x^3(\ln|x|+c)$

C. $y=3x\ln|x|+c$　　D. $y=3xln|x|+2$

## 三、计算证明题

1. 求微分方程$xy\frac{dy}{dx}=x^2+y^2$满足条件$y|_{x=e}=2e$的特解.

2. 求微分方程$y'+y\cos x=(\ln x)e^{-\sin x}$的通解.

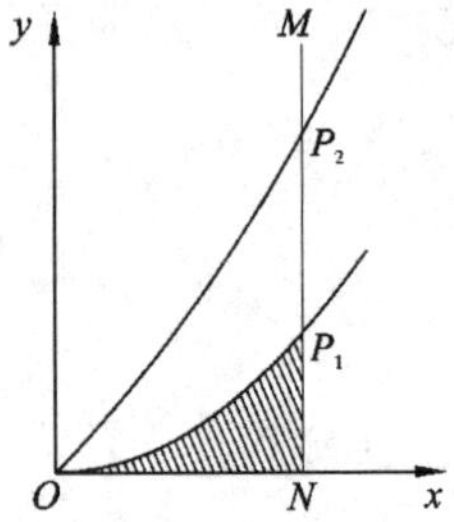


图 9-2

3. 假设

(1) 函数 $y=f(x)(0\leqslant x<+\infty)$ 满足条件 $f(0)=0$ 和 $0\leqslant f(x)\leqslant \mathrm{e}^x-1$；

(2) 平行于 $y$ 轴的动直线 $MN$ 与曲线 $y=f(x)$ 和 $y=\mathrm{e}^x-1$ 分别相交于点 $P_1$ 和 $P_2$(图 9-2)；

(3) 曲线 $y=f(x)$，直线 $MN$ 与 $x$ 轴所围封闭图形的面积 $S$ 恒等于线段 $P_1P_2$ 的长度.求函数 $y=f(x)$ 的表达式.

4. 求微分方程 $y''+5y'+6y=2\mathrm{e}^{-x}$ 的通解.

5. 设函数 $y=y(x)$ 满足条件 $\begin{cases} y''+4y'+4y=0, \\ y(0)=2, y'(0)=-4. \end{cases}$ 求广义积分 $\int_0^{+\infty} y(x)\mathrm{d}x$.

6. 求微分方程 $y''-2y'-\mathrm{e}^{2x}=0$ 满足条件 $y(0)=1$，$y'(0)=1$ 的解.

7. 已知连续函数 $f(x)$ 满足条件 $f(x)=\int_0^{3x} f\left(\dfrac{t}{3}\right)\mathrm{d}t+\mathrm{e}^{2x}$，求 $f(x)$.

8. 设有微分方程 $y'-2y=\varphi(x)$，其中 $\varphi(x)=\begin{cases} 2, & x<1, \\ 0, & x>1. \end{cases}$ 试求在 $(-\infty,+\infty)$ 内的连续函数 $y=y(x)$，使之在 $(-\infty,1)$ 和 $(1,+\infty)$ 内都满足所给方程，且满足条件 $y(0)=0$.

9. 已知 $f_n(x)$ 满足 $f'_n(x)=f_n(x)+x^{n-1}\mathrm{e}^x$ ($n$ 为正整数)，且 $f_n(1)=\dfrac{\mathrm{e}}{n}$，求函数项级数 $\sum\limits_{n=1}^{\infty} f_n(x)$ 之和.

10. 设 $F(x)=f(x)g(x)$，其中函数 $f(x)$，$g(x)$ 在 $(-\infty,+\infty)$ 内满足以下条件：

$$f'(x)=g(x), g'(x)=f(x), \text{且 } f(0)=0, f(x)+g(x)=2\mathrm{e}^x.$$

(1) 求 $F(x)$ 所满足的一阶微分方程；

(2) 求出 $F(x)$ 的表达式.

# 综合测试题(A)(1 ～ 4 章)

**一、填空题(每小题 3 分,共 15 分)**

1. 设$\lim\limits_{x\to\infty}\left(\dfrac{2x+3}{2x+2}\right)^{x+1}=\lim\limits_{x\to 0}\dfrac{\ln(1+ax^2)}{1-\cos x}$,则 $a=$________.

2. 设$\lim\limits_{x\to 0}\dfrac{\sqrt{1+xf(x)}-1}{e^{3x}-1}=1$, 则$\lim\limits_{x\to 0}f(x)=$________.

3. 设 $f(x)$ 在 $x=2$ 处连续,且$\lim\limits_{x\to 2}\dfrac{f(x)}{x-2}=5$,则 $f'(2)=$______.

4. 曲线 $y=\dfrac{x^2+x}{x^2-1}$ 所有渐近线为________________.

5. 若$(-1,6)$ 是曲线 $f(x)=x^3+ax^2+bx+1$ 的拐点,则 $a=$____,$b=$____.

**二、选择题(每小题 3 分,共 15 分)**

1. 设 $f(x)$ 的导数 $f'(x)$ 在 $x=2$ 点连续,且满足$\lim\limits_{x\to 2}\dfrac{f'(x)}{x^2-x-2}=-1$

则以下正确的为(　　)

A.$f(2)$ 为极小值　　B.$(2,f(2))$ 为拐点

C.$f(2)$ 为极大值　　D.以上都错

2. 设$\int f(x)\mathrm{d}x=F(x)+C$ 可导,则$\int\dfrac{1}{x}f(\ln x)\mathrm{d}x=$(　　).

A.$F(\ln x)$　　B.$F(\ln x)+C$

C.$\dfrac{1}{x}F(\ln x)+C$　　D.$F\left(\dfrac{1}{x}\right)+C$

3. $\lim\limits_{x\to 0}\dfrac{(1-\cos 4x)(1-e^{2x})\sin^2 x}{(\sin x-\tan x)(\sqrt[3]{3x^2+1}-1)}=$(　　).

A. $-32$　　B.0　　C.32　　D. 1

4. 设 $f(x)=x(x-1)(x-2)\cdots(x-2026)$,则 $f'(3)=$(　　).

A. $-6\times 2023!$　　B. $6\times 2023!$　　C. $2023!$　　D. $-2023!$

5. 函数 $f(x)=\dfrac{x-x^2}{\sin\pi x}$ 的可去间断点个数为(　　).

A.1　　B.2　　C.3　　D.无穷多个

**三、判断题(每小题 2 分,共 10 分)**

1. 若 $f(x)=x\sin x+\cos x$,那么 $f(0)$ 为 $f(x)$ 的极大值,$f\left(\dfrac{\pi}{2}\right)$ 为 $f(x)$ 的极小值.

(　　)

2. 当 $x \to 0$ 时有 $x^2\ln\left(1+\frac{1}{6}x\right)$ 与 $x-\sin x$ 为等价无穷小量. （　）

3. $(x\ln x)^{(n)}=\frac{(-1)^n n!}{(x+1)^{n+1}}, \forall n \geqslant 2$. （　）

4. $\lim\limits_{x\to 0}\frac{\sin x+x^2\cos\frac{1}{x}}{x}$ 可以利用洛必达法则求该极限. （　）

5. $\int \frac{e^{\frac{1}{x}}}{x^3}dx=\left(1-\frac{1}{x}\right)e^{\frac{1}{x}}+C$ （　）

**四、计算题（每小题 6 分，共 48 分）**

1. 设 $0<a<b$，求极限 $\lim\limits_{n\to\infty}(a^{-n}+b^{-n})^{\frac{1}{n}}$.

2. 设 $\lim\limits_{x\to 1}\frac{x^2+ax+b}{\tan(x^2-1)}=3$，试求常数值 $a$ 和 $b$.

3. 求 $f(x)=x^3-x^2-x+1$ 的极值与拐点.

4. 设 $y=f(x)$ 由 $\begin{cases} e^{x-2t}+xt=1 \\ e^{yt}+y+t^2-t=1 \end{cases}$ 确定，试求 $\left.\frac{dy}{dx}\right|_{x=0}$ 的值.

5. 设 $f'(a)$ 存在，$f(a)\neq 0$，求 $\lim\limits_{n\to\infty}\left(\frac{f\left(a-\frac{2}{n}\right)}{f(a)}\right)^n$.

6. 设 $y=f(x)$ 在 $x=1$ 可导，$f(1)=0$，$\lim\limits_{x\to 0}\frac{f(1-2x)-f(1-x)}{x}=2$，

(1) 求 $y=f(x)$ 在 $x=1$ 对应点的切线方程；

(2) $\lim\limits_{x\to 0}\frac{f(\cos x)}{\ln(1-x^2)}$.

7. 求不定积分：$\int\frac{1}{x+\sqrt{1-x^2}}dx$.

8. 设 $f(x)=\begin{cases} g(x)-\cos x, & x\neq 0, \\ a, & x=0, \end{cases}$ 其中 $g(x)$ 有二阶连续导数，$g(0)=1$，$g'(0)=0$，

(1) 若 $f(x)$ 在 $x=0$ 点连续，试求 $a$ 值；

(2) 讨论 $f'(x)$ 在 $x=0$ 点的连续性.

**五、证明题（每小题 6 分，共 12 分）**

1. 设 $f(x)$ 在 $[0,1]$ 上连续可导，且 $x=1$ 为 $f(x)$ 的零点，证明：至少存在一点 $\xi\in(0,1)$ 使得 $3f(\xi)+\xi f'(\xi)=0$ 成立.

2. 证明：当 $x>0$，$a>\ln 2-1$ 时，有不等式 $x^2-2ax+1<e^x$ 成立.

# 综合测试题(A)(5 ~ 9 章)

**一、填空题(每小题 3 分,共 15 分)**

1. 设 $f(-xy,x+y)=x^2+y^2$,则 $z=f(x,y)$ 的$\dfrac{\partial z}{\partial x}=$______.

2. 幂级数 $\sum\limits_{n=1}^{\infty}\dfrac{(-x)^{n+1}}{n^2}$ 的收敛域为 ______________.

3. 交换积分顺序:$\int_1^{e}dx\int_{\ln x}^{1}f(x,y)dy=$ ________________.

4. 微分方程 $y'=8x^7y$ 的通解为 ________________________.

5. 定积分$\int_{-2}^{2}(\sin x+\cos x)^2\sqrt{4-x^2}\,dx=$ ____________.

**二、选择题(每小题 3 分,共 15 分)**

1. $\lim\limits_{(x,y)\to(0,2)}(1-\tan 2xy)^{\frac{-1}{x}}=(\quad)$.

A.1　　B.$e^2$　　C.$e^4$　　D. $e^{-4}$

2. 二重积分 $\iint\limits_{x^2+y^2\leqslant 4}\sqrt{4-x^2-y^2}\,d\sigma=(\quad)$.

A.$4\pi/3$　　B.$8\pi/3$　　C.$16\pi/3$　　D.$32\pi/3$

3. 设 $f(x,y)=x^2-y^2+(xy-2x-y+2)\arctan\dfrac{x-y}{x+y}$,则 $f'_y(1,2)=(\quad)$.

A.1　　B. $-2$　　C.3　　D. $-4$

4. 微分方程 $y''-3y'+2y=0$ 的通解为(　　).

A.$y=C_1e^{2x}+C_2e^{x}$　　B.$y=C_1e^{2x}+C_2e^{-x}$

C.$y=C_1e^{-2x}+C_2e^{x}$　　D.$y=C_1e^{-2x}+C_2e^{-x}$

5. 级数$\sum\limits_{n=1}^{\infty}\dfrac{\cos\frac{n\pi}{2}}{\ln(n+1)}$ 是(　　).

A.条件收敛　　B. 绝对收敛　　C.发散　　D.无法判断

**三、判断题(每小题 2 分,共 10 分)**

1. 设 $\Gamma(r)=\int_0^{+\infty}x^{r-1}e^{-x}dx$,则 $\Gamma(5)=24$.　　(　　)

2. 二元函数 $z=f(x,y)$ 在某点偏导数存在,则在该点连续.　　(　　)

3. $\iint\limits_{x^2+y^2\leqslant 9}\sin(x-y)^3\,d\sigma=0$.　　(　　)

4. 正项级数$\sum\limits_{n=1}^{\infty}u_n$ 收敛,则前 $n$ 项和数列$\{S_n\}$有上界.　　(　　)

5. 若级数 $\sum_{n=1}^{\infty}\frac{(-1)^n+a}{n}$ 收敛，则 $a=0$. （　　）

**四、计算题（每小题 6 分，共 48 分）**

1. 求 $\iint_D \frac{(x-y)^2}{\sqrt{x^2+y^2}}(\cos^2 y+\sin^2 x)\,\mathrm{d}\sigma$，其中 $D=\{(x,y)\mid 1\leqslant x^2+y^2\leqslant 9\}$.

2. 设 $\lim_{x\to\infty}\left(\frac{x+2c}{x-c}\right)^x=\frac{9}{5}\int_{-\infty}^{c} t\mathrm{e}^{3t}\,\mathrm{d}t$，其中 $c\neq 0$，试求 $c$ 值.

3. 设可导函数 $y=f(x)$ 满足：$\int_0^x f(t)\,\mathrm{d}t-3x=\int_0^x tf(x-t)\,\mathrm{d}t$，试求 $y=f(x)$ 的表达式.

4. 设函数 $z=f(x,y)$ 在点 $(1,1)$ 处可微，且 $f(1,1)=1$，$f'_x(1,1)=2$，$f'_y(1,1)=3$，$\varphi(x)=f(f^2(x,x),x)$ 求 $\frac{d}{\mathrm{d}x}[\varphi^4(x)]\Big|_{x=1}$.

5. 设 $f(x)$ 在 $[0,a]$ 上连续且 $f(x)+f(a-x)\neq 0$，试求：

(1) $\int_0^a \frac{f(a-x)}{f(x)+f(a-x)}\mathrm{d}x$；(2) $\int_0^{\frac{\pi}{4}} \frac{\sin x}{\sin x+\sin\left(\frac{\pi}{4}-x\right)}\mathrm{d}x$.

6. 求极限 $\lim_{x\to 0}\frac{\int_{x^2}^{0}\tan 3x^2\cdot t\sin t\,\mathrm{d}t}{\ln(1+4x^2)\cdot(\mathrm{e}^{3x}-1)\cdot(x-\sin x)\cdot(1-\cos x)}$.

7. 求幂级数 $\sum_{n=1}^{\infty} nx^{n+1}$ 的收敛半径、收敛域及和函数 $S(x)$，并由和函数 $S(x)$ 求级数 $\sum_{n=1}^{\infty}\frac{n}{2^{2n+2}}$ 的和.

8. 设 $z=f(x,y)$ 由 $F\left(\frac{y}{x},\frac{z}{x}\right)=0$ 确定，其中 $F'_2\neq 0$ 试求：$x\frac{\partial z}{\partial x}+y\frac{\partial z}{\partial y}$.

**五、证明题（每小题 6 分，共 12 分）**

1. 设 $f(x)$ 在 $[a,b]$ 上连续，且 $f(x)>0$，$F(x)=\int_b^x f(t)\,\mathrm{d}t+\int_a^x\frac{1}{f(t)}\mathrm{d}t$，$x\in[a,b]$，试证明：

(1) $F'(x)\geqslant 2$；(2) 方程 $F(x)=0$ 在 $(a,b)$ 内有且仅有一个实根.

2. 设 $a_n=\int_0^{\frac{\pi}{4}}\tan^n x\,\mathrm{d}x$，证明级数 $\sum_{n=1}^{\infty}\frac{a_n+a_{n+2}}{n}$ 收敛，并求级数的和.

# 综合测试题(B)(1 ～ 4 章)

**一、填空题(每小题 3 分,共 15 分)**

1. 函数 $y=\ln(1-\sqrt{2x-1})$ 的定义域是 ________.

2. 设 $f\left(x+\dfrac{1}{x}\right)=x^2+\dfrac{1}{x^2}$,则 $f'(x)=$ ________.

3. 设 $f'(3)=2$,则 $\lim\limits_{h\to 0}\dfrac{f(3+2h)-f(3-h)}{h}=$ ________.

4. 设 $x=t^2-2t, y=t^3$,则 $\left.\dfrac{\mathrm{d}y}{\mathrm{d}x}\right|_{t=0}=$ ________ .

5. 设 $y=3\sin^2 2x$,则 $y^{(n)}=$ ________.

**二、选择题(每小题 3 分,共 15 分)**

1. 设函数 $f(x)$ 可导,则以下各式正确的是(　　).

A. $\int f'(x)\mathrm{d}x=f(x)$　　B. $\int \mathrm{d}f(x)=f(x)$

C. $\mathrm{d}\left(\int f(x)\mathrm{d}x\right)=f(x)+C$　　D. $\left(\int f(x)\mathrm{d}x\right)'=f(x)$

2. 设 $\lim\limits_{x\to 2}\dfrac{x^2+ax-10}{x-2}=b$,则(　　).

A. $a=3, b=-7$　　B. $a=-3, b=-7$

C. $a=3, b=7$　　D. $a=-3, b=7$

3. 函数 $f(x)=\dfrac{x+2}{x(x^2-4)}$ 间断点的个数是(　　).

A. 1 个　　B. 2 个　　C. 3 个　　D. 4 个

4. 极限 $\lim\limits_{x\to 0}(1-\tan^2 x)^{\frac{1}{x^2}}=$(　　).

A. 1　　B. $\mathrm{e}^{-1}$　　C. e　　D. $\infty$

5. 已知 $f(x)=\begin{cases}x^2\sin\dfrac{1}{x}, & x\neq 0\\ 0, & x=0\end{cases}$,则以下说法正确的是(　　).

A. $f(x)$ 在 $x=0$ 点连续但不可导　　B. $f(x)$ 在 $x=0$ 点连续也可导

C. $f(x)$ 在 $x=0$ 点不连续也不可导　　D. 无法判断

**三、判断题(每小题 2 分,共 10 分)**

1. $\int\left(\cos\dfrac{x}{2}-\sin\dfrac{x}{2}\right)^2\mathrm{d}x=x+\cos x$.　　(　　)

2. 当 $x\to 0$ 时,$\sqrt{x^2+1}-1$ 与 $x^2$ 是同阶无穷小.　　(　　)

3. $\lim\limits_{x\to\infty}\dfrac{x+\cos x}{x}$ 可以用洛必达法则计算该极限. （ ）

4. $f(x)$ 在 $x_0$ 点可微，则在该点一定连续. （ ）

5. 函数 $f(x)=\dfrac{e^x-e^{-x}}{2}$ 是非奇非偶函数. （ ）

**四、计算题（每小题 6 分，共 48 分）**

1. 求极限 $\lim\limits_{n\to\infty}\left(\dfrac{1}{n^2+n+1}+\dfrac{2}{n^2+n+2}+\cdots+\dfrac{n}{n^2+n+n}\right)$.

2. 设 $f(x)=\dfrac{x^2-x-6}{x^2-4}$，试求 $f(x)$ 的所有渐近线.

3. 求函数 $f(x)=2x^3-6x^2-18x+7$ 的极值，并说明是极大值还是极小值.

4. 求由方程 $e^y+xy-e=0$ 所确定的隐函数 $y=y(x)$ 的导数 $\dfrac{dy}{dx}$.

5. 求不定积分 $I=\displaystyle\int\dfrac{dx}{x(1+3\ln x)}$.

6. 求不定积分 $I=\displaystyle\int\dfrac{dx}{1+\sqrt[3]{x+1}}$.

7. 设 $f(x)=\begin{cases}\dfrac{\sqrt{1+x^2}-1}{x}, & x<0,\\ 0, & x=0,\\ \ln(1+x), & x>0,\end{cases}$ 判断 $f(x)$ 在 $x=0$ 点是否可导？如果可导，求其导数.

8. 求极限 $\lim\limits_{x\to 0}\left[\dfrac{1}{\ln(1+x)}-\dfrac{1}{x}\right]$.

**五、证明题（每小题 6 分，共 12 分）**

1. 设 $f(x)$ 在 $[0,1]$ 上连续，在 $(0,1)$ 内可导，且 $f(1)=0$，证明：至少存在一个点 $\xi\in(0,1)$ 使得 $2f(\xi)=-\xi f'(\xi)$.

2. 当 $x>0$ 时，证明 $2x\arctan x>\ln(1+x^2)$.

# 综合测试题(B)(5～9章)

## 一、填空题(每小题3分,共15分)

1. 函数 $f(x,y)=\ln(5-x^2-y^2)+\dfrac{1}{\sqrt{x^2+y^2-1}}$ 的定义域是 ________.

2. 积分 $\int_{-2}^{2}(x+\sqrt{5-x^2})^2\mathrm{d}x=$ ________.

3. 级数 $\sum\limits_{n=1}^{\infty}(-1)^n\dfrac{x^n}{n^5}$ 的收敛域是 ________.

4. 微分方程 $y''-7y'+10y=0$ 的通解是 ________.

5. $\int_0^1 \arctan x\,\mathrm{d}x=$ ________.

## 二、选择题(每小题3分,共15分)

1. 设 $\iint\limits_D f(x,y)\mathrm{d}\sigma=\int_0^1\mathrm{d}y\int_{y^2}^{y}f(x,y)\mathrm{d}x$,交换积分次序得(　　).

A. $\int_0^1\mathrm{d}x\int_{\sqrt{x}}^{x}f(x,y)\mathrm{d}y$　　B. $\int_0^1\mathrm{d}x\int_{x}^{\sqrt{x}}f(x,y)\mathrm{d}y$

C. $\int_0^1\mathrm{d}x\int_{\sqrt{x}}^{1}f(x,y)\mathrm{d}y$　　D. $\int_0^1\mathrm{d}x\int_{x}^{1}f(x,y)\mathrm{d}y$

2. $\int_0^{+\infty}x^2\mathrm{e}^{-\sqrt{x}}\mathrm{d}x=$(　　).

A. 48　　B. 24　　C. 12　　D. 4

3. 设 $D$ 是由 $x=0,y=0$ 以及 $x+y=1$ 围成的区域,$I_1=\iint\limits_D\sqrt{x+y}\,\mathrm{d}\sigma$,$I_2=\iint\limits_D(x+y)\mathrm{d}\sigma$,

$I_3=\iint\limits_D\sin(x+y)\mathrm{d}\sigma$ 的大小次序是(　　).

A. $I_2\leqslant I_1\leqslant I_3$　　B. $I_2\leqslant I_3\leqslant I_1$

C. $I_3\leqslant I_1\leqslant I_2$　　D. $I_3\leqslant I_2\leqslant I_1$

4. 下列级数中,发散的级数是(　　).

A. $\sum\limits_{n=1}^{\infty}\dfrac{1}{\sqrt{1/n}}$　　B. $\sum\limits_{n=1}^{\infty}\dfrac{\cos\frac{n\pi}{2}}{n}$　　C. $\sum\limits_{n=1}^{\infty}\left(\dfrac{1}{2}\right)^n$　　D. $\sum\limits_{n=1}^{\infty}(-1)^n\dfrac{1}{n}$

5. 方程 $y''-9y'=\mathrm{e}^{4x}$ 特解的正确形式是(　　).

A. $y=Cx^2\mathrm{e}^{4x}$　　B. $y=Cx\mathrm{e}^{4x}$

C. $y=C\mathrm{e}^{4x}$　　D. $y=C\mathrm{e}^{3x}$

**三、判断题（每小题 2 分，共 10 分）**

1. $\dfrac{dy}{dx}=2^{x+y}$ 是可分离变量的微分方程. （　）
2. $y''-(y')^3=3x$ 是三阶微分方程. （　）
3. 函数 $f(x,y)$ 在点 $(x_0,y_0)$ 处可微分，则 $f(x,y)$ 在该点处连续. （　）
4. $\int_{-2}^{2}\dfrac{1}{x}dx=\ln|x|\big|_{-2}^{2}=\ln2-\ln|-2|=0$. （　）
5. $\lim\limits_{n\to\infty}u_n=0$ 是级数 $\sum\limits_{n=1}^{\infty}u_n$ 收敛的必要条件. （　）

**四、计算题（每小题 6 分，共 48 分）**

1. 求极限 $\lim\limits_{x\to0}\dfrac{\int_0^{x^2}t\tan t\,dt}{(e^{x^2}-1)\ln(1+x^4)}$.
2. 设 $z=f(x,y)=x^2+3y+(y-1)\arctan\sqrt{\dfrac{x-2}{y+3}}$，求 $dz\big|_{(2,1)}$.
3. 计算二重积分 $\iint\limits_D\sqrt{x^2+y^2}\,d\sigma$，其中 $D$ 是由 $x^2+y^2=2x$，$y\geqslant0$ 所围成的区域.
4. 计算二重积分 $\iint\limits_D\dfrac{\cos y}{y}d\sigma$，其中 $D$ 是由 $y^2=x$ 与 $y=x$ 所围成的区域.
5. 求由 $y=x^2$，$y=x$ 所围成的平面图形绕 $y$ 轴旋转而成立体的体积 $V$.
6. 求函数 $f(x,y)=x^3+y^3-3xy+2$ 的极值.
7. 求微分方程 $xy'+y=\sin x$ 的通解.
8. 将函数 $f(x)=\dfrac{1}{x^2+7x+10}$ 在 $x=1$ 点处展开成幂级数.

**五、证明题（每小题 6 分，共 12 分）**

1. 设 $z=f(x,y)=\arctan\dfrac{y}{x}$，试证明：$x\dfrac{\partial z}{\partial x}+y\dfrac{\partial z}{\partial y}=0$.
2. 已知 $0\leqslant u_n<\dfrac{1}{\sqrt{n}}(n=1,2,3,\cdots)$，证明级数 $\sum\limits_{n=1}^{\infty}(-1)^{n-1}\dfrac{u_n^2}{\sqrt{n}}$ 绝对收敛.

# 习题答案

## 第 1 章　函数、极限与连续

### 练习 1.1

1. (1) $D_f=\{x \mid x\geqslant 1$ 或 $x\leqslant -1\}$；　(2) $D_f=\left\{x \mid 0\leqslant x\leqslant \frac{1}{2}\right\}$；

   (3) $D_f=\{x \mid x\neq -1\}$；　(4) $D_f=\{x \mid x<1$ 且 $x\neq 0\}$.

2. $f(-2)=5, f\left(\frac{3}{2}\right)=\frac{3}{2}, f(0)=0$.

3. (1) 不是同一函数；(2) 不是同一函数；(3) 是同一函数.

4. (1) 非奇非偶；(2) 偶函数；(3) 奇函数；(4) 偶函数.

5. 略.

6. $f^{-1}(x)=\frac{1}{3}\arcsin\frac{x}{2}, x\in[-2,2]$.

7. (1) 周期为 $2\pi$；(2) 周期为 2；(3) 不是周期函数；(4) 周期为 $2\pi$.

8. $f[g(x)]=\begin{cases}1, & |e^x|<1,\\ 0, & |e^x|=1\\ -1, & |e^x|>1,\end{cases}=\begin{cases}1, & x<0,\\ 0, & x=0,\\ -1, & x>0,\end{cases}$

   $g[f(x)]=\begin{cases}e, & |x|<1,\\ 1, & |x|=1,\\ e^{-1}, & |x|>1.\end{cases}$

### 练习 1.2

略

### 练习 1.3

1. 略.

2. $f(1+0)=2, f(1-0)=1$. $\lim\limits_{x\to 1}f(x)$ 不存在.

3. (1) $f(2+0)=4, f(2-0)=2a$；(2) $a=2$ 时，$\lim\limits_{x\to 2}f(x)$ 存在且 $\lim\limits_{x\to 2}f(x)=4$.

4. 略.

### 练习 1.4

1. 略.　2. 略.

3. (1) $\lim\limits_{x\to 0}x^2\sin\dfrac{1}{x}=0$； (2) $\lim\limits_{x\to\infty}\dfrac{\arctan x}{x}=0$.

4. 无界但不是无穷大量.

## 练习 1.5

1. (1) 1； (2) 0； (3) $\infty$； (4) $\dfrac{1}{3}$； (5) $2x$； (6) 0； (7) $\dfrac{n}{m}$； (8) $\dfrac{2}{3}$；

   (9) $-\dfrac{1}{2}$； (10) 0； (11) $\infty$； (12) 0； (13) $\dfrac{2^{30}}{3^{50}}$； (14) $\dfrac{1}{3}$； (15) 1； (16) 1.

2. (1) $\dfrac{1}{2}$； (2) $\dfrac{3}{2}$. 3. $a=7,b=-5$. 4. $a=1,b=-1$.

## 练习 1.6

1. (1) 0； (2) $\dfrac{1}{2}$； (3) 1； (4) 1； (5) 1； (6) 8； (7) $\cos a$；

   (8) 1； (9) e； (10) e； (11) e； (12) $e^{-1}$； (13) 1.

2. (1) 1； (2) 1. 3. 证明略，极限为 2.

## 练习 1.7

1. 略. 2. 略.

3. (1) 1； (2) 0； (3) $\dfrac{1}{4}$； (4) $\dfrac{1}{2}$； (5) 2； (6) 1.

## 练习 1.8

1. (1) $f(x)$ 在 $x=0$ 处不连续，$x=0$ 为 $f(x)$ 的第二类间断点；

   (2) $f(x)$ 在 $x=0$ 处连续.

2. (1) $x=2$ 是可去间断点，$f(2)=12$；

   (2) $x=0$ 是可去间断点，$f(0)=\dfrac{1}{2}$；

   (3) $x=-7$ 是第二类间断点，$x=1$ 是跳跃间断点.

3. $k=1$. 4. 略.

## 练习 1.9

1. (1) 6； (2) $\sqrt{2}$； (3) 0； (4) $\dfrac{1}{2}$； (5) cos1.

2. (1) $e^{\frac{1}{2}}$； (2) ln2； (3) 1； (4) $\dfrac{1}{2}$.

3. $a=2$.

## 练习 1.10

略.

## 练习 1.11

略.

## 总练习 1

1. $2(x+1)$. 2. 略. 3. 略. 4. 略. 5. 偶函数. 6. 略.

7. $f[g(x)]$ 为偶函数，$g[f(x)]$ 为偶函数，$f[f(x)]$ 为奇函数.

8. 略. 9. 略. 10. 略.

11. $x=0$ 为 $f(x)$ 的跳跃间断点；$x=1$ 为 $f(x)$ 的第二类断点.

12. $a=0$. 13. $\begin{cases}a=2,\\b=1\end{cases}$ 或 $\begin{cases}a=-2,\\b=1.\end{cases}$

14. (1) $\infty$； (2) 1； (3) $e^{-1}$； (4) $-\dfrac{1}{2}$； (5) 1； (6) 1.

## 目标自测题 1

**一、填空题**

1. 2. 2. 1. 3. $\dfrac{1}{2}$. 4. 3. 5. $\log_2 3 \leqslant x \leqslant 2$.

**二、选择题**

1. C. 2. A. 3. A. 4. B. 5. C.

**三、计算证明题**

1. $\dfrac{1}{2}$. 2. 证明(略).

3. $x=0$ 为 $f(x)$ 的第一类的跳跃间断点.

4. $x=1$ 为 $f(x)$ 的第一类间跳跃间断点.

5. 2ln2. 6. 证明(略). 7. 证明(略).

# 第 2 章 导数和微分

## 练习 2.1

1. $v(2)=12$.

2. (1) $2f'(x_0)$； (2) $-f'(x_0)$； (3) $2f'(x_0)$.

3. $f'_-(1)=2$，$f'_+(1)=3$；$f'(1)$ 不存在.

4. $f'(0)=\dfrac{1}{2}$.

5. (1) $y'=5x^4$; (2) $y'=\frac{2}{3}x^{-\frac{1}{3}}$; (3) $y'=1.7\,x^{0.7}$;

(4) $y'=\frac{1}{2}x^{-\frac{1}{2}}$; (5) $y'=-\frac{1}{2}x^{-\frac{3}{2}}$; (6) $y'=\frac{11}{5}x^{\frac{6}{5}}$;

(7) $y'=\frac{3}{4}x^{-\frac{1}{4}}$.

6. 切线方程为 $x-y+1=0$;法线方程为 $x+y-1=0$.

7. (1) 连续不可导; (2) 连续又可导.

8. 略. 9. $f'(x)=\begin{cases}\cos x, & x<0,\\ 1, & x\geqslant 0.\end{cases}$ 10. $a=2,b=-1$.

## 练习 2.2

1. (1) $y'=\frac{1}{2\sqrt{x}}-\frac{21}{x^4}+\frac{1}{x^2}$; (2) $y'=2^x\ln 2+\frac{1}{x\ln 3}+\cos x$;

(3) $y'=\ln x+1$; (4) $y'=e^x(\sin x+\cos x)$;

(5) $y'=2x\cos x\ln x+x\cos x-x^2\ln x\cdot\sin x$; (6) $y'=\frac{1-\ln x}{x^2}$;

(7) $y'=\frac{\cos x+\sin x+1}{(1+\cos x)^2}$; (8) $y'=\cos x+2\sec^2 x$;

(9) $y'=2x\sec^2 x+2x^2\sec^2 x\cdot\tan x$; (10) $y'=\frac{e^x(x\ln x-\ln x-1)}{(x\ln x)^2}$.

2. (1) $y'\big|_{x=0}=2$; (2) $\left.\frac{d\rho}{d\theta}\right|_{\theta=\frac{\pi}{2}}=-\frac{\pi}{2}$.

## 练习 2.3

1. (1) $y''=\frac{2(1-x^2)}{(1+x^2)^2}$; (2) $y''=e^{-x}(-3\sin 2x-4\cos 2x)$;

(3) $y''=2\left(\arctan x+\frac{x}{1+x^2}\right)$; (4) $y''=\frac{2}{x^3}e^x-\frac{2}{x^2}e^x+\frac{1}{x}e^x$;

(5) $y''=-\frac{x}{(x^2+1)^{\frac{3}{2}}}$; (6) $y''=2x\,e^{x^2}(3+2x^2)$;

(7) $y''=8\sec^2 2x\cdot\tan 2x$; (8) $y''=2\cos x-x\sin x$.

2. (1) $y''=e^{f(x)}[f''(x)+(f'(x))^2]$; (2) $y''=6xf'(x^3)+9x^4f''(x^3)$.

3. (1) $y^{(n)}=2^{n-1}\cos\left(2x+\frac{n\pi}{2}\right)$; (2) $y^{(n)}=e^x(x+n)$;

(3) $y^{(n)}=4^{n-1}\cos\left(4x+\frac{n\pi}{2}\right)$; (4) $y^{(n)}=\frac{(-1)^n n!}{(x+2)^{n+1}}-\frac{(-1)^n n!}{(x+1)^{n+1}}$;

(5) $y^{(n)}=\begin{cases}\frac{(-1)^n n!}{(x+1)^{n+1}}, & n\geqslant 2\\ 1+\frac{1}{x+1}, & n=1\end{cases}$; (6) $y^{(n)}=\begin{cases}\frac{(-1)^{n-2}(n-2)!}{x^{n-1}}, & n\geqslant 2\\ 1+\ln x, & n=1\end{cases}$.

## 练习 2.4

1. (1) $y' = -\dfrac{2x+y}{x+2y}$;　　(2) $y' = \dfrac{e^{x+y}-y}{x-e^{x+y}}$;

(3) $y' = \dfrac{1-ye^{xy}}{xe^{xy}-1}$;　　(4) $y' = \dfrac{2}{2-\cos y}$;

2. (1) $y'' = -\dfrac{4y^2+x^2}{16y^3}$;　　(2) $y'' = \dfrac{e^{2y}(3-y)}{(2-y)^3}$.

3. 略.

4. (1) $y' = (1+x^2)^{\tan x}\left[\sec^2 x\ln(1+x^2) + \dfrac{2x}{1+x^2}\tan x\right]$;

(2) $y' = \sqrt[5]{\dfrac{x-5}{\sqrt[5]{x^2+2}}}\cdot\dfrac{1}{5}\left[\dfrac{1}{x-5} - \dfrac{2x}{5(x^2+2)}\right]$;

(3) $y' = \dfrac{(x+1)^2\sqrt{3x-2}}{x^3\sqrt{2x+1}}\left[\dfrac{2}{x+1} + \dfrac{3}{2(3x-2)} - \dfrac{3}{x} - \dfrac{1}{2x+1}\right]$;

(4) $y' = (\sin x)^{\cos x}\left(-\sin x\ln\sin x + \dfrac{\cos^2 x}{\sin x}\right)$.

5. (1) $\dfrac{dy}{dx} = \dfrac{3b}{2a}t$;　　(2) $\dfrac{dy}{dx} = \dfrac{\sin t+\cos t}{\cos t-\sin t}$.

6. $\dfrac{dy}{dx} = -\dfrac{3}{2}e^{2t}$;　$\dfrac{d^2y}{dx^2} = \dfrac{3}{2}e^{3t}$.

7. $3x-y-7=0$.

## 练习 2.5

1. $dy\big|_{x=2} = \dfrac{3}{4}dx$;　$dy\big|_{\substack{x=2\\dx=0.01}} = \dfrac{3}{4}\times 0.01 = 0.0075$.

2. (1) $dy = (\sin 2x + 2x\cos 2x)dx$;　　(2) $dy = e^{-2x}(1-2x)dx$;

(3) $dy = -\tan x\,dx$;　　(4) $dy = e^x(1+x)dx$;

(5) $dy = 2x\cos x^2\,dx$;　　(6) $dy = -\dfrac{x}{|x|\sqrt{1-x^2}}dx$;

(7) $dy = 8x\tan(1+2x^2)\sec^2(1+2x^2)dx$;

(8) $dy = -\dfrac{2x}{1+x^4}dx$;　　(9) $dy = -\dfrac{x+(1-x)\ln(1-x)}{x^2(1-x)}dx$;

(10) $dy = -\dfrac{1}{(x^2-1)^{\frac{3}{2}}}dx$;　　(11) $dy = x^x(1+\ln x)dx$;

(12) $dy = -e^{-x}[\sin(1-x)+\cos(1-x)]dx$.

3. (1) $dy = \dfrac{y}{x-y^2e^{\frac{x}{y}}}dx$;　　(2) $dy = \dfrac{x+y}{y-x}dx$;

(3) $dy = \dfrac{1+y^2}{y^2}dx$;　　(4) $dy = -\dfrac{y}{x}dx$.

4. (1) $3x^2\mathrm{d}x=\mathrm{d}(x^3+C)$; (2) $\sin 2x\,\mathrm{d}x=\mathrm{d}\left(-\frac{1}{2}\cos 2x+C\right)$;

(3) $\frac{1}{2x+1}\mathrm{d}x=\mathrm{d}\left(\frac{\ln|2x+1|}{2}+C\right)$; (4) $\frac{1}{(1+x)^2}\mathrm{d}x=\mathrm{d}\left(-\frac{1}{1+x}+C\right)$;

(5) $\frac{1}{\sqrt{x}}\mathrm{d}x=\mathrm{d}(2\sqrt{x}+C)$; (6) $\csc^2 2x\,\mathrm{d}x=\mathrm{d}\left(-\frac{1}{2}\cot 2x+C\right)$;

(7) $\mathrm{e}^{-2x}\mathrm{d}x=\mathrm{d}\left(-\frac{1}{2}\mathrm{e}^{-2x}+C\right)$; (8) $\sqrt{x}\,\mathrm{d}x=\mathrm{d}\left(\frac{2}{3}x^{\frac{3}{2}}+C\right)$.

5. (1) $\tan 136°=-0.96509$; (2) $\cos 29°=0.87476$.

6. (1) $\arcsin 0.5002=30°47'$; (2) $\sqrt[6]{65}\approx 2.0052$.

## 练习 2.6

1. (1) $\mathrm{e}^{-x}(2x-x^2),2-x$; (2) $\frac{\mathrm{e}^x}{x}\left(1-\frac{1}{x}\right),x-1$;

(3) $x^{a-1}\mathrm{e}^{-b(x+c)}(a-bx),a-bx$.

2. (1) $104-0.8Q$; (2) 64; (3) $\frac{3}{8}$.

3. (1) $10Q-\frac{Q^2}{5},10-\frac{Q}{5},10-\frac{2Q}{5}$; (2) 120,6,2.

4. (1) $\frac{P}{24-P}$; (2) $\frac{1}{3}$; (3) 增加 0.67%.

## 总练习 2

1. (1) 充分,必要; (2) 充要; (3) 充要.

2. $\lim\limits_{x\to 0}\frac{x}{f(x_0-3x)-f(x_0+x)}=-\frac{1}{4f'(x_0)}=-\frac{1}{4}$.

3. $f(x)$ 在 $x=1$ 处不连续,在 $x=1$ 处不可导.

4. $f'(x)=\begin{cases}3x^2, & x\geqslant 0,\\ -3x^2, & x<0,\end{cases}$ $f''(x)=\begin{cases}6x, & x\geqslant 0,\\ -6x, & x<0,\end{cases}$ $f'''(x)=\begin{cases}6, & x>0,\\ -6, & x<0.\end{cases}$

5. $f'(2)=5$. 6. $f'(a)=\varphi(a)$. 7. $\left.\frac{\mathrm{d}y}{\mathrm{d}x}\right|_{x=0}=\frac{3\pi}{4}$.

8. $f'(x)=a^a x^{a^a-1}+a^{x^a+1}\ln a\cdot x^{a-1}+a^{a^x}\ln^2 a\cdot a^x$.

9. $f^{(n)}(x)=(-1)^{n-1}\mathrm{e}^{-x}(n-x)$.

10. $y'=\frac{f'(x+y)}{1-f'(x+y)}$; $y''=\frac{f''(x+y)}{[1-f'(x+y)]^3}$.

11. (1) $y'=-\frac{\sin x+y\mathrm{e}^{xy}}{x\mathrm{e}^{xy}+2y}$; (2) $y'=\frac{y\sin xy-\mathrm{e}^{x+y}}{\mathrm{e}^{x+y}-x\sin xy}$.

12. $y'=\frac{\mathrm{e}^y}{1-x\mathrm{e}^y}$; $\left.\frac{\mathrm{d}^2y}{\mathrm{d}x^2}\right|_{x=0}=2\mathrm{e}^2$.

13. (1) $-\frac{\cos t}{2t}$; $-\frac{t\sin t+\cos t}{4t^3}$;　　(2) $-\tan t$; $\frac{1}{3\cos^4 t\sin t}$.

14. (1) $y^{(n)}=\left(\frac{1}{x-3}\right)^{(n)}-\left(\frac{1}{x-2}\right)^{(n)}=\frac{(-1)^n n!}{(x-3)^{n+1}}-\frac{(-1)^n n!}{(x-2)^{n+1}}$;

(2) $y'=2-\frac{4}{(2x-1)^2}$；当 $n\geqslant 2$ 时，$y^n=2\frac{(-1)^n n!\ 2^n}{(2x-1)^{n+1}}=\frac{(-1)^n n!\ 2^{n+1}}{(2x-1)^{n+1}}$.

15. (1) $f(x)$ 在 $x=0$ 处连续；$f(x)$ 在 $x=0$ 处不可导；

(2) $f(x)$ 在 $x=0$ 处可导；$f(x)$ 在 $x=0$ 处连续.

## 目标自测题 2

**一、填空题**

1. $-2$　2. 4　3. $-\frac{3}{5}$　4. $(1+\cos x)^x\left[\ln(1+\cos x)-\frac{x\sin x}{1+\cos x}\right]dx$

5. $a=b=-1, c=1$.

**二、选择题**

1. C.　2. D.　3. D.　4. D.　5. A.　6. B.

**三、计算证明题**

1. $f'(x)=\begin{cases}\frac{3x^2}{x^3-1}, & x<0,\\ 0, & x=0,\\ 2x\sin\frac{1}{x}-\cos\frac{1}{x}, & x>0.\end{cases}$

2. $f^{(n)}(x)=\frac{3}{4}\sin\left(x+\frac{n\pi}{2}\right)-\frac{3^n}{4}\sin\left(3x+\frac{n\pi}{2}\right)$.　　3. $(x_0, y_0)=\left(\ln 2, \frac{\pi}{4}\right)$.

4. $y'=\frac{x+y}{x-y}$; $y''=\frac{2(x^2+y^2)}{(x-y)^3}$.　　5. $\frac{dy}{dx}\big|_{t=0}=0$.

6. 切线方程：$y=-x+\frac{\sqrt{2}}{2}a$；法线方程：$y=x$.

# 第 3 章　微分中值定理与导数的应用

## 练习 3.1

1. (1) $\xi=\frac{\pi}{2}$;　(2) $x=-\ln\left(1-\frac{1}{e}\right)$.

2 ~ 9. 略.

## 练习 3.2

1. (1) $\frac{3}{2}$;　(2) 1;　(3) 1;　(4) 1;　(5) 1;　(6) $\frac{1}{2}$;　(7) $-\frac{1}{3}$;

(8) 0； (9) 1； (10)$e^{-1}$； (11) 1； (12) $e^{\frac{1}{2}}$； (13) $-\frac{1}{32}$.

2.略.

## 练习 3.3

1. $\arcsin x = x + \frac{x^3}{6} + o(x^3)$.

2. $\cos^2 x = 1 - x^2 + \frac{1}{3}x^4 - \cdots + (-1)^n \frac{2^{2n-1}}{(2n)!}x^{2n} + \frac{2^{2n}\cos\left(2\theta x + \frac{2n+2}{2}\pi\right)}{(2n+2)!}x^{2n+1}$.

3. $x^4 - 3x^3 + 1 = -1 - 5(x-1) - 3(x-1)^2 + (x-1)^3 + (x-1)^4$.

4. $(x^2 + x - 1)^3 = -1 + 3x - 5x^3 + 3x^5 + x^6$.

5. $\frac{1}{1+x} = \frac{1}{1-(-x)} = 1 - x + x^2 + \cdots + (-1)^n x^n + \frac{(-1)^{n+1} \cdot x^{n+1}}{(1+\theta x)^{n+1}}(0 < \theta < 1)$.

6. (1) $\frac{1}{3}$； (2) $\frac{1}{6}$.

7. $\ln(1.2) \approx 0.2 - \frac{(0.2)^2}{2} + \frac{(0.2)^3}{3} = 0.1827$，误差 $|R_3(0.2)| = \left|\frac{(0.2)^4}{4(1+0.2\theta)^4}\right| < \frac{(0.2)^4}{4} = 0.0004$.

## 练习 3.4

1. (1) 函数在$(-\infty,1]$和$[2,+\infty)$上单调递增，在$[1,2]$上单调递减；

   (2) 函数在$(-\infty,0]$上单调减少，在$[0,+\infty)$上单调增加；

   (3) 函数在定义域内单调增加；

   (4) 函数在$(-\infty,0]$，$\left(0,\frac{1}{2}\right]$，$[1,+\infty)$上单调递减，在$\left[\frac{1}{2},1\right]$上单调递增；

   (5) 在$\left(0,\frac{1}{2}\right]$上单调减少，在$\left[\frac{1}{2},+\infty\right)$上单调增加；

   (6) 在$\left(-\infty,\frac{3}{2}\right]$上单调增加；在$\left[\frac{3}{2},+\infty\right)$上单调减少.

2. 略.

3. (1) 曲线在$(-\infty,0]$及$[1,+\infty)$上为凹的，在$[0,1]$上为凸的，拐点为$(0,0)$及$(1,2)$；

   (2) 在$[2,+\infty)$上曲线为凹，在$(-\infty,2]$上曲线为凸，拐点为$(2,0)$；

   (3) 在$[2,+\infty)$上曲线为凹，在$(-\infty,2]$上曲线为凸，拐点为$(2,2e^{-2})$；

   (4) 在$\left(-\infty,\frac{1}{2}\right]$上曲线为凹，在$\left[\frac{1}{2},+\infty\right)$上曲线为凸，拐点为$\left(\frac{1}{2},e^{\arctan\frac{1}{2}}\right)$.

4. $\begin{cases} a = -\frac{3}{2}, \\ b = \frac{9}{2}. \end{cases}$ 5. 略.

## 练习 3.5

1. (1) 极大值为 $f(-1)=10$,极小值为 $f(3)=-22$; (2) 极小值 $f(6)=108$;
(3) 极大值为 $f(1)=1$,极小值为 $f(-1)=-1$;
(4) 极大值为 $f(1)=\frac{\pi}{4}-2\ln 2$;
(5) 无极值; (6) 无极值.

2. $a=-\frac{2}{3}, b=-\frac{1}{6}$;在 $x_1=1$ 处取得极小值,在 $x_2=2$ 处取得极大值.

3. 略.

4. (1) 最大值为 $f(1)=2$,最小值为 $f(-1)=-10$;
(2) 最大值为 $f(0)=5$,最小值为 $f(-2)=-\frac{17}{3}$;
(3) 最大值为 $f\left(\frac{3}{4}\right)=\frac{5}{4}$,最小值为 $f(-5)=-5+\sqrt{6}$;
(4) 最大值为 $f(1)=\frac{1}{2}$,没有最小值;
(5) 最小值为 $f(-\sqrt[3]{4})=\frac{12}{\sqrt[3]{4}}$,没有最大值.

5. 当 $x=\frac{l}{2}$ 时,矩形的面积最大.

## 练习 3.6

1. (1) 水平渐近线:$y=0$,斜渐近线:$y=x$;
(2) 竖直渐近线:$x=0$;
(3) 竖直渐近线:$x=-1$,斜渐近线:$y=x-1$;
(4) 水平渐近线:$y=0$,竖直渐近线:$x=2, x=-2$.

2. 略.

## 练习 3.7

1. $k=\frac{\sqrt{2}}{2}$ 2. $R=\frac{1}{k}=\sqrt{2}$ 3. $k=\frac{2}{3\,|a\sin 2t_0|}$ 4. $R=\frac{1}{k}=\frac{1}{|\cos x|}$

## 总练习 3

1. (1) C; (2) C; (3) D; (4) B; (5) A; (6) C; (7) A; (8) B.

2. (1) $m=-1; n=4$; (2) $-(n+1); -(n+1)e^{-(n+1)}$; (3) $\frac{1}{4}$; (4) 2;
(5) $y=\frac{1}{2}x+1$; (6) $e^{-\frac{1}{2}}$; (7) 11!.

3. 略. 4. 略. 5. 略. 6. 略. 7. 略.

8. (1) $\frac{1}{4}$； (2) $\frac{3}{2}$； (3) $-\frac{1}{2}$； (4) $-\frac{1}{2}$.

9. 当 $a=-2$ 时，$x=0$ 是 $f(x)$ 的可去间断点，当 $a=-1$ 时，$f(x)$ 在 $x=0$ 处连续.

10. 略.

11. (1) 略；(2) 略.

12. $a=2$；极大值，极大值为 $f\left(\frac{\pi}{3}\right)=\sqrt{3}$.

## 目标自测题 3

**一、填空题**

1. $x=-\frac{1}{\ln 2}$. 2. $x+y=1$. 3. 1. 4. $y=3x+1$. 5. $k=3, c=\frac{1}{3}$

**二、选择题**

1. C. 2. B. 3. C. 4. D. 5. D.

**三、计算证明题**

1. $\frac{1}{2}$. 2. 0. 3. $a=b=1$. 4. 证明(略). 5.证明(略). 6. 证明(略).

7. $f(-3)=29$ 为极大值；$f(1)=-3$ 为极小值；拐点为(1,13).

# 第4章 不定积分

## 练习 4.1

1. (1) $\frac{3}{4}x^{\frac{4}{3}}-2x^{\frac{1}{2}}+C$； (2) $\frac{2^x}{\ln 2}+\frac{1}{3}x^3+C$；

(3) $\frac{x^2}{2}+2x+\ln|x|+C$； (4) $-\frac{1}{x}-\arctan x+C$；

(5) $\frac{1}{2}(x+\sin x)+C$； (6) $\frac{1}{2}\tan x+C$；

(7) $\sin x-\cos x+C$； (8) $e^x+x+C$；

(9) $2x+\frac{5\left(\frac{2}{3}\right)^x}{\ln\frac{2}{3}}+C$； (10) $\tan x+\sec x+C$；

(11) $-\frac{1}{3}x^{-3}-\frac{1}{x}-\arctan x+C$； (12) $\frac{2}{5}x^{\frac{5}{2}}+x-\frac{1}{2}x^2+2\sqrt{x}+C$；

(13) $\frac{1}{3}x^3+2x-\frac{1}{x}+C$； (14) $-\cot x-x+C$.

2. $f(x)=-\frac{1}{x\sqrt{1-x^2}}$. 3. $y=1+\ln x$. 4. $C(x)=x^2+10x+20$

## 练习 4.2

1. (1) $-\frac{1}{2}$； (2) $\frac{1}{12}$； (3) 2； (4) $\frac{1}{2}$； (5) $\frac{1}{3}$； (6) 1.

2. (1) $\frac{1}{4}e^{4x}+C$； (2) $\frac{1}{18}(3x+2)^6+C$；

(3) $-\frac{1}{2}(5-3x)^{\frac{2}{3}}+C$； (4) $\arctan e^x+C$；

(5) $\frac{1}{2}\sin x^2+C$； (6) $\frac{1}{2}\sec^2 x+C$；

(7) $(\arcsin x)^2+C$； (8) $-\sqrt{1-x^2}+C$；

(9) $2\tan\sqrt{t}+C$； (10) $\frac{1}{10}\arcsin\left(\frac{x^{10}}{\sqrt{2}}\right)+C$；

(11) $x-\ln(e^x+1)+C$；

(12) $-\frac{1}{97}\cdot\frac{1}{(x-1)^{97}}-\frac{1}{49}\cdot\frac{1}{(x-1)^{98}}-\frac{1}{99}\cdot\frac{1}{(x-1)^{99}}+C$；

(13) $\frac{1}{2}\arctan(\sin^2 x)+C$； (14) $\arctan x+\frac{1}{3}\arctan x^3+C$；

(15) $2\arcsin\sqrt{x}+C$； (16) $-\ln\left|\frac{x+2}{x+1}\right|+C$；

(17) $\arccos\frac{1}{|x|}+C$； (18) $\frac{1}{2}\cos x-\frac{1}{10}\cos 5x+C$；

(19) $-\frac{1}{x\ln x}+C$； (20) $\sqrt{x^2-9}-3\arccos\frac{3}{|x|}+C$；

(21) $\arcsin x-\frac{1-\sqrt{1-x^2}}{x}+C$； (22) $-\ln\left|\cos\sqrt{x^2+1}\right|+C$；

(23) $\frac{1}{102}(1+x)^{102}-\frac{1}{101}(1+x)^{101}+C$； (24) $\frac{x}{\sqrt{x^2+1}}+C$；

(25) $\sqrt{2x}-\ln(1+\sqrt{2x})+C$； (26) $\arcsin(\tan x)+C$；

(27) $-\frac{\sqrt{2}}{2}\left(\ln\left|\csc\left(x-\frac{\pi}{4}\right)-\cot\left(x-\frac{\pi}{4}\right)\right|\right)+C$；

(28) $\frac{\sqrt{2}}{2}\arctan(\sqrt{2}\tan x)+C$；

(29) $\frac{9}{2}\arcsin\frac{x+2}{3}+\frac{x+2}{2}\sqrt{5-4x-x^2}+C$；

(30) $\frac{2}{13}x+\frac{3}{13}\ln|2\cos x+3\sin x|+C$.

## 练习 4.3

1. (1) $-e^{-x}(x+1)+C$； (2) $x\ln(x^2+1)-2x+2\arctan x+C$；

(3) $2x\sin\frac{x}{2}+4\cos\frac{x}{2}+C$；

(4) $\frac{x}{2}[\cos(\ln x)+\sin(\ln x)]+C$；

(5) $x\arcsin x+\sqrt{1-x^2}+C$；

(6) $[\ln(\ln x)-1]\ln x+C$；

(7) $-(x^2+2x+2)e^{-x}+C$；

(8) $-\frac{1}{2}x^2+x\tan x+\ln|\cos x|+C$；

(9) $-\frac{1}{4}x\cos 2x+\frac{1}{8}\sin 2x+C$；

(10) $\frac{1}{3}x^2\arctan x-\frac{1}{6}x^2+\frac{1}{6}\ln(1+x^2)+C$.

2. $\int xf''(x)dx=\left(1-\frac{2}{x}\right)e^x+C$.

## 练习 4.4

1. (1) $\frac{1}{3}x^3-x^2+4x-8\ln|x+2|+C$；

(2) $\ln|x-2|+2\ln|x+5|+C$；

(3) $\frac{x^3}{3}+\frac{x^2}{2}+x+8\ln|x|-4\ln|x+1|-3\ln|x-1|+C$；

(4) $\frac{1}{x+1}+\frac{1}{2}\ln|x^2-1|+C$；

(5) $\frac{1}{4}\ln|x|-\frac{1}{24}\ln(x^6+4)+C$；

(6) $\frac{1}{8}\ln\left|\frac{x^2-1}{x^2+1}\right|-\frac{1}{4}\arctan x^2+C$.

2. (1) $\frac{3}{2}(x+1)^{\frac{2}{3}}-3(x+1)^{\frac{1}{3}}+3\ln\left|1+(x+1)^{\frac{1}{3}}\right|+C$；

(2) $2\sqrt{x}+4\sqrt[4]{x}+4\ln(\sqrt[4]{x}+1)+C$；

(3) $\arcsin x-\sqrt{1-x^2}+C$；

(4) $\frac{1}{2}\ln\left|\frac{\sqrt{1+x}-2}{\sqrt{1+x}+2}\right|+C$.

## 总练习 4

1. $\int\frac{1}{f(x)}dx=-\frac{1}{3}\sqrt{(1-x^2)^3}+C$.

2. $\int\varphi(x)dx=x+2\ln|x-1|+C$.

3. (1) $-\frac{30x+8}{375}(2-5x)^{\frac{3}{2}}+C$；

(2) $-\arcsin\frac{1}{|x|}+C$；

(3) $\frac{1}{6a^3}\ln\left|\frac{a^3+x^3}{a^3-x^3}\right|+C$；

(4) $e^x\tan\frac{x}{2}+C$；

(5) $(4-2x)\cos\sqrt{x}+4\sqrt{x}\sin\sqrt{x}+C$;

(6) $\frac{x^2}{2}\ln(x^2+1)-\frac{x^2}{2}+\frac{1}{2}\ln(x^2+1)+C$;

(7) $(x+1)\arctan\sqrt{x}-\sqrt{x}+C$; (8) $\frac{\sqrt{2}}{2}\ln|\csc x-\cot x|+C$;

(9) $\frac{x}{2}\tan x-\frac{1}{2}\ln|\cos x|+C$; (10) $\frac{\sin x}{2\cos^2 x}-\frac{1}{2}\ln|\sec x+\tan x|+C$;

(11) $\frac{1}{3}\tan^3 x+2\tan x-\cot x+C$;

(12) $\frac{1}{4}\tan^4 x+\frac{3}{2}\tan^2 x+3\ln|\tan x|-\frac{1}{2}\cot^2 x+C$;

(13) $x-\tan\frac{x}{2}+C$; (14) $\frac{x}{2}+\frac{1}{2}\ln|\cos x+\sin x|+C$;

(15) $\frac{1}{4}(x^2+3x+7)^4+C$;

(16) $x\arctan x-\frac{1}{2}\ln(1+x^2)-\frac{1}{2}(\arctan x)^2+C$.

4. (1) $\frac{x}{f(x)}+C$; (2) $f(x)\cdot f'(x)[\ln f(x)+\ln f'(x)-1]+C$;

(3) $\frac{1}{2}\left[\frac{f(x)}{f'(x)}\right]^2+C$.

5. (1) $C(x)=0.15x^2+8x+100$;

(2) $L(x)=R(x)-C(x)=72x-0.4x^2-100$;

(3) 每周生产 $x=90$ 单位时有最大利润为 $L_{\max}=3\ 140$ 元.

6. $\frac{E_Q}{E_P}=-p\ln 3, \eta=p\ln 3$.

## 目标自测题 4

### 一、填空题

1. $2\ln x-\ln^2 x+C$; 2. $-\frac{\sin 3x}{9}+c_1x+c_2$;

3. $2\sqrt{f(\ln x)}+C$;

4. $\frac{1}{2}\ln(x^2-6x+13)+4\arctan\frac{x-3}{2}+C$; 5. $x^x+C$.

### 二、选择题

1.B. 2.B. 3.B. 4.A. 5.A.

### 三、计算解答题

1. $\frac{1}{\sqrt{2}}\arctan\left(\frac{\tan x}{\sqrt{2}}\right)+C$. 2. $\arctan\left(\frac{x}{\sqrt{1+x^2}}\right)+C$.

3. $\frac{1}{3\cos^3 x}+\frac{1}{\cos x}+\frac{1}{2}\ln\frac{1-\cos x}{1+\cos x}+C$. 4. $x-\ln(1+e^x)+\frac{1}{1+e^x}+C$.

5. $-\cot x\ln\sin x-\cot x-x+C$.

6. $e^{2x}\tan x+C$.

7. $\frac{1}{4}\ln\left|\frac{x-1}{x+1}\right|-\frac{1}{2}\arctan x+C$.

8. $-\frac{1}{2}[e^{-2x}\arctan e^{x}+e^{-x}+\arctan e^{x}]+C$.

9. $y=x^3-\frac{3}{2}x^2-6x+2$.

10. $f(x)=\frac{2\sin^2 2x}{\sqrt{4x-\sin 4x+4}}$.

# 第 5 章　定积分及其应用

## 练习 5.1

1. (1) $\frac{3}{2}$；(2) $e-1$.

2. 略

3. (1) $\int_0^1\frac{1}{1+x}dx$，或$\int_1^2\frac{1}{x}dx$；(2) $\int_0^1\frac{1}{1+x^2}dx$.

## 练习 5.2

1.(1) $I\in[0,45]$；(2) $I\in[\pi,2\pi]$；(3) $I\in\left[\frac{2}{5},\frac{1}{2}\right]$；(4) $I\in[e,2e^2]$.

2. (1) $I_1>I_2$；(2) $I_1>I_2$；(3) $I_1>I_2$；(4) $I_1<I_2$.

3. (1) 4；(2) $-4$.

4. 略

## 练习 5.3

1. (1) $\sqrt{1+x^4}\cdot 2x$；(2) $\frac{\sin x}{1+\cos^2 x}$；

(3) $\cos(\sin^2 x)\cdot\cos x+\cos(\cos^2 x)\sin x$；(4) $3x^5e^{x^3}-2x^3e^{x^2}$.

2. (1) $a^3-\frac{a^2}{2}$；(2) $\frac{21}{8}$；(3) 5；(4) $\frac{\pi}{6}$；(5) 4；(6) $1-\frac{\pi}{4}$；

(7) $2(\sqrt{2}-1)$；(8) $\frac{1}{2}(e-1)$；(9) 1；(10) $\frac{17}{6}$.

3. $\sqrt[3]{36}$.

4. 当 $x=0$ 时，$f(x)$ 取极小值 $f(0)=0$.

5. $-1$.

6. 略

7. $\int_0^1 f(x)dx=1$；$f(x)=4x-1$.

## 练习 5.4

1. (1) 0；(2) $\frac{\pi}{2}$；(3) $\frac{2}{3}\sqrt{2}$；(4) $\frac{\pi}{4}$；(5) $2(\sqrt{3}-1)$；(6) $-\frac{4}{3}$；

(7) $10+12\ln2-4\ln3$； (8) $\frac{2}{3}$； (9) $2\sqrt{2}$； (10) $\frac{4}{3}$.

2. (1) 0； (2) 0； (3) $\frac{1}{2}$； (4) $\frac{\pi^3}{324}$.

## 练习 5.5

1. (1) $\frac{1}{4}(e^2+1)$； (2) $\frac{\pi}{12}+\frac{\sqrt{3}}{2}-1$； (3) $\frac{\pi}{4}-\frac{1}{2}$；

(4) $2\ln(2+\sqrt{5})-\sqrt{5}+1$； (5) $-2\pi$； (6) $\frac{\sqrt{3}}{3}\pi-\ln2$.

2. 略. 3. 略.

## 练习 5.6

1. (1) $\frac{1}{2}$； (2) 发散； (3) $\frac{1}{2}$； (4) 1； (5) $\pi$； (6) 发散；

(7) $\frac{1}{2}\ln2$； (8) $\frac{8}{3}$； (9) 发散； (10) 发散.

2. (1) 收敛； (2) 收敛； (3) 收敛； (4) 收敛； (5) 发散； (6) 收敛.

3. (1) $\Gamma(m+1)=m!$； (2) $\frac{1}{2}\Gamma(3)=1$； (3) $\Gamma\left(\frac{5}{2}\right)=\frac{3}{4}\sqrt{\pi}$；

(4) $\frac{3}{8}\sqrt{\pi}$.

## 练习 5.7

1. $S=\frac{1}{6}$. 2. $S=1$. 3. $S=\frac{4}{3}$. 4. $S=b-a$. 5. $V_x=\frac{128}{7}\pi$. 6. $V_x=160\pi^2$.

7. $V_y=\frac{3}{10}\pi$. 8. $S=\pi a^2$. 9. $S=18\pi a^2$. 10. 略

## 练习 5.8

1. $C(q)=25q+15q^2-3q^3+55$，$\bar{C}(q)=25+15q-3q^2+\frac{55}{q}$，可变成本为 $25q+15q^2-3q^3$.

2. $R(x)=ax-\frac{b}{2}x^2$. 3. 500.

4. (1) $\frac{100e}{e-1}$； (2) $5\rho=1-e^{-10\rho}$； (3) $100-200\cdot e^{-1}$.

5. 96.73 万元.

## 总练习 5

1. (1) e； (2) 1； (3) 2； (4) 0.

3. 最大值为 $F(0)=0$,最小值为 $F(4)=-\frac{32}{3}$.

4. $f(x)=x^2-\frac{4}{3}x+\frac{2}{3}$.

5. (1) 2； (2) $-\frac{1}{216}$； (3) $\frac{\pi}{2}$； (4) $-6+\ln 15$.

6. $\frac{\pi}{2}$. 7. $c=\frac{5}{2}$. 8. $a=3$. 9. 略. 10. 略.

11. (1) $a=\frac{\sqrt{2}}{2}$； (2) $V=\frac{\sqrt{2}+1}{30}\pi$. 12. (1) $q=4$ (万台)； (2) 0.5 万元.

## 目标自测题 5

**一、填空题**

1. $\frac{\pi}{4}$ 2. 1 3. $\frac{\pi}{8}$ 4. $2\sqrt{2}\sin\frac{1}{2}$ 5. $-x^2$

**二、选择题**

1. D. 2. C. 3. B. 4. A. 5. C.

**三、计算证明题**

1. $a=0$ 或 $a=-1$. 2. $\frac{1}{2\ln 2}+\frac{5}{3}$ 3. $A=-4, f(x)=12x^2-8$. 4. $\frac{1}{3}$.

5. $2\cos x^2$. 6. $\frac{1}{2}\left(\frac{1}{e}-1\right)$. 7. 证明(略). 8. 证明(略).

# 第 6 章 多元函数微分学

## 练习 6.1

1. $A$ 在第 IV 卦限；$B$ 在第 VI 卦限；$C$ 在第 III 卦限；$D$ 在第 V 卦限.
2. $4x+4y+10z=63$.
3. (1) 在平面解析几何中表示圆心在原点，半径为 2 的圆；在空间解析几何中表示以 $z$ 轴为中心轴，半径为 2 的圆柱面；

   (2) 在平面解析几何中表示双曲线；在空间解析几何中表示母线平行于 $z$ 轴的双曲柱面.
4. (1) $k=2$； (2) $k=-3$.
5. 中心(球心)为 $(1,0,0)$，半径为 $R=1$.

## 练习 6.2

1. $f(x,y)=\frac{x^2(1-y)}{1+y}$.
2. (1) $D(f)=\{(x,y)\mid y^2-2x+1>0\}$；

   (2) $D(f)=\{(x,y)\mid x^2\geqslant y\geqslant 0, x\geqslant 0\}$；

(3) $D(f)=\{(x,y)\mid |x|+|y|<1\}$;

(4) $D(f)=\{(x,y)\mid y>x\geqslant 0, x^2+y^2<1\}$.

3. (1) 2; (2) 0; (3) 0; (4) 0.

4. 略.

## 练习 6.3

1. (1) $\frac{\partial z}{\partial x}=\frac{1}{2x\sqrt{\ln(xy)}}, \frac{\partial z}{\partial y}=\frac{1}{2y\sqrt{\ln(xy)}}$;

(2) $\frac{\partial z}{\partial x}=\frac{2}{y}\csc\frac{2x}{y}, \frac{\partial z}{\partial y}=\frac{-2x}{y^2}\csc\frac{2x}{y}$;

(3) $\frac{\partial z}{\partial x}=\frac{y^2}{(x^2+y^2)^{\frac{3}{2}}}, \frac{\partial z}{\partial y}=\frac{-xy}{(x^2+y^2)^{\frac{3}{2}}}$;

(4) $\frac{\partial u}{\partial x}=\frac{y}{z}x^{\frac{y-z}{z}}, \frac{\partial u}{\partial y}=\frac{1}{z}x^{\frac{y}{z}}\ln x, \frac{\partial u}{\partial z}=\frac{-y}{z^2}x^{\frac{y}{z}}\ln x$;

(5) $\frac{\partial z}{\partial x}=y[\cos(xy)-\sin(2xy)], \frac{\partial z}{\partial y}=x[\cos(xy)-\sin(2xy)]$;

(6) $\frac{\partial u}{\partial x}=\frac{2x}{x^2+y^2+z^2}, \frac{\partial u}{\partial y}=\frac{2y}{x^2+y^2+z^2}, \frac{\partial u}{\partial z}=\frac{2z}{x^2+y^2+z^2}$.

2. 略.

3. $f_x(2,1)=1$.

4. 不存在.

5. (1) $\frac{\partial^2 z}{\partial x\partial y}=2x(y+1)e^y, \frac{\partial^2 z}{\partial y^2}=x^2(y+2)e^y$;

(2) $\frac{\partial^2 z}{\partial x^2}=2y(2y-1)x^{2y-2}, \frac{\partial^2 z}{\partial x\partial y}=2x^{2y-1}(1+2y\ln x)$.

6. $f_{xx}(1,0,2)=4, f_{xz}(1,0,2)=2, f_{yz}(0,-1,0)=0, f_{zzx}(2,0,1)=0$.

7. (1) 5 000;

(2) $\frac{\partial p}{\partial x}=\frac{100}{3}\left(\frac{y}{x}\right)^{\frac{1}{3}}, \frac{\partial p}{\partial y}=\frac{50}{3}\left(\frac{x}{y}\right)^{\frac{2}{3}}$;

(3) $\frac{\partial p}{\partial x}\bigg|_{(125,64)}=\frac{80}{3}, \frac{\partial p}{\partial y}\bigg|_{(125,64)}=\frac{625}{24}$.

## 练习 6.4

1. (1) $dz=\cos(x\cos y)\cdot\cos y\,dx-x\sin y\cdot\cos(x\cos y)\,dy$;

(2) $du=yz\cdot x^{yz-1}dx+zx^{yz}\ln x\,dy+yx^{yz}\ln x\,dz$.

2. $dz\big|_{(1,1)}=\frac{2}{3}(dx+dy)$. 3. $du\big|_{(1,1,1)}=2dx+3dy+4dz$. 4. 2.95.

5. 近似值 14.8 $cm^3$，精确值 13.622 $cm^3$.

## 练习 6.5

1. $\frac{dz}{dt}=-(e^t+e^{-t})$. 2. $\frac{\partial z}{\partial x}=4x,\frac{\partial z}{\partial y}=4y$.

3. (1) $\frac{\partial z}{\partial x}=2xf'_1+ye^{xy}f'_2,\frac{\partial z}{\partial y}=-2yf'_1+xe^{xy}f'_2$；

(2) $\frac{\partial u}{\partial x}=\frac{1}{y}f'_1,\frac{\partial u}{\partial y}=-\frac{x}{y^2}f'_1+\frac{1}{z}f'_2,\frac{\partial u}{\partial z}=-\frac{y}{z^2}f'_2$；

(3) $\frac{\partial u}{\partial x}=f'_1+yf'_2+yzf'_3,\frac{\partial u}{\partial y}=xf'_2+xzf'_3,\frac{\partial u}{\partial z}=xyf'_3$.

4. $\frac{\partial^2 z}{\partial x\partial y}=-2f''_{11}+(2\sin x-y\cos x)f''_{12}+y\cos x\sin x f''_{22}+\cos x f'_2$.

5. 略. 6. $\frac{\partial z}{\partial x}=\frac{yz-\sqrt{xyz}}{\sqrt{xyz}-xy},\frac{\partial z}{\partial y}=\frac{xz-2\sqrt{xyz}}{\sqrt{xyz}-xy}$.

7. 略. 8. 略.

## 练习 6.6

1. (1) 极小值 $f(1,1)=-1$；(2) 极小值 $f(\pm 1,0)=-1$.

2. (1) 极大值 $f\left(\frac{1}{2},\frac{1}{2}\right)=\frac{1}{4}$；(2) 极小值 $f(1,1,1)=6$.

3. 极大值:6,极小值:−2. 4. 最大值:4,最小值:−1.

5. $A$ 产品:120 单位,$B$ 产品:80 单位.

6. (1) 电台广告费用为 0.75 万元,报纸广告费用为 1.25 万元；

(2) 此时将 1.5 万元全部用于报纸广告.

7. $\frac{7}{8}\sqrt{2}$.

8. 最长距离为$\sqrt{9+5\sqrt{3}}$,最短距离为$\sqrt{9-5\sqrt{3}}$.

## 总练习 6

1. (1) 充分；(2) 必要；(3) 充分；(4) 充分.

2. (1) e；(2) 0.

3. 略. 4. $f_y(x,x^2)=-\frac{1}{2}$. 5. 连续. 6. $-2e^{-x^2y^2}$.

7. 连续,偏导数存在且都为 0,不可微.

8. $du=x^y\cdot y^z\cdot z^x\left[\left(\frac{y}{x}+\ln z\right)dx+\left(\frac{z}{y}+\ln x\right)dy+\left(\frac{x}{z}+\ln y\right)dz\right]$.

9. 略. 10. $\frac{\partial^2 z}{\partial x\partial y}=-2f''+g'_2+xg''_{12}+xyg''_{22}$.

11. 51. 12. $\frac{2y}{x}f'\left(\frac{y}{x}\right)$. 13. 最大值为 3,最小值为 −2. 14. $x=90,y=140$.

## 目标自测题 6

**一、填空题**

1. $\{(x,y)\mid 1<x^2+y^2<4\}$　2. 4,1　3. 0,0,$yx^{y-1}\mathrm{d}x+x^y\ln x\,\mathrm{d}y$　4. 2

5. $\mathrm{d}x-\sqrt{2}\,\mathrm{d}y$.

**二、选择题**

1.A.　2.C.　3.C.　4.A.　5.D.

**三、计算证明题**

1. 证明(略).　2. $f(x,y)$ 在点(0,0) 处连续.

3. $\dfrac{\partial^2 z}{\partial x\partial y}\mathrm{e}^y\dfrac{\partial f}{\partial u}+\mathrm{e}^y\left(\mathrm{e}^y\dfrac{\partial^2 f}{\partial u^2}+\dfrac{\partial^2 f}{\partial u\partial y}\right)$.　4. 证明(略).

5. 最大值为 25,最小值为 9.　6. 证明(略).　7. 证明(略).

# 第 7 章　二 重 积 分

## 练习 7.1

1. $I_1<I_3<I_2$.　2. (1) $0\leqslant I\leqslant 2$;　(2) $\dfrac{100}{51}\leqslant I\leqslant 2$.

3. (1) 0;　(2) 0;　(3) $\dfrac{3\pi}{2}$;　(4) $3\pi$.

## 练习 7.2

1. (1) $\dfrac{\pi^2}{4}$;　(2) $\dfrac{20}{3}$;　(3) $\mathrm{e}-\dfrac{1}{\mathrm{e}}$;　(4) $\dfrac{9}{4}$;　(5) $\dfrac{1}{2}(1-\cos 2)$;　(6) $\dfrac{1}{6}\left(1-\dfrac{2}{\mathrm{e}}\right)$.

2. (1) $\int_0^1\mathrm{d}x\int_{x^2}^{x}f(x,y)\mathrm{d}y$;　(2) $\int_0^1\mathrm{d}y\int_{\mathrm{e}^y}^{\mathrm{e}}f(x,y)\mathrm{d}x$;

　(3) $\int_0^1\mathrm{d}x\int_{1-x}^{1}f(x,y)\mathrm{d}y+\int_1^2\mathrm{d}x\int_{\sqrt{x-1}}^{1}f(x,y)\mathrm{d}y$;

　(4) $\int_0^1\mathrm{d}y\int_y^{2-y}f(x,y)\mathrm{d}x$.

3. $V=\iint\limits_D|1-x-y|\,\mathrm{d}\sigma$,其中 $D=\{(x,y)\mid x^2+y^2\leqslant 1\}$.　4. $\dfrac{2}{3}$.

## 练习 7.3

1. (1) $\pi(\mathrm{e}^9-1)$;　(2) $\dfrac{\pi}{4}(5\ln 5-4)$;　(3) $\dfrac{3\pi^2}{64}$;　(4) $\pi(1-\cos 4\pi^2)$.

2. (1) $\dfrac{3\pi a^4}{4}$;　(2) $\ln\dfrac{2+\sqrt{3}}{1+\sqrt{2}}$;　(3) $\dfrac{\pi a^3}{18}$.

## 总练习 7

1. (1) $\frac{\pi}{2}-1$； (2) $\frac{a^4}{2}$.

2. (1) $\int_0^1 dx\int_0^{x^2} f(x,y)dy+\int_1^2 dx\int_0^{\sqrt{2x-x^2}} f(x,y)dy$； (2) $\int_0^2 dy\int_{\frac{y}{2}}^{3-y} f(x,y)dx$.

3. $\frac{A^2}{2}$. 4. 略. 5. $3\pi$. 6. 略. 7. $\iint\limits_D f(x,y)d\sigma=0, f(x,y)=xy^2$.

8. 略. 9. $\frac{49}{20}$. 10. 略.

## 目标自测题 7

**一、填空题**

1. $\sqrt[3]{\frac{3}{2}}$ 2. $\int_0^1 dx\int_{x^2}^{x} f(x,y)dy$ 3. $\int_0^1 dy\int_{\sqrt{y}}^{\sqrt{2-y}} f(x,y)dx$

4. $\int_{-\frac{\pi}{2}}^{\frac{\pi}{2}} d\theta\int_0^{2\cos\theta} f(r^2)r dr$ 5. $\int_0^{\frac{\pi}{2}} d\theta\int_{\frac{1}{\sin\theta+\cos\theta}}^{1} f(r\cos\theta,r\sin\theta)r dr$.

**二、选择题**

1. B. 2. B. 3. D. 4. B. 5. B.

**三、计算证明题**

1. 0. 2. $1-\sin 1$. 3. $\frac{3}{8}e-\frac{1}{2}e^{\frac{1}{2}}$. 4. $\frac{5\pi}{2}$. 5. $\frac{8}{3}$. 6. $\pi\ln 2$. 7. $\frac{\pi^2}{32}$

# 第 8 章 无 穷 级 数

## 练习 8.1

1. (1) $\frac{2}{3},0,\frac{2}{55},0,\frac{2}{251}$； (2) $\frac{1}{2},\frac{3}{8},\frac{5}{16},\frac{35}{128},\frac{63}{256}$.

2. (1) 发散； (2) 发散； (3) 收敛.

3. (1) 发散； (2) 发散； (3) 收敛； (4) 收敛.

4. (1) $\lim\limits_{n\to\infty}\frac{n!}{3^n}=\infty$； (2) $\lim\limits_{n\to\infty}\cos\frac{\pi}{2n+1}=1$.

## 练习 8.2

1. (1) 发散； (2) 发散； (3) 收敛； (4) 收敛.

2. (1) 发散； (2) 发散； (3) 收敛； (4) 收敛.

3. 先证明$\sum\limits_{n=1}^{\infty}\frac{2^n\cdot n}{3^n}$收敛，再利用级数收敛的必要条件就得到数列极限$\lim\limits_{n\to\infty}\frac{2^n\cdot n}{3^n}=0$.

## 练习 8.3

1. (1) 发散； (2) 收敛.

2. (1) 绝对收敛； (2) 条件收敛； (3) 绝对收敛； (4) 条件收敛；
(5) 对一切 $x$ 均绝对收敛； (6) 绝对收敛.

## 练习 8.4

1. $f(x)=\sum_{n=1}^{\infty}\frac{(-1)^{n-1}(n-1)!}{n!}(x-1)^n=\sum_{n=1}^{\infty}\frac{(-1)^n}{n}(x-1)^n,\forall x\in(0,2)$.
证明略.

2. (1) $(-1,1)$； (2) $(-\infty,+\infty)$； (3) $\left[-\frac{1}{2},\frac{1}{2}\right]$； (4) $[2,4)$.

3. (1) $f(x)=\begin{cases}-\frac{\ln(1-x)}{x}, & -1<x<0 \text{ 或 } 0<x<1,\\ 1, & x=0,\\ \ln 2, & x=-1;\end{cases}$

(2) $f(x)=\frac{2x}{(1-x^2)^2},-1<x<1$；

(3) $f(x)=-x+\frac{1}{4}\ln\frac{1+x}{1-x}+\frac{1}{2}\arctan x,-1<x<1$.

4. 略.

## 练习 8.5

1. (1) $\sum_{n=0}^{\infty}(-1)^n\cdot\frac{2^n}{7^{n+1}}(x-3)^n$； (2) $-\frac{1}{4}\sum_{n=0}^{\infty}\left[1+\frac{(-1)^n}{3^{n+1}}\right](x-2)^n$.

2. $\int_0^{\frac{1}{2}}\frac{\mathrm{d}x}{1+x^2}=\sum_{n=0}^{\infty}\frac{(-1)^n}{4n+1}\cdot\frac{1}{2^{4n+1}}\approx\frac{1}{2}-\frac{1}{160}+\frac{1}{4\ 608},|r_3|\leqslant\frac{1}{106\ 496}<10^{-5}$.

## 总练习 8

1. (1) $\frac{3n}{n+1}-\frac{3(n-1)}{(n-1)+1}=\frac{3}{n(n+1)},3$； (2) 充要； (3) 必要,充分；
(4) 0； (5) 收敛,发散； (6) $(x_0-R,x_0+R)$.

2. (1) C； (2) B； (3) D.

3. (1) 收敛； (2) 收敛； (3) 发散；
(4) $|a|<1$ 时,绝对收敛；$|a|>1$ 时,发散；$a=1$ 且 $s>1$ 时收敛；$a=1$ 且 $s\leqslant 1$ 时发散；$a=-1$ 且 $s>0$ 时收敛；$a=-1$ 且 $s\leqslant 0$ 时发散.
(5) 发散.

4. 略.

5. (1) $p>1$ 时，绝对收敛；$0<p\leqslant 1$ 时，条件收敛；$p<0$ 时，发散；
 (2) 绝对收敛； (3) 条件收敛.

6. 略.

7. (1) $\dfrac{1}{(1-x)^2}$，$-1<x<1$； (2) $(x^2+x)e^x$，$-1\leqslant x\leqslant 1$；
 (3) $\dfrac{x^2}{2}\ln\left|\dfrac{1+x}{1-x}\right|$，$-1<x<1$； (4) $\dfrac{2+x^2}{(2-x^2)^2}$，$-\sqrt{2}<x<\sqrt{2}$.

8. (1) 2e； (2) ln2； (3) $\dfrac{1}{3}\left(\ln 2+\dfrac{\sqrt{3}}{3}\pi\right)$； (4) $2e^{\frac{1}{2}}$.

9. (1) $f(x)=\sum\limits_{n=0}^{\infty}\dfrac{(-1)^n}{2n+1}x^{2n+1}+\dfrac{\pi}{4}$，$-1\leqslant x<1$；
 (2) $f(x)=\sum\limits_{n=0}^{\infty}\left[\dfrac{(-1)^n}{4^{n+1}}-1\right]\cdot\dfrac{1}{n+1}x^{n+1}+\ln 4$，$-1\leqslant x<1$；
 (3) $f(x)=\sum\limits_{n=0}^{\infty}(-1)^n\dfrac{1}{(2n)!}\cdot\dfrac{1}{4n+1}x^{4n+1}$，$-\infty<x<+\infty$；
 (4) $f(x)=x+\sum\limits_{n=1}^{\infty}(-1)^n\dfrac{(2n-1)!!}{(2n)!!}\cdot\dfrac{1}{2n+1}x^{2n+1}$，$-1\leqslant x\leqslant 1$；
 (5) $f(x)=\sum\limits_{n=1}^{\infty}\dfrac{n}{2^{n+1}}x^{n-1}$，$-2<x<2$.

10. 略.

## 目标自测题 8

### 一、填空题

1. $p>1, 0<p\leqslant 1$　2. $R, S'(x)$　3. $\dfrac{(-1)^n}{4^{n+1}}$　4. $a>1$　5. $[-2,2)$.

### 二、选择题

1. D.　2. C.　3. D.　4. B.　5. B.

### 三、计算证明题

1. 绝对收敛.　2. $\sum\limits_{k=0}^{\infty}\dfrac{2^{2k}}{(2k)!}x^{2k}$，$x\in\mathbf{R}$.

3. 收敛半径 $R=1$，$S(x)=\begin{cases}(x+1)\ln(1+x)-x, & |x|<1,\\ 1, & x=-1,\\ 2\ln 2-1, & x=1.\end{cases}$

4. 收敛.

5. $f(x)=-\ln 2+\sum\limits_{n=1}^{\infty}\dfrac{(-1)^{n-1}}{n}\left(1-\dfrac{1}{2^n}\right)(x-1)^n$，$0<x\leqslant 2$.

6. 发散.　7. 2.　8. $\dfrac{\sqrt{3}}{6}\pi$.　9. $R=2$.　10. 证明(略).

# 第 9 章　微分方程与差分方程

## 练习 9.1

1. (1) 2 阶； (2) 2 阶； (3) 1 阶. 2. (1) 是； (2) 是； (3) 是.

3. 特解为 $y=\frac{1}{2}x+2$. 4. 微分方程为 $\frac{dy}{dx}=x^2$，通解为 $y=\frac{1}{3}x^3+C$.

## 练习 9.2

1. (1) $(x^2-1)(y^2-1)=C$； (2) $3^x+3^{-y}=C$.

2. (1) $y+\sqrt{y^2-x^2}=Cx^2$； (2) $xy=Ce^{-\arctan\left(\frac{y}{x}\right)}$.

3. (1) $y=(x+C)e^{-x}$； (2) $y=\frac{1}{x}(C-\cos x)$.

4. (1) $(1+e^x)\sec y=2\sqrt{2}$； (2) $y=(x+1)e^x$.

5. $C(x)=100+\frac{99}{2}\left(\sqrt{1+\frac{4}{99}x^2}-1\right)$.

## 练习 9.3

1. (1) $y=\frac{1}{6}x^3+\cos x+C_1x+C_2$； (2) $y=C_1e^x-xe^x+C_2$；

(3) $x+C_2=\sqrt{\frac{2}{C_1}}\arctan\frac{y+1}{\sqrt{2C_1}}$.

2. (1) $y=\frac{1}{9}e^{3x}-\frac{1}{3}x-\frac{1}{9}$； (2) $y=x^2-1$； (3) $y=e^x+1$.

## 练习 9.4

1. (1) 线性相关； (2) 线性无关. 2. 直接验证. 3. 略.

## 练习 9.5

1. (1) $y=C_1e^{-2x}+C_2e^{5x}$； (2) $y=e^{2x}(C_1+C_2x)$；

(3) $y=e^{2x}(C_1\cos 3x+C_2\sin 3x)$； (4) $y=5x+C_1e^{-x}+C_2e^x$；

(5) $y=-\left(\frac{1}{2}x^2+x\right)e^x+C_1e^x+C_2e^{2x}$；

(6) $y=C_1\cos 2x+C_2\sin 2x+e^{2x}\left(-\frac{1}{20}\cos 2x+\frac{3}{20}\sin 2x\right)$；

(7) $y=-3xe^{2x}+C_1e^{2x}+C_2e^{3x}$.

## 练习 9.6

1. (1) $\Delta y_x=6x^2+4x+1$，$\Delta^2 y_x=12x+10$； (2) $\Delta y_x=4x^{(3)}$，$\Delta^2 y_x=12x^{(2)}$.

2. $a=2\mathrm{e}-\mathrm{e}^2$.

3. (1) 三阶；(2) 五阶.

4. (1) $y_x=C(-1)^x$；  (2) $y_x=\frac{1}{10}x^{(10)}+C$.

5. (1) $y_x^*=2+3x$；  (2) $y_x^*=-\frac{36}{125}+\frac{x}{25}+\frac{2}{5}x^2+\frac{161}{125}\cdot(-4)^x$.

## 总练习 9

1. (1) $y'=f(x,y),y(0)=0$；(2) $y''-5y'+6y=0$；
   (3) $y_{x+2}+y_{x+1}-2y_x=9$.

2. 略.

3. (1) $(1-x)(1+y)=C$；  (2) $\ln^2x+\ln^2y=C$；
   (3) $2y^3+3y^2-2x^3-3x^2=5$；  (4) $y=\sin x$；
   (5) $2xy-y^2=C$；  (6) $y+\sqrt{x^2+y^2}=Cx^2$；
   (7) $\sin\frac{y}{x}=\frac{\sqrt{2}}{2}x$；  (8) $y=\frac{4x^3+3C}{3(x^2+1)}$；
   (9) $y=3-\frac{3}{x}$；  (10) $C_1y-1=C_2\mathrm{e}^{C_1x}$；
   (11) $y=C_1\ln x+C_2$；  (12) $2y^{\frac{1}{4}}=x+2$；
   (13) $y=\frac{1}{2}\mathrm{e}^{2x}$；  (14) $y=2x\mathrm{e}^{3x}$；
   (15) $y=3\mathrm{e}^{-x}+2\mathrm{e}^{-2x}$；  (16) $y=C_1\mathrm{e}^{-x}+C_2\mathrm{e}^{3x}-\frac{2}{3}x+\frac{1}{9}$；
   (17) $y=C_1\mathrm{e}^{-x}+C_2\mathrm{e}^{x}+\frac{1}{5}\mathrm{e}^{2x}$；  (18) $y=(C_1-2x)\cos2x+C_2\sin2x$；
   (19) $y=C_1\mathrm{e}^{-x}+C_2\mathrm{e}^{-2x}+\left(\frac{3}{2}x^2-3x\right)\mathrm{e}^{-x}$；
   (20) $y=\mathrm{e}^{x}(C_1\cos2x+C_2\sin2x)-\frac{1}{4}x\mathrm{e}^{x}\cos2x$；
   (21) $y=C_1\mathrm{e}^{x}+C_2\mathrm{e}^{-x}-\frac{1}{2}+\frac{1}{10}\cos2x$.

4. $y=\mathrm{e}^{x}(x+1)$.  5. $y=x(\ln\ln x+\mathrm{e}^{-1})$.

6. $P=10\times2^{\frac{1}{10}}$(万立方米).  7. $Q=1\ 200\times3^{-P}$.

8. (1) 当$\Delta\triangleq x_0-\sqrt{\frac{k_1}{k_2}}y_0>0$时，鱼数$x(t)$虽然减少，但最终不会消失；而$y(t)$是在足够长时间后，最终将趋向于零(消失)；
   (2) 当$\Delta<0$时，$x(t)$在足够长时间后，最终将趋向于零，而$y(t)$虽然减少，但不消失；
   (3) 当$\Delta=0$时，即$x_0:y_0=k_1:k_2$时，在足够长时间后，两种鱼最终都将消失.

9. B.

10. (1) $y_t=C+\left(\frac{3}{4}-\frac{t}{2}\right)3^{t-1}-\frac{t}{3}$;

(2) $y_x=C_1\left(\frac{2}{3}\right)^x+C_2(-1)^x-(x^2-x+2)\left(\frac{1}{3}\right)^x$;

(3) $y=C(-3)^t+\left(-\frac{2}{25}+\frac{1}{5}t\right)2^t$;

(4) $y=C_1(-3)^t+C_2$;

(5) $y=C_1 3^t+C_2(-2)^t+\left(-\frac{2}{25}t+\frac{1}{15}\right)t3^t$.

11. $y=C(-2)^t-2^{t-1}t\cos\pi t$.

12. $y=\left(\frac{3}{4}-\frac{9}{10}n\right)5^n+\frac{1}{4}3^n$.

13. (1) $P_{t+1}+2P_t=2$; (2) $P_t=\left(P_0-\frac{2}{3}\right)(-2)^t+\frac{2}{3}$.

## 目标自测题 9

### 一、填空题

1. $y=\sqrt{x}+\frac{1}{5}x^3$. 2. $y=e^{\frac{1}{2}x}(C_1+C_2x)$. 3. $y''-3y'+2y=xe^x$.

4. $y=\frac{x}{\sqrt{1+\ln x}}$. 5. $y=\sqrt{x+1}$.

### 二、选择题

1. D. 2. B. 3. B. 4. C. 5. A.

### 三、计算证明题

1. $y=x\sqrt{2(1+\ln x)}\,(x\geqslant e^{-1})$.

2. $y=e^{-\sin x}(x\ln x-x+C)$.

3. $f(x)=\frac{1}{2}(e^x-e^{-x})$.

4. $y=C_1e^{-2x}+C_2e^{-3x}+e^{-x}$.

5. 1.

6. $y=\frac{3}{4}+\frac{1}{4}(1+2x)e^{2x}$.

7. $f(x)=3e^{3x}-2e^{2x}$.

8. $y=\begin{cases}e^{2x}-1, & x\leqslant 1,\\ (1-e^{-2})e^{2x}, & x>1.\end{cases}$

9. $-e^x\ln(1-x)$.

10. (1) $F'(x)+2F(x)=4e^{2x}$; (2) $F(x)=e^{2x}-e^{-2x}$.

## 综合测试题(A)(1～4章)

### 一、填空题

1. $e^{\frac{1}{2}}/2$. 2. 6. 3. 5. 4. $y=1, x=1$. 5. $a=3$ $b=-3$.

### 二、选择题

1. C. 2. B. 3. C. 4. A. 5. B.

**三、判断题**

1. ×.  2. √.  3. ×.  4. ×.  5. √.

**四、计算题**

1. $$a^{-1}=(a^{-n})^{\frac{1}{n}}\leqslant x_n=(a^{-n}+b^{-n})^{\frac{1}{n}}\leqslant(2\cdot a^{-n})^{\frac{1}{n}}=2^{\frac{1}{n}}\cdot a^{-1},$$

而 $$\lim_{n\to\infty}2^{\frac{1}{n}}\cdot a^{-1}=1\cdot a^{-1}=a^{-1},$$

故由夹逼法则得 $$\lim_{n\to\infty}(a^{-n}+b^{-n})^{\frac{1}{n}}=a^{-1}.$$

2. 由$\lim\limits_{x\to1}\dfrac{x^2+ax+b}{\tan(x^2-1)}=3$，可得

$$\lim_{x\to1}(x^2+ax+b)=0\Rightarrow a+b+1=0,$$

再由

$$\begin{aligned}3&=\lim_{x\to1}\frac{x^2+ax+b}{\tan(x^2-1)}=\lim_{x\to1}\frac{x^2+ax-1-a}{x^2-1}\\&=\lim_{x\to1}\frac{(x+a+1)(x-1)}{(x-1)(x+1)}=\lim_{x\to1}\frac{(x+a+1)}{x+1}=\frac{a+2}{2}\\&\Rightarrow a+2=6,\end{aligned}$$

联立方程有$\begin{cases}a+b+1=0\\a+2=6\end{cases}\Rightarrow a=4,b=-5.$

3. 由 $$f'(x)=3x^2-2x-1=(3x+1)(x-1),$$

令 $$f'(x)=0\Rightarrow(3x+1)(x-1)=0\Rightarrow x_1=\frac{-1}{3},x_2=1,$$

再由 $$f''(x)=6x-2=2(3x-1)\text{ 得}$$

(1) 当 $x=x_1=-\dfrac{1}{3}$ 时有 $f''\left(-\dfrac{1}{3}\right)<0$，故 $f\left(-\dfrac{1}{3}\right)=\dfrac{32}{27}$ 为极大值；

(2) 当 $x=x_2=1$ 时有 $f''(1)>0$ 故 $f(1)=0$ 为极小值.

令 $$f''(x)=2(3x-1)=0\Rightarrow x=\frac{1}{3},$$

而当 $x<\dfrac{1}{3}\Rightarrow f''(x)<0$，当 $x>\dfrac{1}{3}\Rightarrow f''(x)>0$，故$\left(\dfrac{1}{3},f\left(\dfrac{1}{3}\right)\right)=\left(\dfrac{1}{3},\dfrac{16}{27}\right)$为拐点.

4. 由 $$e^{x-2t}+xt=1\Rightarrow e^{x-2t}\left(\frac{dx}{dt}-2\right)+x+t\frac{dx}{dt}=0\Rightarrow\frac{dx}{dt}=\frac{-x+2e^{x-2t}}{e^{x-2t}+t},$$

$$e^{yt}+y+t^2-t=1\Rightarrow e^{yt}\left(t\frac{dy}{dt}+y\right)+\frac{dy}{dt}+2t-1=0\Rightarrow\frac{dy}{dt}=\frac{1-2t-ye^{yt}}{te^{yt}+1},$$

故 $$\frac{dy}{dx}=\frac{\frac{dy}{dt}}{\frac{dx}{dt}}=\frac{(1-2t-ye^{yt})(e^{x-2t}+t)}{(te^{yt}+1)(-x+2e^{x-2t})}\qquad①$$

当 $x=0$ 时代入 $e^{x-2t}+xt=1$ 及 $e^{yt}+y+t^2-t=1$，可得 $y=t=0$.现将 $x=y=t=0$ 代入上①式得

$$\left.\frac{dy}{dx}\right|_{x=0}=\frac{(1-0)(e^0+0)}{(0+1)(0+2e^0)}=\frac{1}{2}.$$

5. $\lim\limits_{n\to\infty}\left(\dfrac{f\left(a-\dfrac{2}{n}\right)}{f(a)}\right)^n=\lim\limits_{n\to\infty}\left\{\left(1+\dfrac{f\left(a-\dfrac{2}{n}\right)-f(a)}{f(a)}\right)^{\frac{f(a)}{f\left(a-\frac{2}{n}\right)-f(a)}}\right\}^{\frac{f\left(a-\frac{2}{n}\right)-f(a)}{\frac{1}{n}f(a)}}$,

又 $\lim\limits_{n\to\infty}\dfrac{f\left(a-\dfrac{2}{n}\right)-f(a)}{\dfrac{1}{n}f(a)}=\lim\limits_{n\to\infty}\dfrac{f\left(a-\dfrac{2}{n}\right)-f(a)}{a-\dfrac{2}{n}-a}\cdot\dfrac{-2}{f(a)}=-\dfrac{2f'(a)}{f(a)}$,则

$$\lim_{n\to\infty}\left(\frac{f\left(a-\dfrac{2}{n}\right)}{f(a)}\right)^n=\mathrm{e}^{-\frac{2f'(a)}{f(a)}}.$$

6. (1) 由题设可得

$$\begin{aligned}&\lim_{x\to0}\frac{f(1-2x)-f(1-x)}{x}\\&=\lim_{x\to0}\left[\frac{f(1-2x)-f(1)}{x}+\frac{f(1)-f(1-x)}{x}\right]\\&=\lim_{x\to0}\frac{f(1-2x)-f(1)}{-2x}\cdot(-2)+\lim_{x\to0}\frac{f(1-x)-f(1)}{-x}\\&=-2f'(1)+f'(1)=-f'(1)\\&\Rightarrow f'(1)=-2,\end{aligned}$$

所求切线方程为 $\Rightarrow y-f(1)=f'(1)(x-1),y+2x=2.$

(2) $$\begin{aligned}\lim_{x\to0}\frac{f(\cos x)}{\ln(1-x^2)}&=\lim_{x\to0}\frac{f(\cos x)}{-x^2}=\lim_{x\to0}\frac{f(\cos x)-f(1)}{\cos x-1}\cdot\frac{\cos x-1}{-x^2}\\&=\lim_{x\to0}\frac{f(\cos x)-f(1)}{\cos x-1}\cdot\lim_{x\to0}\frac{\cos x-1}{-x^2}\\&=f'(1)\cdot\frac{1}{2}=-1.\end{aligned}$$

7. 对不定积分 $\displaystyle\int\frac{1}{x+\sqrt{1-x^2}}\mathrm{d}x$ 而言,令 $x=\sin t\Rightarrow\mathrm{d}x=\cos t\,\mathrm{d}t$, $t\in\left[-\dfrac{\pi}{2},\dfrac{\pi}{2}\right]$,故

原式 $=I_1=\displaystyle\int\frac{\cos t}{\sin t+\cos t}\mathrm{d}t.$

再考虑 $I_2=\displaystyle\int\frac{\sin t}{\sin t+\cos t}\mathrm{d}t$,可得

$$\begin{cases}I_1+I_2=\displaystyle\int1\mathrm{d}t=t+C_1,\\I_2-I_1=\displaystyle\int\frac{\sin t-\cos t}{\sin t+\cos t}\mathrm{d}t=-\ln|\sin t+\cos t|+C_2,\end{cases}$$

故原式 $=I_1=\displaystyle\int\frac{\cos t}{\sin t+\cos t}\mathrm{d}t=\frac{1}{2}(t+\ln|\sin t+\cos t|)+C$

$$=\frac{1}{2}\left(\arcsin x+\ln\left|x+\sqrt{1-x^2}\right|\right)+C,\quad\forall C\in R.$$

8. (1) 由于 $y=f(x)$ 在 $x=0$ 点连续,可得 $\lim\limits_{x\to0}f(x)=f(0)=a$,故

$$a=\lim_{x\to0}f(x)=\lim_{x\to0}(g(x)-\cos x)=g(0)-1=1-1=0.$$

(2) 当 $x\neq0$ 时,$f'(x)=g'(x)+\sin x$;

当 $x=0$ 时,$f'(0)=\lim\limits_{x\to0}\dfrac{f(x)-f(0)}{x-0}=\lim\limits_{x\to0}\dfrac{g(x)-\cos x}{x}=\lim\limits_{x\to0}(g'(x)+\sin x)$

$$=g'(0)+0=0;$$

故

$$f'(x)=\begin{cases}g'(x)+\sin x, & x\neq0,\\ 0, & x=0,\end{cases}$$

又 $\lim\limits_{x\to0}f'(x)=\lim\limits_{x\to0}(g'(x)+\sin x)=g'(0)+0=0=f'(0)$,

所以 $f'(x)$ 在 $x=0$ 点连续.

**五、证明题**

1. 令 $F(x)=x^3\cdot f(x),x\in[0,1]$,显然 $F(x)=x^3\cdot f(x)$ 在 $[0,1]$ 上连续,在 $(0,1)$ 上可导;再由 $f(0)=f(1)=0\Rightarrow F(0)=F(1)=0$,故由罗尔微分中值定理得 $\exists\xi\in(0,1)$,使得 $F'(\xi)=0$,再由 $F'(x)=3x^2f(x)+x^3f'(x)$,可得

$$F'(\xi)=3\xi^2f(\xi)+\xi^3f'(\xi)=0,$$

即有 $3f(\xi)+\xi f'(\xi)=0$ 成立.

2. (1) 令 $f(x)=x^2-2ax+1-e^x,x>0$,可得

$$f'(x)=2x-2a-e^x,\quad f''(x)=2-e^x,\ x>0,$$

显然 $f''(x)=0,x=\ln2$,可得 $f'(x)$ 在 $x\in(0,\ln2)$,$f''(x)>0$ 单调递增,在 $x\in(\ln2,+\infty)$,$f''(x)<0$ 单调递减,而

$$f'(x)<f'(\ln2)=2\ln2-2a-2=2(\ln2-1-a)<0,$$

故当 $x>0$ 时有 $f(x)<f(0)=0$,即有 $x^2-2ax+1<e^x(x>0)$.

## 综合测试题(A)(5 ~ 9 章)

**一、填空题**

1. 2. 2. $[-1,1]$. 3. $\int_0^1 dy\int_1^{e^y}f(x,y)dx$. 4. $y=ce^{x^8}$. 5. $2\pi$.

**二、选择题**

1. C. 2. C. 3. D. 4. A. 5. A.

**三、判断题**

1. √. 2. ×. 3. √. 4. √. 5. √.

**四、计算题**

1. $$\iint_D\frac{(x-y)^2}{\sqrt{x^2+y^2}}(\cos^2y+\sin^2x)d\sigma=\iint_D\frac{x^2+y^2-2xy}{\sqrt{x^2+y^2}}(\cos^2y+\sin^2x)d\sigma$$

$$=\iint_D\sqrt{x^2+y^2}(\cos^2y+\sin^2x)d\sigma$$

$$-\iint_D\frac{2xy}{\sqrt{x^2+y^2}}(\cos^2y+\sin^2x)d\sigma,$$

因为 $D$ 关于 $x$ 轴对称，函数 $\dfrac{2xy}{\sqrt{x^2+y^2}}(\cos^2 y+\sin^2 x)$ 关于 $y$ 是奇函数，所以

$$\iint_D \frac{2xy}{\sqrt{x^2+y^2}}(\cos^2 y+\sin^2 x)\,\mathrm{d}\sigma=0.$$

对于 $\iint_D \sqrt{x^2+y^2}(\cos^2 y+\sin^2 x)\,\mathrm{d}\sigma$，令 $f(x,y)=\sqrt{x^2+y^2}(\cos^2 y+\sin^2 x)$，因为 $D$ 关于 $y=x$ 对称，所以 $\iint_D f(x,y)\mathrm{d}\sigma=\iint_D f(y,x)\mathrm{d}\sigma$，即

$$\iint_D \sqrt{x^2+y^2}(\cos^2 y+\sin^2 x)\,\mathrm{d}\sigma=\iint_D \sqrt{x^2+y^2}(\cos^2 x+\sin^2 y)\,\mathrm{d}\sigma,$$

可得 $\iint_D \sqrt{x^2+y^2}(\cos^2 y+\cos^2 x+\sin^2 x+\sin^2 y)\,\mathrm{d}\sigma=2\iint_D \sqrt{x^2+y^2}\,\mathrm{d}\sigma$.

令 $\begin{cases}x=r\cos\theta\\ y=r\sin\theta\end{cases}$，区域 $D=\{(r,\theta)\mid 1\leqslant r\leqslant 3,0\leqslant\theta\leqslant 2\pi\}$，则

$$\iint_D \sqrt{x^2+y^2}\,\mathrm{d}\sigma=\int_0^{2\pi}\mathrm{d}\theta\int_1^3 r^2\,\mathrm{d}r=2\pi\,\frac{1}{3}r^3\Big|_1^3=\frac{52}{3}\pi.$$

2. $$\lim_{x\to\infty}\left(\frac{x+2c}{x-c}\right)^x=\lim_{x\to\infty}\left(1+\frac{3c}{x-c}\right)^{\frac{x-c}{3c}\cdot\frac{3cx}{x-c}}=\mathrm{e}^{\lim\limits_{x\to\infty}\frac{3cx}{x-c}}=\mathrm{e}^{3c},$$

又因为 $$\frac{9}{5}\int_{-\infty}^{c}t\mathrm{e}^{3t}\,\mathrm{d}t=\frac{3}{5}\int_{-\infty}^{c}t\,\mathrm{d}\mathrm{e}^{3t}=\frac{3}{5}t\mathrm{e}^{3t}\Big|_{-\infty}^{c}-\frac{3}{5}\int_{-\infty}^{c}\mathrm{e}^{3t}\,\mathrm{d}t$$
$$=\frac{3}{5}c\mathrm{e}^{3c}-\lim_{t\to-\infty}t\mathrm{e}^{3t}-\frac{1}{5}\mathrm{e}^{3c}+\frac{1}{5}\lim_{t\to-\infty}\mathrm{e}^{3t}=\frac{1}{5}\mathrm{e}^{3c}(3c-1),$$

所以由题知 $\mathrm{e}^{3c}=\dfrac{1}{5}\mathrm{e}^{3c}(3c-1)$，可得 $c=2$.

3. $$\int_0^x f(t)\,\mathrm{d}t=\int_0^x tf(x-t)\,\mathrm{d}t+3x,$$

令 $u=x-t$，则 $t=x-u$，$\mathrm{d}u=-\mathrm{d}t$，当 $t=0$ 时，$u=x$，当 $t=x$ 时，$u=0$，可得

$$\int_0^x tf(x-t)\,\mathrm{d}t=\int_0^x (x-u)f(u)\,\mathrm{d}u=\int_0^x xf(u)\,\mathrm{d}u-\int_0^x uf(u)\,\mathrm{d}u,$$

即 $\int_0^x f(t)\,\mathrm{d}t=x\int_0^x f(t)\,\mathrm{d}t-\int_0^x tf(t)\,\mathrm{d}t+3x$，该等式两端对 $x$ 求导，可得

$$f(x)=\int_0^x f(t)\,\mathrm{d}t+3,$$

两边再求导，可得 $f'(x)=f(x)$.

令 $y=f(x)$，即 $\dfrac{\mathrm{d}y}{y}=\mathrm{d}x$，两边取不定积分 $\int\dfrac{\mathrm{d}y}{y}=\int\mathrm{d}x$，可得 $\ln y=x+c$，即 $y=c_1\mathrm{e}^x$.同时当 $x=0$ 时，$f(0)=3$，所以 $c_1=3$，因此 $f(x)=3\mathrm{e}^x$.

4. $(\varphi^4(x))'=4\varphi^3(x)\varphi'(x)$,

$\varphi(x)|_{x=1}=f[f^2(x,x),x]|_{x=1}=f(1,1)=1$,

$\varphi'(x)=f'_1\cdot 2f(x,x)\dfrac{\partial f}{\partial x}+f'_2=f'_1\cdot 2f(x,x)[f'_1(x,x)+f'_2(x,x)]+f'_2$

$\varphi'(x)|_{x=1}=f'_1(1,1)\cdot 2f(1,1)[f'_1(1,1)+f'_2(1,1)]+f'_2(1,1)=23$

所以 $(\varphi^4(x))'|_{x=1}=92$.

5. (1) 令 $t=a-x$, $\mathrm{d}x=-\mathrm{d}t$, 当 $x=0$ 时, $t=a$, 当 $x=a$ 时, $t=0$, 所以

$$I=\int_0^a \frac{f(a-x)}{f(x)+f(a-x)}\mathrm{d}x=\int_0^a \frac{f(t)}{f(a-t)+f(t)}\mathrm{d}t,$$

因此

$$2I=\int_0^a\left(\frac{f(a-x)}{f(x)+f(a-x)}+\frac{f(x)}{f(a-x)+f(x)}\right)\mathrm{d}x=\int_0^a 1\mathrm{d}x=a,$$

可得 $I=\dfrac{a}{2}$.

(2) 令 $t=\dfrac{\pi}{4}-x$, $\mathrm{d}x=-\mathrm{d}t$, 当 $x=0$ 时, $t=\dfrac{\pi}{4}$, 当 $x=\dfrac{\pi}{4}$ 时, $t=0$, 所以

$$I=\int_0^{\frac{\pi}{4}} \frac{\sin x}{\sin x+\sin\left(\dfrac{\pi}{4}-x\right)}\mathrm{d}x=\int_0^{\frac{\pi}{4}} \frac{\sin\left(\dfrac{\pi}{4}-t\right)}{\sin t+\sin\left(\dfrac{\pi}{4}-t\right)}\mathrm{d}t,$$

因此 $2I=\displaystyle\int_0^{\frac{\pi}{4}} 1\mathrm{d}x=\frac{\pi}{4}$ 可得 $I=\dfrac{\pi}{8}$.

6. 原式 $=\displaystyle\lim_{x\to 0}\frac{\tan 3x^2\cdot\int_{x^2}^0 t\sin t\,\mathrm{d}t}{\ln(1+4x^2)\cdot(\mathrm{e}^{3x}-1)(x-\sin x)(1-\cos x)}$

$$=\lim_{x\to 0}\frac{3x^2\cdot\int_{x^2}^0 t\sin t\,\mathrm{d}t}{4x^2\cdot 3x\cdot\dfrac{x^3}{6}\cdot\dfrac{x^2}{2}}$$

$$=\lim_{x\to 0}\frac{\int_{x^2}^0 t\sin t\,\mathrm{d}t}{\dfrac{x^6}{3}}=\lim_{x\to 0}\frac{-x^2\sin x^2\cdot 2x}{2x^5}$$

$$=\lim_{x\to 0}\frac{-\sin x^2}{x^2}=-1.$$

7. 令 $a_n=n$, 因为 $\displaystyle\lim_{n\to\infty}\left|\frac{a_{n+1}}{a_n}\right|=\lim_{n\to\infty}\frac{n+1}{n}=1$, 所以收敛半径 $R=1$.

当 $x=1$ 时, 函数项级数变为 $\displaystyle\sum_{n=1}^{\infty}n$, 通项趋于无穷, 级数是发散的;

当 $x=-1$ 时, 函数项级数变为 $\displaystyle\sum_{n=1}^{\infty}(-1)^{n+1}n$, 级数是发散的, 所以收敛域为 $(-1,1)$. 下求和函数:

$$S(x)=\sum_{n=1}^{\infty}nx^{n+1}=x^2\sum_{n=1}^{\infty}nx^{n-1}=x^2\left(\sum_{n=1}^{\infty}x^n\right)'=x^2\left(\frac{x}{1-x}\right)'=\frac{x^2}{(1-x)^2},$$

并且当 $x=\dfrac{1}{4}$, 可得 $\displaystyle\sum_{n=1}^{\infty}\frac{n}{2^{2n+2}}=S\left(\frac{1}{4}\right)=\frac{1}{9}$.

8. 在 $F\left(\dfrac{y}{x},\dfrac{z}{x}\right)=0$ 两端对 $x$ 求导, 可得 $F'_1\cdot\dfrac{-y}{x^2}+F'_2\cdot\dfrac{xz'_x-z}{x^2}=0$,

当 $x\neq 0$ 时，由上式知

$$-yF'_1+F'_2(xz'_x-z)=0\Rightarrow \frac{\partial z}{\partial x}=\frac{1}{x}\left(\frac{yF'_1}{F'_2}+z\right),$$

在 $F\left(\frac{y}{x},\frac{z}{x}\right)=0$ 两端对 $y$ 求导，可得

$$F'_1\cdot\frac{1}{x}+F'_2\cdot\frac{z'_y}{x}=0,$$

当 $x\neq 0$ 时，由上式知 $F'_1+F'_2z'_y=0$，可得$\frac{\partial z}{\partial y}=-\frac{F'_1}{F'_2}$，所以

$$x\frac{\partial z}{\partial x}+y\frac{\partial z}{\partial y}=x\frac{1}{x}\left[\frac{yF'_1}{F'_2}+z\right]-y\frac{F'_1}{F'_2}=z.$$

**五、证明题**

1. (1)$F'(x)=f(x)+\frac{1}{f(x)}\geqslant 2\sqrt{f(x)\cdot\frac{1}{f(x)}}=2.$

(2) 因为 $f(x)>0, F'(x)>2$，可知 $F(x)$ 在区间$(a,b)$ 上是单调递增的，又知

$$F(a)=\int_b^a f(t)\mathrm{d}t<0,\quad F(b)=\int_a^b\frac{1}{f(t)}\mathrm{d}t>0.$$

由零点定理，方程 $F(x)=0$ 在区间$(a,b)$ 内有且仅有一个实根.

2. 证 $a_n+a_{n+2}=\int_0^{\frac{\pi}{4}}(\tan^n x+\tan^{n+2}x)\,\mathrm{d}x=\int_0^{\frac{\pi}{4}}\tan^n x\cdot\sec^2 x\,\mathrm{d}x$

$$=\int_0^{\frac{\pi}{4}}\tan^n x\,\mathrm{d}\tan x=\left.\frac{\tan^{n+1}x}{n+1}\right|_0^{\frac{\pi}{4}}=\frac{1}{n+1},$$

所以
$$\sum_{n=1}^{\infty}\frac{a_n+a_{n+2}}{n}=\sum_{n=1}^{\infty}\frac{1}{n(n+1)}.$$

设$\{S_n\}$ 是该级数的部分和数列，则

$$S_n=1-\frac{1}{2}+\frac{1}{2}-\frac{1}{3}+\cdots-\frac{1}{n+1}=1-\frac{1}{n+1},$$

所以$\lim\limits_{n\to\infty}S_n=1$，级数是收敛的，且收敛和为 1.

## 综合测试题(B)(1～4章)

**一、填空题**

1. $\left\{x \mid \frac{1}{2}\leqslant x<1\right\}$.　2. $2x$.　3. 6.　4. 0.

5. $-\frac{3}{2}\times 4^n\cos\left(4x+\frac{n\pi}{2}\right)$ 或 $-6\times 4^{n-1}\cos\left(4x+\frac{n\pi}{2}\right)$

**二、选择题**

1. D.　2. C.　3. C.　4. B.　5. B.

**三、判断题**

1. ×.　2. √.　3. ×.　4. √.　5. ×.

**四、计算题**

1. 因为
$$\frac{\frac{n(n+1)}{2}}{n^2+n+n}=\frac{1}{n^2+n+n}+\frac{2}{n^2+n+n}+\cdots+\frac{n}{n^2+n+n}$$
$$\leqslant\frac{1}{n^2+n+1}+\frac{2}{n^2+n+2}+\cdots+\frac{n}{n^2+n+n}$$
$$\leqslant\frac{1}{n^2+n+1}+\frac{2}{n^2+n+1}+\cdots+\frac{n}{n^2+n+1}=\frac{\frac{n(n+1)}{2}}{n^2+n+1},$$
并且
$$\lim_{n\to\infty}\frac{\frac{n(n+1)}{2}}{n^2+n+1}=\frac{1}{2},\quad \lim_{n\to\infty}\frac{\frac{n(n+1)}{2}}{n^2+n+n}=\frac{1}{2},$$
所以由极限的两边夹准则，可得
$$\lim_{n\to\infty}\left(\frac{1}{n^2+n+1}+\frac{2}{n^2+n+2}+\cdots+\frac{n}{n^2+n+n}\right)=\frac{1}{2}.$$

2.
$$\lim_{x\to\infty}f(x)=\lim_{x\to\infty}\frac{x^2-x-6}{x^2-4}=1,$$
所以 $y=1$ 是曲线的水平渐近线.
$$\lim_{x\to2}f(x)=\lim_{x\to2}\frac{x^2-x-6}{x^2-4}=\lim_{x\to2}\frac{(x-3)(x+2)}{(x+2)(x-2)}=\lim_{x\to2}\frac{x-3}{x-2}=\infty,$$
$$\lim_{x\to-2}f(x)=\lim_{x\to-2}\frac{x^2-x-6}{x^2-4}=\lim_{x\to-2}\frac{(x-3)(x+2)}{(x+2)(x-2)}=\lim_{x\to-2}\frac{x-3}{x-2}=\frac{5}{4},$$
所以 $x=2$ 是曲线的垂直渐近线.
$$\lim_{x\to\infty}\frac{f(x)}{x}=\lim_{x\to\infty}\frac{x^2-x-6}{x(x^2-4)}=0$$
所以该曲线没有斜渐近线.

3. 先对函数求导得
$$f'(x)=6x^2-12x-18=6(x-3)(x+1),$$
当 $x=3,-1$ 时，$f'(x)=0$ ，所以有

| $x$ | $x<-1$ | $x=-1$ | $-1<x<3$ | $x=3$ | $x>3$ |
|---|---|---|---|---|---|
| $f'(x)$ | 正 | 0 | 负 | 0 | 正 |
| $f(x)$ | 单增 | 极大值 | 单减 | 极小值 | 单增 |

由上述表格可得，$f(-1)=17$ 为极大值，$f(3)=-47$ 为极小值.

4. 方程 $e^y+xy-e=0$ 的左右两边同时对 $x$ 求导得
$$e^y y'+y+xy'=0,$$
所以有 $y'=-\dfrac{y}{e^y+x}$.

5. $I=\displaystyle\int\frac{dx}{x(1+3\ln x)}=\frac{1}{3}\int\frac{1}{1+3\ln x}(1+3\ln x)'dx=\frac{1}{3}\ln|1+3\ln x|+C.$

6. 令 $\sqrt[3]{x+1}=t$，所以 $x=t^3-1$ ，故

$$I=\int\frac{dx}{1+\sqrt[3]{x+1}}=\int\frac{3t^2}{1+t}dt=\int\left(3t-3+\frac{3}{1+t}\right)dt$$

$$=\frac{3}{2}t^2-3t+3\ln|1+t|+C$$

$$=\frac{3}{2}\sqrt[3]{(x+1)^2}-3\sqrt[3]{x+1}+3\ln|1+\sqrt[3]{x+1}|+C.$$

7. $$f'_-(0)=\lim_{x\to0^-}\frac{f(x)-f(0)}{x-0}=\lim_{x\to0^-}\frac{\sqrt{1+x^2}-1}{x^2}=\frac{1}{2},$$

$$f'_+(0)=\lim_{x\to0^+}\frac{f(x)-f(0)}{x-0}=\lim_{x\to0^+}\frac{\ln(1+x)}{x}=1,$$

因为 $f'_-(0)\neq f'_+(0)$，所以 $f(x)$ 在 $x=0$ 点不可导.

8. 用洛必达法则求该极限，得

$$\lim_{x\to0}\left[\frac{1}{\ln(1+x)}-\frac{1}{x}\right]=\lim_{x\to0}\frac{x-\ln(1+x)}{x\ln(1+x)}=\lim_{x\to0}\frac{x-\ln(1+x)}{x^2}$$

$$=\lim_{x\to0}\frac{1-\frac{1}{1+x}}{2x}=\lim_{x\to0}\frac{x}{2x(1+x)}$$

$$=\lim_{x\to0}\frac{1}{2(1+x)}=\frac{1}{2}.$$

**五、证明题**

1. 假设 $F(x)=x^2f(x)$

因为 $f(x)$ 在$[0,1]$上连续，在$(0,1)$内可导，且 $f(1)=0$，所以 $F(x)$ 在$[0,1]$上连续，在$(0,1)$内可导，且 $F(1)=0$，$F(0)=0$.

由罗尔中值定理可得，至少存在一个点 $\xi\in(0,1)$ 使得

$$F'(\xi)=2\xi f(\xi)+\xi^2f'(\xi)=\xi[2f(\xi)+\xi f'(\xi)]=0,$$

因为 $\xi\in(0,1)$，所以 $2f(\xi)+\xi f'(\xi)=0$，即 $2f(\xi)=-\xi f'(\xi)$.

2. 假设 $f(x)=2x\arctan x-\ln(1+x^2)$，因为

$$f'(x)=2\arctan x+\frac{2x}{1+x^2}-\frac{2x}{1+x^2}=2\arctan x,$$

当 $x>0$ 时，$\arctan x>0$，即 $f'(x)>0$.所以当 $x>0$ 时，$f(x)$ 单调递增；当 $x>0$ 时，$f(x)>f(0)=0$.所以 $2x\arctan x>\ln(1+x^2)$.

## 综合测试题(B)(5～9章)

**一、填空题**

1. $1<x^2+y^2<5$.  2. 20.  3. $[-1,1]$.  4. $y=C_1e^{2x}+C_2e^{5x}$.  5. $\frac{\pi}{4}-\frac{1}{2}\ln2$.

**二、选择题**

1. B.  2. C.  3. D.  4. A.  5. C.

**三、判断题**

1. √.  2. ×.  3. √.  4. ×.  5. √.

**四、计算题**

1.（该题是两个无穷小相处，洛必达法则结合等价代换简单一些）

$$\lim_{x\to 0}\frac{\int_0^{x^2} t\tan t\,dt}{(e^{x^2}-1)\ln(1+x^4)}=\lim_{x\to 0}\frac{\int_0^{x^2} t\tan t\,dt}{x^2\cdot x^4}=\lim_{x\to 0}\frac{\left(\int_0^{x^2} t\tan t\,dt\right)'}{(x^6)'}$$

$$=\lim_{x\to 0}\frac{x^2\tan x^2 2x}{6x^5}=\frac{1}{3}.$$

2.
$$f(x,y)=x^2+3y+(y-1)\arctan\sqrt{\frac{x-2}{y+3}},$$

把 $y=1$ 代入函数的表达式，然后再求关于 $x$ 的偏导数比较简单，所以 $f(x,1)=x^2+3$，$f_x(2,1)=2x\,|_{x=2}=4$；把 $x=2$ 代入函数的表达式，然后再求关于 $y$ 的偏导数比较简单，所以 $f(2,y)=4+3y$，$f_y(2,1)=3$.可得

$$dz\,|_{(2,1)}=f_x(2,1)dx+f_y(2,1)dy=4dx+3dy.$$

3. 令 $x=r\cos\theta$，$y=r\sin\theta$，所以积分区域 $D$ 可以用极坐标表示为

$$0\leqslant\theta\leqslant\frac{\pi}{2},\quad 0\leqslant r\leqslant 2\cos\theta$$

所以

$$\iint_D\sqrt{x^2+y^2}\,d\sigma=\iint_D r^2\,dr\,d\theta=\int_0^{\frac{\pi}{2}}d\theta\int_0^{2\cos\theta}r^2\,dr=\int_0^{\frac{\pi}{2}}\frac{8}{3}\cos^3\theta\,d\theta$$

$$=\frac{8}{3}\int_0^{\frac{\pi}{2}}(1-\sin^2\theta)(\sin\theta)'d\theta=\frac{8}{3}\left(\sin\theta-\frac{1}{3}\sin^3\theta\right)\Bigg|_0^{\frac{\pi}{2}}=\frac{16}{9}.$$

4. 第一次积分容易计算，需要把 $D$ 看成 $Y$ 型区域，$D$ 可以表示为

$$0\leqslant y\leqslant 1,\quad y^2\leqslant x\leqslant y,$$

二重积分可以化为二次积分得

$$\iint_D\frac{\cos y}{y}d\sigma=\int_0^1 dy\int_{y^2}^{y}\frac{\cos y}{y}dx=\int_0^1\frac{\cos y}{y}(y-y^2)\,dy=\int_0^1(\cos y-y\cos y)dy$$

$$=\int_0^1\cos y\,dy-\int_0^1 y\cos y\,dy=\int_0^1\cos y\,dy-y\sin y\,|_0^1+\int_0^1\sin y\,dy$$

$$=(\sin y)\,|_0^1-\sin 1-\cos y\,|_0^1=1-\cos 1.$$

5. 该图形绕 $y$ 轴旋转而成的立体不符合公式，需要用两个立体的体积相减，所以

$$V_1=\pi\int_0^1(\sqrt{y})^2dy=\frac{\pi}{2},$$

$$V_2=\pi\int_0^1 y^2dy=\frac{\pi}{3},$$

可得
$$V=V_1-V_2=\frac{\pi}{2}-\frac{\pi}{3}=\frac{\pi}{6}.$$

6. 对函数 $f(x,y)=x^3+y^3-3xy+2$ 求偏导数，令 $f_x(x,y)=3x^2-3y=0$，$f_y(x,y)=3y^2-3x=0$，可得函数在驻点是(0,0) 与(1,1).可得

$$f_{xx}(x,y)=6x,\ f_{xy}(x,y)=-3,\quad f_{yy}(x,y)=6y.$$

(1) 先判断(0,0) 是不是极值点.

当 $x=0,y=0$ 时，$A=f_{xx}(0,0)=0,B=f_{xy}(0,0)=-3,C=f_{yy}(0,0)=0$，因为 $AC-B^2<0$，所以$(0,0)$ 不是极值点.

(2) 再判断$(1,1)$ 是不是极值点.

当 $x=1,y=1$ 时，$A=f_{xx}(1,1)=6,B=f_{xy}(1,1)=-3,C=f_{yy}(1,1)=6$，因为 $AC-B^2=27>0,A>0$，所以$(1,1)$ 是极小值点，极小值为 1.

7. 该微分方程是一阶线性非齐次微分方程，可以用通解的公式代入计算

$$y=e^{-\int P(x)dx}\left(C+\int Q(x)e^{\int P(x)dx}dx\right)=e^{-\int\frac{1}{x}dx}\left(C+\int\frac{\sin x}{x}e^{\int\frac{1}{x}dx}dx\right)$$
$$=\frac{1}{x}\left(C+\int\sin x\,dx\right)=\frac{1}{x}(C-\cos x).$$

8. $f(x)=\dfrac{1}{x^2+7x+10}=\dfrac{1}{3}\left(\dfrac{1}{x+2}-\dfrac{1}{x+5}\right)$，则

$$\frac{1}{x+2}=\frac{1}{(x-1)+3}=\frac{1}{3}\frac{1}{1-\left(-\frac{x-1}{3}\right)}=\frac{1}{3}\sum_{n=0}^{\infty}(-1)^n\frac{(x-1)^n}{3^n}$$
$$=\sum_{n=0}^{\infty}(-1)^n\frac{(x-1)^n}{3^{n+1}}\quad(|x-1|<3),$$
$$\frac{1}{x+5}=\frac{1}{(x-1)+6}=\frac{1}{6}\frac{1}{1-\left(-\frac{x-1}{6}\right)}=\frac{1}{6}\sum_{n=0}^{\infty}(-1)^n\frac{(x-1)^n}{6^n}$$
$$=\sum_{n=0}^{\infty}(-1)^n\frac{(x-1)^n}{6^{n+1}}\quad(|x-1|<6),$$

所以

$$f(x)=\frac{1}{3}\left(\frac{1}{x+2}-\frac{1}{x+5}\right)=\frac{1}{3}\sum_{n=0}^{\infty}(-1)^n\frac{(x-1)^n}{3^{n+1}}-\frac{1}{3}\sum_{n=0}^{\infty}(-1)^n\frac{(x-1)^n}{6^{n+1}}$$
$$=\sum_{n=0}^{\infty}\frac{(-1)^n}{3}\left(\frac{1}{3^{n+1}}-\frac{1}{6^{n+1}}\right)(x-1)^n,\quad |x-1|<3.$$

**五、证明题**

1. 由 $z=f(x,y)=\arctan\dfrac{y}{x}$，可得

$$\frac{\partial z}{\partial x}=\frac{-\frac{y}{x^2}}{1+\left(\frac{y}{x}\right)^2}=\frac{-y}{x^2+y^2},\frac{\partial z}{\partial y}=\frac{\frac{1}{x}}{1+\left(\frac{y}{x}\right)^2}=\frac{x}{x^2+y^2},$$

所以
$$x\frac{\partial z}{\partial x}+y\frac{\partial z}{\partial y}=\frac{-xy}{x^2+y^2}+\frac{xy}{x^2+y^2}=0.$$

2. 因为 $0\leqslant u_n<\dfrac{1}{\sqrt{n}}(n=1,2,3,\cdots)$，所以 $0\leqslant\dfrac{u_n^2}{\sqrt{n}}<\dfrac{1}{n^{\frac{3}{2}}}$，而级数 $\sum\limits_{n=1}^{\infty}\dfrac{1}{n^{\frac{3}{2}}}$ 收敛，所以交错级数 $\sum\limits_{n=1}^{\infty}(-1)^{n-1}\dfrac{u_n^2}{\sqrt{n}}$ 绝对收敛.

# 参 考 文 献


张军好,龙爱芳,余启港.2015. 微积分. 北京:科学出版社.

张军好,龙爱芳,余启港.2016. 微积分学习辅导与习题全解. 北京:科学出版社.

李永乐,王式安,季文铎.2024. 考研数学(一)、(二)、(三)复习全书. 西安:西安交通大学出版社.

同济大学数学系.2023. 高等数学(上)、(下).第 8 版. 北京:高等教育出版社.

误传生. 2023. 经济数学——微积分.第 4 版. 北京:高等教育出版社.

# 附录Ⅰ 预备知识

## 一、常用初等代入公式

**1. 一元二次方程 $ax^2+bx+c=0$**

根的判别式 $\Delta=b^2-4ac$.

当 $\Delta>0$ 时,方程有两个相异实根;

当 $\Delta=0$ 时,方程有两个相等实根;

当 $\Delta<0$ 时,方程有共轭复根.

求根公式为 $x_{1,2}=\dfrac{-b\pm\sqrt{b^2-4ac}}{2a}$.

**2. 对数的运算性质**

(1) 若 $a^y=x$,则 $y=\log_a x$; (2) $\log_a a=1,\log_a 1=0,\ln e=1,\ln 1=0$;

(3) $\log_a(x\cdot y)=\log_a x+\log_a y$; (4) $\log_a \dfrac{x}{y}=\log_a x-\log_a y$;

(5) $\log_a x^b=b\cdot\log_a x$; (6) $a^{\log_a x}=x,e^{\ln x}=x$.

**3. 指数的运算性质**

(1) $a^m\cdot a^n=a^{m+n}$; (2) $\dfrac{a^m}{a^n}=a^{m-n}$; (3) $(a^m)^n=a^{m\cdot n}$;

(4) $(a\cdot b)^m=a^m\cdot b^m$; (5) $\left(\dfrac{a}{b}\right)^m=\dfrac{a^m}{b^m}$.

**4. 常用二项展开及分解公式**

(1) $(a+b)^2=a^2+2ab+b^2$; (2) $(a-b)^2=a^2-2ab+b^2$;

(3) $(a+b)^3=a^3+3a^2b+3ab^2+b^3$; (4) $(a-b)^3=a^3-3a^2b+3ab^2-b^3$;

(5) $a^2-b^2=(a+b)(a-b)$; (6) $a^3-b^3=(a-b)(a^2+ab+b^2)$;

(7) $a^3+b^3=(a+b)(a^2-ab+b^2)$;

(8) $a^n-b^n=(a-b)(a^{n-1}+a^{n-2}b+a^{n-3}b^2+\cdots+b^{n-1})$;

(9) $(a+b)^n=C_n^0a^n+C_n^1a^{n-1}b+C_n^2a^{n-2}b^2+\cdots+C_n^ka^{n-k}b^k+\cdots+C_n^nb^n$,

其中组合系数 $C_n^m=\dfrac{n(n-1)(n-2)\cdots(n-m+1)}{m!}$,$C_n^0=1,C_n^n=1$.

**5. 常用不等式及其运算性质**

如果 $a>b$,则有

(1) $a \pm c > b \pm c$；

(2) $ac > bc(c > 0), ac < bc(c < 0)$；

(3) $\frac{a}{c} > \frac{b}{c}(c > 0), \frac{a}{c} < \frac{b}{c}(c < 0)$；

(4) $a^n > b^n(n > 0, a > 0, b > 0), a^n < b^n(n < 0, a > 0, b > 0)$；

(5) $\sqrt[n]{a} > \sqrt[n]{b}$($n$ 为正整数,$a > 0, b > 0$).

对于任意实数 $a, b$，均有

(6) $|a| - |b| \leqslant |a + b| \leqslant |a| + |b|$；

(7) $a^2 + b^2 \geqslant 2ab$.

**6. 常用数列公式**

(1) 等差数列:$a_1, a_1 + d, a_1 + 2d, \cdots, a_1 + (n-1)d$，其公差为 $d$，前 $n$ 项的和为

$$S_n = a_1 + (a_1 + d) + (a_1 + 2d) + \cdots + [a_1 + (n-1)d] = \frac{[2a_1 + (n-1)d]}{2} \cdot n.$$

(2) 等比数列:$a_1, a_1 q, a_1 q^2, \cdots, a_1 q^{n-1}$，其公差为 $q$，前 $n$ 项的和为

$$S_n = a_1 + a_1 q + a_1 q^2 + \cdots + a_1 q^{n-1} = \frac{a_1(1 - q^n)}{1 - q}.$$

(3) 一些常见数列的前 $n$ 项和:

$$1 + 2 + 3 + \cdots + n = \frac{1}{2}n(n+1); \quad 2 + 4 + 6 + \cdots + 2n = n(n+1);$$

$$1 + 3 + 5 + \cdots + (2n-1) = n^2; \quad 1^2 + 2^2 + 3^2 + \cdots + n^2 = \frac{1}{6}n(n+1)(2n+1);$$

$$1^2 + 3^2 + 5^2 + \cdots + (2n-1)^2 = \frac{1}{3}n(4n^2 - 1);$$

$$1 \cdot 2 + 2 \cdot 3 + 3 \cdot 4 + \cdots + n(n+1) = \frac{1}{3}n(n+1)(n+2);$$

$$\frac{1}{1 \cdot 2} + \frac{1}{2 \cdot 3} + \frac{1}{3 \cdot 4} + \cdots + \frac{1}{n(n+1)} = 1 - \frac{1}{n+1}.$$

**7. 阶乘**

$n! = n(n-1)(n-2)\cdots 2 \cdot 1.$

## 二、常用基本三角公式

**1. 基本公式**

$\sin^2 x + \cos^2 x = 1$; $1 + \tan^2 x = \sec^2 x$; $1 + \cot^2 x = \csc^2 x$.

**2. 倍角公式**

$\sin 2x = 2\sin x \cos x$；

$\cos 2x = \cos^2 x - \sin^2 x = 1 - 2\sin^2 x = 2\cos^2 x - 1$；

$\tan 2x = \frac{2\tan x}{1 - \tan^2 x}.$

**3. 半角公式**

$$\sin^2\frac{x}{2}=\frac{1-\cos x}{2};\ \cos^2\frac{x}{2}=\frac{1+\cos x}{2};\ \tan\frac{x}{2}=\frac{1-\cos x}{\sin x}.$$

**4. 加法公式**

$\sin(x\pm y)=\sin x\cos y\pm\cos x\sin y$;

$\cos(x\pm y)=\cos x\cos y\mp\sin x\sin y$;

$$\tan(x\pm y)=\frac{\tan x\pm\tan y}{1\mp\tan x\tan y}.$$

**5. 和差化积公式**

$$\sin x+\sin y=2\sin\frac{x+y}{2}\cos\frac{x-y}{2};$$

$$\sin x-\sin y=2\cos\frac{x+y}{2}\sin\frac{x-y}{2};$$

$$\cos x+\cos y=2\cos\frac{x+y}{2}\cos\frac{x-y}{2};$$

$$\cos x-\cos y=-2\sin\frac{x+y}{2}\sin\frac{x-y}{2}.$$

**6. 积化和差公式**

$$\sin x\cos y=\frac{1}{2}[\sin(x+y)+\sin(x-y)];$$

$$\cos x\sin y=\frac{1}{2}[\sin(x+y)-\sin(x-y)];$$

$$\cos x\cos y=\frac{1}{2}[\cos(x+y)+\cos(x-y)];$$

$$\sin x\sin y=-\frac{1}{2}[\cos(x+y)-\cos(x-y)].$$

## 三、常用求面积和体积的公式

(1) 圆:周长 $=2\pi r$;面积 $=\pi r^2$.

(2) 平行四边形:面积 $=bh$.

(3) 三角形:面积 $=\frac{1}{2}bh$;面积 $=\frac{1}{2}ab\sin\theta$.

(4) 梯形:面积 $=\frac{a+b}{2}h$.

(5) 圆扇形:面积 $=\frac{1}{2}r^2\theta$;弧长 $l=r\theta$.

(6) 正圆柱体:体积 $=\pi r^2h$;侧面积 $=2\pi rh$;表面积 $=2\pi r(r+h)$.

(7) 球体:体积 $=\frac{4}{3}\pi r^3$;表面积 $=4\pi r^2$.

(8) 圆锥体:体积 $=\frac{1}{3}\pi r^2h$;侧面积 $=\pi rl$;表面积 $=\pi r(r+l)$.

(9) 圆台:侧面积 $=\pi l(r+R)$;体积 $=\frac{1}{3}\pi(r^2+rR+R^2)h$.

# 附录 II　基本初等函数的图形及主要性质

| 函数 | 图形 | 定义域 | 值域 | 主要性质 |
|---|---|---|---|---|
| 幂函数 $y=x^{\mu}$（$\mu$ 是常数） | 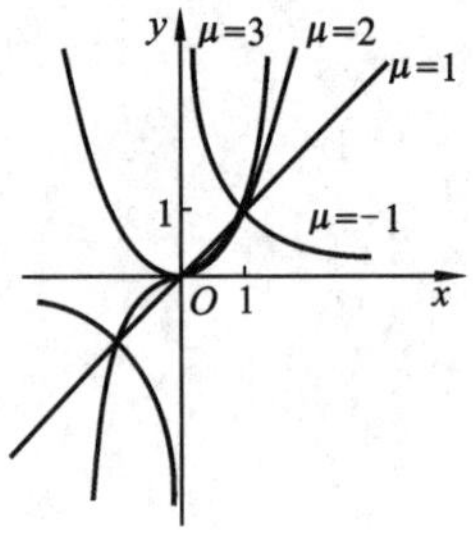 | 随 $\mu$ 不同而不同，但不论 $\mu$ 取什么值，$x^{\mu}$ 在 $(0,+\infty)$ 内总有定义 | 随 $\mu$ 不同而不同 | 若 $\mu>0$，$X^{\mu}$ 在 $[0,+\infty)$ 内单调增加；若 $\mu<0$，$x^{\mu}$ 在 $(0,+\infty)$ 内单调减少 |
| 指数函数 $y=a^{x}$（$a$ 是常数，$a>0$，$a\neq1$） | 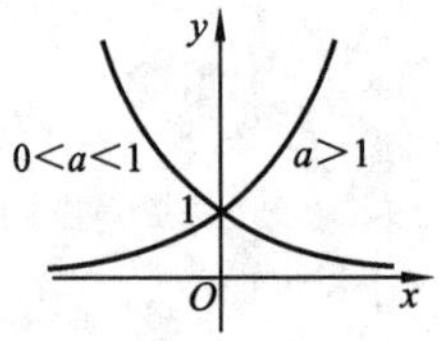 | $(-\infty,+\infty)$ | $(0,+\infty)$ | $a^{0}=1$.<br>若 $a>1$，$a^{x}$ 单调增加；若 $0<a<1$，$a^{x}$ 单调减少；<br>直线 $y=0$ 为函数图形的水平渐近线 |
| 对数函数 $y=\log_a x$（$a$ 是常数，$a>0$，$a\neq1$） | 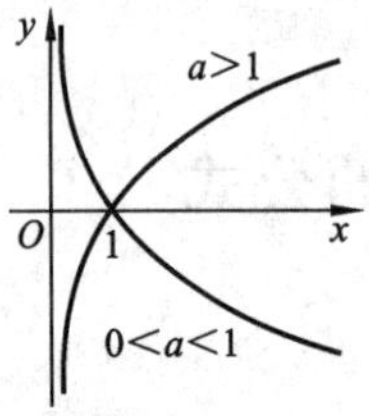 | $(0,+\infty)$ | $(-\infty,+\infty)$ | $\log_a 1=0$.<br>若 $a>1$，$\log_a x$ 单调增加；<br>若 $0<a<1$，$\log_a x$ 单调减少；<br>直线 $x=0$ 为函数图形的铅直渐近线 |
| 正弦函数 $y=\sin x$ | 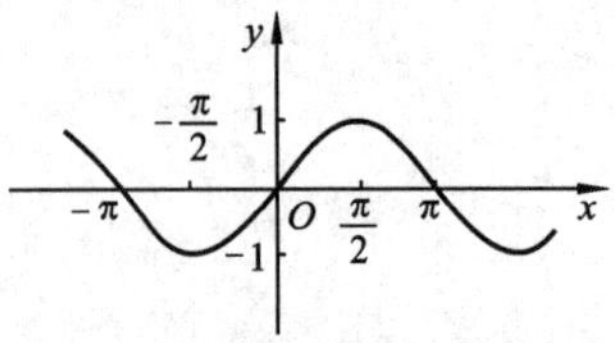 | $(-\infty,+\infty)$ | $[-1,1]$ | 以 $2\pi$ 为周期的周期函数，在 $\left[-\frac{\pi}{2},\frac{\pi}{2}\right]$ 上单调增加，奇函数 |
| 余弦函数 $y=\cos x$ | 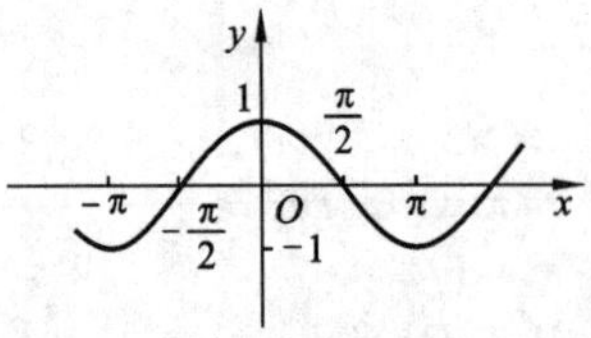 | $(-\infty,+\infty)$ | $[-1,1]$ | 以 $2\pi$ 为周期的周期函数，在 $[0,\pi]$ 上单调减少，偶函数 |

续表

| 函数 | 图形 | 定义域 | 值域 | 主要性质 |
| --- | --- | --- | --- | --- |
| 正切函数 $y=\tan x$ | 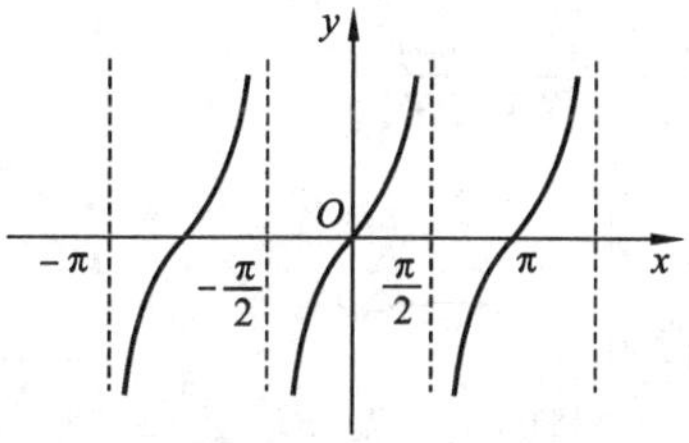 | $(2n-1)\frac{\pi}{2}<x<(2n+1)\frac{\pi}{2}$ $(n=0,\pm1,\pm2,\cdots)$ | $(-\infty,+\infty)$ | 以$\pi$为周期的周期函数，在$\left(-\frac{\pi}{2},\frac{\pi}{2}\right)$内单调增加，奇函数，直线$x=(2n+1)\frac{\pi}{2}$为函数图形的铅直渐近线$(n=0,\pm1,\pm2,\cdots)$ |
| 余切函数 $y=\cot x$ | 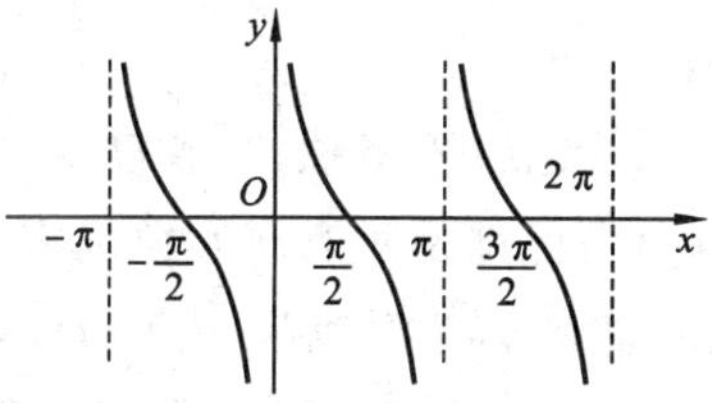 | $n\pi<x<(n+1)\pi$ $(n=0,\pm1,\pm2,\cdots)$ | $(-\infty,+\infty)$ | 以$\pi$为周期的周期函数，在$(0,\pi)$内单调减少，奇函数，直线$x=n\pi$为函数图形的铅直渐近线$(n=0,\pm1,\pm2,\cdots)$ |
| 反正弦函数 $y=\arcsin x$ | 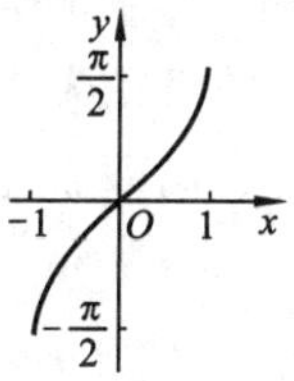 | $[-1,1]$ | $\left[-\frac{\pi}{2},\frac{\pi}{2}\right]$ | 单调增加，奇函数 |
| 反余弦函数 $y=\arccos x$ | 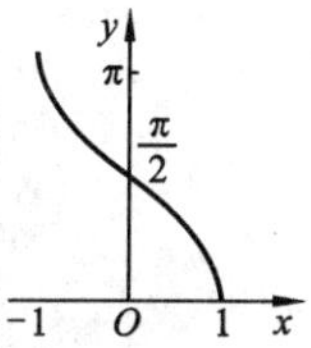 | $[-1,1]$ | $[0,\pi]$ | 单调减少 |
| 反正切函数 $y=\arctan x$ | 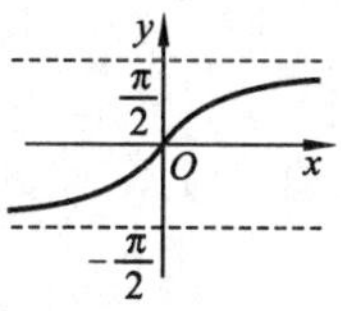 | $(-\infty,+\infty)$ | $\left(-\frac{\pi}{2},\frac{\pi}{2}\right)$ | 单调增加，奇函数，直线$y=-\frac{\pi}{2}$及$y=\frac{\pi}{2}$为函数图形的水平渐近线 |
| 反余切函数 $y=\operatorname{arccot} x$ | 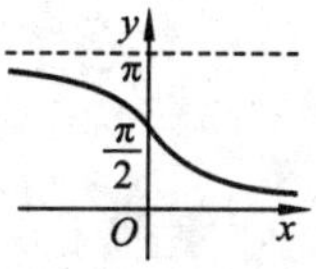 | $(-\infty,+\infty)$ | $(0,\pi)$ | 单调减少，直线$y=0$及$y=\pi$为函数图形的水平渐近线 |

# 附录III　极坐标系

极坐标的基本思想是用方向和距离来表示点的位置.

1. 定义:在平面内取一个定点$O$,称为极点,引一条射线$O_x$,称为**极轴**,再选一个长度单位和角度的正方向(通常取逆时针方向).这样建立的坐标系称为**极坐标系**.对于平面内的任意一点$M$,用$r$表示线段$OM$的长度,$\theta$表示从极轴$O_x$到$OM$的角,$r$称为点$M$的**极径**,$\theta$称为点$M$的**极角**,有序数对$(r,\theta)$就称为点$M$的**极坐标**(图III-1).

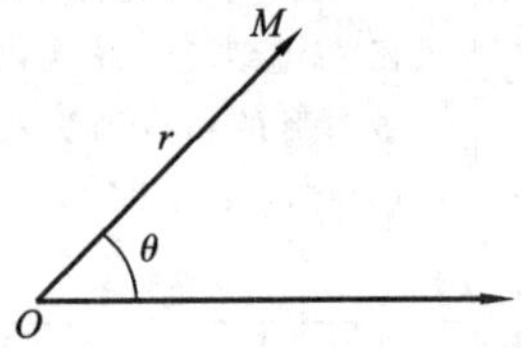

图 III-1

2. 极坐标有四个要素:①极点;②极轴;③长度单位;④角度单位及它的方向.极坐标与直角坐标都是对有序实数确定平面上一个点,在极坐标系下,一对有序实数$r,\theta$对应唯一点$M(r,\theta)$,但平面内任一个点$M$的极坐标不唯一.一个点可以有无数个坐标,这些坐标又有规律可循,$M(r,\theta)$(极点除外)的全部坐标为$(r,\theta+2k\pi)$或$(-r,\theta+(2k+1)\pi)(k\in\mathbf{Z})$.极点的极径为0,而极角任意取.若对$r,\theta$的取值范围加以限制,则除极点外,平面上点的极坐标就唯一了,如限定$r>0,0\leqslant\theta<2\pi$或$r<0,-\pi<\theta\leqslant\pi$等.

极坐标与直角坐标的不同是直角坐标系中,点与坐标是一一对应的,而极坐标系中,点与坐标是一多对应的,即一个点的极坐标是不唯一的.

3. 极坐标与直角坐标互化公式:

$$\begin{cases}x=r\cos\theta,\\ y=r\sin\theta,\end{cases}$$

$$\begin{cases}r=\sqrt{x^2+y^2},\\ \tan\theta=\dfrac{y}{x}\end{cases}$$

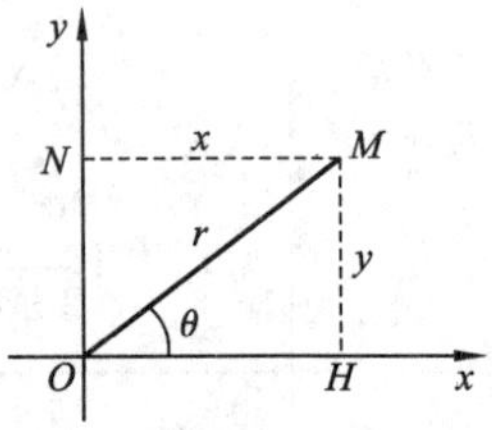

图 III-2

(图III-2).

4. 直线相对于极坐标系的几种不同位置的形式方程(表III-1).

**例1**　把直角坐标方程$x+y=1$化为极坐标方程.

**解**　将$x=r\cos\theta,y=r\sin\theta$代入$x+y=1$,得

$$r\cos\theta+r\sin\theta=1,$$

即$r=\dfrac{1}{\cos\theta+\sin\theta}$,或$r=\dfrac{\sqrt{2}}{2\sin\left(\theta+\dfrac{\pi}{4}\right)}$.

**表 III-1 几种不同的直线方程**

| 直角坐标方程 | 极坐标方程 | 图形 |
| --- | --- | --- |
| $y=kx$ | $\theta=\varphi_0$ | 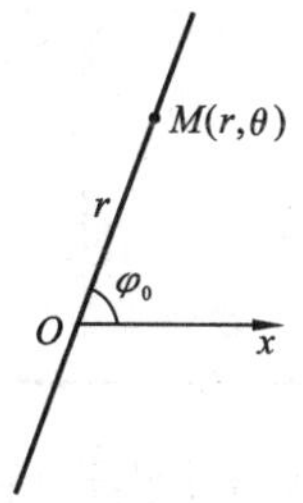 |
| $x=a$ | $r=\dfrac{a}{\cos\theta}$ | 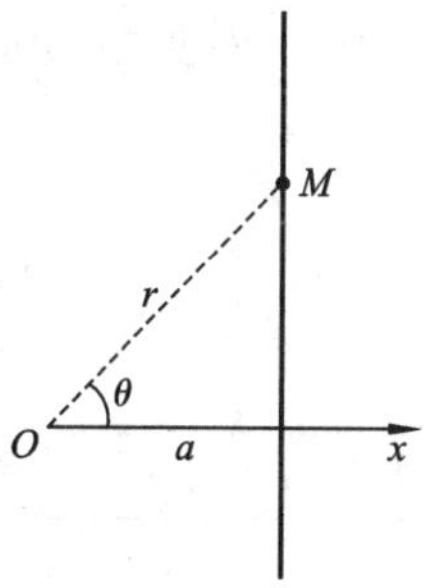 |
| $x=-a$ | $r=-\dfrac{a}{\cos\theta}$ | 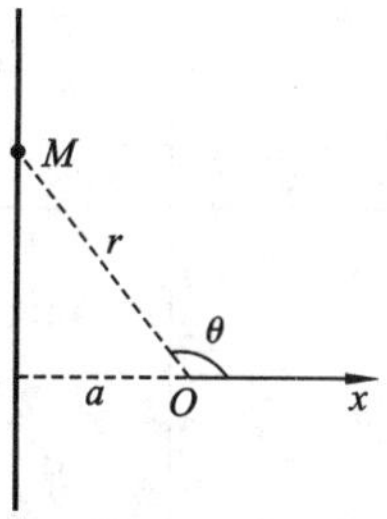 |
| $y=a$ | $r=\dfrac{a}{\sin\theta}$ | 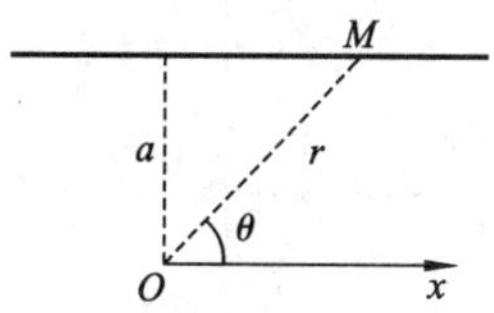 |
| $y=-a$ | $r=-\dfrac{a}{\sin\theta}$ | 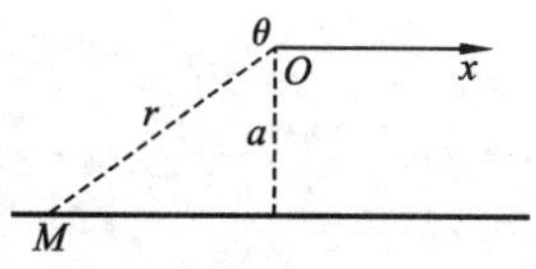 |

续表

| 直角坐标方程 | 极坐标方程 | 图形 |
| --- | --- | --- |
| $Ax+By+C=0$ | $r=\dfrac{a}{\cos(\theta-\varphi)}$ | 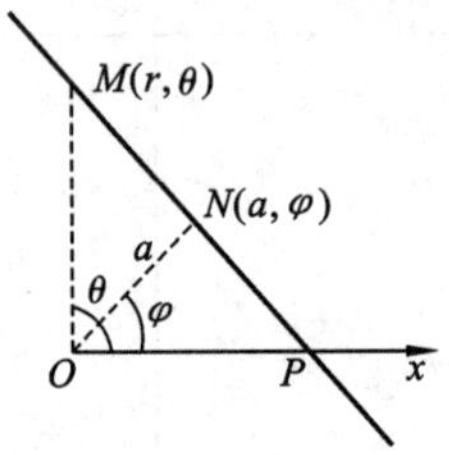 |

5. 圆相对于极坐标系的几种不同位置的形式方程(表 III-2).

**例 2** 把直角坐标方程 $x^2+y^2=2x$ 化为极坐标方程.

**解** 将 $x=r\cos\theta, y=r\sin\theta$ 代入 $x^2+y^2=2x$,得

$$r^2\cos^2\theta+r^2\sin^2\theta=2r\cos\theta,$$

即 $r=2\cos\theta$.

**表 III-2 几种不同的圆的方程($a>0$)**

| 直角坐标方程 | 极坐标方程 | 图形 |
| --- | --- | --- |
| $x^2+y^2=a^2$ | $r=a$ | 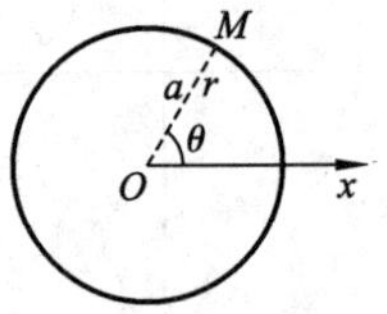 |
| $x^2+y^2=2ax$ | $r=2a\cos\theta$ | 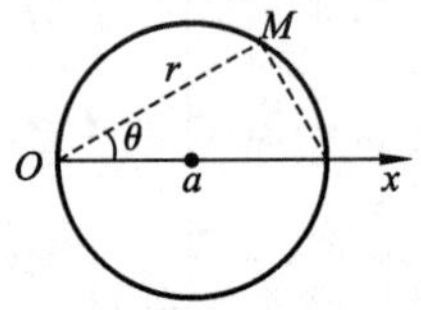 |
| $x^2+y^2=-2ax$ | $r=-2a\cos\theta$ | 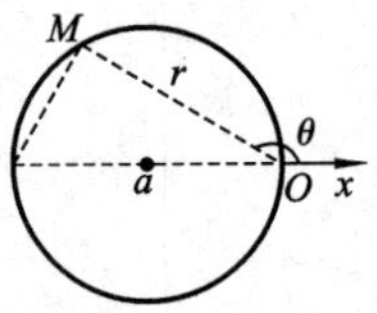 |
| $x^2+y^2=2ay$ | $r=2a\sin\theta$ | 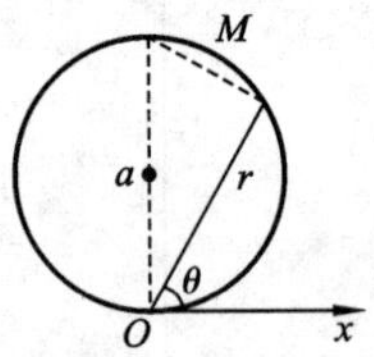 |

续表

| 直角坐标方程 | 极坐标方程 | 图形 |
|---|---|---|
| $x^2+y^2=-2ay$ | $r=-2a\sin\theta$ | 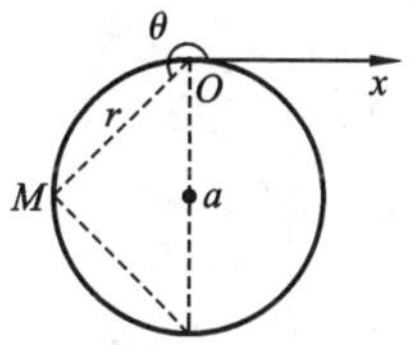  |
| $x^2+y^2=Ax+By$ | $r=2a\cos(\theta-\varphi)$ | 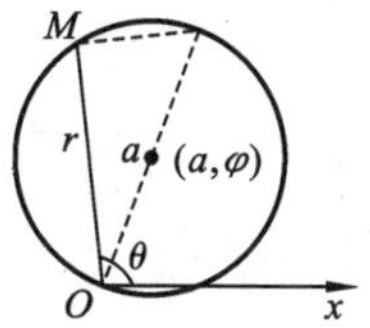  |

6. 常见的极坐标方程曲线(表 III-3).

**表 III-3 常见的极坐标方程曲线**

(1) 心形线(外摆线的一种)

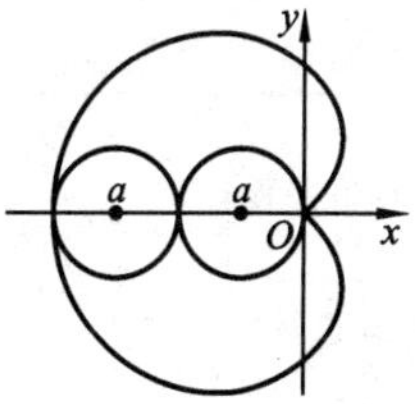


$x^2+y^2+ax=a\sqrt{x^2+y^2}$,

$\rho=a(1-\cos\theta)$.

(2) 阿基米德螺线

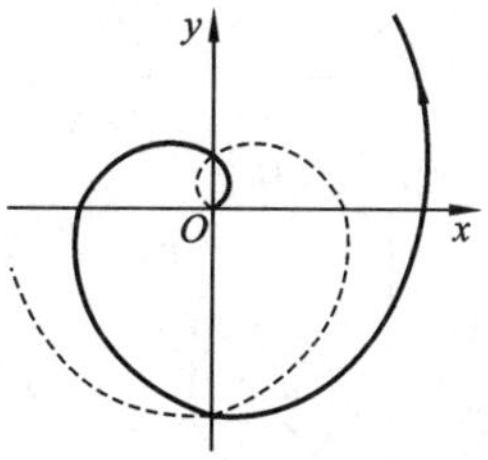


$\rho=a\theta$.

(3) 对数螺线

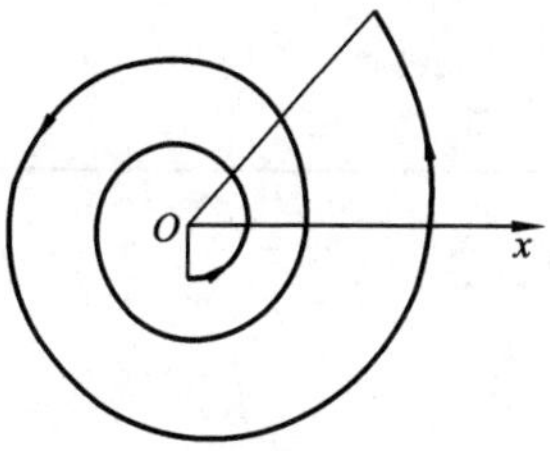


$\rho=e^{a\theta}$.

(4) 双曲螺线

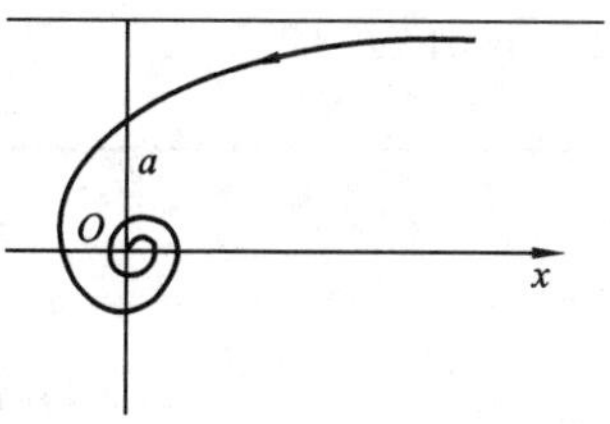


$\rho\theta=a$.

续表

(5) 伯努利双纽线

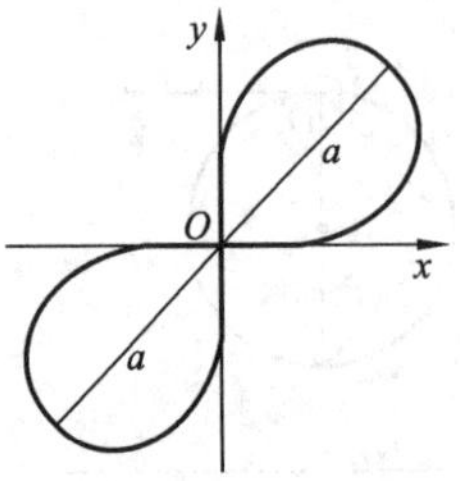


$(x^2+y^2)^2=2a^2xy$,

$\rho^2=a^2\sin 2\theta$.

(6) 伯努利双纽线

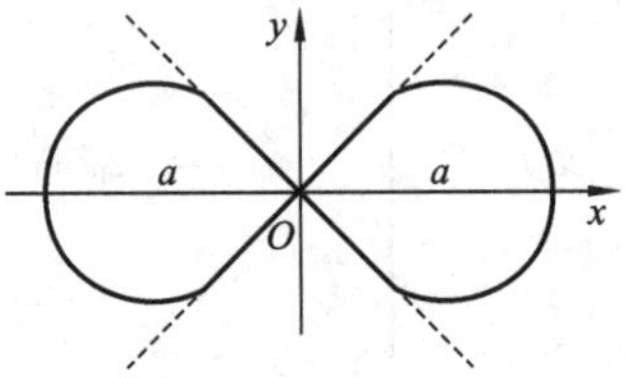


$(x^2+y^2)^2=a^2(x^2-y^2)$,

$\rho^2=a^2\cos 2\theta$.

(7) 三叶玫瑰线

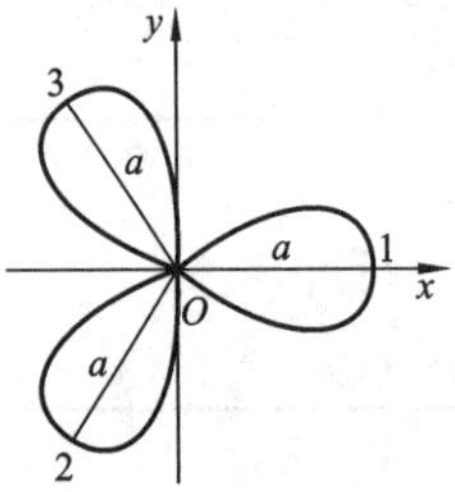


$\rho=a\cos 3\theta$.

(8) 三叶玫瑰线

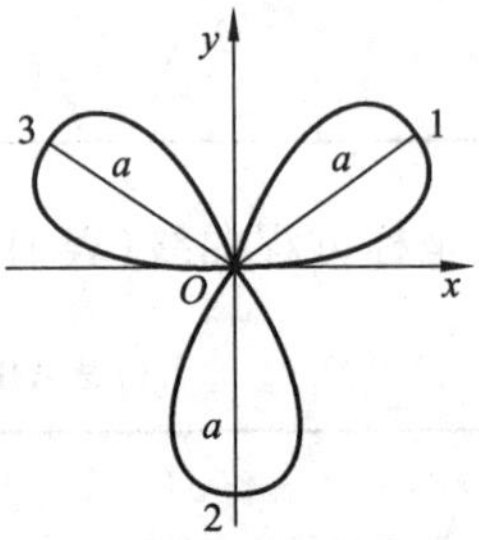


$\rho=a\sin 3\theta$.

(9) 四叶玫瑰线

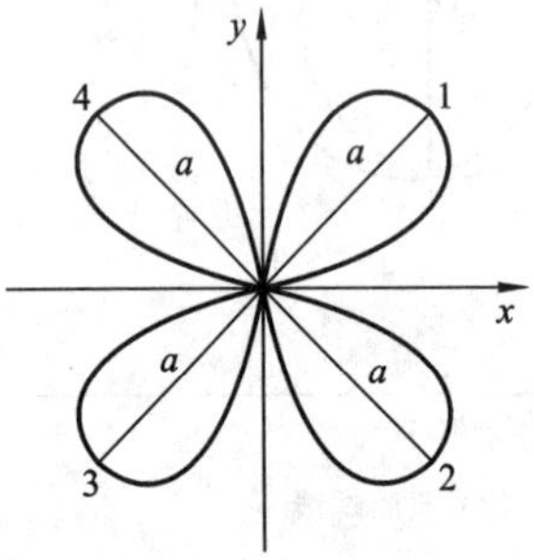


$\rho=a\sin 2\theta$.

(10) 四叶玫瑰线

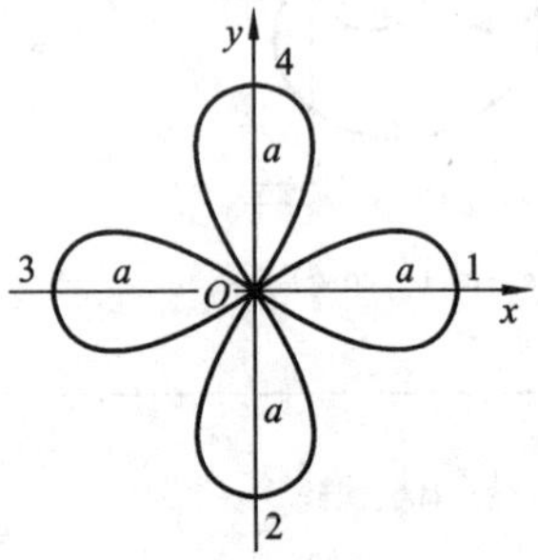


$\rho=a\cos 2\theta$.

# 附录IV　积　分　表

## （一）含有 $ax+b$ 的积分（$a \neq 0$）

1. $\int \frac{\mathrm{d}x}{ax+b}=\frac{1}{a}\ln|ax+b|+C.$

2. $\int (ax+b)^{\mu}\mathrm{d}x=\frac{1}{a(\mu+1)}(ax+b)^{\mu+1}+C(\mu\neq-1).$

3. $\int \frac{x}{ax+b}\mathrm{d}x=\frac{1}{a^2}(ax+b-b\ln|ax+b|)+C.$

4. $\int \frac{x^2}{ax+b}\mathrm{d}x=\frac{1}{a^3}\left[\frac{1}{2}(ax+b)^2-2b(ax+b)+b^2\ln|ax+b|\right]+C.$

5. $\int \frac{\mathrm{d}x}{x(ax+b)}=-\frac{1}{b}\ln\left|\frac{ax+b}{x}\right|+C.$

6. $\int \frac{\mathrm{d}x}{x^2(ax+b)}=-\frac{1}{bx}+\frac{a}{b^2}\ln\left|\frac{ax+b}{x}\right|+C.$

7. $\int \frac{x^2}{(ax+b)^2}\mathrm{d}x=\frac{1}{a^2}\left(\ln|ax+b|+\frac{b}{ax+b}\right)+C.$

8. $\int \frac{x^2}{(ax+b)^2}\mathrm{d}x=\frac{1}{a^3}\left(ax+b-2b\ln|ax+b|-\frac{b^2}{ax+b}\right)+C.$

9. $\int \frac{\mathrm{d}x}{x(ax+b)^2}=\frac{1}{b(ax+b)}-\frac{1}{b^2}\ln\left|\frac{ax+b}{x}\right|+C.$

## （二）含有 $\sqrt{ax+b}$ 的积分

10. $\int \sqrt{ax+b}\,\mathrm{d}x=\frac{2}{3a}\sqrt{(ax+b)^3}+C.$

11. $\int x\sqrt{ax+b}\,\mathrm{d}x=\frac{2}{15a^2}(3ax-2b)\sqrt{(ax+b)^3}+C.$

12. $\int x^2\sqrt{ax+b}\,\mathrm{d}x=\frac{2}{105a^3}(15a^2x^2-12abx+8b^2)\sqrt{(ax+b)^3}+C.$

13. $\int \frac{x}{\sqrt{ax+b}}\mathrm{d}x=\frac{2}{3a^2}(ax-2b)\sqrt{ax+b}+C.$

14. $\int \frac{x^2}{\sqrt{ax+b}}\mathrm{d}x=\frac{2}{15a^3}(3a^2x^2-4abx+8b^2)\sqrt{ax+b}+C.$

15. $$\int \frac{dx}{x\sqrt{ax+b}} = \begin{cases} \dfrac{1}{\sqrt{b}}\ln\left|\dfrac{\sqrt{ax+b}-\sqrt{b}}{\sqrt{ax+b}+\sqrt{b}}\right|+C, & b>0, \\ \dfrac{2}{\sqrt{-b}}\arctan\sqrt{\dfrac{ax+b}{-b}}+C, & b<0. \end{cases}$$

16. $$\int \frac{dx}{x^2\sqrt{ax+b}} = -\frac{\sqrt{ax+b}}{bx}-\frac{a}{2b}\int\frac{dx}{x\sqrt{ax+b}}.$$

17. $$\int \frac{\sqrt{ax+b}}{x}dx = 2\sqrt{ax+b}+b\int\frac{dx}{x\sqrt{ax+b}}.$$

18. $$\int \frac{\sqrt{ax+b}}{x^2}dx = -\frac{\sqrt{ax+b}}{x}+\frac{a}{2}\int\frac{dx}{x\sqrt{ax+b}}.$$

## （三）含有 $x^2 \pm a^2$ 的积分

19. $$\int \frac{dx}{x^2+a^2} = \frac{1}{a}\arctan\frac{x}{a}+C.$$

20. $$\int \frac{dx}{(x^2+a^2)^n} = \frac{x}{2(n-1)a^2(x^2+a^2)^{n-1}}+\frac{2n-3}{2(n-1)a^2}\int\frac{dx}{(x^2+a^2)^{n-1}}.$$

21. $$\int \frac{dx}{x^2-a^2} = \frac{1}{2a}\ln\left|\frac{x-a}{x+a}\right|+C.$$

## （四）含有 $ax^2+b\,(a>0)$ 的积分

22. $$\int \frac{dx}{ax^2+b} = \begin{cases} \dfrac{1}{\sqrt{ab}}\arctan\sqrt{\dfrac{a}{b}}x+C, & b>0, \\ \dfrac{1}{2\sqrt{-ab}}\ln\left|\dfrac{\sqrt{a}x-\sqrt{-b}}{\sqrt{a}x+\sqrt{-b}}\right|+C, & b<0. \end{cases}$$

23. $$\int \frac{x}{ax^2+b}dx = \frac{1}{2a}\ln|ax^2+b|+C.$$

24. $$\int \frac{x^2}{ax^2+b}dx = \frac{x}{a}-\frac{b}{a}\int\frac{dx}{ax^2+b}.$$

25. $$\int \frac{dx}{x(ax^2+b)} = \frac{1}{2b}\ln\frac{x^2}{|ax^2+b|}+C.$$

26. $$\int \frac{dx}{x^2(ax^2+b)} = -\frac{1}{bx}-\frac{a}{b}\int\frac{dx}{ax^2+b}.$$

27. $$\int \frac{dx}{x^3(ax^2+b)} = \frac{a}{2b^2}\ln\frac{|ax^2+b|}{x^2}-\frac{1}{2bx^2}+C.$$

28. $$\int \frac{dx}{(ax^2+b)^2} = \frac{x}{2b(ax^2+b)}+\frac{1}{2b}\int\frac{dx}{ax^2+b}.$$

## （五）含有 $ax^2+bx+c\ (a>0)$ 的积分

29. $$\int \frac{dx}{ax^2+bx+c}=\begin{cases}\dfrac{2}{\sqrt{4ac-b^2}}\arctan\dfrac{2ax+b}{\sqrt{4ac-b^2}}+C, & b^2<4ac,\\[2ex] \dfrac{1}{\sqrt{b^2-4ac}}\ln\left|\dfrac{2ax+b-\sqrt{b^2-4ac}}{2ax+b+\sqrt{b^2-4ac}}\right|+C, & b^2>4ac.\end{cases}$$

30. $$\int \frac{x}{ax^2+bx+c}dx=\frac{1}{2a}\ln|ax^2+bx+c|-\frac{b}{2a}\int\frac{dx}{ax^2+bx+c}.$$

## （六）含有 $\sqrt{x^2+a^2}\ (a>0)$ 的积分

31. $$\int\frac{dx}{\sqrt{x^2+a^2}}=\operatorname{arsh}\frac{x}{a}+C_1=\ln(x+\sqrt{x^2+a^2})+C.$$

32. $$\int\frac{dx}{\sqrt{(x^2+a^2)^3}}=\frac{x}{a^2\sqrt{x^2+a^2}}+C.$$

33. $$\int\frac{x}{\sqrt{x^2+a^2}}dx=\sqrt{x^2+a^2}+C.$$

34. $$\int\frac{x}{\sqrt{(x^2+a^2)^3}}dx=-\frac{1}{\sqrt{x^2+a^2}}+C.$$

35. $$\int\frac{x^2}{\sqrt{x^2+a^2}}dx=\frac{x}{2}\sqrt{x^2+a^2}-\frac{a^2}{2}\ln(x+\sqrt{x^2+a^2})+C.$$

36. $$\int\frac{x^2}{\sqrt{(x^2+a^2)^3}}dx=-\frac{x}{\sqrt{x^2+a^2}}+\ln(x+\sqrt{x^2+a^2})+C.$$

37. $$\int\frac{dx}{x\sqrt{x^2+a^2}}=\frac{1}{a}\ln\frac{\sqrt{x^2+a^2}-a}{|x|}+C.$$

38. $$\int\frac{dx}{x^2\sqrt{x^2+a^2}}=-\frac{\sqrt{x^2+a^2}}{a^2x}+C.$$

39. $$\int\sqrt{x^2+a^2}\,dx=\frac{x}{2}\sqrt{x^2+a^2}+\frac{a^2}{2}\ln(x+\sqrt{x^2+a^2})+C.$$

40. $$\int\sqrt{(x^2+a^2)^3}\,dx=\frac{x}{8}(2x^2+5a^2)\sqrt{x^2+a^2}+\frac{3}{8}a^4\ln(x+\sqrt{x^2+a^2})+C.$$

41. $$\int x\sqrt{x^2+a^2}\,dx=\frac{1}{3}\sqrt{(x^2+a^2)^3}+C.$$

42. $$\int x^2\sqrt{x^2+a^2}\,dx=\frac{x}{8}(2x^2+a^2)\sqrt{x^2+a^2}-\frac{a^4}{8}\ln(x+\sqrt{x^2+a^2})+C.$$

43. $$\int\frac{\sqrt{x^2+a^2}}{x}dx=\sqrt{x^2+a^2}+a\ln\frac{\sqrt{x^2+a^2}-a}{|x|}+C.$$

44. $$\int\frac{\sqrt{x^2+a^2}}{x^2}dx=-\frac{\sqrt{x^2+a^2}}{x}+\ln(x+\sqrt{x^2+a^2})+C.$$

## （七）含有$\sqrt{x^2-a^2}\,(a>0)$的积分

45. $\int \frac{\mathrm{d}x}{\sqrt{x^2-a^2}}=\frac{x}{|x|}\operatorname{arch}\frac{|x|}{a}+C_1=\ln\left|x+\sqrt{x^2-a^2}\right|+C.$

46. $\int \frac{\mathrm{d}x}{\sqrt{(x^2-a^2)^3}}=-\frac{x}{a^2\sqrt{x^2-a^2}}+C.$

47. $\int \frac{x}{\sqrt{x^2-a^2}}\mathrm{d}x=\sqrt{x^2-a^2}+C.$

48. $\int \frac{x}{\sqrt{(x^2-a^2)^3}}\mathrm{d}x=-\frac{1}{\sqrt{x^2-a^2}}+C.$

49. $\int \frac{x^2}{\sqrt{x^2-a^2}}\mathrm{d}x=\frac{x}{2}\sqrt{x^2-a^2}+\frac{a^2}{2}\ln\left|x+\sqrt{x^2-a^2}\right|+C.$

50. $\int \frac{x^2}{\sqrt{(x^2-a^2)^3}}\mathrm{d}x=-\frac{x}{\sqrt{x^2-a^2}}+\ln\left|x+\sqrt{x^2-a^2}\right|+C.$

51. $\int \frac{\mathrm{d}x}{x\sqrt{x^2-a^2}}=\frac{1}{a}\arccos\frac{a}{|x|}+C.$

52. $\int \frac{\mathrm{d}x}{x^2\sqrt{x^2-a^2}}=\frac{\sqrt{x^2-a^2}}{a^2x}+C.$

53. $\int \sqrt{x^2-a^2}\,\mathrm{d}x=\frac{x}{2}\sqrt{x^2-a^2}-\frac{a^2}{2}\ln\left|x+\sqrt{x^2-a^2}\right|+C.$

54. $\int \sqrt{(x^2-a^2)^3}\,\mathrm{d}x=\frac{x}{8}(2x^2-5a^2)\sqrt{x^2-a^2}+\frac{3}{8}a^4\ln\left|x+\sqrt{x^2-a^2}\right|+C.$

55. $\int x\sqrt{x^2-a^2}\,\mathrm{d}x=\frac{1}{3}\sqrt{(x^2-a^2)^3}+C.$

56. $\int x^2\sqrt{x^2-a^2}\,\mathrm{d}x=\frac{x}{8}(2x^2-a^2)\sqrt{x^2-a^2}-\frac{a^4}{8}\ln\left|x+\sqrt{x^2-a^2}\right|+C.$

57. $\int \frac{\sqrt{x^2-a^2}}{x}\mathrm{d}x=\sqrt{x^2-a^2}-a\arccos\frac{a}{|x|}+C.$

58. $\int \frac{\sqrt{x^2-a^2}}{x^2}\mathrm{d}x=-\frac{\sqrt{x^2-a^2}}{x}+\ln\left|x+\sqrt{x^2-a^2}\right|+C.$

## （八）含有$\sqrt{a^2-x^2}\,(a>0)$的积分

59. $\int \frac{\mathrm{d}x}{\sqrt{a^2-x^2}}=\arcsin\frac{x}{a}+C.$

60. $\int \frac{\mathrm{d}x}{\sqrt{(a^2-x^2)^3}}=\frac{x}{a^2\sqrt{a^2-x^2}}+C.$

61. $\int \frac{x}{\sqrt{a^2-x^2}}dx=-\sqrt{a^2-x^2}+C.$

62. $\int \frac{x}{\sqrt{(a^2-x^2)^3}}dx=\frac{1}{\sqrt{a^2-x^2}}+C.$

63. $\int \frac{x^2}{\sqrt{a^2-x^2}}dx=-\frac{x}{2}\sqrt{a^2-x^2}+\frac{a^2}{2}\arcsin\frac{x}{a}+C.$

64. $\int \frac{x^2}{\sqrt{(a^2-x^2)^3}}dx=\frac{x}{\sqrt{a^2-x^2}}-\arcsin\frac{x}{a}+C.$

65. $\int \frac{dx}{x\sqrt{a^2-x^2}}=\frac{1}{a}\ln\frac{a-\sqrt{a^2-x^2}}{|x|}+C.$

66. $\int \frac{dx}{x^2\sqrt{a^2-x^2}}=-\frac{\sqrt{a^2-x^2}}{a^2x}+C.$

67. $\int \sqrt{a^2-x^2}\,dx=\frac{x}{2}\sqrt{a^2-x^2}+\frac{a^2}{2}\arcsin\frac{x}{a}+C.$

68. $\int \sqrt{(a^2-x^2)^3}\,dx=\frac{x}{8}(5a^2-2x^2)\sqrt{a^2-x^2}+\frac{3}{8}a^4\arcsin\frac{x}{a}+C.$

69. $\int x\sqrt{a^2-x^2}\,dx=-\frac{1}{3}\sqrt{(a^2-x^2)^3}+C.$

70. $\int x^2\sqrt{a^2-x^2}\,dx=\frac{x}{8}(2x^2-a^2)\sqrt{a^2-x^2}+\frac{a^4}{8}\arcsin\frac{x}{a}+C.$

71. $\int \frac{\sqrt{a^2-x^2}}{x}dx=\sqrt{a^2-x^2}+a\ln\frac{a-\sqrt{a^2-x^2}}{|x|}+C.$

72. $\int \frac{\sqrt{a^2-x^2}}{x^2}dx=-\frac{\sqrt{a^2-x^2}}{x}-\arcsin\frac{x}{a}+C.$

## （九）含有$\sqrt{\pm ax^2+bx+c}\,(a>0)$的积分

73. $\int \frac{dx}{\sqrt{ax^2+bx+c}}=\frac{1}{\sqrt{a}}\ln\left|2ax+b+2\sqrt{a}\sqrt{ax^2+bx+c}\right|+C.$

74. $\int \sqrt{ax^2+bx+c}\,dx=\frac{2ax+b}{4a}\sqrt{ax^2+bx+c}$

$+\frac{4ac-b^2}{8\sqrt{a^3}}\ln\left|2ax+b+2\sqrt{a}\sqrt{ax^2+bx+c}\right|+C.$

75. $\int \frac{x}{\sqrt{ax^2+bx+c}}dx=\frac{1}{a}\sqrt{ax^2+bx+c}$

$-\frac{b}{2\sqrt{a^3}}\ln\left|2ax+b+2\sqrt{a}\sqrt{ax^2+bx+c}\right|+C.$

76. $\int \frac{dx}{\sqrt{c+bx-ax^2}}=-\frac{1}{\sqrt{a}}\arcsin\frac{2ax-b}{\sqrt{b^2+4ac}}+C.$

77. $\int \sqrt{c+bx-ax^2}\,dx = \frac{2ax-b}{4a}\sqrt{c+bx-ax^2} + \frac{b^2+4ac}{8\sqrt{a^3}}\arcsin\frac{2ax-b}{\sqrt{b^2+4ac}} + C.$

78. $\int \frac{x}{\sqrt{c+bx-ax^2}}\,dx = -\frac{1}{a}\sqrt{c+bx-ax^2} + \frac{b}{2\sqrt{a^3}}\arcsin\frac{2ax-b}{\sqrt{b^2+4ac}} + C.$

## （十）含有 $\sqrt{\pm\frac{x-a}{x-b}}$ 或 $\sqrt{(x-a)(b-x)}$ 的积分

79. $\int \sqrt{\frac{x-a}{x-b}}\,dx = (x-b)\sqrt{\frac{x-a}{x-b}} + (b-a)\ln(\sqrt{|x-a|} + \sqrt{|x-b|}) + C.$

80. $\int \sqrt{\frac{x-a}{b-x}}\,dx = (x-b)\sqrt{\frac{x-a}{b-x}} + (b-a)\arcsin\sqrt{\frac{x-a}{b-x}} + C.$

81. $\int \frac{dx}{\sqrt{(x-a)(b-x)}} = 2\arcsin\sqrt{\frac{x-a}{b-x}} + C \ (a<b).$

82. $\int \sqrt{(x-a)(b-x)}\,dx = \frac{2x-a-b}{4}\sqrt{(x-a)(b-x)} + \frac{(b-a)^2}{4}\arcsin\sqrt{\frac{x-a}{b-x}} + C \ (a<b).$

## （十一）含有三角函数的积分

83. $\int \sin x\,dx = -\cos x + C.$

84. $\int \cos x\,dx = \sin x + C.$

85. $\int \tan x\,dx = -\ln|\cos x| + C.$

86. $\int \cot x\,dx = \ln|\sin x| + C.$

87. $\int \sec x\,dx = \ln\left|\tan\left(\frac{\pi}{4}+\frac{x}{2}\right)\right| + C = \ln|\sec x + \tan x| + C.$

88. $\int \csc x\,dx = \ln\left|\tan\frac{x}{2}\right| + C = \ln|\csc x - \cot x| + C.$

89. $\int \sec^2 x\,dx = \tan x + C.$

90. $\int \csc^2 x\,dx = -\cot x + C.$

91. $\int \sec x\tan x\,dx = \sec x + C.$

92. $\int \csc x\cot x\,dx = -\csc x + C.$

93. $\int \sin^2 x\,dx = \frac{x}{2} - \frac{1}{4}\sin 2x + C.$

94. $\int \cos^2 x\,dx = \frac{x}{2} + \frac{1}{4}\sin 2x + C.$

95. $\int \sin^n x\,dx = -\frac{1}{n}\sin^{n-1}x\cos x + \frac{n-1}{n}\int \sin^{n-2}x\,dx.$

96. $\int \cos^n x\,dx = \frac{1}{n}\cos^{n-1}x\sin x + \frac{n-1}{n}\int \cos^{n-2}x\,dx.$

97. $\int \frac{dx}{\sin^n x} = -\frac{1}{n-1}\cdot\frac{\cos x}{\sin^{n-1}x} + \frac{n-2}{n-1}\int \frac{dx}{\sin^{n-2}x}.$

98. $\int \frac{dx}{\cos^n x} = \frac{1}{n-1}\cdot\frac{\sin x}{\cos^{n-1}x} + \frac{n-2}{n-1}\int \frac{dx}{\cos^{n-2}x}.$

99. $$\int \cos^m x\sin^n x\,dx = \frac{1}{m+n}\cos^{m-1}x\ \sin^{n+1}x + \frac{m-1}{m+n}\int \cos^{m-2}x\ \sin^n x\,dx$$
$$= -\frac{1}{m+n}\cos^{m+1}x\ \sin^{n-1}x + \frac{n-1}{m+n}\int \cos^m x\ \sin^{n-2}x\,dx.$$

100. $\int \sin ax\cos bx\,dx = -\frac{1}{2(a+b)}\cos(a+b)x - \frac{1}{2(a-b)}\cos(a-b)x + C.$

101. $\int \sin ax\sin bx\,dx = -\frac{1}{2(a+b)}\sin(a+b)x + \frac{1}{2(a-b)}\sin(a-b)x + C.$

102. $\int \cos ax\cos bx\,dx = \frac{1}{2(a+b)}\sin(a+b)x + \frac{1}{2(a-b)}\sin(a-b)x + C.$

103. $\int \frac{dx}{a+b\sin x} = \frac{2}{\sqrt{a^2-b^2}}\arctan\frac{a\tan\frac{x}{2}+b}{\sqrt{a^2-b^2}} + C\ (a^2>b^2).$

104. $\int \frac{dx}{a+b\sin x} = \frac{1}{\sqrt{b^2-a^2}}\ln\left|\frac{a\tan\frac{x}{2}+b-\sqrt{b^2-a^2}}{a\tan\frac{x}{2}+b+\sqrt{b^2-a^2}}\right| + C\ (a^2<b^2).$

105. $\int \frac{dx}{a+b\cos x} = \frac{2}{a+b}\sqrt{\frac{a+b}{a-b}}\arctan\left(\sqrt{\frac{a-b}{a+b}}\tan\frac{x}{2}\right) + C\ (a^2>b^2).$

106. $\int \frac{dx}{a+b\cos x} = \frac{1}{a+b}\sqrt{\frac{a+b}{b-a}}\ln\left|\frac{\tan\frac{x}{2}+\sqrt{\frac{a+b}{b-a}}}{\tan\frac{x}{2}-\sqrt{\frac{a+b}{b-a}}}\right| + C\ (a^2<b^2).$

107. $\int \frac{dx}{a^2\cos^2 x + b^2\sin^2 x} = \frac{1}{ab}\arctan\left(\frac{b}{a}\tan x\right) + C.$

108. $\int \frac{dx}{a^2\cos^2 x - b^2\sin^2 x} = \frac{1}{2ab}\ln\left|\frac{b\tan x + a}{b\tan x - a}\right| + C.$

109. $\int x\sin ax\,dx = \frac{1}{a^2}\sin ax - \frac{1}{a}x\cos ax + C.$

110. $\int x^2\sin ax\,dx = -\frac{1}{a}x^2\cos ax + \frac{2}{a^2}x\sin ax + \frac{2}{a^3}\cos ax + C.$

111. $\int x\cos ax\,dx=\frac{1}{a^2}\cos ax+\frac{1}{a}x\sin ax+C.$

112. $\int x^2\cos ax\,dx=\frac{1}{a}x^2\sin ax+\frac{2}{a^2}x\cos ax-\frac{2}{a^3}\sin ax+C.$

## （十二）含有反三角函数的积分（其中 $a>0$）

113. $\int \arcsin\frac{x}{a}dx=x\arcsin\frac{x}{a}+\sqrt{a^2-x^2}+C.$

114. $\int x\arcsin\frac{x}{a}dx=\left(\frac{x^2}{2}-\frac{a^2}{4}\right)\arcsin\frac{x}{a}+\frac{x}{4}\sqrt{a^2-x^2}+C.$

115. $\int x^2\arcsin\frac{x}{a}dx=\frac{x^3}{3}\arcsin\frac{x}{a}+\frac{1}{9}(x^2+2a^2)\sqrt{a^2-x^2}+C.$

116. $\int \arccos\frac{x}{a}dx=x\arccos\frac{x}{a}-\sqrt{a^2-x^2}+C.$

117. $\int x\arccos\frac{x}{a}dx=\left(\frac{x^2}{2}-\frac{a^2}{4}\right)\arccos\frac{x}{a}-\frac{x}{4}\sqrt{a^2-x^2}+C.$

118. $\int x^2\arccos\frac{x}{a}dx=\frac{x^3}{3}\arccos\frac{x}{a}-\frac{1}{9}(x^2+2a^2)\sqrt{a^2-x^2}+C.$

119. $\int \arctan\frac{x}{a}dx=x\arctan\frac{x}{a}-\frac{a}{2}\ln(a^2+x^2)+C.$

120. $\int x\arctan\frac{x}{a}dx=\frac{1}{2}(a^2+x^2)\arctan\frac{x}{a}-\frac{a}{2}x+C.$

121. $\int x^2\arctan\frac{x}{a}dx=\frac{x^3}{3}\arctan\frac{x}{a}-\frac{a}{6}x^2+\frac{a^3}{6}\ln(a^2+x^2)+C.$

## （十三）含有指数函数的积分

122. $\int a^x\,dx=\frac{1}{\ln a}a^x+C.$

123. $\int e^{ax}\,dx=\frac{1}{a}e^{ax}+C.$

124. $\int xe^{ax}\,dx=\frac{1}{a^2}(ax-1)e^{ax}+C.$

125. $\int x^n e^{ax}\,dx=\frac{1}{a}x^n e^{ax}-\frac{n}{a}\int x^{n-1}e^{ax}\,dx.$

126. $\int xa^x\,dx=\frac{x}{\ln a}a^x-\frac{1}{(\ln a)^2}a^x+C.$

127. $\int x^n a^x\,dx=\frac{1}{\ln a}x^n a^x-\frac{n}{\ln a}\int x^{n-1}a^x\,dx.$

128. $\int e^{ax}\sin bx\,dx=\frac{1}{a^2+b^2}e^{ax}(a\sin bx-b\cos bx)+C.$

129. $\int e^{ax}\cos bx\,dx=\frac{1}{a^2+b^2}e^{ax}(b\sin bx+a\cos bx)+C.$

130. $\int e^{ax}\sin^n bx\,dx=\frac{1}{a^2+b^2n^2}e^{ax}\sin^{n-1}bx(a\sin bx-nb\cos bx)$
$+\frac{n(n-1)b^2}{a^2+b^2n^2}\int e^{ax}\sin^{n-2}bx\,dx.$

131. $\int e^{ax}\cos^n bx\,dx=\frac{1}{a^2+b^2n^2}e^{ax}\cos^{n-1}bx(a\cos bx+nb\sin bx)$
$+\frac{n(n-1)b^2}{a^2+b^2n^2}\int e^{ax}\cos^{n-2}bx\,dx.$

## （十四）含有对数函数的积分

132. $\int \ln x\,dx=x\ln x-x+C.$

133. $\int \frac{dx}{x\ln x}=\ln|\ln x|+C.$

134. $\int x^n\ln x\,dx=\frac{1}{n+1}x^{n+1}\left(\ln x-\frac{1}{n+1}\right)+C.$

135. $\int (\ln x)^n dx=x(\ln x)^n-n\int (\ln x)^{n-1}dx.$

136. $\int x^m(\ln x)^n dx=\frac{1}{m+1}x^{m+1}(\ln x)^n-\frac{n}{m+1}\int x^m(\ln x)^{n-1}dx.$

## （十五）含有双曲函数的积分

137. $\int \mathrm{sh}x\,dx=\mathrm{ch}x+C.$

138. $\int \mathrm{ch}x\,dx=\mathrm{sh}x+C.$

139. $\int \mathrm{th}x\,dx=\ln\mathrm{ch}x+C.$

140. $\int \mathrm{sh}^2x\,dx=-\frac{x}{2}+\frac{1}{4}\mathrm{sh}2x+C.$

141. $\int \mathrm{ch}^2x\,dx=\frac{x}{2}+\frac{1}{4}\mathrm{sh}2x+C.$

## （十六）定　积　分

142. $\int_{-\pi}^{\pi}\cos nx\,dx=\int_{-\pi}^{\pi}\sin nx\,dx=0.$

143. $\int_{-\pi}^{\pi}\cos mx\sin nx\,dx=0.$

144. $\int_{-\pi}^{\pi}\cos mx\cos nx\,\mathrm{d}x=\begin{cases}0, & m\neq n,\\ \pi, & m=n.\end{cases}$

145. $\int_{-\pi}^{\pi}\sin mx\sin nx\,\mathrm{d}x=\begin{cases}0, & m\neq n,\\ \pi, & m=n.\end{cases}$

146. $\int_{0}^{\pi}\sin mx\sin nx\,\mathrm{d}x=\int_{0}^{\pi}\cos mx\cos nx\,\mathrm{d}x=\begin{cases}0, & m\neq n,\\ \dfrac{\pi}{2}, & m=n.\end{cases}$

147. $I_n=\int_0^{\frac{\pi}{2}}\sin^n x\,\mathrm{d}x=\int_0^{\frac{\pi}{2}}\cos^n x\,\mathrm{d}x$.

$$I_n=\frac{n-1}{n}I_{n-2}$$

$$=\begin{cases}\dfrac{n-1}{n}\cdot\dfrac{n-3}{n-2}\cdot\cdots\cdot\dfrac{3}{4}\cdot\dfrac{1}{2}\cdot\dfrac{\pi}{2}, n\text{ 为正偶数}, & I_0=\dfrac{\pi}{2},\\ \dfrac{n-1}{n}\cdot\dfrac{n-3}{n-2}\cdot\cdots\cdot\dfrac{4}{5}\cdot\dfrac{2}{3}, n\text{ 为大于 1 的正奇数}, & I_1=1.\end{cases}$$

148. 设 $f(x)$ 在 $[-a,a]$ 上连续，则

(1) 当 $f(x)$ 为偶函数，有 $\int_{-a}^{a}f(x)\mathrm{d}x=2\int_0^a f(x)\mathrm{d}x$；

(2) 当 $f(x)$ 为奇函数，有 $\int_{-a}^{a}f(x)\mathrm{d}x=0$.